D1747214

Oldenbourg

Systemintegration

Vom Transistor zur großintegrierten Schaltung

von
Professor Dr.-Ing. Kurt Hoffmann

Oldenbourg Verlag München Wien

Das vorliegende Buch Hoffmann, Systemintegration – Vom Transistor zur großintegrierten Schaltung, Oldenbourg: München 2003 ist Nachfolger des Buchs Hoffmann, VLSI-Entwurf – Modelle und Schaltungen, Oldenbourg, München 1998, 4. Auflage

Die Deutsche Bibliothek - CIP-Einheitsaufnahme

Hoffmann, Kurt:
Systemintegration : vom Transistor zur großintegrierten Schaltung / von Kurt Hoffmann. – München ; Wien : Oldenbourg, 2003
ISBN 3-486-27224-1

© 2003 Oldenbourg Wissenschaftsverlag GmbH
Rosenheimer Straße 145, D-81671 München
Telefon: (089) 45051-0
www.oldenbourg-verlag.de

Das Werk einschließlich aller Abbildungen ist urheberrechtlich geschützt. Jede Verwertung außerhalb der Grenzen des Urheberrechtsgesetzes ist ohne Zustimmung des Verlages unzulässig und strafbar. Das gilt insbesondere für Vervielfältigungen, Übersetzungen, Mikroverfilmungen und die Einspeicherung und Bearbeitung in elektronischen Systemen.

Lektorat: Sabine Ohlms
Herstellung: Rainer Hartl
Umschlagkonzeption: Kraxenberger Kommunikationshaus, München
Gedruckt auf säure- und chlorfreiem Papier
Gesamtherstellung: Druckhaus „Thomas Müntzer" GmbH, Bad Langensalza

Vorwort

Der Text basiert auf der Idee des vom Autor 1990 erstmalig veröffentlichten Buches "VLSI-Entwurf", das in vier Auflagen im Oldenbourg Verlag erschienen ist.

Es enthält Inhalte einer zweitrimestrigen Vorlesung, die vom Verfasser an der Universität der Bundeswehr für Studierende der Elektrotechnik nach dem Vordiplom gelesen wird sowie Teile, die der betrieblichen Weiterbildung von ausgebildeten Ingenieuren und Physikern dienen.

Um das Thema dieses Buches näher vorzustellen ist es zweckmäßig, die historische Entwicklung integrierter Silizium-Schaltungen bis zur Großintegration näher zu betrachten.

Die Entwicklung begann mit der Integration mehrerer bipolarer Transistoren auf einem Stück Silizium (Chip). Eine entsprechende Entwicklung mit Feldeffekttransistoren fand wegen technischer Schwierigkeiten dagegen industriell erst später statt. Im Laufe der Jahre nahm der Anteil dieser integrierten Schaltungen jedoch gegenüber denen der bipolaren Schaltungen kontinuierlich zu. Die bessere Chip-Flächennutzung bei vereinfachter Technologie sowie der geringe Leistungsverbrauch derartiger Schaltungen sind einige Gründe für diese Entwicklung. Infolge der weiteren Strukturverkleinerungen und durch die Einführung von gleichzeitig n- und p-Kanal Feldeffekttransistoren zu sog. CMOS-Technologien (**C**omplementary **M**etal **O**xid **S**emiconductor) wurde der Trend zur Großintegration mit Millionen von Transistoren zu einem System auf einem Chip gesetzt (siehe Bild).

Dieser Trend wird sich auch in Zukunft durch kontinuierliche Fortschritte in der Technologie fortsetzen. Eine physikalische Größe wird dabei wohl kaum die Grenze der Großintegration bestimmen. Wahrscheinlicher ist, dass die zunehmende Komplexität und die damit verbundenen Herstellkosten eine Grenze darstellen werden.

Die CMOS-Technologie ist heute führend und wird auch in Zukunft die dominierende Rolle bei der Entwicklung von komplexen Systemen spielen. Für spezielle Anwendungen wie z.B. im analogen oder Hochfrequenzbereich bieten jedoch moderne bipolare Technologien dem Entwickler attraktive schaltungstechnische Realisierungsmöglichkeiten. Diese kommen besonders zum Tragen, wenn eine BICMOS- (**Bi**polar Complementary **MOS**) Technologie verwendet wird, bei der die Vorteile von Feldeffekt- und bipolaren Transistoren in einer integrierten Schaltung gleichzeitig ausgenutzt werden können.

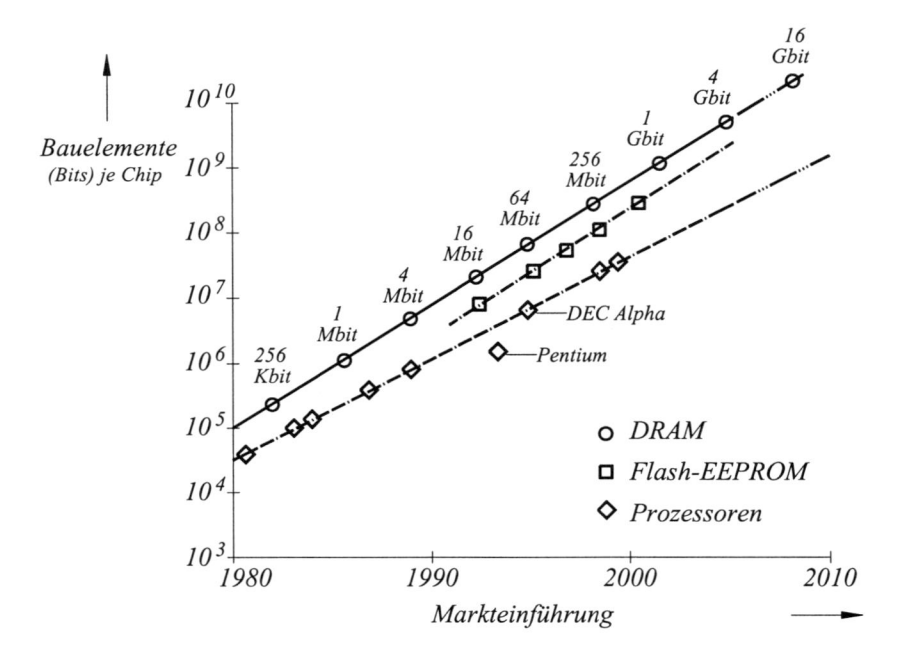

Bild: Entwicklung zur Systemintegration

Mit der rasanten Entwicklung zu großintegrierten Systemen haben sich auch das Umfeld und die Arbeitsweise des Schaltungsentwicklers verändert. Zur Erleichterung des Entwurfs waren zwar bereits ab ca. 1968 Schaltungssimulationsprogramme in Gebrauch doch deren Handhabung äußerst umständlich, so dass meist aufwändige und z.T. iterative Rechnungen "von Hand" durchgeführt werden mussten. Dies änderte sich 1974 maßgeblich mit dem Schaltungssimulationsprogramm SPICE (**S**imulation **P**rogram with **I**ntegrated **C**ircuit **E**mphasis) von Berkeley. In diesem Programm waren bereits die meisten mathematischen Beschreibungen – auch Modelle genannt – der einzelnen Bauelemente enthalten. Von Nachteil war jedoch, dass das Programm auf Großrechnern lief. Dies bedeutete in der Praxis, dass man meist wegen der großen Rechnerauslastung einige Tage warten musste bis ein Ausdruck einer Schaltungssimulation zur Verfügung stand. Mit der beginnenden Verbreitung kostengünstiger PCs und Workstations wurde dann die Schaltungssimulation zu einem der wichtigsten Hilfsmittel beim Entwurf integrierter Schaltungen.

Jetzt stellte sich aber eine andere Schwierigkeit heraus. Die Technologien wurden im Laufe der Zeit wesentlich komplexer und durch die Verkleinerung der Strukturen traten immer mehr neue Effekte bei den Bauelementen in Erscheinung. Die Folge davon war, dass die Genauigkeit der bis dahin verwendeten Transistormodelle nicht mehr ausreichend für die Schaltungssimulation war. Als Konsequenz wurde und wird eine Vielzahl von verbesserten Transistormodellen entwickelt, die sich von Hersteller zu Hersteller deutlich unterscheiden und außerdem an jede neu entwickelte Technologie angepasst werden müssen. Dies führt dazu, dass man sich damit auseinander setzen muss, ob auch wirklich alle Effekte im Transistormodell richtig erfasst sind und ob die zugehörigen Parameter die in der Fertigung vorhandenen Toleranzen richtig wiedergeben. Oder ob alle parasitäre Kapazitäten, Widerstände, Induktivitäten und kapazitiven Kopplungen aus dem Layout richtig extrahiert wurden. Übersieht man nämlich etwas, so kann dies u.U. bei einem gefertigten System zu einem totalen oder weichen Ausfall führen. Letzterer tritt z.B. nur bei einer bestimmten Spannung, Temperatur und Ansteuerung auf. Eine unerfreuliche Situation, denn das System muss anschließend analysiert und ein sog. Redesign durchgeführt werden.

Um diese oder ähnliche Aufgabenstellungen in der Praxis erfolgreich zu bearbeiten, wird in den ersten vier Kapiteln des Buches versucht, dem Leser ein fundiertes Wissen über das grundsätzliche Verhalten der verschiedensten Bauelemente integrierter Schaltungen zu vermitteln.

Aufbauend auf den Kenntnissen der Bauelemente werden in sechs weiteren Kapiteln des Buches die wesentlichen Schaltungstechniken für den Entwurf von digitalen und analogen CMOS- und BICMOS-Schaltungen vorgestellt. Hierbei werden jeweils einfache Beziehungen zur überschlägigen Transistor- und Schaltungsdimensionierung erarbeitet. Beginnt man nämlich den Entwurf eines großintegrierten Systems ohne fundierte Kenntnisse und Dimensionierungsleitlinien so ist die Gefahr gegeben, dass im Vorfeld nicht die richtige Schaltungsstruktur gewählt wird, Innovationen ausbleiben, oder dass eine unnötig große Zahl von Schaltungssimulationen – oft ohne gewünschtes Resultat – durchgeführt werden.

Bedanken möchte sich der Autor bei den Herren Dr. Kowarik, Dr. Kraus und Dr. Pfeiffer für unermüdliche Diskussionen. Ebenso möchte sich der Autor bei Doktoranden, Diplomanden, Studenten und ehemaligen Kollegen der Firma Siemens bzw. Infineon sowie Seminarteilnehmern für wertvolle fachliche Hinweise und Anregungen bedanken. Ein besonderer Dank gilt Frau Rutingsdorfer, Frau Garmatsch und Herrn Barth für das mit großer Sorgfalt geschriebene Manuskript und die angefertigten Zeichnungen.

Zu betonen ist außerdem die sehr gute Zusammenarbeit mit Frau Ohlms vom Oldenbourg Verlag. Als unverzichtbar hat sich die Korrekturlesung durch Frau Rutingsdorfer, Frau Garmatsch und meiner Frau Gisela herausgestellt. Herzlichen Dank.

Kurt Hoffmann

Zum Inhalt des Buches

Aus den im Vorwort angeführten Gründen ergibt sich die im Bild skizzierte Gliederung des Buches. Sie gibt Aufschluss über die Abhängigkeit der Kapitel zueinander und mögliche Kapitelfolgen bei dem Studium.

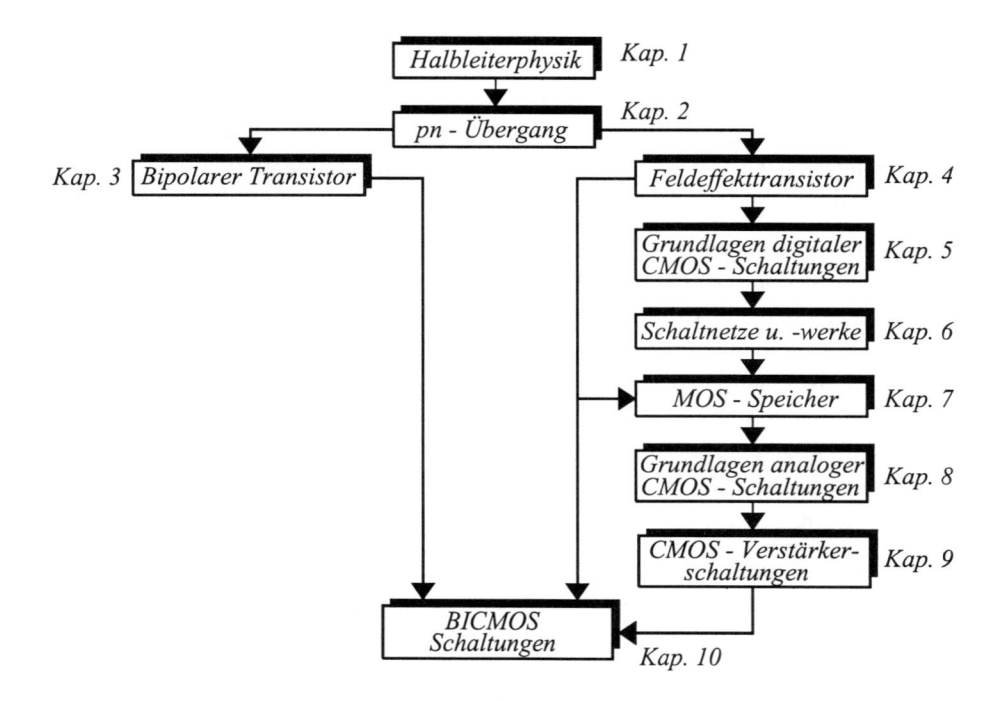

```
                    Halbleiterphysik      Kap. 1
                           ↓
                    pn - Übergang         Kap. 2
            ↓                       ↓
Kap. 3  Bipolarer Transistor    Feldeffekttransistor   Kap. 4
                                       ↓
                                Grundlagen digitaler   Kap. 5
                                CMOS - Schaltungen
                                       ↓
                                Schaltnetze u. -werke  Kap. 6
                                       ↓
                                MOS - Speicher         Kap. 7
                                       ↓
                                Grundlagen analoger    Kap. 8
                                CMOS - Schaltungen
                                       ↓
                                CMOS - Verstärker-     Kap. 9
                                schaltungen
            ↓               ↓          ↓
                    BICMOS
                    Schaltungen
                                       Kap. 10
```

In manchen Kapiteln sind vertiefende Betrachtungen angestellt die übersprungen werden können, ohne dass der Zusammenhang des Buches darunter leidet.

Kapitel 1: Grundlagen der Halbleiterphysik

Um bei dem im Vorwort genannten Interessentenkreis eine gemeinsame Basis zu schaffen, wird mit einer kurzen Einführung in die Halbleiterphysik begonnen. Ausgehend von dem Bänderdiagramm wird die Dichte der Elektronen und Löcher bestimmt und der Ladungsträgertransport, der durch Drift und Diffusion entsteht, analysiert. Mit Hilfe eines theoretischen Experiments kann man das räumliche Verhalten der Ladungsträger bei kurzen Abmessungen bestimmen. Die dabei erzielten Resultate sind direkt auf einen pn-Übergang und damit bipolaren Transistor übertragbar, wodurch die Herleitungen der Strom-Spannungsbeziehungen wesentlich vereinfacht werden können.

Kapitel 2: Metallurgischer PN-Übergang

Die Kenntnis des pn-Übergangs ist die Voraussetzung für das Verständnis der in den folgenden Kapiteln behandelten Transistoren. Ausgangspunkt dazu sind die Stromspannungsbeziehung und das Kapazitätsverhalten, das durch zwei nichtlineare Kleinsignalkapazitäten beschreibbar ist. Eine kurze Einführung in das Modellieren von Halbleiterbauelementen für CAD (**C**omputer **A**ided **D**esign)-Anwendungen wird gegeben. Hierbei kann man – genau wie in den folgenden beiden Kapiteln – auf vereinfachte Ersatzschaltbilder zurückgreifen. Diese benötigt man um überschlägige Gleich- und Wechselstromanalysen durchzuführen sowie um das zeitliche Verhalten von Schaltungen zu bestimmen.

Kapitel 3: Bipolarer Transistor

Aufbauend auf einer kurzen Beschreibung von zwei Herstellabläufen bipolarer Prozesse wird das physikalische Verhalten des bipolaren Transistors beschrieben. Ein einfaches Ersatzschaltbild, das sog. Transportmodell dient als Grundlage weiterer Betrachtungen. Wichtige Parameter sind hierbei Stromverstärkung, Transportstrom, Transitzeit und Early-Spannung. Das Transportmodell wird anschließend zum Gummel-Poon Modell erweitert, um Effekte zweiter Ordnung zu berücksichtigen. Genau wie beim pn-Übergang werden am Ende des Kapitels zu überschlägigen Schaltungsberechnungen vereinfachte Ersatzschaltbilder vorgestellt.

Kapitel 4: Feldeffekttransistor

In diesem Kapitel wird zuerst kurz ein typischer Herstellablauf eines MOS-Prozesses beschrieben. Das grundsätzliche Verhalten des MOS-Transistors wird analysiert. Ausgangspunkt dazu ist eine MOS-Struktur mit den charakteristischen Zuständen Akkumulation, Verarmung und Inversion. Für den Fall der starken Inversion kann man die Spannung im Substrat vereinfacht beschreiben. Dies führt zu den wichtigen Parametern Flachbandspannung, Einsatzspannung und Substratsteuerfaktor. Mit den gewonnenen

Gleichungen wird anschließend das Verhalten des Transistors beschrieben. Hierbei kann man zwischen einfachen und genaueren Transistorgleichungen unterscheiden. Die genaueren Beziehungen führen zu Modellgleichungen, die Verwendung bei den Rechnermodellen finden. Effekte zweiter Ordnung, wie z.B. Kurzkanaleffekte, Kanallängenmodulation und Bipolareffekte werden beschrieben. Das Kapitel schließt ebenfalls mit einer Betrachtung von Ersatzschaltbildern zur überschlägigen Schaltungsberechnung.

Kapitel 5: Grundlagen digitaler CMOS-Schaltungen

Elektrische und geometrische Entwurfsunterlagen eines CMOS-Prozesses sind wesentliche Bestandteile für den Entwurf einer integrierten Schaltung. Mit Hilfe dieser Unterlagen kann man die Dimensionierung von verschiedensten Invertern durchführen. Von Bedeutung sind hierbei der Einfluss der Einsatzspannung, die Wirkung des Substratsteuerfaktors und das Schaltverhalten. Ein- und Ausgangsschaltungen werden vorgestellt und in diesem Zusammenhang der ESD-Schutz diskutiert. Mit der Betrachtung von Transfer-Elementen wird das Kapitel abgeschlossen.

Kapitel 6: Schaltnetze und Schaltwerke

Statische und getaktete CMOS-Schaltungstechniken werden betrachtet. Die statischen komplementären Gatterschaltungen stellten sich als die robustesten in Bezug auf Störeinflüsse heraus. Das Layout kann dabei mit Hilfe der Graphentheorie optimiert werden. Getaktete C^2MOS-Techniken sind dagegen zu bevorzugen, wenn hohe Taktraten und geringer Leistungs- und Chipflächenverbrauch im Vordergrund stehen. Sollen die Taktraten im GHz-Bereich liegen ist es vorteilhaft die MCML-Technik anzuwenden. Ab einer bestimmten Zahl von Gattern werden zur Reduzierung der Chipfläche logische Felder eingesetzt. Das Grundelement dieser Felder bilden statische bzw. dynamische Dekoder. D-Flip-Flops werden dazu verwendet um mit Hilfe des Master-Slave-Konzepts Register zu realisieren. Hierbei stellte sich heraus, dass dynamische Ein-Takt-Register wegen der einfachen Taktansteuerung bei großintegrierten Systemen zu bevorzugen sind.

Vorwort   XI

Kapitel 7: MOS-Speicher

MOS-Speicher kann man entsprechend ihrer Informationsspeicherung in nichtflüchtige, statische und dynamische Speicher einteilen. Ausgehend von Nur-Lese-Speichern (ROM) werden die Speicherzellen und Speicherarchitekturen von elektrisch programmierbaren und optisch sowie elektrisch löschbaren Speichern betrachtet. Hierbei erfolgt die Programmierung entweder mit heißen Elektronen oder durch Tunneln von Elektronen auf ein sog. Floating-Gate. Beim Löschen wird dagegen nur der Tunneleffekt verwendet. Allen Zellen gemeinsam ist, dass wegen Degradationsmechanismen die Zahl der Umprogrammierungen mit ca. 10^6 begrenzt ist. Statische Speicher können mit Sechs- und Vier-Transistorzellen realisiert werden. Letztere benötigen hochohmige Widerstände im GΩ-Bereich. Bei dynamischen Speichern wird die Information in Ein-Transistor-Zellen als unterschiedliche Ladungsmenge in Kondensatoren gespeichert. Um Siliziumfläche zu sparen verwendet man heute meist Trench- oder Stacked-Strukturen. Als Folge erreicht man mit diesen Speichern die höchsten Bitdichten. Hierzu beigetragen haben auch die trickreichen Ausleseverfahren und Bit-Line Konzepte. Um hohe Datenraten bei diesen Speichern zu erreichen, werden clock-synchrone Architekturen verwendet. Dies sind synchrone DRAMs bei denen alle Kommandos und Daten mit der jeweiligen steigenden Clock-Flanke synchronisiert werden.

Kapitel 8: Grundlagen analoger CMOS-Schaltungen

Ausgehend von Stromquellen und -senken werden Source-Folger und einfache Verstärkerstufen in CMOS-Technologie analysiert. Als wichtigstes Resultat gilt der Zusammenhang zwischen Verstärkung, 3dB-Frequenz und Transitfrequenz als Funktion des Drain-Source-Stroms. Hierbei ergibt sich ein Schwachpunkt des MOS-Transistors beim Einsatz in analogen Schaltungen. Nimmt nämlich der Strom zu, steigen die charakteristischen Frequenzen an. Im Gegensatz dazu nimmt die Spannungsverstärkung ab. Der Miller-Effekt wird erklärt und zur Reduzierung des Effekts eine Kaskode-Stufe eingesetzt. Differenzielle Eingangsstufen als Grundelement eines jeden Verstärkers werden am Ende des Kapitels behandelt.

Kapitel 9: CMOS-Verstärkerschaltungen

Zwei typische Verstärkerschaltungen und zwar ein Miller-Verstärker und ein gefalteter Kaskode-Verstärker werden vorgestellt. Hierbei wird deutlich, wie man einen stabilen

Betrieb durch Veränderung der Lage von Pol- und Nullstellen erreichen kann. Am Beispiel eines modifizierten und gefalteten Kaskode-Verstärkers kann man zeigen, wie eine Ausgangsstufe mit verbesserten Treibereigenschaften bei reduziertem Leistungsverbrauch realisierbar ist.

Kapitel 10: BICMOS-Schaltungen

Mit dieser Technik ist man in der Lage die Vorteile der Bipolartechnik zusätzlich zu denen der CMOS-Technik zu nutzen. Die schnellsten digitalen bipolaren Schaltungen, die CML- bzw. ECL-Anwendungen werden analysiert und typische Anwendungsbeispiele betrachtet. Kombiniert man Bipolar- und MOS-Transistoren, entstehen BICMOS-Treiber und Gatter mit neuartigen Eigenschaften. Bandabstands-Spannungsquellen sind klassische Lösungen, um mit bipolaren Transistoren sehr genaue Referenzspannungen zu realisieren. Diverse Schaltungen werden vorgestellt. Um die Vor- und Nachteile von Bipolar- und MOS-Transistoren bei Anwendung im Analogbereich einzuschätzen, ist es zweckmäßig, deren Übertragungsfunktionen zu vergleichen.

Inhaltsverzeichnis

Inhaltsverzeichnis..XIII

Formelzeichen und Symbole...XIX

Umrechnungsfaktoren und Konstanten..XXIII

Wichtige Beziehungen..XXV

1 Grundlagen der Halbleiterphysik..1

1.1 Theorie des Bändermodells 1

1.2 Dotierte Halbleiter 6

1.3 Gleichungen für den Halbleiter im Gleichgewichtszustand 8
    1.3.1 Fermi-Verteilungsfunktion 8
    1.3.2 Ladungsträgerkonzentration im Gleichgewichtszustand 11
    1.3.3 Das Dichteprodukt im Gleichgewichtszustand.. 13
    1.3.4 Elektronenenergie, Spannung und elektrische Feldstärke 16

1.4 Ladungsträgertransport 18
    1.4.1 Driftgeschwindigkeit 19
    1.4.2 Driftstrom.. 21
    1.4.3 Diffusionsstrom 23
    1.4.4 Kontinuitätsgleichung 26

1.5 Störungen des thermodynamischen Gleichgewichts 27

2 Metallurgischer pn-Übergang..41

2.1 Inhomogener n-Typ Halbleiter 41

2.2 Der pn-Übergang im Gleichgewichtszustand 44

2.3 Der pn-Übergang bei Anlegen einer Spannung 46
    2.3.1 Das Dichteprodukt bei Abweichungen vom Gleichgewichtszustand 48
    2.3.2 Stromspannungsbeziehung 50

2.3.3	Abweichungen von der Stromspannungsbeziehung	53
2.3.4	Spannungsbezugspunkt	56

2.4 Kapazitätsverhalten des pn-Übergangs 57
    2.4.1 Sperrschichtkapazität 57
    2.4.2 Diffusionskapazität 63

2.5 Schaltverhalten des pn-Übergangs 67

2.6 Durchbruchverhalten 69

2.7 Modellierung des pn-Übergangs 73
    2.7.1 Diodenmodell für CAD-Anwendungen 73
    2.7.2 Diodenmodell für überschlägige statische Berechnungen 76
    2.7.3 Diodenmodell für überschlägige Kleinsignalberechnungen 78

3 Bipolarer Transistor 83

3.1 Herstellung einer Bipolarschaltung 83

3.2 Wirkungsweise des bipolaren Transistors 95
    3.2.1 Stromspannungsbeziehung 97
    3.2.2 Transistor im inversen Betrieb 104
    3.2.3 Spannungssättigung 106
    3.2.4 Temperaturverhalten 108
    3.2.5 Durchbruchverhalten 110

3.3 Effekte zweiter Ordnung 113
    3.3.1 Abhängigkeit der Stromverstärkung vom Kollektorstrom 113
    3.3.2 Basisweitenmodulation 117
    3.3.3 Emitterrandverdrängung 125

3.4 Abweichende Transistorstrukturen 127

3.5 Modellierung des bipolaren Transistors 131
    3.5.1 Transistormodell für CAD-Anwendungen 132
    3.5.2 Transistormodell für überschlägige statische Berechnungen 138
    3.5.3 Transistormodell für überschlägige Kleinsignalberechnungen 139
    3.5.4 Bestimmung der Transitzeit 143

4 Feldeffekttransistor 155

4.1 Herstellung einer CMOS-Schaltung 155

4.2 MOS-Struktur 163

4.2.1	Charakteristik der MOS-Struktur	164
4.2.2	Kapazitätsverhalten der MOS-Struktur	168
4.2.3	Flachbandspannung	170

4.3 Gleichungen der MOS-Struktur 174

4.3.1	Ladungen in der MOS-Struktur	174
4.3.2	Oberflächenspannung bei starker Inversion	178
4.3.3	Einsatzspannung und Substratsteuereffekt	180

4.4 Wirkungsweise des MOS-Transistors 184

4.4.1	Transistorgleichungen bei starker Inversion	185
4.4.2	Genauere Transistorgleichungen bei starker Inversion	194
4.4.3	Transistorgleichungen bei schwacher Inversion	195
4.4.4	Temperaturverhalten des MOS-Transistors	198

4.5 Effekte zweiter Ordnung 201

4.5.1	Beweglichkeitsdegradation	201
4.5.2	Kanallängenmodulation	203
4.5.3	Kurzkanaleffekte	205
4.5.4	Heiße Ladungsträger	210
4.5.5	Gateinduzierter Drainleckstrom	212
4.5.6	Durchbruchverhalten des MOS-Transistors	214
4.5.7	Latch-Up Effekt	215

4.6 Modellierung des MOS-Transistors 219

4.6.1	CAD-Anwendungen	219
4.6.2	Überschlägige statische und transiente Berechnungen	227
4.6.3	Überschlägige Kleinsignalberechnungen	231

5 Grundlagen digitaler CMOS-Schaltungen 249

5.1 Geometrische Entwurfsunterlagen 249

5.2 Elektrische Entwurfsregeln 256

5.3 MOS-Inverter 263

5.3.1	Verarmungsinverter	264
5.3.2	Anreicherungsinverter	266
5.3.3	P-Last Inverter	269
5.3.4	Komplementärinverter	271
5.3.5	Serien- und Parallelschaltung von Transistoren	278

5.4 Schaltverhalten der MOS-Inverter 280

5.5	Treiberschaltungen	290
5.5.1	Super-Treiber	290
5.5.2	Bootstrap-Treiber	294

5.6	Eingangs- / Ausgangsschaltungen	296
5.6.1	Eingangsschaltungen	297
5.6.2	Ausgangstreiber	301
5.6.3	ESD-Schutz	308

| 5.7 | Transfer-Elemente | 311 |

6 Schaltnetze und Schaltwerke ... 321

6.1	Statische Schaltnetze	321
6.1.1	Statische Gatterschaltungen	322
6.1.2	Layout statischer Gatterschaltungen	324
6.1.3	Transfer-Gatterschaltungen	327

6.2	Getaktete Schaltnetze	331
6.2.1	Getaktete Gatterschaltungen (C^2MOS)	331
6.2.2	Dominoschaltungen	334
6.2.3	Modifizierte Dominoschaltung (NORA-Domino)	335
6.2.4	Differenziell kaskadierte Schaltung (DCVS)	337
6.2.5	Schaltverhalten von Gattern	339

| 6.3 | Gatterschaltungen für hohe Taktraten | 341 |

6.4	Logische Felder	348
6.4.1	Dekoder	349
6.4.2	Programmierbare Logikanordnung (PLA)	355

6.5	Schaltwerke	358
6.5.1	Flip-Flops	358
6.5.2	Zwei-Takt-Register	365
6.5.3	Ein-Takt-Register	369
6.5.4	Takterzeugung	372

7 MOS-Speicher ... 381

| 7.1 | Nur-Lese-Speicher (ROM) | 382 |

7.2	Elektrisch programmierbare und optisch löschbare Speicher	384
7.2.1	EPROM Speicherarchitektur	387
7.2.2	Stromspannungswandler	389

7.3		Elektrisch umprogrammierbare Speicher	391
	7.3.1	Elektrisch umprogrammierbare Speicherzellen	391
	7.3.2	Flash-Speicher Architekturen	399
	7.3.3	Chip-interne Spannungserzeugung	406
7.4		Statische Speicher	410
	7.4.1	Statische Speicherzellen	410
	7.4.2	SRAM Speicherarchitektur	414
	7.4.3	Address Transition Detection (ATD)	417
7.5		Dynamische Halbleiterspeicher	419
	7.5.1	Ein-Transistor-Speicherzellen	419
	7.5.2	DRAM-Speicher-Grundschaltungen	425
	7.5.3	DRAM Speicherarchitektur	432
	7.5.4	Alpha-Strahlempfindlichkeit	436

8 Grundlagen analoger CMOS-Schaltungen ... 449

8.1		Stromspiegelschaltungen	451
	8.1.1	Verbesserte Stromsenken	454
8.2		Source-Folger	457
8.3		Einfache Verstärkerstufen	460
	8.3.1	Miller-Effekt	464
	8.3.2	Differenzielle Eingangsstufe mit symmetrischem Ausgang	467
	8.3.3	Differenzielle Eingangsstufe mit unsymmetrischem Ausgang	472

9 CMOS-Verstärkerschaltungen ... 491

9.1	Miller-Verstärker	491
9.2	Gefalteter Kaskode-Verstärker	501
9.3	Gefalteter Kaskode-Verstärker mit AB-Ausgangsstufe	505

10 BICMOS-Schaltungen ... 513

10.1		Stromschaltungstechniken	514
	10.1.1	CML-Schaltungen	515
	10.1.2	ECL-Schaltungen	522
10.2		BICMOS-Treiber und -Gatter	526
10.3		Bandabstand - Spannungsquellen	531

10.4   Analoge Anwendungen 542
   10.4.1   Offset-Verhalten von Bipolar- und MOS-Transistor 542
   10.4.2   Kleinsignalverhalten von Bipolar- und MOS-Transistor 544

Sachregister..**559**

Formelzeichen und Symbole

Symbol	Bedeutung	Einheit
Allgemein		
C	Kapazität	F
C'	Kapazität pro Fläche	Fm^{-2}
C^*	Kapazität pro Länge	Fm^{-1}
Q	Ladung	C
ρ	Ladung pro Volumen	Cm^{-3}
σ	Ladung pro Fläche	Cm^{-2}
ϕ	Spannung im Halbleiter	V
U	Zugeführte Spannung	V
Detailliert		
A	Fläche	m^2
a, a_o	Kleinsignalverstärkung u_o / u_i, bei $\omega = 0$	
B_N, B_I	Stromverstärkung; Normal, Invertiert	
BU	Durchbruchspannung	V
b_E	Emitterbreite	
C_d	Diffusionskapazität (Kleinsignal)	F
C_j	Sperrschichtkapazität (Kleinsignal)	F
C_{jo}	Sperrschichtkapazität bei $U_{PN} = 0V$ (Kleinsignal)	F
C_{be}, C_{bc}	BE- bzw. BC-Kapazität (Kleinsignal)	F
C_{je}, C_{jc}	BE- und BC-Sperrschichtkapazität (Kleinsignal)	F
C_{jeo}, C_{jco}	BE- und BC-Sperrschichtkapazität bei $U = 0V$	F
C'_{ox}	Oxidkapazität pro Fläche	Fm^{-2}
D	Elektrische Flussdichte	Cm^{-2}
D_n, D_p	Diffusionskonstante: Elektronen, Löcher	m^2s^{-1}
d_{ox}	Dicke der Oxidschicht	m
E	Elektrische Feldstärke	Vm^{-1}
E_{ox}, E_{Si}	Elektrische Feldstärke: Oxid, Silizium	Vm^{-1}
F	Besetzungswahrscheinlichkeit	
f	Frequenz	s^{-1}
G	Generationsrate	$m^{-3}s^{-1}$
g_o	Ausgangsleitwert	Ω^{-1}
g_m	Übertragungsleitwert	Ω^{-1}
g_{mb}	Übertragungsleitwert (Substrat)	Ω^{-1}
g_π	Eingangsleitwert	Ω^{-1}
I	Strom	A
I_C, I_E, I_B	Kollektor-, Emitter- und Basisstrom	A
I_{Co}	Kollektorstrom bei $U_{BC} = 0V$	A
I_{KN}, I_{KI}	Knickstrom: Normal- und Inversbetrieb	A
I_S	Sperrstrom	A
I_{SS}, I_{SSo}	Transportstrom, Transportstrom bei $U_{BC} = 0V$	A

I_{DS}	Drain-Sourcestrom	A
J_n, J_p	Stromdichte: Elektronen, Löcher	Am^{-2}
k	Boltzmann-Konstante	$1{,}38 \cdot 10^{-23} JK^{-1}$
k_n, k_p	Verstärkungsfaktor des Prozesses n- bzw. p-Kanal	AV^{-2}
L	Länge, Kanallänge (Zeichenmaß)	m
L_E	Emitterlänge	m
l	Wirksame Kanallänge	m
M	Kapazitätskoeffizient	
N	Emissionskoeffizient	
N_A, N_D	Akzeptor- bzw. Donatorkonzentration	m^{-3}
N_C, N_V	Äquivalente Zustandsdichten: Elektronen, Löcher	m^{-3}
n_o, p_o	Elektronen- bzw. Löcherdichte im Gleichgewicht	m^{-3}
n_n, p_n	Elektronen- bzw. Löcherdichte im n-Gebiet	m^{-3}
n_{no}, p_{no}	Ladungsträgerdichten, n-Gebiet im Gleichgewicht	m^{-3}
n_p, p_p	Elektronen- bzw. Löcherdichte im p-Gebiet	m^{-3}
n_{po}, p_{po}	Ladungsträgerdichten, p-Gebiet im Gleichgewicht	m^{-3}
n_i	Intrinsicdichte	m^{-3}
$n_{iB}\ n_{iE}$	Intrinsicdichte: Basis, Emitter	m^{-3}
n'_p	Überschussdichte der Elektronen im p-Gebiet	m^{-3}
p'_n	Überschussdichte der Löcher im n-Gebiet	m^{-3}
P	Verlustleistung	W
q	Elementarladung	$1{,}602 \cdot 10^{-19} C$
Q_p, Q_n	Ladung: Löcher, Elektronen	C
Q_B, Q_{Bo}	Majoritätsträgerladung der Basis, bei $U_{BC}=0V$	C
R	Widerstand	Ω
R	Rekombinationsrate	$m^{-3}s^{-1}$
R_E	Emitterwiderstand	Ω
R_B	Basiswiderstand	Ω
R_C	Kollektorwiderstand	Ω
R_S	Bahnwiderstand	Ω/□
T	Temperatur	K (°C)
t	Zeit	s
t_d	Verzögerungszeit	s
t_r	Anstiegszeit	s
t_f	Abfallzeit	s
t_s	Speicherzeit	s
U	Spannung	V
U	Netto Generationsrate	$m^{-3}s^{-1}$
U_{AN}, U_{AI}	Early-Spannung: Normalbetrieb, Inversbetrieb	V
U_{BC}	Basis-Kollektorspannung	V
U_{BE}	Basis-Emitterspannung	V
U_{CC}, U_{DD}	Positive Versorgungsspannungen	V
U_{CE}	Kollektor-Emitterspannung	V
U_{DS}	Drain-Sourcespannung	V
U_{FB}	Flachbandspannung	V
U_{GB}	Gate-Rückseitenspannung (Bulk)	V
U_{GS}	Gate-Sourcespannung	V
U_I	Eingangsspannung	V

U_{PN}	Klemmspannung zwischen p- und n-Gebiet	V
U_Q	Ausgangsspannung	V
U_{SB}	Source-Rückseitenspannung	V
U_{SS}	Negative Versorgungsspannung	V
U_{Ton}, U_{Top}	Einsatzspannung: n- bzw. p-Kanaltransistor ($U_{SB} = 0$V)	V
U_{Tn}, U_{Tp}	Einsatzspannung: n- bzw. p-Kanaltransistor	V
v_n, v_p	Geschwindigkeit der Elektronen bzw. Löcher	ms^{-1}
v_{sat}	Sättigungsgeschwindigkeit	ms^{-1}
W	Energie, Kanalweite (Zeichenmaß)	eV; m
W_F, W_C, W_V	Energie: Ferminiveau, Leitungs-Valenzbandkante	eV
W_i	Energie: Intrinsicniveau	eV
W_g	Bandabstand	eV
w	Wirksame Weite MOS-Transistor u. RLZ (pn-Übergang)	m
w_E	Wirksame Emitterweite	
x_d	Weite der Raumladungszone beim MOS-Transistor	m
x_j	Tiefe der Source-Draindiffusion	m
x_p, x_n	Weite der Raumladungszone: p- bzw. n-Gebiet	m
x_B	Basisweite	m
x_{Bo}	Basisweite bei $U_{BC} = 0$V	m
Z	Verstärkungsverhältnis	
β, β_o	Kleinsignalverstärkung i_o / i_g, bei $\omega \to 0$	
β_n, β_p	Verstärkungsfaktor: n- bzw. p-Kanal-Transistor	AV^{-2}
γ	Substratsteuerfaktor	V$^{1/2}$
ε_o	Dielektrizitätskonstante des Vakuums	$8,854 \cdot 10^{-12}$Fm^{-1}
ε_{ox}	Dielektrizitätskonstante des SiO$_2$, relativ	3,9
ε_{Si}	Dielektrizitätskonstante des Siliziums, relativ	11,9
ε_r	Relative Dielektrizitätskonstante	
λ	Kanallängenmodulationsfaktor	V^{-1}
μ_n, μ_p	Beweglichkeit: Elektronen, Löcher	m^{2}V^{-1}s^{-1}
ρ_d	Ladung der Raumladungszone pro Volumen	Cm^{-3}
σ_g	Ladung des Gates pro Fläche	Cm^{-2}
σ_n	Ladung der Inversionsschicht pro Fläche	Cm^{-2}
σ_d	Ladung der Raumladungszone pro Fläche	Cm^{-2}
σ_{SS}	Grenzschichtladung pro Fläche	Cm^{-2}
σ	Leitfähigkeit	$(\Omega$m$)^{-1}$
τ_T	Transitzeit	s
τ_n, τ_p	Laufzeit bzw. Lebensdauer (Elek., Löcher)	s
τ_N, τ_I	Transitzeit: Normal, Invertiert	s
ϕ	Spannung im Halbleiter	V
ϕ_F	Fermispannung	V
ϕ_i	Diffusionsspannung	V
ϕ_K	Kanalspannung, Kontaktspannung	V
ϕ_{ox}	Spannung am Oxid	V
ϕ_t	Temperaturspannung kT/q	V
ϕ_S	Oberflächenspannung	V

Umrechnungsfaktoren und Konstanten

Umrechnungsfaktoren

1 eV = $1{,}602 \cdot 10^{-19}$ J [Ws]

1 m = 10^3 mm = $10^6\,\mu$m = 10^9 nm

1 F = $10^6\,\mu$F = 10^9 nF = 10^{12} pF = 10^{15} fF

Physikalische Konstanten

Konstante	Bedeutung	Zahlenwert
q	Elementarladung	$1{,}602 \cdot 10^{-19}$ C [As]
k	Boltzmann-Konstante	$1{,}38 \cdot 10^{-23}$ JK^{-1} [Ws K^{-1}]
$kT/q = \phi_t$	Temperaturspannung	0,026 V bei 300 K
ε_o	Dielektrizitätskonstante des Vakuums	$8{,}854 \cdot 10^{-14}$ Fcm^{-1}
ε_{ox}	Relative Dielektrizitätskonstante des Siliziumdioxids (SiO$_2$)	3,9

Wichtige Daten der Halbleiter bei Raumtemperatur (300 K)

	Ge	Si	GaAs	Einheit
Bandabstand W_g:	0,66	1,12	1,42	eV
Rel. Dielektrizitätskonstante ε_r:	16	11,9	13,1	
Intrinsicdichte n_i:	$2{,}4 \cdot 10^{13}$	$1{,}45 \cdot 10^{10}$	$1{,}79 \cdot 10^{6}$	cm^{-3}
Äquivalente Zustandsdichten:				
Leitungsband N_C	$1{,}04 \cdot 10^{19}$	$2{,}8 \cdot 10^{19}$	$4{,}7 \cdot 10^{17}$	cm^{-3}
Valenzband N_V	$6{,}0 \cdot 10^{18}$	$1{,}04 \cdot 10^{19}$	$7{,}0 \cdot 10^{18}$	cm^{-3}

Wichtige Beziehungen

Grundgleichungen der Halbleiterphysik

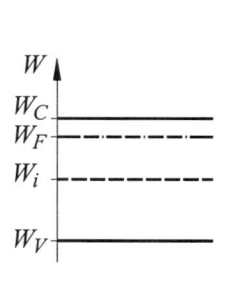

$$n_o = N_C e^{-(W_C - W_F)/kT} = n_i e^{(W_F - W_i)/kT}$$

$$\boxed{n_o p_o = n_i^2}$$

$$p_o = N_V e^{-(W_F - W_V)/kT} = n_i e^{(W_i - W_F)/kT}$$

Majoritätsträger: $\quad n_{no} = N_D - N_A \quad p_{po} = N_A - N_D$

Minoritätsträger: $\quad p_{no} = \dfrac{n_i^2}{N_D - N_A} \quad n_{po} = \dfrac{n_i^2}{N_A - N_D} \quad \Big\}$ 100%ige Ionisation

Intrinsicdichte: $\quad n_i = C\left(\dfrac{T}{[K]}\right)^{3/2} e^{-W_g(T)/2kT}$

Energie

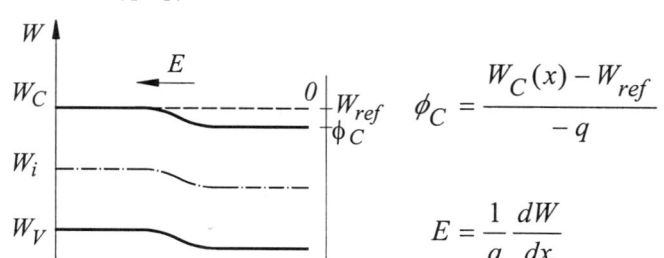

Spannung $\quad \phi_C = \dfrac{W_C(x) - W_{ref}}{-q}$

Feldstärke $\quad E = \dfrac{1}{q}\dfrac{dW}{dx}$

Drift- und Diffusionsstromdichte

$$J_n = q\mu_n nE + qD_n \dfrac{dn}{dx}$$

$$J_p = q\mu_p pE - qD_p \dfrac{dp}{dx}$$

Kontinuitätsgleichung:

$$\dfrac{\partial n}{\partial t} = \dfrac{1}{q}\dfrac{\partial J_n}{\partial x} + G - R$$

$$\dfrac{\partial p}{\partial t} = -\dfrac{1}{q}\dfrac{\partial J_p}{\partial x} + G - R$$

Einsteinbeziehung: $\quad D_n = \phi_t \mu_n; \quad D_p = \phi_t \mu_p \quad \phi_t(R.T) = \dfrac{kT}{q} = 26\,mV$

Leitfähigkeit: $\quad \sigma = q(\mu_p p + \mu_n n)$

Grundgleichungen des pn-Übergangs

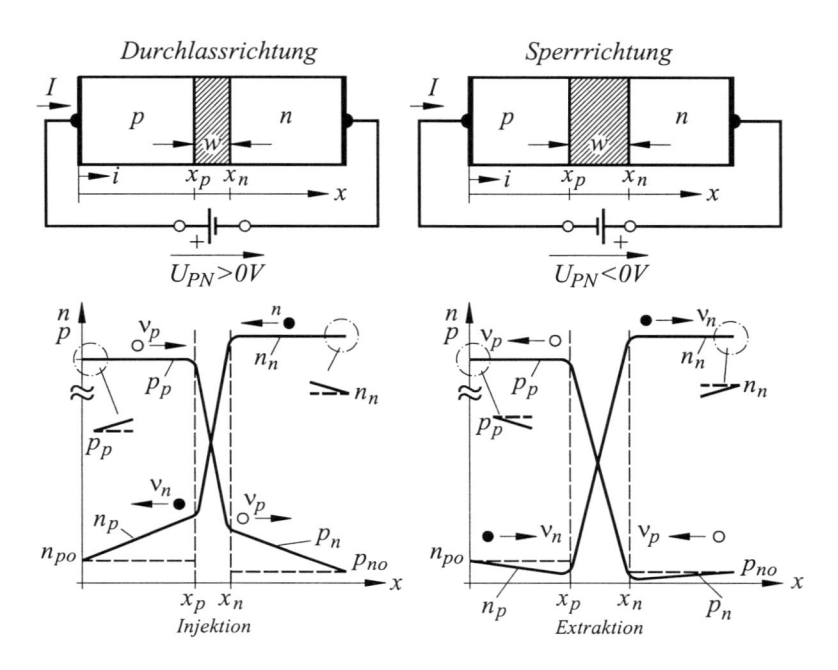

Diffusionsspannung:
$$\phi_i = \phi_t \ln \frac{N_A N_D}{n_i^2}$$

Überschussdichten an den Rändern der Raumladungszone

$$p'_n(x_n) = p_{no}\left(e^{U_{PN}/\phi_t} - 1\right) \qquad n'_p(x_p) = n_{po}\left(e^{U_{PN}/\phi_t} - 1\right)$$

Stromspannungsbeziehung

$$I = I_S\left(e^{U_{PN}/N\phi_t} - 1\right) \qquad I_S = qA\left(\frac{D_p}{w'_n}p_{no} + \frac{D_n}{w'_p}n_{po}\right)$$

Weite der RLZ (abrupt):
$$w = \sqrt{\frac{2\varepsilon_o \varepsilon_r}{q}\left(\frac{1}{N_A} + \frac{1}{N_D}\right)(\phi_i - U_{PN})}$$

Sperrschichtkapazität: \qquad **Diffusionskapazität:**

$$C_j = \frac{C_{jo}}{\left(1 - \frac{U_{PN}}{\phi_i}\right)^M} \qquad C_d = \frac{\tau_T}{\phi_t} I_S e^{U_{PN}/\phi_t}$$

npn-Transistor

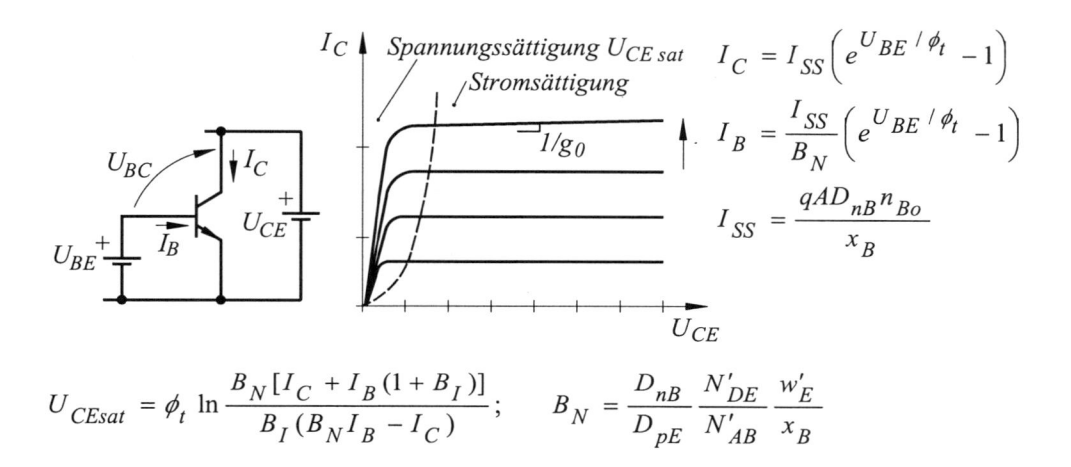

$$I_C = I_{SS}\left(e^{U_{BE}/\phi_t} - 1\right)$$

$$I_B = \frac{I_{SS}}{B_N}\left(e^{U_{BE}/\phi_t} - 1\right)$$

$$I_{SS} = \frac{qAD_{nB}n_{Bo}}{x_B}$$

$$U_{CEsat} = \phi_t \ln \frac{B_N[I_C + I_B(1+B_I)]}{B_I(B_N I_B - I_C)}; \qquad B_N = \frac{D_{nB}}{D_{pE}} \frac{N'_{DE}}{N'_{AB}} \frac{w'_E}{x_B}$$

Kleinsignal-Ersatzschaltbild

$$g_m = I_C/\phi_t \qquad g_\pi = \frac{g_m}{\beta_N} \qquad g_o \approx \frac{I_C}{U_{AN}}$$

$$C_{jc} = C_{jco}\left(1 - \frac{U'_{BC}}{\phi_{iC}}\right)^{-MC} \qquad C_{js} = C_{jso}\left(1 - \frac{U'_{SC}}{\phi_{iS}}\right)^{-MS}$$

$$C_{be} = \tau_N g_m + C_{jeo}\left(1 - \frac{U'_{BE}}{\phi_{iE}}\right)^{-ME} \approx \tau_N g_m + 2C_{jeo}$$

n-Kanal MOS-Transistor

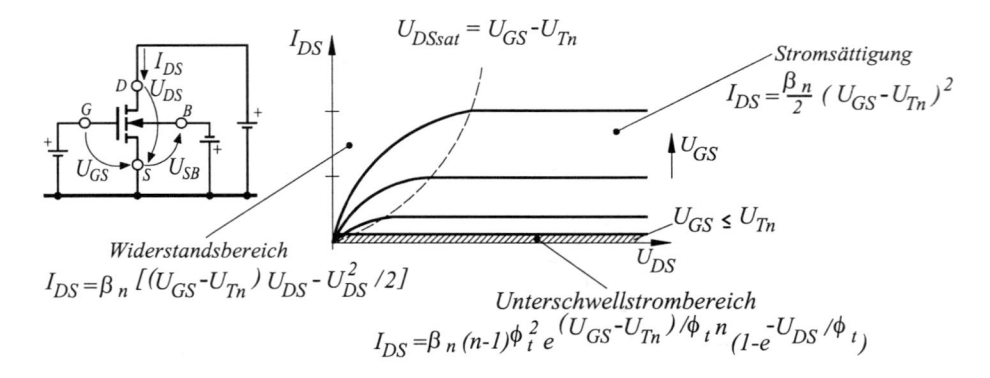

$U_{DSsat} = U_{GS} - U_{Tn}$

Stromsättigung: $I_{DS} = \dfrac{\beta_n}{2}(U_{GS} - U_{Tn})^2$

$U_{GS} \leq U_{Tn}$

Widerstandsbereich: $I_{DS} = \beta_n [(U_{GS} - U_{Tn}) U_{DS} - U_{DS}^2/2]$

Unterschwellstrombereich: $I_{DS} = \beta_n (n-1) \phi_t^2 \, e^{(U_{GS} - U_{Tn})/\phi_t n} (1 - e^{-U_{DS}/\phi_t})$

$$U_{Tn} = U_{Ton} + \gamma\left(\sqrt{2\phi_F + U_{SB}} - \sqrt{2\phi_F}\right); \quad U_{Ton} = U_{FB} + 2\phi_F + \gamma\sqrt{2\phi_F}$$

$$\gamma = \dfrac{\sqrt{qN_A 2\varepsilon_o \varepsilon_{Si}}}{C'_{ox}}; \quad \beta_n = k_n \dfrac{w}{l}; \quad k_n = \mu_{eff} C'_{ox}; \quad \phi_F = \phi_t \ln N_A / n_i$$

p-Kanal MOS-Transistor

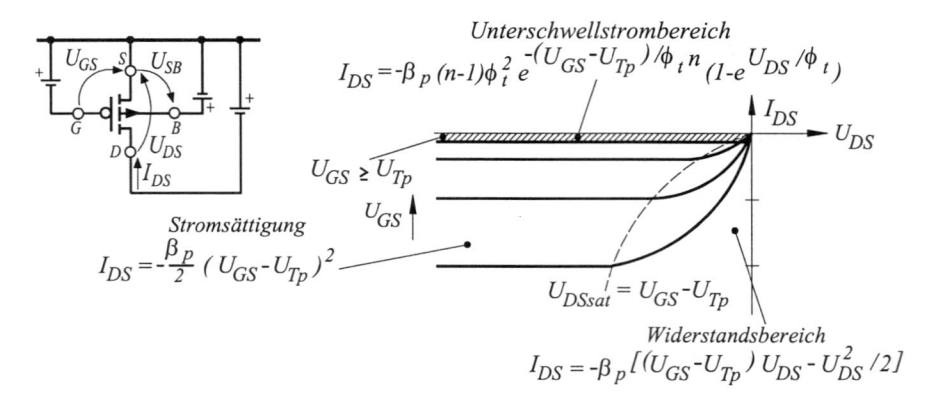

Unterschwellstrombereich: $I_{DS} = -\beta_p (n-1) \phi_t^2 \, e^{-(U_{GS} - U_{Tp})/\phi_t n} (1 - e^{U_{DS}/\phi_t})$

$U_{GS} \geq U_{Tp}$

Stromsättigung: $I_{DS} = -\dfrac{\beta_p}{2}(U_{GS} - U_{Tp})^2$

$U_{DSsat} = U_{GS} - U_{Tp}$

Widerstandsbereich: $I_{DS} = -\beta_p [(U_{GS} - U_{Tp}) U_{DS} - U_{DS}^2/2]$

$$U_{Tp} = U_{Top} - \gamma\left(\sqrt{-2\phi_F - U_{SB}} - \sqrt{-2\phi_F}\right); \quad U_{Top} = U_{FB} + 2\phi_F - \gamma\sqrt{-2\phi_F};$$

$$\gamma = \dfrac{\sqrt{qN_D 2\varepsilon_o \varepsilon_{Si}}}{C'_{ox}}; \quad \beta_p = k_p \dfrac{w}{l}; \quad k_p = \mu_{eff} C'_{ox}; \quad \phi_F = -\phi_t \ln N_D / n_i$$

Kleinsignal-Ersatzschaltbild für n-Kanal und p-Kanal MOS-Transistor

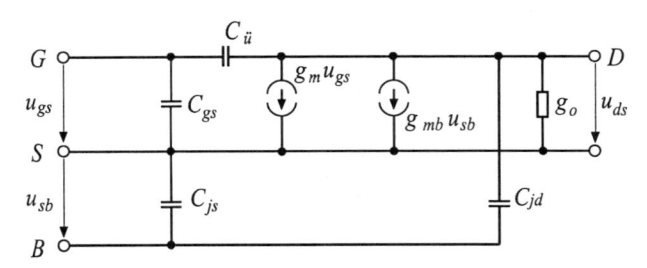

n-Kanal Transistor   **p-Kanal-Transistor**

Übertragungsleitwert (Gate)

$$g_m = \sqrt{2 I_{DS,n} \beta_n (1 + \lambda_n U_{DS})} \qquad g_m = \sqrt{-2 I_{DS,p} \beta_p (1 - \lambda_p U_{DS})}$$

Übertragungsleitwert (Substrat)

$$g_{mb} = \frac{-g_m \gamma}{2\sqrt{2\phi_F + U_{SB}}} \qquad g_{mb} = \frac{-g_m \gamma}{2\sqrt{-2\phi_F - U_{SB}}}$$

Ausgangsleitwert

$$g_o = \frac{I_{DS} \lambda_n}{1 + \lambda_n U_{DS}} \approx I_{DS} \lambda_n \qquad g_o = \frac{-I_{DS} \lambda_p}{1 - \lambda_p U_{DS}} \approx -I_{DS} \lambda_p$$

Kleinsignal-Kapazitäten

$$C_{gs} = \tfrac{2}{3} C_{ox}$$

$$C_{js} = C_{jos} \left(1 - \frac{U_{BS}}{\phi_i}\right)^{-M} \qquad C_{js} = C_{jos} \left(1 - \frac{U_{SB}}{\phi_i}\right)^{-M}$$

$$C_{jd} = C_{jod} \left(1 - \frac{U_{BD}}{\phi_i}\right)^{-M} \qquad C_{jd} = C_{jod} \left(1 - \frac{U_{DB}}{\phi_i}\right)^{-M}$$

MOS-Inverter

Bedingungen: $U_{CC} = 3V$; $U_{IH} = 3V$; $U_{Tn} = 0{,}45V$, $U_{Tp} = -0{,}45V$

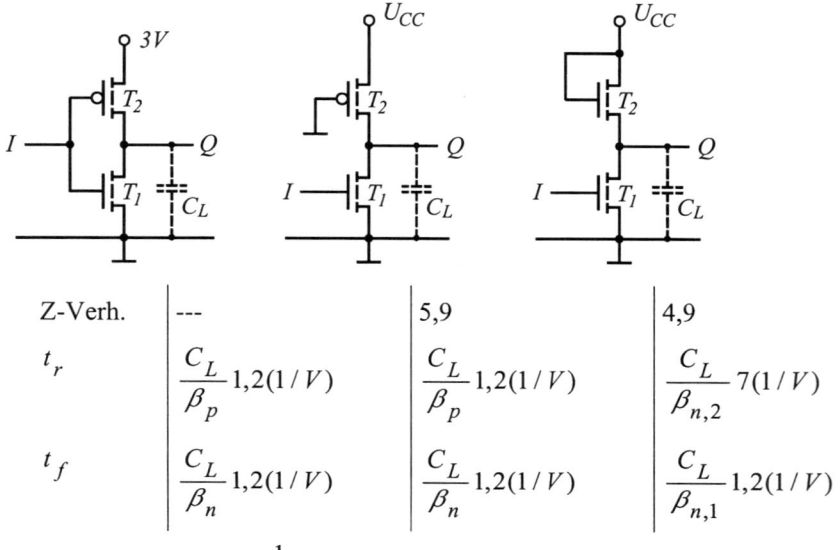

Z-Verh.	---	5,9	4,9
t_r	$\dfrac{C_L}{\beta_p} 1{,}2(1/V)$	$\dfrac{C_L}{\beta_p} 1{,}2(1/V)$	$\dfrac{C_L}{\beta_{n,2}} 7(1/V)$
t_f	$\dfrac{C_L}{\beta_n} 1{,}2(1/V)$	$\dfrac{C_L}{\beta_n} 1{,}2(1/V)$	$\dfrac{C_L}{\beta_{n,1}} 1{,}2(1/V)$

Verzögerungszeit: $\quad t_d \approx \dfrac{1}{4}(t_r + t_f)$

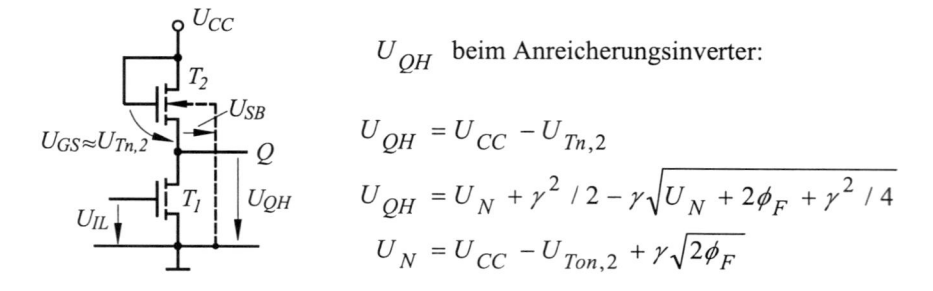

U_{QH} beim Anreicherungsinverter:

$$U_{QH} = U_{CC} - U_{Tn,2}$$

$$U_{QH} = U_N + \gamma^2/2 - \gamma\sqrt{U_N + 2\phi_F + \gamma^2/4}$$

$$U_N = U_{CC} - U_{Ton,2} + \gamma\sqrt{2\phi_F}$$

Leistungsverbrauch beim Komplementärinverter

$$P_{tr} = \frac{\beta}{12}\left[U_{CC} - 2U_{Tn}\right]^3 \frac{\tau}{T}$$

$$P_{dyn} = C_L U_{CC}^2 f$$

1 Grundlagen der Halbleiterphysik

In diesem Kapitel werden einige wichtige Grundlagen der Halbleiterphysik behandelt, die zum Verständnis der Halbleiter-Bauelemente unbedingt benötigt werden. Ausgangspunkt dazu ist das Bändermodell und die Entstehung von freien Elektronen und Löchern sowie deren Dichte. Der Ladungsträgertransport, der durch Drift und Diffusion entsteht, wird beschrieben. Das Kapitel endet mit einem theoretischen Experiment, bei dem durch Störungen im Halbleiter die Begriffe Injektion und Extraktion und das örtliche Verhalten von Minoritätsträgern analysiert werden. Eine vertiefende Betrachtung behandelt dabei den Einfluss von Generation und Rekombination auf die Ladungsträgerdichten. Die gewonnenen Beziehungen, insbesondere die Beschreibung des örtlichen Verhaltens von Minoritätsträgern, bilden die Grundlage für die folgenden Kapitel.

1.1 Theorie des Bändermodells

Nach dem Bohrschen Atommodell wird ein positiv geladener Atomkern von Elektronen umkreist. Die Elektronen befinden sich in sog. Schalen. Jeder Schale ist eine bestimmte Anzahl von Elektronen mit ihrem jeweiligen Spin zugeordnet. Innerhalb der Schale nehmen dabei die Elektronen infolge des quantenmechanischen Verhaltens unterschiedliche diskrete Energiezustände, auch Energieniveaus genannt, ein (Bild 1.1a).

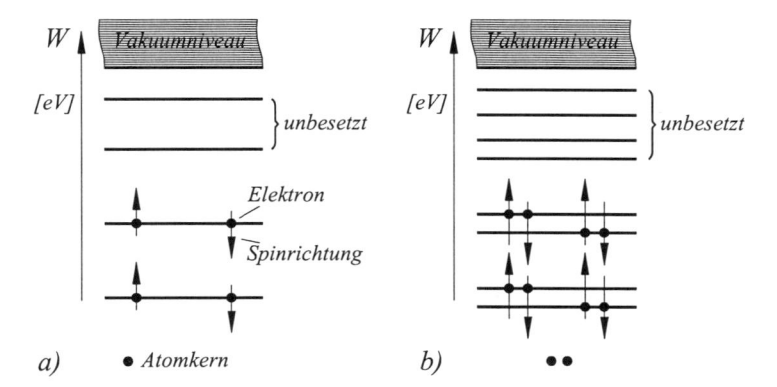

Bild 1.1:   Schematische Darstellung der Energieniveaus; a) Einzelatom; b) zwei eng benachbarte Atome

Entsprechend dem Pauli-Prinzip können jedoch nur maximal zwei Elektronen mit unterschiedlichem Spin dasselbe Niveau besetzen. Das negativ geladene Elektron hat infolge der Coulombschen Kräfte um so mehr Energie, je weiter es vom positiven Atomkern entfernt ist. Es ist frei, wenn es das Vakuumniveau erreicht hat. Dies kann man durch beliebig viele Energieniveaus beschreiben, die das Elektron dort annehmen kann. Ausgedrückt wird die Energie in Elektronenvolt. Dies ist die Energie, die ein Elektron annimmt, wenn es eine Potentialdifferenz von 1 V überwindet.

Somit ist: $1 \text{ eV} = 1 \text{ V} \cdot 1{,}6 \cdot 10^{-19} \text{ As}$.

Was passiert nun, wenn zwei Atome in Wechselwirkung zueinander gelangen? Abhängig von den Abständen zwischen den Atomen überlappen die Elektronenwellenfunktionen, wobei sich die Energieniveaus aufspalten (Bild 1.1b). Treten z.B. N Atome in Wechselwirkung, so geschieht eine N-fache Aufspaltung aller Energieniveaus. Da N bei den meisten Materialien mit ca. 10^{23} Atome/cm³ sehr groß ist, entstehen entsprechend viele sehr dicht benachbarte Energieniveaus, die durch Elektronen eingenommen oder anders ausgedrückt, besetzt werden können. Man spricht in diesem Fall von Energiebändern.

Bändermodell des Halbleiters

In Bild 1.2 sind die Energiebänder eines Halbleiterkristalls schematisch dargestellt.

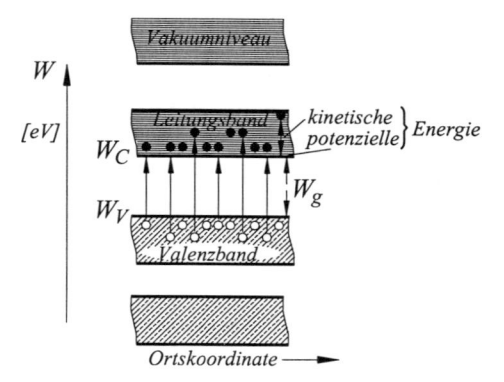

Bild 1.2:   *Schematische Darstellung der äußeren Energiebänder eines Kristalls*

Beim Halbleiter sind von diesen Bändern nur das Oberste, das Leitungsband und das tiefer liegende Valenzband von Interesse. Der Grund dafür ist, dass alle darunter befindlichen Bänder mit Elektronen voll besetzt sind. Diese können dadurch innerhalb dieser Bänder keine kinetische Energie aufnehmen und keinen Beitrag zum elektrischen Strom liefern. Zur leichteren Unterscheidung werden die Elektronen im Leitungsband häufig Leitungsbandelektronen und diejenigen im Valenzband, Valenzbandelektronen genannt. Der Energieabstand W_g, der die Bänder trennt, kann als verbotene Zone betrachtet werden, in der keine zu besetzenden Energieniveaus vorhanden sind.

1 Grundlagen der Halbleiterphysik

Bei sehr tiefer Temperatur befinden sich keine Elektronen im Leitungsband, wogegen im Valenzband alle Energieniveaus durch Elektronen besetzt sind. Durch Erhöhen der Temperatur sind Elektronen in der Lage, den Energieabstand W_g zu überwinden und vom Valenz- ins Leitungsband zu gelangen. Dadurch entstehen gleichzeitig unbesetzte Niveaus im Valenzband. Im Leitungsband können die Elektronen als frei beweglich betrachtet werden. Sie sind innerhalb des Bandes in der Lage, energetisch höher oder tiefer liegende Niveaus zu besetzen und dabei kinetische Energie auf- oder abzugeben. An der Leitungsbandkante W_C haben die Elektronen ihre geringste Energie. Diese entspricht ihrer potenziellen Energie innerhalb des Bandes.

Diesen Vorgang kann man auch wie folgt beschreiben: Bei endlicher Temperatur führen die Atome, z.B. des Halbleiters, Schwingungen um ihre Ruhelage aus und es besteht eine gewisse Wahrscheinlichkeit für das Aufbrechen kovalenter Bindungen, wodurch freie Elektronen entstehen.

Löcherkonzept

Die Elektronen, die ins Leitungsband gelangen, hinterlassen im Valenzband unbesetzte Niveaus. In diese können benachbarte Elektronen (Valenzbandelektronen) wandern, wodurch an anderen Stellen wiederum unbesetzte Niveaus entstehen. Diese Wanderung der unbesetzten Niveaus kann man wie die Wanderung positiver Ladungen, auch Löcher genannt, betrachten. Dies wird im Folgenden gezeigt. Bei Anliegen eines Feldes ist die Stromdichte

$$J = \rho v \tag{1.1}$$

proportional zur Ladungsdichte pro Volumen ρ und deren mittleren Geschwindigkeit v. Demnach beträgt die Stromdichte, die durch die Elektronen des Leitungsbandes entsteht

$$\begin{aligned} J_n &= \rho v_n \\ &= -qnv_n, \end{aligned} \tag{1.2}$$

wobei n die Zahl der Leitungsbandelektronen pro Volumen, v_n deren mittlere Geschwindigkeit und $-q$ die Ladung des Elektrons ($q = 1{,}6 \cdot 10^{-19}$ As) ist.

Betrachtet man die Stromdichte, die durch die Valenzbandelektronen entsteht, so ist die Situation anders, da den sehr vielen Valenzbandelektronen nur sehr wenige unbesetzte Niveaus gegenüberstehen. Anstatt nun den Beitrag aller Valenzbandelektronen zur Stromdichte zu berücksichtigen, ist es einfacher, nur die Wanderung eines freien Zustandes zu betrachten. Wie man sich dies vorstellen kann, ist in Bild 1.3a skizziert.

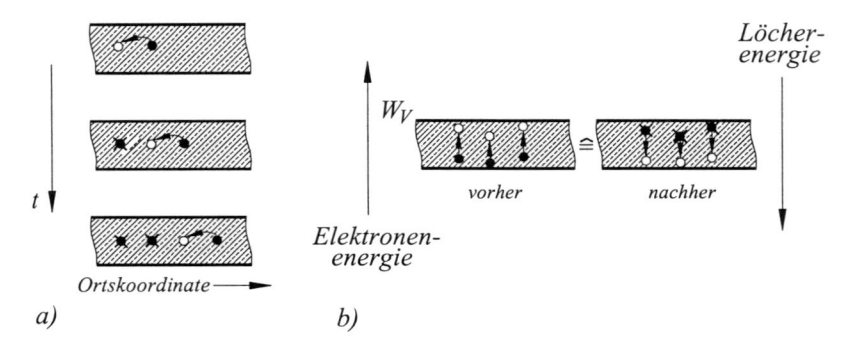

Bild 1.3: Darstellung im Valenzband; a) Löcherwanderung; b) Löcherenergie

In die Leerstelle springt ein Valenzbandelektron. Dies hinterlässt dadurch an einem anderen Ort eine neue Leerstelle, in die wiederum ein Valenzbandelektron springen kann usw. Dadurch entsteht eine Leerstellenwanderung, auch Löcherwanderung genannt, die entgegengesetzt zu der der Valenzbandelektronen ist. Entsprechend diesem Modell kann die Löcherwanderung wie die Wanderung positiv geladener Teilchen aufgefasst werden, die eine Stromdichte

$$J_p = + qpv_p \qquad (1.3)$$

zur Folge haben, wobei p die Löcherdichte pro Volumen, v_p deren mittlere Geschwindigkeit und $+q$ die Löcherladung beschreibt. Mit den unterschiedlichen Ladungen von Elektronen und Löchern ergeben sich somit die in Bild 1.4 gezeigten Teilchenbewegungen, wenn ein elektrisches Feld E am Halbleiter anliegt.

Bild 1.4: Teilchenbewegungen im Halbleiter

Der Anstieg der Löcherenergie ist entgegengesetzt zu der der Elektronenenergie. Dies ist, wie in Bild 1.3b gezeigt, wie folgt zu verstehen: Im Valenzband sind Leerstellen vorhanden. Durch Zuführen von Energie können energetisch niedriger liegende Valenzbandelektronen dorthin gelangen, wobei Leerstellen hinterlassen werden. Demnach haben die Löcher an der Valenzbandkante W_V die kleinstmögliche Energie, die der potenziellen Energie entspricht. Innerhalb des Bandes können die Löcher als frei beweglich betrachtet werden und kinetische Energie aufnehmen oder abgeben.

1 Grundlagen der Halbleiterphysik

Bändermodelle im Vergleich

In Bild 1.5 ist ein Vergleich der Bändermodelle von Metallen, Isolatoren und Halbleitern dargestellt.

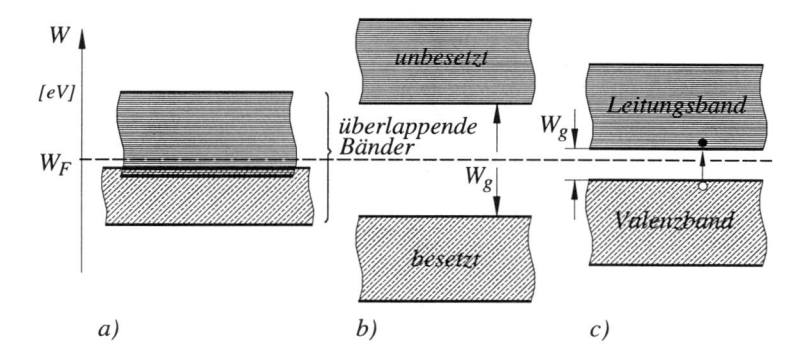

Bild 1.5: *Vergleich der Bändermodelle; a) Metall; b) Isolator; c) Halbleiter*

Metalle besitzen mehrere überlappende Bänder ohne Bandabstand. Elektronen sind damit in der Lage, bereits bei sehr geringer Energiezufuhr kinetische Energie aufzunehmen und unbesetzte Energieniveaus zu belegen. Dadurch kommt es schon bei sehr kleinen Feldstärken zu einem Stromfluss. Beim Isolator ist die Situation genau entgegengesetzt, es ist ein großer Bandabstand vorhanden, der z.B. bei Siliziumdioxid 8eV beträgt. Dadurch können unter normalen Bedingungen keine Elektronen diese Barriere überwinden. Da ein Band vollkommen besetzt und das andere leer ist, ist ein Stromfluss nicht möglich. Im Vergleich dazu ist der Bandabstand des Halbleiters (1,1eV bei Si) gering, so dass bereits bei Raumtemperatur im Silizium $1,45 \cdot 10^{10}$ Elektronen und Löcher pro cm^{-3} entstehen.

Intrinsicdichte

Durch Zuführung ausreichender thermischer Energie gelangen aus dem Valenzband über die sog. verbotene Zone Elektronen in das Leitungsband. Es entstehen Elektron-Lochpaare. Dieser Vorgang wird als Generation bezeichnet. Gleichzeitig läuft ein gegenläufiger Vorgang ab, bei dem Elektronen Energie verlieren und über die verbotene Zone zurück ins Valenzband gelangen. Beide Ladungsträger verschwinden. Dieser Vorgang wird Rekombination genannt. Ein thermodynamisches Gleichgewicht zwischen Generation und Rekombination stellt sich ein. Bei einem reinen Halbleiter ist die Konzentration der Elektronen gleich der der Löcher. Diese Konzentration wird Eigenleitungsträgerdichte oder Intrinsicdichte n_i genannt. Sie ist eine Funktion der Temperatur T sowie der Breite des Bandabstandes W_g. Dies ist ersichtlich aus den experimentellen Daten |THUM| von Bild 1.6.

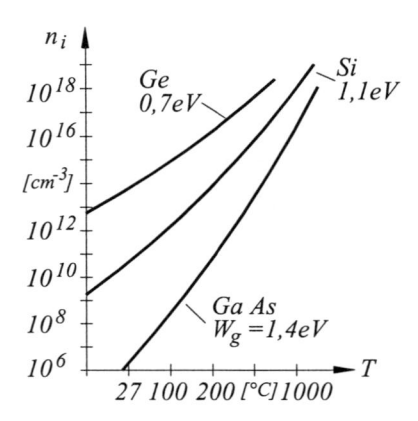

Bild 1.6:   *Temperaturabhängigkeit der Intrinsicdichten von Ge, Si und GaAs*

Wie erwartet, ist die Intrinsicdichte um so größer, je kleiner der Bandabstand und je höher die Temperatur ist.

Von den in Bild 1.6 dargestellten Halbleitern nimmt Silizium eine dominierende Rolle ein. Nahezu alle integrierten Schaltungen sind daraus hergestellt. Aus diesem Grund wird in dem gesamten Text, bis auf wenige Ausnahmen, nur dieses Element betrachtet.

1.2 Dotierte Halbleiter

Die elektrischen Eigenschaften von Halbleitern können durch den Einbau von Fremdatomen, Dotierung genannt, so verändert werden, dass Halbleiter-Bauelemente entstehen.

Silizium ist ein Element der IV. Gruppe im Periodensystem. Es besitzt auf der äußeren Schale vier Elektronen. Da acht äußere Elektronen zu einer vollständigen Schale gehören, ergeben sich vier Elektronenpaarbindungen zu vier gleichartigen Atomen, wodurch jedes Atom quasi acht äußere Elektronen besitzt. Diese Art der Bindung wird kovalente Bindung genannt.

Wird an den Gitterplatz des Siliziums ein fünfwertiges Atom (z.B. Phosphor) gebracht, so ist bei diesem Atom eine Bindung ungesättigt (Bild 1.7a). Den fünf äußeren Elektronen des Phosphors stehen vier äußere Elektronen des Siliziums gegenüber.

1 Grundlagen der Halbleiterphysik

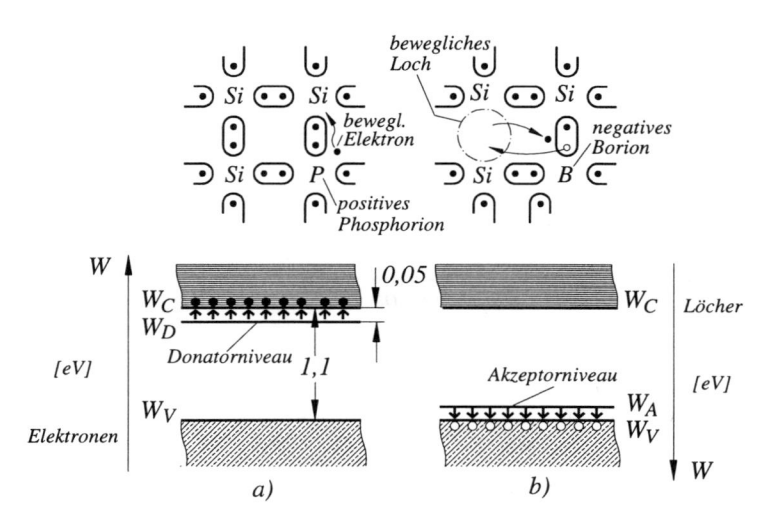

Bild 1.7: *Strukturschema und Bänderdiagramm; a) n-Typ Halbleiter*
b) p-Typ Halbleiter

Dies bedeutet, dass das zusätzliche Elektron des Phosphoratoms sehr leicht vom Atomkern abzuspalten ist. Das ist auch ersichtlich bei Betrachtung des Bänderdiagramms. Die für die Abspaltung des Elektrons benötigte Energie, die Ionisationsenergie, ist mit ca. $(W_C - W_D) = 0,05$ eV sehr viel kleiner, als die des Bandabstandes. Deshalb reicht bereits eine sehr geringe Energie aus, um das Phosphoratom im Siliziumgitter zu ionisieren, wodurch ein frei bewegliches Elektron und ein positiv geladenes, ortsfestes Phosphorion entstehen. Da die beweglichen Ladungsträger negativ geladen sind, spricht man vom n-Typ Halbleiter, und das Dotierungsatom nennt man Donator, da es ein Elektron gespendet hat.

Eine analoge Situation zu der vorherigen ergibt sich, wenn in das Gitter des Siliziums ein dreiwertiges Atom (z.B. Bor) eingebaut wird. Da ein dreiwertiges Atom ein äußeres Elektron weniger hat als das Silizium, kann aus einer benachbarten Bindung leicht ein Elektron an diese Stelle gelangen. Im Bänderdiagramm bedeutet dies, dass bei der Energiezufuhr $(W_A - W_V)$ Elektronen zum Akzeptorniveau gelangen, wodurch ein negativ geladenes ortsfestes Borion und ein frei bewegliches Loch entstehen. Da die Löcher positiv geladen sind, nennt man diese Art p-Typ Halbleiter und das Dotierungsatom Akzeptor. Gemessene Ionisationsenergien von verschiedensten Dotierstoffen sind in $|SZE|$ enthalten.

Extrinsicdichte

Das Temperaturverhalten dotierter Halbleiter ist am Beispiel eines n-Typ Halbleiters in Bild 1.8 dargestellt.

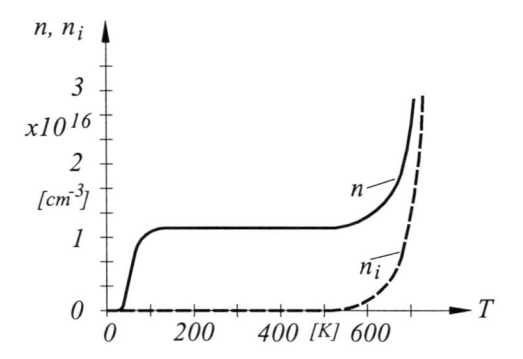

Bild 1.8: *Elektronenkonzentrationen im n-Typ Halbleiter als Funktion der Temperatur /MORI/*

Ab etwa 100 K sind nahezu alle Dotieratome ionisiert, so dass die dadurch erzeugten Elektronen dominieren. Diese Dichte wird Extrinsicdichte genannt. Ab etwa 400 K beginnt die Zahl der aufgebrochenen kovalenten Verbindungen n_i bereits merkbare Werte anzunehmen, so dass bei noch höherer Temperatur die Intrinsicdichte überwiegt.

Im technisch interessanten Bereich (–50°C bis 125°C) dominiert die Extrinsicdichte. Durch die Wahl der Dotierungsdichte kann diese eingestellt werden, so dass Halbleiterbauelemente realisiert und optimiert werden können.

1.3 Gleichungen für den Halbleiter im Gleichgewichtszustand

In diesem Abschnitt werden Gleichungen für den Halbleiter im thermodynamischen Gleichgewicht abgeleitet, mit denen die Ladungsträgerkonzentrationen für dotierte und undotierte Halbleiter berechnet werden können.

1.3.1 Fermi-Verteilungsfunktion

Für die Berechnung der Ladungsträgerkonzentration wird die Fermi-Verteilungsfunktion benötigt. Mit ihrer Hilfe kann die Wahrscheinlichkeit $F(W)$, dass ein Energieniveau W von Elektronen besetzt ist, berechnet werden |MÜLL|.

Für thermodynamisches Gleichgewicht gilt:

1 Grundlagen der Halbleiterphysik

$$F(W) = \frac{1}{1 + e^{(W-W_F)/kT}} \qquad (1.4)$$

wobei k die Boltzmannkonstante ($k = 8{,}62 \cdot 10^{-5}$ eV/K $= 1{,}38 \cdot 10^{-23}$ J/K) und T die absolute Temperatur in Kelvin ist. Die Energie W_F wird Ferminiveau genannt. Sie ist eine wichtige Größe, die im Folgenden näher betrachtet wird.

Hat ein Energieniveau W den Wert des Ferminiveaus, so ergibt sich eine Besetzungswahrscheinlichkeit von:

$$F(W = W_F) = \frac{1}{1 + e^{(W_F - W_F)/kT}} = \frac{1}{2}.$$

D.h. mit einer Wahrscheinlichkeit von 50 % wäre dieses Energieniveau mit Elektronen besetzt. Dieser Zusammenhang ist in Bild 1.9 dargestellt, bei dem Ordinate und Abszisse vertauscht wurden, um das Resultat der Funktion leichter ins Bänderdiagramm zu übertragen.

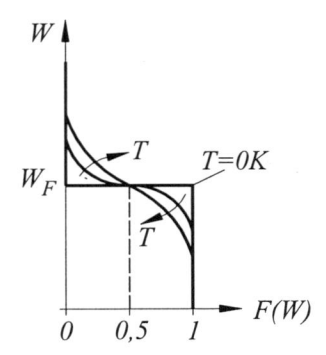

Bild 1.9:   Fermi-Verteilungsfunktion

Eine weitere Betrachtung der Gleichung (1.4) ergibt, dass bei $T \to 0\,K$ die Verteilungsfunktion eine rechteckige Form annimmt. Bei dieser Temperatur ist für $W < W_F$ $F(W) = 1$ und für $W > W_F$ $F(W) = 0$. Dies bedeutet, dass unterhalb der Energie W_F alle Energieniveaus mit Elektronen besetzt und oberhalb W_F alle unbesetzt sind. Bei endlicher Temperatur verändert sich die Besetzungswahrscheinlichkeit stetig, wie Bild 1.9 zeigt.

Für Energien W, die mehr als ca. 0,1 eV bei Raumtemperatur über oder unter dem Ferminiveau liegen, kann die Fermi-Verteilungsfunktion Gleichung (1.4) durch die einfachere Boltzmann-Verteilungsfunktion

$$F(W) \approx e^{-(W-W_F)/kT} \quad \text{bei } W > W_F \qquad (1.5)$$

$$F(W) \approx 1 - e^{-(W_F - W)/kT} \quad \text{bei } W < W_F \qquad (1.6)$$

ersetzt werden. Die Anwendung der Fermi-Verteilungsfunktion auf einen reinen Halbleiter ist in Bild 1.10 dargestellt. Ausgangspunkt bei dieser Betrachtung ist die Zustandsdichte $N(W)$. Diese ergibt sich aus den Überlegungen des 1. Abschnitts. Aus je einem diskreten Energieniveau eines Atoms ergaben sich bei einem Kristall mit N Atomen N Energieniveaus, die jeweils mit maximal zwei Elektronen unterschiedlicher Spins besetzt werden können. Ein Energieniveau hat somit zwei verfügbare Plätze. Ein verfügbarer Platz im Band wird Zustand genannt. Die Zustandsdichte $N(W)$ ist demnach die Anzahl der Zustände pro Volumen- und Energieeinheit im Leitungs- oder Valenzband, die durch die Elektronen bzw. Löcher besetzt werden können. Dies ist in Bild 1.10 dargestellt.

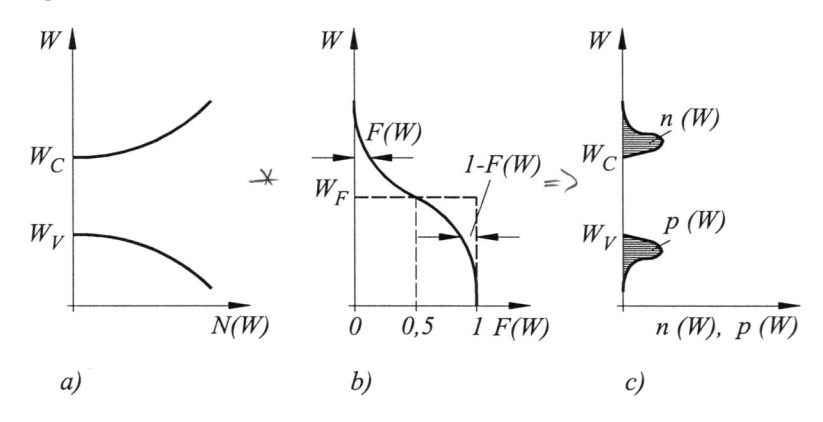

Bild 1.10: Intrinsic-Halbleiter; a) Zustandsdichte; b) Verteilungsfunktion; c) Ladungsträgerverteilung **(Bilder nicht maßstabsgerecht)**

Die Ladungsträgerdichten in Abhängigkeit der Energie $n(W)$ bzw. $p(W)$ erhält man durch Multiplikation der Zustandsdichte $N(W)$ im Leitungsband und $N^*(W)$ im Valenzband mit der entsprechenden Besetzungswahrscheinlichkeit $F(W)$, d.h.:

$$n(W) = N(W)F(W) \quad \text{und} \tag{1.7}$$

$$p(W) = N^*(W)\left[1 - F(W)\right]. \tag{1.8}$$

In Gleichung (1.8) ist $[1 - F(W)]$ die Wahrscheinlichkeit für das Nichtantreffen von Elektronen, d.h. für das Antreffen von Löchern.

Im Leitungsband ist die Zustandsdichte sehr groß. Da jedoch die Besetzungswahrscheinlichkeit dieser Zustände gering ist, sind nur relativ wenig Elektronen im Leitungsband vorhanden. Im Gegensatz dazu sind nahezu alle Zustände im Valenzband mit Elektronen besetzt, da die Besetzungswahrscheinlichkeit nahe eins ist. Dort sind somit nur relativ wenig unbesetzte Zustände, d.h. Löcher vorhanden. Bei einem n-Typ Halbleiter ist, wie in Bild 1.11 gezeigt, nahe der Leitungsbandkante ein Donatorniveau, das eine Zustandsdichte N_D besitzt, vorhanden. Diese wird als Dirac-Funktion dargestellt.

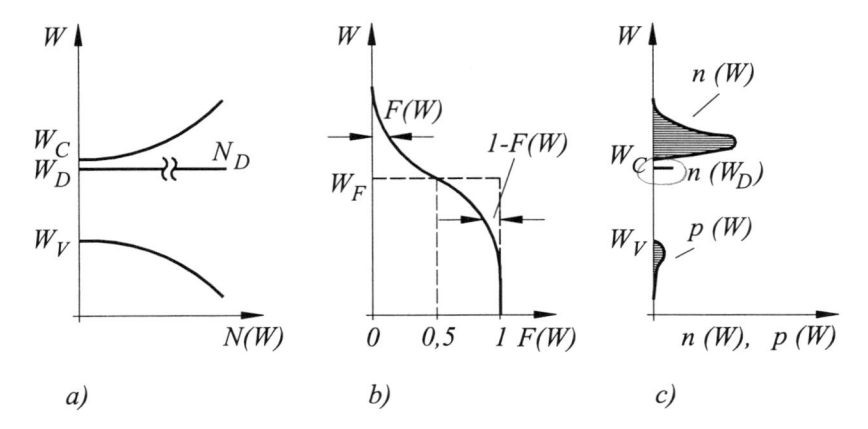

Bild 1.11: Extrinsic-Halbleiter (n-Typ); a) Zustandsdichte; b) Verteilungsfunktion; c) Ladungsträgerverteilung **(Bilder nicht maßstabsgerecht)**

Bereits bei sehr kleinen Energien sind von diesem Niveau aus Elektronen in das Leitungsband gelangt und haben die freien Zustände besetzt. Damit muss dort die Besetzungswahrscheinlichkeit zunehmen. Dies geschieht durch das Anheben des Ferminiveaus und damit der gesamten Verteilungskurve in Richtung Leitungsband. Im Gegensatz dazu wird beim p-Typ Halbleiter die gesamte Verteilungskurve in Richtung Valenzband verschoben. Die genaue Lage des Ferminiveaus kann, wie es am Ende dieses Abschnitts gezeigt wird, aus der Ladungsneutralität des Halbleiters hergeleitet werden.

Man spricht von 100 %iger Ionisation, wenn alle Ladungsträger im Leitungsband sind und bei dem Donatorniveau $n(W_D)$ keine Ladungsträger mehr vorhanden sind. Dies ist in guter Näherung bis ca. $N_D \approx 10^{18}$ Atom/cm^3 der Fall (Aufgabe 1.2).

1.3.2 Ladungsträgerkonzentration im Gleichgewichtszustand

Die Gesamtzahl der vorhandenen Elektronen n pro Volumen ergibt sich durch Integration von $n(W)$ über dem Leitungsband und zwar von der Leitungsbandkante W_C bis zum Ende des Leitungsbandes W_E.

$$n_o = \int_{W_C}^{W_E} N(W) F(W) dw \qquad (1.9)$$

Der Index Null bei der Trägerkonzentration wird zur Kennzeichnung des thermodynamischen Gleichgewichts verwendet. Das Resultat der Integration ist bei Anwendung der Boltzmann-Verteilungsfunktion

$$n_o = N_C \, e^{-(W_C - W_F)/kT} \quad (1.10)$$

und analog dazu

$$p_o = N_V \, e^{-(W_F - W_V)/kT} \quad (1.11)$$

N_C bzw. N_V sind in diesen Gleichungen die äquivalenten Zustandsdichten für Elektronen und Löcher, die mit Hilfe der Quantentheorie berechnet werden können |KITT|. Diese Zustandsdichten kann man sich unmittelbar an der entsprechenden Bandkante, wo sie mit der für die Bandkante gültigen Wahrscheinlichkeit besetzt werden, vorstellen. Dies geht aus den in den Bildern gezeigten Ladungsträgerverteilungen nicht hervor, da zur Verbesserung der Anschaulichkeit die Verteilungsfunktion nicht maßstabsgerecht aufgetragen wurde.

Bei Raumtemperatur (300 K) betragen die äquivalenten Dichten für Silizium:

$N_C = 2,8 \cdot 10^{19}$ cm^{-3} und $N_V = 1,04 \cdot 10^{19}$ cm^{-3}. Der Unterschied zwischen N_C und N_V ist auf die verschiedenen effektiven Massen von Elektronen und Löcher zurückzuführen, die den Einfluss des Kristallgitters auf die Ladungsträgerbewegung berücksichtigen.

Alternative Beziehungen zur Bestimmung der Ladungsträgerdichten

In den vorhergehenden Gleichungen sind die Ladungsträgerdichten als Funktion der äquivalenten Zustandsdichten angegeben. Im Folgenden werden alternative Gleichungen hergeleitet, die sich auf die Intrinsicdichte und das Intrinsicniveau beziehen.

Für den reinen (intrinsic) Halbleiter, bei dem Elektronen und Löcher immer als Paar auftreten, gilt:

$$n_o = p_o = n_i$$

$$N_C \, e^{-(W_C - W_F)/kT} = N_V \, e^{-(W_F - W_V)/kT} \quad (1.12)$$

woraus sich ein Ferminiveau von

$$W_F = W_i = \tfrac{1}{2}(W_C + W_V) + \tfrac{1}{2} kT \ln \frac{N_V}{N_C} \quad (1.13)$$

ergibt, das Intrinsicniveau W_i bezeichnet wird. Der rechte Term dieser Gleichung ist vernachlässigbar klein (< 0,01eV bei Raumtemperatur). Damit liegt das Ferminiveau für einen reinen Halbleiter nahezu in der Mitte des verbotenen Bandes.

Mit $W_F = W_i$ ergibt sich aus Beziehung (1.10)

1 Grundlagen der Halbleiterphysik

$$n_o = N_C e^{-(W_C - W_F)/kT}$$

und Gleichung (1.12)

$$n_i = N_C e^{-(W_C - W_i)/kT}$$

nach Division der Beiden eine Elektronendichte von

$$\boxed{n_o = n_i e^{(W_F - W_i)/kT}} \qquad (1.14)$$

und analog dazu eine Löcherdichte von

$$\boxed{p_o = n_i e^{(W_i - W_F)/kT}} \qquad (1.15)$$

Bei diesen beiden alternativen Beziehungen hat das Energieniveau W_i die Bedeutung einer Bezugsenergie.

1.3.3 Das Dichteprodukt im Gleichgewichtszustand

Eine weitere äußerst wichtige Beziehung ergibt sich, wenn man das Dichteprodukt aus Gleichungen (1.10) und (1.11) bzw. (1.14) und (1.15)

$$p_o n_o = N_V N_C e^{-W_g/kT} \qquad (1.16)$$

$$\boxed{p_o n_o = n_i^2}$$

bildet, wobei $W_g = W_C - W_V$ den Bandabstand beschreibt.

Diese Gleichung sagt aus, dass das Dichteprodukt unabhängig vom Ferminiveau ist und somit unabhängig von der Dotierung. Warum dies so ist, wird im Folgenden näher betrachtet. Die Generationsrate von Elektron-Lochpaaren $G(T)$ ist nur eine Funktion von der Temperatur und der Eigenschaft des intrinsischen Materials. Dotierungen spielen näherungsweise keine Rolle, da im interessierenden Temperaturbereich Donatoren und Akzeptoren ionisiert sind (siehe Bild 1.8). Die Rekombinationsrate dagegen hängt zusätzlich noch von der Konzentration der Elektronen und Löcher ab, da nur deren Wechselwirkung zum paarweisen Verschwinden führt. Somit kann die Rekombinationsrate

$$R = n_o p_o r(T) \qquad (1.17)$$

als Produkt der beiden Ladungsträgerarten sowie einer Funktion $r(T)$, die den Rekombinationsmechanismus im Kristall als Funktion der Temperatur wiedergibt, beschrieben werden. Dies ist einleuchtend, da im Fall, wenn eine Ladungsträgerart nicht vorhanden ist, die Rekombinationsrate Null sein muss. Im thermodynamischen Gleichgewicht ist $G = R$ und damit das Dichteprodukt

$$n_o p_o = G(T)/r(T) = n_i^2\,(T) \qquad (1.18)$$

nur eine Funktion von der Temperatur. Dies ist in Bild 1.12 für den intrinsic und n-dotierten Halbleiter skizziert. Im letzten Fall verursacht die erhöhte Elektronendichte eine erhöhte Rekombination wodurch die Zahl der Löcher gegenüber derjenigen beim Intrinsic-Halbleiter abnimmt.

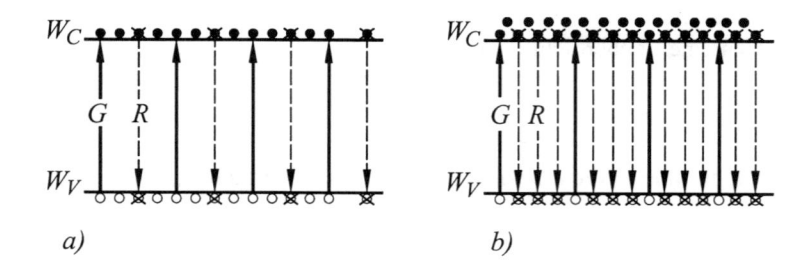

Bild 1.12:   *Schematische Darstellung von Generation und Rekombinationsraten; a) Intrinsic-Halbleiter; b) n-dotierter Halbleiter*

Temperaturabhängigkeit der Intrinsicdichte

Die Temperaturabhängigkeit der Intrinsicdichte ergibt sich aus Gleichung (1.16) zu

$$n_i = \sqrt{N_C N_V}\; e^{-W_g(T)/2kT} \qquad (1.19)$$

Zusätzlich sind die äquivalenten Zustandsdichten N_C und N_V noch temperaturabhängig. Wird dies berücksichtigt, resultiert

$$\boxed{n_i = C \left(\frac{T}{[K]}\right)^{3/2} e^{-W_g(T)/2kT}} \qquad (1.20)$$

wobei C eine temperaturunabhängige Konstante und [K] die Einheit für Kelvin ist. Außerdem ist eine leichte Abhängigkeit des Bandabstandes von der Temperatur durch Veränderung der Gitterkonstanten vorhanden |SZE|. Die Temperaturabhängigkeit der Intrinsicdichte ist in Bild 1.6 dargestellt.

Ferminiveau in Abhängigkeit von den Dotierungsdichten

Bisher wurden die Trägerdichten als Funktion der Bandabstände beschrieben. Im Folgenden sollen diese in Abhängigkeit von der Dotierungsdichte bestimmt werden. Der Lösungsansatz hierzu ist folgender:

1 Grundlagen der Halbleiterphysik

Ein homogen dotierter oder undotierter Halbleiter ist im thermodynamischen Gleichgewicht elektrisch neutral. Damit müssen sich die Ladungen der Elektronen und Löcher mit denen der ionisierten Donatoren N_D und Akzeptoren N_A

$$q(p_o - n_o + N_D - N_A) = 0 \qquad (1.21)$$

kompensieren. Hierbei wurde 100 %ige Ionisation der Dotieratome vorausgesetzt (Aufgabe 1.2). Damit ergibt sich, wenn eine Überschuss Donatordotierung ($N_D > N_A$) vorliegt, aus den Gleichungen (1.21) und (1.16) eine Elektronendichte von

$$n_{no} = \frac{1}{2}\left[N_D - N_A + \sqrt{(N_D - N_A)^2 + 4n_i^2}\right]$$

$$\boxed{n_{no} \approx N_D - N_A}, \qquad (1.22)$$

wobei der erste Index den Halbleitertyp (n-Typ) bezeichnet. Die Näherung ist solange gültig, wie $(N_D - N_A) \gg n_i$ ist (siehe Bild 1.8). Aus obiger Beziehung ist ersichtlich, dass die Elektronendichte von der Nettodichte der ionisierten Donatoren abhängig ist. D.h. ein p-Typ Halbleiter kann in einen n-Typ Halbleiter umdotiert werden, wenn $N_D > N_A$ ist.

Die Ladungsträger n_{no} im n-Typ Halbleiter werden Majoritätsträger genannt. Minoritätsträger sind dagegen die Löcher, die sich aus Beziehungen (1.22) und (1.16)

$$\boxed{p_{no} = \frac{n_i^2}{n_{no}} = \frac{n_i^2}{N_D - N_A}} \qquad (1.23)$$

bestimmen lassen.

Da die Ladungsträgerdichten bekannt sind, ergibt sich aus Gleichung (1.14) der gewünschte Zusammenhang

$$\begin{aligned} W_F - W_i &= kT \ln \frac{n_{no}}{n_i} \\ &= kT \ln \frac{N_D - N_A}{n_i} \end{aligned} \qquad (1.24)$$

zwischen der Lage des Energieniveaus und den Dotierungsdichten.

Für einen p-Typ Halbleiter ($N_A > N_D$) gilt analog:

$$p_{po} = \frac{1}{2}\left[N_A - N_D + \sqrt{(N_A - N_D)^2 + 4n_i^2}\right]$$

$$\boxed{p_{po} \approx N_A - N_D} \qquad (1.25)$$

$$\boxed{n_{po} = \frac{n_i^2}{p_{po}} = \frac{n_i^2}{N_A - N_D}} \qquad (1.26)$$

und

$$W_i - W_F = kT \ln \frac{N_A - N_D}{n_i} \qquad (1.27)$$

An einem Beispiel wird die Anwendung der abgeleiteten Gleichungen demonstriert.

Beispiel:

Ein Siliziumhalbleiter ist mit 10^{17} Phosphoratome/cm^3 sowie 10^{16} Boratome/cm^3 dotiert. Gesucht wird die Majoritäts- und Minoritätsträgerkonzentration bei 300 K sowie die Lage des Ferminiveaus.

Majoritätsträger: $n_{no} = N_D - N_A = 9 \cdot 10^{16} \, cm^{-3}$

Minoritätsträger: $p_{no} = \dfrac{n_i^2}{N_D - N_A} = \dfrac{(1{,}45 \cdot 10^{10} \, cm^{-3})^2}{9 \cdot 10^{16} \, cm^{-3}} = 2{,}3 \cdot 10^3 \, cm^{-3}$

Bandabstand: $W_F - W_i = kT \ln \dfrac{n_{no}}{n_i} = 0{,}026 eV \ln \dfrac{9 \cdot 10^{16} \, cm^{-3}}{1{,}45 \cdot 10^{10} \, cm^{-3}} = 0{,}41 eV$

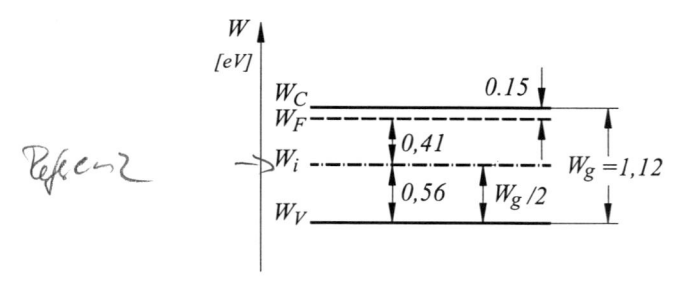

Bild 1.13: Skizze des Bänderdiagramms

1.3.4 Elektronenenergie, Spannung und elektrische Feldstärke

Das Bänderdiagramm gibt die Gesamtenergie W der Elektronen, bestehend aus kinetischem und potenziellem Anteil wieder. Dem potenziellen Energiewert an der Leitungsbandkante W_C kann man ein Potenzial zuordnen. Darunter versteht man das auf die negative Ladung des Elektrons bezogene Energieäquivalent

$$\boxed{\psi_C = \frac{W_C}{-q}} \,. \qquad (1.28)$$

1 Grundlagen der Halbleiterphysik

Im Bänderdiagramm interessieren meist nur die Energiedifferenzen. Aus diesem Grund wird den Energiedifferenzen eine Potenzialdifferenz, d.h. Spannung

$$\phi_C = \psi_C - \psi_{ref} = \frac{W_C - W_{ref}}{-q} \tag{1.29}$$

zugeordnet, wobei ψ_{ref} ein beliebiges Referenzpotenzial bzw. W_{ref} eine beliebige Referenzenergie sein kann.

Zur leichteren Unterscheidung gegenüber von außen an den Halbleiter zugeführten Spannungen mit dem Symbol U, werden diejenigen im Halbleiter durch das Symbol ϕ gekennzeichnet.

Weitere Spannungszuordnungen sind in Bild 1.14 an einem Bänderdiagramm mit gekrümmten Bandkanten demonstriert. Diese kommen dadurch zustande, dass – wie in Kapitel 2 beschrieben ist – inhomogene Dotierungen vorliegen.

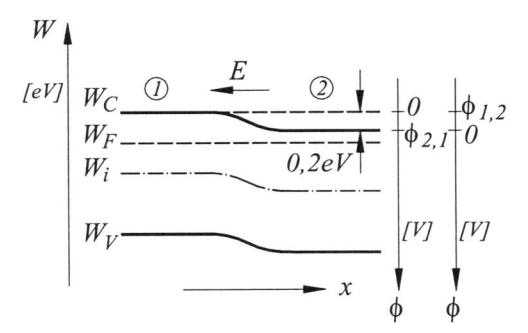

Bild 1.14: Bänderdiagramm eines inhomogen dotierten n-Typ Halbleiters mit zwei möglichen Spannungszuordnungen

Demnach beträgt die Spannung zwischen den Bereichen 2 und 1

$$\phi_{2,1} = \frac{W_C(2) - W_C(1)}{-q} = \frac{-0,2V \cdot 1,6 \cdot 10^{-19} As}{-1,6 \cdot 10^{-19} As} = 0,2V$$

oder zwischen den Bereichen 1 und 2

$$\phi_{1,2} = \frac{W_C(1) - W_C(2)}{-q} = \frac{+0,2V \cdot 1,6 \cdot 10^{-19} As}{-1,6 \cdot 10^{-19} As} = -0,2V$$

Der negative Wert der Energiedifferenz $W_C(2) - W_C(1)$ kommt dadurch zustande, dass $W_C(1) > W_C(2)$ ist. Die Elektronenenergie ist nach oben gerichtet und die Spannung, wie erwartet, entgegengesetzt, da das negative Vorzeichen der Elektronenladung Gl.(1.28) die Richtung der Spannungskoordinate umkehrt.

Ebenso ist es möglich, die Spannungen

$$\phi_{CF} = \frac{W_C - W_F}{-q} \qquad (1.30)$$

oder

$$\phi_{FC} = \frac{W_F - W_C}{-q} \qquad (1.31)$$

zu definieren. Da W_i parallel zu W_C verläuft, ist ebenso gut die Definition

$$\boxed{\phi_F = \frac{W_F - W_i}{-q}} \qquad (1.32)$$

die Fermispannung genannt wird, möglich. Nach dieser Definition ist $\phi_F < 0$ im n-Typ- und $\phi_F > 0$ im p-Typ Halbleiter. In diesem Zusammenhang wird darauf hingewiesen, dass in der Literatur auch häufig die Definition $\phi_F = (W_i - W_F)/-q$ angetroffen wird, wodurch sich Vorzeichenänderungen ergeben. Im Text wird nur Gleichung (1.32) verwendet.

Liegt, wie in Bild 1.14 gezeigt, eine Spannungsänderung vor, so muss ein elektrisches Feld

$$E = -\frac{d\Psi}{dx} = -\frac{d\phi}{dx} \qquad (1.33)$$

vorhanden sein. Das negative Vorzeichen ist nötig, da das Feld definitionsgemäß immer vom höheren zum niedrigeren Potenzial gerichtet ist. Damit ergibt sich ein Zusammenhang zwischen elektrischem Feld und Elektronenenergie Gl.(1.28) von

$$\boxed{E = \frac{1}{q}\frac{dW}{dx}}. \qquad (1.34)$$

Dies bedeutet, dass eine örtliche Änderung der Bandkanten ein Maß für die Größe und Richtung der Feldstärke ist.

1.4 Ladungsträgertransport

In den vorhergehenden Abschnitten wurde die Entstehung von freien Elektronen und Löchern beschrieben und deren Dichte bestimmt. Aus der Bewegung dieser Teilchen kann das Stromverhalten abgeleitet werden, das eine der wesentlichsten elektrischen Eigenschaften des Halbleiters ist.

1 Grundlagen der Halbleiterphysik

Ladungsträgerbewegungen können durch elektrische Felder oder zerfließende Ladungsträgeranhäufungen entstehen. Die damit verbundenen Ströme werden entsprechend der Ursache in Drift- und Diffusionsströme eingeteilt.

Im Folgenden werden diese näher analysiert. Zuerst wird jedoch der Begriff der Driftgeschwindigkeit erläutert.

1.4.1 Driftgeschwindigkeit

Die freien Ladungsträger führen in einem Halbleiter infolge thermischer Energie Bewegungen aus. Diese werden durch Stöße, die sie aus ihrer Richtung ablenken, unterbrochen. Für die Stöße sind u.a. verantwortlich:

1. Gitteratome, die infolge der endlichen Temperatur thermische Schwingungen ausführen. Die Wechselwirkung zwischen freien Ladungsträgern und thermischer Gitterschwingung wird Phononenstreuung genannt.
2. Fremdatome oder Kristallunregelmäßigkeiten (Störstellenstreuung), die ebenfalls zu Stößen mit den freien Ladungsträgern führen.

Jede Richtungskomponente ist bei einem homogenen Halbleiter gleich wahrscheinlich (Bild 1.15a).

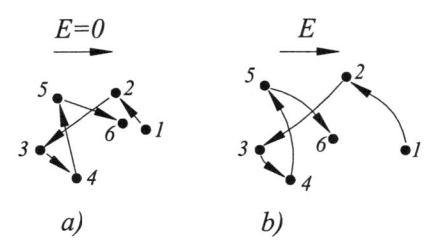

Bild 1.15:   *Darstellung der Bewegung eines Elektrons im Halbleiter*
a) ohne elektrisches Feld; b) mit elektrischem Feld

Liegt an dem Halbleiter ein elektrisches Feld an, so erfahren die Ladungsträger zu ihrer wahlfreien thermischen Bewegung eine zusätzlich gerichtete Geschwindigkeitskomponente, die Driftgeschwindigkeit genannt wird (Bild 1.15b). Um diese für Elektronen zu bestimmen, kann man von der folgenden, sehr vereinfachten Betrachtung ausgehen.

Unter dem Einfluss eines äußeren Feldes wird das Elektron so lange beschleunigt, bis es durch Zusammenstoß mit einem der erwähnten Hindernisse seine aufgenommene Energie ganz oder teilweise an das Gitter abgibt. Es sei angenommen, dass die Geschwindigkeit dabei auf $v_n = 0$ sinkt und der Beschleunigungsvorgang von neuem beginnt, usw. Die Beschleunigung b, die das negativ geladene Elektron während der Zeit zwischen zwei Zusammenstößen τ_{cn} erfährt, ist entsprechend dem 2. Newtonschen Gesetz

$$b = \frac{-qE}{m_n} \qquad (1.35)$$

wobei m_n die effektive Masse des Elektrons im Kristallgitter ist. Sie ist eine rechnerische Größe, die anstelle der Masse eines freien Elektrons tritt und den Einfluss der inneren Kräfte des Kristalls auf das Elektron berücksichtigt.

Damit ergibt sich eine mittlere Geschwindigkeit der Elektronen zwischen zwei Zusammenstößen von

$$v_n = \frac{v_e}{2} = \frac{1}{2} b \tau_{cn} = \frac{-qE}{2m_n} \tau_{cn}$$

$$\boxed{v_n = -\mu_n E}, \qquad (1.36)$$

wobei v_e die Endgeschwindigkeit des Elektrons vor dem Zusammenstoß angibt.

Analog gilt für die Löcher

$$\boxed{v_p = \mu_p E}. \qquad (1.37)$$

μ_n und μ_p werden Beweglichkeiten (cm²/Vs) genannt.

In der bisherigen vereinfachten Analyse wurde von „klassischen Teilchen" ausgegangen und weiterhin, dass die Zeit zwischen zwei Zusammenstößen unabhängig von der elektrischen Feldstärke ist und damit die Geschwindigkeit der Ladungsträger linear von der Feldstärke abhängt. Dies ist bei großen Feldstärken nicht mehr der Fall (Bild 1.16), wodurch mehr Energie von den Ladungsträgern an das Kristallgitter abgegeben wird. Die Driftgeschwindigkeit der Elektronen erreicht eine Sättigungsgeschwindigkeit, die der thermischen Geschwindigkeit der Ladungsträger von 10^7 cm/s entspricht.

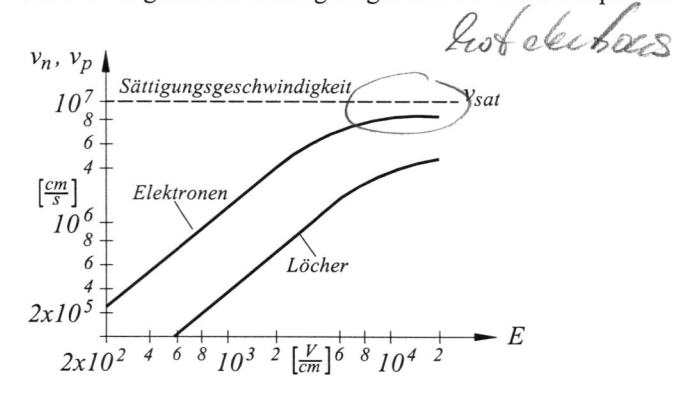

Bild 1.16: Driftgeschwindigkeit als Funktion der Feldstärke für Elektronen und Löcher im Silizium bei Raumtemperatur /RYDE/

1 Grundlagen der Halbleiterphysik

Wie bereits erwähnt, erfahren die Ladungsträger Stöße durch Gitterschwingungen und Störstellen. Diese Auswirkungen auf die Beweglichkeit der Elektronen und Löcher sind in Bild 1.17 gezeigt.

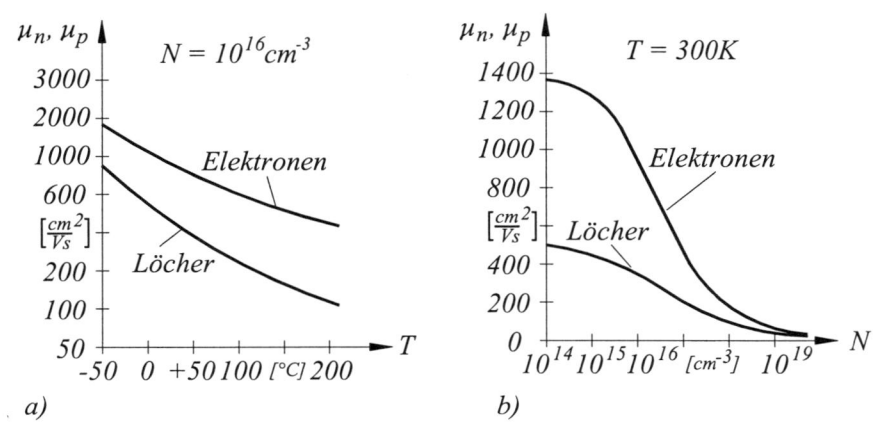

Bild 1.17: Abhängigkeit der Elektronen- und Löcherbeweglichkeit im Silizium; a) von der Temperatur; b) von der Dotierung ($N = N_A + N_D$)

1.4.2 Driftstrom

Die Ladungsträgerbewegung im Halbleiter als Folge einer elektrischen Feldstärke wird Driftstrom genannt. Die Stromdichte der Elektronen J_n ist damit Gl.(1.2)

$$J_n = \rho v_n = -qnv_n = qn\mu_n E \tag{1.38}$$

und die der Löcher

$$J_p = \rho v_p = qpv_p = qp\mu_p E. \tag{1.39}$$

Nehmen an der Ladungsträgerbewegung Elektronen und Löcher teil, so ist die Driftstromdichte

$$J = J_n + J_p = q(\mu_n n + \mu_p p)E \tag{1.40}$$

Daraus resultiert eine Leitfähigkeit von

$$\boxed{\sigma = q(\mu_n n + \mu_p p)} \tag{1.41}$$

Die Gesamtstromdichte setzt sich wie erwartet aus dem Beitrag der Leitungs- und Valenzbandelektronen (Löcher) zusammen. Damit ergibt sich der in Bild 1.18 gezeigte Zusammenhang zwischen Teilchenbewegungen (vergl. mit Bild 1.4) und Stromdichten.

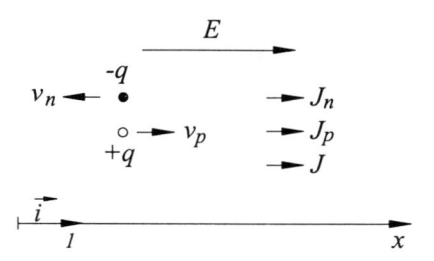

Bild 1.18: Zusammenhänge zwischen Teilchenbewegungen und Stromdichten

Die aufgeführten Zusammenhänge werden durch vektorielle Größen beschrieben. Diese sind in Bild 1.18 eindimensional dargestellt und durch den Einheitsvektor $\vec{i}$ parallel zur x-Achse definiert. Da im gesamten Text nur eindimensionale Betrachtungen durchgeführt werden, kann auf eine vektorielle Schreibweise verzichtet werden. Damit gilt als vereinbart: $J = \vec{J} \cdot \vec{i}, v = \vec{v} \cdot \vec{i}$ und $E = \vec{E} \cdot \vec{i}$.

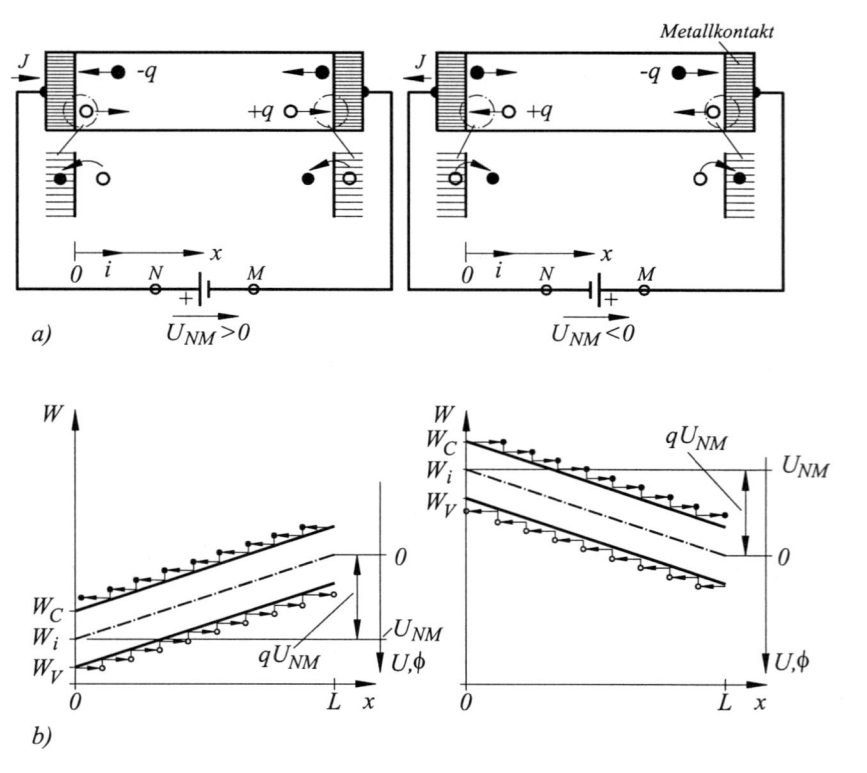

Bild 1.19: a) Homogener Halbleiterstab mit kurzen Abmessungen und anliegender Spannung $U_{NM} > 0$ bzw. $U_{NM} < 0$; b) Ortsabhängigkeit von Elektronenenergie und Spannung

1 Grundlagen der Halbleiterphysik

In Bild 1.19 werden die beschriebenen Zusammenhänge an einem kurzen homogenen Halbleiterstab, an dem zwischen den Klemmen N und M eine Spannung U_{NM} zugeführt wird, demonstriert.

Durch die anliegende Spannung wird das Bänderdiagramm am Ort $x = 0$ energiemäßig gegenüber dem Referenzpunkt W_i bei $x = L$ um qU_{NM} abgesenkt oder angehoben. Die Elektronen erfahren während ihrer Wanderung Beschleunigungen und Stöße. Bei der Beschleunigung nehmen die Elektronen Energie oberhalb der Leitungsbandkante W_C auf und fallen nach dem Stoß auf die Energie der Leitungsbandkante zurück. Dabei verlieren die Elektronen teilweise oder ganz ihre kinetische Energie, die in Wärme umgesetzt wird. In diesem Zusammenhang sei daran erinnert, dass die Leitungsbandkante der potenziellen Energie des Elektrons im Leitungsband entspricht. D.h., das Elektron verliert bei der Wanderung die zugeführte potenzielle Energie. Ähnlich ist es mit dem Loch, das seine potenzielle Energie bei der Wanderung verliert (siehe Bild 1.3).

Wandert ein Loch aus dem Metall in den Halbleiter ist dies gleichbedeutend mit der Wanderung eines Valenzbandelektrons in das Metall, wodurch im Halbleiter eine Leerstelle entsteht. Im umgekehrten Fall, wenn ein Loch in das Metall wandert, entspricht dies der Wanderung eines Elektrons (Valenzbandelektrons) aus dem Metall in den Halbleiter.

Der Widerstand des Halbleiterstabs ergibt sich aus seiner Geometrie und der Leitfähigkeit zu

$$\boxed{R = \frac{1}{\sigma}\frac{L}{A} = \frac{1}{q(\mu_n n + \mu_p p)}\frac{L}{A}}$$ (1.42)

wobei A der Querschnitt des Stabes ist.

1.4.3 Diffusionsstrom

Im Vorhergehenden wurde der Driftstrom, der eine Folge der elektrischen Feldstärke ist, behandelt. Erfolgt ein Zerfließen von Ladungsträgeranhäufungen durch thermische Bewegungen, so entsteht ein Diffusionsstrom, der in diesem Abschnitt näher betrachtet wird. Dazu sei angenommen, dass sich die in Bild 1.20 gezeigte Löcher- oder Elektronendichte in x-Richtung verändere.

Hierbei wird die Zahl der Ladungsträger betrachtet, die infolge ihrer thermischen Geschwindigkeit V_{th} bei l_l oder l_r starten und die Fläche bei $x = 0$ von rechts oder links ausgehend passieren. Dabei ist $l_l = l_r = l$ die freie Weglänge, die die Ladungsträger zurücklegen. Entsprechend dieser Überlegung ergibt sich eine Nettodiffusion von Ladungsträgern, die dem Ladungsträgergradienten entspricht.

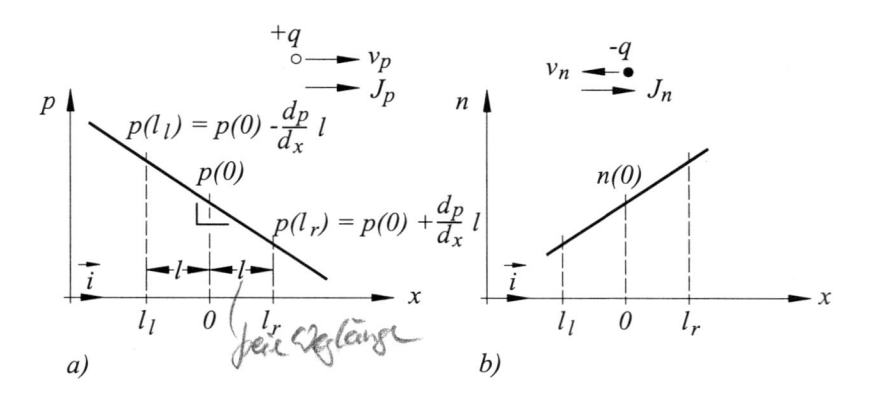

Bild 1.20: Inhomogene Ladungsträgerverteilungen mit Netto-Ladungsträgerbewegung und -Stromdichte; a) für Löcher; b) für Elektronen

Diese hat eine Stromdichte bei Berücksichtigung der in Bild 1.18 festgelegten Vektorvereinbarung von

$$J_p = \underbrace{\frac{1}{2} q p(l_l) v_{th}}_{l_l \to 0} - \underbrace{\frac{1}{2} q p(l_r) v_{th}}_{0 \leftarrow l_r}$$

$$= \frac{1}{2} q \left[p(0) - \frac{dp}{dx} l \right] v_{th} - \frac{1}{2} q \left[p(0) + \frac{dp}{dx} l \right] v_{th} \quad (1.43)$$

$$= -q v_{th} l \frac{dp}{dx}$$

zur Folge. Der Faktor 1/2 wurde im Ansatz verwendet, da bei homogener Ladungsträgerverteilung die Wahrscheinlichkeit 1/2 ist, dass Elektronen nach rechts oder links wandern (eindimensionale Betrachtung). Werden v_{th} und l zu einer Konstanten zusammengefasst, resultiert eine Löcherstromdichte von

$$\boxed{J_p = -q D_p \frac{dp}{dx}} \quad (1.44)$$

und analog dazu eine Elektronenstromdichte von

$$\boxed{J_n = q D_n \frac{dn}{dx}}. \quad (1.45)$$

D wird Diffusionskonstante [cm²/s] genannt. Diese kann bei thermodynamischem Gleichgewicht mit Hilfe der sogenannten Einstein-Beziehung in Abhängigkeit der Beweglichkeit ausgedrückt werden

$$\boxed{D_p = \frac{kT}{q} \mu_p(T) = \phi_t(T) \mu_p(T)} \quad (1.46)$$

1 Grundlagen der Halbleiterphysik

$$D_n = \frac{kT}{q}\mu_n(T) = \phi_t(T)\mu_n(T),\qquad(1.47)$$

wobei ϕ_t als Temperaturspannung bezeichnet wird. Es ist verständlich, dass die Diffusionskonstanten proportional zur Temperatur sind, da die beschriebenen Diffusionsvorgänge durch ein Zerfließen von Ladungsträgeranhäufungen infolge thermischer Bewegung verursacht werden.

Treten die in Bild 1.20a und b gezeigten Dichteänderungen in einem Halbleiter gleichzeitig auf, so addieren sich die Ströme. Dies muss so sein, wenn man bedenkt, dass die Lochwanderung nichts anderes ist, als die Wanderung eines Valenzbandelektrons in entgegengesetzter Richtung (vergl. mit Bild 1.4).

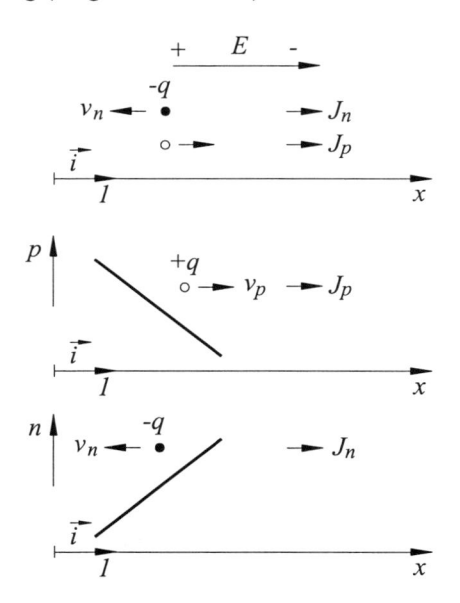

Bild 1.21:   *Zusammenfassung Teilchen- und Stromdichterichtungen*

Fließen in einem Halbleiter Drift- und Diffusionsströme, so ergeben sich die Elektronen- und Löcherstromdichten aus der Summe der einzelnen Beträge

$$J_n = q\mu_n nE + qD_n\frac{dn}{dx}\qquad(1.48)$$

$$J_p = q\mu_p pE - qD_p\frac{dp}{dx}.\qquad(1.49)$$

Zusammenfassend sind in Bild 1.21 die Teilchen- und Stromdichterichtungen der Stromdichtegleichungen – in eindimensionaler Form – dargestellt. Diese Darstellung soll helfen, in den folgenden Kapiteln Verwechslungen zwischen Teilchen- und Stromdichterichtungen zu vermeiden. Es sei noch einmal darauf hingewiesen, dass die Löcherwanderung eine Valenzbandelektron-Wanderung in entgegengesetzter Richtung beschreibt.

1.4.4 Kontinuitätsgleichung

Mit den vorhergehenden Gleichungen können die Drift- und Diffusionsströme berechnet werden. Voraussetzung dazu ist, dass die Feldverteilung sowie die Ladungsverteilung bekannt sind. Diese hängen jedoch wiederum von den Strömen ab, so dass ein Zusammenhang zwischen Strömen und der zeitlichen Änderung der Ladungsträger benötigt wird. Diese Beziehung, die man Kontinuitätsgleichung nennt, wird im Folgenden für den einfachen eindimensionalen Fall abgeleitet. Bild 1.22 zeigt einen Halbleiterstab mit der infinitesimalen Dicke dx.

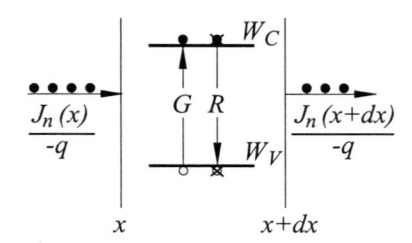

Bild 1.22:   *Halbleiter mit der infinitesimalen Dicke dx*

Die Zahl der Elektronen innerhalb des Stabes kann sich durch einen Elektronenzufluss $J_n(x)$ oder durch eine erhöhte Generationsrate (G) von Elektron-Loch-Paaren (z.B. durch Wärmezufuhr) vergrößern. Dagegen verringert sich die Zahl der Elektronen durch einen Elektronenabfluss $J_n(x+dx)$ sowie durch eine erhöhte Rekombinationsrate (R) von Elektronen und Löchern.

Somit kann die Änderung der Zahl der Elektronen innerhalb des Stabes pro Zeiteinheit mit der Gleichung

$$\frac{\partial n}{\partial t} dx = \left[\frac{J_n(x)}{-q} - \frac{J_n(x+dx)}{-q} \right] + (G-R)\,dx \tag{1.50}$$

bestimmt werden, wobei $J_n / -q = n v_n$ die Zahl der Elektronen pro Fläche ist, die pro Zeiteinheit in den Halbleiter gelangt oder aus ihr herausfließt. Da

$$\lim_{dx \to 0} \frac{J_n(x+dx) - J_n(x)}{dx} = \frac{dJ_n}{dx} \tag{1.51}$$

ist, ergibt sich aus Beziehung (1.50) die Kontinuitätsgleichung für Elektronen

$$\boxed{\frac{\partial n}{\partial t} = \frac{1}{q}\frac{\partial J_n}{\partial x} + G - R} \quad (1.52)$$

und analog die für Löcher

$$\boxed{\frac{\partial p}{\partial t} = -\frac{1}{q}\frac{\partial J_p}{\partial x} + G - R} \quad (1.53)$$

1.5 Störungen des thermodynamischen Gleichgewichts

Halbleiterbauelemente werden nicht unter thermodynamischen Gleichgewichtsbedingungen betrieben. Dadurch ist das pn-Produkt verschieden von n_i^2. Störungen im Halbleiter treten somit durch Veränderung der Ladungsträgerdichten, d.h. von Majoritäts- und Minoritätsträgern auf. Mit Hilfe von einem theoretischen Experiment werden die Begriffe Injektion und Extraktion erklärt.

Die Analyse wird wesentlich vereinfacht, wenn man bei der Erhöhung von Minoritäts- und Majoritätsträgerdichten, Injektion genannt, zwischen schwacher und starker Injektion unterscheidet. Definitionsgemäß sind bei der schwachen Injektion die Minoritätsträgerdichten klein gegenüber den Majoritätsträgerdichten, d.h. bei einem n-Typ Halbeiter (Bild 1.23) ist $p_n \ll n_n$. Die prozentuale Änderung der Majoritätsträgerdichte ist somit vernachlässigbar klein. Bei der starken Injektion haben dagegen die Minoritäts- und Majoritätsträgerdichten die gleiche Größenordnung. Diese Unterteilung hat den Vorteil, dass bei der schwachen Injektion – wie gezeigt werden wird – der Einfluss eines elektrischen Feldes auf die Minoritätsträger vernachlässigt werden kann. Durch diese Vereinfachung sind bei vielen Aufgabenstellungen analytische Lösungen möglich.

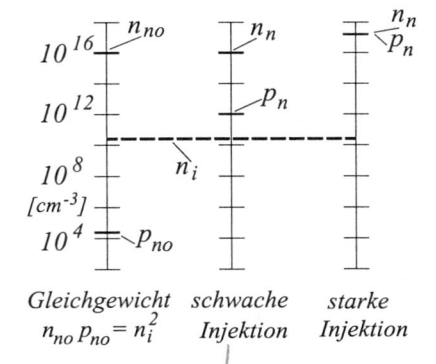

Bild 1.23: Elektronen- und Löcherkonzentration in einem n-Typ-Si-Halbleiter bei Raumtemperatur

Experiment

Mit diesem Versuch wird das räumliche Verhalten der Ladungsträger betrachtet. Die dabei erzielten Resultate sind direkt auf einen in Durchlass- bzw. Sperrrichtung gepolten pn-Übergang und damit auch auf einen bipolaren Transistor übertragbar. Damit vereinfachen sich die Herleitungen in den folgenden Kapiteln.

Man stelle sich eine n-Typ Halbleiterprobe wie in Bild 1.24a gezeigt vor, bei der durch irgendeine Ursache an der Stelle $x = 0$ die Konzentration der Minoritätsträger (Löcher) durch Zufließen (Injektion) erhöht oder durch Abfließen (Extraktion) erniedrigt wird.

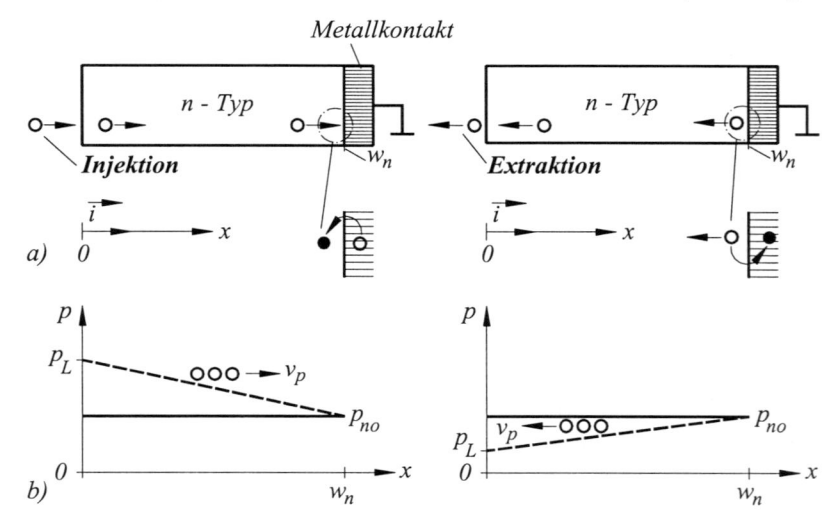

Bild 1.24: Störung des thermodynamischen Gleichgewichts; a) einseitige Injektion und Extraktion von Minoritätsträgern bei kurzen Abmessungen; b) Ladungsträgerverteilungen

Bei der Injektion wandern Löcher in den Halbleiter hinein. Trifft ein Loch auf den Metallkontakt, so ist dies gleichbedeutend mit der Wanderung eines Valenzbandelektrons aus dem Metall in das Valenzband. Bei der Extraktion ist die Situation entgegengesetzt. Löcher wandern aus dem Halbleiter hinaus. Diese Löcher entstehen am Metallkontakt dadurch, dass Valenzbandelektronen in das Metall gelangen, wodurch eine Leerstelle entsteht.

Von Interesse ist das örtliche Verhalten der Minoritätsträger, um daraus den Stromfluss zu ermitteln. Ansatz zur Lösung ist die Kontinuitätsgleichung Gl.(1.53). Da sich die Ladungsträger bei diesem Experiment im stationären Zustand befinden, d.h. keine zeitlichen Änderungen auftreten, ist $dp_n/dt = 0$. Außerdem wird vorausgesetzt, dass der n-Typ Halbeiter sehr kurze Abmessungen hat, wodurch Generation und Rekombination von Ladungsträgern vernachlässigt werden können. Damit ergibt sich der Zusammenhang

1 Grundlagen der Halbleiterphysik

$$0 = -\frac{1}{q}\frac{dJ_p}{dx}. \tag{1.54}$$

Die Löcherstromdichte ist mit Beziehung (1.49)

$$J_p = \underbrace{q\mu_p p_n E}_{Drift} - \underbrace{qD_p \frac{dp_n}{dx}}_{Diffusion}$$

berechenbar. Der Driftstromdichteanteil kann bei schwacher Injektion als vernachlässigbar klein angenommen werden wie anschließend bewiesen wird.

Mit der Überschussdichte

$$p'_n = p_n - p_{no} \tag{1.55}$$

ergibt sich aus den beiden Beziehungen die Differenzialgleichung

$$D_p \frac{d^2 p'_n}{dx^2} = 0. \tag{1.56}$$

Entsprechend den Randbedingungen $p'_n(w_n) = 0$ und $p'_n(x = 0) = p'_L = p_L - p_{no}$ liefert diese Gleichung die Lösung

$$\boxed{p'_n(x) = p'_L \left(1 - \frac{x}{w_n}\right)}. \tag{1.57}$$

Die Randbedingung bei w_n bedeutet, dass durch den Metallkontakt keine Überschussdichte entsteht, wodurch $p'_n(w_n) = 0$ ist. Die sich ergebenden Ladungsträgerverteilungen sind in Bild 1.24b dargestellt.

Verhalten der Majoritätsträger

Durch die verursachte Störung wandern gleichzeitig Majoritätsträger entgegen der Minoritätsträgerrichtung aus dem Halbleiter hinaus oder hinein (Bild 1.25). Dies muss so sein wenn man bedenkt, dass die Löcherwanderung nichts anderes darstellt als die Wanderung von Valenzbandelektronen in entgegengesetzter Richtung. D.h. durch die Störung wandern gleichzeitig Leitungs- und Valenzbandelektronen aus oder in den Halbleiter. Es kommt zu einem Stromfluss, der sich aus den beiden Teilchenströmen zusammensetzt. Wie groß der Löcherstrom im Vergleich zum Elektronenstrom ist hängt dabei ausschließlich von dem Experiment ab.

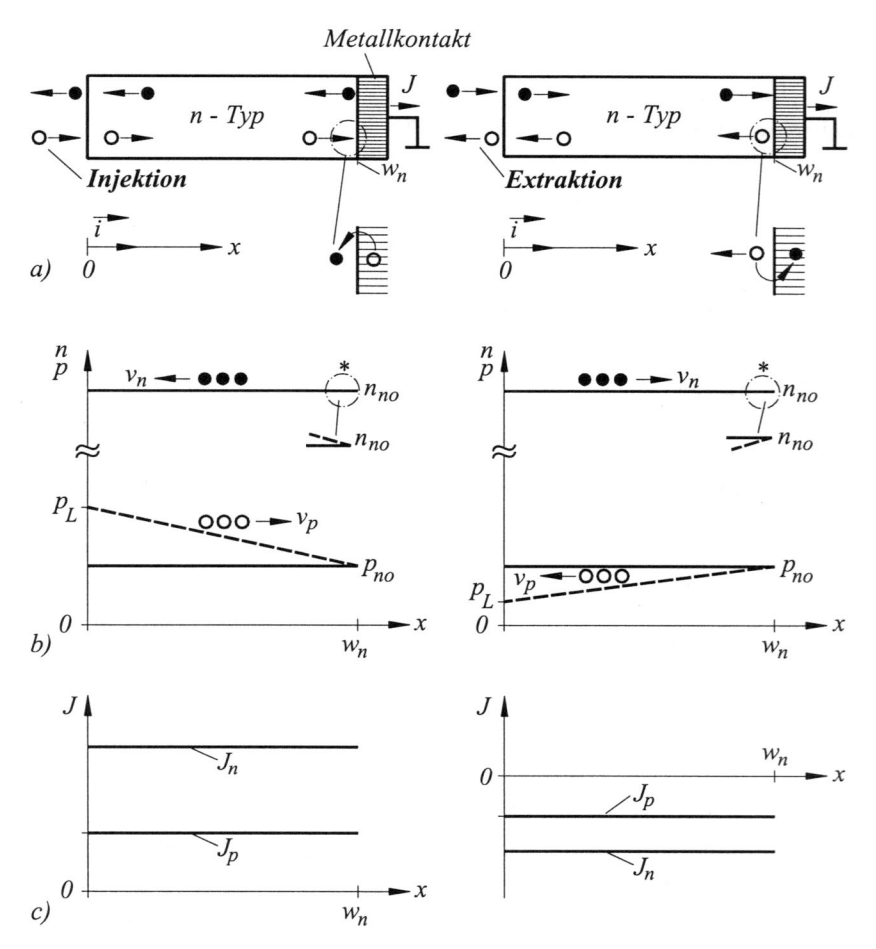

Bild 1.25: *Störung des thermodynamischen Gleichgewichts; a) einseitige Injektion und Extraktion von Minoritätsträgern bei kurzen Abmessungen; b) Ladungsträgerverteilung; c) Minoritätsträger- und Majoritätsträgerstromdichten*
* Prozentuale Änderung der Majoritätsträger vernachlässigbar

Die Majoritätsträger – in diesem Beispiel Elektronen – nehmen aus Neutralitätsgründen innerhalb von ca. 10^{-12} s eine Verteilung an (Bild 1.25b Ausschnitte), die der der Minoritätsträger entspricht. Dieser Vorgang wird dielektrische Relaxation genannt, den man sich wie folgt vorstellen kann: Wären z.B. an einer Stelle des dargestellten Halbleiters mehr Löcher als Elektronen vorhanden, würden die negativ geladenen Elektronen aus dem großen Reservoir der Majoritätsträger sofort zu den positiv geladenen Löchern wandern bis dort Neutralität herrscht. Vergleicht man die Größenordnungen – bei schwacher Injektion – so ist diese prozentuale Änderung bei den Majoritätsträgern (Bild 1.23) vernachlässigbar.

1 Grundlagen der Halbleiterphysik

Der Metallkontakt stellt mit seinen überlappenden Bändern (Bild 1.5) ein Gleichgewicht zwischen Leitungs- und Valenzbandelektronen her. In Realität ist ein derartiger Metallkontakt ein Bauelement, das ohmschen bzw. Diodencharakter (Schottky-Diode) besitzen kann |HOFF|. Letzteres ist unerwünscht und wird durch geeignete Prozessführung während der Herstellung vermieden |WIDM|. Zur Vereinfachung der Anschaulichkeit wird in den folgenden Kapiteln stets von einem idealen Metallkontakt ausgegangen, der keine Überschussdichten entstehen lässt.

Einfluss des elektrischen Feldes auf Minoritäts- und Majoritätsträger

Die Differenzialgleichung (1.56) wurde unter der Voraussetzung abgeleitet, dass bei schwacher Injektion bei der Löcherstromdichte

$$J_p = \underbrace{q\mu_p p_n E}_{Drift} - \underbrace{qD_p \frac{dp_n}{dx}}_{Diffusion}$$

der Driftanteil gegenüber dem Diffusionsanteil vernachlässigt werden kann. Um dies zu beweisen, wird die Gesamtstromdichte Gl.(1.48) und Gl.(1.49)

$$J = J_p + J_n$$
$$J = q\mu_p p_n E - qD_p \frac{dp_n}{dx} + q\mu_n n_n E + qD_n \frac{dn_n}{dx} \qquad (1.58)$$

nach dem elektrischen Feld aufgelöst

$$E = \frac{J + qD_p \frac{dp_n}{dx} - qD_n \frac{dn_n}{dx}}{q\mu_p p_n + q\mu_n n_n} \qquad (1.59)$$

und dieses Feld zur Berechnung des Minoritätsträgerstroms verwendet. Es resultiert eine Stromdichte von

$$J_p = \frac{J + qD_p \frac{dp_n}{dx} - qD_n \frac{dn_n}{dx}}{1 + \frac{\mu_n n_n}{\mu_p p_n}} - qD_p \frac{dp_n}{dx}. \qquad (1.60)$$

Wird angenommen, dass $D_p\, dp_n/dx \sim D_n\, dn_n/dx$ ist, ergibt sich die folgende Vereinfachung

$$J_p \approx \frac{\mu_p p_n}{\mu_n n_n} J - qD_p \frac{dp_n}{dx}. \qquad (1.61)$$

Da bei schwacher Injektion $p_n \ll n_n$ ist, ist aus dieser Beschreibung ersichtlich, dass bei den Minoritätsträgern der Einfluss des elektrischen Feldes vernachlässigt werden kann und nur der Diffusionsterm wirksam ist.

Bei den Majoritätsträgern ist diese Situation nicht gegeben. Nach einer ähnlichen Herleitung ergibt sich nämlich der Majoritätsträgerstrom zu

$$J_n \approx J + qD_n \frac{dn}{dx}. \tag{1.62}$$

Somit kann der Minoritätsträgerstrom J_p (Bild 1.25c) bei schwacher Injektion als "nur" Diffusionsstrom betrachtet und anhand von Beziehung (1.44)

$$J_p = -qD_p \frac{dp_n}{dx} = -qD_p \frac{p_n(w_n) - p_L}{w_n} \tag{1.63}$$

leicht bestimmt werden.

Aus diesem Grund werden in den folgenden Kapiteln nur die Minoritätsträgerverteilungen und Minoritätsträgerströme berechnet.

Vertiefende Betrachtung zum Experiment

Bei dem vorhergehenden Experiment wurde vorausgesetzt, dass Generation und Rekombination von Ladungsträgern infolge der kurzen Abmessungen vernachlässigbar sind. Im folgenden Fall soll untersucht werden, was passiert, wenn dies nicht der Fall ist. Hierzu ist es notwendig, zuerst die Nettogeneration von Ladungsträgern zu betrachten.

Bei Silizium findet so gut wie keine Band zu Band Generation bzw. Rekombination statt, wie es zur Vereinfachung in einigen vorhergehenden Bildern angenommen wurde. Vielmehr laufen diese Vorgänge über Störstellen ab, wie es in Bild 1.26 für die einfache Generation bzw. Rekombination dargestellt ist.

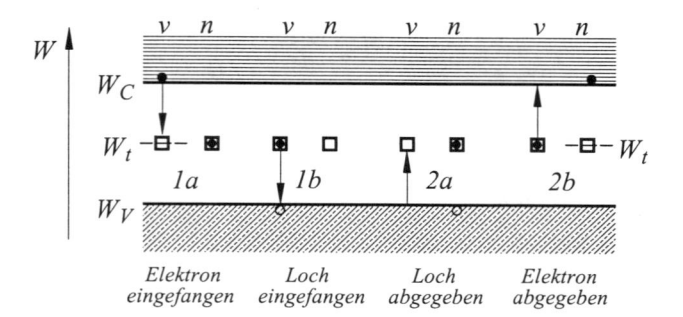

Bild 1.26: *Darstellung des Generations- und Rekombinationsprozesses über Störstellen (v: vorher, n: nachher)*

1 Grundlagen der Halbleiterphysik

So gelangt z.B. ein Elektron mit einer bestimmten Wahrscheinlichkeit in einem ersten Schritt aus dem Leitungsband in die Störstelle 1a) und in einem zweiten Schritt 1b) in das Valenzband. Während dieser Vorgang die Rekombination beschreibt, skizzieren die Schritte 2a) und 2b) die Generation über entsprechende Störstellen. Die Nettogenerationsrate ergibt sich dabei zu |SZE|, |SAH|, |HALL|, |SHOC|

$$U = R - G = \frac{\sigma_p \sigma_n v_{th} N_t (pn - n_i^2)}{\sigma_n \left(n + n_i e^{(W_t - W_i)/kT} \right) + \sigma_p \left(p + n_i e^{-(W_t - W_i)/kT} \right)} \quad (1.64)$$

hierbei ist N_t die Konzentration der nichtbesetzten Störstellen, und σ_n sowie σ_p der Einfangquerschnitt der angibt wie nahe ein Elektron bzw. Loch an der Störstelle sein muss, damit es von dieser aufgenommen werden kann. W_t gibt die zur Störstelle zugehörige Energie an und v_{th} beschreibt die thermische Geschwindigkeit der Ladungsträger.

Wird obige Beziehung auf einen n-Typ Halbleiter angewandt und dabei angenommen, dass schwache Injektion vorliegt und $n_n \gg n_i \exp(W_t - W_i)/kT$ ist, dann resultiert eine Nettorekombination von

$$\begin{aligned} U &= \frac{\sigma_p \sigma_n v_{th} N_t (n_n p_n - n_i^2)}{\sigma_n n_n} \\ U &= \sigma_p v_{th} N_t (p_n - p_{no}) \\ U &= \frac{1}{\tau_p} (p_n - p_{no}) , \end{aligned} \quad (1.65)$$

wobei τ_p Lebensdauer der Löcher genannt wird und einen Wert von

$$\tau_p = \frac{1}{\sigma_p v_{th} N_t} \quad (1.66)$$

hat. (Siehe hierzu auch Aufgabe 1.5)

Mit dieser Beziehung für die Nettogeneration bei schwacher Injektion ergibt sich aus der Kontinuitätsgleichung (1.53) der Zusammenhang

$$0 = D_p \frac{d^2 p'_n}{dx^2} - \frac{p'_n}{\tau_p} . \quad (1.67)$$

Werden die selben Randbedingungen wie im vorhergehenden Fall verwendet resultiert die Lösung

$$p'_n(x) = p'_L \frac{\sinh \frac{w_n - x}{L_p}}{\sinh \frac{w_n}{L_p}}.\qquad(1.68)$$

In dieser Gleichung ist

$$L_p = \sqrt{D_p \tau_p}\qquad(1.69)$$

die Diffusionslänge der Löcher, die das räumliche Verhalten der Minoritätsträger beschreibt.

Bei dieser allgemeinen Lösung sind zwei spezielle Fälle von besonderer Bedeutung und zwar wenn die Abmessung der Probe sehr kurz – wie bereits betrachtet – bzw. sehr lang ist.

Lange Abmessungen $w_n \gg L_p$

Mit dieser Bedingung liefert Beziehung (1.68) die Lösung

$$p'_n(x) = p'_L\, e^{-x/L_p}.\qquad(1.70)$$

Diese ist in Bild 1.27 für die Fälle Injektion ($p'_L > 0$) und Extraktion ($p'_L < 0$) dargestellt.

Das örtliche Verhalten bei der Injektion wird dabei durch die erhöhte Rekombination $R(n,p) > G$ bestimmt. Bei der Extraktion dagegen ist die thermische Generation für das Verhalten verantwortlich, da $R(n,p) < G$ ist. In beiden Fällen ist aus Kontinuitätsgründen die Summe der Stromdichten $J_{ges} = J_n(x) + J_p(x)$ überall konstant.

Kurze Abmessungen $w_n \ll L_p$

Mit dieser Bedingung ergibt sich aus Gl.(1.68) eine lineare örtliche Minoritätsträgerverteilung von

$$p'_n(x) = p'_L \left(1 - \frac{x}{w_n}\right).\qquad(1.71)$$

Die Beziehung ist identisch mit derjenigen von Gl.(1.57). Dies ist nicht überraschend, da in beiden Fällen Generation und Rekombination als vernachlässigbar angesehen wurden.

1 Grundlagen der Halbleiterphysik

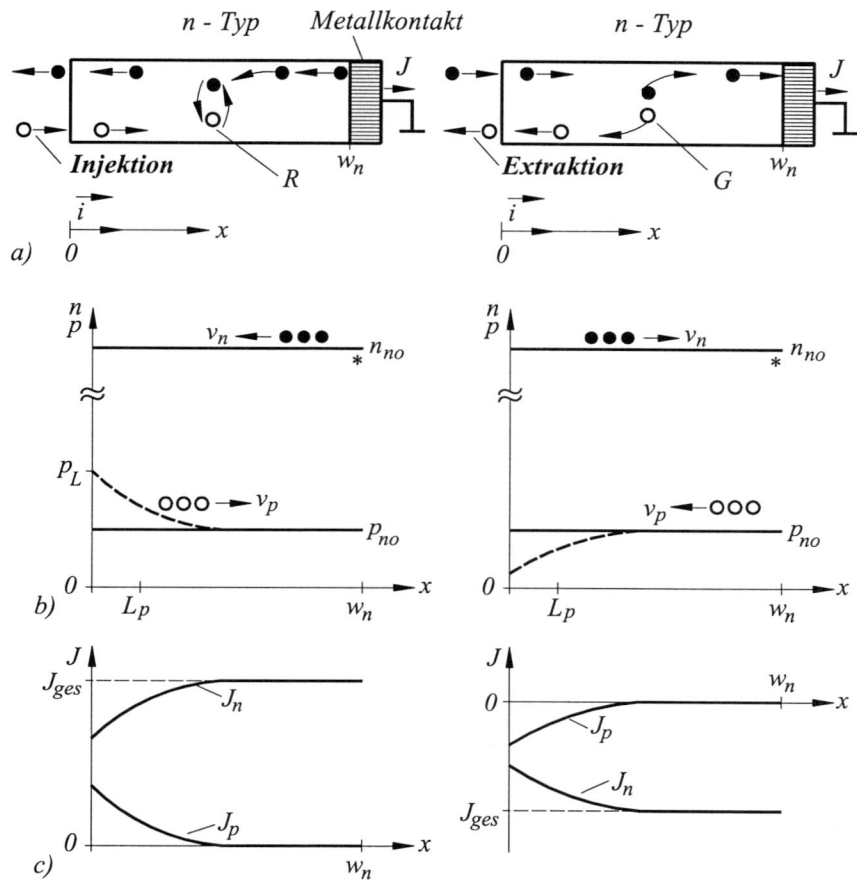

Bild 1.27: Störung des thermodynamischen Gleichgewichts; a) einseitige Injektion und Extraktion von Minoritätsträgern bei langen Abmessungen; b) Ladungsträgerverteilung; c) Minoritätsträger- und Majoritätsträgerstromdichten

* Prozentuale Änderung bei den Majoritätsträgern vernachlässigbar

Zusammenfassung der wichtigsten Ergebnisse des Kapitels

Die drei wesentlichen Grundgleichungen der Halbleiterphysik, nämlich

> **Dichtegleichung**
>
> **Stromgleichung** und
>
> **Kontinuitätsgleichung**

wurden vorgestellt und das Dichteprodukt, das unabhängig von der Dotierung ist, betrachtet. Als Resultat konnte u.a. die Intrinsicdichte als Funktion der Temperatur und des Bandabstandes bestimmt werden.

Anhand eines theoretischen Experiments wurde die Injektion und die Extraktion von Minoritätsträgern betrachtet. Hierbei konnte bewiesen werden, dass im Fall der schwachen Injektion bei den Minoritätsträgern der Einfluss des elektrischen Feldes vernachlässigbar ist. Die bei dem Experiment gewonnenen Erkenntnisse sind direkt auf den pn-Übergang des nächsten Kapitels sowie auf den bipolaren Transistor übertragbar, wodurch die Herleitungen der Stromspannungsbeziehungen wesentlich vereinfacht werden können.

Übungen

Aufgabe 1.1

Bei einer Ge-Probe liegt das Ferminiveau 0,15eV unter der Leitungsbandkante. a) Berechnen Sie die Wahrscheinlichkeit, mit welcher die Valenzbandkante und die Leitungsbandkante von Elektronen besetzt sind und vergleichen Sie die Werte mit den Wahrscheinlichkeiten für einen Intrinsic-Halbleiter. ($kT = 26\ meV \,\hat{=}\,$ Zimmertemperatur). b) Berechnen Sie die Elektronendichte im Leitungsband und die Löcherdichte im Valenzband für den obigen Halbleiter. Über welche Beziehung sind die aus b) erhaltenen Ergebnisse direkt miteinander verknüpft?

Aufgabe 1.2

Gegeben ist ein n-Typ Si-Halbleiter, dessen Donatorniveau 0,05eV unter der Leitungsbandkante liegt. Die Dichte der ionisierten Donatoratome N_D^+ (Bild 1.11) beträgt

$$N_D^+ = N_D\,[1 - F(W_D)]$$

$$= N_D \left[1 - \frac{1}{1 + \dfrac{1}{2}\exp\dfrac{W_D - W_F}{kT}} \right]$$

wobei $[1 - F(W_D)]$ die Wahrscheinlichkeit für das Fehlen eines Elektrons ist und der Faktor 1/2 den einfach ionisierten Donator berücksichtigt |MÜLL|.

a) Berechnen Sie bei Raumtemperatur die Ferminiveaus bei folgenden Dotierungen: $N_D = 10^{16}$ cm^{-3}, 10^{18} cm^{-3} und 10^{19} cm^{-3}. Dabei wird vorausgesetzt, dass 100%ige Ionisation der Donatoren vorliegt. b) Verwenden Sie dann die berechneten Ferminiveaus um die Voraussetzung der 100 %igen Ionisation zu überprüfen.

Aufgabe 1.3

Gegeben ist ein Si-Halbleiter mit $5 \cdot 10^{16}$ Boratome/cm^3 und 10^{15} Phosphoratome/cm^3. Berechnen Sie bei Raumtemperatur:

a) die Elektronen- und Löcherkonzentration; b) die Leitfähigkeit und c) den Abstand des Fermi- zum Intrinsicniveau. Die Beweglichkeiten sind dem Bild 1.17b zu entnehmen.

Aufgabe 1.4

In einem sehr langen homogen dotierten p-Typ Silizium Halbleiter wird an der Stelle $x = 0$ bei Raumtemperatur (300 K) kontinuierlich Elektronen injiziert. (Entspricht einem pn-Übergang, bei dem der n-Bereich – nicht gezeigt – sehr hoch dotiert ist).

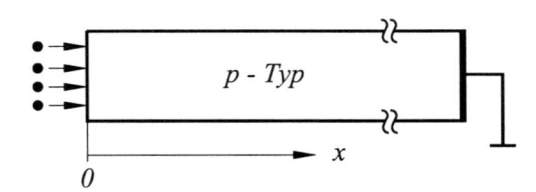

An der Stelle $x = 0$ ist die Elektronendichte $n(0) = 10^{10}$ cm^{-3}. Die Elektronen- und Löcherbeweglichkeiten betragen $\mu_n = 1200$ cm^2/Vs und $\mu_p = 400$ cm^2/Vs. Der Halbleiter hat eine Dotierung von $N_A = 10^{15}$ cm^{-3}. Die Diffusionslänge der Elektronen beträgt 22 µm.

a) Zeichnen Sie den Verlauf von Elektronenstromdichte J_n und Löcherstromdichte J_p als Funktion des Ortes. b) Wie groß ist die Gesamtstromdichte? c) Welchen Wert hat die elektrische Feldstärke für $x \to \infty$?

Hinweis: Zur Lösung der Aufgabe ist das Studium "Vertiefende Betrachtung zum Experiment" (Kap.1.5) erforderlich.

Aufgabe 1.5

Mit dieser Aufgabe soll der Begriff Lebensdauer vertiefend betrachtet werden. Dazu wird das folgende Experiment analysiert.

In der gezeigten n-Typ Siliziumprobe werden Majoritäts- und Minoritätsträgerdichten gegenüber denjenigen im thermodynamischen Gleichgewicht zu gleichen Teilen erhöht bzw. erniedrigt (Bild A 1.5).

Die Erhöhung kann z.B. durch Lichtbestrahlung erfolgen, wodurch Elektron-Lochpaare durch das Aufbrechen kovalenter Verbindungen entstehen. Die Ursache zur Erniedrigung der Ladungsträgerdichten ist dagegen nicht so einfach zu beschreiben, was jedoch für das Experiment von untergeordneter Bedeutung sein soll.

Wird nun die Ursache, welche die Ladungsträgerdichten verändert, beseitigt, so stellt sich die Frage, wodurch und wie der Ausgleichsvorgang zum thermodynamischen Gleichgewicht erfolgt.

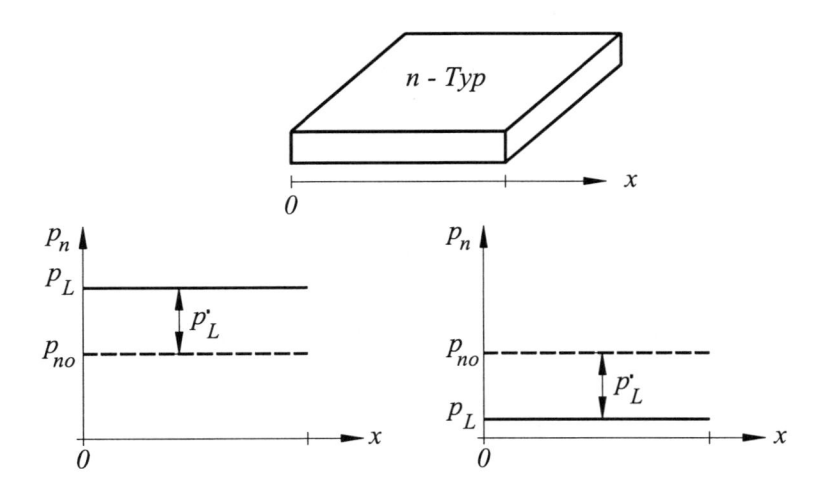

Bild A: 1.5

Literatur

GROV	A.S. Grove: "Physic and Technology of Semiconductor Devices"; John Wiley (1967)
HALL	R.N. Hall: "Electron-Hole Recombination in Germanium"; Phys. Rev. 87, 387 (1952)
HOFF	K. Hoffmann: "VLSI Entwurf"; Oldenbourg-Verlag ISBN 3-486-24788-3; 1998
KITT	C. Kittel: "Einführung in die Festkörperphysik"; R. Oldenbourg, John Wiley (1973)
MORI	F.J. Morin et al.: "Electrical Properties of Silicon Containing Arsenic and Boron"; Phys.Rev. 96, 28 (1954)
MÜLL	R. Müller: "Grundlagen der Halbleiter-Elektronik"; Springer-Verlag (1975)
RYDE	E.J. Ryder: "Mobility of Holes and Electrons in High Electric Fields"; Physical Review, Vol.90, No.5; pp.760-769 (1953)
SAH	C.T. Sah, R.N. Noyce, and W. Shockley: "Carrier Generation and Recombination in p-n Junction"; Proc. IRE, 45, 1228 (1957)
SHOC	W. Shockley and W.T. Read: "Statistics of the Recombination of Holes and Electrons"; Phy.Rev. 87, 835 (1952)
SZE	S.M. Sze: "Physics of Semiconductor Devices"; Wiley Interscience (1981)
THUM	C.D. Thurmond: "The Standard Thermodynamic Function of the Formation of Electrons and Holes in Ge, Si, GaAs and GaP;" J. Electrochem. Soc. 122, 1133 (1975)
WIDM	D. Widmann et al: "Technologie hochintegrierter Schaltungen"; Springer Verlag; ISBN 3-540-59357-8.2; 1996

2 Metallurgischer pn-Übergang

Dieser Übergang wird im folgenden Kapitel ausführlich behandelt. Ziel dabei ist es, die Erkenntnisse direkt auf den bipolaren Transistor oder die Source- und Draingebiete eines MOS-Transistors zu übertragen. Bei der Herleitung der wichtigsten Beziehungen wird auf das in Kapitel 1 beschriebene Experiment zurückgegriffen. Die Stromspannungsgleichung wird entwickelt und das Kapazitätsverhalten beschrieben. Hierbei unterscheidet man zwischen einer Sperrschicht- und einer Diffusionskapazität. In diesem Zusammenhang wird die Weite der Raumladungszone bestimmt und auf das Schalt- und Durchbruchverhalten eingegangen. Das Kapitel endet mit einer Diskussion über die Modellierung des pn-Übergangs für Schaltungsanwendungen. Hierbei wird unterschieden zwischen **C**omputer **A**ided **D**esign (CAD) Anwendungen und solchen für überschlägige Gleich- und Wechselstromberechnungen.

2.1 Inhomogener n-Typ Halbleiter

Zur Analyse des pn-Übergangs ist es zweckmäßig, zuerst einen inhomogen dotierten n-Typ Halbleiter zu betrachten, um das Verständnis für die Transportmechanismen der Ladungsträger und des Bänderdiagramms zu erweitern.

In Bild 2.1 ist ein inhomogener Halbleiter dargestellt. Als Beispiel wurde ein n-Typ Siliziumstab gewählt, dessen örtliche Dotierungsverteilung sich bei $x = 0$ abrupt verändert. Dadurch stehen sich sehr unterschiedliche Elektronendichten n gegenüber, die sich über den Diffusionsvorgang (Kapitel 1.4.3) auszugleichen versuchen. Dies verursacht, dass bei $x > 0$ eine Elektronenverringerung und bei $x < 0$ eine Elektronenanhäufung entsteht. Die Elektronenverringerung hat zur Folge, dass dort die positive Ladung der nicht mehr voll kompensierten Donatoren überwiegt. Die unterschiedlichen Ladungen verursachen ein elektrisches Feld, das eine Elektronenbewegung (Drift) die entgegengesetzt der Diffusion ist hervorruft. Diese Elektronenbewegungen sind symbolisch dargestellt. Thermodynamisches Gleichgewicht wird erreicht, wenn sich Drift- und Diffusionsströme kompensieren, d.h. wenn nach Gleichung (1.48) die Stromdichte

$$J_n = q\mu_n n_n E + qD_n \frac{dn_n}{dx} = 0 \quad \text{ist.} \tag{2.1}$$

Aus diesem Ansatz resultiert

$$Edx = -\frac{D_n}{\mu_n}\frac{dn_n}{n_n} \qquad (2.2)$$

und eine Spannung zwischen den Bereichen hoher und niedriger Dotierung von

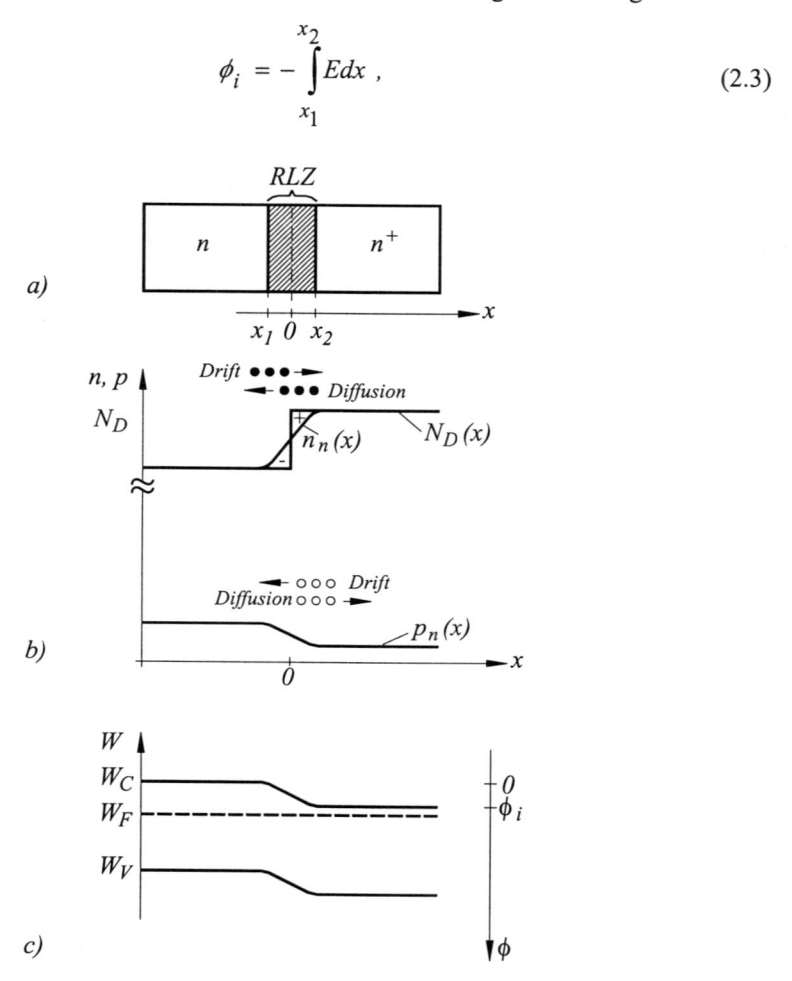

$$\phi_i = -\int_{x_1}^{x_2} Edx , \qquad (2.3)$$

Bild 2.1: Inhomogen dotierter n-Typ Halbleiter; a) nn^+-Übergang; b) Dotierung und Ladungsträgerverteilung **(nicht maßstabsgerecht)**; c) Bänderdiagramm

die Diffusionsspannung oder build-in voltage genannt wird. Als Integrationsgrenzen wurden die örtlichen Werte gewählt ab denen Ladungsneutralität im Halbleiter vorherrscht. Werden die Einstein-Beziehung (1.47) und die obigen Gleichungen verwendet, resultiert eine Diffusionsspannung von

$$\phi_i = \phi_t \int_{n_n(x_1)}^{n_n(x_2)} \frac{dn_n}{n_n} = \phi_t \ln \frac{n_n(x_2)}{n_n(x_1)}, \qquad (2.4)$$

die in Bild 2.1c eingetragen ist.

Bisher wurden nur die Majoritätsträger betrachtet. Von Interesse ist aber auch das Verhalten der Minoritätsträger. Es stehen sich unterschiedliche Löcherdichten gegenüber. Wegen $p_n = n_i^2/N_D$ ist diese im niedriger dotierten n-Bereich ($x < 0$) am größten. Dadurch kommt es zu einer Diffusion von Löchern in den höher dotierten n-Bereich ($x > 0$), sowie einer entsprechenden Drift von Löchern in entgegengesetzter Richtung. Im Vergleich zu den Majoritätsträgern sind Drift- und Diffusionsrichtung vertauscht. Im thermodynamischen Gleichgewicht kompensieren sich ebenfalls die entgegengesetzt wirkenden Löcherbewegungen.

Örtliches Verhalten des Ferminiveaus im thermodynamischen Gleichgewicht

Aus der Tatsache, dass die Stromdichte im thermodynamischen Gleichgewicht (2.1)

$$J_n = q\,\mu_n\,n_n\,E(x) + q\,D_n\,\frac{dn_n}{dx} = 0 \quad \text{ist,}$$

kann das örtliche Verhalten des Ferminiveaus abgeleitet werden. Der zur Lösung benötigte Gradient dn/dx ergibt sich aus der Elektronenkonzentration Gl.(1.14)

$$n_n = n_i e^{[W_F(x) - W_i(x)]/kT} \qquad (2.5)$$

zu

$$\frac{dn_n}{dx} = n_n \frac{1}{kT} \left[\frac{dW_F(x)}{dx} - \frac{dW_i(x)}{dx} \right]. \qquad (2.6)$$

Weiterhin wird noch eine Beziehung zwischen dem elektrischen Feld und der Energie W_i gesucht. Dieser Zusammenhang ist in Gl.(1.34)

$$E = \frac{1}{q}\frac{dW(x)}{dx} = \frac{1}{q}\frac{dW_i(x)}{dx} \qquad (2.7)$$

beschrieben. Da das Feld E von dem Gradienten der Energie W bestimmt wird, kann als Energie W_C, W_V oder wie im obigen Fall, W_i verwendet werden. Mit diesen Gleichungen und der Einsteinbeziehung (1.47) resultiert ein Elektronenstrom von

$$J_n = \mu_n n_n \frac{dW_F(x)}{dx} = 0. \qquad (2.8)$$

Da $J_n = 0$ ist, muss $dW_F(x)/dx = 0$ sein. D.h., im thermodynamischen Gleichgewicht verläuft das Ferminiveau auf gleicher energetischer Höhe, da jede Abweichung davon einen Stromfluss verursachen würde (Bild 2.1c).

2.2 Der pn-Übergang im Gleichgewichtszustand

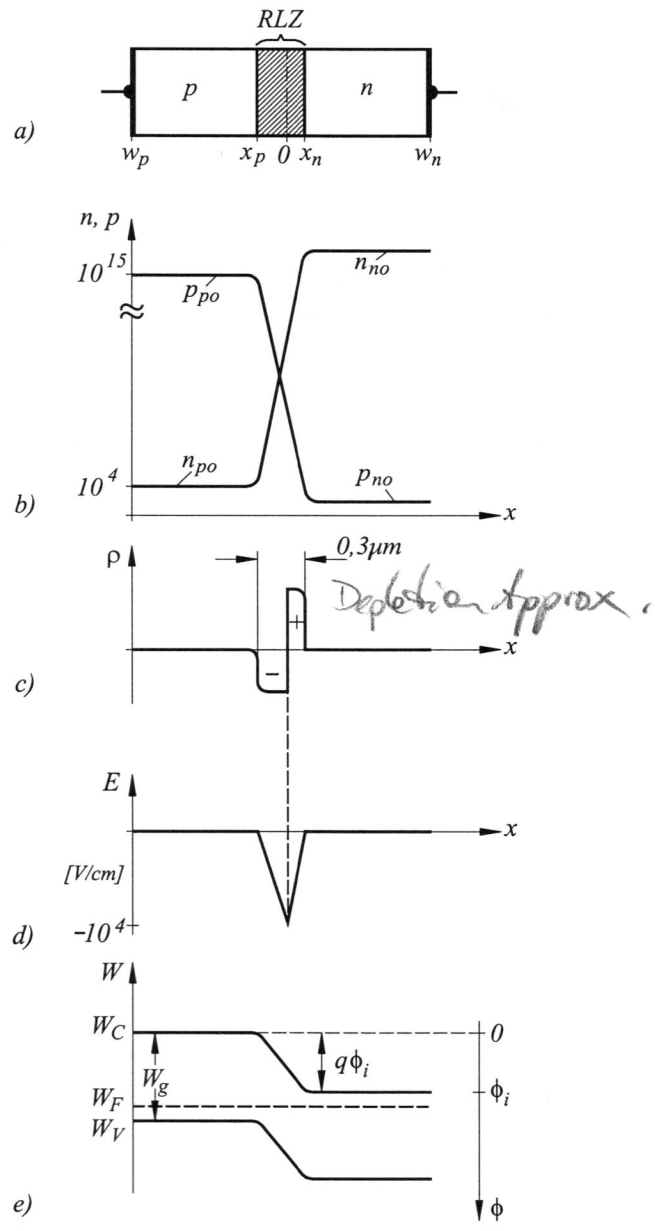

Bild 2.2: pn-Übergang im Gleichgewicht; a) abrupter pn-Übergang mit $N_D > N_A$; b) Ladungsträgerverteilung; c) Raumladungsdichte; d) Feldstärke; e) Bänderdiagramm

2 Metallurgischer pn-Übergang

Ein abrupter pn-Übergang entsteht, wenn ein p- und n-Typ Halbleiter in Kontakt gebracht werden. An der Schnittstelle der beiden Halbleitertypen stehen sich, ähnlich wie beim inhomogenen n-Typ Halbleiter, unterschiedliche Konzentrationen von Elektronen und Löchern gegenüber. Die Konzentrationsunterschiede sind jedoch wesentlich größer. Als Folge dieser Konzentrationsunterschiede entstehen Diffusionsströme von Elektronen und Löchern, die eine Ladungsträgerverteilung, wie in Bild 2.2b gezeigt, hervorrufen. In der Umgebung von $x = 0$ bildet sich eine positive und negative Raumladung (Bild 2.2c) durch nicht mehr ladungsmäßig voll kompensierte Donatoren und Akzeptoren. Diese Zone wird Raumladungszone (RLZ) genannt. Auf die unterschiedlich großen Bereiche x_p und x_n der Raumladungszone, die durch die verschiedenen Dotierungsdichten $N_D > N_A$ hervorgerufen werden, wird im Abschnitt 2.4.1 näher eingegangen. Die Raumladungszone ist Ursache für ein elektrisches Feld (Bild 2.2d). Als Folge dieses Feldes entstehen Driftströme, die den Diffusionsströmen des jeweiligen Ladungsträgertyps entgegenwirken. Kompensieren sich Drift- und Diffusionsströme des jeweiligen Ladungsträgertyps an jeder Stelle innerhalb der Raumladungszone (Bild 2.2e), stellt sich ein thermodynamisches Gleichgewicht ein.

Aus dem elektrischen Feld kann, genau wie beim inhomogenen n-Typ Halbleiter, eine Diffusionsspannung Gl.(2.3) abgeleitet werden.

$$\phi_i = -\int_{x_p}^{x_n} E\, dx$$

Da im thermodynamischen Gleichgewicht die Elektronen- und Löcherstromdichten Null sind, ergibt sich entweder aus der Löcher- oder Elektronenstromdichte eine Diffusionsspannung von

$$J_n = q\mu_n n E + q D_n dn/dx = 0$$
$$E\,dx = -\frac{D_n}{\mu_n}\frac{dn}{n}$$
$$\phi_i = \phi_t \int_{n_{po}}^{n_{no}} \frac{dn}{n} = \phi_t \ln\frac{n_{no}}{n_{po}}.$$

(2.9)

Mit $n_{no} = N_D$ und $n_{po} = n_i^2/N_A$ resultiert daraus

$$\boxed{\phi_i = \phi_t \ln\frac{N_A N_D}{n_i^2}}.$$

(2.10)

Ein typischer Wert für die ϕ_i bei integrierten pn-Übergängen ist 0,9V. Durch Erhöhung der Dotierungen kann ein maximaler Wert von $\phi_i \approx W_g/q$ erreicht werden (siehe Bild 2.2e).

2.3 Der pn-Übergang bei Anlegen einer Spannung

Im Folgenden wird ein pn-Übergang mit kurzen Abmessungen betrachtet an dessen Kontakte eine Spannung angelegt werden kann. Ist diese Null, herrscht thermodynamisches Gleichgewicht. Ist die Spannung verschieden von Null, wird dieses Gleichgewicht gestört. Man unterscheidet zwei Fälle: die Polung in Durchlassrichtung ($U_{PN} > 0$) und in Sperrrichtung ($U_{PN} < 0$). Dabei stellt sich heraus, dass in Durchlassrichtung ein großer und in Sperrrichtung ein sehr kleiner Strom fließt.

Ist die Spannung $U_{PN} > 0V$ wird das p-Gebiet gegenüber dem n-Gebiet energetisch von $q\phi_i$ (Bild 2.2e) auf $q(\phi_i - U_{PN})$ abgesenkt (Bild 2.3b). (Vergleiche mit Bild 1.19 wegen des Zusammenhangs zwischen Energie und zugeführter Spannungsquelle). Ist dagegen $U_{PN} < 0$ wird das p-Gebiet energetisch angehoben. Dies bedeutet für beide Fälle, dass Drift- und Diffusionsströme sich nicht mehr kompensieren, wodurch es zur Injektion und Extraktion von Minoritätsträgern kommt (Bild 2.3c).

In Durchlassrichtung mit $U_{PN} > 0V$ werden Minoritätsträger wegen der reduzierten Energiebarriere in das n- und p-Gebiet injiziert. Die injizierten Ladungsträger wiederum kommen aus dem entsprechenden Reservoir der Majoritätsträger, die durch die Spannungsquelle nachgeliefert werden.

In Sperrrichtung mit $U_{PN} < 0V$ werden Minoritätsträger aus den n- und p-Gebieten wegen des vergrößerten Feldes extrahiert und wandern durch die Raumladungszone als Majoritätsträger hin zur Spannungsquelle (Bild 2.3c).

Die Situation im n-Gebiet entspricht genau derjenigen die im Experiment – Kapitel 1.5 (Bild 1.24) – beschrieben wurde. Entsprechend können die Minoritätsträgerströme aus den Minoritätsträgerverteilungen bestimmt werden. In dem Experiment wurde angenommen, dass keine Generation bzw. Rekombination von Ladungsträgern stattfindet. Diese Annahme kann wegen der vorausgesetzten kleinen Geometrieabmessungen auf den gesamten pn-Übergang übertragen werden. **Damit ist der Strom der jeweiligen Majoritätsträger gleich dem der entsprechenden Minoritätsträger**. D.h. I_n im n-Typ ist gleich I_n im p-Typ und analog dazu I_p im p-Typ ist gleich I_p im n-Typ. Dies muss auch so sein, denn die injizierten bzw. extrahierten Minoritätsträger können nur durch ein Zu- oder Abfließen der Majoritätsträger von dem gegenüberliegenden Bereich verändert werden. Der Gesamtstrom lässt sich somit durch Addition der beiden Minoritätsträgerströme – die leicht bestimmbar sind – berechnen.

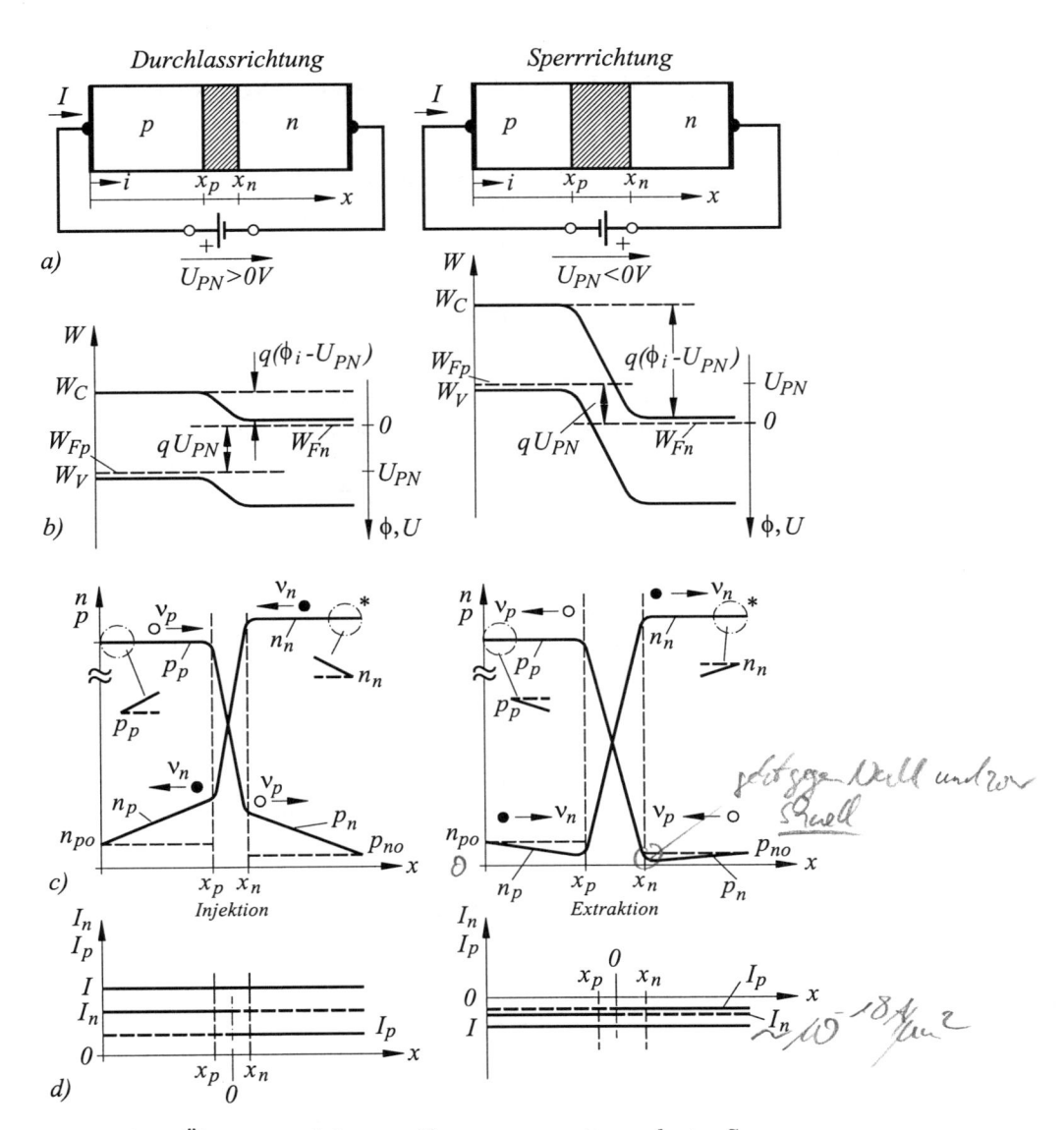

Bild 2.3: a) pn-Übergang mit kurzen Abmessungen mit angelegter Spannung; b) Bänderdiagramm; c) Ladungsträgerverteilungen; d) Ströme (gestrichelt Majoritätsträgerströme)
* Prozentuale Änderung bei den Majoritätsträgern vernachlässigbar

2.3.1 Das Dichteprodukt bei Abweichungen vom Gleichgewichtszustand

Um den Strom in einem pn-Übergang berechnen zu können, müssen noch die Minoritätsträgerdichten an den Rändern der Raumladungszone bestimmt werden. Die folgende Überlegung führt über Quasi-Ferminiveaus zu einem Dichteprodukt, das in Abhängigkeit von der anliegenden Spannung beschrieben werden kann. Mit Hilfe dieses Zusammenhangs können dann die Dichten der Ladungsträger an den Rändern der Raumladungszone bestimmt werden.

Im thermodynamischen Gleichgewicht kennzeichnet die Lage des Ferminiveaus die Bandsetzung Gl.(1.14) und (1.15), d.h. die Ladungsträgerdichten

$$n_o = n_i e^{(W_F - W_i)/kT} \quad und \quad p_o = n_i e^{(W_i - W_F)/kT}.$$

Verändert sich die Lage des Ferminiveaus z.B. zu höheren Elektronenenergien, nimmt die Elektronendichte zu und die Löcherdichte ab. Wird dagegen eine Abweichung vom thermodynamischen Gleichgewicht z.B. dadurch erzeugt, dass Elektronen und Löcher in den Halbleiter eingebracht werden, so muss W_F in Richtung höherer Energien wandern, um die erhöhte Elektronendichte von n_o nach n zu berücksichtigen und gleichzeitig muss W_F in Richtung niedrigerer Energien wandern, um die erhöhte Löcherdichte von p_o nach p zu berücksichtigen. Diese Aufgabenstellung führt zu einer Definition von Quasi-Ferminiveaus W_{Fn} und W_{Fp}, mit der Situationen beschrieben werden bei denen sich der Halbleiter nicht mehr im thermodynamischen Gleichgewicht befindet. Entsprechend gilt:

$$n = n_i e^{(W_{Fn} - W_i)/kT} \tag{2.11}$$

und

$$p = n_i e^{(W_i - W_{Fp})/kT}. \tag{2.12}$$

Dies ergibt ein Dichteprodukt von

$$pn = n_i^2 e^{(W_{Fn} - W_{Fp})/kT}. \tag{2.13}$$

An den Rändern der Raumladungszone führt dies zu

$$p_n(x_n) n_n(x_n) = n_i^2 e^{(W_{Fn} - W_{Fp})/kT} \tag{2.14}$$

bzw. zu

$$p_p(x_p) n_p(x_p) = n_i^2 e^{(W_{Fn} - W_{Fp})/kT}. \tag{2.15}$$

2 Metallurgischer pn-Übergang

Da die Differenz der Quasi-Ferminiveaus bei dem pn-Übergang als proportional zur angelegten Spannung (Bild 2.3b)

$$U_{PN} = \frac{W_{Fp} - W_{Fn}}{-q} \qquad (2.16)$$

angenommen wurde, resultiert ein Dichteprodukt an den Rändern der Raumladungszone von

$$\boxed{p_n(x_n)n_n(x_n) = p_p(x_p)n_p(x_p) = n_i^2 e^{U_{PN}/\phi_t}} . \qquad (2.17)$$

Dies bedeutet, dass bei $U_{PN} > 0$ ($pn > n_i^2$) eine Trägerüberschwemmung auftritt, während bei $U_{PN} < 0$ ($pn < n_i^2$) eine Trägerverarmung entsteht.
Obige Produktgleichung wird im Folgenden für die beiden interessierenden Fälle schwache und starke Injektion (Bild 1.23) betrachtet.

Schwache Injektion:

Mit $n_n(x_n) = N_D$ und $p_p(x_p) = N_A$ ergeben sich die gesuchten Minoritätsträgerdichten an den Rändern der Raumladungszone zu

$$p_n(x_n) = \frac{n_i^2}{N_D} e^{U_{PN}/\phi_t}$$

$$\boxed{p_n(x_n) = p_{no} e^{U_{PN}/\phi_t}} \qquad (2.18)$$

und

$$n_p(x_p) = \frac{n_i^2}{N_A} e^{U_{PN}/\phi_t}$$

$$\boxed{n_p(x_p) = n_{po} e^{U_{PN}/\phi_t}} . \qquad (2.19)$$

Starke Injektion:

Mit $n_n(x_n) = p_n(x_n)$ und $n_p(x_p) = p_p(x_p)$ resultieren die Trägerdichten

$$p_n(x_n) = \frac{n_i^2}{p_n(x_n)} e^{U_{PN}/\phi_t} \qquad (2.20)$$

$$p_n(x_n) = n_i e^{U_{PN}/2\phi_t}$$

und

$$n_p(x_p) = \frac{n_i^2}{n_p(x_p)} e^{U_{PN}/\phi_t}$$

$$n_p(x_p) = n_i e^{U_{PN}/2\phi_t} .$$
(2.21)

Der Faktor 1/2 im Exponenten besagt, dass bei starker Injektion die Minoritätsträgerdichten weniger stark mit der Spannung U_{PN} zunehmen. Der Übergang von schwacher zu starker Injektion beginnt um so früher je niedriger die Dotierungen sind. Dies hat einen starken Einfluss auf das Verhalten von pn-Übergängen und bipolaren Transistoren wie in den entsprechenden Abschnitten gezeigt werden wird.

Eine vielleicht anschaulichere Betrachtung ergibt sich, wenn man von Gleichung (2.9) ausgeht. Im thermodynamischen Gleichgewicht ergibt sich der Zusammenhang zwischen Trägerdichten und Diffusionsspannung zu

$$n_{po} = n_{no} e^{-\phi_i/\phi_t} .$$
(2.22)

Legt man eine äußere Spannung U_{PN} an, wird die Energiebarriere $q\phi_i$ (Bild 2.3b) infolge dieser Spannung auf $q(\phi_i - U_{PN})$ verändert. Entsprechend stellt sich damit – z.B. an dem n-seitigen Rand der Raumladungszone – eine Trägerdichte von

$$n_p(x_p) = n_{no} e^{-(\phi_i - U_{PN})/\phi_t}$$

$$n_p(x_p) = n_{po} e^{U_{PN}/\phi_t} = \frac{n_i^2}{p_p(x_p)} e^{U_{PN}/\phi_t}$$
(2.23)

ein. Dies führt zu einem Dichteprodukt von

$$p_p(x_p) n_p(x_p) = n_i^2 e^{U_{PN}/\phi_t} ,$$
(2.24)

das mit demjenigen von Beziehung (2.17) identisch ist. Bei dieser Betrachtung werden, genau wie im vorhergehenden Fall, Spannungsabfälle an den n- und p-Gebieten als vernachlässigbar klein angesehen.

2.3.2 Stromspannungsbeziehung

In diesem Abschnitt wird die Stromspannungsbeziehung des pn-Übergangs unter folgenden Voraussetzungen abgeleitet:

a) Der Spannungsabfall an den n- und p-Gebieten ist vernachlässigbar klein gegenüber dem an der Raumladungszone.

b) Es liegt schwache Injektion vor und

c) Generation und Rekombination sind bei den kleinen geometrischen Abmessungen vernachlässigbar.

Damit sind die Ergebnisse des Experiments (Kapitel 1.5) voll auf den pn-Übergang übertragbar.

Zur Vereinfachung der Anschaulichkeit ist in Bild 2.4 ein Ausschnitt aus Bild 2.3 noch einmal dargestellt.

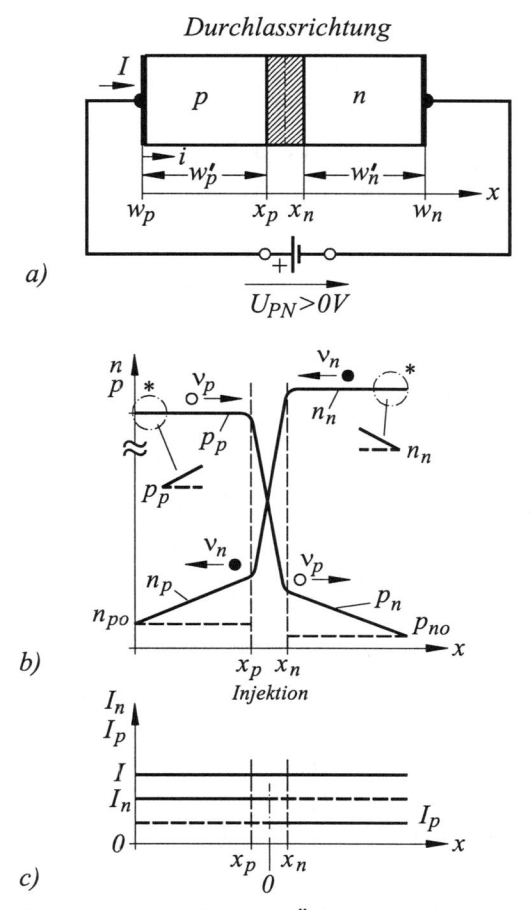

*Bild 2.4: Ausschnitt aus Bild 2.3; a) pn-Übergang in Durchlassrichtung; b) Ladungsträgerverteilung; c) Ströme (gestrichelt Majoritätsträgerströme) * Prozentuale Änderung bei den Majoritätsträgern vernachlässigbar*

Hierbei ist es unbedeutend ob zur Herleitung der Stromspannungsbeziehung die Injektion oder Extraktion von Minoritätsträgern betrachtet wird, da beide Konstellationen durch die selben Beziehungen beschrieben werden. Da – wie bereits erwähnt – der Strom der Majoritätsträger auf der einen Seite des pn-Übergangs gleich dem Strom der injizierten bzw. extrahierten Minoritätsträger auf der anderen Seite des pn-Übergangs ist, kann durch Addition der beiden Minoritätsträgerströme der Gesamtstrom I bestimmt werden.

Demnach ist

$$I = I_p + I_n$$
$$= -qAD_p \frac{dp_n}{dx} + qAD_n \frac{dn_p}{dx}, \quad (2.25)$$

wobei A den Querschnitt beschreibt. Mit den Gradienten – direkt aus Bild 2.4b – und den Beziehungen (2.18) und (2.19) resultiert

$$I = qAD_p \frac{p_n(x_n) - p_{no}}{w'_n} + qAD_n \frac{n_p(x_p) - n_{po}}{w'_p}$$

$$I = qAD_p \frac{p_{no}}{w'_n}\left(e^{U_{PN}/\phi_t} - 1\right) + qAD_n \frac{n_{po}}{w'_p}\left(e^{U_{PN}/\phi_t} - 1\right). \quad (2.26)$$

Dies Ergebnis kann in der Form

$$\boxed{I = I_S\left(e^{U_{PN}/\phi_t} - 1\right)} \quad (2.27)$$

wiedergegeben werden, wobei

$$\boxed{I_S = qA\left(\frac{D_p}{w'_n} p_{no} + \frac{D_n}{w'_p} n_{po}\right)} \quad (2.28)$$

ist. I_S wird Reststrom oder Sperrstrom genannt. Die Stromspannungsbeziehung ist in Bild 2.5.dargestellt.

Hat U_{PN} eine Spannung negativer als $-4\phi_t \approx -100mV$, dann ist der Wert der e-Funktion in Gleichung (2.27) vernachlässigbar klein gegenüber -1 und der Reststrom unabhängig von der Spannung. Der Grund für diese Spannungsunabhängigkeit des Reststroms ist aus der Minoritätsträgerverteilung erkennbar. Ab dieser Spannung sind die Minoritätsträgerdichten an den Rändern der Raumladungszone auf 0 abgesunken. Damit tritt keine weitere Veränderung der Minoritätsträgerdichten auf und der Strom $I = -I_S$ bleibt konstant. Im Gegensatz dazu können mit $U_{PN} > 0$ die Minoritätsträgerdichten und damit der Strom so weit erhöht werden bis thermische Zerstörung auftritt.

2 Metallurgischer pn-Übergang   53

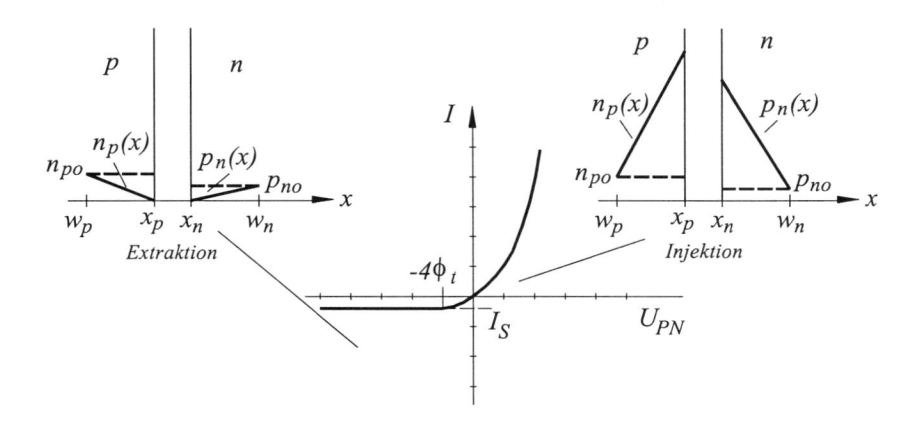

Bild 2.5:   Stromspannungsbeziehung des pn-Übergangs

2.3.3 Abweichungen von der Stromspannungsbeziehung

In Bild 2.5 zeigte der Reststrom I_S keine Abhängigkeit von der Spannung. In Realität ist dies jedoch der Fall. Der Strom steigt mit negativ werdender Spannung leicht an. Der Grund dafür ist, dass die Raumladungszone sich ausdehnt und dadurch die Bereiche w'_n und w'_p verkürzt werden. Auf diesen Zusammenhang wird in Kapitel 2.4.1 näher eingegangen.

Mit $p_{no} = n_i^2/N_D$ und $n_p = n_i^2/N_A$ können die Minoritätsträgerdichten durch die entsprechenden Dotierungen beschrieben werden, wodurch sich der Sperrstrom als Funktion der Temperatur

$$I_S = qA\left[\frac{D_p}{w'_n(U_{PN})}\frac{1}{N_D} + \frac{D_n}{w'_p(U_{PN})}\frac{1}{N_A}\right]n_i^2 \qquad (2.29)$$

über die Intrinsicdichte (1.20) ergibt. Diese steigt exponentiell mit der Temperatur

$$n_i = C\left(\frac{T}{[K]}\right)^{3/2} e^{-W_g(T)/2kT} \qquad (2.30)$$

an, wodurch es zu unerwünscht hohen Restströmen bei erhöhter Temperatur kommt.

Die Abweichung von der Stromspannungsbeziehung in Durchlassrichtung ist in der halblogarithmischen Darstellung in Bild 2.6 gezeigt. Im mittleren Strombereich herrscht über mehr als sechs Dekaden Übereinstimmung zwischen Messung und Theorie. Lediglich in den drei folgenden Bereichen sind Abweichungen vorhanden.

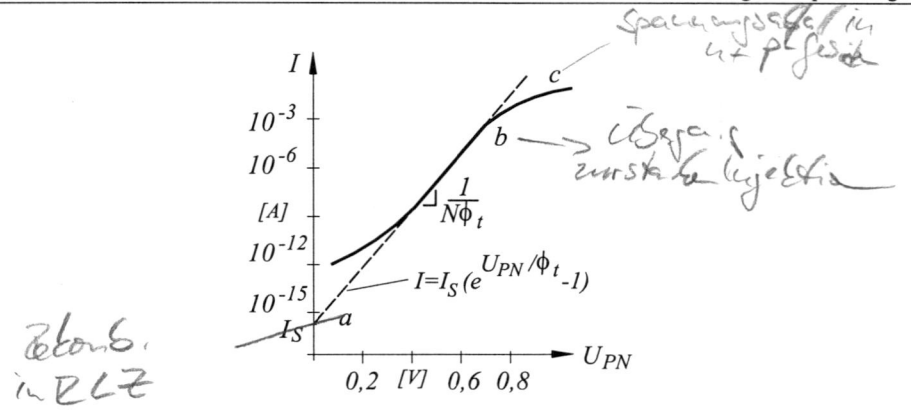

Bild 2.6: *Vergleich zwischen realer und idealer Diodenkennlinie in halblogarithmischer Darstellung*

Kennlinienbereich a

Für den Strom in Durchlassrichtung ist die vernachlässigte Nettorekombination in der Raumladungszone und im n- und p-Gebiet verantwortlich. Diese liefert einen Beitrag zum Gesamtstrom, der bei kleinen Strömen besonders bemerkbar ist.

Kennlinienbereich b

Die Stromspannungsbeziehung wurde unter der Annahme schwacher Injektion abgeleitet, d.h. eine Änderung der Majoritätsträgerdichte wurde nicht berücksichtigt. Mit zunehmender Spannung in Durchlassrichtung und dadurch starker Injektion ist die Voraussetzung zu dieser Annahme jedoch nicht mehr gegeben und es kommt zu einer exponentiellen $U_{PN}/2\phi_t$ Gl.(2.20)/(2.21) Abhängigkeit, wodurch die Minoritätsträgerdichten an den Rändern der Raumladungszonen weniger stark zunehmen.

Kennlinienbereich c

Bei sehr großen Strömen ist zusätzlich der Spannungsabfall in den n- und p-Gebieten nicht mehr vernachlässigbar. Der Strom wird weiter verringert, da die Spannung U_{PN} am pn-Übergang nicht mehr voll wirksam ist.

Die beschriebenen Abweichungen von der idealen Kennlinie können empirisch in folgender Form ausgedrückt werden

$$\boxed{I = I_S \left(e^{U_{PN}/\phi_t N} - 1 \right)}, \tag{2.31}$$

wobei N Emissionskoeffizient genannt wird und Werte zwischen 1 und 2 annehmen kann.

Bestimmung von I_S und N

Im Durchlassbereich mit $U_{PN} > 100$ mV kann der -1 Term in Beziehung (2.31) vernachlässigt werden, so dass der Strom in logarithmischer Form

$$\ln\frac{I}{[A]} \approx \ln\frac{I_S}{[A]} + \frac{1}{N\phi_t}U_{PN} \qquad (2.32)$$

angegeben werden kann, wobei A das Symbol für Ampère ist.

Damit ergibt sich in einer halblogarithmischen Darstellung ein linearer Zusammenhang, aus dem durch Extrapolation der Messwerte der Sperrstrom I_S ermittelt werden kann (Bild 2.6). In der Praxis ist dieser Wert nicht unbedingt mit dem Sperrstrom (Bild 2.5) identisch. Letzterer kann vielmehr durch Effekte zweiter Ordnung, wie z.B. Leckströme an der Halbleiteroberfläche größer sein. Zur korrekten Beschreibung des Durchlassbereiches ist es somit unumgänglich, den Sperrstrom aus den Messungen im Durchlassbereich zu ermitteln. Der Emissionsfaktor kann nach Beziehung (2.32) aus der Steigung bestimmt werden. Im mittleren Bereich der Kennlinie ist bei integrierten Siliziumdioden $N = 1$. Typische Reststromdichten liegen bei $J_S = 10^{-18}$ A/µm².

Bei der Modellierung des pn-Übergangs zum Einsatz in Kompaktmodelle z.B. bei bipolaren Transistoren wird die Stromspannungsbeziehung bei schwacher Injektion durch zwei parallel geschaltete Dioden mit ihren entsprechenden I_S- und N-Werten approximiert.

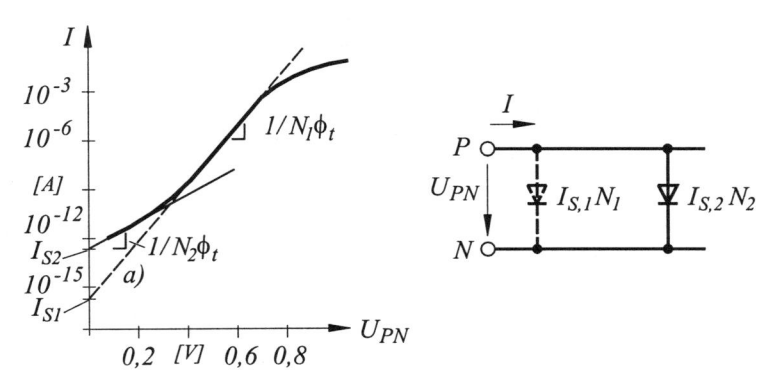

Bild 2.7:   Approximation der Stromspannungsbeziehung

D.h. mit vier Parameter ist das Gleichstromverhalten des pn-Übergangs beschreibbar.

2.3.4 Spannungsbezugspunkt

In den bisher betrachteten Bänderdiagrammen, die durch eine äußere Spannung beeinflusst wurden, z.B. Bild 1.19 oder Bild 2.3, sind die Energien auf eine Referenzenergie und die Potenziale auf ein Referenzpotenzial bezogen. Im Folgenden wird der Frage nachgegangen, wie das Nullpotenzial der Schaltung (Masse), das als negativster Anschluss der Versorgungsspannung gewählt wird, zu den in den Bänderdiagrammen gewählten Referenzen zu sehen ist. Zur Klärung ist in Bild 2.8 der pn-Übergang inklusiv der Metallkontakte dargestellt. An diesen stellen sich sog. Kontaktspannungen ϕ_{K1} und ϕ_{K2} ein, die von den Materialien und den sich ergebenden Ladungsträgerverteilungen abhängig sind. Der ohmsche Charakter dieser Kontakte bleibt dabei voll erhalten. Wird der pn-Übergang kurzgeschlossen, fließt nach Erreichen des thermodynamischen Gleichgewichts (im 10^{-12} s -Bereich) kein Strom mehr.

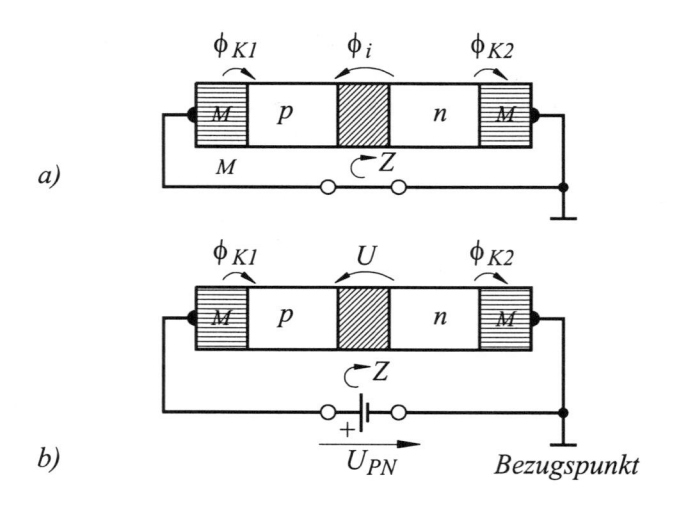

Bild 2.8: a) kurzgeschlossener pn-Übergang; b) pn-Übergang mit anliegender Spannung; (Z = Zählrichtung)

Die Summe aller Spannungen ist damit $\phi_{K1} + (- \phi_i) + \phi_{K2} = 0$, wodurch

$$\phi_i = \phi_{K1} + \phi_{K2} \qquad (2.33)$$

sein muss. Wird zwischen die Klemmen des pn-Übergangs eine Spannung U_{PN} (Bild 2.8b) gelegt ändert sich nur die Spannung an der Raumladungszone

$$\begin{aligned}U &= \phi_{K1} + \phi_{K2} - U_{PN} \\ &= \phi_i - U_{PN} ,\end{aligned} \qquad (2.34)$$

denn die Metall-Halbleiterkontakte sowie die n- und p-Gebiete sind sehr niederohmig im Vergleich zur Raumladungszone. Dies entspricht auch den bisher gemachten Annahmen, wonach die äußere Spannung direkt an der Raumladungszone wirkt. Die Kontaktspannungen treten somit bei den Berechnungen nicht in Erscheinung. Der Bezugspunkt Nullpotenzial der Schaltung (Masse) ist jedoch um den Wert der Kontaktspannung ϕ_{K2} verschieden von dem Bezugspunkt des n-Typ Halbleiters im Bänderdiagramm (z.B. Bild 2.3b).

2.4 Kapazitätsverhalten des pn-Übergangs

Bei dem pn-Übergang unterscheidet man zwischen zwei voneinander unabhängigen Speichereffekten, die zu einer Sperrschichtkapazität und einer Diffusionskapazität führen. Welche Ursachen diese Kapazitäten haben und wie sie berechnet werden können, wird in diesem Kapitel behandelt.

2.4.1 Sperrschichtkapazität

Um die Sperrschicht- oder Raumladungskapazität C_j zu berechnen, muss als erstes die Weite w der Raumladungszone bestimmt werden. Man stelle sich dazu einen abrupten pn-Übergang nach Bild 2.9 vor.

Weite der Raumladungszone

Für die Raumladungszone kann in guter Näherung angenommen werden, dass die Ladung der freien Ladungsträger vernachlässigbar klein gegenüber der der ionisierten Dotieratome ist, wenn man von den Übergangszonen an den Rändern der Raumladungszone absieht (Bild 2.9b).

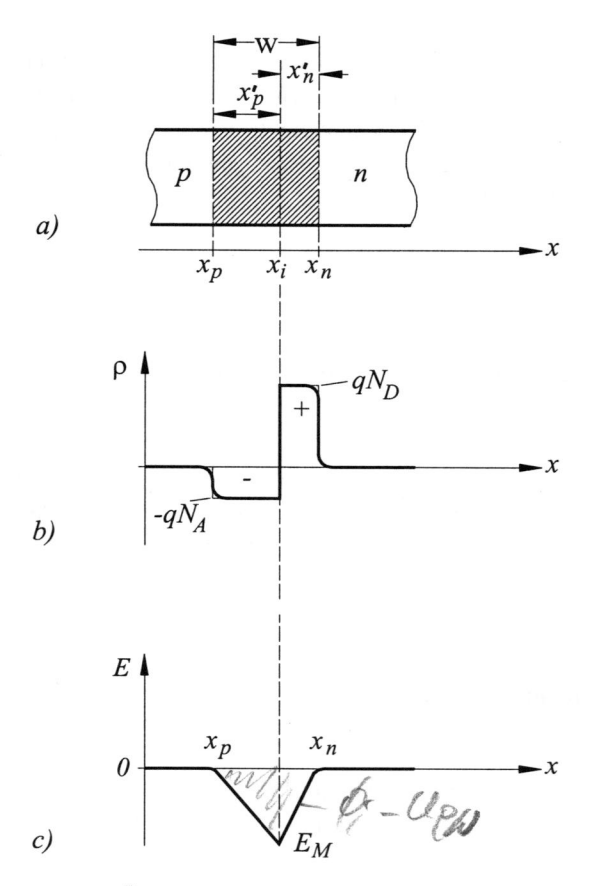

Bild 2.9: a) Abrupter pn-Übergang; b) Raumladungsdichte; c) Feldstärke

Diese Übergangszonen sind so klein, dass man die Raumladung durch eine rechteckige Verteilung der ionisierten Dotieratome beschreiben kann. Diese Vereinfachung wird Depletion-Näherung genannt. Integriert man über die ionisierte Ladung erhält man entsprechend der Poissongleichung den Feldverlauf

$$E(x) = \frac{1}{\varepsilon_o \varepsilon_{si}} \int_{x_p}^{x_n} \rho(x)dx \ . \tag{2.35}$$

Ein maximales Feld von

$$E(x = x_i) = E_M = \frac{1}{\varepsilon_o \varepsilon_{si}} \int_{x_p}^{x_i} -qN_A dx = -\frac{qN_A}{\varepsilon_o \varepsilon_{si}} x'_p \tag{2.36}$$

resultiert. Die an der Raumladungszone wirksame Spannung $\phi_i - U_{PN}$ ist mit dem elektrischen Feld durch die Beziehung

$$\phi_i - U_{PN} = -\int_{x_p}^{x_n} E(x)dx \qquad (2.37)$$

verknüpft. D.h. die Fläche unter dem elektrischen Feld (Bild 2.9c) entspricht der Spannung an der Raumladungszone. Damit ergibt sich direkt durch Inspektion von Bild 2.9c der Zusammenhang

$$\phi_i - U_{PN} = -\frac{1}{2} E_M w, \qquad (2.38)$$

wobei die Weite der Raumladungszone

$$w = x'_p + x'_n \quad \text{ist.} \qquad (2.39)$$

Da Ladungsneutralität herrscht, muss die Ladung jeder Seite des pn-Übergangs gleich groß sein. Daraus resultiert:

$$N_A x'_p = N_D x'_n. \qquad (2.40)$$

Aus den obigen Beziehungen kann die Weite der Raumladungszone im p- bzw. n-Bereich

$$x'_p = \sqrt{\frac{2\varepsilon_o \varepsilon_r (\phi_i - U_{PN})}{qN_A \left(1 + \frac{N_A}{N_D}\right)}} \qquad (2.41)$$

und

$$x'_n = \sqrt{\frac{2\varepsilon_o \varepsilon_r (\phi_i - U_{PN})}{qN_D \left(1 + \frac{N_D}{N_A}\right)}} \qquad (2.42)$$

bestimmt werden. Die gesamte Weite der Raumladungszone

$$\boxed{w = \sqrt{\frac{2\varepsilon_o \varepsilon_r}{q} \left(\frac{1}{N_A} + \frac{1}{N_D}\right)(\phi_i - U_{PN})}} \qquad (2.43)$$

setzt sich damit aus den beiden Anteilen zusammen. Man erkennt aus dieser Beziehung, dass die Weite mit zunehmender Spannung abnimmt.

In der Praxis tritt besonders häufig der Fall auf, dass die Konzentration der Dotierung einer Seite wesentlich größer ist als die der anderen Seite. Man spricht dann von einem einseitig abrupten p^+n-Übergang oder pn^+-Übergang und kennzeichnet den höher dotierten Bereich durch ein hochgestelltes + Zeichen. Mit $N_D \gg N_A$ ergibt sich aus Gleichung (2.43)

$$w \approx \sqrt{\frac{2\varepsilon_o\varepsilon_r}{q} \frac{1}{N_A} (\phi_i - U_{PN})} \qquad (2.44)$$

d.h. die geringer dotierte Seite des pn-Übergangs bestimmt die Weite der Raumladungszone.

Sperrschichtkapazität

Aus den vorhergehenden Gleichungen geht hervor, dass mit einer Änderung der angelegten Spannung eine Weitenänderung der Raumladungszone verbunden ist. Wird der Spannung U_{PN} eine positive Spannung von $dU_{PN} > 0$ überlagert, verringert sich die Weite der Raumladungszone um dx_p im p-Bereich und dx_n im n-Bereich (Bild 2.10). Diese Weitenänderung hat die Lieferung von Majoritätsträgern zur Folge, die zur Neutralisation der in den p- und n-Bereichen befindlichen Ionen dient. Wird dagegen eine negative Spannungsänderung $dU_{PN} < 0$ angelegt, vergrößert sich die Weite der Raumladungszone, wodurch Majoritätsträger infolge der zusätzlichen Ionisation abfließen.

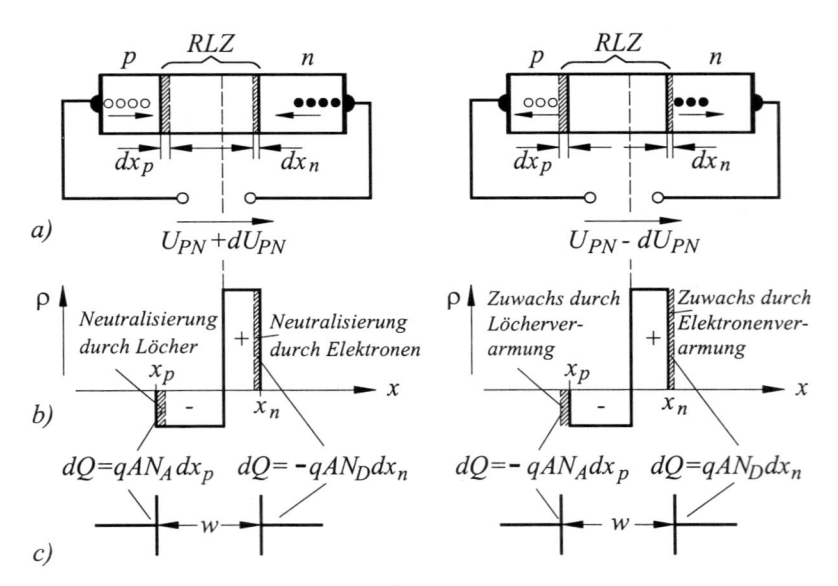

Bild 2.10: Sperrschichtkapazität; a) Änderung der Weite der Raumladungszone; b) Änderung der Ladungsverteilung; c) Darstellung als Plattenkondensator

Dieses Verhalten entspricht dem einer Kleinsignalkapazität entsprechend der Definition von

$$C_j = \frac{dQ}{dU_{PN}} = \frac{dQ}{dx_p} \frac{dx_p}{dU_{PN}}. \qquad (2.45)$$

2 Metallurgischer pn-Übergang

Mit

$$dQ = qAN_A dx_p \qquad (2.46)$$

erhält man den Faktor dQ/dx_p der Kapazitätsgleichung und durch Differenziation der Gleichung (2.41) den zweiten Faktor dx_p/dU_{PN} und damit eine Sperrschichtkapazität von

$$C_j = A \sqrt{\frac{q\varepsilon_o \varepsilon_r}{2\left(\frac{1}{N_A} + \frac{1}{N_D}\right)\phi_i}} \frac{1}{\sqrt{1 - \frac{U_{PN}}{\phi_i}}} . \qquad (2.47)$$

Diese Gleichung lässt sich in der vereinfachten Form

$$\boxed{C_j = C_{jo}\left(1 - \frac{U_{PN}}{\phi_i}\right)^{-M}} \qquad (2.48)$$

wiedergeben, wobei C_{jo} die Sperrschichtkapazität bei $U_{PN} = 0V$ ist. M wird Kapazitätskoeffizient (grading coefficient) genannt. Die beiden Parameter C_{jo} und M hängen stark von dem Dotierungsprofil ab. M kann Werte zwischen 1/2 für den vorliegenden einseitig abrupten und 1/3 für einen linearen pn-Übergang |SZE| (Bild 2.11) annehmen.

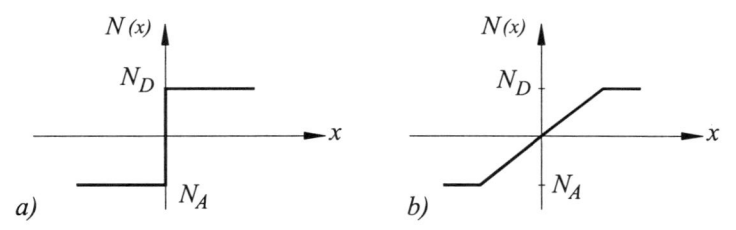

Bild 2.11: Dotierungsverlauf N(x); a) abrupter Übergang; b) linearer Übergang

Die Abhängigkeit der Sperrschichtkapazität von der Spannung U_{PN} ist in Bild 2.12 dargestellt.

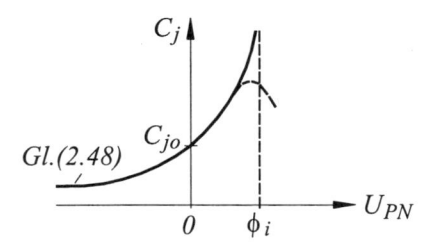

Bild 2.12: Sperrschichtkapazität in Abhängigkeit der Spannung U_{PN}

In Durchlassrichtung liegt bei $U_{PN} = \phi_i$ eine Unstetigkeitsstelle vor. Genauere Analysen |CHAW|, |POON| zeigen, dass ein Abknicken des Kapazitätsverlaufs bei großen Strömen auftritt und dass bis etwa $U_{PN} = \phi_i/2$ Gleichung (2.48) das Kapazitätsverhalten sehr gut beschreibt. Der Grund für diese Diskrepanz liegt in der Depletion-Näherung, die bei der Bestimmung der Weite der Raumladungszone angewendet wurde. Diese Näherung besagt, dass die Ladung der freien Ladungsträger in der Raumladungszone vernachlässigbar klein gegenüber der der ionisierten Dotieratome ist, was in Durchlassrichtung bei größeren Strömen nicht mehr zutrifft. Selbstverständlich gilt somit Gleichung (2.48) in Durchlassrichtung ebenfalls nur bedingt.

Bestimmung von C_{jo}, ϕ_i und M

Die Kapazität C_{jo} kann direkt aus der Messung der in Bild 2.12 gezeigten $C_j(U_{PN})$-Abhängigkeit ermittelt werden. Bei dieser Kapazitätsmessung muss jedoch sichergestellt sein, dass der pn-Übergang nie in Durchlassrichtung gelangt. In diesem Fall dominiert nämlich die Diffusionskapazität, auf die im nächsten Abschnitt näher eingegangen wird. Die Kapazitätsmessung ist somit zweckmäßigerweise nur bis ca. $U_{PN} = -0{,}2V$ durchzuführen und das Wechselspannungssignal auf <100 mV zu begrenzen. Der Wert von C_{jo} kann dann durch Extrapolation bestimmt werden.

Die Parameter ϕ_i und M müssen durch Anpassung (curve fitting) der berechneten an die gemessene $C_j(U_{PN})$-Charakteristik ermittelt werden.

Um die Genauigkeit der Kapazitätsbeschreibung bei der Schaltungssimulation zu erhöhen, wird zwischen den Kapazitätsparametern am Rand und am Boden z.B. an einer n^+p-Struktur unterschieden. Diese Vorgehensweise erlaubt es dem Schaltungsentwickler jede erwünschte Struktur richtig simulieren zu können. Warum es zu den verschiedenen Parametern kommt geht aus dem gezeigten n^+p-Übergang Bild 2.13 hervor.

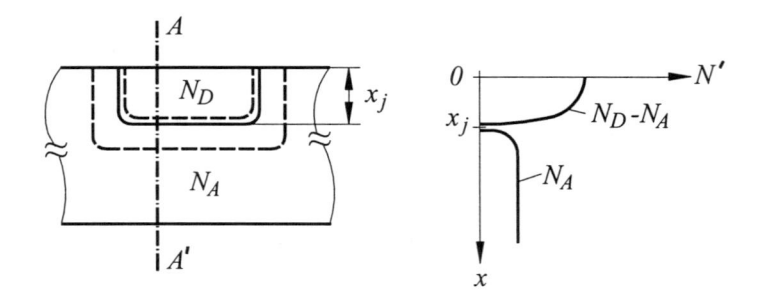

Bild 2.13: a) Diffundierter n^+p-Übergang; b) Dotierungskonzentration $N'(x) = N_D - N_A$ (Schnitt A-A')

Durch das Eindiffundieren von z.B. Arsen (N_D) ist diese Dotierung an der Halbleiteroberfläche größer als im Halbleiterinnern. Damit ergeben sich unterschiedliche Kapazitätsparameter am Boden und Rand einer Struktur, so dass insgesamt sechs Parameter für die Beschreibung benötigt werden.

Analogie zum Plattenkondensator

Die Sperrschichtkapazität kann mit der eines Plattenkondensators verglichen werden. Um dies zu demonstrieren, wird Gleichung (2.47) in die Form

$$C_j = \frac{A \varepsilon_o \varepsilon_r}{\sqrt{\frac{2 \varepsilon_o \varepsilon_r}{q}\left(\frac{1}{N_A} + \frac{1}{N_D}\right)(\phi_i - U_{PN})}} \quad (2.49)$$

gebracht. Vergleicht man diese Beziehung mit der für die Weite der Raumladungszone (2.43), dann ergibt sich die Sperrschichtkapazität zu

$$\boxed{C_j = A \frac{\varepsilon_o \varepsilon_r}{w}} \quad (2.50)$$

Dies ist die Beschreibung eines Plattenkondensators mit Plattenabstand w, wie er in Bild 2.10c dargestellt ist.

2.4.2 Diffusionskapazität

Zusätzlich zu der Sperrschichtkapazität ist noch eine Diffusionskapazität vorhanden, die durch einen ganz und gar unterschiedlichen Mechanismus entsteht. Dieser beruht auf der Eigenschaft der n- und p-Gebiete, Minoritäts- und Majoritätsträgerladung zu speichern. Wie dies zu verstehen ist, ist in Bild 2.14 skizziert, wobei die Weitenänderung der Raumladungszone nicht betrachtet wird. D.h. hier wird zur Vereinfachung angenommen, dass w'_p und w'_n nicht spannungsabhängig sind.

Infolge der Spannung U_{PN} werden Minoritätsträger in die n- und p-Gebiete injiziert. Aus Neutralitätsgründen nehmen die Majoritätsträger – wie in Kapitel 1.5 beschrieben – eine Verteilung an (Bild 2.14a **nicht maßstabsgerecht** gezeigt), die der der Minoritätsträger entspricht. Diese sog. dielektrische Relaxation spielt bei integrierten Schaltungen keine Rolle, da diese innerhalb von ca. 10^{-12}s abläuft. Was aber eine Rolle spielt sind die Ladungen bestehend aus Majoritäts- und Minoritätsträger in ihren jeweiligen Gebieten. Denn nach der dielektrischen Relaxation verhält sich der Halbleiter so als wären Majoritäts- und Minoritätsträger gleichzeitig injiziert oder bei Reduzierung der Spannung extrahiert. Dieses Verhalten, dass sich die Ladung in Abhängigkeit von der Spannung ändert (Bild 2.14b und c), entspricht dem einer Kleinsignalkapazität Gl.(2.45). Es handelt sich hierbei jedoch nicht um eine Kapazität, die mit einem Plattenkondensator zu vergleichen ist, sondern um räumlich verteilte Ladungen.

Ladung und Gegenladung bilden nämlich die Minoritäts- und Majoritätsträger in ihrem jeweiligen Gebiet.

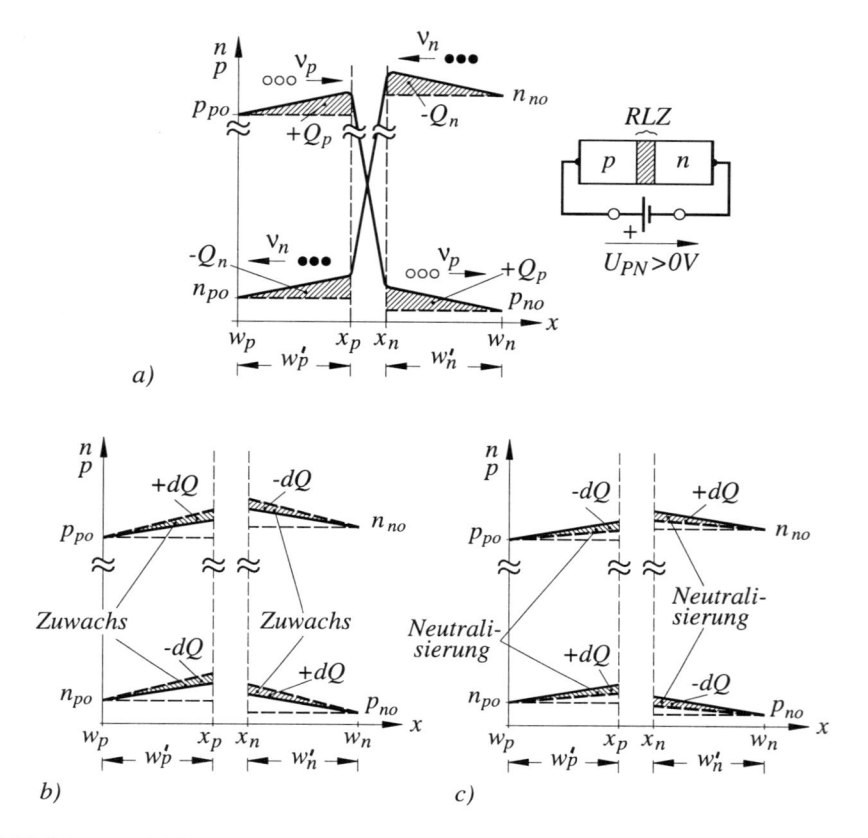

Bild 2.14: a) Majoritäts- und Minoritätsträgerverteilungen;
b) Ladungsänderungen bei $+dU_{PN}$ und c) bei $-dU_{PN}$

Um die Diffusionskapazität zu berechnen, muss zuerst die gesamte **positive** Ladung in dem pn-Übergang bestimmt werden. Diese besteht im n-Gebiet aus injizierten Löchern, deren Wert (Dreiecksfläche) sich direkt aus Bild 2.14a zu

$$Q_p = qA \frac{w'_n}{2} [p_n(x_n) - p_{no}]$$

$$= qA \frac{w'_n}{2} p_{no} (e^{U_{PN}/\phi_t} - 1)$$
(2.51)

ermitteln lässt, wobei die Beziehung (2.18), die die Minoritätsträgerdichten am Rand der Raumladungszone beschreibt, mit verwendet wurde.

Durch Einsetzen des Löcheranteils vom Gesamtstrom Gl.(2.26)

$$I_p = qAD_p \frac{p_{no}}{w'_n} (e^{U_{PN}/\phi_t} - 1)$$
(2.52)

2 Metallurgischer pn-Übergang

ergibt sich der Zusammenhang

$$Q_p = \frac{(w'_n)^2}{2D_p} I_p \qquad (2.53)$$

$$Q_p = \tau_p I_p \,.$$

Die Konstante

$$\boxed{\tau_p = \frac{{w'_n}^2}{2D_p}} \qquad (2.54)$$

hat die Dimension Zeit. Um den physikalischen Hintergrund zu klären wird auf die Definition des Stromes Gl.(1.1)

$$I = A\rho v = A\rho \frac{dx}{dt} = \frac{dQ}{dt}$$

hingewiesen, wobei dx der Weg ist, den die Ladung mit der Dichte ρ in der Zeit dt durchwandert. Handelt es sich um einen endlichen Weg, so wird dazu eine mittlere Zeit von

$$t = \frac{\int dQ}{I} = \frac{Q}{I} \qquad (2.55)$$

benötigt. Das Verhältnis von Ladung zu Strom gibt somit die mittlere Zeit wieder, welche die Ladung benötigt, eine endliche Wegstrecke zu durchwandern. Auf das n-Gebiet des pn-Übergangs angewendet bedeutet dies, dass die Löcher eine mittlere Zeit von τ_p benötigen die Strecke w'_n zu durchwandern. Diese Zeit wird Laufzeit der Löcher genannt. Die Beziehung (2.53) besagt somit, dass die injizierte Ladung um so größer ist je größer die Laufzeit und der Strom sind.

Die positive Ladung im p-Gebiet wird durch die Majoritätsträger erzeugt, die wie bereits erwähnt aus Neutralitätsgründen innerhalb der dielektrischen Relaxationszeit den Minoritätsträgern in diesem Gebiet folgen. Da die Verteilung der Minoritätsträger bekannt ist und $n'_p(x) \approx p'_p(x)$ ist, ergibt sich nach einer ähnlichen Herleitung eine Majoritätsträgerladung von

$$Q_p = -Q_n = \tau_n I_n \qquad (2.56)$$

im p-Gebiet, wo

$$\boxed{\tau_n = \frac{{w'_p}^2}{2D_n}} \qquad (2.57)$$

die Laufzeit der Elektronen beschreibt. Die gesamte positive Ladung des pn-Übergangs beträgt damit

$$Q = \tau_n I_n + \tau_p I_p. \qquad (2.58)$$

Diese kann als Funktion des Gesamtstroms Gl.(2.25)

$$I = I_n + I_p$$

in der Form

$$Q = \tau_T I \qquad (2.59)$$

ausgedrückt werden. τ_T wird Transitzeit genannt. Sie bestimmt – wie in Kapitel 3 gezeigt wird – maßgeblich das Frequenzverhalten des bipolaren Transistors. Ihre Abhängigkeit von Strömen und Laufzeiten ergibt sich direkt aus den obigen Beziehungen zu

$$\tau_T = \tau_n \frac{I_n}{I} + \tau_p \frac{I_p}{I}. \qquad (2.60)$$

Ladungsträgeränderungen lassen sich wie bereits erwähnt durch eine Kleinsignalkapazität entsprechend der Definition (2.45)

$$C_d = \frac{dQ}{dU_{PN}} \qquad (2.61)$$

beschreiben.

Um diese zu bestimmen geht man von der positiven Ladung des pn-Übergangs, die durch Beziehung (2.59) beschrieben ist, aus

$$\begin{aligned} Q &= \tau_T I \\ &= \tau_T I_S \left(e^{U_{PN}/\phi_t} - 1 \right). \end{aligned} \qquad (2.62)$$

Es resultiert eine Diffusionskapazität von

$$C_d = \frac{dQ}{dU_{PN}}$$

$$\boxed{C_d = \frac{\tau_T}{\phi_t} I_S e^{U_{PN}/\phi_t}}. \qquad (2.63)$$

Die gesamte Kleinsignalkapazität des pn-Übergangs setzt sich aus dem Diffusions- und Sperrschichtanteil

$$C = C_d + C_j$$

$$\boxed{C = \frac{\tau_T}{\phi_t} I_S e^{U_{PN}/\phi_t} + C_{jo}\left(1 - \frac{U_{PN}}{\phi_i}\right)^{-M}} \qquad (2.64)$$

2 Metallurgischer pn-Übergang

zusammen. Da die Diffusionskapazität exponentiell von der Spannung U_{PN} abhängt, ist sie im Sperrbereich ($U_{PN} < 0$) vernachlässigbar klein gegenüber der Sperrschichtkapazität. Im Durchlassbereich ($U_{PN} > 0$) ist sie dagegen dominierend.

In der vorhergehenden Herleitung der Transitzeit wurde davon ausgegangen, dass wegen den kleinen geometrischen Abmessungen Generation und Rekombination im Halbleiter vernachlässigbar sind. Bei langen Geometrien ist dies nicht der Fall. Hier hängt – wie in der vertiefenden Betrachtung zum Experiment in Kapitel 1.5 ausgeführt wurde – vielmehr das Verhalten der Ladungsträger von der Generation und Rekombination der Ladungsträger ab. Es kann gezeigt werden (Aufgabe 2.8), dass die gesamte injizierte bzw. extrahierte positive Ladung im pn-Übergang

$$Q = \tau_n I_n(x_p) + \tau_p I_p(x_n) \tag{2.65}$$

sich wie im vorhergehenden Fall Gl.(2.58) berechnen lässt. Die Interpretierung ist jedoch verschieden, da τ_n und τ_p Gl.(2.65) die Lebensdauer der Ladungsträger beschreiben. Dies ist von Bedeutung bei Leistungshalbleitern, da dort relativ große Geometrien zur Erreichung einer hohen Sperrspannung verwendet werden.

2.5 Schaltverhalten des pn-Übergangs

In Abschnitt 2.4.2 wurde die Diffusionskapazität beschrieben. Diese beruht auf der Eigenschaft der n- und p-Gebiete, Minoritäts- und Majoritätsträger zu speichern. Wie sich dieses Verhalten beim Schalten einer Diode (pn-Übergang als Einzelbauelement betrachtet) auswirkt wird im Folgenden betrachtet. Die Diode befindet sich in Durchlassrichtung (Bild 2.15). An ihr liegt die Spannung U_F und es fließt ein Strom I_F. Dabei ist eine Ladung (Gleichungen (2.62) und (2.48)) von

$$Q_{PN} = \tau_T I_S \left(e^{U_{PN}/\phi_t} - 1 \right) + C_{jo} \int_0^{U_{PN}} \left(1 - \frac{U}{\phi_i} \right)^{-M} dU \tag{2.66}$$

in der Diode vorhanden. Zur Zeit $t = 0$ wird der Schalter in Sperrrichtung umgeschaltet. Der Sperrstrom erreicht einen Momentanwert von $I_R \approx U_R/R$, wobei $U_R = -5V$ beträgt. Dieser unerwartet hohe Strom (Bild 2.15d) kommt durch die in der Diode gespeicherte Überschussladung zustande, die verhindert, dass die Diodenspannung U_{PN} sich sprungartig ändert. Erst wenn die gesamte Überschussladung abgebaut ist, ändert sich die Spannungsrichtung an der Diode. Die bis dahin benötigte Zeit wird Speicherzeit t_S genannt. Ab diesem Zeitpunkt geht die Diode in den gesperrten Zustand über und die Sperrschichtkapazität C_j der Diode wird aufgeladen. Der Sperrstrom sinkt nach Beendigung der Aufladung von C_j auf den Wert I_S.

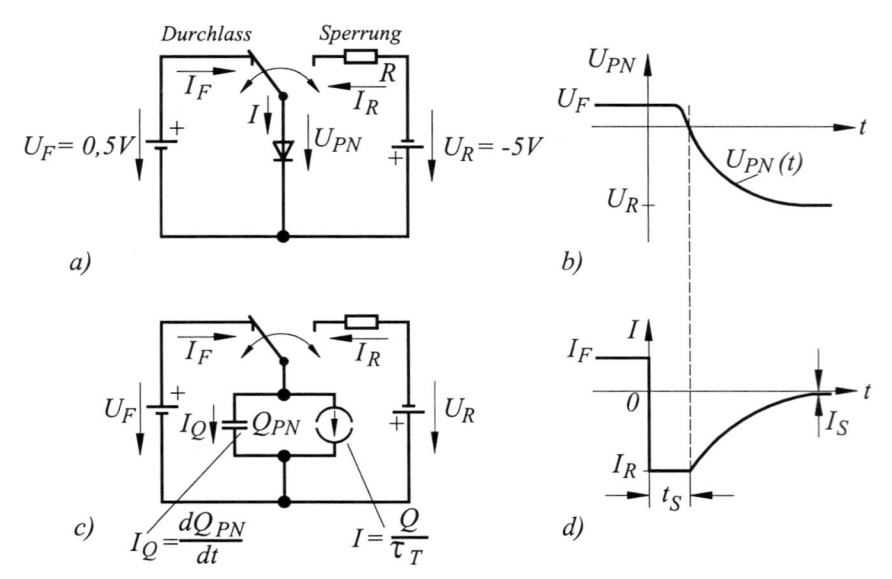

Bild 2.15: Schaltverhalten einer pn-Diode; a) Versuchsanordnung; b) Spannungsverlauf am pn-Übergang; c) Ersatzschaltbild; d) Stromverhalten

Die Speicherzeit kann auf einfache Weise bestimmt werden, wenn man von dem Ersatzschaltbild der Diode (Bild 2.15c) ausgeht. Danach gilt im Zeitbereich $t < 0$, in dem keine zeitliche Ladungsänderung auftritt Gl.(2.59)

$$I_F = \frac{Q}{\tau_T}. \qquad (2.67)$$

In der Zeit $0 < t < t_S$ ändert sich die Ladung in der Diode, der Strom I_R bleibt jedoch konstant. Somit gilt (siehe Bild 2.15c)

$$\begin{aligned} I_R &= \frac{Q}{\tau_T} + \frac{dQ_{PN}}{dt} \\ &\approx \frac{Q}{\tau_T} + \frac{dQ}{dt}, \end{aligned} \qquad (2.68)$$

wenn die verhältnismäßig geringe Ladungsänderung in der Raumladungszone (Sperrschichtkapazität) vernachlässigt wird. Daraus ergibt sich eine zeitliche Änderung der Ladung von

$$\frac{dQ}{dt} = -\frac{Q}{\tau_T} + I_R. \qquad (2.69)$$

Diese Beziehung beschreibt den Abbau der Überschussladung. Bei Dioden mit langen Abmessungen geschieht dies durch Rekombination und bei denjenigen mit kurzen Abmessungen durch das Wandern der Ladung zu den Kontakten.

2 Metallurgischer pn-Übergang

Die Differenzialgleichung ist sehr einfach lösbar, wenn $|I_R| \gg I_F = Q/\tau_T$ ist. Dann gilt:

$$\frac{dQ}{dt} \approx I_R$$

$$\int_0^{t_S} dt \approx \frac{1}{I_R} \int_Q^0 dQ$$

$$\boxed{t_S \approx -\frac{Q}{I_R} \approx -\tau_T \frac{I_F}{I_R}}. \qquad (2.70)$$

Dieses wichtige Resultat sagt aus, dass die Speicherzeit proportional zum Verhältnis der Ströme in Durchlass- zu Sperrrichtung ist. Infolge der gemachten Näherungen ist diese Beziehung sehr ungenau aber dafür leicht handhabbar. Eine vertiefende Betrachtung ist in $|\text{KRAU}|$ enthalten.

Will man die Speicherzeit durch technologische Maßnahmen reduzieren, muss die Transitzeit τ_T verringert werden. Dies kann durch Verkürzung der Geometrien bei kurzen Abmessungen oder bei langen Abmessungen durch die Reduzierung der Minoritätsträger-Lebensdauer geschehen. Dazu können Störstellen ins Silizium eingebracht werden. Diese Störstellen wirken dabei wie zusätzliche Rekombinationszentren $|\text{CHAW}|$.

2.6 Durchbruchverhalten

In Sperrrichtung zeigen pn-Übergänge ab einer Sperrspannung BU einen sehr stark ansteigenden Strom (Bild 2.16). Man spricht vom Durchbruch des pn-Übergangs. Verantwortlich für diesen Durchbruch können der Lawinen- oder der Tunneleffekt sein.

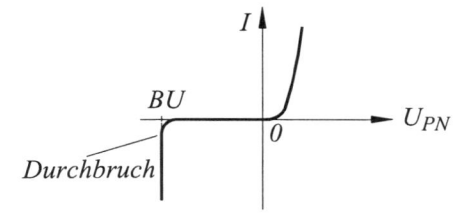

Bild 2.16:   *Durchbruchverhalten eines pn-Übergangs*

Lawinendurchbruch

Ist der pn-Übergang in Sperrrichtung gepolt, fließt ein Sperrstrom, der durch die thermische Generation von Elektron-Lochpaaren verursacht wird. Ist die elektrische Feldstärke infolge der anliegenden Spannung in der Raumladungszone genügend groß, können die erzeugten Ladungsträger eine so große kinetische Energie annehmen, dass sie beim Stoß mit Gitteratomen Elektron-Lochpaare erzeugen. Diese wiederum nehmen eine so große kinetische Energie auf, dass sie ebenfalls Elektron-Lochpaare generieren. Da die Ladungsträger beim Stoß lediglich Energie verlieren aber nicht verschwinden, nimmt die Zahl der Ladungsträger lawinenartig zu (Bild 2.17a)

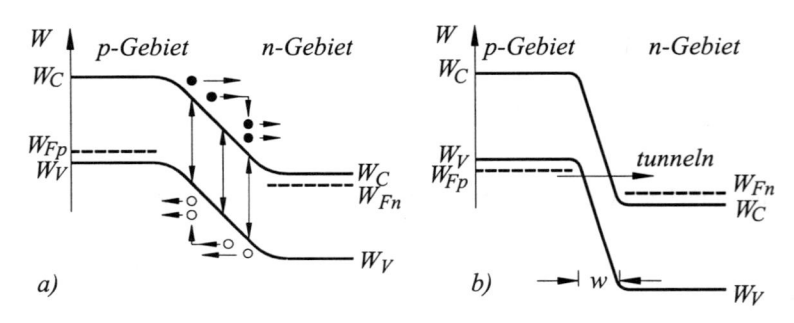

Bild 2.17: *Durchbruchmechanismen; a) Lawineneffekt; b) Tunneleffekt*

Tunneldurchbruch

Erhöht man die Dotierung weiter (Ferminiveaus wandern in die Bänder) wird schließlich die Weite der Raumladungszone so schmal, dass die kurze Wegstrecke nicht mehr ausreicht, einen Lawineneffekt auszulösen. Aber es besteht durch die geringe Weite w der Raumladungszone eine ausreichend hohe Wahrscheinlichkeit, dass Valenzband-Elektronen des p-Gebiets direkt ins n-Gebiet tunneln (Bild 2.17b). Dieser Effekt wird Tunneldurchbruch bzw. Zenerdurchbruch genannt.

Wird der pn-Übergang im Durchbruchbereich betrieben, bedeutet dies keine Zerstörung, solange gewährleistet wird, dass der Strom begrenzt und somit die zulässige Temperatur nicht überschritten wird. Der Betrieb im Durchbruchbereich wird dazu verwendet, Spannungsreferenzen zu erzeugen.

Der dabei fließende Strom kann in der Form

$$I_{SM} = M \cdot I_S \tag{2.71}$$

wiedergegeben werden, wobei I_S der Sperrstrom des pn-Übergangs ist und M ein Faktor, der die Multiplikation der Ladungsträger beschreibt. Empirisch kann er in Abhängigkeit der anliegenden Spannung

2 Metallurgischer pn-Übergang

$$M = \frac{1}{1 - \left(\dfrac{U_{PN}}{BU}\right)^n} ,\qquad (2.72)$$

wie in |MILL|, |SZE| ausgeführt, approximiert werden. Werte für n liegen typisch zwischen zwei und sechs. Der Durchbruch des pn-Übergangs findet somit statt, wenn $U_{PN} = BU$ ist und $M \to \infty$ geht.

Um die Durchbruchspannung BU in erster Näherung zu bestimmen, kann man von Bild 2.18 ausgehen.

Durch Integration über die Ladung erhält man Gl.(2.35) den Feldverlauf

$$E(x) = \frac{1}{\varepsilon_o \varepsilon_{Si}} \int_{x_p}^{x_n} \rho(x)\, dx$$

Eine Integration über das elektrische Feld (Gl.(2.37), (2.38)) liefert den Zusammenhang zwischen der über der Raumladungszone anliegenden Spannung und der Feldstärke

$$\phi_i - U_{PN} = -\int_{x_p}^{x_n} E(x)\, dx$$

$$= -\frac{1}{2} E_M w . \qquad (2.73)$$

Das heißt die Dreiecksfläche bei der Feldstärke entspricht der an der Raumladungszone herrschenden Spannung. Wird die U_{PN}-Spannung erhöht, dehnt sich die Weite der Raumladungszone aus, wodurch eine höhere maximale Feldstärke E_M erreicht wird. Hat diese einen Wert von ca. $E_M = E_C \approx 2\cdot 10^5 \text{V/cm} = 2\cdot 10 \text{V}/\mu m$, kommt es bei Silizium zu einem der erwähnten Durchbruchmechanismen (Bild 2.18).

Die sich dabei ergebende Durchbruchspannung hat einen Wert von

$$BU = U_{PN} = \frac{1}{2} E_C w + \phi_i$$

$$BU \approx \frac{1}{2} E_C w = (10V/\mu m) w \qquad (2.74)$$

D.h je $1\mu m$ zusätzliche Weite der Raumladungszone erhöht die Durchbruchspannung BU um ca. 10V. Die Weite der Raumladungszone hat entsprechend Beziehung (2.43) einen Wert von

$$w = \sqrt{\frac{2\varepsilon_o \varepsilon_{Si}}{q}\left(\frac{1}{N_A} + \frac{1}{N_D}\right)(\phi_i - BU)} .$$

Das heißt durch Erniedrigung der Dotierungen nimmt die Weite und damit die Durchbruchspannung zu. Hierbei kommt es zu sehr niedrigen Dotierungen in der Größenordnung von 10^{14}cm^{-3}. Man spricht dann von einer v-Zone, wie man sie bei Leistungsbauelementen vorfindet.

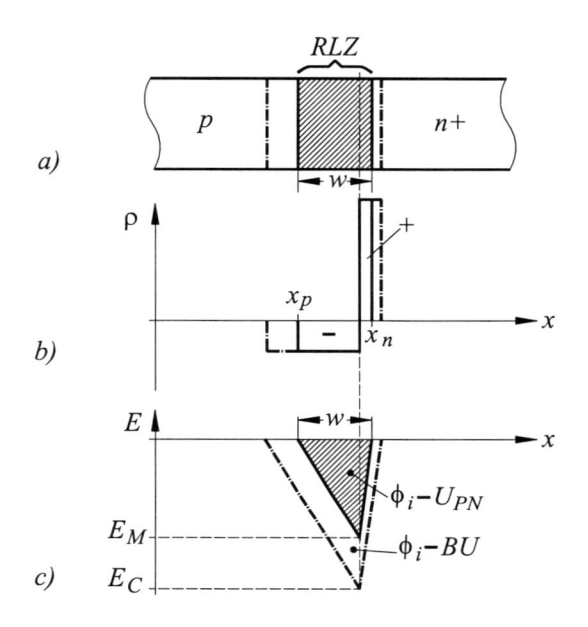

Bild 2.18:   *a) Abrupter pn-Übergang bei verschiedenen Spannungen;*
                 b) Raumladungsdichte; c) Feldstärke

Mit $\phi_i - BU \approx -BU$ ergibt sich aus den Gleichungen (2.74) und (2.43) eine Durchbruchspannung von

$$BU = -\frac{1}{2}\frac{\varepsilon_o \varepsilon_{Si}}{q}\left(\frac{1}{N_A} + \frac{1}{N_D}\right)E_C^2 \ , \qquad (2.75)$$

die, wie erwartet, umgekehrt proportional zu den Dotierungsdichten ist. Dieser Zusammenhang hat z.B. bei MOS-Transistoren zur Folge, dass die Versorgungsspannung bei Strukturverkleinerungen und höheren Dotierungen deutlich reduziert werden muss.

2.7 Modellierung des pn-Übergangs

Am zweckmäßigsten ist es, die Modellierung eines Bauelements zuerst für CAD-Anwendungen zu betrachten. In stark vereinfachter Form können dann einige Gleichungen für überschlägige erste Berechnungen verwendet werden.

Bisher war immer die Rede von pn-Übergängen. Werden diese als einzelne Bauelemente – diskret oder in einer integrierten Schaltung – betrachtet, so spricht man von pn-Dioden.

2.7.1 Diodenmodell für CAD-Anwendungen

Ein Diodenmodell für CAD-Anwendungen – auch Kompaktmodell genannt – beschreibt das statische und dynamische Verhalten eines Bauelements in allen Arbeitsbereichen. Deshalb kann es zur Gleichstrom-, Wechselstrom- und Transientenanalyse in einer Schaltung verwendet werden. Für die Diode ist dieses Modell in Bild 2.19 dargestellt.

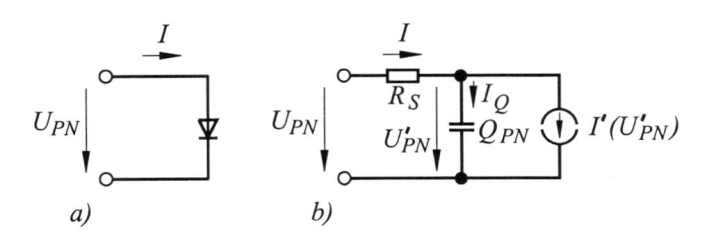

Bild 2.19:   *a) Diode; b) Diodenmodell*

Es besteht aus einem spannungsgesteuerten Stromgenerator, dessen Verhalten durch die Stromspannungsbeziehung (2.31)

$$I' = I_S \left(e^{U'_{PN} / \phi_t N} - 1 \right)$$

beschrieben wird und außerdem aus einem Widerstand R_S, der die Spannungsabfälle an den n- und p-Bereichen berücksichtigt, so dass die wirksame Diodenspannung auf U'_{PN} reduziert wird.

Die gesamte Ladung in der Diode Gl.(2.64) wird durch das Ladungselement $Q_{PN} = \int C dU$ mit der Ladung

$$Q_{PN} = \tau_T I_S \left(e^{U'_{PN}/\phi_t N} - 1 \right) + C_{jo} \int_0^{U'_{PN}} \left(1 - \frac{U}{\phi_i} \right)^{-M} dU \qquad (2.76)$$

berücksichtigt, wobei zur erweiterten Beschreibung der Emissionsfaktor N verwendet wurde. Das Ladungselement kann man auch als spannungsabhängige Kleinsignalkapazität, wie sie durch Gl.(2.64) beschrieben ist, darstellen.

Damit ergibt sich ein Gesamtstrom, der in der Diode fließt, von

$$\begin{aligned} I &= I'(U'_{PN}) + \frac{dQ_{PN}(U'_{PN})}{dt} \\ &= I'(U'_{PN}) + C(U'_{PN}) \frac{dU'_{PN}}{dt} \,. \end{aligned} \qquad (2.77)$$

Der Term dQ_{PN}/dt erfasst dabei die Tatsache, dass die Ladung in der Diode während der Zeit zu- oder abnehmen kann.

Um den Einsatz des Diodenmodells bei CAD-Anwendungen zu demonstrieren, wird folgendes einfache Beispiel vorgestellt.

Beispiel:

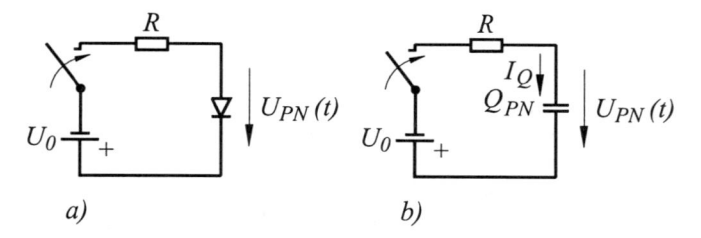

Bild 2.20:   *Beispiel zur Bestimmung des zeitlichen Spannungsverhaltens einer in Sperrrichtung geschalteten Diode; a) Schaltbild; b) Ersatzschaltbild*

An eine Diode mit $U_{PN}(t = 0) = 0V$ wird über einen Widerstand abrupt eine Spannung U_0 in Sperrrichtung angelegt. Gesucht wird das zeitliche Spannungsverhalten an der Diode.

Da die Diode in Sperrrichtung angesteuert wird, ist nur die Sperrschichtkapazität wirksam, wodurch ein Strom

$$I_Q = C_{jo} \left(1 - \frac{U_{PN}}{\phi_i} \right)^{-M} \frac{dU_{PN}}{dt} \qquad (2.78)$$

während des Aufladens fließt.

Um das zeitliche Verhalten dieser Stromgleichung herzuleiten, wird diese diskretisiert.

2 Metallurgischer pn-Übergang

$$I_Q^{n+1} = C_{jo}\left(1 - \frac{U_{PN}^n}{\phi_i}\right)^{-M} \frac{U_{PN}^{n+1} - U_{PN}^n}{\Delta t} \quad (2.79)$$

Hierbei ergibt sich der Strom zur Zeit $t = n+1$ aus der Differenz der Spannungen zur Zeit $t = n+1$ und $t = n$. Die Spannung U_{PN}^n ist bekannt und damit auch der Kapazitätswert. Dieser wird als konstant während des Zeitintervalls Δt angenommen, wodurch die Kapazität stückweise linear genähert wird. Δt kann zur Erhöhung der Rechengenauigkeit beliebig klein gewählt werden.

Da weiterhin gilt:

$$U_{PN}^{n+1} = U_0 - R I_Q^{n+1} , \quad (2.80)$$

ergibt sich die diskretisierte Beschreibung des Aufladevorgangs

$$U_{PN}^{n+1} = \frac{U_0 + R\dfrac{C_{jo}}{\Delta t}\left(1 - \dfrac{U_{PN}^n}{\phi_i}\right)^{-M} U_{PN}^n}{1 + R\dfrac{C_{jo}}{\Delta t}\left(1 - \dfrac{U_{PN}^n}{\phi_i}\right)^{-M}} . \quad (2.81)$$

Mit den Werten: $U_{PN}(t=0) = 0$V; $\phi_i = 0{,}7$V; $\Delta t = 1{,}0 \cdot 10^{-9}$ s; $M = 0{,}5$; $C_{jo} = 1$pf; $U_0 = -5$V und $R = 5$kΩ ist dieser Aufladevorgang im folgenden Bild dargestellt.

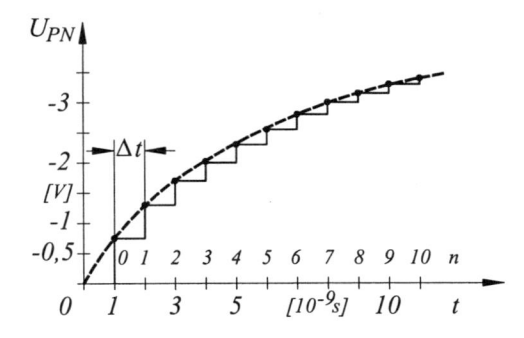

Bild 2.21:   Aufladen einer Sperrschichtkapazität

Das vorhergehende Beispiel war besonders einfach, da nur eine Diskretisierung aber keine Iteration benötigt wurde. Dies stellt jedoch bei dem Einsatz eines Schaltungssimulationsprogramms kein Problem dar.

Die in Tab. 2.1 aufgeführten Parameter werden benötigt, um die Diode zu beschreiben. Zur einfachen Handhabung sind die in Spice 2G |NAGE| verwendeten Bezeichnungen mit aufgelistet.

Wird eine rechnerunterstützte Wechselspannungsanalyse durchgeführt, so werden die Kleinsignalwerte automatisch aus dem dynamischen Großsignal-Ersatzschaltbild an einem Arbeitspunkt abgeleitet.

Text	SPICE	Beschreibung	Beispiel	Dimension
I_S	IS	Sperrstrom	10^{-16}	$A/\mu m^2$
R_S	RSH	Schichtwiderstand	80	$\Omega/\square$
N	N	Emissionskoeffizient	1	
τ_T	TT	Transitzeit	18	μs
C'_{jo}	CJO	Sperrschichtkapazität pro Fläche bei $U_{PN} = 0V$	0,85	$fF/\mu m^2$
M	M	Kapazitätskoeffizient (Fläche)	0,32	
C^*_{jo}	CJSW	Sperrschichtkapazität pro Rand bei $U_{PN} = 0V$	0,12	$fF/\mu m$
M	M	Kapazitätskoeffizient (Rand)	0,18	
ϕ_i	PB	Diffusionsspannung	0,75	V

Tab. 2.1: Parameter für einen n^+p-Si-Übergang bei Raumtemperatur

2.7.2 Diodenmodell für überschlägige statische Berechnungen

Dieses Modell ist geeignet, erste grobe Abschätzungen über das Gleichstrom- bzw. Gleichspannungsverhalten einer Schaltung zu erreichen.

Die Stromspannungsbeziehung Gl.(2.31)

auf Schaltungen angewendet, führt sehr häufig auf eine transzendente Funktion, die nur iterativ gelöst werden kann. Dies ist bei CAD-Systemen kein Problem aber erschwert überschlägige Berechnungen, wie das folgende Beispiel zeigt.

Beispiel:

Eine Diode ist über einen Widerstand von $R = 5\ k\Omega$ mit einer Spannung von 5 V in Durchlassrichtung verbunden. Wie groß ist der Strom I?

2 Metallurgischer pn-Übergang

In Durchlassrichtung ist $U_{PN} > 100$ mV, so dass

$$I \approx I_S e^{U_{PN}/\phi_t}$$

ist.

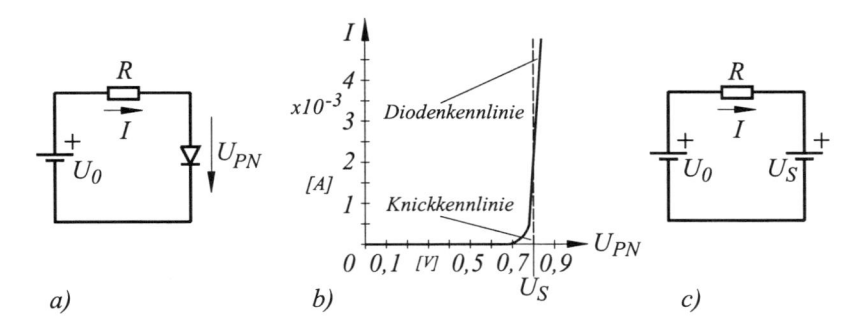

Bild 2.22: a) Versuchsanordnung; b) Näherung durch Knickkennlinie; c) Großsignal-Ersatzschaltung

Da außerdem gilt

$$I = \frac{U_0 - U_{PN}}{R}, \qquad (2.82)$$

ergibt sich aus diesen Beziehungen ein Strom von

$$I = \frac{U_0 - \phi_t \ln \frac{I}{I_S}}{R}. \qquad (2.83)$$

Dies ist eine transzendente Funktion, die nur iterativ lösbar ist. Um dies möglichst bei Rechnungen von Hand zu vermeiden, kann die Diodenkennlinie in Durchlassrichtung durch eine Knickkennlinie mit einer konstanten Schleusenspannung U_S approximiert werden.

Durch die Vereinfachung ergibt sich ein Strom von

$$I = \frac{U_0 - U_S}{R} = \frac{5V - 0,8V}{5k\Omega} = 0,84 mA.$$

In diesem Beispiel ist es relativ unbedeutend, ob für die Schleusenspannung 0,75 V oder 0,85 V verwendet wird, da U_0 mit 5 V sehr groß gegenüber dieser Spannung ist. Für überschlägige Berechnungen kann somit die Diode durch eine Spannungsquelle mit einem Wert von ca. $U_S = 0,8$ V und einem Serienwiderstand genähert werden. Ansonsten müsste Beziehung (2.83) iterativ gelöst werden.

2.7.3 Diodenmodell für überschlägige Kleinsignalberechnungen

Um das Verhalten der Diode bei Kleinsignalansteuerung grob abschätzen zu können, wird sie durch ein Kleinsignal-Ersatzschaltbild ersetzt. Ausgangspunkt dazu ist die Kleinsignalansteuerung der Diode, wie in Bild 2.23 dargestellt.

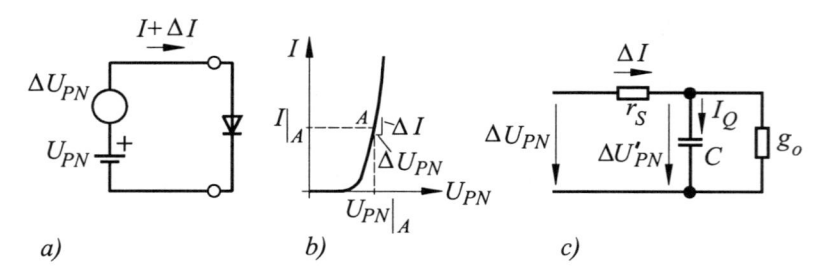

Bild 2.23:   *a) Kleinsignalansteuerung der Diode; b) Diodenkennlinie mit Arbeitspunkt A; c) Kleinsignal-Ersatzschaltbild*

Für sehr kleine Ansteuerungen um einen festen Arbeitspunkt A herum (Bild 2.23b), kann die Diodenkennlinie als linear betrachtet werden. Der Kleinsignalleitwert ergibt sich dabei für diesen Arbeitspunkt durch Differenzieren der Diodengleichung (2.31) zu

$$g_o = \frac{\partial I}{\partial U'_{PN}} \approx \frac{\Delta I}{\Delta U'_{PN}}$$
$$= \frac{I_S}{\phi_t N} e^{U'_{PN} / \phi_t N} \quad\quad (2.84)$$
$$\approx I / \phi_t N.$$

Der Kleinsignalleitwert ist somit proportional zum Strom I. Die Kleinsignalkapazität im Ersatzschaltbild kann direkt aus der Beziehung (2.64) für den festgelegten Arbeitspunkt berechnet werden.

Das Kleinsignal-Ersatzschaltbild hat natürlich auch dann seine Gültigkeit, wenn statt der angeführten Strom- bzw. Spannungsänderungen zeitvariante Änderungen vorliegen.

Zusammenfassung der wichtigsten Ergebnisse des Kapitels

Die Injektion und Extraktion eines in Durchlass- und Sperrrichtung gepolten pn-Übergangs mit kurzen Abmessungen wurden beschrieben. Dazu musste das Dichteprodukt bei Abweichungen vom thermodynamischen Gleichgewicht bestimmt werden. An den Rändern der Raumladungszone ist dieses Produkt exponentiell abhängig von der an der Raumladungszone herrschenden Spannung. Ab einer Spannung von $U_{PN} < -100\text{mV}$ können die Minoritätsträgerdichten an den Rändern der Raumladungszone nicht weiter abgesenkt werden, wodurch es zu einer Stromsättigung bei sehr geringem Stromfluss (Leckstrom) kommt. Im Vergleich dazu können mit $U_{PN} > 0$ die Minoritätsträgerdichten an den Rändern der Raumladungszone und damit der Strom so weit erhöht werden bis thermische Zerstörung auftritt.

Die Sperrschicht- und Diffusionskapazitäten wurden vorgestellt. Hierbei ergab sich, dass die Sperrschichtkapazität vergleichbar ist mit derjenigen eines Plattenkondensators. Im Gegensatz dazu beruht das kapazitive Verhalten der Diffusionskapazität darauf, dass Ladung und Gegenladung in jedem Halbleiterbereich durch Minoritäts- und Majoritätsträger gebildet werden.

Übungen

Aufgabe 2.1

Ein abrupter pn-Si-Übergang hat die Dotierungen $N_A = 10^{15}$ cm^{-3} und $N_D = 2 \cdot 10^{17}$ cm^{-3}.

a) Berechnen Sie die Diffusionsspannung bei Raumtemperatur; b) bestimmen Sie die Weite der Raumladungszone und c) die entsprechende maximale Feldstärke für $U_{PN} = 0$ V und -10 V.

Aufgabe 2.2

Im thermodynamischen Gleichgewicht kompensieren sich die Drift- und Diffusionsströme beim pn-Übergang. Bestimmen Sie ungefähr eine dieser Stromdichtekomponenten, wenn $N_A = 10^{18}$ cm^{-3}, $N_D = 5 \cdot 10^{15}$ cm^{-3} und die Weite der Raumladungszone $6 \cdot 10^{-6}$ cm beträgt. Die Beweglichkeit der Löcher soll 500 cm^2/Vs betragen.

Aufgabe 2.3

In Kapitel 2.1 ist ein inhomogener n-Typ Halbleiter beschrieben. Geben Sie qualitativ das Stromspannungsverhalten wieder. Kommt es zu einer Gleichrichterwirkung?

Aufgabe 2.4

Bestimmen Sie für den n$^+$p-Übergang die Sperrschichtkapazitäten pro Fläche und Raumtemperatur am Rand und am Boden bei $U_{PN} = 0$ V. Nehmen Sie dabei als Näherung das gezeigte Stufenprofil an.

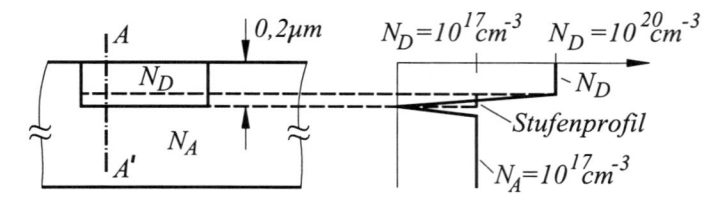

Bild A: 2.4

Aufgabe 2.5

Am pn-Übergang der Diode ist eine Diffusionsspannung wirksam. Entsteht ein Stromfluss, wenn die Diode von außen kurzgeschlossen wird?

Begründen Sie die Aussage.

Aufgabe 2.6

Im Folgenden soll ein Basis-Emitterübergang bei Raumtemperatur analysiert werden.
Die Daten sind: N_D (Emitter) = $5 \cdot 10^{19}$ cm^{-3} ; w'_n = 0,2 µm

N_A (Basis)   = $5 \cdot 10^{17}$ cm^{-3} ; w'_p = 0,2 µm

D_p = 12 cm^2/s ; D_n = 21 cm^2/s U_{PN} = 0,80 V

Emitterfläche   A = 1 µm^2

Bestimmen Sie: Die Weite der Raumladungszone, den Sperrstrom I_S; Durchlassstrom I sowie die Sperrschicht- und Diffusions-Kapazität bei U_{PN} = 0,80 V und U_{PN} = 0 V

Aufgabe 2.7

In einer integrierten Schaltung soll eine Versorgungsleitung durch einen möglichst großen Kondensator gegen Kopplungen unempfindlich gemacht werden. Hierzu wird ein n-Wannen/p-Substrat Übergang (Bild A: 2.7) verwendet.

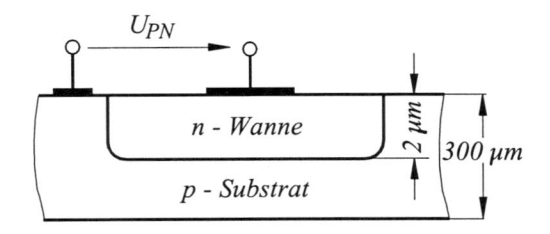

Bild A: 2.7

Daten: N_D = $5 \cdot 10^{18}$ cm^{-3} ; N_A = 10^{17} cm^{-3} ; D_p = 12 cm^2/s ; D_n = 21 cm^2/s

U_{PN} = 0,8 V ; A = 0,1 mm^2.

Bestimmen Sie bei Raumtemperatur: Den fließenden Gleichstrom I, sowie die Diffusions- und Sperrschichtkapazität bei U_{PN} = 0,8 V

Aufgabe 2.8

Leiten Sie die Beziehung für die Diffusionskapazität bei langen Geometriemaßen, d.h. $w'_n \gg L_p$ und $w'_p \gg L_n$ her. Gehen Sie bei der Herleitung davon aus, dass die Generation und Rekombination in der Raumladungszone vernachlässigbar ist.

Hinweis: Zur Lösung der Aufgabe ist das Studium "Vertiefende Betrachtung zum Experiment" (Kap.1.5) erforderlich.

Literatur

|CHAW| B.R. Chawla, H.K. Gummel: "Transition Region Capacitance of Diffused pn-Junctions"; IEEE Trans. Electron Devices, Vol.ED-18, pp.178-195; March 1971

|GROV| A.S. Grove: "Physics and Technology of Semiconductor Devices"; John Wiley and Sons, Inc. (1967)

|KRAU| R. Kraus: „Halbleiterbauelemente der Leistungselektronik – Analyse und Modellierung", Habilitationsschrift Universität der Bundeswehr München, 1996

|MILL| S.L. Miller: "Avalanche Breakdown in Germanium"; Phys.Rev.; 99; p.1234 (1955)

|MÜLL| R. Müller: "Grundlagen der Halbleiter-Elektronik"; Springerverlag, 4. Auflage 1991

|NAGE| L.W. Nagel: "SPICE 2: A computer program to simulate semiconductor circuits"; Memorandum No. ERL-M520; 9.Mai75, Electronics Research Laboratorium University of California, Berkley

|POON| H.C. Poon, H.K. Gummel: "Modeling of Emitter Capacitance"; Proc. IEEE, Vol.57, pp.2181-2182; Dec. 1969

|SZE| S.M. Sze: "Physics of Semiconductor Devices"; Wiley Interscience (1981)

|SZE| S.M. Sze, G. Gibbons: "Avalanche Breakdown Voltages of Abrupt and Linearly Graded pn-Junctions in Ge, Si, GaAs and GaP"; App. Phys. Lett., 8, p.111 (1966)

3 Bipolarer Transistor

In diesem Kapitel wird nach einer kurzen Beschreibung eines bipolaren Herstellprozesses das physikalische Verhalten eines npn-Transistors analysiert. Diese Analyse bildet die Grundlage für die Herleitung des Transportmodells. Hierbei werden u.a. die wichtigen Begriffe wie Stromverstärkung und Transportstrom eingeführt. Es kann bewiesen werden, dass die Beschreibung für diesen Strom auch dann seine Gültigkeit behält, wenn eine inhomogene Basisdotierung vorliegt. Die wesentlichen Effekte zweiter Ordnung wie Abhängigkeit der Stromverstärkung vom Kollektorstrom und der Temperatur, die Basisweitenmodulation sowie die Emitterrandverdrängung werden betrachtet. Am Ende des Kapitels wird auf die Modellierung des Transistors eingegangen.

3.1 Herstellung einer Bipolarschaltung

Um ein besseres Verständnis für die im Folgenden beschriebenen Herstellungen einer integrierten Schaltung zu vermitteln, wird kurz auf die Grundzüge der Planartechnik eingegangen. Unter Planartechnik versteht man eine Serie aufeinander folgender Prozesse, die sich in die Schritte Schichttechnik, Fotolithographie sowie Ätz- und Dotiertechnik grob einteilen lassen.

Am folgenden Beispiel werden die Grundelemente dargestellt. Auf die einkristalline p-dotierte Siliziumscheibe – Substrat genannt – wird eine isolierende Siliziumdioxidschicht (SiO_2) aufgebracht (Bild 3.1). Es folgt die Fotolithographie zur Strukturierung. Dazu wird ein lichtempfindlicher Fotolack abgeschieden und durch eine Maske belichtet. Nach dem Entwickeln des Fotolacks werden die belichteten Bereiche chemisch entfernt. Es folgt die Dotierung in den geöffneten Bereichen, z.B. durch Arsen, wodurch pn-Übergänge entstehen.

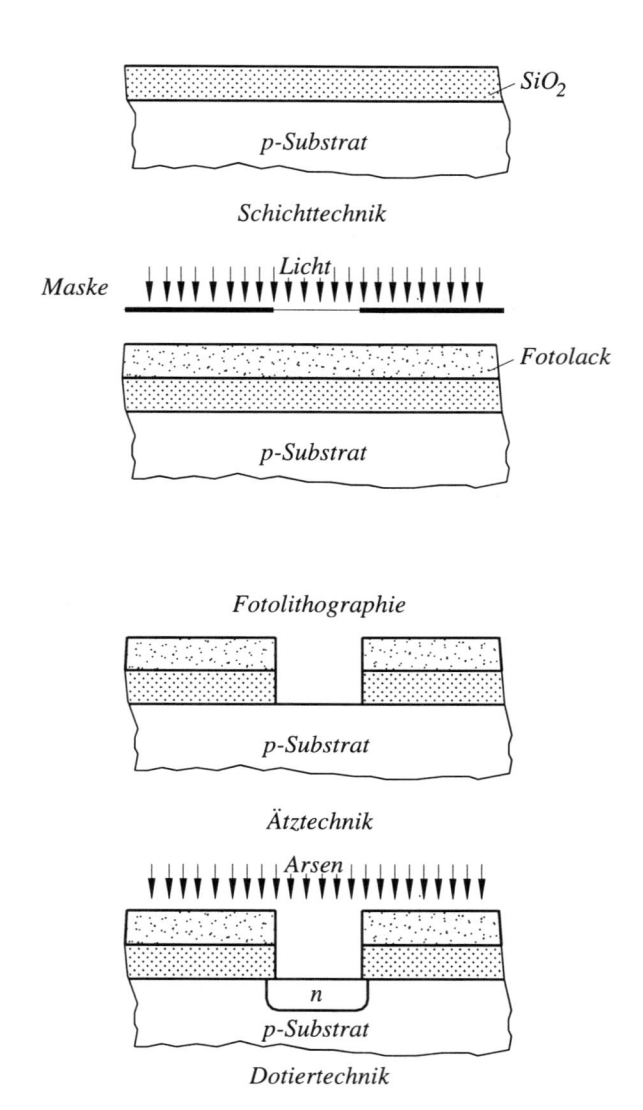

Bild 3.1: *Grundzüge der Planartechnik*

In Bild 3.2 ist der Querschnitt durch einen typischen npn-Transistor aus einer integrierten Schaltung dargestellt.

3 Bipolarer Transistor

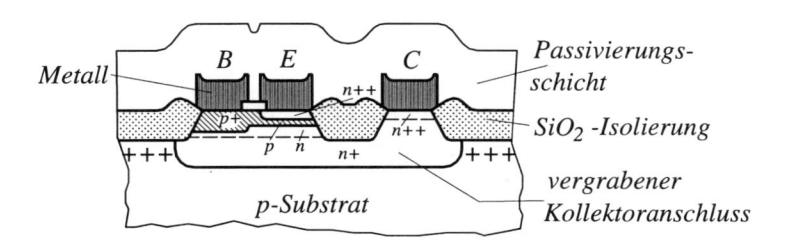

Bild 3.2:   *Querschnitt eines npn-Bipolartransistors in einer integrierten Schaltung*

Dieser besteht aus einem n^{++}-Emitter (E), einer darunter liegenden p-Basisschicht (B) und einem n-Kollektor (C). Letzterer ist über einen n^+ vergrabenen Kollektoranschluss an die Halbleiteroberfläche geführt um die Verdrahtung des Transistors mit anderen Bauelementen zu ermöglichen. Die Isolierung benachbarter Transistoren geschieht durch ein gemeinsames p-Substrat, das mit der negativsten Spannung der Schaltung verbunden ist. Dadurch wirkt der Kollektor gegenüber dem Substrat wie ein gesperrter pn-Übergang.

Am Beispiel eines typischen Herstellablaufs werden die wesentlichen Prozessschritte (Bild 3.3) näher besprochen.

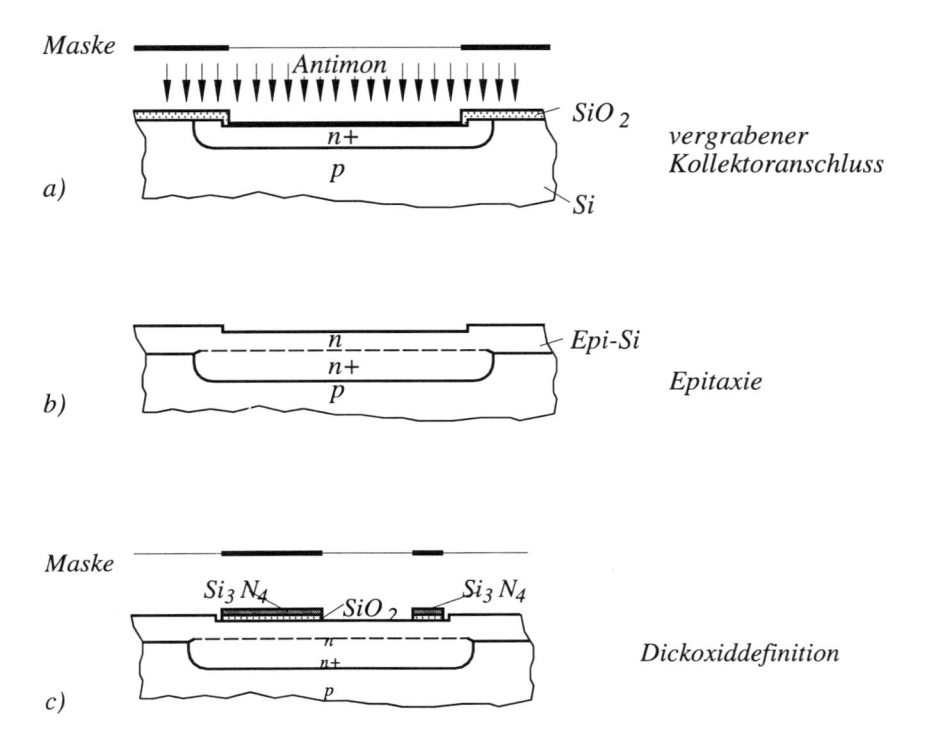

d) Channel Stopper: Maske, Bor, Si_3N_4, SiO_2

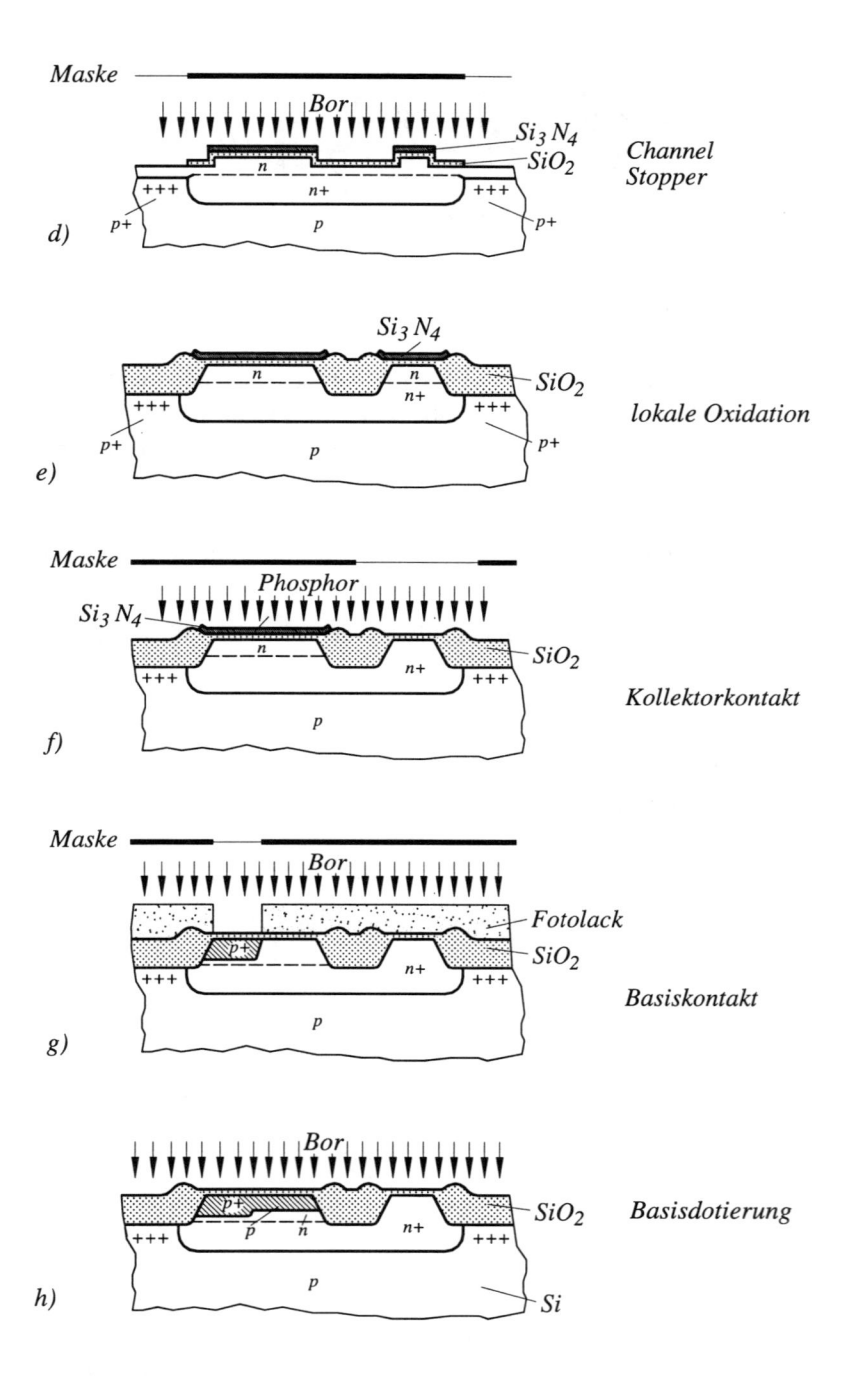

e) lokale Oxidation: Si_3N_4, SiO_2

f) Kollektorkontakt: Maske, Phosphor, Si_3N_4, SiO_2

g) Basiskontakt: Maske, Bor, Fotolack, SiO_2

h) Basisdotierung: Bor, SiO_2, Si

3 Bipolarer Transistor

i) *Emitterdefinition*

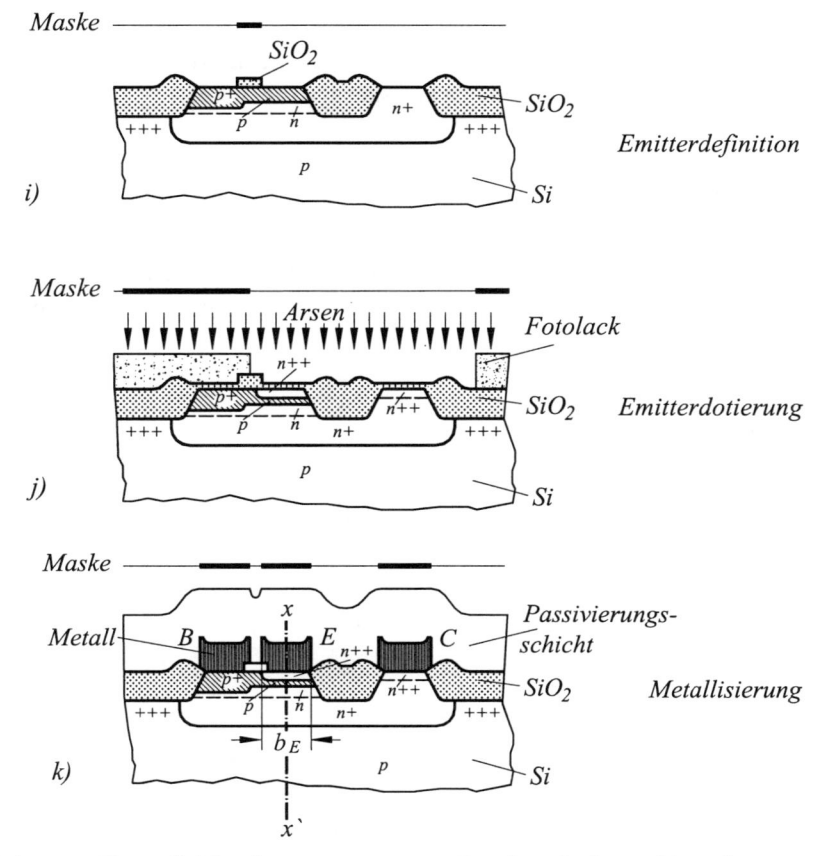

j) *Emitterdotierung*

k) *Metallisierung*

Bild 3.3: *Herstellablauf einer integrierten Bipolarschaltung (Ausschnitt npn-Transistor)*

Vergrabener Kollektor und Epitaxie

Das Anfangsmaterial ist eine leicht dotierte p-Siliziumscheibe (z.B. $N_A = 10^{15} \text{cm}^{-3}$), auf die man ganzflächig eine SiO$_2$-Schicht durch thermische Oxidation aufbringt. Danach wird die Scheibe mit einem Fotolack beschichtet und durch eine Maske, welche die Struktur des vergrabenen Kollektoranschlusses (Buried collector) enthält, belichtet. Nach dem Entwickeln des Fotolacks und einigen weiteren Prozessschritten wird dann das Oxid (SiO$_2$) an den Stellen weggeätzt, an denen der vergrabene n$^+$-Kollektor-Anschluss entstehen soll (Bild 3.3a). Dazu wird die Scheibe ganzflächig mit z.B. Antimon implantiert, das anschließend bei ca. 1050°C eindiffundiert, wobei das Oxid als Maskierung dient. Nachdem das Oxid weggeätzt ist, wächst man eine n-Epitaxieschicht (z.B. $N_D = 10^{16} \text{cm}^{-3}$), wie in Bild 3.3b gezeigt, auf.

Dickoxiddefinition

Zur Erzeugung von Dickoxidbereichen ordnet man lokal eine Nitridschicht (Si_3N_4) über einer SiO_2-Schicht mit Hilfe einer Fotolackmaske an (Bild 3.3c).

Channel Stopper

Nach einigen weiteren nicht gezeigten Prozessschritten wird eine Diffusion von Bor zur Erzeugung von p^+-dotierten Gebieten durchgeführt (Bild 3.3d). Die Diffusion erfolgt nur in den SiO_2-Fenstern, da die Diffusionskonstante von Bor in SiO_2 viel kleiner ist als im Silizium.

Lokale Oxidation

Diese geschieht nur in den Bereichen die nicht mit Nitrid bedeckt sind (Bild 3.3e). Das Dickoxid dient dabei der Isolierung des Transistors gegenüber Nachbarbereichen sowie der elektrischen Trennung von Emitter und Kollektor. Die p^+-Gebiete unter den Dickoxidbereichen verhindern Oberflächenkanäle zwischen benachbarten Transistoren, weswegen sie "Channel Stopper" genannt werden (Kapitel 4.3.3).

Kollektorkontakt

Damit man den vergrabenen Kollektor niederohmig an der Halbleiteroberfläche anschließen kann, wird durch eine weitere Fototechnik der Kollektorkontakt von Oxid freigeätzt. Dadurch entsteht nach einer Phosphorimplantation mit anschließender Eindiffusion (Bild 3.3f) ein niederohmiger n^+-Bereich zum vergrabenen Kollektor. Wegen der benötigten relativ tiefen Eindiffusion wurde Phosphor bei der Implantation verwendet, da dieser sehr gute Diffusionseigenschaften besitzt.

Basiskontakt/Basisdotierung

Mit Hilfe einer Fototechnik ätzt man den Basiskontakt frei. Es folgt eine Borimplantation mit anschließender Eindiffusion (Bild 3.3g) wodurch ein niederohmiger Basiskontakt entsteht. Anschließend wird der gesamte Basisbereich freigelegt und die Scheibe ganzflächig mit Bor geringer Dosis implantiert und eindiffundiert (Bild 3.3h). Dadurch entsteht die eigentliche p-Basis, die über den p^+-Bereich niederohmig angeschlossen ist. Eine Umdotierung im Kollektorbereich findet nicht statt, da die dortige n^+-Dotierung wesentlich größer ist als die durchgeführte p-Basisdotierung.

Emitterdefinition / Dotierung

Durch eine weitere Fototechnik werden das Emitterfenster und der Kollektorkontakt geöffnet (Bild 3.3i). In einem darauf folgenden Schritt führt man mit Hilfe einer Fotolackmaske eine Arsenimplantation lokal durch. Nach anschließender Eindiffusion werden in den Fensterbereichen der n^{++}-Emitter und der n^{++}-Kollektorkontakt erzeugt (Bild 3.3j). Arsen hat den Vorteil, dass es relativ schlecht eindiffundiert. Dies ist wünschenswert, um eine geringe Eindringtiefe zu erreichen. Die Emitterdiffusion schnürt die Basisweite unterhalb des Emitters ein, wodurch sich dort ein relativ hoher Bahnwiderstand einstellt.

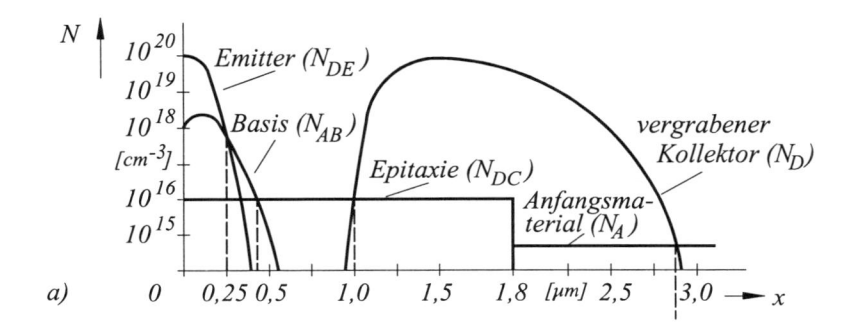

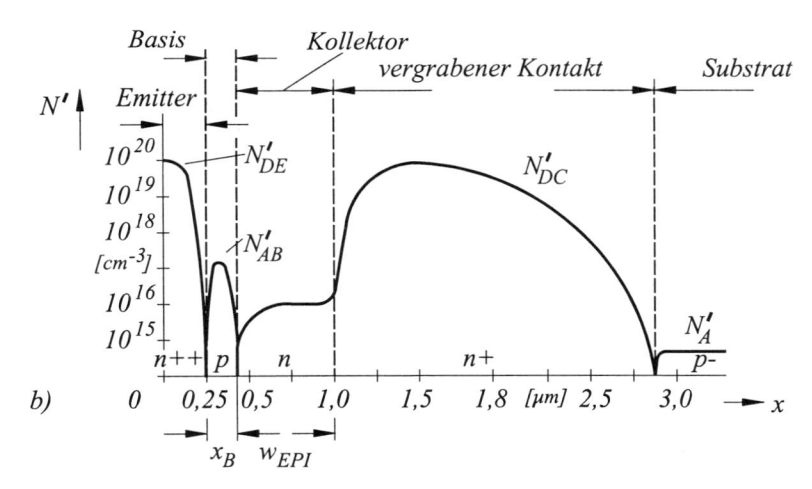

Bild 3.4: a) Konzentrationsverlauf der Dotieratome (siehe Schnitt x-x' Bild 3.2k);
b) Nettodotierungskonzentration $N'(x) = |N_D - N_A|$

Kontaktierungen und Verbindungen

Nach Entfernen von Restoxid in den entstehenden Kontaktbereichen wird eine ganzflächige Metallabscheidung durchgeführt. Dies geschieht durch Sputtern einer Titanschicht sowie einer anschließenden Aluminiumschicht. Die Titanschicht wirkt dabei wie eine Diffusionssperre zwischen Aluminium und Silizium und verhindert dadurch eine Reaktion zwischen den beiden Schichten. Nach Verwendung eines weiteren Fotolithographieschritts zur Definition der Metallanschlüsse und anschließender Metallätzung (Bild 3.3k) wird eine Schutzschicht z.B. aus Siliziumnitrid (Si_3N_4) auf die ganze Scheibe aufgebracht. In einem weiteren Fototechnikschritt (nicht gezeigt) werden dann die Anschlussflecken freigeätzt, mit denen der Chip mit den Gehäusebeinchen verbunden wird. Zur Erhöhung der Packungsdichte einer Schaltung verwendet man bei den heutigen Herstellprozessen meist noch weitere, voneinander unabhängige Metallverdrahtungsebenen. Für das beschriebene Herstellverfahren ist in Bild 3.4 der Konzentrationsverlauf mit Nettodotierungskonzentration $N'(x) = |N_D - N_A|$ dargestellt.

Der beschriebene Herstellprozess ist durch seine geringe Anzahl von Fotolithographieschritten kostengünstig. Infolge der relativ großen Kapazitäten und Widerstände besonders im Basisbereich ist er jedoch nicht gut für Anwendungen im Höchstfrequenzbereich geeignet. Aus diesem Grund werden für derartige Anwendungen Prozesse verwendet, bei denen Emitter- und Basisanschlüsse durch n^+- bzw. p^+-dotierte Polysiliziumschichten realisiert sind. Diese werden selbstjustierend – mit Hilfe einer Spacer Technik – zueinander angeordnet. Durch die erreichbaren Flächenreduzierungen sind wesentlich kleinere Kapazitäten und niedrigere Basiswiderstände möglich, wie im Folgenden in vereinfachter Form gezeigt wird.

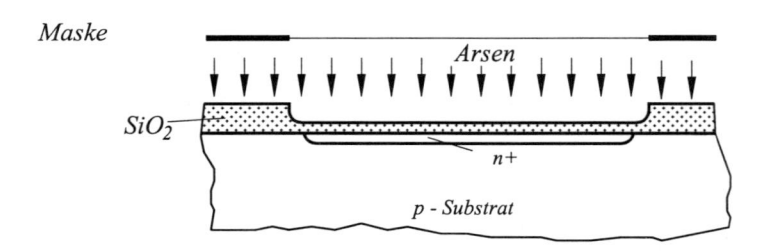

a) vergrabener Kollektoranschluss

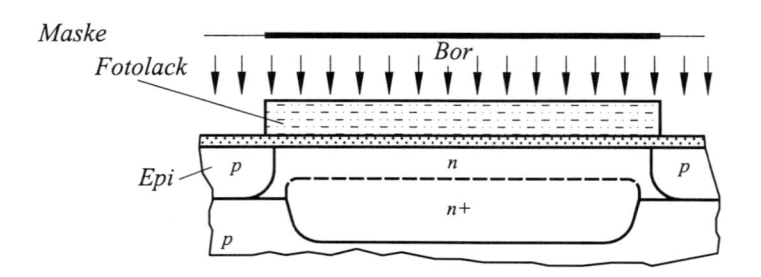

b) Epitaxie und p^+-Isolierung

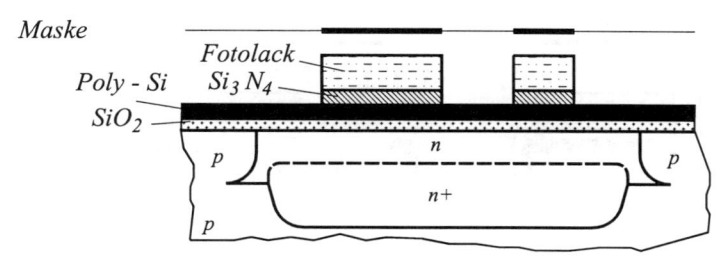

c) Definition lokaler Oxidbereiche

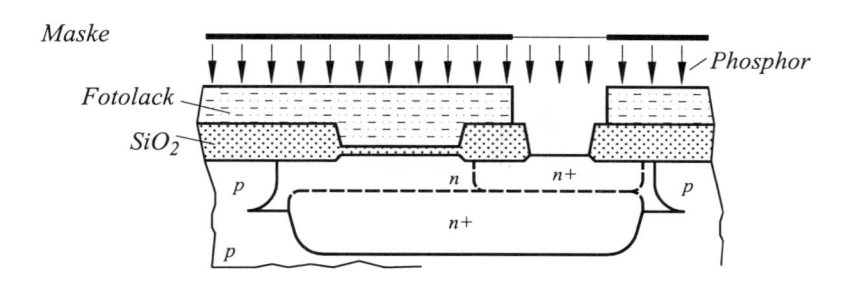

d) lokale Oxidation / Kollektorkontakt

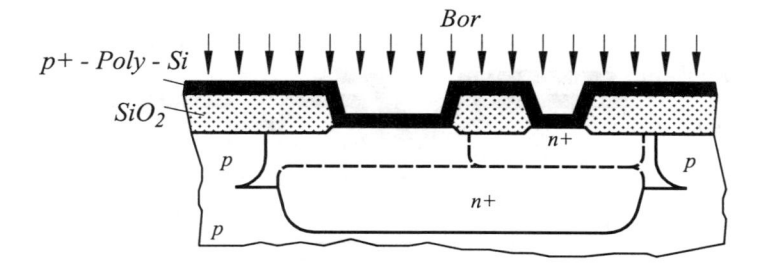

e) Polysiliziumbeschichtung

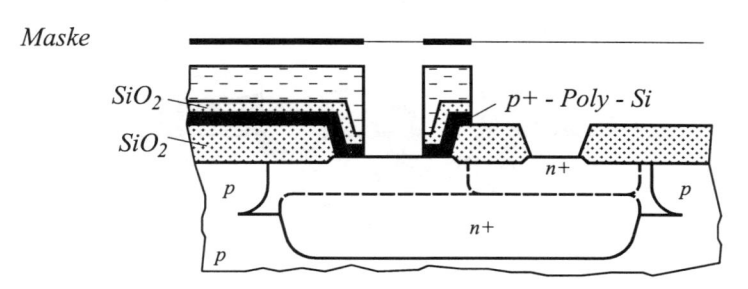

f) Emitterdefinition

Maske
Fotolack
$p+$ - *Poly - Si*
SiO_2

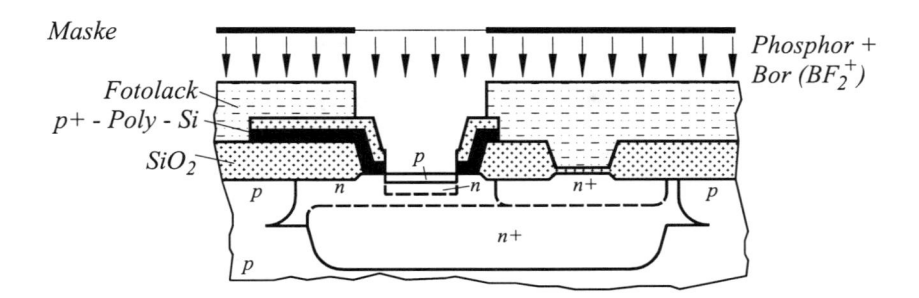

Phosphor + Bor (BF_2^+)

g) *Implantation n-Podest p-Basis*

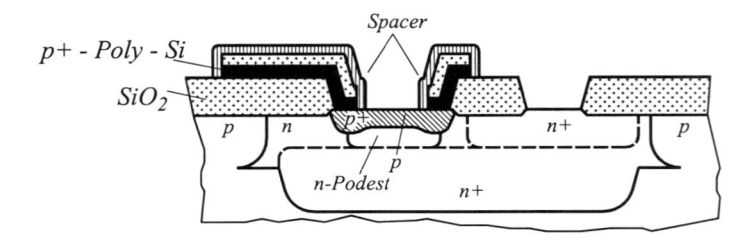

$p+$ - *Poly - Si*
Spacer
SiO_2
n-Podest

h) *Spacer aufbringen*

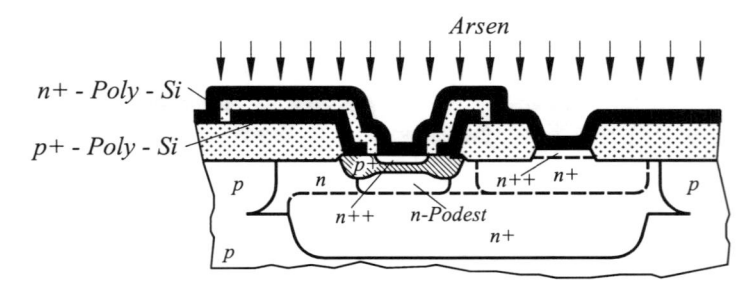

Arsen
$n+$ - *Poly - Si*
$p+$ - *Poly - Si*
n-Podest

i) n^+-*Poly-Si ganzflächig aufbringen*

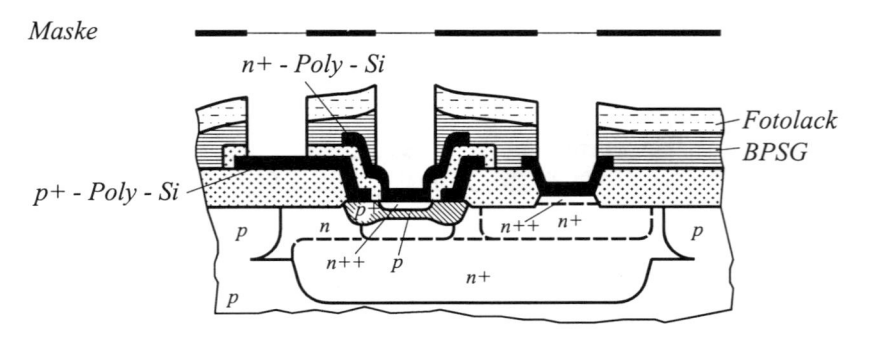

Maske
$n+$ - *Poly - Si*
Fotolack
BPSG
$p+$ - *Poly - Si*

j) *Definition Kontaktlochzonen*

Maske

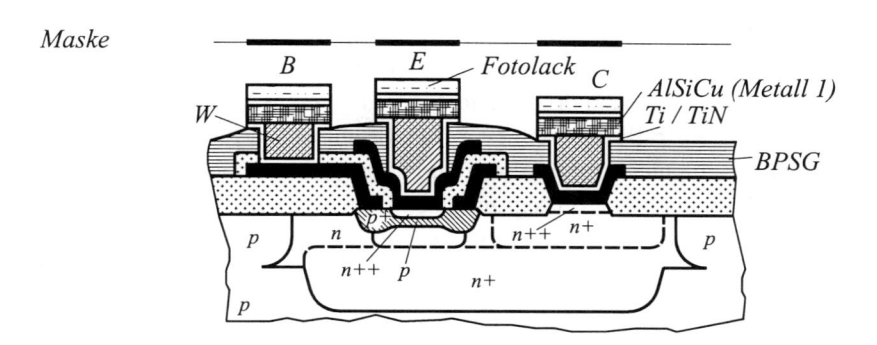

k) *Auffüllung der Kontaktlöcher und Ätzung von Metallebene 1*

Bild 3.5: *Herstellablauf einer integrierten Bipolarschaltung mit selbstjustierenden Basis-Emitterbereichen (Ausschnitt npn-Transistor)*

Vergrabener Kollektor und Epitaxie

Das Anfangsmaterial besteht aus p-dotiertem Silizium mit einem spezifischen Widerstand von ca. 8 Ωcm, auf das eine SiO_2-Schicht aufgebracht ist. Mit dem ersten Fotolithographieschritt wird der Bereich des vergrabenen Kollektors definiert. Durch Implantation mit Arsen wird dieser Bereich n^+-dotiert (Bild 3.5a). Nach der Eindiffusion des Arsens bei erhöhter Temperatur wird anschließend durch einen Expitaxieschritt eine ca. 1 µm dicke n-dotierte Si-Schicht (Epi) aufgewachsen (Bild 3.5b). Durch eine selektive Bor-Implantation wird der n^+-Kollektoranschluss zum Substrat – infolge eines sperrbaren pn-Übergangs – isoliert.

Lokale Oxidation

Zur Erzeugung von Dickoxidbereichen ordnet man lokal eine Nitridschicht (Si_3N_4) über einer ganzflächigen SiO_2- und Polysiliziumschicht (Poly-Si) mit Hilfe einer weiteren Fototechnik an (Bild 3.5c). Die Oxidation geschieht anschließend nur in den Bereichen, die nicht mit Nitrid beschichtet sind (Bild 3.5d).

Kollektorkontakt

Durch die selektive Phosphorimplantation wird – genau wie bei dem bereits beschriebenen Prozess – ein niederohmiger n^+-Bereich zwischen dem vergrabenen Kollektor und dem Kollektorkontakt an der Halbleiteroberseite erzeugt (Bild 3.5d).

Emitterdefinition / Basisdotierung

Anschließend führt man eine ganzflächige Polysiliziumbeschichtung (Bild 3.5e), die aus aneinander liegenden Siliziumkörnern besteht, durch. Diese wird mit Bor implantiert und dient als Zuleitung zur p-Basis. Nach einer ganzflächigen SiO_2 Abscheidung und einem weiteren Fotolithographieschritt wird der Emitterbereich geöffnet (Bild 3.5f). In einem folgenden Fotolithographieschritt legt man den Emitterbereich frei und implantiert mit Phosphor und Bor (BF^+_2) (Bild 3.5g). Durch den Phosphor wird ein n-Podest (**S**electively **I**mplanted **C**ollector SIC) erzeugt, um den eigentlichen Kollektorbereich niederohmig zu gestalten, wodurch sich die zulässige Stromdichte (Kapitel 3.3.1 Kirk-Effekt) erhöht. Mit dem BF^+_2 - Gas wird die p-Dotierung der Basiszone eingestellt. Das Wesentliche während eines weiteren Temperaturschritts ist, dass eine vertikale und laterale Diffusion von Bor aus dem p^+-dotierten Polysilizium in das einkristalline Silizium stattfindet, wodurch ein p^+-Basisanschluss selbstjustierend um den p-Basisbereich herum entsteht |WIDM, TANG| (Bild 3.5h).

Emitterimplantation

Vor der Emitterimplantation führt man mit diversen Technologieschritten eine Rundumisolierung im Emitterbereich (Spacer) mit z.B. SiO_2 oder Polysilizium durch. Dadurch wird eine kleinere Öffnung geschaffen als es mit den minimalen Dimensionen der Fotolithographie möglich ist (Bild 3.5h). Anschließend wird eine Polysiliziumschicht aufgebracht, die durch eine Arsenimplantation stark n^+-dotiert ist. In einem folgenden Temperaturschritt diffundiert das Arsen z.T. aus dem n^+-Polysilizium in das einkristalline Silizium. Ein Emitterbereich selbstjustiert zur p-Basis mit einer Eindringtiefe von ca. 0,04µm entsteht (Bild 3.5i).

Kontaktierungen und Verbindungen

Vor der Metallisierung zur Erzeugung von Leiterbahnen zur Verbindung der einzelnen Schaltungselemente wird das n^+-Polysilizium in einem Fotolithographieschritt im Emitter- und Kollektorbereich strukturiert (nicht dargestellt). Anschließend scheidet man SiO_2 ab. Dieses bildet eine Diffusionsbarriere zwischen dem Silizium und der folgenden BPSG- (**B**or **P**hosphorous **S**ilicat **G**lass) Schicht. Das Glas wirkt als vertikale Isolation und verrundet gleichzeitig die Strukturkanten. Mit einem weiteren Fotolithographieschritt werden Kontaktlöcher definiert (Bild 3.5j) und anschließend freigeätzt. Es folgt eine Ti/TiN-Abscheidung in den Kontaktlöchern. Die ca. 20 nm dünne Ti-Schicht bildet mit dem Si einen niederohmigen $TiSi_2$-Kontakt, während das ca. 100 nm dünne TiN als metallurgische Barriereschicht zwischen Si und dem folgenden Wolfram fungiert. Die entstandenen Gräben füllt man mit Wolfram (W-Plugs) auf. Anschließend wird ganzflächige AlSiCu auf die Scheibe aufgebracht und mit einem Fotolithographieschritt mit anschließender Ätzung strukturiert (Bild 3.5k). Zur Erhöhung der Packungsdichte können weitere voneinander unabhängige Metallverdrahtungsebenen – wie in Kapitel 4.1

beschrieben – verwendet werden. Als letzten Schritt bei der Herstellung bringt man eine ganzflächige Schutzschicht auf die Scheibe auf.

3.2 Wirkungsweise des bipolaren Transistors

Die Funktion eines npn-Transistors kann veranschaulicht werden, wenn man von zwei pn-Übergängen ausgeht, die zuerst als voneinander unabhängig und später als verkoppelt betrachtet werden. Der EB-Übergang in Bild 3.6 ist in Durchlassrichtung ($U_{BE} > 0$) und der BC-Übergang in Sperrrichtung ($U_{BC} < 0$) gepolt. Die Ladungsträgerbewegungen sind eingezeichnet.

Bei dem in Durchlassrichtung gepolten BE-Übergang werden Elektronen in den p-Bereich und Löcher in den n-Bereich injiziert. Es fließt ein relativ großer Strom. Im Vergleich dazu ist der sehr kleine Reststrom des gesperrten BC-Übergangs vernachlässigbar gering ($< 10^{-18}$ A/µm^2). Die zugehörigen Minoritätsträgerverteilungen sind in Bild 3.6b wiedergegeben. Die Indizes wurden entsprechend den Halbleiterbereichen gewählt.

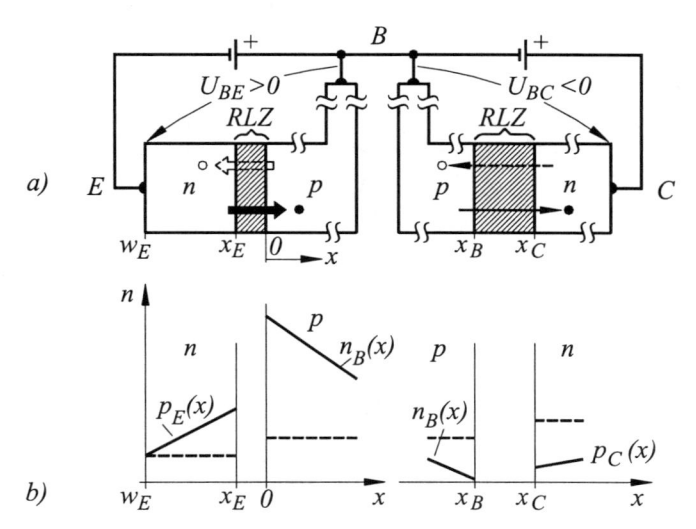

Bild 3.6:   a) pn-Übergänge in Durchlass- und Sperrrichtung; b) Minoritätsträgerverteilung

Es versteht sich von selbst, dass soweit kein Unterschied zu dem in Kapitel 2 vorgestellten pn-Übergang in Durchlass- bzw. Sperrrichtung besteht. Bringt man jedoch die beiden p-Bereiche der Übergänge zusammen, so entsteht bei ausreichend kleiner Basisweite x_B ein npn-Transistor (Bild 3.7). Die Majoritätsträger des Emitters (Elektronen) werden in die Basis injiziert, da die Energiebarriere um qU_{BE} (vergleiche mit Bild 2.3) verringert ist. Die Elektronen gelangen jedoch nicht wie bei den entkoppelten pn-Übergängen zum räumlich entfernten Basiskontakt, sondern wandern in den um die Energie qU_{BC}, vergrößerten Feldbereich der BC-Raumladungszone. Dieser saugt sie zum n-Gebiet des Kollektors hin, von wo aus die Elektronen als Majoritätsträger zum Kollektoranschluss gelangen. Dies ist auch aus der Minoritätsträgerverteilung in der Basis erkennbar. Die Elektronendichte nimmt linear von $x = 0$ bis $x = x_B$ ab. Bei $x = x_B$ werden die Ladungsträger abgesaugt. Die Ladungsträgerdichte ist dort annähernd Null. Betrachtet man die Löcher, so werden diese unverändert aus der p-Basis in den n-Emitter injiziert. Will man eine große Stromverstärkung erreichen, kommt es darauf an, dass der Löcherstrom im Vergleich zum Elektronenstrom wesentlich kleiner ist.

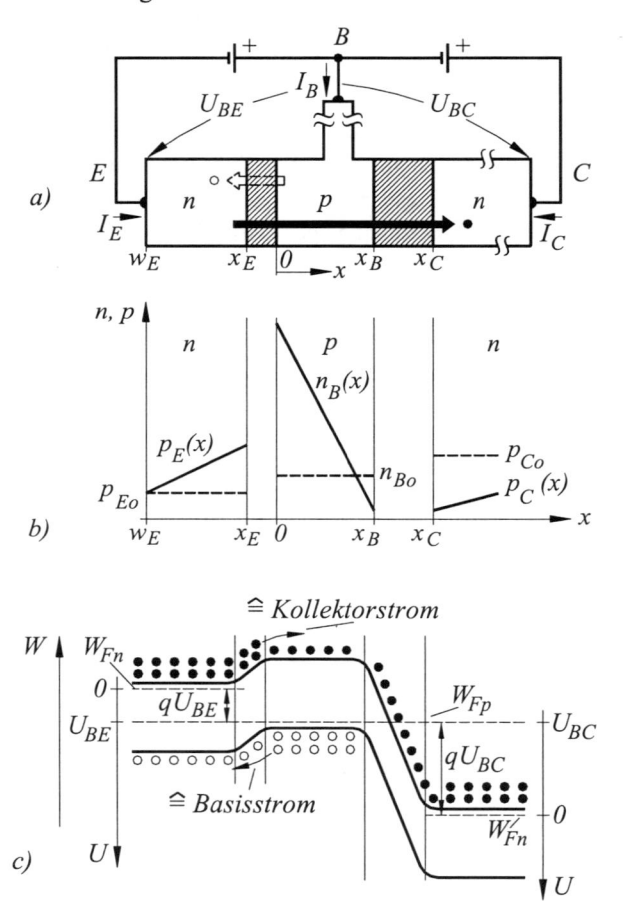

Bild 3.7: a) npn-Transistor; b) Minoritätsträgerverteilung; c) Bänderdiagramm

Da der Elektronenstrom dem Kollektorstrom I_C entspricht und der Löcherstrom dem Basisstrom I_B, resultiert eine Stromverstärkung im Normalbetrieb von

$$B_N = \frac{I_C}{I_B}. \tag{3.1}$$

Wird der Transistor invers betrieben, spricht man von inverser Stromverstärkung B_I worauf später noch eingegangen wird.

3.2.1 Stromspannungsbeziehung

Für den npn-Transistor mit $U_{BE} > 0$ und $U_{BC} < 0$ wird im Folgenden die Stromspannungsbeziehung abgeleitet. Dabei werden – ähnlich wie beim pn-Übergang – die folgenden Voraussetzungen gemacht:

- Schwache Injektion
- Vernachlässigung von Generation und Rekombination wegen der kurzen Abmessungen
- Keine Berücksichtigung von Serienwiderständen und
- Sperrstrom des BC-Übergangs ist vernachlässigbar gering.

Letzte Voraussetzung bedeutet, dass sich die Betrachtung der Minoritätsträger im Kollektor erübrigt.

Da die Elektronen die BC-Raumladungszone durchqueren, kann die Elektronendichte bei x_B nur näherungsweise auf Null absinken. Zur Vereinfachung wird angenommen, dass diese dort den Wert von n_{Bo} annimmt. Auf den Gradienten der Ladungsträger in der Basis und damit Strom I_n hat die Annahme ob $n_B(x_B) = n_{Bo}$ oder nahezu Null ist einen vernachlässigbaren Einfluss, solange $U_{BE} > 4\phi_t$ ist. Die Herleitung der Stromspannungsbeziehung ist damit identisch zu derjenigen des pn-Übergangs.

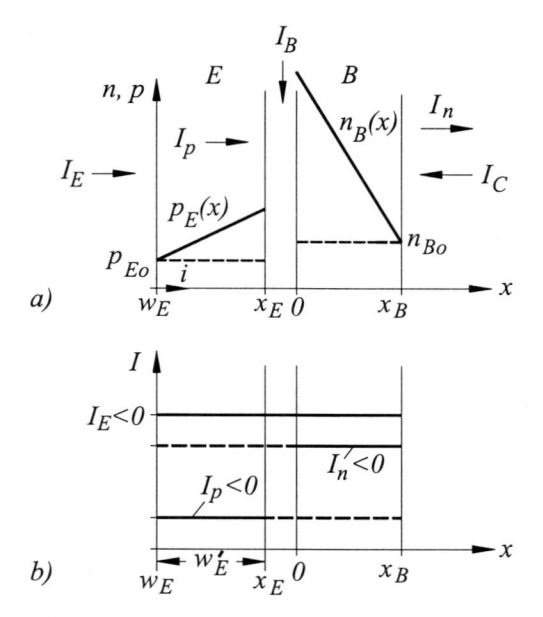

Bild 3.8: npn-Transistor im normalen Betrieb; a) Minoritätsträgerverteilung; b) Minoritätsträgerströme I_B, I_C und Gesamtstrom I_E (gestrichelt Majoritätsträgerströme)

Demnach ergibt sich der Emitterstrom aus den Stromkomponenten des Basis- sowie des Kollektorstroms Gl.(2.25)

$$I_E = I_p + I_n$$
$$= -qAD_{pE}\frac{dp'_E}{dx} + qAD_{nB}\frac{dn'_B}{dx}, \quad (3.2)$$

wobei A die Fläche des Emitters ist. Mit dem Gradienten – direkt aus (Bild 3.8) – und den Dichtegleichungen Gl.(2.18) und (2.19) resultiert

$$I_E = -qAD_{pE}\frac{p_E(x_E) - p_{Eo}}{w'_E} - qAD_{nB}\frac{n_B(o) - n_{Bo}}{x_B}$$

$$I_E = -\frac{qAD_{pE}\, p_{Eo}}{w'_E}\left(e^{U_{BE}/\phi_t} - 1\right) - \frac{qAD_{nB}\, n_{Bo}}{x_B}\left(e^{U_{BE}/\phi_t} - 1\right). \quad (3.3)$$

Entsprechend den in Bild 3.7 bzw. Bild 3.8 angegebenen Stromrichtungen haben Kollektor- und Basisstrom einen Wert von

$$I_C = -I_n = \frac{qAD_{nB}\, n_{Bo}}{x_B}\left(e^{U_{BE}/\phi_t} - 1\right) \quad (3.4)$$

3 Bipolarer Transistor

$$I_B = -I_p = \frac{qAD_{pE}P_{Eo}}{w'_E}\left(e^{U_{BE}/\phi_t} - 1\right). \qquad (3.5)$$

Hieraus ergibt sich eine Stromverstärkung entsprechend Beziehung (3.1) von

$$B_N = \frac{D_{nB}}{D_{pE}} \frac{n_{Bo}}{p_{Eo}} \frac{w'_E}{x_B}$$

$$B_N = \frac{D_{nB}}{D_{pE}} \frac{N'_{DE}}{N'_{AB}} \frac{n^2_{iB}}{n^2_{iE}} \frac{w'_E}{x_B}$$

$$\boxed{B_N = \frac{D_{nB}}{D_{pE}} \frac{N'_{DE}}{N'_{AB}} \frac{w'_E}{x_B}}, \qquad (3.6)$$

wobei $n_{Bo} = n^2_{iB}/N'_{AB}$ und $p_{Eo} = n^2_{iE}/N'_{DE}$ durch die entsprechenden Dotierungsdichten ersetzt wurde und die Intrinsicdichten als gleich groß angenommen wurden. Auf unterschiedliche Intrinsicdichten in Basis und Emitter wird später im Zusammenhang mit dem Temperaturverhalten des Transistors näher eingegangen.

Bei Betrachtung von Beziehung (3.6) stellt sich die Frage was getan werden muss um eine große Verstärkung zu realisieren. Das Geometrieverhältnis w'_E/x_B kann durch Verkleinerung der Basisweite x_B vergrößert werden oder die Weite w'_E wird so weit vergrößert bis $w'_E \gg L_p$ ist (siehe vertiefende Betrachtung Experiment Kap. 1.5), denn dann kann das Geometriemaß durch die Diffusionslänge L_p der Löcher ersetzt werden. Dies ist nicht unbedingt eine gute Vorgehensweise, da dadurch die in den Emitter injizierte Ladung Gl.(2.53) und damit die Diffusionskapazität des Emitters zunimmt. Meist findet man bei modernen integrierten Transistoren deshalb ein Geometrieverhältnis um eins herum. Damit liegt die Optimierung bei der Wahl des geeigneten Dotierungsverhältnisses N'_{DE}/N'_{AB}. In Bild 3.4 ist als Beispiel das Dotierungsprofil eines Transistors dargestellt. Hierbei ist infolge der Umdotierungen $N'_{DE} \gg N'_{AB} \gg N'_{DC}$, wodurch sich eine entsprechend große Stromverstärkung ergibt (Bild 3.9).

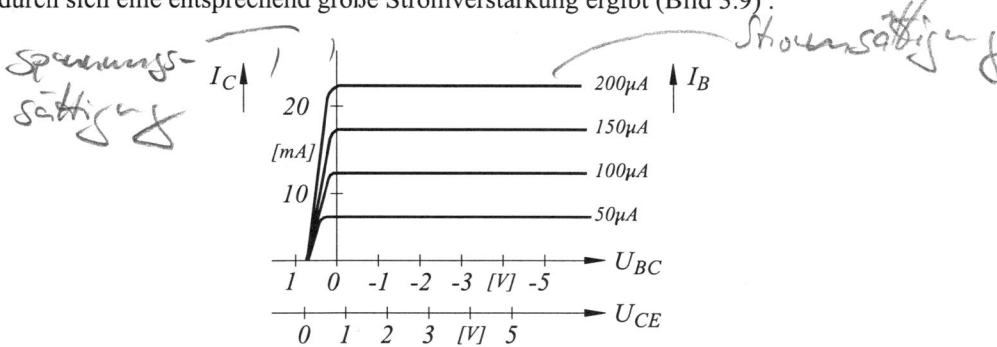

Bild 3.9:   *Ausgangskennlinienfeld $I_C = f(U_{BC})$ mit I_B als Parameter*

Transportstrom

Der Kollektor- und Basisstrom Gl.(3.4) und (3.5) kann in der sog. Moll-Ross-Form |MOLL|

$$I_C = I_{SS} \left(e^{U_{BE}/\phi_t} - 1 \right) \qquad (3.7)$$

$$I_B = \frac{I_{SS}}{B_N} \left(e^{U_{BE}/\phi_t} - 1 \right) \qquad (3.8)$$

beschrieben werden, wobei

$$I_{SS} = \frac{qAD_{nB} n_{Bo}}{x_B} \qquad (3.9)$$

ist. Dieser Strom wird Transportstrom genannt. Er ist jedoch kein Sperrstrom, sondern ein Stromparameter, der nur von den Basiseigenschaften abhängt. Typische Werte liegen um 10^{-18} A/µm².

Der Transportstrom kann als Funktion der Majoritätsträgerladung in der Basis

$$\begin{aligned} I_{SS} &= \frac{qAD_{nB} n_{iB}^2}{x_B p_B} \\ &= \frac{q^2 A^2 D_{nB} n_{iB}^2}{Q_B} \end{aligned} \qquad (3.10)$$

ausgedrückt werden, wobei diese einen Wert von

$$Q_B = qAx_B p_B \qquad (3.11)$$

hat und $N'_{AB} = p_B$ bei schwacher Injektion ist. Gleichung (3.10) behält auch ihre Gültigkeit, wie in der folgenden vertiefenden Betrachtung bewiesen wird, wenn eine inhomogene Majoritätsträgerverteilung in der Basis vorliegt und

$$Q_B = qA \int_0^{x_B} N'_{AB}(x)\, dx \qquad (3.12)$$

ist. Dieser Fall tritt auf, wenn die Basis wie in Bild 3.4 dargestellt inhomogen dotiert ist. Die Zahl der Dotieratome pro Fläche in der Basis

$$G_B = \int_0^{x_B} N'_{AB}(x)\,dx \qquad (3.13)$$

wird Gummelzahl genannt. Sie ist eine wichtige Größe, da sie über I_{SS} den Kollektorstrom stark beeinflusst. Um eine große Verstärkung B_N (Gl.(3.6)) zu erzielen, soll diese Zahl möglichst klein sein. Typische Werte liegen bei ca. 10^{12} Dotieratome/cm^2.

Aus dem Vorhergehenden kann ein statisches Großsignal-Ersatzschaltbild (Bild 3.10) abgeleitet werden.

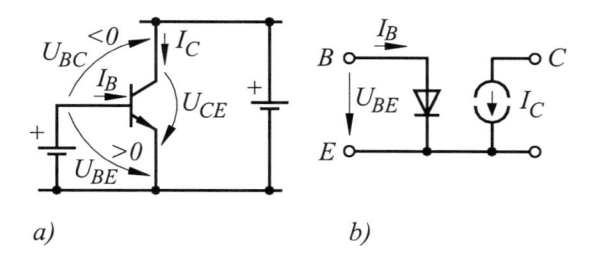

Bild 3.10:   *a) Transistorschaltung im normalen Betrieb; b) statisches Großsignal-Ersatzschaltbild*

Es besteht aus einer Basis-Emitter-Diode und einer spannungsgesteuerten Stromsenke zwischen Kollektor und Emitter, die durch Gleichung (3.7)

$$I_C = I_{SS}\left(e^{U_{BE}/\phi_t} - 1\right)$$

beschrieben ist. Durch die Diode fließt ein Basisstrom (3.8) von

$$I_B = \frac{I_{SS}}{B_N}\left(e^{U_{BE}/\phi_t} - 1\right).$$

Bestimmung von I_{SS} und B_N

Zur Beschreibung des npn-Transistors werden die Parameter I_{SS} und B_N benötigt. Um diese zu bestimmen, wird die in Bild 3.11 gezeigte halblogarithmische Darstellung gewählt.

Der Transportstrom I_{SS} wird genau wie bei dem pn-Übergang (Bild 2.7) durch Extrapolation gewonnen. Es sei jedoch noch einmal darauf hingewiesen, dass es sich in diesem Fall um keinen Reststrom, sondern um einen Stromparameter handelt, der die Basiseigenschaften beschreibt. Der Wert von B_N ergibt sich aus dem Quotienten der beiden Kurven I_C/I_B. Auf die unterschiedlichen Stromverstärkungen in den Bereichen I bis III wird im Abschnitt 3.3.1 näher eingegangen.

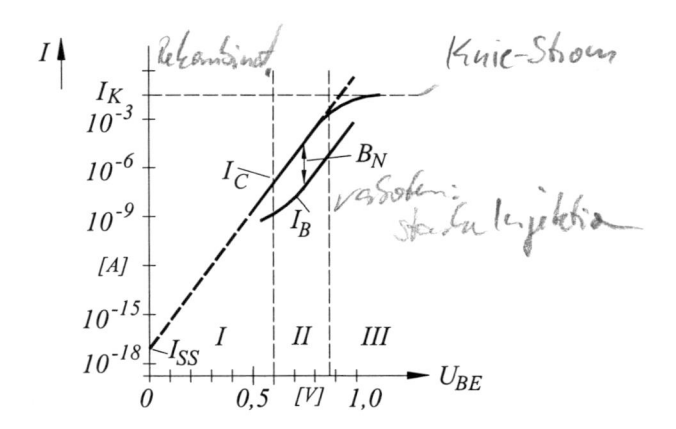

Bild 3.11: Halblogarithmische Darstellung des Kollektor- und Basisstroms im Normalbetrieb

Vertiefende Betrachtung: Transportstrom bei inhomogener Basisdotierung

Im Vorhergehenden wurde behauptet, dass die Beziehung für den Transportstrom Gl.(3.10) bis (3.12) ihre Gültigkeit behält, wenn eine inhomogene Dotierung in der Basis vorliegt. Der Beweis ergibt sich aus der folgenden Betrachtung.

Die allgemeinen Stromgleichungen Gl.(1.48), (1.49) beschreiben den Elektronen- und Löcherstrom in der Basis

$$J_n = q\mu_{nB} n_B(x) E(x) + q D_{nB} \frac{dn_B(x)}{dx}$$

$$J_p = q\mu_{pB} p_B(x) E(x) - q D_{pB} \frac{dp_B(x)}{dx}.$$

Zur Vereinfachung sei angenommen, dass die Beweglichkeit und die Diffusionskonstante ortsunabhängig sind. Unter der Voraussetzung, dass die bisher gemachten Annahmen ihre Gültigkeit haben und der Löcherstrom (Basisstrom) vernachlässigbar klein ist und zu Null angenommen werden kann, ergibt sich

$$J_p = q\mu_{pB} p_B(x) E(x) - q D_{pB} \frac{dp_B(x)}{dx} = 0 . \tag{3.14}$$

Dieser Ansatz führt zu einem elektrischen Feld in der Basis

$$E(x) = \frac{D_{pB}}{\mu_{pB}} \frac{1}{p_B(x)} \frac{dp_B(x)}{dx} \tag{3.15}$$

und einem Elektronenstrom von

3 Bipolarer Transistor

$$J_n = q\mu_{nB} n_B(x) \left(\frac{D_{pB}}{\mu_{pB}} \frac{1}{p_B(x)} \frac{dp_B(x)}{dx} \right) + qD_{nB} \frac{dn_B(x)}{dx} \;. \tag{3.16}$$

Werden beide Seiten der Gleichung mit $p_B(x)$ multipliziert und die Einstein-Beziehung Gl.(1.46) verwendet dann resultiert

$$p_B(x)J_n = qD_{nB} n_B(x) \frac{dp_B(x)}{dx} + qD_{nB} p_B(x) \frac{dn_B(x)}{dx} \;. \tag{3.17}$$

Infolge dieser Multiplikation kann die Produktregel angewendet werden wodurch sich die Darstellung

$$p_B(x)J_n = qD_{nB} \frac{d}{dx}\left(n_B(x)p_B(x)\right) \tag{3.18}$$

ergibt. Da der Strom in der Basis konstant ist, hat dieser nach Integration über der Basis einen Wert von

$$J_n = \frac{qD_{nB} \int\limits_0^{x_B} \frac{d}{dx}(n_B(x)p_B(x))dx}{\int\limits_0^{x_B} p_B(x)dx} \tag{3.19}$$

$$J_n = \frac{qD_{nB}\left[n_B(x_B)p_B(x_B) - n_B(0)p_B(0)\right]}{\int\limits_0^{x_B} p_B(x)dx} \;. \tag{3.20}$$

Das Dichteprodukt bei x_B wird, entsprechend der bereits gemachten Annahme, infolge des BC-Feldes auf den Wert des thermodynamischen Gleichgewichts abgesenkt

$$n_B(x_B)p_B(x_B) = n_{Bo}p_{Bo} = n_i^2 \;, \tag{3.21}$$

während dasjenige bei $x = 0$ durch Beziehung (2.17)

$$n_B(0)p_B(0) = n_i^2 e^{U_{BE}/\phi_t} \tag{3.22}$$

beschrieben ist. Dies führt zu einem Kollektorstrom von

$$I_C = -AJ_n = \frac{qAD_{nB}n_i^2(e^{U_{BE}/\phi_t} - 1)}{\int\limits_o^{x_B} N'_{AB}(x)dx} \;. \tag{3.23}$$

Da bei schwacher Injektion $N'_{AB}(x) = p_B(x)$ ist, resultiert ein Transportstrom von

$$I_{SS} = \frac{qAD_{nB}n_i^2}{\int_0^{x_B} N'_{AB}(x)dx} . \tag{3.24}$$

Mit dieser Herleitung wurde somit überprüft, dass der Transportstrom Gl.(3.10) auch dann seine Gültigkeit behält, wenn eine inhomogene Dotierung bzw. Majoritätsträgerverteilung vorliegt.

3.2.2 Transistor im inversen Betrieb

Bild 3.10 zeigt den Transistor im normalen Betrieb. Im inversen Betrieb dagegen (Bild 3.12) ist $U_{BC} > 0$ und $U_{BE} < 0$, wodurch die Funktion von Kollektor und Emitter vertauscht sind. Die sich dabei ergebenden Stromgleichungen sind in Analogie zum normalen Betrieb (Index E und C vertauscht)

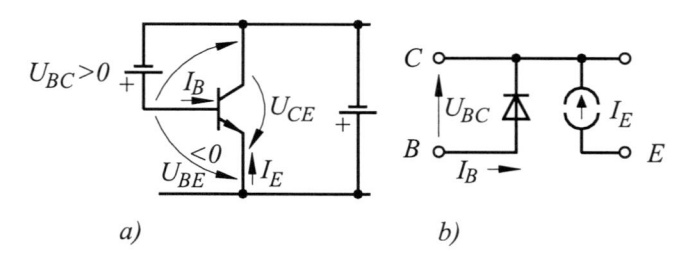

Bild 3.12: a) Transistorschaltung im inversen Betrieb; b) statisches Großsignalersatzschaltbild

$$I_E = I_{SS}\left(e^{U_{BC}/\phi_t} - 1\right) \tag{3.25}$$

$$I_B = \frac{I_{SS}}{B_I}\left(e^{U_{BC}/\phi_t} - 1\right) . \tag{3.26}$$

Der Transportstrom I_{SS} bleibt von der Betriebsart unberührt, da er nur von den Basiseigenschaften Gl.(3.9) abhängig ist. Die Stromverstärkung B_I im inversen Betrieb hat dagegen einen Wert in Analogie zu den Beziehungen (3.6) von

$$B_I = \frac{I_E}{I_B} = \frac{D_{nB}}{D_{pC}} \frac{N'_{DC}}{N'_{AB}} \frac{w_{EPI}}{x_B} , \tag{3.27}$$

wobei w_{EPI} die Weite der Epi-Schicht beschreibt (Bild 3.4). Bei typischen integrierten Transistoren liegt B_I zwischen 1 und 20. Der Grund für die geringe inverse Verstärkung kommt durch den Aufbau und die Optimierung der Dotierungen für die Normalverstärkung zustande, wobei $N'_{DE} / N'_{AB} \gg N'_{DC} / N'_{AB}$ ausgeführt wird.

Die Ströme sind im normalen Betrieb nur von der U_{BE}-Spannung und im inversen Betrieb nur von der BC-Spannung abhängig. Infolge dieses voneinander unabhängigen Spannungsverhaltens kann ein gemeinsames Ersatzschaltbild (Bild 3.13), das den normalen und inversen Betrieb beschreibt, durch Superposition der Ersatzschaltbilder Bild 3.10b und Bild 3.12b wiedergegeben werden.

Dabei ist

$$I_{CT} = I_C - I_E = I_{SS}\left(e^{U_{BE}/\phi_t} - 1\right) - I_{SS}\left(e^{U_{BC}/\phi_t} - 1\right)$$
$$I_{CT} = I_C - I_E = I_{SS}\left(e^{U_{BE}/\phi_t} - e^{U_{BC}/\phi_t}\right) \quad (3.28)$$

und

$$I_B = I_{B1} + I_{B2} = \frac{I_{SS}}{B_N}\left(e^{U_{BE}/\phi_t} - 1\right) + \frac{I_{SS}}{B_I}\left(e^{U_{BC}/\phi_t} - 1\right) \quad (3.29)$$

Diese Gleichungen reduzieren sich, wie erwartet, im normalen bzw. inversen Betrieb zu den Beziehungen (3.7) und (3.8) bzw. (3.25) und (3.26).

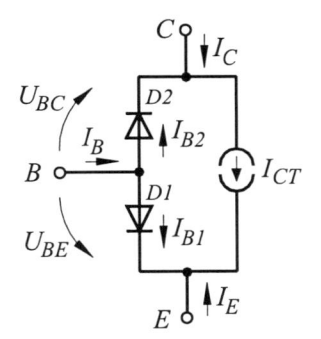

Bild 3.13: Statisches Großsignal-Ersatzschaltbild des Transistors für normalen und inversen Betrieb

Obiges Ersatzschaltbild, das Transportmodell |GETR| genannt wird, ist das einfachste statische Ersatzschaltbild und eine Sonderform des Ebers-Moll Modells |EBER|, das sehr leicht erweiterbar ist, um Effekte zweiter Ordnung zu berücksichtigen. Diese einfache Form ist die Ausgangsbasis für die im Abschnitt 3.5 beschriebene Modellierung des bipolaren Transistors.

3.2.3 Spannungssättigung

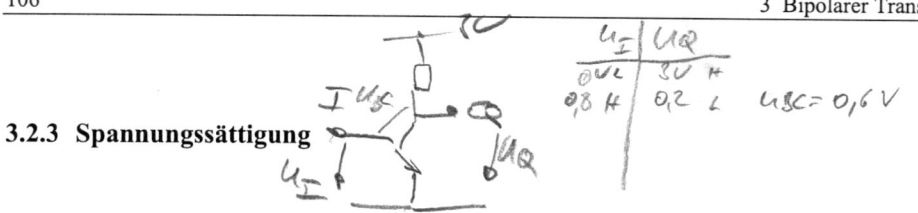

Bisher wurde der Transistor im normalen und inversen Betrieb betrachtet. Wird der Transistor als Schalter verwendet, wie dies der Fall bei digitalen Schaltungen sein kann, so ergibt sich ein Zustand, bei dem beide Übergänge leitend sind und die Verstärkerwirkung des Transistors abnimmt. Dieser Arbeitsbereich wird Spannungssättigung genannt. Er ist bei den Ausgangskennlinien erkennbar, die I_C als Funktion von U_{CE} bei kleinen U_{CE}-Werten zeigen (Bild 3.14b).

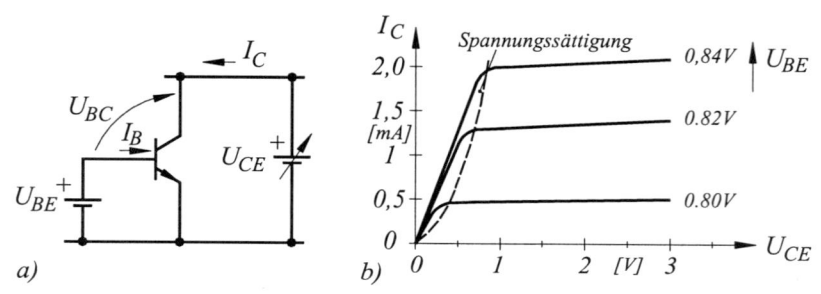

Bild 3.14: a) Transistorschaltung; b) gemessene Ausgangskennlinien $I_C = f(U_{CE})$ mit U_{BE} als Parameter

Der Transistor in Bild 3.14a befindet sich im normalen Betrieb. Wird die Spannung U_{CE} reduziert, ändert sich der Kollektorstrom I_C nicht merklich. Dies ist auch der Fall, wenn die Spannungen U_{CE} und U_{BE} gleich groß sind und somit $U_{BC} = 0$ ist. Der Feldverlauf im BC-Übergang entspricht in diesem Fall dem des pn-Übergangs (Bild 2.2) mit $U_{PN} = 0$. Es werden weiterhin unverändert Ladungsträger infolge dieses Feldes zum Kollektor hin abgesaugt. Erst wenn $U_{CE} < U_{BE}$ und damit U_{BC} positiv wird, nimmt der Kollektorstrom ab. Der Grund dafür ist, dass sich jetzt beide Übergänge in Durchlassrichtung befinden. Die sich dabei in der Basis ergebende Minoritätsträger-Verteilung zeigt Bild 3.15.

Es werden Minoritätsträger von der Emitterseite $n'_B(0)$ und von der Kollektorseite $n'_B(x_B)$ in die Basis injiziert. Dabei ist $n'_B(0)$ nur von der Spannung U_{BE} und $n'_B(x_B)$ nur von der Spannung U_{BC} abhängig. Die Spannungen U_{BE} und U_{BC} sind unabhängig von einander. Aus diesem Grund ergibt sich durch Superposition der beiden injizierten Anteile eine resultierende Überschuss-Minoritätsträger-Verteilung von $n*_B(x)$ in der Basis.

Der Gradient dieser Minoritätsträger $dn*_B/dx$ ist geringer als der der Minoritätsträger, die vom Emitter alleine injiziert werden. Da I_{CT} (Bild 3.15 bzw. Bild 3.13) proportional dem resultierenden Minoritätsträger-Gradienten ist, ergibt sich somit eine Erklärung für die in Bild 3.14b gezeigte Reduktion des Kollektorstromes in Spannungssättigung.

3 Bipolarer Transistor

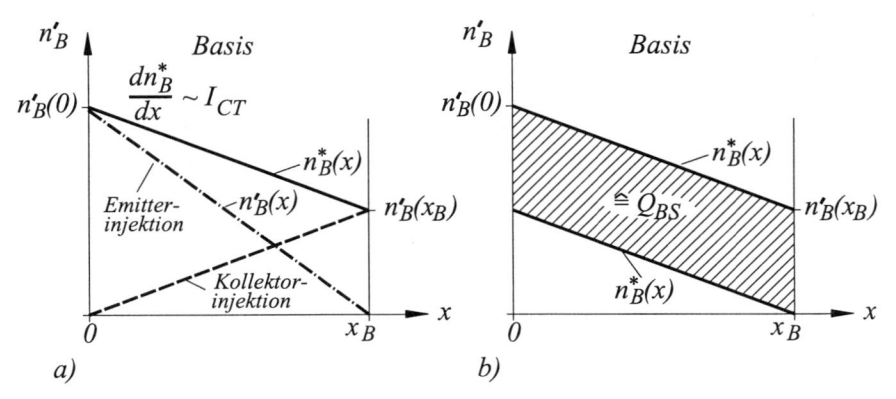

Bild 3.15: Überschuss-Minoritätsträgerverteilung in der Basis bei Injektion von Emitter und Kollektor

Wie aus dem Vorhergehenden ersichtlich, ist der Kollektorstrom in Sättigung kleiner als im Verstärkerbetrieb

$$I_C < I_B B_N \; , \tag{3.30}$$

wodurch sich ein Überschuss-Basisstrom von

$$I_{BS} = I_B - \frac{I_C}{B_N} \tag{3.31}$$

ergibt. Diesem Überschuss-Basisstrom kann eine sog. Sättigungsladung Q_{BS} zugeordnet werden (Bild 3.15b), die nicht zur Stromverstärkung beiträgt, aber das Schaltverhalten negativ beeinflusst.

Bestimmung der Sättigungsspannungen

Damit der Transistor in den gesättigten Zustand gelangt, wird ein Basisstrom $I_B > I_C / B_N$ angelegt (Bild 3.16).

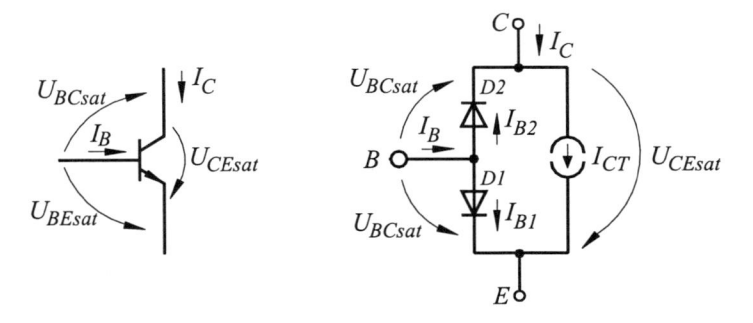

Bild 3.16: Sättigungsbetrieb; a) Transistor; b) Ersatzschaltbild

Die sich dabei am Transistor einstellenden Spannungen können aus dem Ersatzschaltbild und den Beziehungen (3.28) und (3.29) direkt ermittelt werden. Unter der Voraussetzung, dass die Spannungen U_{BCsat} und $U_{BEsat} > 100$ mV sind, kann man die -1 Terme vernachlässigen. Wird außerdem angenommen, dass $B_N \gg B_I + 1$ ist, was in der Praxis fast immer zutrifft, dann ergeben sich die folgenden Sättigungsspannungen

$$U_{BCsat} = \phi_t \ln \frac{B_I(B_N I_B - I_C)}{I_{SS} B_N} \tag{3.32}$$

$$U_{BEsat} = \phi_t \ln \frac{I_C + I_B(1 + B_I)}{I_{SS}} \tag{3.33}$$

$$U_{CEsat} = U_{BEsat} - U_{BCsat}$$

$$\boxed{U_{CEsat} = \phi_t \ln \frac{B_N[I_C + I_B(1 + B_I)]}{B_I(B_N I_B - I_C)}} \tag{3.34}$$

Die Spannung U_{CEsat} ist die wichtigste von den Sättigungsspannungen. Sie muss bei Digitalschaltungen möglichst klein sein, um einen sicheren Schaltbetrieb zu garantieren.

Beispiel:

Die Daten eines Transistors sind $B_N = 150$ und $B_I = 10$. Das Verhältnis von Kollektorstrom I_C zu Basisstrom I_B beträgt $I_C / I_B = 20$.

Damit ergibt sich aus Gleichung (3.34) eine Sättigungsspannung von

$$U_{CEsat} = \phi_t \ln \frac{B_N[I_C / I_B + (1 + B_I)]}{B_I(B_N - I_C / I_B)}$$

$$= 26mV \ln \frac{150(20 + 11)}{10(150 - 20)} = 33 mV.$$

3.2.4 Temperaturverhalten

Im Folgenden wird die Abhängigkeit der Stromverstärkung und des Kollektorstroms von der Temperatur näher betrachtet.

Temperaturabhängigkeit der Stromverstärkung

Diese ist in Bild 3.17 als Funktion des Kollektorstromes dargestellt.

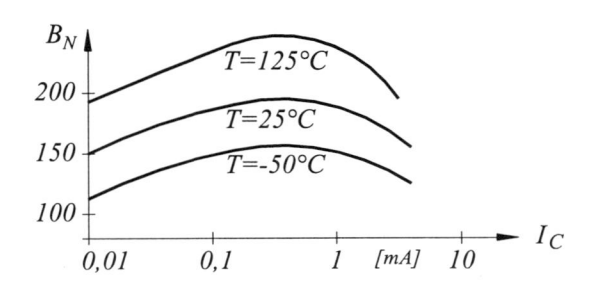

Bild 3.17: *Typische Abhängigkeit der Stromverstärkung B_N vom Kollektorstrom und von der Temperatur*

Die Zunahme der Stromverstärkung mit steigender Temperatur ist auf die Veränderung der Intrinsicdichte im Emitter n_{iE} gegenüber derjenigen in der Basis n_{iB} zurückzuführen Gl.(3.6). Dies kann wie folgt erklärt werden: Ab einer Dotierungsdichte $N > 10^{19}$ cm^{-3} treten zwischen den Dotieratomen untereinander und den Siliziumatomen quantenphysikalische Wechselwirkungen auf, wodurch es entsprechend dem Pauli-Prinzip (Kapitel 1.1) zu einer Aufspaltung von Energieniveaus kommt. Die Folge ist eine Abnahme des Bandabstandes um ΔW_g. Da die Emitterdotierung entsprechend groß ist, ergibt sich die folgende Temperaturabhängigkeit der Intrinsicdichte im Emitter

$$n_{iE} = C\left(\frac{T}{[K]}\right)^{3/2} e^{-(W_g(T)-\Delta W_g)/2kT} . \quad (3.35)$$

Diejenige in der Basis wird dagegen wegen der niedrigen Dotierung weiterhin durch Beziehung (1.20)

$$n_{iB} = C\left(\frac{T}{[K]}\right)^{3/2} e^{-W_g(T)/2kT} \quad (3.36)$$

beschrieben, so dass sich eine Temperaturabhängigkeit der Stromverstärkung Gl.(3.6) von

$$B_N(T) = B_N(T_R)\, e^{-\frac{\Delta W_g}{k}\left(\frac{1}{T}-\frac{1}{T_R}\right)} \quad (3.37)$$

ergibt, wobei $B_N(T_R)$ die Stromverstärkung bei einer Referenztemperatur T_R, z.B. Raumtemperatur ist. Aus dieser Beziehung wird häufig die Bandverengung ΔW_g ermittelt. Dies kann jedoch u.U. zu einem unzulässig großen Fehler führen, wenn die Diffusionskonstanten, die ebenfalls temperaturabhängig sind, nicht berücksichtigt werden |REIN|.

Temperaturabhängigkeit des Kollektorstroms

Bei den meisten Schaltungen (Kapitel 10.3) ist eine genaue Beschreibung der Abhängigkeit des Kollektorstroms von der Temperatur wichtiger als diejenige von der Stromverstärkung, da diese meistens ausreichend groß ist. Um die Temperaturabhängigkeit des Kollektorstroms zu bestimmen, wird zusätzlich zu der sich ändernden Intrinsicdichte noch die Änderung der Diffusionskonstante sowie des Bandabstandes benötigt. Die Beweglichkeitsänderungen (Bild 1.17) können z.B. für Elektronen durch die empirische Beziehung

$$\mu_n(T) = \mu_n(300K)\left(\frac{T}{300K}\right)^{-a_n} \tag{3.38}$$

erfasst werden, wobei T die absolute Temperatur in Kelvin und a_n eine Konstante ist, die Werte zwischen 1 und 1,5 annehmen kann. Hieraus ergibt sich eine Abhängigkeit der Diffusionskonstante von

$$D_{nB} = \phi_t\, \mu_n(300K)\left(\frac{T}{300K}\right)^{-a_n}. \tag{3.39}$$

Mit den Gleichungen, (3.4) und (3.38) sowie (1.16) und (1.20) resultiert daraus eine Temperaturabhängigkeit des Kollektorstroms von

$$\begin{aligned}I_C &= \frac{AqD_{nB}n_{Bo}}{x_B}\left(e^{U_{BE}/\phi_t}-1\right)\\ &= E\left(\frac{T}{300K}\right)^{(4-a_n)} e^{-\frac{W_g(T)}{kT}}\left(e^{U_{BE}/\phi_t}-1\right),\end{aligned} \tag{3.40}$$

wobei E eine temperaturunabhängige Konstante in Ampère und $\phi_t = kT/q$ ist. Messungen, wie sich der Bandabstand infolge von Veränderung der Gitterkonstanten mit der Temperatur verändert, wurden von einigen Autoren durchgeführt. Die Resultate sind in |TSIV| zusammengefasst. Für überschlägige Berechnungen kann hierzu die lineare Beziehung |BARB|

$$W_g(T)/q = U_g(T) = U_{go} + \varepsilon T \tag{3.41}$$

verwendet werden. Hierbei ist U_{go} die Spannung, die dem extrapolierten Wert des Bandabstandes W_{go}/q für $T \to 0$ entspricht. ε hat dabei einen Wert von $-2{,}8\cdot 10^{-4}$ V/K.

3.2.5 Durchbruchverhalten

Die maximalen Transistorspannungen werden durch das Durchbruchverhalten der pn-Übergänge bestimmt. Zwei typische Ausgangskennlinienfelder (Bild 3.18) in Basisschaltung (gemeinsamer Pol für Ausgangs- und Eingangskreis ist die Basis) und Emitterschaltung (gemeinsamer Pol Emitter) beschreiben diese Charakteristik.

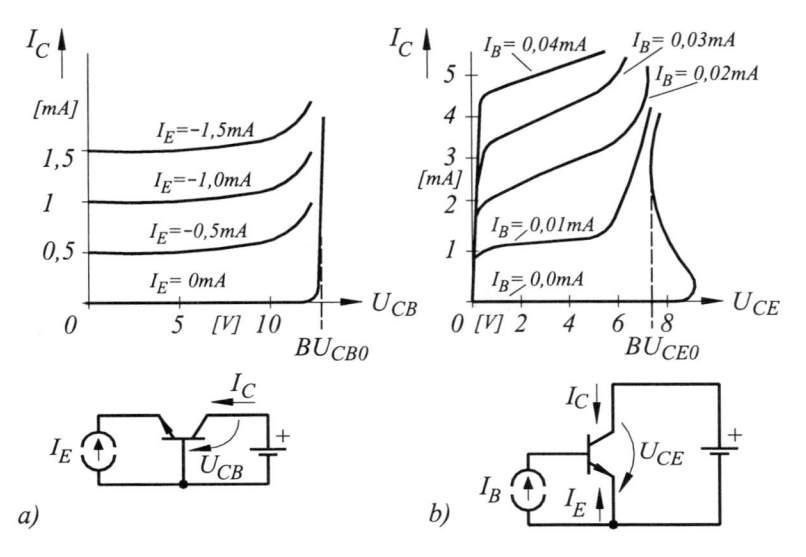

Bild 3.18: Durchbruchverhalten; a) Basis-; b) Emitterschaltung

Basisschaltung

In der Basisschaltung tritt bei der Spannung BU_{CBO} und $I_E = 0$ ein Kollektor-Basisdurchbruch auf. Dieser kommt durch den auftretenden Lawineneffekt, der bereits in Kapitel 2.6 beschrieben wurde, zustande. Eine Folge davon ist, dass bei den gezeigten Transistorkennlinien bereits ab ca. 15V die Stromverstärkung

$$A_N = I_C / -I_E \tag{3.42}$$

größer 1 ist. Damit ergibt sich ein Kollektorstrom von

$$I_C = -A_N I_E M, \tag{3.43}$$

wobei

$$M = \frac{1}{1 - \left[\dfrac{U_{CB}}{BU_{CBO}}\right]^n} \tag{3.44}$$

ein Faktor ist, der die Ladungsträgermultiplikation wiedergibt Gl.(2.72). Der Betrieb des Transistors in der Nähe des Durchbruchs führt nur dann zur Zerstörung, wenn die zulässige Temperatur überschritten wird.

Emitterschaltung

Die Durchbruchspannung BU_{CEO} in Emitterschaltung bei $I_B = 0$ (Bild 3.18b) ist niedriger als diejenige in Basisschaltung. Zu einer Zerstörung kommt es ebenfalls nur, wenn die zulässige Temperatur des Transistors überstiegen wird. Um die Durchbruchspannung zu ermitteln, ist es zweckmäßig, zuerst die Ladungsträgerbewegung zu Beginn des Durchbruchs (Bild 3.19) zu betrachten.

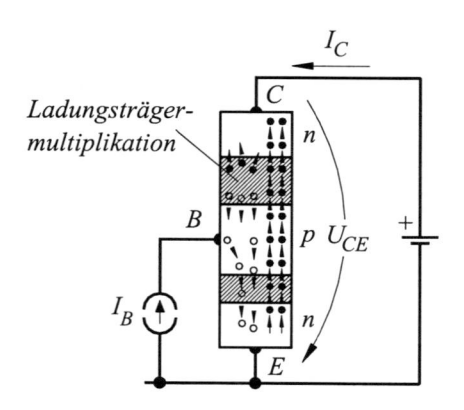

Bild 3.19:   Ladungsträgerbewegungen bei Durchbruch

Im BC-Übergang entstehen infolge des beginnenden Lawinendurchbruchs Elektron-Lochpaare, wobei die erzeugten Elektronen einen Beitrag zum Kollektorstrom und die Löcher einen entsprechenden Beitrag zum Basisstrom liefern. Letzterer bewirkt dadurch eine zusätzliche Injektion von Elektronen aus dem Emitter durch die Basis zum Kollektor, wodurch der Kollektorstrom noch weiter ansteigt.

Mit $I_E + I_B + I_C = 0$ (Bild 3.18b) und Beziehungen (3.42), (3.43) ergibt sich ein Kollektorstrom von

$$\begin{aligned} I_C &= -I_B - I_E \\ &= -I_B + \frac{I_C}{A_N M} \\ &= I_B \frac{A_N M}{1 - A_N M} \end{aligned} \quad (3.45)$$

Daraus ist ersichtlich, dass I_C bereits dann gegen unendlich geht, wenn $A_N M = 1$ wird. Im vorhergehenden Fall musste dazu $M \to \infty$ gehen. Aus obiger Bedingung und Gleichung (3.44) lässt sich die Durchbruchspannung BU_{CEO} ermitteln. Nahe dem Durchbruch ist U_{BE} klein gegenüber den anderen Spannungen, so dass $U_{CB} \approx U_{CE}$ ist.

Damit ergibt sich

3 Bipolarer Transistor

$$A_N M = \frac{A_N}{1 - \left(\frac{BU_{CEO}}{BU_{CBO}}\right)^n} = 1 \qquad (3.46)$$

und daraus eine Durchbruchspannung in Emitterschaltung von

$$BU_{CEO} = BU_{CBO} \sqrt[n]{1 - A_n}$$

$$\boxed{BU_{CEO} \approx BU_{CBO} \left(B_N\right)^{-\frac{1}{n}}}. \qquad (3.47)$$

Diese Gleichung zeigt, dass BU_{CEO} beträchtlich kleiner als BU_{CBO} ist und mit steigender Stromverstärkung abnimmt.

Mit diesem Zusammenhang kann auch die besondere Charakteristik des Durchbruchverhaltens in Bild 3.18b bei $I_B = 0$ erklärt werden. Wird U_{CE} von einem niedrigen Wert ausgehend erhöht, fließt zuerst nur ein sehr kleiner Kollektorstrom. Da bei diesem geringen Strom B_N klein ist (Bild 3.17), muss somit BU_{CEO} groß sein. Steigt der Kollektorstrom an, nimmt B_N zu und damit BU_{CEO} ab. Die negative Durchbruchkennlinie resultiert.

3.3 Effekte zweiter Ordnung

Im Vorhergehenden wurde die grundsätzliche Wirkungsweise des npn-Transistors analysiert. Genauere Betrachtungen zeigen, dass Effekte zweiter Ordnung die Wirkungsweise z.T. stark beeinflussen. Die wesentlichsten Effekte, die im Folgenden beschrieben werden sind: Abhängigkeit der Stromverstärkung vom Arbeitspunkt, die Basisweitenmodulation sowie die Emitterrandverdrängung.

3.3.1 Abhängigkeit der Stromverstärkung vom Kollektorstrom

In der bisherigen Analyse wurde davon ausgegangen, dass die Stromverstärkung unabhängig von der Größe des Kollektorstromes und unabhängig von U_{BC} ist. Wie das Bild 3.20 demonstriert, ist dies jedoch bei realen Transistoren nicht der Fall.

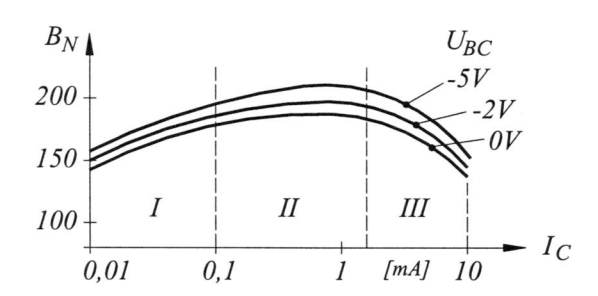

Bild 3.20: Typische Abhängigkeit der Stromverstärkung B_N vom Kollektorstrom mit U_{BC} als Parameter

Die Stromverstärkung kann in die Bereiche geringer – (I), mittlerer – (II) und großer Kollektorströme (III) eingeteilt werden. Diese Bereiche waren bereits in der halblogarithmischen Darstellung (Bild 3.11) ausgewiesen und sollen im Folgenden näher betrachtet werden. Im Anschluss daran wird die Basisweitenmodulation beschrieben, die eine Erklärung für die Abhängigkeit der Stromverstärkung von U_{BC} liefert.

Bereich I

In dem Bereich geringer Kollektorströme kann die Rekombination von Ladungsträgern in der EB-Raumladungszone nicht mehr vernachlässigt werden. Sie liefert einen Beitrag zum Basisstrom I_B, wodurch das Verhältnis I_C / I_B, d.h. die Stromverstärkung abnimmt.

Bereich II

Der mittlere Strombereich wird durch die abgeleiteten Transistorgleichungen beschrieben.

Bereich III

Wird die Spannung U_{BE} erhöht, nimmt der Kollektorstrom ab. Wenn man von dem auftretenden Spannungsabfall im Kollektorgebiet absieht, dann kann dieses Verhalten auf zwei Effekte zurückgeführt werden, nämlich starke Injektion am BE- und BC-Übergang.

1. Starke Injektion am BE-Übergang

Am BE-Übergang ist bei starker Injektion die Minoritätsträgerdichte $n_B(o) \geq N_{AB}$. Dadurch ergibt sich, ähnlich wie in Gleichung (2.21) beschrieben, eine spannungsabhängige Injektion von

$$n_B(0) \approx n_i e^{U_{BE}/2\phi_t}, \qquad (3.48)$$

die gegenüber Beziehung (3.4) um den Faktor 2 im Exponenten reduziert ist. Dies hat zur Folge, dass der Kollektorstrom

$$I_C \approx \frac{qAD_{nB}n_i}{x_B} e^{U_{BE}/2\phi_t} \qquad (3.49)$$

entsprechend abnimmt.

2. Starke Injektion am BC-Übergang

Im Verstärkerbetrieb ist der BC-Übergang gesperrt und die in die Basis injizierten Minoritätsträger werden an der Stelle x_B zum Kollektor hin abgesaugt. Diese Betrachtung führte dazu, dass nach der bisherigen Theorie die Überschussdichte der Ladungsträger am Ort x_B zu Null angenommen wurden. Da jedoch Ladungsträger die BC-Raumladungszone durchqueren, muss bei größeren Strömen diese Annahme verletzt werden. Haben die Elektronen innerhalb der BC-Raumladungszone ihre Sättigungsgeschwindigkeit v_{sat} erreicht (siehe Bild 1.16) so kann der Kollektorstrom nur durch Vergrößerung der Zahl der Ladungsträger erhöht werden. Der Effekt der dabei auftritt wird Kirk-Effekt |KIRK| genannt. Aus Beziehung (1.38) lässt sich die Zahl der Ladungsträger

$$n = -\frac{I_n}{qAv_{sat}} = \frac{I_C}{qAv_{sat}} \qquad (3.50)$$

berechnen.

Mit zunehmendem Kollektorstrom wird dadurch die Ladung der BC-Raumladungszone

$$qN(x) = -qN'_{AB}(x) + qN'_{DC}(x) \qquad (3.51)$$

verändert. Damit ergibt sich in Analogie zur Feldberechnung beim pn-Übergang Gl.(2.35) der Zusammenhang

$$\begin{aligned}\frac{dE}{dx} &= \frac{1}{\varepsilon_o \varepsilon_{Si}}[qN(x) - qn] \\ &= \frac{1}{\varepsilon_o \varepsilon_{Si}}\left[qN(x) - \frac{I_C}{Av_{sat}}\right]\end{aligned} \qquad (3.52)$$

und ein Feldverlauf von

$$E(x) = \frac{1}{\varepsilon_o \varepsilon_{Si}} \int_{x_B}^{x_C} \left[qN(x) - \frac{I_C}{Av_{sat}}\right] dx . \qquad (3.53)$$

Da außerdem gilt Gl.(2.37)

$$\phi_{iC} - U_{BC} = -\int_{x_B}^{x_C} E(x)\,dx \,, \tag{3.54}$$

wobei ϕ_{iC} die Diffusionsspannung des BC-Übergangs ist, muss bei konstanter Spannung U_{BC}, das Integral über dem Feld auch konstant sein. Es resultiert ein Feldverlauf wie er in Bild 3.21 skizziert ist.

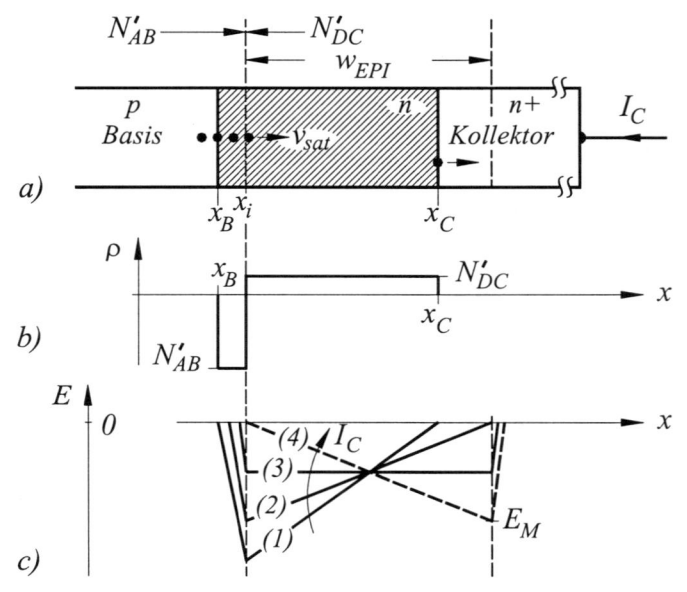

Bild 3.21: a) Starke Injektion am BC-Übergang; b) Ladungsverteilung bei kleinem Kollektorstrom (1); c) Feldverlauf bei konstanter U_{BC}-Spannung;

Der Kollektor in Bild 3.21 ist, wie bei integrierten Transistoren gebräuchlich, aus einem hochdotierten n$^+$-Gebiet und einer niedriger dotierten n$^-$-Schicht (Epitaxie) mit der Weite w_{EPI} aufgebaut (Bild 3.4). x_i gibt in Bild 3.21 den Ort der metallurgischen Verbindung zwischen Basis und Kollektor an.

Bei einem relativ kleinen Kollektorstrom resultiert der Feldverlauf (1) in Bild 3.21c. Nimmt der Kollektorstrom zu, wandert das Feld in Richtung Epitaxiekante w_{EPI} (2). Bei einem Strom von $I_C = qAN_{DC}v_{sat}$ beträgt die Nettoladung in der Epitaxieschicht Null, wodurch ein gleichförmiger Feldverlauf (3) bis zum vergrabenen Kollektor resultiert. Durch eine weitere Erhöhung des Stromes wird bei x_i letztlich die Feldstärke ungefähr Null (4). Eine weitere Zunahme des Kollektorstroms bei konstanter U_{BC}-Spannung ist damit nicht mehr möglich, da dann bereits die basisseitige Feldgrenze in Richtung Kollektor wandert, wodurch die Basisweite zunimmt |POON|. Der Grenzstrom I_{CG}, bei dem dies passiert, soll im Folgenden bestimmt werden.

In diesem Fall liegt der in Bild 3.21 gestrichelt gezeigte Feldverlauf (4) vor, womit sich aus Gl.(3.53) und (3.54) der Zusammenhang

$$E_M = \frac{1}{\varepsilon_o \varepsilon_{Si}} \int_{x_i}^{x_i+w_{EPI}} \left(qN'_{DC} - \frac{I_{CG}}{Av_{sat}} \right) dx$$

$$= \frac{1}{\varepsilon_o \varepsilon_{Si}} \left(qN'_{DC} - \frac{I_{CG}}{Av_{sat}} \right) w_{EPI} \qquad (3.55)$$

und

$$\phi_{iC} - U_{BC} = - \int_{x_i}^{x_i+w_{EPI}} E(x)\,dx$$

$$= -\frac{w_{EPI}}{2} E_M \qquad (3.56)$$

ergibt, wobei E_M die maximale Feldstärke angibt und die Diffusionsspannung ϕ_{iC} als konstant betrachtet wurde. Daraus resultiert ein Grenzstrom von

$$I_{CG} = Av_{sat} \left[qN'_{DC} + (\phi_{iC} - U_{BC}) \frac{2\varepsilon_o \varepsilon_{Si}}{(w_{EPI})^2} \right]. \qquad (3.57)$$

Dieser Grenzstrom ist damit um so größer, je höher die Epitaxiedotierung z.B durch eine Podest-Implantation – wie in (Bild 3.5h) gezeigt – ist.

Beispiel:

Bei einem Transistor mit den Daten: $N'_{DC} = 10^{15}$ cm^{-3}, $w_{EPI} = 0,6$ µm, $U_{BC} = -5$ V, $A_E = 24 \cdot 10^{-8}$ cm^2, $\phi_{iC} \approx 0,7$ V und $v_{sat} = 10^7$ cm/s ergibt sich ein Grenzstrom von

$$I_{CG} = 6,5 \text{ mA}.$$

Wegen der starken Abnahme der Stromverstärkung bei großen Kollektorströmen ist es nicht zweckmäßig, einen integrierten Transistor in starker Injektion zu betreiben. Dieser Bereich ist in Bild 3.11 gekennzeichnet mit $I_C \geq I_K$, wobei I_K Knickstrom genannt wird.

3.3.2 Basisweitenmodulation

Bisher wurde davon ausgegangen, dass sich der Transistor im normalen Verstärkerbetrieb wie eine ideale Stromsenke verhält (Bild 3.9), d.h. dass der Kollektorstrom unabhängig von der Kollektor-Basis- bzw. Kollektor-Emitter-Spannung ist. Bei Transistoren mit besonders kurzer Basisweite ergibt sich jedoch eine Abweichung von diesem idealen Verhalten, wie die Ausgangskennlinien in Bild 3.22 zeigen. Wird z.B. die Spannung U_{BC} zu negativen Werten hin erhöht, nimmt der Kollektorstrom zu.

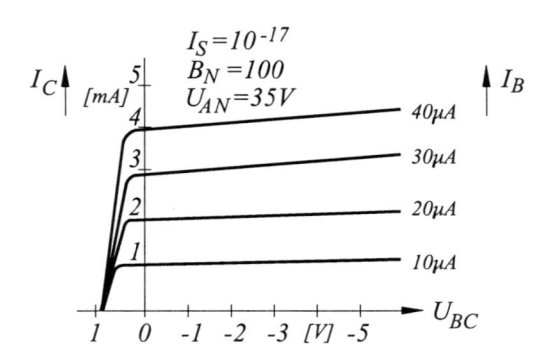

Bild 3.22:   *Ausgangskennlinien $I_C = f(U_{BC})$ mit I_B als Parameter*

Diese Abhängigkeit des Kollektorstroms von der U_{BC}-Spannung ist um so ausgeprägter je größer der Kollektorstrom ist. Der Grund für dieses Verhalten ergibt sich aus der sich ändernden Minoritätsträgerverteilung in der Basis (Bild 3.23)

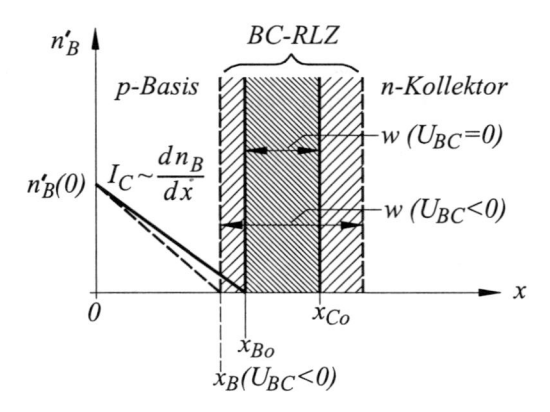

Bild 3.23:   *Einfluss der U_{BC}- Spannung auf die Minoritätsträgerverteilung in der Basis*

Die Weite w der BC-Raumladungszone ist entsprechend Gleichung (2.43) von der anliegenden U_{BC}-Spannung abhängig. Wird die Spannung zu negativen Werten hin vergrößert, nimmt die Weite der Raumladungszone zu und entsprechend die Basisweite x_B ab. Damit vergrößert sich der Kollektor- bzw. Transportstrom Gl.(3.7) und (3.9)

3 Bipolarer Transistor

$$I_C = \frac{AqD_{nB}n_{Bo}}{x_B(U_{BC})}\left(e^{U_{BE}/\phi_t} - 1\right)$$

$$I_C = I_{SS}(U_{BC})\left(e^{U_{BE}/\phi_t} - 1\right),$$

da dieser umgekehrt proportional zur Basisweite ist. Dieser Effekt wird Basisweitenmodulation oder Early-Effekt genannt.

Early-Spannung

Die Basisweitenänderung $x_B(U_{BC})$ könnte unter Zuhilfenahme von Beziehung (2.43) beschrieben werden. Um jedoch die Basisweitenmodulation auch bei inhomogener Dotierung durch einen leicht zu ermittelnden Parameter, nämlich die Early-Spannung, beschreiben zu können, wird eine etwas andere Vorgehensweise gewählt.

Die Basisweite ist eine Funktion von U_{BC}, die als Taylor-Serie ausgedrückt werden kann. Werden Terme höherer Ordnung vernachlässigt, so ergibt sich der lineare Zusammenhang um $U_{BC} = 0$ herum von

$$x_B = x_{Bo} + \left.\frac{dx_B}{dU_{BC}}\right|_{U_{BC}=0} \cdot U_{BC} \tag{3.58}$$

hierbei ist x_{Bo} die Basisweite bei $U_{BC} = 0$ V. Diese Beziehung normiert liefert

$$\frac{x_B}{x_{Bo}} = 1 + \frac{1}{x_{Bo}}\left.\frac{dx_B}{dU_{BC}}\right|_{U_{BC}=0} \cdot U_{BC}$$

$$\frac{x_B}{x_{Bo}} = 1 + \frac{1}{U_{AN}}U_{BC}, \tag{3.59}$$

wobei

$$U_{AN} = x_{Bo}\left.\frac{dU_{BC}}{dx_B}\right|_{U_{BC}=0} \tag{3.60}$$

Early-Spannung $|EARL|$ genannt wird. $1/U_{AN}$ entspricht somit dem Gradienten in der Geradengleichung (3.59).

Der Transportstrom ist, wie im Vorhergehenden gezeigt wurde, umgekehrt proportional zur Basisweite. Diese Abhängigkeit kann unter Berücksichtigung der Beziehung (3.59) in der folgenden Form

$$I_{SS} = I_{SSo} \frac{x_{Bo}}{x_B} = I_{SSo} \frac{1}{1 + U_{BC}/U_{AN}}$$
$$\approx I_{SSo}\left(1 - \frac{U_{BC}}{U_{AN}}\right) \tag{3.61}$$

beschrieben werden, wobei I_{SSo} dem Transportstrom bei $U_{BC} = 0$ V entspricht und angenommen wurde, dass $|U_{BC}/U_{AN}| \ll 1$ ist. Der resultierende Kollektorstrom hat damit die U_{BC}-Abhängigkeit von

$$I_C = I_{SSo}\left(1 - \frac{U_{BC}}{U_{AN}}\right)\left(e^{U_{BE}/\phi_t} - 1\right). \tag{3.62}$$

Die Early-Spannung kann leicht interpretiert werden, wenn man die Steigung von $I_C(U_{BC})$ bestimmt. Aus Beziehung (3.62) ist diese

$$\frac{dI_C}{dU_{BC}} = -\frac{I_{SSo}}{U_{AN}}\left(e^{U_{BE}/\phi_t} - 1\right)$$

$$\boxed{\frac{dI_C}{dU_{BC}} = -\frac{I_{Co}}{U_{AN}}}. \tag{3.63}$$

wobei I_{Co} dem Kollektorstrom bei $U_{BC} = 0$ V entspricht. D.h. die Steigung ist proportional dem Verhältnis von I_{Co} zu U_{AN} (Bild 3.24).

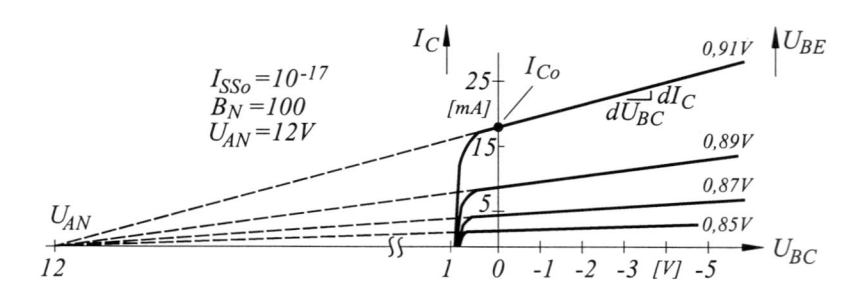

Bild 3.24: Ausgangskennlinie $I_C(U_{BC}, U_{BE})$ mit zeichnerischer Ermittlung von U_{AN} (Basisweitenmodulation stark übertrieben dargestellt)

Damit ergibt sich U_{AN} durch den Schnittpunkt der extrapolierten $I_C(U_{BC})$-Kennlinien. Typische Werte von U_{AN} liegen bei kurzer Basisweite zwischen 30 und 60 V.

Die Stromverstärkung Gl.(3.6) – ist wie der Transportstrom – umgekehrt proportional zur Basisweite und damit abhängig von U_{BC}, wie es in Bild 3.20 gezeigt wurde. Wird dies berücksichtigt, ergibt sich aus dem Vorhergehenden die folgende Beschreibung für die Stromverstärkung

$$B_N = B_N\big|_{U_{BC}=0} \cdot \frac{x_{Bo}}{x_B}$$

$$B_N \approx B_N\big|_{U_{BC}=0} \cdot \left(1 - \frac{U_{BC}}{U_{AN}}\right). \quad (3.64)$$

Somit steigt die Stromverstärkung an, wenn die U_{BC}-Spannung in negativer Richtung zunimmt.

Abhängigkeit der Early-Spannung von der Majoritätsträgerladung

Zur Optimierung und Charakterisierung eines Transistors oder zur Beschreibung im Gummel-Poon Modell |POON| wird die Early-Spannung als Funktion der Majoritätsträgerladung in der Basis benötigt. Diese alternative Beschreibung wird im Folgenden abgeleitet. Nach Gleichung (3.60) ist die Early-Spannung

$$\begin{aligned} U_{AN} &= x_{Bo} \frac{dU_{BC}}{dx_B}\bigg|_{U_{BC}=0} \\ &= x_{Bo} \frac{dU_{BC}}{dQ_C} \frac{dQ_C}{dx_B}\bigg|_{U_{BC}=0} \\ &= x_{Bo} \frac{1}{C_{jco}} \frac{dQ_C}{dx_B}\bigg|_{U_{BC}=0} \end{aligned} \quad (3.65)$$

Die Erweiterung der Beziehung durch die veränderliche Majoritätsträgerladung in der Basis dQ_C (Bild 3.25) erlaubt den linken Differenzialquotienten, in Analogie zur Gleichung (2.45), als Sperrschichtkapazität des BC-Überganges

$$C_{jco} = \frac{dQ_C}{dU_{BC}} \quad (3.66)$$

bei $U_{BC} = 0$ V anzugeben.

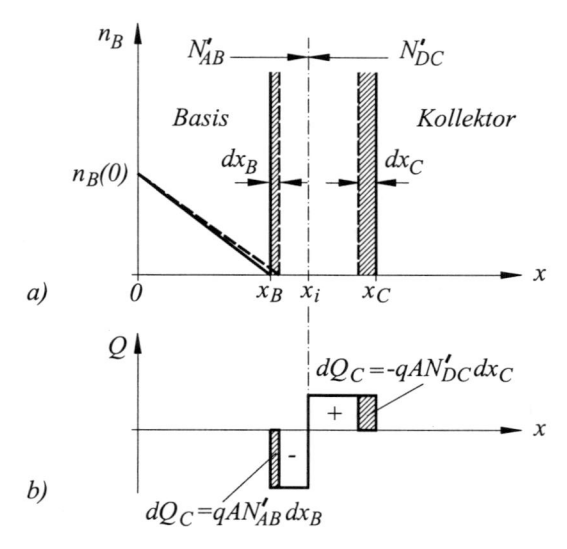

Bild 3.25: Einfluss der Spannungsänderung dU_{BC}; a) auf Weite und b) auf Ladung der BC-RLZ

Da

$$dQ_C = qAN'_{AB}dx_B \tag{3.67}$$

ist (vergleiche Bild 3.25 und 2.10) ergibt sich aus Gl.(3.65) die gewünschte Beschreibung der Early-Spannung

$$\boxed{U_{AN} = \frac{Q_{Bo}}{C_{jco}}}, \tag{3.68}$$

wobei

$$Q_{Bo} = qAx_{Bo}N'_{AB} \tag{3.69}$$

die Majoritätsträgerladung bei $U_{BC} = 0$ V in der Basis ist. Durch Messung der Early-Spannung U_{AN} sowie der Sperrschichtkapazität C_{jco} kann somit die Majoritätsträgerladung in der Basis bestimmt werden.

Vertiefende Betrachtung

Verwendet man einen bipolaren Transistor zur Verstärkung eines Kleinsignals, dann beträgt das Verhältnis von Ausgangs- zu Eingangsspannung bei niedrigen Frequenzen (Aufgabe 3.9)

$$u_o/u_i = U_{AN}/\phi_t. \tag{3.70}$$

Will man eine große Verstärkung erreichen, muss demnach die Early-Spannung groß sein. Dies kann durch Vergrößerung der Basisweite erreicht werden, da dadurch der prozentuale Anteil der Weitenänderung abnimmt. Der Einfluss der Dotierungen auf die Early-Spannung ergibt sich direkt bei Betrachtung von Gl.(3.68). Wird zur Vereinfachung ein abrupter Basis-Kollektorübergang angenommen Gl.(2.47), dann hat die Sperrschichtkapazität einen Wert von

$$C_{jco} = A \sqrt{\frac{q\varepsilon_o\varepsilon_{Si}}{2(\frac{1}{N'_{AB}} + \frac{1}{N'_{DC}})\phi_{ic}}} \qquad (3.71)$$

und die Early-Spannung einen entsprechenden von Gl.(3.68), (3.69)

$$U_{AN} = x_{Bo} \sqrt{\frac{qN'_{AB}}{\varepsilon_o\varepsilon_{Si}}(1 + \frac{N'_{AB}}{N'_{DC}})\, 2\phi_{ic}} \quad . \qquad (3.72)$$

Das heißt eine Erhöhung der Basisdotierung N'_{AB} und eine Erniedrigung der Kollektordotierung N'_{DC} verbessert die Early-Spannung. Dadurch wird die Weitenänderung der BC-Raumladungszone basisseitig kleiner und kollektorseitig größer (Bild 3.25). Von Nachteil ist, dass durch die Erhöhung von N'_{AB} die Verstärkung Gl.(3.6) abnimmt und durch Erniedrigung von N'_{DC} der Kirk-Effekt Gl.(3.57) früher einsetzt. Somit muss ein Kompromiss zwischen den unterschiedlichen Anforderungen geschlossen werden. Dieser wird wesentlich erleichtert, wenn ein Heterobipolartransistor mit SiGe-Basis verwendet wird. Diese wird selektiv epitaxial aufgewachsen |KASP|.

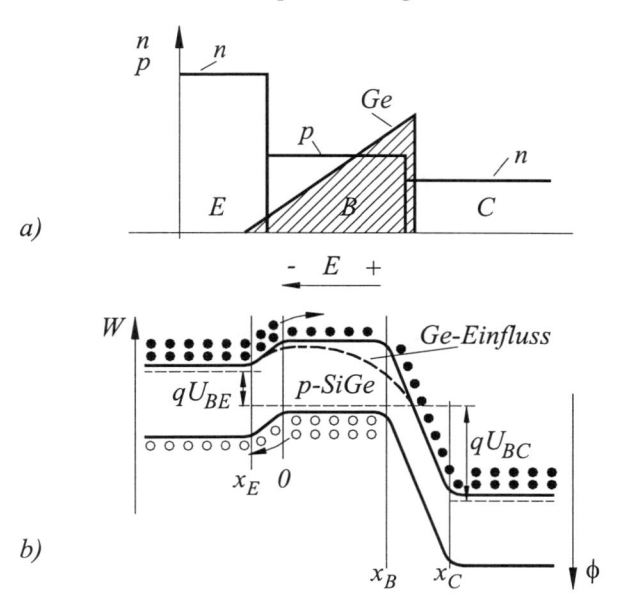

Bild 3.26: *Heterobipolartransistor; a) Dotierungsprofil; b) Bänderdiagramm*

Das Bänderdiagramm ist in Bild 3.26 für ein idealisiertes Dotierungsprofil mit dreieckförmiger Ge-Legierung dargestellt.

Infolge des geringeren Bandabstandes von Ge (Bild 1.6) entsteht in der Basis ein Feld das die Injektion von Elektronen aus dem Emitter in den Kollektor unterstützt, wodurch kürzere Transitzeiten und damit höhere Frequenzen erreicht werden. Ein weiterer Vorteil ist die erhöhte Stromverstärkung. Dies geht aus Beziehung (3.6) hervor

$$B_N = \frac{D_{nB}}{D_{pE}} \frac{N'_{DE}}{N'_{AB}} \frac{n^2_{iB}}{n^2_{iE}} \frac{w'_E}{x_B},$$

wobei $n_{iB} \gg n_{iE}$ (vergleiche mit Bild 1.6).

Wird eine inhomogene Dotierung in der Basis berücksichtigt und zur Vereinfachung eine Konstante mittlerer Dotierung im Emitter aufgenommen, resultiert eine Verstärkung von

$$B_N = \frac{N'_{DE} w'_E}{D_{pE} n^2_{iE}} \left[\int_0^{x_B} \frac{N'_{AB}(x)}{D_{nB}(x) n^2_{iB}(x)} dx \right]^{-1}. \qquad (3.73)$$

Da die Intrinsicdichte n_{iB} in der Basis (Ge-Anteil) wesentlich größer ist als n_{iE} im Emitter führt dies zu einer erhöhten Stromverstärkung.

Die Early-Spannung wird ebenfalls wesentlich erhöht $|PRIN|$. Hierzu folgende Betrachtung:

Entsprechend Gl.(3.63) ist

$$U_{AN} = -I_{Co} \frac{dU_{CB}}{dI_C}.$$

Der Kollektorstrom Gl.(3.7) hat mit $U_{BE} > 100$ mV bei Raumtemperatur und $U_{BC} = 0$ V einen Wert von

$$I_{Co} = I_{SSo} e^{U_{BE}/\phi_t}$$

wobei der Transportstrom Gl.(3.24) unter Berücksichtigung der Inhomogenitäten in der Basis

$$I_{SSo} = \frac{qA}{\int_0^{x_{Bo}} \frac{N'_{AB}(x)}{D_{nB}(x) n^2_{iB}(x)} dx} \qquad (3.74)$$

angepasst wurde. Damit ergibt sich aus den vorhergehenden Gleichungen sowie (3.67) und (3.68) eine Early-Spannung von

$$U_{AN} = \frac{qn_{iB}^2(x_{Bo})D_{nB}(x_{Bo})}{C_{jco}/A} \int_{o}^{x_B} \frac{N'_{AB}(x)}{D_{nB}(x)n_{iB}^2(x)} dx . \qquad (3.75)$$

Die Erhöhung der Early-Spannung kommt somit dadurch zustande, dass der Faktor von $n_{iB}(x_{Bo})$ vor dem Integral durch die hohe Intrinsicdichte am Rand der Raumladungszone (x_{Bo}) bestimmt wird während das Integral durch den niedrigeren Mittelwert geprägt ist. D.h. der Gradient von n_i im Germanium ist verantwortlich für die Verbesserung der Early-Spannung.

Eine so genannte "Figure of merrit" ist die Betrachtung des Produkts der Gleichungen (3.73) und (3.75)

$$B_N U_{AN} = \frac{qN'_{DE}w'_E}{C_{jco}/A} \frac{D_{nB}(x_{Bo})}{D_{pE}} \frac{n_{iB}^2(x_{Bo})}{n_{iE}^2} \qquad (3.76)$$

was wiederum durch die unterschiedlichen Intrinsicdichten wesentlich verbessert wird. Werte von bis zu 100000 V wurden erreicht |PRIN|. Vorgestellte Transitfrequenzen liegen bei $f_T > 75$ GHz |KLEI|, wobei ein npn-Transistor mit Polysilizium Basis und Emitter – ähnlich wie in (Bild 3.5) dargestellt – verwendet wurde.

3.3.3 Emitterrandverdrängung

Bisher wurde davon ausgegangen, dass die Stromdichte entlang der gesamten Emitterfläche konstant ist. Der Strom konzentriert sich jedoch am Rand des Emitters nahe zum Basiskontakt. Dies führt dazu, dass Hochstromeffekte – wie z.B. der Kirk-Effekt – früher als erwartet einsetzen.

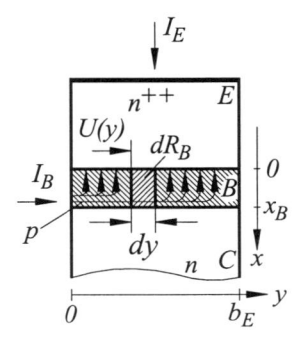

Bild 3.27:   Darstellung der Emitterrandverdrängung

Betrachtet wird zur Analyse dieses Effekts ein Ausschnitt aus einem Transistor (Bild 3.2). Der Basisstrom fließt in der Basis annähernd rechtwinklig zum Emitterstrom und erzeugt entlang der Basis in y-Richtung einen Spannungsabfall, der die wirksame Spannung zwischen Basis und Emitter verringert. Hierbei ist zu bedenken, dass die Emitter- bzw. Kollektorstromdichten exponentiell von dieser Spannung abhängen. Eine Erniedrigung der wirksamen U_{BE}-Spannung um nur ϕ_t = 26 mV senkt die Stromdichten bereits auf ca. ein Drittel ihres maximalen Wertes ab.

Von der gesamten Emitterfläche ist somit bei großen Strömen fast nur der Emitterrand zum Basiskontakt aktiv. Dadurch sind die Voraussetzungen für starke Injektion dort bereits bei relativ kleinen Gesamtströmen gegeben.

Um die Größenordnung der Emitterrandverdrängung abzuschätzen, kann man von folgender stark vereinfachter eindimensionalen Überlegung ausgehen (eine genauere Analyse ist in |GOSH| enthalten).

Der Spannungsabfall in der Basis (Bild 3.27) ergibt sich aus dem Ansatz

$$dU = I_B(y) dR_B$$
$$= I_B(y) \frac{\rho_B}{x_B l_E} dy ,\quad (3.77)$$

wobei l_E die Länge des Emitters (ins Papier hinein) und ρ_B der spezifische Widerstand der Basis ist. Wird die Ortabhängigkeit des Basisstroms durch den linearen Zusammenhang $[I_B(y=0) = I_B;\ I_B(y=b_E) = 0]$

$$I_B(y) = I_B\left(1 - \frac{y}{b_E}\right) \quad (3.78)$$

angenähert, dann entsteht ein ortsabhängiger Spannungsabfall

$$U(y) = I_B \frac{\rho_B}{x_B L_E} \int_0^y \left(1 - \frac{y}{b_E}\right) dy$$
$$= I_B \frac{\rho_B}{x_B L_E} \left(y - \frac{y^2}{2 b_E}\right) \quad (3.79)$$

bzw. ein mittlerer Spannungsabfall in der Basis von

$$\overline{U} = \frac{1}{b_E} \int_0^{b_E} \Delta U(y) dy$$
$$= I_B \frac{\rho_B}{3 x_B} \frac{b_E}{L_E} . \quad (3.80)$$

Hat dieser einen Wert von ca. ϕ_t spricht man von dem Beginn der Emitterrandverdrängung. Die Möglichkeiten, diese durch Veränderung von ρ_B und x_B zu verringern sind begrenzt, da diese Parameter bereits durch die Forderung nach einer guten Stromverstärkung festliegen. Damit beschränkt sich die Optimierung auf das Geometrieverhältnis b_E/l_E., wobei b_E so klein wie möglich gewählt wird. Viele Transistoren besitzen deshalb eine Kammstruktur mit großem Emitterrand.

Der mittlere Basiswiderstand ist entsprechend der vorhergehenden Ableitung

$$R_B = \frac{\overline{U}}{I_B} = \frac{\rho_B}{3x_B} \frac{b_E}{l_E}. \qquad (3.81)$$

Dieser kann auf einen Wert von

$$R_B = \frac{\rho_B}{12x_B} \frac{b_E}{l_E} \qquad (3.82)$$

reduziert werden, wenn zusätzlich zu dem linken Basiskontakt ein rechter vorgesehen wird (Bild 3.28). Nachteilig ist jedoch der erhöhte Platzbedarf.

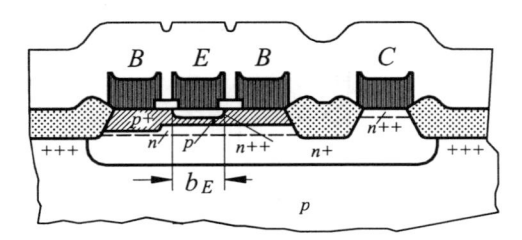

Bild 3.28:   npn-Transistor mit doppeltem Basiskontakt

Betrachtet man im Vergleich hierzu das Herstellverfahren mit selbstjustierenden Emitter- und Basisbereichen, so ist die Situation viel günstiger. Die Basisverbindung geschieht nämlich durch das niederohmige p$^+$-Polysilizium von allen Seiten hin zur Basis (Bild 3.5k).

3.4 Abweichende Transistorstrukturen

Bisher wurden Transistoren betrachtet, die jeweils in einer Isolationsinsel eingebettet sind. Im Folgenden werden mehrere Transistoren in einer Insel sowie ein lateraler pnp-Transistor analysiert.

Um die Fläche für Isolationsinseln möglichst gering zu halten, können mehrere Transistoren in einer Insel vereinigt werden. Dabei ist es möglich, für verschiedene Transistoren einen gemeinsamen Kollektor zu verwenden (Bild 3.29a) oder Transistoren mit einer gemeinsamen Basis und Kollektor (Bild 3.29b) zu schaffen.

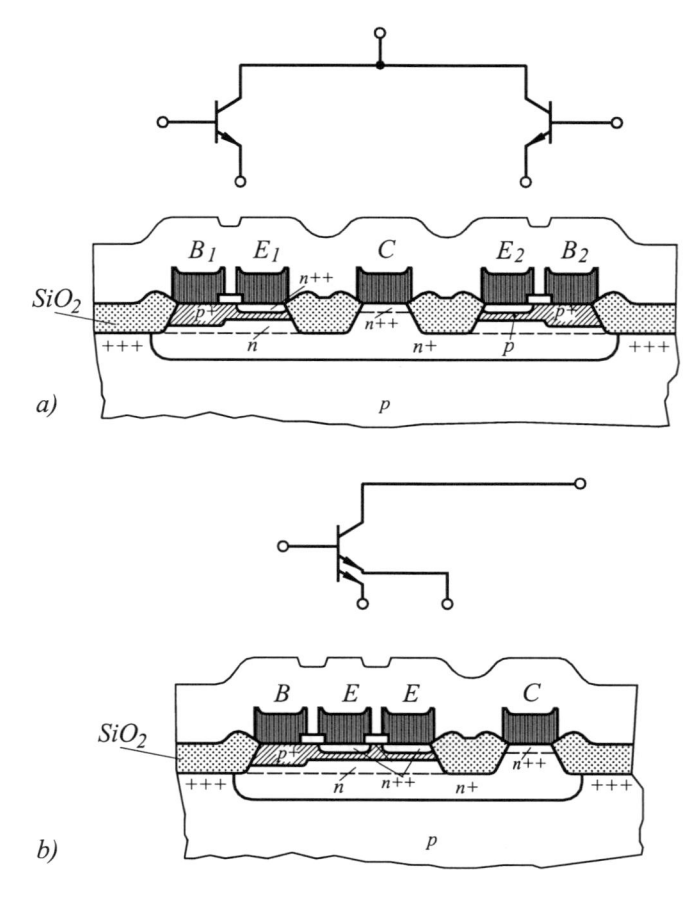

Bild 3.29:   *Zusammenfassung mehrerer npn-Transistoren; a) gemeinsamer Kollektoranschluss; b) gemeinsame Basis- und Kollektoranschlüsse*

Diese sog. Multiemitter-Transistoren werden z.B. bei den Eingangsstufen von TTL-Schaltungen |HOFF| verwendet. Betreibt man die Multiemitter-Struktur im Inversbetrieb, so sind die Funktionen von Emitter und Kollektor vertauscht und es entsteht eine Multikollektor-Struktur.

Die in Kapitel 3.1 beschriebenen Herstellverfahren sind so ausgelegt, dass npn-Transistoren mit optimalen Eigenschaften hergestellt werden. Häufig kann eine integrierte Schaltung verbessert werden, wenn zusätzlich pnp-Transistoren zur Verfügung stehen, auch wenn diese kein optimales Verhalten zeigen. Bei unverändertem Prozessablauf kann ein lateraler pnp-Transistor (Bild 3.30) erzeugt werden, indem Emitter und Kollektor durch denselben Prozessschritt, nämlich durch die Basisimplantation des npn-Transistors

3 Bipolarer Transistor

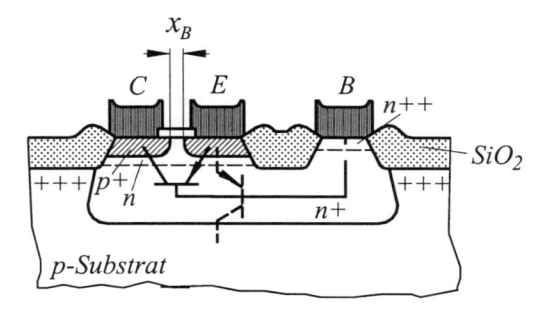

Bild 3.30: Lateraler pnp-Transistor

erzeugt werden. In diesem Transistor findet die Stromverstärkung in der lateralen Richtung, d.h. parallel zur Halbleiteroberfläche statt. Der Abstand zwischen Kollektor und Emitter bestimmt die Basisweite x_B. Infolge von Maskentoleranz, Ausdiffusion der p-Dotierung und Anforderung an die Durchbruchspannung ist dieser Abstand relativ groß und um ein Vielfaches größer als beim vertikalen npn-Transistor. Dies bedeutet, dass die Stromverstärkung Gl.(3.6) des lateralen pnp-Transistors entsprechend geringer ist. Typische Werte liegen bei dem beschriebenen Herstellverfahren um 20. Eine weitere Folge der großen Basisweite ist die erhöhte Basislaufzeit und damit Transitzeit Gl.(2.60), wodurch die Transitfrequenz stark reduziert wird. Ein weiterer Nachteil des Transistors resultiert, wie im Folgenden gezeigt wird, aus der geringen Basisdotierung (Epitaxie), die einen Abfall der Stromverstärkung schon bei relativ kleinen Kollektorströmen infolge starker Injektion verursacht.

Der Kollektorstrom beim pnp-Transistor ergibt sich in Analogie zur Beziehung (3.7) und (3.9) zu

$$I_C = \frac{AqD_{pB}}{x_B} p'_B(0), \tag{3.83}$$

woraus sich eine injizierte Minoritätsträgerdichte am Ort $x = 0$ von

$$p'_B(0) = \frac{I_C x_B}{qAD_{pB}} \tag{3.84}$$

ermitteln lässt. So lange diese Konzentration merklich unter der der Majoritätsträgerkonzentration liegt, herrscht schwache Injektion. Da diese jedoch im Fall des lateralen Transistors relativ gering ist, setzt die starke Injektion

$$p'_B(0) \geq N_D \tag{3.85}$$

schon bei kleinen Kollektorströmen ein.

Beispiel:

Die Basisdotierung und die wirksame Emitterfläche eines lateralen pnp-Transistors sind $N_D = 10^{16}$ cm^{-3} und 28 µm². Die Basisweite soll 1µm betragen und die Diffusionskonstante $D_{pB} = 9$ cm²/s.

Damit beginnt die starke Injektion und ein Abfall der Stromverstärkung bei diesem Transistor schon bei einem Kollektorstrom von

$$I_C = \frac{AqD_{pB}}{x_B} N_D = 40{,}2 \mu A$$

Ein weiterer Effekt, der den lateralen pnp-Transistor nachteilig beeinflusst, ist ein vertikaler pnp-Transistor zum Substrat (in Bild 3.30 gestrichelt eingezeichnet). Dieser reduziert den Basisstrom des lateralen Transistors und es fließt ein Strom über den vertikalen Transistor zum Substrat. Um die Wirkung dieses Transistors so klein wie möglich zu halten, wurde die vergrabene n$^+$-Schicht (vergrabener Kollektor) beibehalten. Diese wirkt mit dem n-Gebiet der Basis wie ein inhomogener Halbleiter (Kapitel 2.1), der infolge seines Feldes eine Barriere für die vom Emitter in das Substrat injizierten Löcher bildet |GETR|, wodurch die Stromverstärkung des vertikalen Transistors auf etwa 1 absinkt.

Umgibt man den Emitter des lateralen Transistors vollkommen mit dem Kollektor (Bild 3.31), wird die Saugwirkung des Kollektors wesentlich erhöht. Der prozentuale Anteil des Stroms, der über den vertikalen Transistor zum Substrat fließt, kann so noch weiter gesenkt werden.

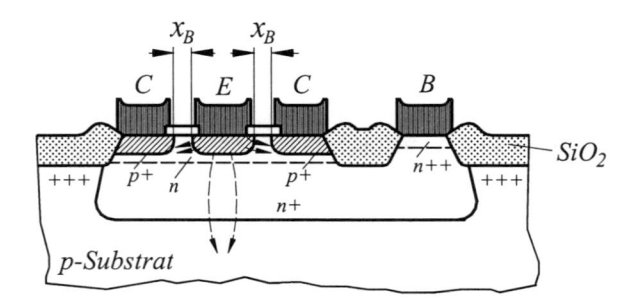

Bild 3.31:   *Lateraler pnp-Transistor mit eingeschlossenem Emitter*

PN-Diode

Der Transistor mit seinen beiden pn-Übergängen und drei Anschlüssen kann zur Realisierung von verschiedenen pn-Diodentypen verwendet werden. Diese unterscheiden sich im Wesentlichen in der Durchbruchspannung (Kap.3.2.5) und den Serienwiderständen. In der Praxis wird häufig ein Diodentyp mit kurzgeschlossenem Basis-Kollektorübergang verwendet, da er den geringsten Serienwiderstand, wie im Folgenden gezeigt wird, besitzt. Zu diesem Zweck sind in (Bild 3.32) die Struktur und das Ersatzschaltbild dieser Diode gezeigt.

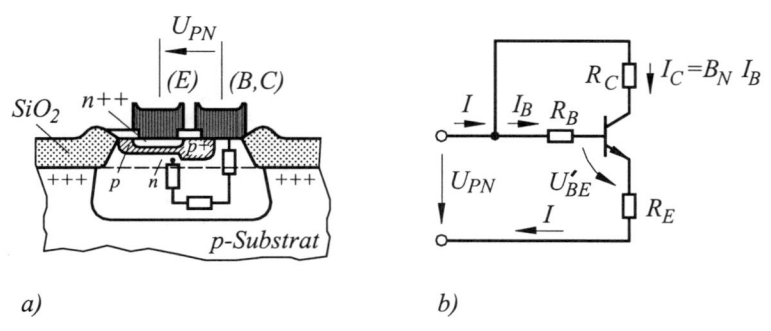

Bild 3.32: pn-Diode mit kurzgeschlossenem BC-Übergang;
a) Struktur (R_B und R_E nicht gezeigt); b) Ersatzschaltbild

Aus dem Ersatzschaltbild ergibt sich folgender Zusammenhang zwischen der Spannung U_{PN} und dem Diodenstrom I:

$$U_{PN} = U'_{BE} + I_B R_B + I R_E$$
$$= U'_{BE} + I\left(\frac{R_B}{1+B_N} + R_E\right), \qquad (3.86)$$

wobei die Strombeziehung

$$I = I_B + B_N I_B = (1 + B_N) I_B \qquad (3.87)$$

verwendet wurde. In Gleichung (3.86) ist

$$\boxed{R_S = \frac{R_B}{1+B_N} + R_E} \qquad (3.88)$$

der Serienwiderstand der Diode, an dem die Spannung IR_S abfällt. Infolge der Verstärkerwirkung des Transistors wurde somit der relativ hohe Basiswiderstand R_B um den Faktor $(1 + B_N)$ reduziert.

3.5 Modellierung des bipolaren Transistors

Im Folgenden wird, genau wie bei der Diode, die Modellierung für CAD-Anwendungen vorgestellt. Für überschlägige Berechnungen kann man dieses Modell in stark vereinfachter Form verwenden.

3.5.1 Transistormodell für CAD-Anwendungen

Dieses Modell kann direkt aus den Erkenntnissen von Kapitel 3.2.2 (Bild 3.13) abgeleitet werden. Demnach ergibt sich für einen npn-Transistor das gezeigte Kompaktmodell (Bild 3.33), wobei die Serienwiderstände von Basis, Emitter und Kollektor mit berücksichtigt wurden. Infolge der Serienwiderstände muss zwischen inneren (z.B. U'_{BE}) und äußeren Spannungen (z.B. U_{BE}) unterschieden werden.

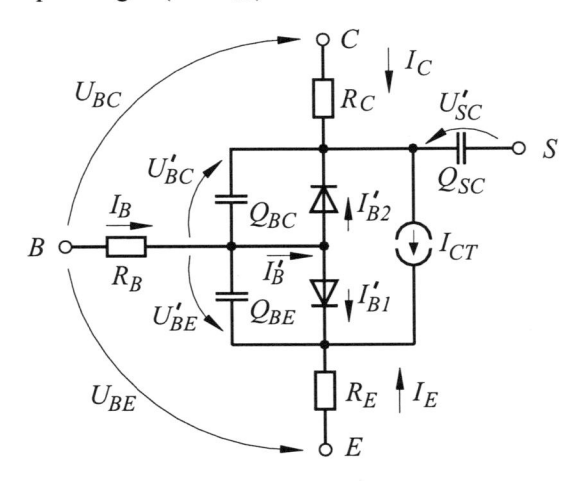

Bild 3.33: *Kompaktmodell für normalen und inversen Betrieb*

Damit ergibt sich ein innerer Basisstrom von

$$I'_B = I'_{B1} + I'_{B2} = \frac{I_{SS}}{B_N}\left(e^{U'_{BE}/\phi_t} - 1\right) + \frac{I_{SS}}{B_I}\left(e^{U'_{BC}/\phi_t} - 1\right) \quad (3.89)$$

und ein innerer Strom aus der Differenz zwischen Kollektor und Emitterstrom von

$$I_{CT} = I_C - I_E = I_{SS}\left(e^{U'_{BE}/\phi_t} - e^{U'_{BC}/\phi_t}\right). \quad (3.90)$$

Das Ladungselement des BE- bzw. BC-Übergangs setzt sich, wie bei dem pn-Übergang gezeigt Gl.(2.76), aus dem Diffusions- und Sperrschichtanteil zusammen

$$Q_{BE} = \tau_N I_{SS}\left(e^{U'_{BE}/\phi_t} - 1\right) + C_{jeo} \int_0^{U'_{BE}} \left(1 - \frac{U}{\phi_{iE}}\right)^{-ME} dU \quad (3.91)$$

3 Bipolarer Transistor

$$Q_{BC} = \tau_I I_{SS} \left(e^{U'_{BC}/\phi_t} - 1 \right) + C_{jco} \int_0^{U'_{BC}} \left(1 - \frac{U}{\phi_{iC}} \right)^{-MC} dU, \quad (3.92)$$

wobei τ_N und τ_I die Transitzeiten im normalen und inversen Betrieb sind. Mit aufgenommen wurde außerdem die Ladung in der Sperrschichtkapazität vom Kollektor zum Substrat

$$Q_{SC} = C_{jso} \int_0^{U'_{SC}} \left(1 - \frac{U}{\phi_{iS}} \right)^{-MS} dU. \quad (3.93)$$

Die Isolierung benachbarter Transistoren geschieht z.B. durch ein gemeinsames p-Substrat (Bild 3.2), das mit der negativsten Spannung der Schaltung verbunden ist. Dadurch wirkt der Kollektor gegenüber dem Substrat (S) wie ein gesperrter pn-Übergang.

Das in Bild 3.33 vorgestellte Kompaktmodell wird häufig Transportmodell genannt. Eine Erweiterung führt zum Gummel-Poon-Modell |GUMM|, |ELMA| auf das kurz eingegangen wird.

In Bild 3.34 ist dieses Modell dargestellt. Gegenüber dem Transportmodell wurde es um zwei Dioden D3 und D4 erweitert (vergleiche mit Bild 2.7). Diese erfassen die Zunahme des Basisstroms bei niedrigen Strömen,

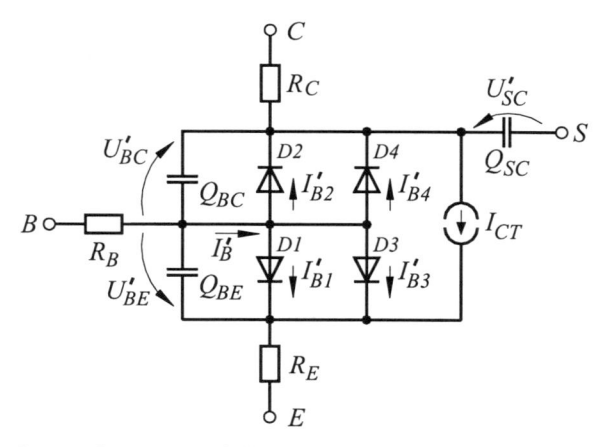

Bild 3.34: Gummel-Poon-Modell

die durch die bisher vernachlässigte Rekombination von Ladungsträgern in den Raumladungszonen Basis-Emitter (D3) im Normalbetrieb und Basis-Kollektor im Inversbetrieb (D4) zustande kommt. Mit den zusätzlichen Dioden ergibt sich für den allgemeinen Fall ein Basisstrom von

$$I'_B = I'_{B1} + I'_{B2} + I'_{B3} + I'_{B4}$$

$$= \underbrace{\frac{I_{SSo}}{B_N}\left(e^{U'_{BE}/\phi_t} - 1\right)}_{D1} + \underbrace{\frac{I_{SSo}}{B_I}\left(e^{U'_{BC}/\phi_t} - 1\right)}_{D2} \quad (3.94)$$

$$+ \underbrace{I_{SE}\left(e^{U'_{BE}/N_E\phi_t} - 1\right)}_{D3} + \underbrace{I_{SC}\left(e^{U'_{BC}/N_C\phi_t} - 1\right)}_{D4}$$

wobei I_{SE} und I_{SC} Stromparameter sind, die das Verhalten der Dioden D3 bzw. D4 im Durchlassbereich beschreiben. Der Sinn dieser Vorgehensweise wird deutlich, wenn man Bild 3.35 betrachtet, das die Ströme des Transistors im Normalbetrieb in halblogarithmischer Darstellung zeigt.

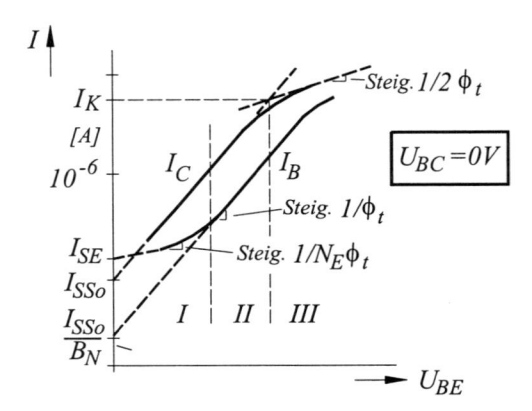

Bild 3.35: *Halblogarithmische Darstellung des Kollektor- und Basisstroms im Normalbetrieb*

Liegt Normalbetrieb vor, sind im Gummel-Poon-Modell nur die Ströme I'_{B1} und I'_{B3} wirksam. Im Bereich I überwiegt I'_{B3} durch Diode D3 und im Bereich II I'_{B1} durch Diode D1. Die Stromparameter I_{SE} und I_{SS}/B_N der Dioden können, wie in Bild 3.35 gezeigt, durch Extrapolation auf die Stromachse ermittelt werden. Den Emissionskoeffizienten N_E erhält man aus der Steigung des Basisstromes im Bereich I. Analog lassen sich die Werte I_{SC} und N_C im Inversbetrieb ermitteln. Typische Parameterwerte sind in Tabelle 3.1 enthalten.

Text	Spice	Beschreibung	Beispiel	Dimension
I_{SSo}	IS	Transportstrom bei $U_{BC} = 0V$	$3{,}5 \cdot 10^{-17}$	A
I_{SE}	ISE	BE-Stromparameter	10^{-16}	A
I_{SC}	ISC	BC-Stromparameter	$5 \cdot 10^{-16}$	A
N_E	NE	BE-Emissionskoeffizient	1,5	
N_C	NC	BC-Emissionskoeffizient	2,0	
U_{AN}	VAF	Early-Spannung (normal)	35	V
U_{AI}	VAR	Early-Spannung (invers)	16	V
I_{KN}	IKF	Knickstrom (normal)	$4 \cdot 10^{-3}$	A
I_{KI}	IKR	Knickstrom (invers)	$0{,}5 \cdot 10^{-3}$	A
B_N	BF	Max. Stromverstärkung (normal)	175	
B_I	BR	Max. Stromverstärkung (invers)	15	
C_{jeo}	CJE	BE-Sperrschichtkapazität bei 0V	65	fF
ϕ_{iE}	VJE	BE-Diffusionsspannung	0,85	V
ME	MJE	BE-Kapazitätskoeff.	0,40	
τ_N	TF	Transitzeit (normal)	30	ps
C_{jco}	CJC	BC-Sperrschichtkapazität bei 0V	120	fF
ϕ_{iC}	VJC	BC-Diffusionsspannung	0,45	V
MC	MJC	BC-Kapazitätskoeff.	0,25	
τ_I	TR	Transitzeit (invers)	250	ps
C_{jso}	CJS	CS-Sperrschichtkapazität bei 0V	240	fF
ϕ_{iS}	VJS	CS-Diffusionsspannung	0,60	V
MS	MJS	CS-Kapazitätskoeff.	0,40	
R_B	RBM	Basiswiderstand bei hohem Strom	850	Ω
R_E	RE	Emitterwiderstand	2	Ω
R_C	RC	Kollektorwiderstand	150	Ω

Tabelle 3.1: Transistorparameter zur Beschreibung des Transportmodells (Emitterabmessungen $b_E = 2{,}0\ \mu m;\ L_E = 8\ \mu m$)

Modellrahmen

Durch den Aufbau des Transistors ergeben sich die sog. äußeren Elemente, die das elektrische Verhalten des Transistors wesentlich beeinflussen. Diese Elemente bilden den Modellrahmen für den inneren Transistor. Im einfachsten Fall sind das die Widerstände R_E, R_B und R_E (Bild 3.34), welche die Zuleitungen zum inneren Transistor erfassen. Die benötigte Genauigkeit der Beschreibung des Modellrahmens hängt stark von den geometrischen Abmessungen des Transistors und dem Frequenzbereich ab, in dem der Transistor betrieben wird. In Bild 3.36 ist ein Modellrahmen dargestellt. Hierbei ist zu bedenken, dass es sich um verteilte Elemente handelt, die mehr oder weniger gut approximiert werden.

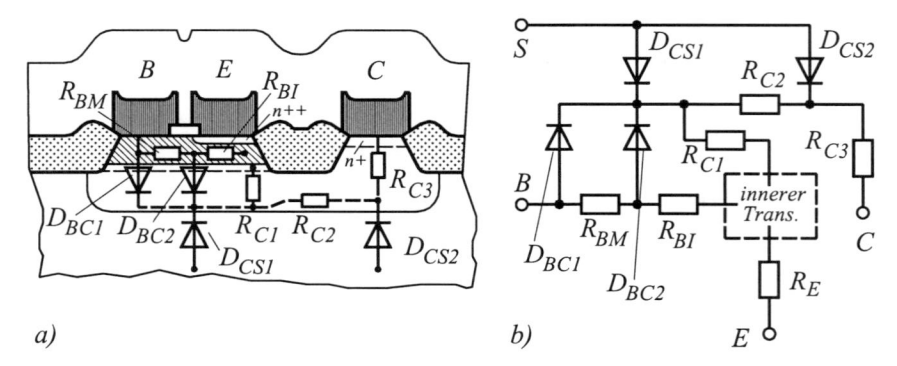

Bild 3.36: a) Querschnitt durch einen npn-Transistor (Basis stark vergrößert gezeichnet); b) zugehöriger Modellrahmen

Basis-Kollektordioden D_{BC}

Diese Dioden beschreiben das Stromspannungs- und Ladungsverhalten des p^+n-Bereichs, der nicht zum inneren Transistor gehört.

Kollektor-Substratdioden D_{CS}

Ähnlich wie im Vorhergehenden so beschreiben diese Dioden das Stromspannungs- und Ladungsverhalten des n^+p-Kollektor-Substratübergangs. Da diese Dioden immer gesperrt sind, wird häufig nur das Ladungsverhalten durch eine entsprechende Sperrschichtkapazität berücksichtigt.

Kollektorwiderstand R_C

Dieser setzt sich aus dem Widerstand R_{C1} der n^--Epischicht, dem Widerstand R_{C2} des n^+-Bereichs des vergrabenen Kollektors und dem Anschlussbereich R_{C3} zusammen. Die

Auswirkung des Kollektorwiderstands auf das I_C (U_{CE})-Verhalten ist in Bild 3.37 dargestellt.

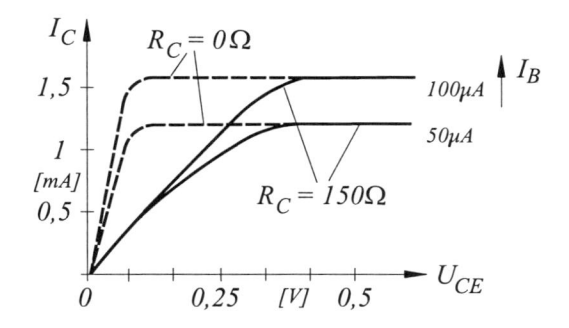

Bild 3.37:   Einfluss des Kollektorwiderstandes auf das I_C (U_{CE})-Verhalten

Wie zu ersehen, beeinflusst R_C die Steigung der Kennlinie im Spannungssättigungsbereich relativ stark.

Emitterwiderstand R_E

Der Emitter ist der am stärksten dotierte Bereich des Transistors. Aus diesem Grund ist sein Widerstand im Allgemeinen mit typisch 1 bis 3 Ω sehr niedrig.

Basiswiderstand R_B

Diesen kann man sich, wie in Bild 3.36a gezeigt ist, in zwei Widerstände, den äußeren R_{BM} und den inneren R_{BI} aufgeteilt denken. Der Widerstand R_{BM} ist infolge der höheren Dotierung der p$^+$-Zuführung und wegen der größeren Schichtdicke meist sehr klein, während der eingeschnürte Widerstand der Basis R_{BI} sehr groß ist. Wie in Abschnitt 3.3.3 gezeigt wurde, ist dieser Widerstand sehr stark von der Stromverteilung in der Basis und der Größe des Kollektorstroms abhängig (Bild 3.38).

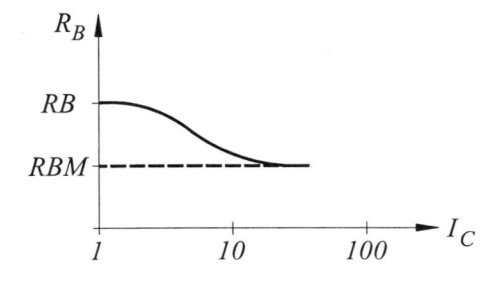

Bild 3.38:   Stromabhängigkeit des Basiswiderstandes

Dieser Effekt wird häufig durch die Beziehung

$$R_B = RBM + \frac{RB + RBM}{q_b} \tag{3.95}$$

genähert. Hierbei wird eine normierte Ladung Gl.(3.12)

$$q_b = \frac{Q_B}{Q_{Bo}} = \frac{qA \int_0^{x_B} p_B(x)dx}{qA \int_0^{x_{Bo}} N'_{AB}(x)dx} \tag{3.96}$$

verwendet. Diese berücksichtigt die Leitfähigkeitsmodulation und die Basisweitenmodulation. Leitfähigkeitsmodulation deswegen, weil mit zunehmendem Kollektorstrom die Majoritätsträgerdichte $p_B(x)$ in der Basis ansteigt und somit der Basiswiderstand abnimmt. Die Basisweitenmodulation ergibt sich durch Änderung der Integrationsgrenzen.

3.5.2 Transistormodell für überschlägige statische Berechnungen

Es ist offensichtlich, dass es keinen Sinn macht, die Knotengleichungen des Transistormodells bzw. des Gummel-Poon-Modells von Hand zu lösen, wenn ein Rechner zur Verfügung steht. Um aber überschlägige Berechnungen zur ersten groben Dimensionierung einer Schaltung vornehmen zu können, ist es zweckmäßig – genau wie bei der Diode vorgestellt – ein vereinfachtes Modell für grobe Abschätzungen herzuleiten.

Aus dem Vorhergehenden kann eine Ersatzschaltung für überschlägige statische Berechnungen Bild 3.39 abgeleitet werden.

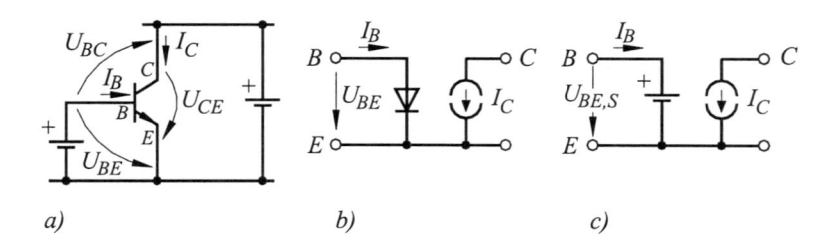

Bild 3.39: a) Transistorschaltung im normalen Betrieb; b) Großsignal-Ersatzschaltung; c) Großsignal-Ersatzschaltungen mit Knickkennlinie

3 Bipolarer Transistor

Sie besteht aus einer Basis-Emitter-Diode und einem spannungsgesteuerten Stromgenerator zwischen Kollektor und Emitter, der durch Gleichung (3.7)

$$I_C = I_{SS}\left(e^{U_{BE}/\phi_t} - 1\right)$$

beschrieben ist. Durch die Diode fließt ein Basisstrom (3.8) von

$$I_B = \frac{I_{SS}}{B_N}\left(e^{U_{BE}/\phi_t} - 1\right).$$

Eine noch einfachere Ersatzschaltung ist in Bild 3.39c wiedergegeben. Hierbei ist die BE-Diode durch eine Spannungsquelle mit der Schleusenspannung $U_{BE,S}$ ersetzt, wodurch das Verhalten der Diode durch eine Knickkennlinie approximiert wird. Dies entspricht der Vorgehensweise, die bereits in Kapitel 2.7.2 bei der Diode vorgestellt wurde um das Lösen einer transzendenten Funktion zu vermeiden. Typische Spannungswerte bei Si-Transistoren liegen bei 0,8 V.

3.5.3 Transistormodell für überschlägige Kleinsignalberechnungen

Ausgangspunkt zur Herleitung dieses Modells ist die Betrachtung der Kleinsignalansteuerungen und deren Auswirkungen auf die Transistorkennlinien.

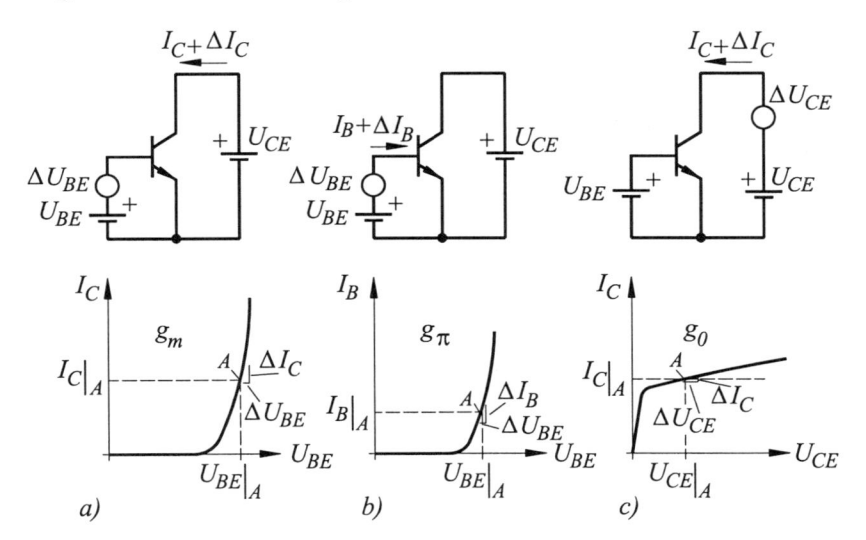

Bild 3.40: Kleinsignalansteuerung des Transistors und ihre Auswirkung auf die Transistorkennlinien; a) Übertragungskennlinie (U_{CE} = konst); b) Eingangskennlinie (U_{CE} = konst); c) Ausgangskennlinie (U_{BE} = konst)

Die Ansteuerung wurde dabei jeweils auf den Emitter bezogen. Die Auswirkung auf jede Spannungsänderung kann durch Leitwertparameter beschrieben werden. Im Einzelnen sind dies:

Übertragungsleitwert

$$g_m = \frac{\partial I_C}{\partial U_{BE}} \qquad (3.97)$$

Eingangsleitwert

$$g_\pi = \frac{\partial I_B}{\partial U_{BE}} \qquad (3.98)$$

Ausgangsleitwert

$$g_o = \frac{\partial I_C}{\partial U_{CE}} \ . \qquad (3.99)$$

Werden alle Spannungen gleichzeitig verändert (Totale Ableitung), ergeben sich die folgenden Kollektor- und Basisstromänderungen

$$\begin{aligned} \Delta I_C &= \frac{\partial I_C}{\partial U_{BE}} \Delta U_{BE} + \frac{\partial I_C}{\partial U_{CE}} \Delta U_{CE} \\ &= g_m \Delta U_{BE} + g_o \Delta U_{CE} \end{aligned} \qquad (3.100)$$

$$\begin{aligned} \Delta I_B &= \frac{\partial I_B}{\partial U_{BE}} \Delta U_{BE} \\ &= g_\pi \Delta U_{BE} \ . \end{aligned} \qquad (3.101)$$

Diese Zusammenhänge werden durch das in Bild 3.41a dargestellte Ersatzschaltbild wiedergegeben.

3 Bipolarer Transistor

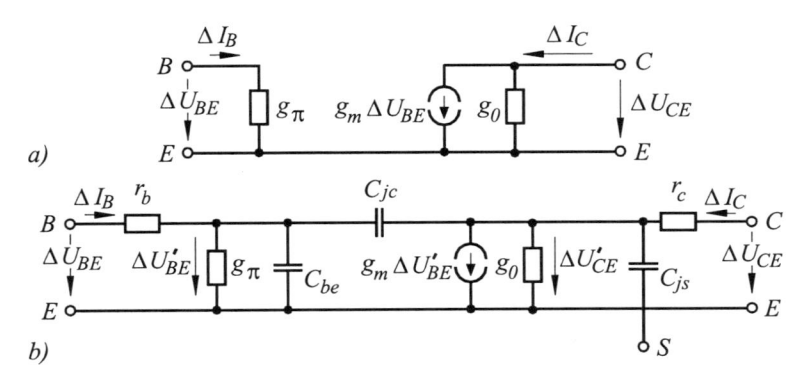

Bild 3.41: Kleinsignal-Ersatzschaltbild; a) bei sehr niedrigen Frequenzen; b) bei hohen Frequenzen (r_e vernachlässigbar klein)

Eine erweiterte Form, das sog. Hybrid-π-Ersatzschaltbild (Bild 3.41b) ergibt sich, wenn die Basis- und Kollektorwiderstände sowie die Kleinsignalkapazitäten mit eingeführt werden. Diese sind dem Kompaktmodell (Bild 3.33) entnommen. Das Ersatzschaltbild hat natürlich auch dann seine Gültigkeit, wenn statt der Strom- bzw. Spannungsänderungen zeitvariante Änderungen vorliegen. Im Text werden diese durch kleine Buchstaben wie z.B. i_c, u_{be} usw. gekennzeichnet. Außerdem werden kleine Buchstaben für Schaltelemente verwendet, um anzudeuten, dass es sich um konstante Kleinsignalkomponenten handelt.

Ausgehend von den Transistorgleichungen ergeben sich die folgenden Leitwerte:

Übertragungsleitwert

Durch Differenziation von Gleichung (3.7) erhält man

$$\boxed{g_m = \frac{\partial I_C}{\partial U'_{BE}} = I_C / \phi_t} \,, \tag{3.102}$$

d.h. der Übertragungsleitwert ist proportional zum Kollektorstrom.

Eingangsleitwert

Entsprechend der Definition Gl.(3.98) kann der Eingangsleitwert bei Verwendung der Gleichungen (3.7) und (3.102) als

$$\boxed{g_\pi = \frac{\partial I_B}{\partial U'_{BE}} = \frac{\partial I_B}{\partial I_C} \frac{\partial I_C}{\partial U'_{BE}} = \frac{g_m}{\beta_N}} \tag{3.103}$$

beschrieben werden, wobei

$$\boxed{\beta_N = \frac{\partial I_C}{\partial I_B}} \qquad (3.104)$$

die Kleinsignal-Stromverstärkung angibt. Ist B_N um den Arbeitspunkt herum unabhängig von I_C, dann ist $\beta_N \approx B_N$, was für die meisten praktischen Fälle angenommen werden kann.

Ausgangsleitwert

Ein von $g_o = 0$ abweichender Ausgangsleitwert ist auf die Basisweitenmodulation, die in Kapitel 3.3.2 beschrieben wurde, zurückzuführen. Aus Gleichung (3.63) ergibt sich dieser zu

$$g_o = \frac{\partial I_C}{\partial U'_{CE}} = -\frac{\partial I_C}{\partial U'_{BC}}$$

$$\boxed{g_o = \frac{I_{Co}}{U_{AN}} \approx \frac{I_C}{U_{AN}}} \qquad (3.105)$$

da $\partial U'_{CE} = \partial U'_{CB} = -\partial U'_{BC}$ ist.

Ladungsspeicherung

Diese wird durch die Kleinsignalkapazitäten Gleichungen (3.91) bis (3.93), erfasst. Im normalen Betrieb ($U_{BE} > 0$; $U_{BC} < 0$) vereinfachen sie sich wie folgt:

$$C_{bc} = \frac{dQ_{BC}}{dU'_{BC}} = C_{jc} = C_{jco}\left(1 - \frac{U'_{BC}}{\phi_{iC}}\right)^{-MC} \qquad (3.106)$$

$$C_{sc} = \frac{dQ_{SC}}{dU'_{SC}} = C_{js} = C_{jso}\left(1 - \frac{U'_{SC}}{\phi_{iS}}\right)^{-MS} \qquad (3.107)$$

$$C_{be} = \frac{dQ_{BE}}{dU'_{BE}} = C_{de} + C_{je}$$

$$= \tau_N g_m + C_{jeo}\left(1 - \frac{U'_{BE}}{\phi_{iE}}\right)^{-ME} \qquad (3.108)$$

Bei C_{be} wurde zur Vereinfachung Beziehung (3.102) mitverwendet.

Da die Sperrschichtkapazität C_{je} in Durchlassrichtung (Kapitel 2.4.1) nur sehr schwer bestimmbar ist, wird sie häufig zur überschlägigen Berechnung durch $2C_{jeo}$ genähert, so dass

$$C_{be} \approx \tau_N g_m + 2C_{jeo} \qquad (3.109)$$

gilt.

3.5.4 Bestimmung der Transitzeit

Das Hochfrequenzverhalten des Transistors wird im Wesentlichen durch seine Kapazitäten bestimmt. Als Gütezahl wird meist die Transitfrequenz angegeben, bei der die Kleinsignal-Stromverstärkung eines am Ausgang wechselspannungsmäßig kurzgeschlossenen Transistors in Emitterschaltung (Bild 3.42a) auf den Wert 1 abfällt. Für diese Schaltung, bei der die Batterie als Kurzschluss für den Wechselstrom i_o zu betrachten ist, kann ein Kleinsignal-Ersatzschaltbild (Bild 3.42b) angegeben werden, wozu das vorgestellte Hybrid-π-Ersatzschaltbild die Grundlage bildet. Hierbei wurde r_C als vernachlässigbar klein angenommen. Diese Vereinfachung hat zur Folge, dass C_{js} und g_o wegen des kurzgeschlossenen Ausgangs keinen Einfluss auf das Frequenzverhalten haben.

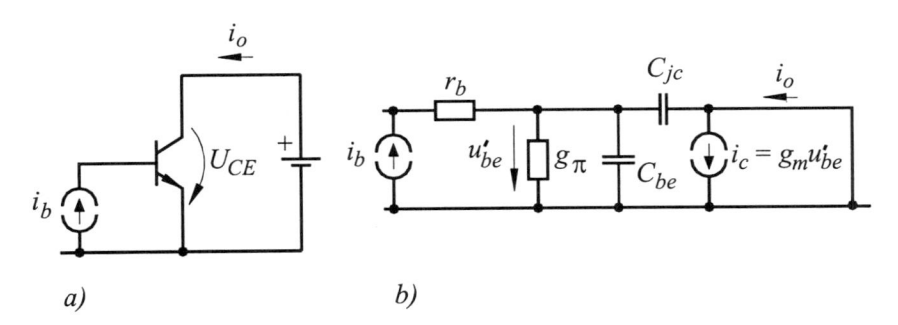

Bild 3.42: a) Schaltung zur Bestimmung von f_T; b) Kleinsignal-Ersatzschaltbild der Schaltung (r_c und r_e vernachlässigt)

Die Änderungen der Spannungen und Ströme wurden, wie bereits erwähnt, durch Kleinbuchstaben gekennzeichnet um anzudeuten, dass es sich um Kleinsignal-Wechselspannungen und Kleinsignal-Wechselströme handelt. Details zur Lösung von Übertragungsfunktionen sind im Kapitel 8 (Anhang B) enthalten.

Aus dem Ersatzschaltbild der Schaltung kann das Verhältnis der Kleinsignalströme

$$\beta(j\omega) = \frac{i_o}{i_b}(j\omega)$$

$$= \beta_N \frac{(1 - j\frac{\omega}{\omega_z})}{(1 + j\frac{\omega}{\omega_\beta})} \quad (3.110)$$

als Funktion der Kreisfrequenz $\omega = 2\pi f$ direkt angegeben werden (Aufgabe 3.10), wobei Beziehung (3.103) mit verwendet wurde. In dieser Gleichung ist

$$\beta(j\omega \to 0) = \beta_N \quad (3.111)$$

die Stromverstärkung bei niedrigen Frequenzen. Die Nullstellen-Kreisfrequenz hat einen Wert von

$$\omega_z = \frac{g_m}{C_{jc}} \quad (3.112)$$

und die Polstellen-Kreisfrequenz (3-dB-Kreisfrequenz) einen entsprechenden von

$$\omega_\beta = \frac{g_m}{\beta_N(C_{be} + C_{jc})}. \quad (3.113)$$

Da ω_z immer wesentlich größer als ω_β ist, kann die Übertragungsfunktion in der vereinfachten Form

$$\beta(j\omega) = \beta_N \frac{1}{1 + j\frac{\omega}{\omega_\beta}} \quad (3.114)$$

angegeben werden.

Bei hohen Frequenzen ist der Imaginärteil des Nenners in Gleichung (3.114) dominierend, so dass sich diese Beziehung zu

$$\beta(j\omega) = \beta_N \frac{1}{j\frac{\omega}{\omega_\beta}} \quad (3.115)$$

vereinfachen lässt.

Aus dieser Gleichung kann die gewünschte Transitkreisfrequenz ω_T abgeleitet werden, bei der $|\beta(j\omega)| = 1$ ist. Es resultiert

$$\omega_T = \omega_\beta \beta_N = \frac{g_m}{C_{be} + C_{jc}}. \quad (3.116)$$

3 Bipolarer Transistor

Die Transitkreisfrequenz ist somit um so größer je kleiner die Kapazitäten des Transistors sind.

Eine detailliertere Analyse erhält man, wenn die charakteristischen Kreisfrequenzen ω_β und ω_T als Funktion des Kollektorstromes betrachtet werden. Unter Verwendung von Beziehungen (3.102) und (3.108) erhält man

$$\omega_\beta = \frac{1}{\beta_N \left[\tau_N + \frac{\phi_t}{I_C}\left(C_{je} + C_{jc}\right)\right]} \quad (3.117)$$

und

$$\omega_T = \frac{1}{\tau_N + \frac{\phi_t}{I_C}\left(C_{je} + C_{jc}\right)}. \quad (3.118)$$

Mit größer werdendem Kollektorstrom resultieren dann – wegen $1/I_C$ – die maximalen Werte von

$$\omega_{\beta MAX} = \frac{1}{\beta_N \tau_N} \quad (3.119)$$

und

$$\omega_{TMAX} = \frac{1}{\tau_N}. \quad (3.120)$$

Der Zusammenhang zwischen den charakteristischen Frequenzen und dem Kollektorstrom ist in Bild 3.43 als Bode-Diagramm (Kapitel 8 Anhang B) dargestellt, wobei Effekte zweiter Ordnung vernachlässigt sind.

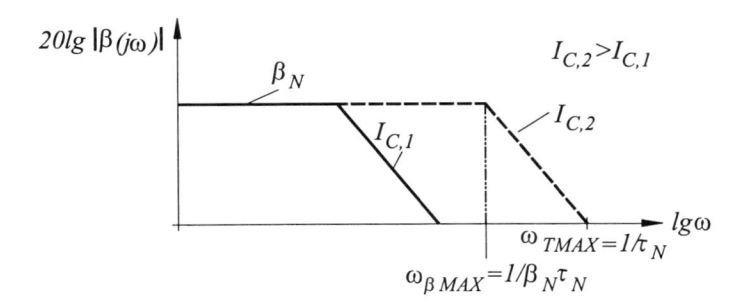

Bild 3.43: *Idealisierte Übertragungsfunktion i_o / i_b als Funktion der Kreisfrequenz ω*

Wie diese Effekte sich in Realität auswirken, ist in Bild 3.44 dargestellt. Bis zu einem bestimmten Strom stimmt die Messung mit der Vorhersage Gl.(3.118) überein.

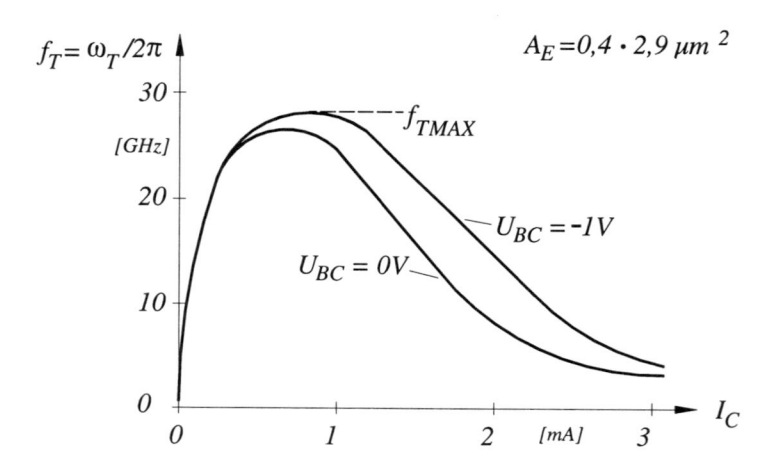

Bild 3.44: Transitfrequenz als Funktion des Kollektorstromes
(25 GHz BiCMOS-Prozess, Infineon Technology Booklet 02.00)

Das in Gl.(3.118) nicht vorhergesagte Absinken der Grenzfrequenz bei großen Kollektorströmen wird durch eine Vergrößerung der Transitzeit τ_N bei starker Injektion (Abschnitt 3.3.1) verursacht, bei der eine Aufweitung der Basis auftritt. Die Erhöhung der Transitfrequenz, wenn die U_{BC} - Spannung in negativer Richtung zunimmt, kann auf die Basisweitenmodulation zurückgeführt werden.

Die maximale Transitfrequenz hat in Analogie zu Beziehung (2.57) einen Wert von

$$f_{TMAX} = \frac{1}{2\pi} \frac{1}{\tau_N} = \frac{1}{\pi} \frac{D_{nB}}{x_B^2} \quad , \tag{3.121}$$

der umgekehrt proportional dem Quadrat der Basisweite ist. Die Transitzeit d.h. Diffusionskapazität des Emitters spielt wegen der hohen Emitterdotierung bei dieser Betrachtung keine Rolle. Damit liegt bei heutigen modernen Prozessen mit sehr kurzen Basisabmessungen die Transitfrequenz bereits bei kleinen Strömen weit im GHz-Bereich, wie das vorhergehende Bild demonstriert.

Häufig wird auch Beziehung (3.118) in reziproker Form verwendet

$$\frac{1}{\omega_T} = \frac{1}{2\pi f_T} = \tau_N + \phi_t \left(C_{je} + C_{jc} \right) \frac{1}{I_C} \tag{3.122}$$

und linear, wie in Bild 3.45 gezeigt, aufgetragen.

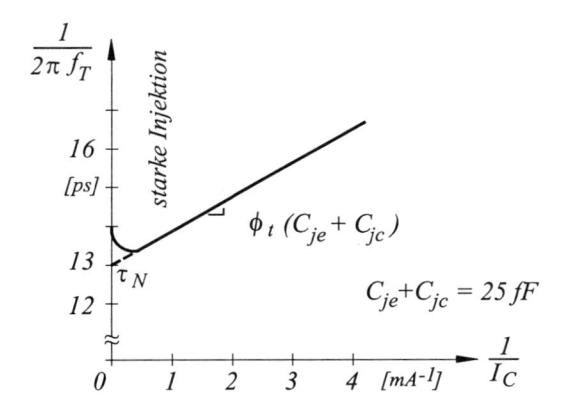

Bild 3.45:   Ermittlung der Transitzeit τ_N

Durch Extrapolation erhält man dann bei $1/I_C = 0$ die Transitzeit τ_N. Voraussetzung dazu ist, dass der Gradient $\phi_t \, (C_{je} + C_{jc})$ annähernd konstant ist. Dies ist der Fall, wenn der I_C- Bereich nicht mehr als um ca. 1:5 variiert wird (Aufgabe 3.8).

Zusammenfassung der wichtigsten Ergebnisse des Kapitels

Die Funktion des bipolaren Transistors beruht darauf, dass mit $U_{BE} > 0$ V Majoritätsträger der Basis (Basisstrom) in den Emitter injiziert werden. Gleichzeitig gelangen Majoritätsträger des Emitters – bei den hier vorausgesetzten kurzen Geometrieabmessungen – verlustfrei durch die Basis zum Kollektor (Kollektorstrom). Das Verhältnis von Kollektor- zu Basisstrom gibt die Stromverstärkung des Transistors wieder.

Eine weitere wichtige Größe ist der Transportstrom, der als Parameter – auch bei inhomogener Basisdotierung – die Basiseigenschaften beschreibt.

Ab einer bestimmten Kollektorstromgröße tritt starke Injektion am BC-Übergang auf, wodurch das Feld in Richtung Kollektor wandert. Durch diesen sog. Kirk-Effekt wird die Stromverstärkung stark reduziert.

Nimmt die U_{CE}-Spannung zu, wird die BC-Raumladungszone größer und die Basisweite kleiner. Als Folge nehmen der Kollektorstrom und die Stromverstärkung zu. Dieser als Basisweitenmodulation beschriebene Effekt wird durch den Early-Spannungsparameter U_{AN} erfasst. Er bestimmt mit I_C / U_{AN} den Ausgangsleitwert des Transistors.

Das Frequenzverhalten des Transistors wird maßgeblich durch die Transitfrequenz, die wegen $(1/x_B)^2$ stark von der Basisweite abhängig ist, bestimmt.

Übungen

Aufgabe 3.1

In Bild 3.4 ist das Dotierungsprofil eines npn-Transistors dargestellt. Bestimmen Sie daraus in etwa den Transportstrom I_{SS}, den Kollektorstrom I_C bei U_{BE} = 750mV sowie die Stromverstärkungen im normalen und inversen Betrieb.

Daten des Transistors: A = 4 µm²; $D_{PE} \approx$ 12 cm²/s; $D_{nB} \approx$ 25 cm²/s; $D_{pC} \approx$ 14 cm²/s.

Hinweis: Der vergrabene Kollektoranschluss kann als sehr niederohmig betrachtet werden.

Aufgabe 3.2

In einem p-Wannen CMOS-Prozess wird, wie im Bild gezeigt, ein npn-Transistor realisiert.

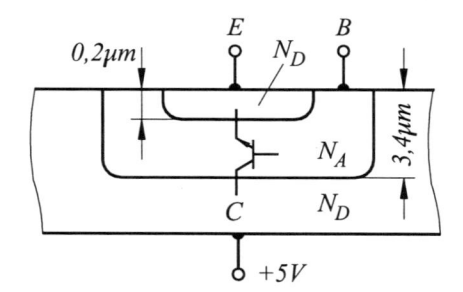

Bild A: 3.2

Die Daten betragen: N_D-Sourcedotierung $5 \cdot 10^{19}$ cm⁻³, N_A-Wannendotierung 10^{17} cm⁻³, Emitterfläche A_E = 10·10 µm², D_{nB} = 25 cm²/s; D_{pE} = 8 cm²/s. Gesucht werden bei Raumtemperatur: Der Transportstrom I_{SS}, der Kollektorstrom I_C bei U_{BE} = 700 mV und die Stromverstärkung B. Zur Vereinfachung kann angenommen werden, dass die Basisweite der metallurgischen Weite von 3,2 µm entspricht.

Aufgabe 3.3

Gegeben ist die gezeigte Schaltung, wobei der Transistor die Daten $B_N = 200$, $B_I = 2$ und $I_{SS} = 10^{-15}$ A besitzt.

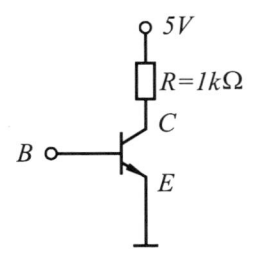

Bild A: 3.3

a) Bei $U_{BE} = 0{,}7$ V befindet sich der Transistor im normalen Betrieb. Berechnen Sie hierfür I_C, I_B und U_{CE}. b) Der Transistor soll in Spannungssättigung geschaltet werden, wobei U_{CE} auf 100 mV sinken soll. Welcher Basisstrom I_B muss dazu eingeprägt werden?

Aufgabe 3.4

Der Transistor in der gezeigten Schaltung hat eine Stromverstärkung von $B_N = 100$.
Wie groß sind die Ströme I_B, I_C, I_E und die Ausgangsspannung U_0?

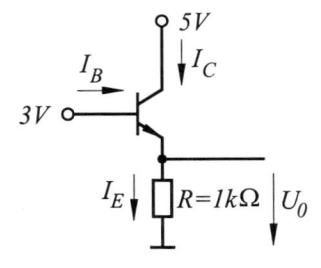

Bild A: 3.4

Aufgabe 3.5

Gegeben ist ein Transistor mit den zur Vereinfachung als homogen angenommenen Dotierungen: $N'_{AB} = 10^{17}$ cm^{-3}; $N'_{DC} = 10^{16}$ cm^{-3}; x_B (bei $U_{BC} = 0$ V) = 1 μm; $D_{nB} = 18$ cm^2/s; $A = 10$ μm^2

Gesucht wird: Die Early-Spannung U_{AN} und die Steigung dI_C / dU_{BC} des Kollektorstroms bei $U_{BC} = 0$ V und $U_{BE} = 0{,}7$ V

Aufgabe 3.6

Das Kriterium für den Beginn der Emitterrandverdrängung ist gegeben, wenn der Spannungsabfall in der Basis größer als ϕ_t ist. Bestimmen Sie den Kollektorstrom, bei Raumtemperatur, bei dem die Emitterrandverdrängung bei einem npn-Transistor einsetzt. Die Daten des Transistors sind:

$N'_{AB} = 10^{17} \, cm^{-3}$; $\mu_p = 400 \, cm^2/Vs$; $x_B = 1 \, \mu m$; $B_N = 50$; einseitiger Basiskontakt, wie in (Bild 3.2) gezeigt, mit $l_E = 30 \, \mu m$ und $b_E = 20 \, \mu m$.

Zur Vereinfachung wurden homogene Dotierungen angenommen.

Aufgabe 3.7

Bei dem als Diode verknüpften Transistor wird bei einem Strom von $I = 80$ mA eine Spannung von $U_{PN} = 0{,}975$ V gemessen. Wie groß sind die Widerstände R_S Gl.(3.88) und R_B? Daten des Transistors: $B_N = 150$; $I_{SS} = 10^{-16}$ A, $R_E \approx 0 \, \Omega$

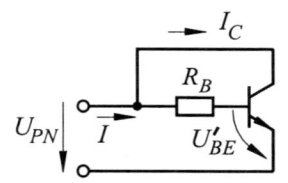

Bild A: 3.7

Aufgabe 3.8

Bei einem npn-Transistor in Emitterschaltung und wechselspannungsmäßig kurzgeschlossenem Ausgang (Bild 3.42) wurden bei 1GHz die folgenden Kleinsignal-Stromverstärkungen gemessen:

$|\beta(j\omega)| = 40$ bei $I_C = 1$ mA und $|\beta(j\omega)| = 48$ bei $I_C = 3$ mA. Die gemessene Kleinsignalkapazität C_{jc} beträgt 35 fF. Bestimmen Sie aus den Angaben die Sperrschichtkapazität C_{je} und die Transitzeit τ_N. Dabei wird vorausgesetzt, dass starke Injektion noch nicht auftritt und C_{je} und τ_N konstant bleiben.

Bei der Lösung der Aufgabe ist Folgendes zu beachten:

Im Frequenzbereich $\dfrac{\omega}{\omega_\beta} = \dfrac{f}{f_\beta} \gg 1$ ergibt sich eine Verstärkung bei der Frequenz f_m Gl.(3.115) von

$$|\beta(jf_m)| = B_N \frac{f_\beta}{f_m}.$$

3 Bipolarer Transistor

Bei der Transitfrequenz resultiert hieraus

$$|\beta(jf_T)| = 1 = \beta_N \frac{f_\beta}{f_T} \ .$$

Damit ergibt sich aus dem Verhältnis der Verstärkungen bei verschiedenen Frequenzen

$$\frac{|\beta(jf_m)|}{|\beta(jf_T)|} = |\beta(jf_m)| = \frac{f_T}{f_m} \ ,$$

der Zusammenhang

$$f_T = |\beta(jf_m)| \cdot f_m \ .$$

Aufgabe 3.9

Bestimmen Sie die Ausgangsspannung u_o des gezeigten Verstärkers bei niedrigen Frequenzen, wenn die Eingangsspannung $u_i = 50$ µV beträgt. Daten des Transistors: $R_B \sim 0\ \Omega$; $U_{AN} = 25$ V. Wovon würde die Verstärkung abhängen, wenn R einen Wert von unendlich hätte?

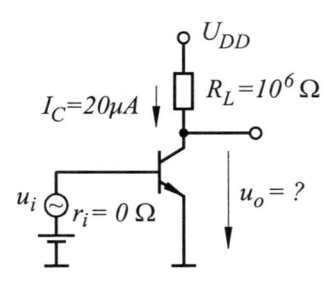

Bild A: 3.9

Aufgabe 3.10

Leiten Sie aus dem Kleinsignal-Ersatzschaltbild (Bild 3.42b) das Verhältnis der Kleinsignalströme i_o / i_b, wie es durch Beziehung (3.110) beschrieben ist, ab.

Literatur

|BARB| W.D. Barber: "Effective mass and intrinsic concentration in Silicon"; Solid-State Electron. 10; 1976; pp.1039-1051

|EARL| J.M. Early: "Effects of Space-Charge Layer Widening in Junction Transistors"; Proc. IRE, Vol.40; pp.1401-1406; Nov.1952

|EBER| J.J. Ebers and J.L. Moll: "Large-Signal Behavior of Junction Transistors"; IRE 42, 1761 (1954)

|ELMA| M.I. Elmansry: "Digital Bipolar Integrated Circuits"; Wiley-Interscience Publication, 1983

|GETR| J.E. Getreu: "Modelling the Bipolar Transistor"; Elsevier Scientific publishing Company, 1978

|GOSH| H.N. Gosh: "A distributed model of the junction transistor and its application in the prediction of the emitter-base diode characteristics, base impedance, and pulse response of the device"; IEEE Trans. Electron Dev. ED-12; pp.513-531, 1965

|GUMM| H.K. Gummel, H.C. Poon: "An Integral Charge Control Model of Bipolar Transistors"; Bell Syst. Techn.J. Vol.49, pp.827-852, May 1970

|HOFF| K. Hoffmann: "VLSI-Entwurf"; Oldenbourg 1998; ISBN 3-486-24788-3

|KASP| E. Kasper: "Silicium germanium hetrodevices"; Applied Surface Science 102; pp.189-199 (1996)

|KIRK| C.T. Kirk: "A Theory of Transistor Cutoff Frequency Falloff at High Current Densities"; IRE Trans.Electron Devices, ED-9, 164 (1962)

|KLEI| W. Klein and B.U. Klepser: "75 GHz Bipolar-Production Technology for the 21st Century"; ESDERC 99

|MOLL| J.L. Moll and I.M. Ross: "The Dependance of Transistor Parameters on Base Resistivity"; Proc. IRE 44, pp.72-78; (1956)

|POON| H.C. Poon et al: "High Injection in Epitaxial Transistors"; IEEE Trans. Electron Devices, ED-16, p.455 (1969)

|PRIN| E.J. Prinz and C. Storm: "Current Gain-Early Voltage Products in Heterojunction Bipolar Transistors with Nonuniform Base Bandgaps"; IEEE Electron Device Letters, Vol.12, No.12; Dec.1991

|REIN| H.M. Rein et al: "A contribution to the current gain temperature dependence of bipolar transistors"; Solid-State Electronics, Vol.21; pp.439-442, 1978

|TANG| D. Tang et al: "Subnanosecond Self-Aligned I^2L/MTL Circuits"; IEEE J. Solid-State Circuits 15(4) 444 (1980)

|TSIV| Y.P. Tsividis: "Accurate Analysis of Temperature Effects in I_C-V_{BE} Characteristics with Application to Bandgap Reference Source"; IEEE Journal of Solid-State Circuits, Vol.SC-15, No.6, Dec.1980, pp.1076-1084

|WIDM| D. Widmann et al: "Technologie hochintegrierter Schaltungen"; Springer Verlag 1996; ISBN 3-540-59357-8

4 Feldeffekttransistor

In diesem Kapitel wird nach einer kurzen Beschreibung eines CMOS-Herstellungsprozesses das grundsätzliche Verhalten des MOS-Transistors analysiert. Ausgangspunkt dazu ist eine MOS-Struktur, um daran das Kapazitätsverhalten zu studieren und um Gleichungen herzuleiten, mit denen man die Ladungen der Struktur berechnen kann. Die Begriffe Flachbandspannung und Einsatzspannung werden eingeführt. Mit den gewonnenen Beziehungen kann man anschließend das Verhalten des Transistors beschreiben. Hierbei wird zwischen starker und schwacher Inversion unterschieden. Kurzkanaleffekte, Kanallängenmodulation und Durchbruchverhalten werden analysiert. Mit der Betrachtung von CAD-Modellen endet das Kapitel.

4.1 Herstellung einer CMOS-Schaltung

Grundsätzlich kann man die Transistoren in strom- und spannungsgesteuerte Gruppen aufteilen. Während die bipolaren Transistoren (Kapitel 3) zu der Gruppe der stromgesteuerten gehören, werden die Feldeffekttransistoren (FET) spannungsgesteuert. Diese Gruppe lässt sich weiter unterteilen in Sperrschicht-Feldeffekttransistoren und solche mit isolierter Steuerelektrode. Letztere sind von überwiegender Bedeutung bei integrierten Schaltungen und werden im Folgenden näher behandelt. Man unterscheidet dabei zwischen p-Kanal und n-Kanal Transistoren, sind beide Typen vorhanden, spricht man von einem komplementären (CMOS)-Prozess oder Herstellverfahren (Bild 4.1).

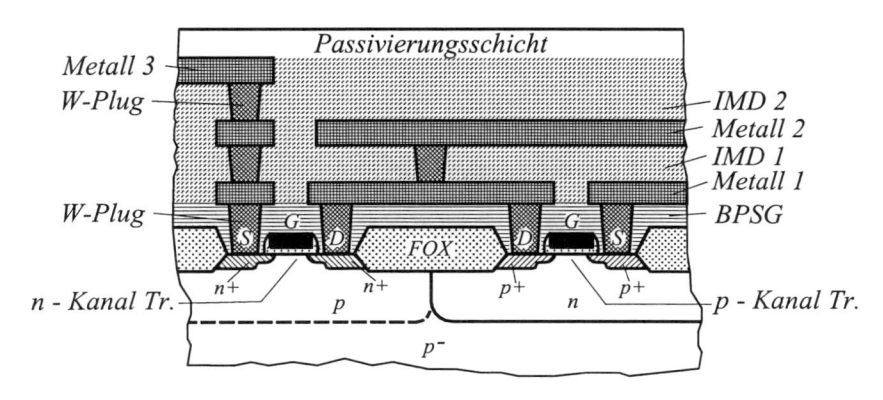

Bild 4.1: Prinzipaufbau eines n- und p-Kanal Transistors

Das Gate (G) ist über einen Isolator (SiO$_2$) mit der Halbleiteroberfläche verbunden. An dieser kann sich bei entsprechender Gatespannung ein leitender Kanal ausbilden, der die Source- (S) und Drain-Gebiete (D) verbindet. Die in Bild 4.1 gezeigten Transistoren werden **M**etall-**O**xid-Halbleiter (**S**emiconductor) MOS-Transistoren genannt. Bei dieser Bezeichnung kommt zum Ausdruck, dass das Metallgate (hochdotiertes Polysilizium mit metallähnlichem Verhalten) über ein isolierendes Oxid mit dem Halbleiter verbunden ist. Als Isolator zwischen dem p- und n-Kanal Transistor wirkt das dicke SiO$_2$, das **Feldox**id (FOX) genannt wird. Der n-Kanal Transistor ist in einem p-Substrat und der p-Kanal Transistor in einem n-Substrat angeordnet.

Die im Folgenden skizzierte CMOS-Technik ermöglicht es, Schaltungen mit sehr geringem Leistungsverbrauch und großem Signal-Geräuschabstand auf kleinster Chipfläche herzustellen. Diese Eigenschaften sind mitverantwortlich für die dominierende Rolle der CMOS-Technik bei großintegrierten Systemen. Von den vielen unterschiedlichen CMOS-Prozessen |WIDM| wird eine weitverbreitete Variante, die so genannte LOCOS-Technik (**LOC**al **O**xidation of **S**ilicon), mit zwei Diffusionswannen näher beschrieben. Der Vorteil dieses Verfahrens ist, dass die Parameter der n- und p-Kanal Transistoren wie z.B. Einsatzspannung, Substratsteuerfaktor und Durchbruchspannungen unabhängig von einander optimiert werden können.

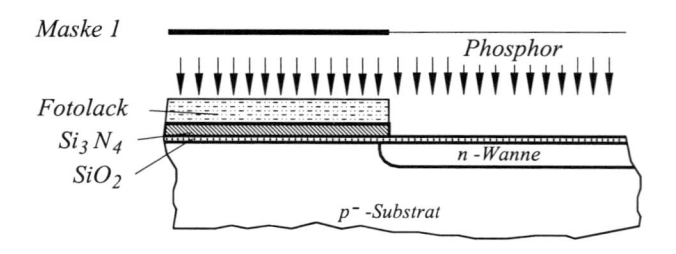

a)   Definition n-Wanne

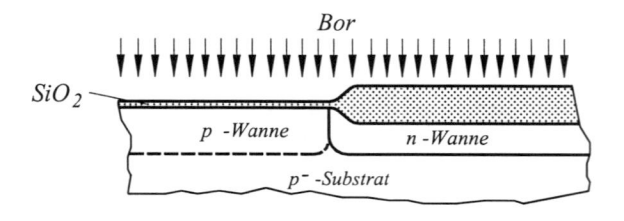

b)   n- und p-Wanne nach Eindiffusion

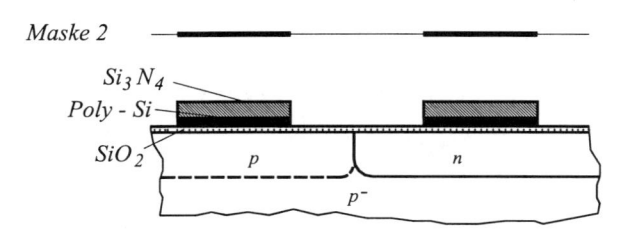

c)   Definition **Feld**ox**i**d (FOX)

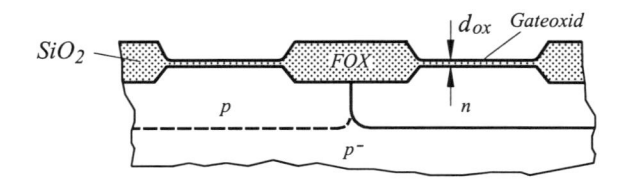

d)   Lokale Oxidation

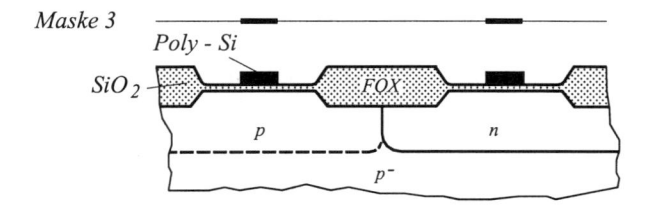

e)   Polysiliziumstrukturierung

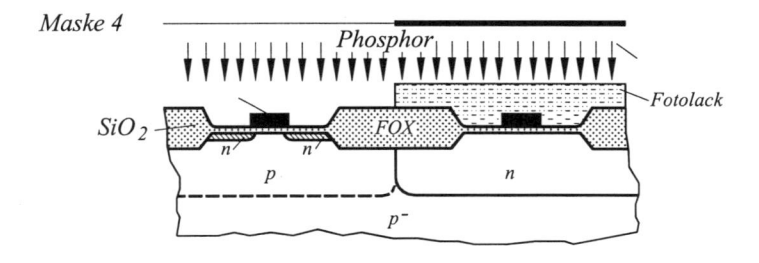

f)   n-LDD-Implantation

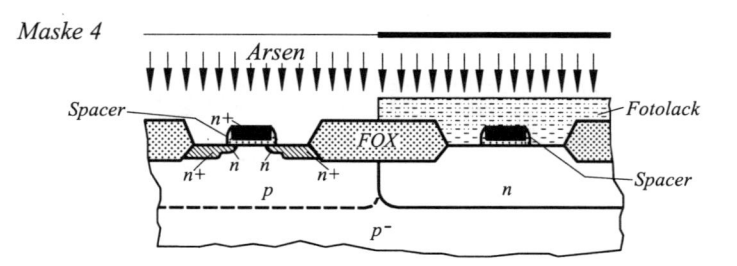

g)   Source-Drainimplantation n-Kanal Transistor

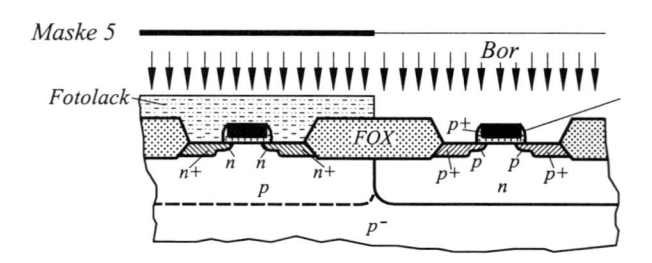

h)   Source-Drainimplantation p-Kanal Transistor

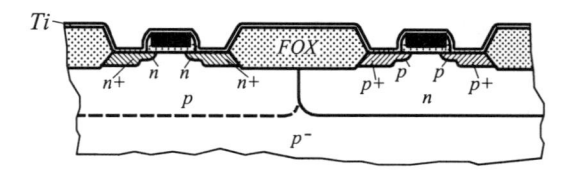

i)   Aufbringen eines ganzflächigen Titanfilms (Ti)

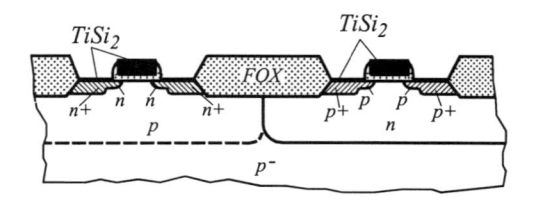

j)   Silizierung (TiSi$_2$) von Source-, Drain- und Gatebereichen

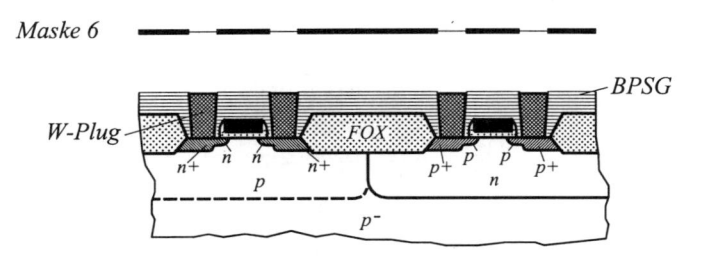

k) Definition Kontaktlochzonen (W-Plugs)

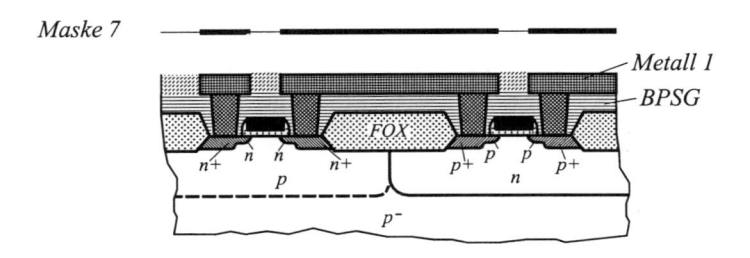

l) Stukturierung Metall 1

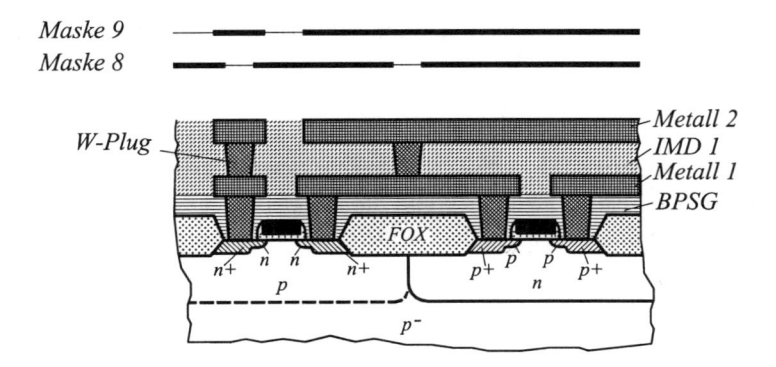

m) Definition Kontaktlochzonen Metall 1 zu Metall 2 (Via) sowie Strukturierung Metall 2

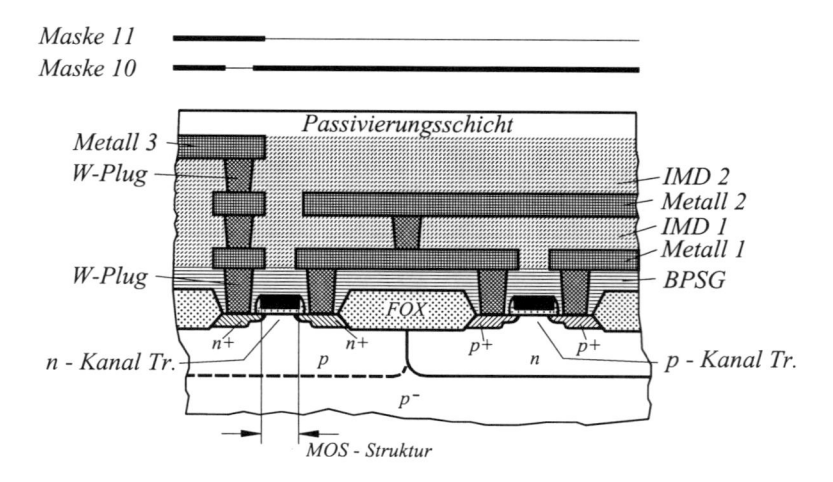

n) Definition Kontaktlochzonen Metall 2 zu Metall 3 (Via) sowie
   Strukturierung Metall 3

Bild 4.2: Prinzipieller Herstellablauf eines CMOS-Herstellungsverfahrens

Herstellung der Diffusionswannen

Das Anfangsmaterial der Siliziumscheibe (Wafer) ist ein p-Substrat. Die Diffusionswannen werden, wie in |WIDM| beschrieben, selbstjustierend und aneinander angrenzend implantiert und anschließend mit Temperaturschritten eindiffundiert. Dazu bedeckt man die Siliziumscheibe ganzflächig mit einer dünnen Siliziumdioxidschicht (SiO_2) und hierauf mit einer Siliziumnitridschicht (Si_3N_4). Danach trägt man auf die Scheibe einen Fotolack auf. Durch die 1. Maske, welche die Strukturen der n-Wannen enthält, geschieht die Belichtung. Nach dem Entwickeln des Fotolackes und einigen weiteren Prozessschritten werden der Fotolack und die Doppelschicht an den Stellen weggeätzt, an denen n-Wannen entstehen sollen (Bild 4.2a). Dazu implantiert man die Scheibe ganzflächig mit Phosphor, wobei der Fotolack mit der darunter liegenden Doppelschicht als Maskierung dient. Während der Eindiffusion oxidiert die Scheibe. Es entsteht jedoch nur dort eine Oxidschicht, wo keine Si_3N_4-Schicht vorhanden ist. Dieses Oxid dient in der darauf folgenden Borimplantation und Eindiffusion (Bild 4.2b) als Maskierung, wodurch in den verbleibenden Bereichen p-Diffusionswannen entstehen.

Lokale Oxidation

Nach dem Wegätzen des Oxids wird die Siliziumscheibe wiederum ganzflächig mit einer Dreifachschicht, diesmal bestehend aus SiO_2, Polysilizium (Poly-Si) und Si_3N_4 bedeckt und mit Hilfe einer weiteren Fototechnik strukturiert (Bild 4.2c). Bei der anschließenden Oxidation wächst an den Stellen Oxid (**Feldox**id FOX), an denen kein Si_3N_4 vorhanden ist (Bild 4.2d). Die Dreifachschicht wird nach der Oxidation abgeätzt. Es folgt eine ganzflächige Borimplantation (nicht gezeigt) zur Einstellung der erforderlichen Einsatzspannung der n-Kanal Transistoren. Die Einsatzspannung der p-Kanal Transistoren wird selektiv durch einen weiteren Fotolithographieschritt (nicht gezeigt) und anschließender Implantation mit Arsen und Bor eingestellt. Vor dem nächsten Maskenschritt wird ganzflächig ein dünnes Gateoxid der Dicke d_{ox} aufgebracht.

Strukturierung von Polysilizium

Nach dem Herstellen des Gateoxids geschieht eine ganzflächige Abscheidung von Polysilizium auf der Scheibe. In den folgenden Prozessschritten wird dann mit Hilfe einer weiteren Fototechnik das Polysilizium selektiv weggeätzt (Bild 4.2e).

Source-Drainimplantationen

Damit die Source-Draingebiete der n- und p-Kanal Transistoren entsprechend verschieden implantiert werden können, strukturiert man durch einen weiteren Fototechnikschritt den ganzflächig aufgebrachten Fotolack, um so die nicht zu implantierenden Bereiche abzudecken. Anschließend geschieht eine Phosphorimplantation. Hierbei wirkt das Polysiliziumgate mit dem Oxid wie eine Maske für den darunter liegenden Kanalbereich des n-Kanal Transistors, wodurch das Gate **selbstjustierend** zu den Source- und Draingebieten angeordnet ist (Bild 4.2f). Nach der Eindiffusion des Phosphors wird eine Rundumisolierung der Gateelektroden (Spacer) mit SiO_2 durchgeführt. Diese Isolierung hat den Zweck, bei der folgenden Implantation höher dotierte n^+-Bereiche zu den Source- und Drainkontakten des Transistors herzustellen, ohne den inneren Transistor dabei zu verändern. Dies geschieht mit Hilfe eines weiteren Fototechnikschritts – wobei Maske 4 ein zweites Mal verwendet wird – und einer anschließenden Arsenimplantation (Bild 4.2g). Das Gate wird durch die beiden Implantationen stark n^+ dotiert.

Auf die niedriger dotierten n-Bereiche zum Inneren des Transistors (**L**ightly **D**oped **D**rain LDD) wird im Zusammenhang mit heißen Ladungsträgern (Kapitel 4.5.4) näher eingegangen. Nach der Eindiffusion des Arsens werden die n-Kanal Transistoren mit Fotolack abgedeckt und eine Borimplantation durchgeführt. Genau wie beim n-Kanal Transistor, so wirkt auch beim p-Kanal Transistor das Polysiliziumgate als Maske für den darunter befindlichen Kanalbereich, so dass auch bei diesem Transistor die Source- und Draingebiete selbstjustierend zum Gate angeordnet sind (Bild 4.2h). Infolge des Spacers und der günstigen Diffusionseigenschaften von Bor entstehen p^+ Source- und Drainschlüsse und niedriger dotierte p-Gebiete (LDD) zum Inneren des Transistors gleichzeitig in einem Diffusionsvorgang. Das Gate ist stark p^+ dotiert.

Anschließend wird ein metallischer Titanfilm (Ti) ganzflächig aufgebracht (Bild 4.2i). Durch das Erhitzen des Wafers diffundiert Silizium aus den Source-, Drain- und Polysiliziumgebieten in das Titan, wodurch dort eine Silizidbildung ($TiSi_2$) stattfindet. In den Bereichen, in denen die Metallschicht auf einer SiO_2-Unterlage liegt, bleibt das Metall praktisch unverändert. Durch einen anschließenden Ätzvorgang wird das Titan aus den Bereichen beseitigt wo keine Silizierung stattgefunden (Bild 4.2j) hat. Als Resultat verbleiben automatisch alle Source-, Drain- und Gategebiete mit dem niederohmigen Silizid bedeckt (Salicide genannt; **s**elf **a**ligned si**licide**). Schichtwiderstände von einigen $\Omega/\square$ |TANG| resultieren. Ein weiterer wesentlicher Vorteil des Silizids ist, dass kein Polysilizium pn-Übergang entsteht, wenn die Gates des n- und p-Kanal Transistors bei diversen Schaltungen verbunden werden.

Kontaktierungen und Verbindungen

Vor der eigentlichen Metallisierung zur Erzeugung von Leiterbahnen wird ganzflächig SiO_2 auf die Scheibe aufgebracht (nicht dargestellt). Diese bildet eine Diffusionsbarriere zwischen dem Silizium und der folgenden BPSG-(**B**or-**P**hosphorous **S**ilicat **G**lass) Schicht. Diese verwendet man zur vertikalen Isolation und zur Verrundung der Strukturkanten. Höhenunterschiede auf der Oberfläche werden anschließend durch diverse chemische Bearbeitungen und mechanisches Polieren beseitigt. Mit einem weiteren Fotolithographieschritt werden Kontaktlöcher definiert und anschließend freigeätzt. (Bild 4.2k) Es folgt eine Ti/TiN-Abscheidung in den Kontaktlöchern. Die Ti-Schicht bildet mit dem Si einen niederohmigen TiSi-Kontakt, während das TiN als metallurgische und chemisch inerte Barriereschicht zwischen Si und Wolfram fungiert (nicht in Bild 4.2k dargestellt). Die entstandenen Gräben füllt man anschließend mit Wolfram (W-Plugs) auf.

Die Erzeugung der Metall-Ebene 1 (Bild 4.2 l) erfolgt durch ganzflächiges Sputtern von z.B. AlSiCu auf die Scheibe und anschließender Strukturierung mit einer weiteren Fototechnik (Maske 7).

Auf die Scheibe wird in einem weiteren Schritt ganzflächig ein Dielektrikum – **I**nter**m**etall **D**ielektrikum (IMD) genannt – aufgebracht (Bild 4.2m). In einem folgenden Fotolithographieschritt (Maske 8) ätzt man Gräben in die IMD-Schicht, die dann anschließend mit Wolfram aufgefüllt werden. Die Metall-Ebene 2 wird mit Maske 9 – ähnlich wie bereits bei der Herstellung von Metall-Ebene 1 beschrieben – erzeugt. Die elektrische Verbindung zwischen zwei Metallbahnen wird "Via" (hole) genannt. Das Aufbringen und Kontaktieren der Metall-Ebene 3 (Bild 4.2n) geschieht ähnlich wie bei Metall-Ebene 2 beschrieben, jedoch mit den Masken 10 und 11.

Abschließend wird eine Schicht aus Nitrid oder Phosphorglas, die den Chip vor Umwelteinflüssen schützt, auf die ganze Scheibe aufgebracht. Mit einer weiteren Maske (nicht dargestellt) werden dann die Anschlussflecken freigeätzt, mit denen der Chip mit den Gehäusebeinchen verbunden werden kann.

In der vorhergehenden Beschreibung eines CMOS-Herstellverfahrens wurde zur Isolierung benachbarter Transistoren ein dickeres Oxid – **F**eld **Ox**id FOX genannt – verwendet. Diese Isolationstechnik ist für Strukturabmessungen kleiner 0,25µm wegen der relativen Länge des sog. bird's beak ungeeignet. Aus diesem Grund wird als Alternative eine Graben-Isolation, auch **S**hallow **T**rench **I**solation (STI) genannt, verwendet.

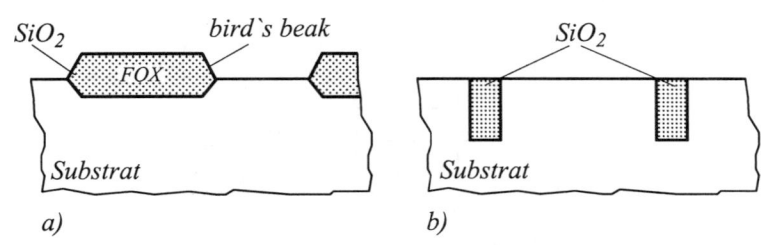

Bild 4.3: *Isolationstechniken; a) LOCOS-Isolierung; b) Graben-Isolierung*

Diese Technik benutzt statt einer isotropen Ätzung, bei der das Material gleichzeitig horizontal und vertikal abgetragen wird, eine anisotropische Ätzung, die nur in vertikaler Richtung erfolgt. Anschließend wird ganzflächig Oxid aufgewachsen und zurückgeätzt, so dass nur noch das Oxid in den Gräben erhalten bleibt. Der Vorteil dieser Technik ist offensichtlich. Es entsteht kein "bird's beak".

4.2 MOS-Struktur

Die **M**etall-**O**xid-Halbleiter (**S**emiconductor) Struktur (Bild 4.4) stellt das Grundelement des MOS-Transistors dar (Ausschnitt aus Bild 4.2n).

Sie besteht aus einer Metallelektrode – durch hochdotiertes n^+-Polysilizium realisiert – die über einen dünnen Isolator (Siliziumdioxid SiO_2) den Halbleiter beeinflusst. Im Folgenden wird ein p-Typ Halbleiter vorausgesetzt.

Die MOS-Struktur befindet sich im thermodynamischen Gleichgewicht. Dies bedeutet im Bänderdiagramm, dass das Ferminiveau in allen Bereichen auf gleicher energetischer Höhe (Kapitel 2.1) verläuft. Da der Isolator selbst keine bewegliche Ladung besitzt, zeigen seine Leitungs- und Valenzbandkanten diejenigen Energien an, welche die Elektronen bzw. Löcher der angrenzenden Materialien benötigen würden, diese Energiebarrieren zu überwinden.

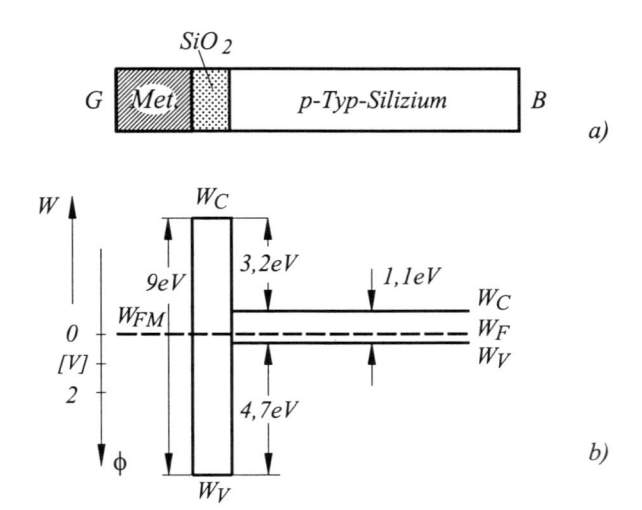

Bild 4.4: a) MOS-Struktur; b) Bänderdiagramm der MOS-Struktur im thermodynamischen Gleichgewicht

4.2.1 Charakteristik der MOS-Struktur

Wird an die Klemmen der MOS-Struktur eine veränderliche Spannung U_{GB} angelegt, können drei stationäre Zustände, die Akkumulation, Verarmung und Inversion erzeugt werden. Im Folgenden wird als Bezugspunkt die Halbleiterrückseite mit dem Ferminiveau W_F gewählt. (Siehe Kapitel 1.3.4: Zusammenhang Elektronenenergie, Spannung).

Akkumulation:

Liegt an der MOS-Struktur (Bild 4.5) eine Gatespannung $U_{GB} < 0$ an, d.h. negativer Pol an der Gateelektrode, dann zieht das am Isolator entstandene Feld Löcher aus dem p-Typ Halbleiter zur Barriere Isolator-Halbleitergrenzschicht. Dort bildet sich eine Löcheranhäufung (Akkumulation) als Gegenladung zur negativen Gateladung (Bild 4.5b). Der Verlauf der Energiebänder entspricht den auftretenden Spannungsabfällen. Im Halbleiter ist an der Halbleiteroberfläche der Energieabstand $W_F - W_V$ kleiner als im Halbleiterinnern, was einen Anstieg der Löcherkonzentration bedeutet Gl.(1.15). Diese kann somit wie ein feldinduzierter p^+p-Übergang betrachtet werden.

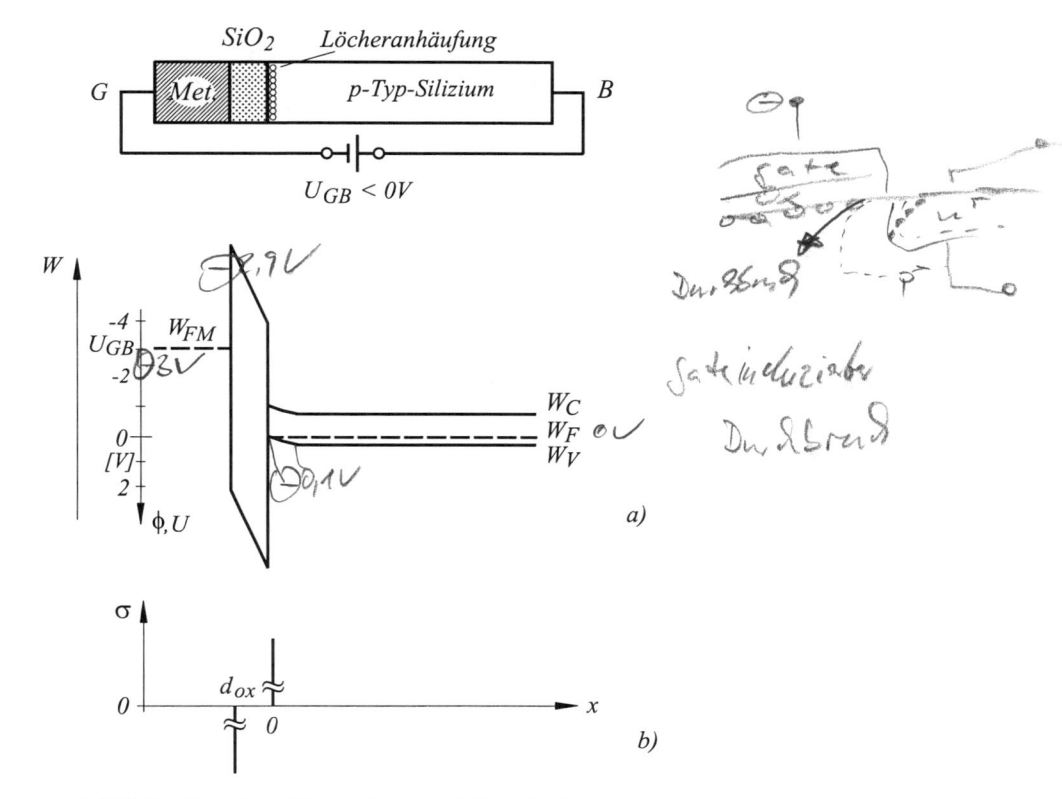

Bild 4.5: MOS-Struktur bei Akkumulation; a) Bänderdiagramm;
b) Ladungsverteilung

Verarmung:

Wird an der MOS-Struktur die Spannung U_{GB} umgepolt (Bild 4.6), werden Löcher von der Grenzfläche Isolator-Halbleiter weggestoßen. Es entsteht eine negativ geladene Raumladungszone (RLZ) aus ionisierten Akzeptoren als Gegenladung zur positiven Ladung der Gateelektrode (Bild 4.6b).

Im Halbleiter herrscht thermodynamisches Gleichgewicht, da dort das Ferminiveau auf gleicher energetischer Höhe verläuft. Somit sind Generations- und Rekombinationsprozesse ausgeglichen. Der Energieabstand $W_F - W_V$ ist an der Halbleiteroberfläche größer geworden, was einer Verarmung von Löchern entspricht.

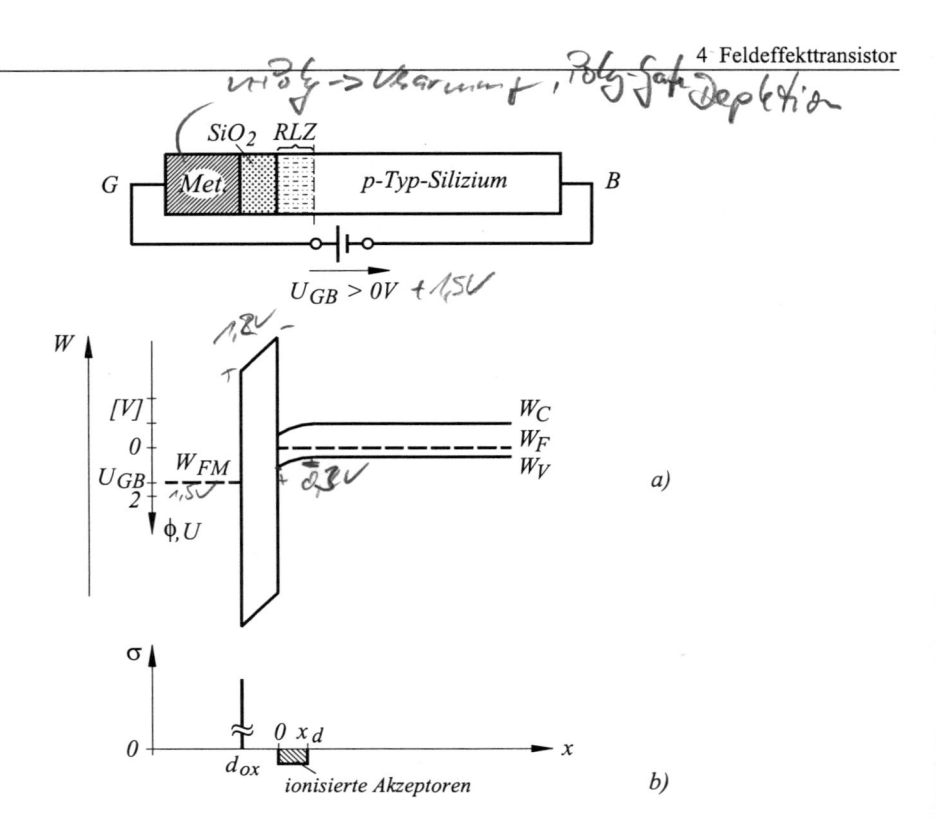

Bild 4.6: MOS-Struktur bei Verarmung; a) Bänderdiagramm; b) Ladungsverteilung

Tiefe Verarmung

Wird die an der MOS-Struktur anliegende Gatespannung weiter erhöht, vergrößert sich die Zone der ionisierten Akzeptoren (Bild 4.7). Entsprechend nehmen dort der Spannungsabfall und die Biegung der Energiebänder zu. In diesem Zustand ist der Halbleiter nicht mehr im thermodynamischen Gleichgewicht und somit das Ferminiveau nicht mehr auf gleicher energetischer Höhe. Dieser Zustand, der ein Übergangszustand ist, wird tiefe Verarmung (deep depletion) genannt.

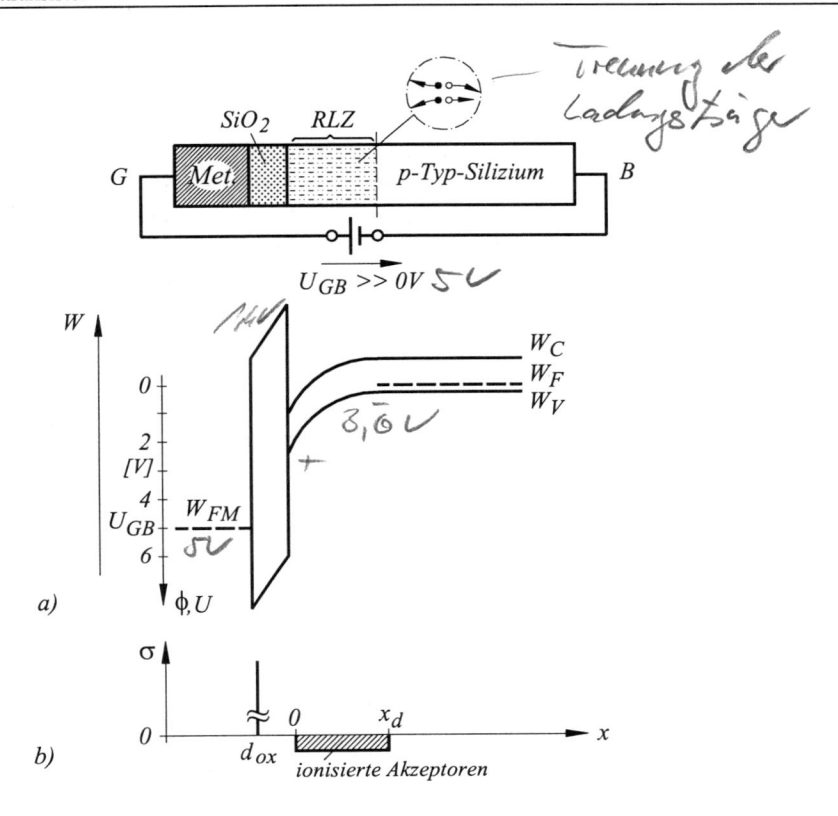

Bild 4.7: MOS-Struktur bei tiefer Verarmung; a) Bänderdiagramm; b) Ladungsverteilung

Inversion

Überall im Halbleiter entstehen und verschwinden durch Generation und Rekombination Ladungsträger. Infolge des großen Feldes werden jedoch in der Raumladungszone die generierten Ladungsträger getrennt. Es wandern Elektronen an die Grenzfläche zum Isolator und Löcher zum Substratanschluss. Die Elektronen an der Halbleiteroberfläche bilden eine Elektronenschicht, die Inversionsschicht genannt wird, da sie eine invertierte Polarität zu den Ladungsträgern (Löcher) im Substratmaterial besitzt. Man spricht in diesem Fall von einem feldinduzierten np-Übergang. Der Aufbau dieser Schicht geschieht solange (Sekunden), bis das thermodynamische Gleichgewicht halbleiterseitig hergestellt ist. Die positive Ladung der Gateelektrode wird somit durch zusätzliche negative Ladung der Elektronen an der Halbleiteroberfläche kompensiert (Bild 4.8b). Dadurch verringert sich die Ladung der ionisierten Akzeptoren und die Weite der Raumladungszone nimmt ab. Eine weitere Erhöhung der Gatespannung hat jeweils nach Erreichen des thermodynamischen Gleichgewichts zur Folge, dass zusätzlich Elektronen an der Grenzfläche angehäuft werden. Die Ladung und Weite der Raumladungszone bleiben dabei jedoch nahezu konstant. Hierauf wird im Zusammenhang mit der Oberflächenspannung noch näher eingegangen.

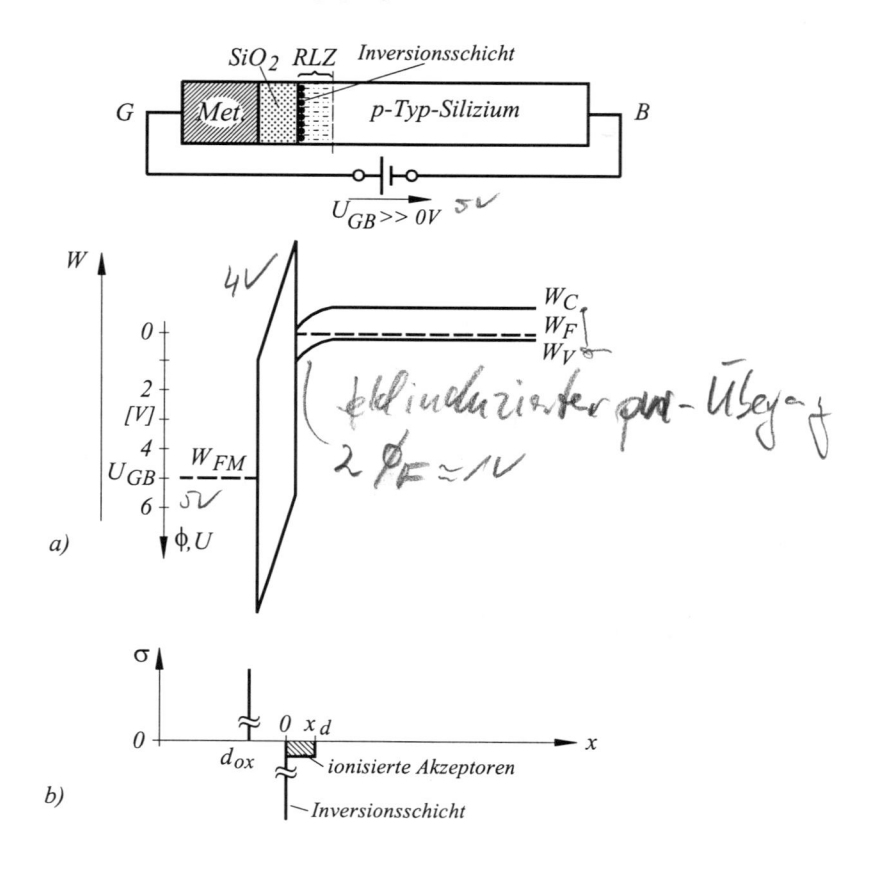

Bild 4.8:   *MOS-Struktur bei starker Inversion; a) Bänderdiagramm;*
              b) Ladungsverteilung

4.2.2 Kapazitätsverhalten der MOS-Struktur

Im vorhergehenden Kapitel wurden die drei Zustände der MOS-Struktur Akkumulation, Verarmung und Inversion beschrieben. Diese Zustände haben zur Folge, dass die MOS-Struktur in Abhängigkeit von der anliegenden Spannung U_{GB}, der eine Wechselspannung überlagert ist, ein unterschiedliches Kleinsignalkapazitätsverhalten (Bild 4.9) zeigt.

Ist $U_{GB} < 0$, herrscht an der Halbleiteroberfläche Akkumulation. Die Wechselspannungsänderung z.B. bei 1 MHz ruft eine Ladungsänderung zu beiden Seiten des

4 Feldeffekttransistor

Isolators (Oxid) hervor. Die MOS-Struktur verhält sich dabei wie die Kapazität eines Plattenkondensators mit dem Plattenabstand d_{ox} und dem Wert

$$C'_{ox} = \frac{\varepsilon_o \varepsilon_{ox}}{d_{ox}}, \tag{4.1}$$

wobei C'_{ox} die flächenspezifische Oxidkapazität und d_{ox} die Dicke der Oxidschicht ist. Hat U_{GB} einen Wert > 0 stellt sich eine Verarmungszone an der

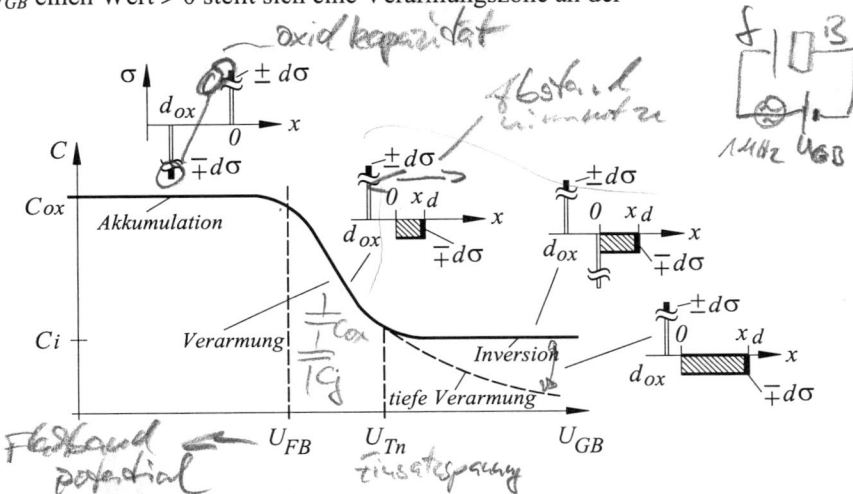

Bild 4.9: Kleinsignalkapazitätsverhalten der MOS-Struktur als Funktion der Gatespannung bei einer mittleren Frequenz

Halbleiteroberfläche ein, wodurch die Kapazität verringert wird. Dies kann man sich so vorstellen, als ob die Dicke der Oxidschicht d_{ox} sich um den Betrag der Dicke der Verarmungszone x_d (bei Berücksichtigung der verschiedenen Dielektrizitätskonstanten) vergrößert. Wird die Spannung U_{GB} weiter erhöht, bildet sich infolge von Generation eine Inversionsschicht. Diese bewirkt, dass sich die Raumladungszone nicht weiter ausdehnt und die Kapazität dadurch nicht weiter verringert wird. In diesem Fall verhält sich die Kapazität der MOS-Struktur wie die Reihenschaltung einer Oxidkapazität C'_{ox} (Gateelektrode-Inversionsschicht) und einer Sperrschichtkapazität C'_j (Inversionsschicht-Substrat)

$$C'_i = \left(\frac{1}{C'_j} + \frac{1}{C'_{ox}} \right)^{-1}, \tag{4.2}$$

wobei letztere einen flächenspezifischen Wert von

$$C'_j = \frac{\varepsilon_o \varepsilon_{Si}}{x_d} \tag{4.3}$$

hat, der vergleichbar mit dem des pn-Übergangs Gl.(2.50) ist. Bisher wurde stillschweigend davon ausgegangen, dass die Spannung U_{GB} so langsam verändert wird, dass sich der Halbleiter immer im thermodynamischen Gleichgewichtszustand befindet. Ist dies nicht der Fall, z.B. durch zu schnelles Verändern von U_{GB}, kann die MOS-Struktur in tiefe Verarmung gelangen, wodurch die Kapazität durch Vergrößerung der Raumladungszone weiter verringert wird (gestrichelt in Bild 4.9).

Bei der vorhergehenden Betrachtung der Kleinsignalkapazität wurde vorausgesetzt, dass eine Wechselspannung mit einer mittleren Frequenz von ca. 1 MHz an der MOS-Struktur anliegt und sich die Ladungsänderung am Gate und am Ende der Raumladungszone zum Substrat hin auswirkt. Wird die Frequenz jedoch so weit erniedrigt (unter 1 Hz), dass die Generation-Rekombinationsrate mit der Frequenz der Wechselspannung mithält, tritt die Ladungsänderung an der Inversionsschicht auf. In diesem Fall nähert sich der Kapazitätswert dem Wert der Oxidkapazität, wie er in Bild 4.10 gestrichelt eingezeichnet ist.

Der Übergang von der Akkumulation zur Verarmung wird durch die Flachbandspannung U_{FB} und derjenige von der Verarmung zur Inversion durch die Einsatzspannung U_{Tn} charakterisiert. Auf beide Spannungen wird in den folgenden Abschnitten näher eingegangen.

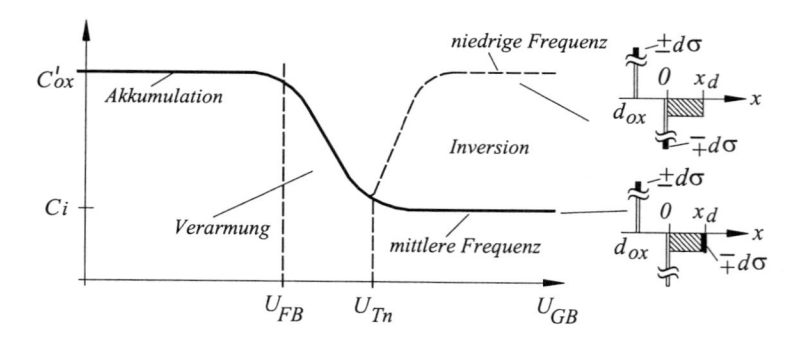

Bild 4.10: *Kleinsignalkapazitätsverhalten der MOS-Struktur als Funktion der Gatespannung bei unterschiedlichen Frequenzen*

4.2.3 Flachbandspannung

Bei der bisher betrachteten MOS-Struktur verliefen bei $U_{GB} = 0$ die Energieniveaus der einzelnen Materialien auf energetisch konstanter Höhe (Bild 4.4). Dies ist bei einer realen MOS-Struktur nicht der Fall, da sie durch Diffusions- und Kontaktspannungen beeinflusst wird.

Unterschiede in den Austrittsarbeiten

Ausgangspunkt für die folgenden Überlegungen sind die Bänderdiagramme der einzelnen Materialien bevor diese in Berührung gebracht werden (Bild 4.11b). Als Referenzenergie wurde die Energie W_O eines gerade freien Elektrons gewählt. Bei einer von außen zugeführten Energie von W_{MA} oder W_{HA} unterliegen somit die Elektronen, die sich auf dem entsprechenden Ferminiveau befinden, nicht mehr dem Einfluss des Materials. Diese zugeführte Energie wird Austrittsarbeit (zweiter Index A) genannt. Sie ist um so kleiner je größer die Fermienergie eines Materials ist. Da beim Halbleiter bei dem Energieniveau W_F keine Elektronen vorhanden sind, verwendet man hier zusätzlich den Begriff der Elektronenaffinität, die die Energiedifferenz $W_O - W_C$ angibt. Zusätzlich wurden noch unterschiedliche Dotierungsdichten im Halbleiter eingezeichnet, um dadurch z.B. eine inhomogene Dichteverteilung zu berücksichtigen. Zur Vereinfachung der Betrachtung wird angenommen, dass die Austrittsarbeit des Rückseitenmetalls (B) den gleichen Wert hat wie das mit Silizid bedeckte Gate (G).

Was passiert nun, wenn alle Materialien zusammengeführt werden und die Rückseite der MOS-Struktur mit Metall verbunden wird? Die Austrittsarbeit des Halbleiters W_{HA2} ist kleiner als die des Rückseitenmetalls W_{MA}. Dadurch ist die Wahrscheinlichkeit, dass Valenzbandelektronen infolge ihrer thermischen Energie vom Halbleiter zum Metall wandern größer als dass Elektronen vom Metall zum Halbleiter wandern. Es kommt zu einem Defizit von Valenzbandelektronen d.h. Anhäufung von Löchern halbleiterseitig und Anhäufung von Elektronen metallseitig bis das Ferminiveau eine gleiche energetische Höhe erreicht hat. Es entsteht ein ohmscher Kontakt mit einer Kontaktspannung zwischen Halbleiter und Metall von

$$\phi_K = \frac{W_{MA} - W_{HA2}}{q}. \tag{4.4}$$

Diese hat z.B. mit den Werten $W_{MA} = 5\,\text{eV}$ und $W_{HA2} = 4.1\,\text{eV}$ einen Wert von 0,9 V.

Ähnlich argumentiert werden kann bei dem Kontakt zwischen den unterschiedlich dotierten N_A-Bereichen. Es resultiert eine Diffusionsspannung von

$$\phi_i = \frac{W_{HA2} - W_{HA1}}{q} = \phi_t \ln \frac{N_{A2}}{N_{A1}} \tag{4.5}$$

(Aufgabe 4.11). Dies ist kein überraschendes Resultat. Es ist vielmehr vergleichbar mit der Betrachtung des inhomogen dotierten Halbleiters (Kap. 2.1), bei dem sich im thermodynamischen Gleichgewicht Drift- und Diffusionsströme kompensieren und das Ladungsgleichgewicht eine Diffusionsspannung Gl.(2.4) hervorruft.

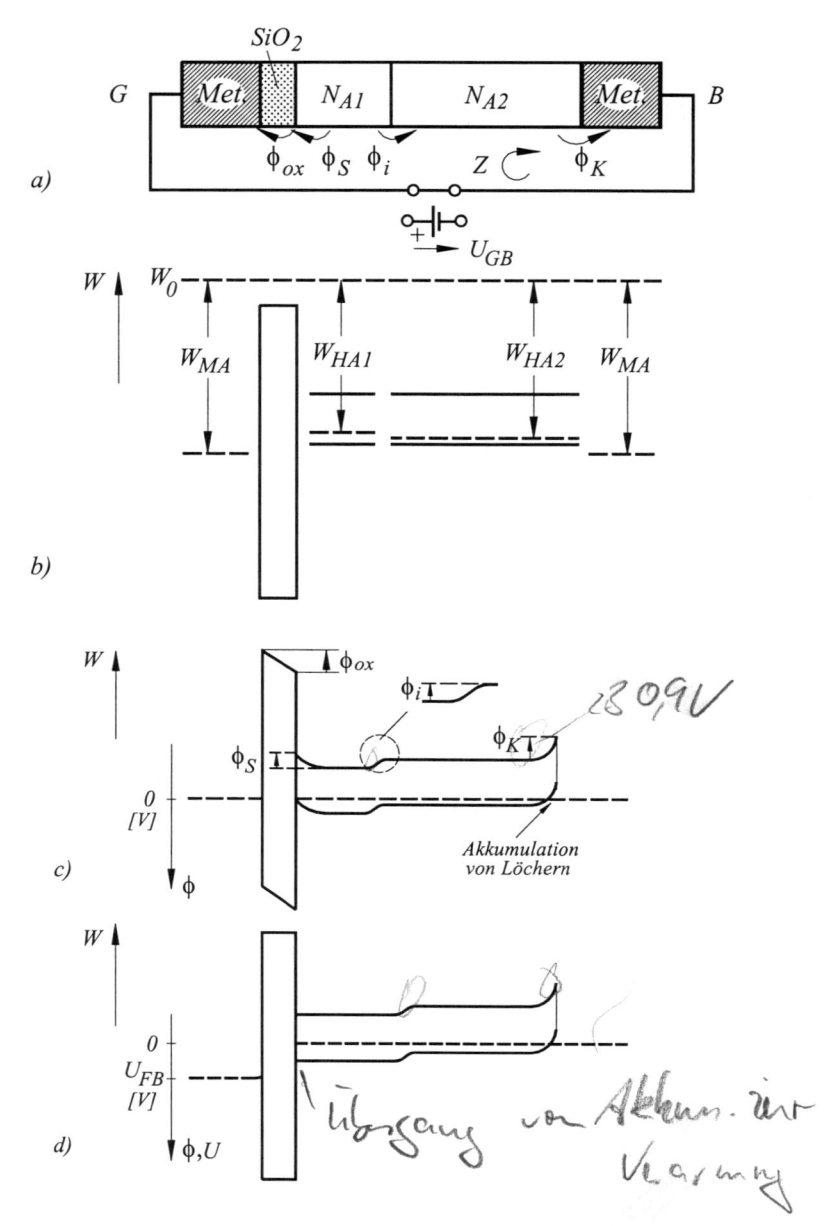

Bild 4.11: a) MOS-Struktur; b) Bänderdiagramm der verschiedenen Materialien; c) Bänderdiagramm der MOS-Struktur im thermodynamischen Gleichgewicht; d) Bänderdiagramm bei Flachbandbedingungen

Werden die Materialien alle zusammengefügt und das Gate mit der Rückseite verbunden, so verursachen die Kontaktspannung und die Diffusionsspannung eine Ladungsverschiebung innerhalb der MOS-Struktur, wodurch ein Spannungsabfall am Isolator

4 Feldeffekttransistor

von ϕ_{ox} und an der Halbleiteroberfläche von ϕ_S entsteht (Bild 4.11c), so dass entsprechend dem Kirchhoffschen Gesetz $(\Sigma U = 0)$

$$\phi_i + \phi_K - \phi_{ox} - \phi_S = 0 \qquad (4.6)$$

ist.

Wie im vorhergehenden Abschnitt gezeigt wurde, kann die Ladung der MOS-Struktur durch eine äußere Spannung U_{GB} verändert werden. Wird diese so eingestellt, dass die Energieniveaus auf energetisch konstanter Höhe (flach) im Oxid und an der Halbleiteroberfläche verlaufen (Bild 4.11d), dann bezeichnet man diese Spannung als Flachbandspannung U_{FB}. Sie kann ebenfalls durch Anwendung des Kirchhoff'schen Gesetzes

$$-U_{GB} + \phi_i + \phi_K - \phi_{ox} - \phi_S = 0 \qquad (4.7)$$

bestimmt werden.

Hat U_{GB} einen Wert von

$$U_{GB} = U_{FB} = (\phi_i + \phi_K), \qquad (4.8)$$

dann sind die Spannungsabfälle $\phi_{ox} = 0$ und $\phi_S = 0$, da die U_{GB}-Spannung die Diffusions- und Kontaktspannung kompensiert.

Bei den bisherigen Betrachtungen wurde der Einfluss von Ladungen an der Grenzfläche zwischen Oxid und Silizium vernachlässigt. Letztere kommen durch die Unterbrechung der periodischen Kristallstruktur an der Halbleiteroberfläche zustande.

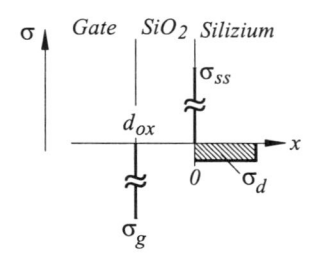

Bild 4.12:   *Ladung an der Grenzfläche zwischen Oxid und Silizium*

Diese Grenzschichtladung σ_{SS} ruft eine gleiche, aber entgegengesetzte Ladung, die sich auf das Silizium und Gate aufteilt, hervor und beeinflusst die Flachbandspannung. Bei heutigen Herstellverfahren |NICO| beträgt die Dichte N_{SS} der unterbrochenen Verbindungen infolge des Aufwachsens von amorphen Siliziumoxids (SiO_2) weniger als $10^{10} cm^{-2} eV^{-1}$, d.h. σ_{SS} ist ca. $q \cdot 10^{10}$ cm^{-2}, wobei die Ladung q entsprechend dem Herstellverfahren und den Spannungsbedingungen positiv oder negativ sein kann. Da die Änderung der Flachbandspannung mit nur einigen mV sehr klein ist, kann diese Ladung heute meistens vernachlässigt werden.

Kritischer betrachtet werden müssen jedoch die Grenzschichtladung sowie mögliche Ladungen im Gateoxid unter dem Einfluss heißer Ladungsträger (Kapitel 4.5.4). Als

Folge können Ladungsverschiebungen auftreten und damit ein frühzeitiges Altern des Transistors bewirken |LEBL|.

4.3 Gleichungen der MOS-Struktur

In den vorhergehenden Abschnitten wurde eine Einführung in das grundsätzliche Verhalten der MOS-Struktur gegeben. Im Folgenden werden die flächenbezogenen Ladungsdichten in der Raumladungszone und in der Inversionsschicht in Abhängigkeit von der Oberflächenspannung des Halbleiters berechnet. Der Wert dieser Ladungen wird anschließend bei starker Inversion bestimmt. Die Einsatzspannung wird hergeleitet. Mit diesen Ergebnissen können dann die Strom-Spannungsgleichungen des MOS-Transistors abgeleitet werden. Im folgenden Text wird der Vereinfachung wegen öfters von Ladung gesprochen, obwohl immer flächenbezogene Ladungen σ gemeint sind. Diese ergeben sich durch die sog. Charge Sheet Näherung, auf die im Folgenden eingegangen wird.

4.3.1 Ladungen in der MOS-Struktur

In Bild 4.13 sind die Ladungen, die Feld und die Spannungsverteilungen der MOS-Struktur dargestellt. Es wird der Einfachheit halber davon ausgegangen, dass das Substrat homogen mit der Dichte N_A dotiert ist. Den Feldverlauf kann man durch Lösen der Poissongleichung im interessierenden Bereich bestimmen. Demnach resultiert

$$\int_{E_{Si}(x)}^{E_{Si}(x_d)} dE_{Si}(x) = -\frac{q}{\varepsilon_o \varepsilon_{Si}} \int_{x}^{x_d} (n(x) + N_A) dx, \qquad (4.9)$$

wobei $p(x) = 0$ angenommen wurde. Diese Beziehung lässt sich explizit nicht ohne weiteres lösen. Aus diesem Grund wird die sog. Charge Sheet Näherung |BREW| verwendet. Bei dieser Näherung wird angenommen, dass die Inversionsschichtdicke d_i extrem dünn ist. Sie beträgt nur wenige nm. Sie ist demnach sehr viel dünner als die Verarmungsschicht (> 100nm), so dass der Spannungsabfall an der Inversionsschicht gegenüber dem in der Verarmungszone vernachlässigt werden kann (Bild 4.13c). Mit dieser Näherung ($d_i \rightarrow 0$) d.h. $n(x)$ verhält sich wie eine Deltafunktion, ergibt sich aus der eindimensionalen Poissongleichung ein Feldverlauf im Halbleiter von

$$E_{Si}(x) = \frac{qN_A}{\varepsilon_o \varepsilon_{Si}} (x_d - x) \quad (4.10)$$

und ein Spannungsverlauf von

$$\phi(x) = -\int_x^{x_d} E_{Si}(x)dx = \frac{qN_A}{2\varepsilon_o \varepsilon_{Si}} (x_d - x)^2, \quad (4.11)$$

wobei als Randbedingungen $E_{Si}(x = x_d) = 0$ und $\phi(x = x_d) = 0$ vorausgesetzt wurden.

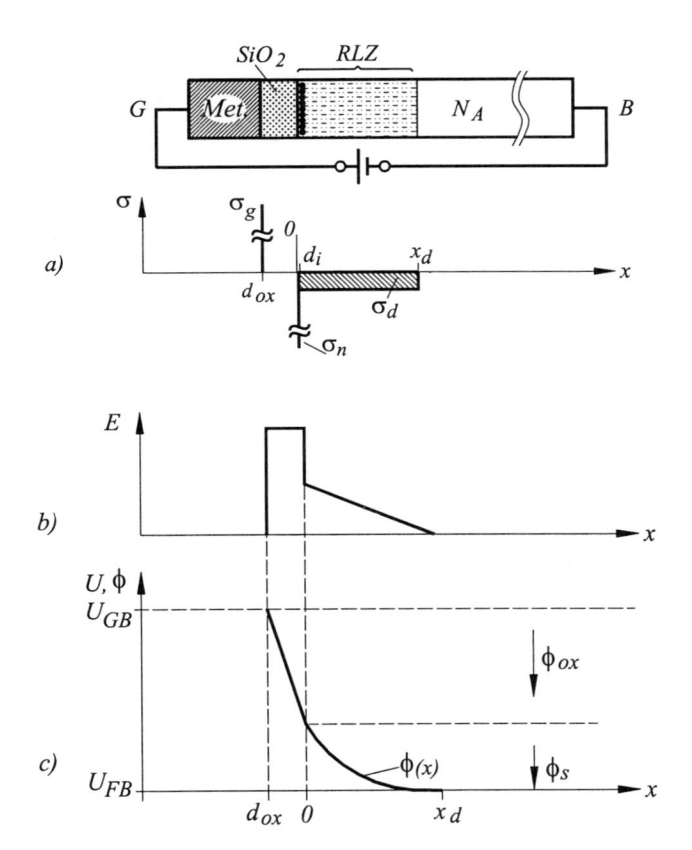

Bild 4.13:   MOS-Struktur; a) Ladungsverteilung; b) Feldverteilung bei charge-sheet Näherung); c) Spannungsverlauf (bei charge-sheet Näherung)

Die sich aus dieser Beziehung ergebende Spannung an der Halbleiteroberfläche am Orte $x = 0$ beträgt

$$\phi(x = 0) = \phi_S = \frac{qN_A}{2\varepsilon_o \varepsilon_{Si}} x_d^2.$$

Diese wichtige Spannung wird Oberflächenspannung genannt. Damit ist ein Zusammenhang zwischen der Weite der Raumladungszone und dieser Spannung

$$x_d = \sqrt{\frac{2\varepsilon_o \varepsilon_{Si}}{qN_A}\phi_S} \qquad (4.12)$$

gegeben. Vergleicht man diese Weite mit der eines metallurgischen n$^+$p-Übergangs (Gl.(2.43) mit $N_D > N_A$) so erkennt man, dass ϕ_S durch die Spannung über der Raumladungszone $\phi_i - U_{PN}$ ersetzt wird und ansonsten kein Unterschied in den Beziehungen besteht.

Die Ladung in der Raumladungszone pro Fläche beträgt somit

$$\sigma_d = -qN_A x_d = -\sqrt{qN_A 2\varepsilon_o \varepsilon_{Si} \phi_S} \, . \qquad (4.13)$$

Das Verhalten des MOS-Transistors wird im Wesentlichen durch die Ladung Q_n der Inversionsschicht geprägt. Um sie zu berechnen, geht man von der Integralform des Gaußschen Gesetzes

$$\oint \vec{D} \cdot d\vec{A} = Q \qquad (4.14)$$

aus. Sie besagt, dass die durch eine geschlossene Oberfläche ein- bzw. austretende elektrische Flussdichte D, gleich der im Volumen enthaltenen Ladung Q sein muss. Wird dieses Integral auf den in Bild 4.14 gezeigten Ausschnitt

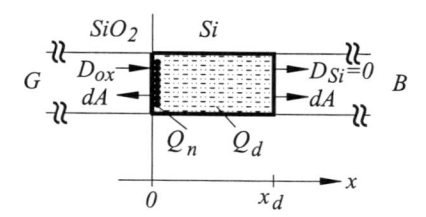

Bild 4.14:   *Darstellung der Diskontinuität der elektrischen Flussdichte*

angewendet, resultiert

$$\begin{aligned} Q_n + Q_d &= -D_{ox} dA \\ \sigma_n + \sigma_d &= -D_{ox}, \end{aligned} \qquad (4.15)$$

wobei σ_n die flächenbezogene Ladung der Inversionsschicht ist. Diese Gleichung sagt aus, dass die Diskontinuität des elektrischen Flusses D_{ox} durch die eingeschlossenen Ladungen hervorgerufen wird.

Die elektrische Flussdichte an der Isolatorseite der Grenzfläche

$$\begin{aligned}
D_{ox} &= \varepsilon_o \varepsilon_{ox} E_{ox} \\
&= -\varepsilon_o \varepsilon_{ox} \frac{d\phi}{dx} \\
&= \varepsilon_o \varepsilon_{ox} \frac{\phi_{ox}}{d_{ox}} \\
&= C'_{ox} \phi_{ox}
\end{aligned} \qquad (4.16)$$

kann als Funktion der Spannung ϕ_{ox}, die am Isolator abfällt (Bild 4.13), beschrieben werden, wobei C'_{ox} die flächenbezogene Oxidkapazität Gl.(4.1) ist. Die Spannung ϕ_{ox} am Isolator kann anhand der an der MOS-Struktur auftretenden Spannungsabfälle berechnet werden. Nimmt die Gatespannung den Wert der Flachbandbedingung an (Bild 4.13c), herrschen Flachbandbedingungen. Aus diesem Grund ist $U_{GB} - U_{FB}$ die wirksame Spannung, die die MOS-Struktur beeinflusst. Sie teilt sich, wie in diesem Bild gezeigt ist, auf einen Spannungsabfall im Isolator ϕ_{ox} und einen im Halbleiter ϕ_S auf, so dass

$$U_{GB} - U_{FB} = \phi_{ox} + \phi_S \qquad (4.17)$$

ist. Somit ist die elektrische Flussdichte Gl.(4.16)

$$D_{ox} = C'_{ox}(U_{GB} - U_{FB} - \phi_S) \qquad (4.18)$$

Unter Anwendung dieser Beziehung sowie Gleichungen (4.15) und (4.13) resultiert eine flächenbezogene Ladung in der Inversionsschicht von

$$\begin{aligned}
\sigma_n &= -C'_{ox}(U_{GB} - U_{FB} - \phi_S) + \sqrt{qN_A 2\varepsilon_o \varepsilon_{Si} \phi_S} \\
&= -C'_{ox}(U_{GB} - U_{FB} - \phi_S - \gamma\sqrt{\phi_S}).
\end{aligned} \qquad (4.19)$$

Der Faktor

$$\boxed{\gamma = \frac{1}{C'_{ox}}\sqrt{qN_A 2\varepsilon_o \varepsilon_{Si}}} \quad \text{Body-Faktor} \qquad (4.20)$$

wird Substratsteuerfaktor genannt. Auf seine Bedeutung wird später noch näher eingegangen. Das Ziel dieses Kapitels ist erreicht. Die Ladungen in der Raumladungszone σ_d Gl.(4.13) sowie diejenige in der Inversionsschicht σ_n Gl.(4.19) können bestimmt werden. Hierzu ist jedoch die Kenntnis der Oberflächenspannung ϕ_S nötig. Diese soll im folgenden Abschnitt erfolgen.

4.3.2 Oberflächenspannung bei starker Inversion

Hierzu ist es zweckmäßig das Bänderdiagramm halbleiterseitig genauer zu betrachten (Bild 4.15).

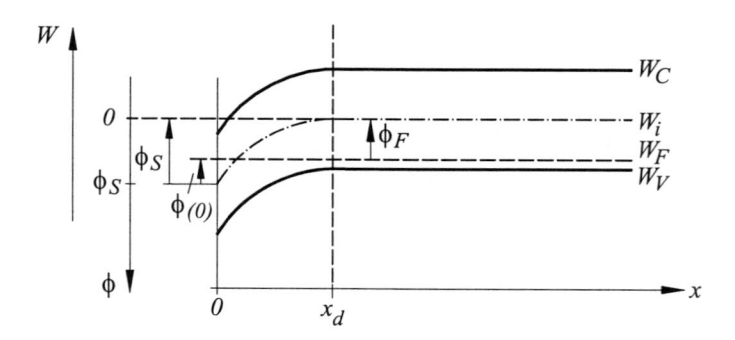

Bild 4.15: Bänderdiagramm des Halbleiters zu Beginn der starken Inversion

Die Energiebänder sind gekrümmt. Infolge dieser Biegung beträgt die Oberflächenspannung

$$\phi_S = \phi(0) + \phi_F. \tag{4.21}$$

Entsprechend dem in Kapitel 1.3.4 beschriebenen Zusammenhang zwischen Spannung und Energie haben dabei die Spannungen die Werte

$$\phi(0) = \frac{W_i(0) - W_F}{-q} \tag{4.22}$$

und

$$\boxed{\phi_F = \frac{W_F - W_i(x_d)}{-q}}. \tag{4.23}$$

Hierbei wird ϕ_F Fermispannung genannt.

Mit Erhöhung der Gatespannung nimmt die Spannung $\phi(0)$ und die Energiedifferenz $(W_F - W_i)$ an der Halbleiteroberfläche ($x = 0$) zu. Demzufolge steigt die Elektronendichte Gl.(1.14)

$$n(0) = n_i e^{\frac{W_F - W_i(0)}{kT}} = n_i e^{\phi(0)/\phi_t} \tag{4.24}$$

dort an, wodurch sich in Bezug zur Oberflächenspannung Gl.(4.21) eine Elektronendichte von

4 Feldeffekttransistor

$$n(0) = n_i e^{(\phi_S - \phi_F)/\phi_t} \qquad (4.25)$$

ergibt.

Die Fermispannung ϕ_F Gl.(4.23) kann dabei direkt aus der Substratdotierung Gl.(1.15) ermittelt werden. Mit

$$p(x_d) = N_A = n_i e^{\frac{W_i(x_d) - W_F}{kT}} = n_i e^{\phi_F/\phi_t} \qquad (4.26)$$

resultiert

$$\boxed{\phi_F = \phi_t \ln \frac{N_A}{n_i}}. \qquad (4.27)$$

Die Beziehung (4.25) ist in Bild 4.16 skizziert.

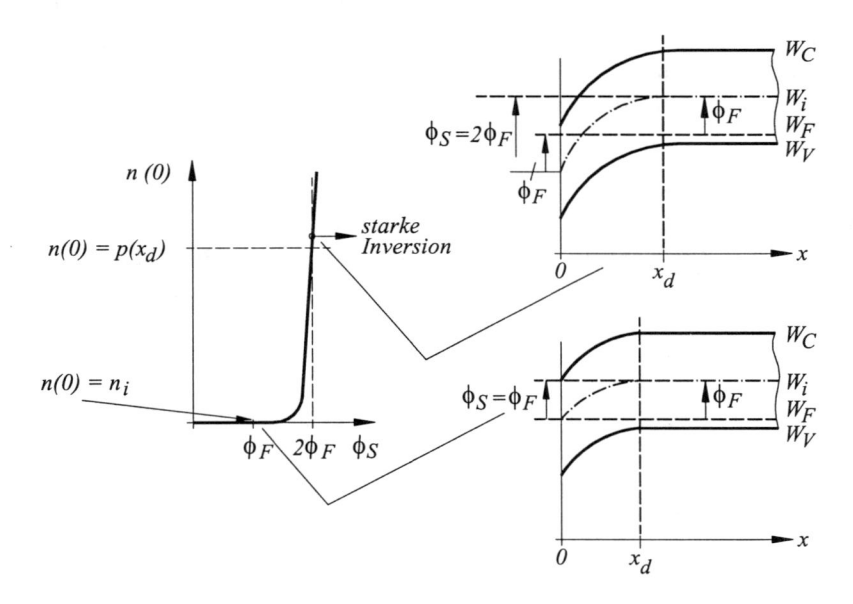

Bild 4.16: *Elektronendichte an der Halbleiteroberfläche n(0) als Funktion der Oberflächenspannung*

Hat ϕ_S einen Wert von ϕ_F dann stellt sich an der Halbleiteroberfläche eine Dichte (4.25) von $n(0) = n_i$ ein. Beträgt der Wert dagegen $\phi_S = 2\phi_F$, dann ergibt sich eine Dichte von

$$n(0) = n_i e^{\phi_F/\phi_t} . \qquad (4.28)$$

Diese hat damit einen Wert, der der Löcherdichte Gl.(4.26) im Substrat entspricht.

Ist diese Dichte erreicht, spricht man von dem Beginn der "Starken Inversion" (SI). Wird die Gatespannung nämlich weiter erhöht, bleibt die Oberflächenspannung nahezu konstant (siehe Aufgabe 4.1). Sie kann damit bei starker Inversion genähert werden durch

$$\boxed{\phi_S(SI) \approx 2\phi_F}. \tag{4.29}$$

Die Spannung hat z.B. bei einer Dotierung von $N_A = 10^{17} \text{cm}^{-3}$ einen Wert von 0,82V.

Wird die Oberflächenspannung von $\phi_S(SI) \approx 2\phi_F$ in Gleichung (4.19) eingesetzt, kann die Inversionsschichtladung bei starker Inversion bestimmt werden. Vertiefende Betrachtungen, wenn diese Situation nicht vorhanden ist, sind in $|\text{LEMA}|$ enthalten.

4.3.3 Einsatzspannung und Substratsteuereffekt

Bei der bisher betrachteten MOS-Struktur wird die Inversionsschicht durch die in der Raumladungszone thermisch generierten Ladungsträger erzeugt (Bild 4.17a). Gleichung (4.19) beschreibt dabei zu jedem Zeitpunkt den Zusammenhang zwischen der Inversionsschichtladung und der Oberflächenspannung, die bei starker Inversion $2\phi_F$ beträgt.

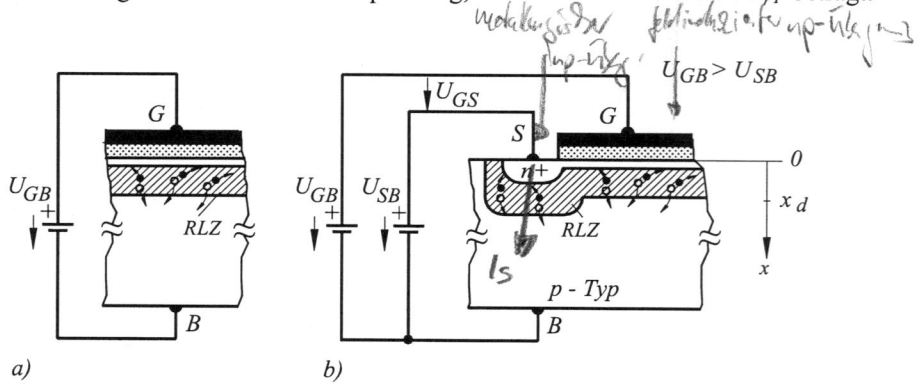

Bild 4.17: MOS-Struktur; a) ohne und b) mit n^+-Gebiet in der Nähe

Wird nun ein n^+-Gebiet in die Nähe der MOS-Struktur gebracht, wie dies der Fall beim MOS-Transistor ist, so kann die Oberflächenspannung durch eine externe Spannung U_{SB} verändert werden (Bild 4.17b). Die Inversionsschicht entsteht dabei in den meisten Fällen in vernachlässigbar kurzer Zeit, indem Elektronen aus dem Reservoir des n^+-Gebietes an die Halbleiteroberfläche gelangen. Ladungsträger, die in der Raumladungszone thermisch generiert werden, fließen dagegen, wie beim gesperrten pn-Übergang, zur U_{SB}-Spannungsquelle, wodurch ein Sperrstrom entsteht. Es handelt sich somit bei der Struktur um einen in Sperrrichtung gepolten metallurgischen n^+p-Übergang sowie einen ebenfalls in Sperrrichtung gepolten feldinduzierten n^+p-Übergang.

Im Zusammenhang mit dieser Struktur stellt sich die Frage, welchen Wert die Ladung der Inversionsschicht hat. Dazu wird zuerst die Oberflächenspannung betrachtet. Der

4 Feldeffekttransistor

feldinduzierte Übergang ist, wie bereits erwähnt, durch die zugeführte U_{SB}-Spannung in Sperrrichtung gepolt. Dadurch wird die Weite x_d und die Ladung σ_d der Raumladungszone größer. Als Folge davon nimmt die Ladung der Inversionsschicht σ_n ab. Das resultierende Bänderdiagramm ist in Bild 4.18 dargestellt.

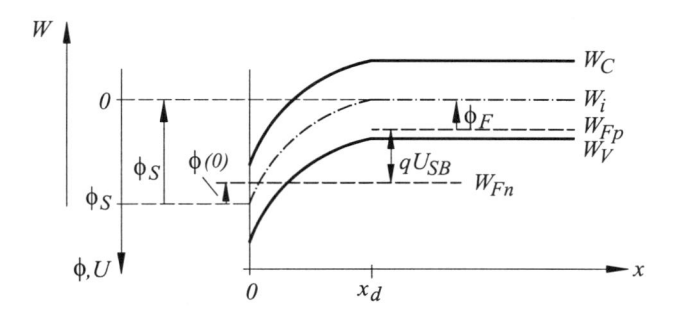

Bild 4.18:   *Bänderdiagramm der MOS-Struktur bei Anlagen einer U_{SB}-Spannung*

Charakterisiert ist das Diagramm durch zwei quasi Ferminiveaus W_{Fp} und W_{Fn} im Halbleiterinnern und an der Halbleiteroberfläche, die energiemäßig infolge der angelegten Spannung um qU_{SB} getrennt sind. Dieses Konzept des quasi Ferminiveaus wurde bereits bei dem metallurgischen pn-Übergang (Bild 2.3) eingeführt, um Situationen zu beschreiben, bei denen der Halbleiter nicht im thermodynamischen Gleichgewicht ist (Kapitel 2.3.1). Unter diesen Voraussetzungen hat die Oberflächenspannung bei starker Inversion mit $\phi(0) = \phi_F$ einen Wert von

$$\boxed{\phi_S(SI) = 2\phi_F + U_{SB}} \tag{4.30}$$

Sie ist damit um den Spannungswert U_{SB} größer als in Gleichung (4.29) abgeleitet. Dies hat zur Folge, dass die Ladung der Inversionsschicht Gl.(4.19) einen Wert von

$$\sigma_n = -C'_{ox}\left(U_{GB} - U_{FB} - 2\phi_F - U_{SB} - \gamma\sqrt{2\phi_F + U_{SB}}\right) \tag{4.31}$$

hat. Da entsprechend Bild 4.17

$$U_{GB} - U_{SB} = U_{GS} \tag{4.32}$$

ist, ergibt sich aus Gleichung (4.31) eine Inversionsschichtladung von

$$\sigma_n = -C'_{ox}\left(U_{GS} - U_{FB} - 2\phi_F - \gamma\sqrt{2\phi_F + U_{SB}}\right). \tag{4.33}$$

Die Ladung der Inversionsschicht ist in Bild 4.19 als Funktion der Gate-Sourcespannung skizziert.

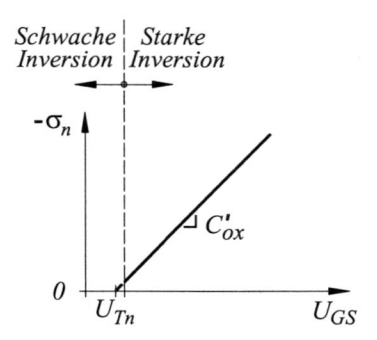

Bild 4.19: Ladung der Inversionsschicht in Abhängigkeit der Gate-Sourcespannung Gl.(4.33)

Die Gültigkeit der Beziehung (4.33) ist dabei auf den Bereich der starken Inversion begrenzt. Wird die Ladung auf $\sigma_n = 0$ extrapoliert, erhält man eine Gate-Sourcespannung, die Einsatzspannung genannt wird. Aus Gleichung (4.33) ergibt sich diese mit $\sigma_n = 0$ zu

$$\boxed{U_{Tn} = U_{FB} + 2\phi_F + \gamma\sqrt{2\phi_F + U_{SB}}}. \tag{4.34}$$

Für den Fall, dass $U_{SB} = 0V$ ist, vereinfacht sich die Beziehung

$$\boxed{U_{Ton} = U_{FB} + 2\phi_F + \gamma\sqrt{2\phi_F}}. \tag{4.35}$$

Wird dieser Ausdruck in Gleichung (4.34) eingesetzt, resultiert:

$$\boxed{U_{Tn} = U_{Ton} + \gamma\left(\sqrt{2\phi_F + U_{SB}} - \sqrt{2\phi_F}\right)}. \tag{4.36}$$

Ein typischer Wert für die Einsatzspannung U_{Ton} ist z.B. 0,5 V.

Wie aus Bild 4.19 hervorgeht, wird im Bereich der schwachen Inversion das Verhalten der Inversionsschichtladung von der U_{GS}-Spannung linear beschrieben. In Wirklichkeit ist das Verhalten davon abweichend, worauf in Abschnitt 4.4.3 näher eingegangen wird.

Substratsteuereffekt

Der Faktor

$$\boxed{\gamma = \frac{1}{C'_{ox}}\sqrt{qN_A 2\varepsilon_o \varepsilon_{Si}}},$$

der bereits eingeführt und Substratsteuerfaktor genannt wurde Gl.(4.20), beschreibt den Einfluss der U_{SB}-Spannung auf die Einsatzspannung Gl.(4.36) Dies ist in Bild 4.20 verdeutlicht.

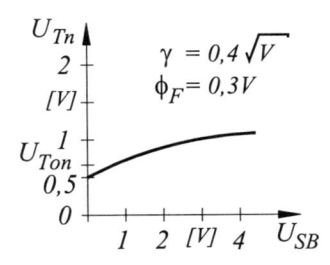

Bild 4.20: *Einfluss der U_{SB}-Spannung auf die Einsatzspannung*

Ausgehend von Bild 4.21 kann man sich den Substratsteuereffekt leicht erklären.

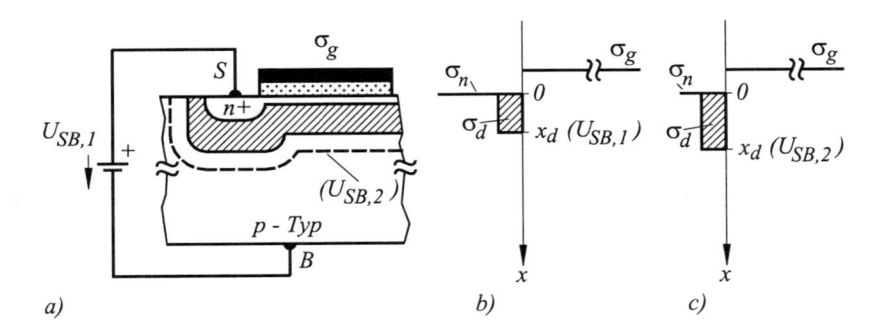

Bild 4.21: *a) MOS-Struktur mit n^+ - Gebiet bei $U_{SB,1}$; b) Ladungsverteilung bei $U_{SB,1}$ c) Ladungsverteilung bei $U_{SB,2} > U_{SB,1}$*

Aus didaktischen Gründen sei angenommen, dass durch die U_{GB}-Spannung (nicht gezeigt) eine positive Ladung σ_G auf das Gate aufgebracht wurde. Es herrscht Ladungsneutralität

$$\sigma_g = |\sigma_n| + |\sigma_d|. \qquad (4.37)$$

Wird nun die U_{SB}-Spannung von $U_{SB,1}$ auf $U_{SB,2}$ erhöht, nimmt die Weite x_d der Raumladungszone und damit σ_d zu. Da aber σ_G konstant ist, nimmt σ_n ab. Dies hat zur Folge, dass die Einsatzspannung zu höheren Werten wandert. Wird die U_{SB}-Spannung so weit erhöht, dass $\sigma_g = |\sigma_d|$ ist, ist keine Inversionsschicht mehr vorhanden. Hiermit erklärt sich auch der Ausdruck Substratsteuereffekt (body effect), da mit Hilfe der U_{SB}-Spannung die Inversionsschichtdichte σ_n gesteuert werden kann. Dies ist ein meist unerwünschter Effekt. Dieser führt u.a. dazu, dass Störungen im Substrat direkt auf den Transistor übertragen werden. Aus diesem Grund soll der Substratsteuerfaktor möglichst klein sein. Dies kann durch eine niedrige Substratdotierung bzw. eine möglichst große Gatekapazität erreicht werden. Typische Werte liegen bei $0{,}4\sqrt{V}$.

Feldoxidtransistor (FOX)

Benachbarte Transistoren sind, wie bei dem Herstellverfahren (Kapitel 4.1) beschrieben wurde, durch dickeres Oxid – **Feldox**id genannt (FOX) – getrennt (Bild 4.2). Kreuzt in einer integrierten Schaltung eine Metallbahn z.B. zwei Diffusionsbahnen entsteht ein sog. Feldoxidtransistor (Bild 4.22), wodurch unerwünschte Strompfade zwischen den Diffusionsgebieten auftreten können.

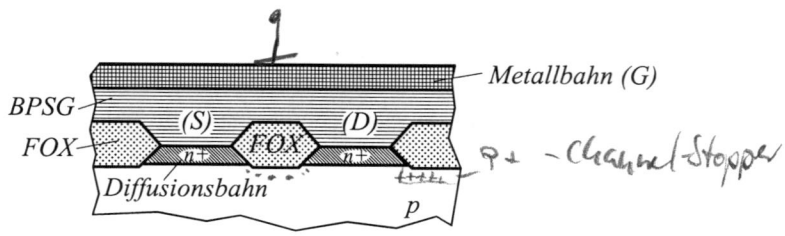

Bild 4.22: Kreuzende Leiterbahnen

Hierbei wirkt die Leiterbahn als Gate und die Diffusionsgebiete als Source und Drain. Um den Transistor unwirksam zu gestalten muss seine Einsatzspannung U_{FT} (**Field Threshold** genannt) wesentlich größer als die Versorgungsspannung sein, denn die Metallbahn kann ja mit dieser Spannung beaufschlagt sein.

Wie aus den vorhergehenden Beziehungen ersichtlich kann eine große Einsatzspannung U_{FT} dadurch erreicht werden, dass zusätzlich zu einer großen Isolatordicke bestehend aus Feldoxid (FOX) und BPSG-Schicht eine Bor Implantation unter dem Feldoxid vorgesehen wird.

4.4 Wirkungsweise des MOS-Transistors

Bild 4.23 zeigt den Querschnitt eines n-Kanal MOS-Transistors. Die Spannungsbedingungen sind so, dass eine durchgehende Inversionsschicht, auch Kanal genannt, entsteht. Die pn-Übergänge sind in Sperrrichtung gepolt.

Die Ergebnisse, die bei der MOS-Struktur abgeleitet wurden, können bis auf eine wesentliche Ausnahme auf den Transistor übertragen werden.

4 Feldeffekttransistor

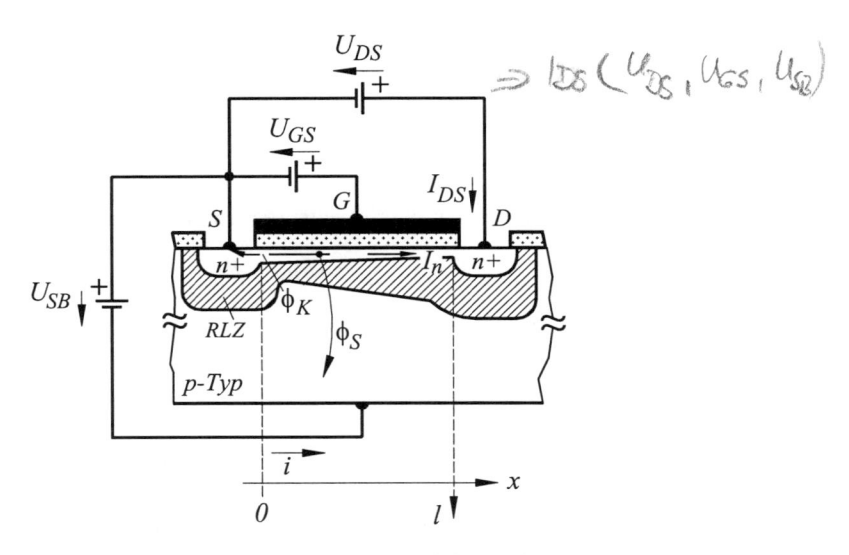

Bild 4.23: n-Kanal MOS Transistor im Widerstandsbereich ($U_{DS} < U_{GS} - U_{Tn}$)

Während bei der MOS-Struktur eine Inversionsschicht durch thermische Generation nach einiger Zeit erzeugt wird, entsteht diese im Fall des Transistors durch die Zufuhr von Elektronen aus dem Sourcegebiet in nahezu vernachlässigbar kurzer Zeit. Auf diesen Zusammenhang war bereits bei der MOS-Struktur mit einem n^+-Übergang in der Nähe (Bild 4.17b) hingewiesen worden. Die Gatespannung U_{GS}, die zur Erzeugung einer Inversionsschicht benötigt wird, muss größer als die Einsatzspannung U_{Tn} sein. Da außerdem $U_{DS} > 0$ V ist, entsteht entlang des Kanals ein Feld, das einen Strom verursacht. Wird die Gatespannung U_{GS} erhöht, nimmt die Ladung in der Inversionsschicht und damit der Strom zu. Somit kann der Transistor als eine spannungsgesteuerte Stromsenke oder Widerstand je nach Arbeitsbereich betrachtet werden.

4.4.1 Transistorgleichungen bei starker Inversion

Die Stromspannungsgleichungen werden unter der Voraussetzung abgeleitet, dass die Spannung U_{DS} sehr klein ist. Dadurch ergeben sich folgende Näherungen:

1. Das zwischen Gate und Kanal vorherrschende elektrische Feld ist wesentlich größer als das Feld zwischen Source und Drain. Durch diese Annahme ist die Ladung σ_n der Inversionsschicht nur von dem Gatekanalfeld abhängig. Durch diese als Gradual-Channel-Näherung bekannte Vorgehensweise, kann darauf verzichtet werden, das Gaußsche Gesetz Gl.(4.14), Bild 4.14 entlang des Kanals zweidimensional zu lösen.

2. Es wird eine ortsunabhängige Raumladungszone entlang des Kanals vorausgesetzt.

3. Die Beweglichkeit der Ladungsträger in der Inversionsschicht hat einen konstanten mittleren Wert, der in etwa der Hälfte des Werts im Substrat (Bild 1.17) entspricht.

Widerstandsbereich

Die Ladung der Inversionsschicht beträgt entsprechend Beziehung (4.19)

$$\sigma_n = -C'_{ox}\left(U_{GB} - U_{FB} - \phi_S - \gamma\sqrt{\phi_S}\right).$$

Im Unterschied zur MOS-Struktur ist jedoch beim MOS-Transistor (Bild 4.23) die Oberflächenspannung Gl.(4.30) ortsabhängig

$$\phi_S(SI, x) = 2\phi_F + U_{SB} + \phi_K(x). \tag{4.38}$$

In dieser Beziehung ist $\phi_K(x)$ die Spannung (Kanalspannung), die sich entlang des Kanals verändert. Sie hat an der Source einen Wert von 0V und an der Drain einen Wert von U_{DS}. Damit ergibt sich eine ortsabhängige Inversionsschichtladung im MOS-Transistor von

$$\sigma_n(x) = -C'_{ox}\left(U_{GS} - U_{FB} - 2\phi_F - \phi_K(x) - \gamma\sqrt{2\phi_F + U_{SB} + \phi_K(x)}\right) \tag{4.39}$$

wobei $U_{GS} = U_{GB} - U_{SB}$ ist. Die Ladung in der Raumladungszone Gl.(4.13)

$$\sigma_d = -C'_{ox}\gamma\sqrt{2\phi_F + U_{SB} + \phi_K(x)}$$

$$= -\sqrt{qN_A 2\varepsilon_o\varepsilon_{Si}\left(2\phi_F + U_{SB} + \phi_K(x)\right)} \tag{4.40}$$

ist damit ebenfalls ortsabhängig. Wird, wie bei den Näherungen aufgeführt, eine ortsunabhängige Raumladungszone entlang des Kanals vorausgesetzt und dabei angenommen, dass die Oberflächenspannung der Raumladungszone sich nach der Sourcespannung $\phi_K = 0$ richtet, dann resultiert eine Inversionsschichtladung von

$$\sigma_n(x) = -C'_{ox}\left(U_{GS} - U_{FB} - 2\phi_F - \phi_K(x) - \gamma\sqrt{2\phi_F + U_{SB}}\right)$$

$$= -C'_{ox}\left(U_{GS} - U_{Tn} - \phi_K(x)\right). \tag{4.41}$$

Hierbei ist U_{Tn} die Einsatzspannung Gl.(4.34) des Transistors, wodurch sich eine vereinfachte Beschreibung der Strom-Spannungsbeziehung des Transistors herleiten lässt.

Um diese gewünschte Beziehung des Transistors zu erhalten, ist es zweckmäßig einen Ausschnitt aus dem Kanal des Transistors zu betrachten (Bild 4.24).

4 Feldeffekttransistor 187

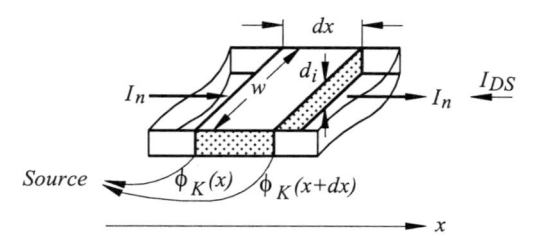

Bild 4.24:   Ausschnitt aus dem Kanal eines Transistors

Wird für diesen infinitesimal kleinen Kanalausschnitt die Stromgleichung (1.48) angewendet, resultiert

$$I_n(x) = d_i w J_n(x)$$
$$= d_i w \left(q\mu_n n E(x) + q D_n \frac{dn(x)}{dx} \right) \qquad (4.42)$$
$$= \mu_n w \sigma_n(x) \frac{d\phi_K(x)}{dx} - \mu_n w \phi_t \frac{d\sigma_n(x)}{dx},$$

wobei die Einsteinbeziehung (1.47) und für die Ladung der Inversionsschicht

$$\sigma_n(x) = -d_i q n(x) \qquad (4.43)$$

verwendet wurde. Im statischen Fall hat der Strom $I_n(x)$ aus Kontinuitätsgründen an allen Stellen x im Kanal den selben konstanten Wert. Mit $I_{DS} = -I_n(x)$ (siehe Bild 4.23 wegen Stromrichtungen) resultiert damit

$$I_{DS} = -\mu_n w \cdot \sigma_n(x) \frac{d\phi_K(x)}{dx} + \mu_n w \phi_t \frac{d\sigma_n(x)}{dx}. \qquad (4.44)$$

Der Drainstrom I_{DS} setzt sich somit aus

einem **Driftstrom** (Feldterm $d\phi_K/dx$ vorhanden)

$$I_{Drift}(x) = -\mu_n w \sigma_n(x) \frac{d\phi_K(x)}{dx} \qquad (4.45)$$

und einem **Diffusionsstrom** (Ladungsgradient $d\sigma_n/dx$ vorhanden)

$$I_{Diff}(x) = \mu_n w \phi_t \frac{d\sigma_n(x)}{dx} \qquad (4.46)$$

zusammen. Während wie bereits erwähnt der Gesamtstrom I_{DS} unabhängig vom Ort und konstant ist, trifft dies nicht für die Stromanteile Drift und Diffusion zu. Da es sich weiterhin bei den Gleichungen (4.45) und (4.46) um gekoppelte Differenzialgleichungen handelt, können diese nicht eigenständig integriert werden, solange gleichzeitig Drift- und Diffusionsmechanismen auftreten. Um jedoch zu einer Lösung zu kommen

A) Nur Driftmechanismus

Damit ergibt sich aus Beziehung (4.45)

$$I_{DS} = -\mu_n w \sigma_n(x) \frac{d\phi_K(x)}{dx}. \qquad (4.47)$$

Nach Trennen der Variablen und Integrieren vom Kanal Anfang Source ($x = 0$) und Kanal Ende Drain ($x = l$) resultiert

$$\int_{x=0}^{x=l} I_{DS} dx = -\mu_n w \int_{\phi_K=0}^{\phi_K=U_{DS}} \sigma_n(x) d\phi_K$$

$$= \mu_n w C'_{ox} \int_{\phi_K=0}^{\phi_K=U_{DS}} (U_{GS} - U_{Tn} - \phi_K(x)) d\phi_K \qquad (4.48)$$

wobei Gleichung (4.41) für die Kanalladung verwendet wurde. Nach der Integration resultiert:

$$I_{DS} = \underbrace{\mu_n C'_{ox} \frac{w}{l}}_{k_n} \left[(U_{GS} - U_{Tn}) U_{DS} - U_{DS}^2 / 2 \right] \qquad (4.49)$$

(Randnotiz: β_n über dem Faktor $\mu_n C'_{ox} \frac{w}{l}$)

B) Nur Diffusionsmechanismus

Aus Beziehung (4.46) ergibt sich

$$I_{DS} = \mu_n w \phi_t \frac{d\sigma_n(x)}{dx}. \qquad (4.50)$$

Nach Trennen der Variablen und Integration resultiert

$$\int_{x=0}^{x=l} I_{DS} dx = \mu_n w \phi_t \int_{\sigma_n(Source)}^{\sigma_n(Drain)} d\sigma_n. \qquad (4.51)$$

Wird die Gleichung (4.41) – wie vorher – für die Kanalladung verwendet, ergibt sich ein Strom von

$$I_{DS} = \mu_n C'_{ox} \frac{w}{l} \phi_t U_{DS}. \qquad (4.52)$$

4 Feldeffekttransistor

Vergleicht man die beiden Ströme Gl.(4.49) und Gl.(4.52) für den hier hergeleiteten Fall der starken Inversion und kleinen U_{DS}-Werten, dann ist ersichtlich, dass der Driftmechanismus dominiert, solang $(U_{GS} - U_{Tn})$ ausreichend groß gegenüber ϕ_t (26 mV bei Raumtemperatur) ist |BAGH|, |TURC|, |TSIV|.

Damit wird für weitere Betrachtungen der Transistor bei starker Inversion $(U_{GS} > U_{Tn})$ durch die Beziehung Gl.(4.49)

$$I_{DS} = \beta_n [(U_{GS} - U_{Tn}) U_{DS} - U_{DS}^2 / 2] \qquad (4.53)$$

beschrieben. Hierbei ist

$$\beta_n = k_n \frac{w}{l} \quad \text{und} \quad k_n = \mu_n C'_{ox}.$$

200-300 µA/V²

β_n wird Verstärkungsfaktor des Transistors und k_n Verstärkungsfaktor des Prozesses genannt. Typische Werte für k_n liegen um 200 µA/V². Obige einfache Strom-Spannungsbeschreibung eignet sich hervorragend um überschlägige Berechnungen von Hand durchzuführen. Sie wird deswegen ausgiebig bei der Schaltungsdimensionierung verwendet.

Um einen möglichst großen I_{DS}-Strom zu erhalten, stehen die Anforderung nach großer Oxidkapazität und kleiner Gatelänge im Vordergrund. Dies wird verständlich, wenn man bedenkt, dass die Oxidkapazität Gl.(4.1) als Parameter vor dem Klammerausdruck Gl.(4.53) steht. Hierbei kann d_{ox} bis auf einige nm reduziert werden. Eine weitere Erhöhung der Kapazität ergibt sich dann nur noch durch ein Austauschen des SiO_2 gegen ein Material mit höherer Dielektrizitätskonstanten. Der Einfluss der Kanallänge l wird klar bei Betrachtung der beiden Transistoren in Bild 4.25. In beiden Fällen fließt der gleiche Strom I_{DS}, da beide Transistoren das gleiche Geometrieverhältnis w/l besitzen. Zum Unterschied hat jedoch Transistor T_2 nur 1/4 der Gatekapazität C_g im Vergleich zu Transistor T_1. Dies bedeutet, dass Schaltungen mit Transistoren T_2 auch ein kürzeres Schaltverhalten aufweisen, da jeweils kleinere Gatekapazitäten umgeladen werden müssen. Die Anforderung an eine möglichst kurze Kanallänge ist somit offensichtlich. Dies ist jedoch nur bei Anwendung von digitalen Schaltungen der Fall. Bei analogen Schaltungen steht die Reduzierung der Kanallängenmodulation (Kapitel 4.5.2) im Vordergrund. Hierzu muss die Kanallänge vergrößert werden.

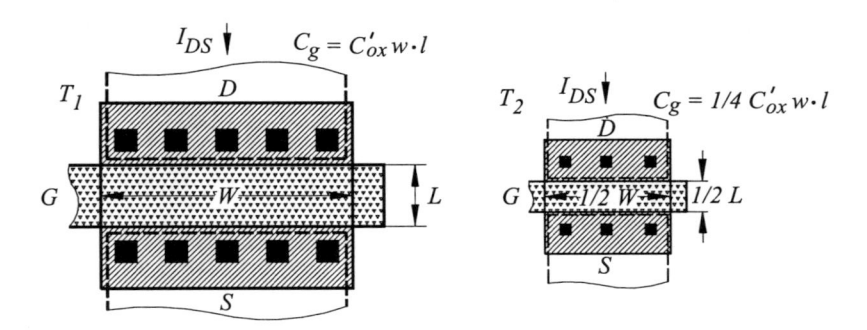

Bild 4.25:   Vergleich zwischen zwei MOS-Transistoren (W, L ≙ Zeichenmaße)

Die vorgestellte Beziehung Gl.(4.53) beschreibt den Transistor im sog. Widerstandsbereich, auch manchmal Linearbereich genannt. Trägt man den Drainstrom als Funktion der Drainspannung auf (Bild 4.26),

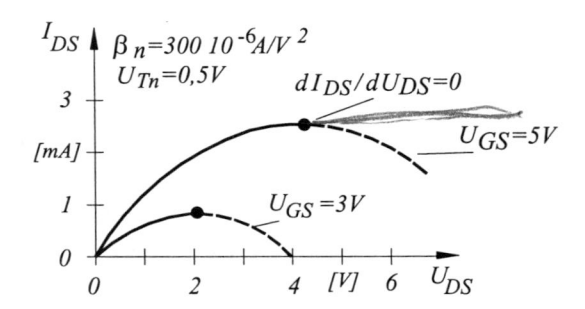

Bild 4.26:   Kennlinienfeld des MOS-Transistors im Widerstandsbereich

so ist zu beachten, dass der Drainstrom ab einem bestimmten Drainspannungswert abnimmt. Dieses unerwartete und unphysikalische Verhalten der Beziehung ist darauf zurückzuführen, dass die Stromgleichung unter der Voraussetzung einer kleinen U_{DS}-Spannung abgeleitet wurde. Diese sog. Gradual-Channel-Näherung setzt nämlich voraus, dass die Ladungsträgerdichte in der Inversionsschicht σ_n nur vom Gatekanalfeld abhängig ist, wodurch der Gaußsche Integralsatz Gl.(4.14) nur eindimensional gelöst werden musste. Diese Annahme ist natürlich bei großen Drainspannungen nicht mehr gerechtfertigt, wodurch es zu dem in Bild 4.26 gezeigten eigentümlichen Stromverhalten kommt.

Der Drainspannungswert, bei dem die Steigung dI_{DS}/dU_{DS} der Funktion 0 ist, und ab dem das Transistorverhalten unphysikalisch ist, wird Sättigungsspannung genannt. Sie ergibt sich aus Beziehung Gl.(4.53) nach Differenziation zu

$$U_{DS} = U_{DSsat} = U_{GS} - U_{Tn}. \qquad (4.54)$$

4 Feldeffekttransistor

Was physikalisch passiert, wenn die Drainspannung erhöht wird, soll im Folgenden näher analysiert werden.

Stromsättigung

Dazu ist es zweckmäßig, die Ortsabhängigkeit der Kanalspannung zu betrachten, wenn die Drainspannung erhöht wird. Die Kanalspannung kann ermittelt werden, indem in Gleichung (4.48) die Integrationsgrenzen l und U_{DS} in die Variablen x und ϕ_K umgeändert werden. Das Resultat gibt dann die Abhängigkeit

$$I_{DS} = \mu_n C'_{ox} \frac{w}{x}\left[\left(U_{GS} - U_{Tn}\right)\phi_K - \frac{\phi_K^2}{2}\right], \qquad (4.55)$$

die nach der ortsabhängigen Kanalspannung

$$\phi_K(x) = \left(U_{GS} - U_{Tn}\right) - \sqrt{\left(U_{GS} - U_{Tn}\right)^2 - 2\left[\left(U_{GS} - U_{Tn}\right)U_{DS} - U_{DS}^2/2\right]x/l} \qquad (4.56)$$

aufgelöst werden kann, wobei der Drainstrom durch Beziehung (4.49) substituiert wurde. Für zwei verschiedene Drainspannungen ist dieser Zusammenhang in Bild 4.27 dargestellt.

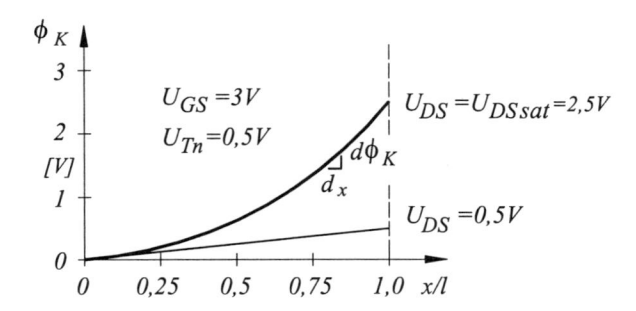

Bild 4.27: Ortsabhängigkeit der Kanalspannung ϕ_K

Da der Strom Gl.(4.47), (1.38)

$$\begin{aligned}I_{DS} &= -\mu_n w \sigma_n(x)\frac{d\phi_K(x)}{dx} \\ &= v_n w \sigma_n(x)\end{aligned} \qquad (4.57)$$

aus Kontinuitätsgründen überall im Kanal konstant sein muss und sich die Feldstärke ($-d\phi_K/dx$) im Kanal (Bild 4.27) kontinuierlich ändert, passen sich entsprechend die Ladungsdichte σ_n und die Elektronengeschwindigkeit v_n an. Am Drainende des Kanals stellt sich dabei die größte Feldstärke und damit Elektronengeschwindigkeit bei geringster Ladungsdichte ein. Erreicht am Drainende die Kanalspannung einen Wert von

$\phi_K(l) = U_{DSsat} = U_{GS} - U_{Tn}$ Gl.(4.54), dann geht entsprechend Beziehung (4.41) die Ladungsdichte dort gegen Null. In Wirklichkeit ist dies selbstverständlich nicht der Fall. Es stellt sich vielmehr eine endliche Ladungsträgerdichte mit sehr hoher Driftgeschwindigkeit ein. Der Ort im Kanal bei dem dies geschieht wird Abschnürpunkt (pinch-off point) genannt. Dieser beschriebene Zusammenhang ist in Bild 4.28 für die Spannungskonstellationen von Bild 4.27 skizziert.

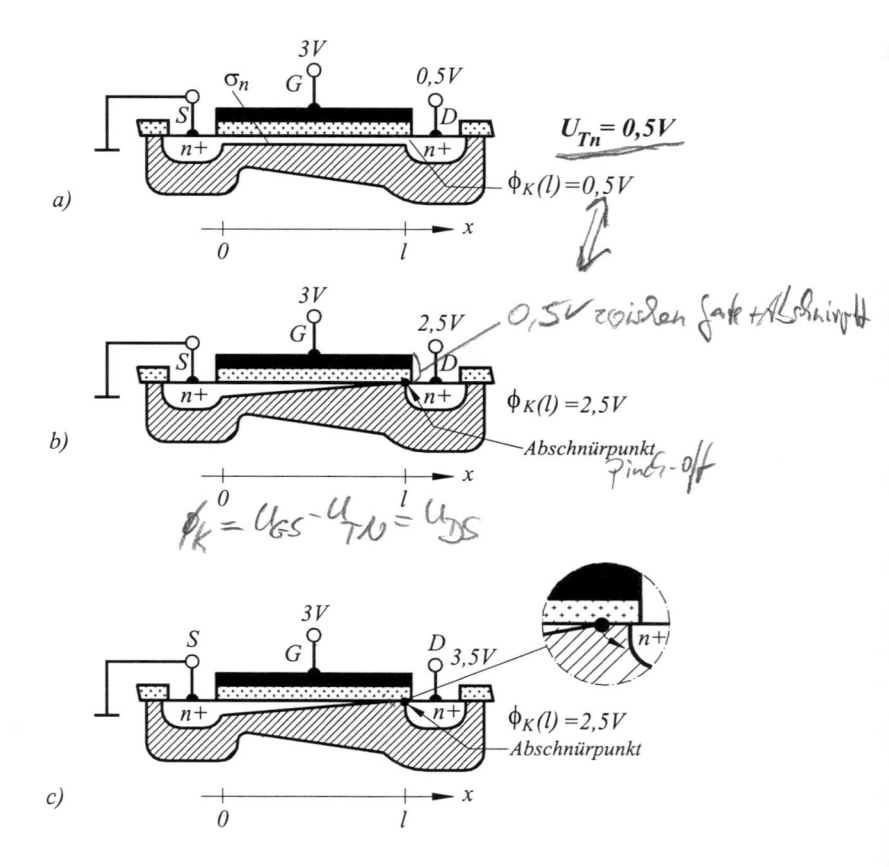

Bild 4.28: Ortsabhängigkeit der Kanalladung bei verschiedenen Drainspannungen; a) durchgehender Kanal $U_{DS} = 0{,}5V$; b) Beginn der Kanalabschnürung $U_{DS} = U_{DSsat} = 2{,}5V$; c) Kanalabschnürung $U_{DS} > U_{DSsat} = 2{,}5V$; (Wert der Einsatzspannung $U_{Tn} = 0{,}5V$)

Eine weitere Erhöhung der Drainspannung $U_{DS} \geq U_{DSsat}$ (Bild 4.28c) ändert nichts an der Tatsache, dass der Kanal drainseitig weiterhin bei $\phi_K(l) = U_{DSsat} = U_{GS} - U_{Tn}$ abschnürt. Da in diesem Fall die Drainspannung größer ist als die Spannung am Abschnürpunkt, wandern die Elektronen vom Abschnürpunkt durch eine Raumladungszone (Vergrößerung in Bild 4.28c) zur Drain. Das Abschnüren hat zur Folge, dass sich die Kanalspannung nicht mehr ändert (auf die dabei entstehende Kanallängenmodulation wird in

4 Feldeffekttransistor

Abschnitt 4.5.2 eingegangen) und damit auch nicht mehr der Drainstrom I_{DS}. Dieser hat einen Wert Gl.(4.53) bei

$$U_{DS} \geq U_{DSsat} = U_{GS} - U_{Tn}$$

von

$$\boxed{I_{DS} = \frac{\beta_n}{2}(U_{GS} - U_{Tn})^2}, \quad (4.58)$$

$\beta = \mu_n C'_{ox} \frac{w}{\ell}$

der unabhängig von der U_{DS}-Spannung ist. Der Transistor befindet sich in der so genannten Stromsättigung.

Werden die beiden beschriebenen Bereiche Widerstandsbereich und Stromsättigung zusammengeführt, ergibt sich das in Bild 4.29 dargestellte Kennlinienfeld.

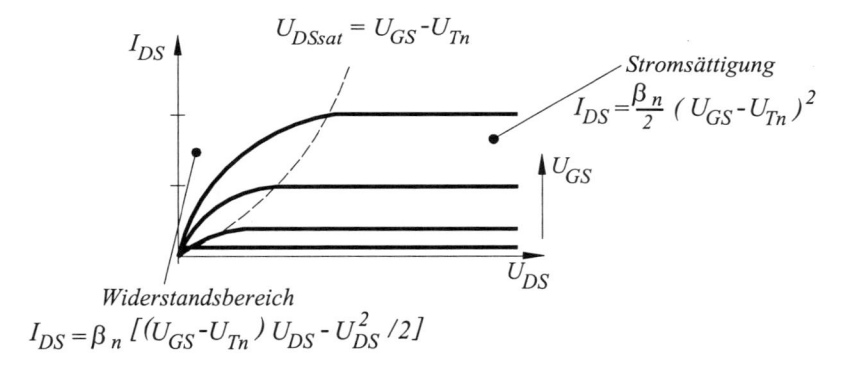

Bild 4.29:   Aufteilung der Transistorkennlinie in zwei Arbeitsbereiche

Es ist offensichtlich, dass dieses Kennlinienfeld den Transistor nur näherungsweise beschreibt, denn die Herleitung erfolgte nur bei kleinen U_{DS}-Werten. Diese Beschreibung war jedoch lange Zeit ausreichend genau, da der Transistor als Schalter in digitalen Schaltungen verwendet wurde. Er ist nämlich dann entweder aus- oder eingeschaltet, wobei U_{DS} sehr klein ist. Leichte Ungenauigkeiten traten nur bei Transientenanalysen auf. Mit dem Wunsch, den Transistor für analoge Schaltungen einzusetzen änderten sich jedoch die Anforderungen enorm. Die Ableitungen müssen nämlich korrekt wiedergegeben werden. Dies führte zu sehr komplexen Beschreibungen – Kompaktmodelle genannt – bei denen die Genauigkeit gegenüber der Anschaulichkeit im Vordergrund steht |BISM|. Der Wert der einfachen Strom-Spannungsbeziehungen ist somit – wie bereits erwähnt – darin zu sehen, dass diese zwar ungenau aber dafür sehr einfach für überschlägige Schaltungsberechnungen verwendet werden können.

4.4.2 Genauere Transistorgleichungen bei starker Inversion

Bei der vorhergehenden Ableitung der Transistorgleichungen wurde eine ortsunabhängige Raumladung σ_d entlang des Kanals vorausgesetzt. In Wirklichkeit ändert diese sich jedoch in Abhängigkeit von der Kanalspannung. Im Folgenden wird dieser Effekt bei dem Stromspannungsverhalten des Transistors mit erfasst. Die daraus resultierenden verbesserten Beschreibungen werden bei vielen Kompaktmodellen und manchmal auch bei überschlägigen Schaltungsberechnungen verwendet.

Die Inversionsschichtladung im MOS-Transistor Gl.(4.39) beträgt

$$\sigma_n(x) = -C'_{ox}\left(U_{GS} - U_{FB} - 2\phi_F - \phi_K(x) - \gamma\sqrt{2\phi_F + U_{SB} + \phi_K(x)}\right),$$

wobei hierbei berücksichtigt wurde, dass sich die Oberflächenspannung entsprechend der Beziehung (4.38)

$$\phi_S(SI, x) = 2\phi_F + U_{SB} + \phi_K(x)$$

verändert. Diese Gleichung lässt sich durch Linearisierung vereinfachen. Dazu wird der Wurzelausdruck durch die beiden ersten Glieder der Taylor Serie um die Kanalspannung an der Source $\phi_K = 0$ herum genähert

$$\sqrt{2\phi_F + U_{SB} + 2\phi_K(x)} \approx \sqrt{2\phi_F + U_{SB}} + \frac{\phi_K(x)}{2\sqrt{2\phi_F + U_{SB}}}. \qquad (4.59)$$

Das Resultat ist dann eine Beschreibung der Inversionsschichtladung

$$\sigma_n(x) = -C'_{ox}\left(U_{GS} - U_{FB} - 2\phi_F - \phi_K(x) - \gamma(\sqrt{2\phi_F + U_{SB}} + \frac{\phi_K(x)}{2\sqrt{2\phi_F + U_{SB}}})\right)$$

$$= -C'_{ox}\left(U_{GS} - U_{Tn} - (1 + F_B)\phi_K(x)\right),$$

$$(4.60)$$

bei welcher der Faktor

$$F_B = \frac{\gamma}{2\sqrt{2\phi_F + U_{SB}}} \qquad (4.61)$$

die Ortsabhängigkeit der Raumladung erfasst.

Mit dieser Beschreibung für die Inversionsschichtladung kann, ähnlich wie im Vorhergehenden bereits vorgeführt, der Drainstrom im Widerstandsbereich

$$I_{DS} = \beta_n \left[(U_{GS} - U_{Tn}) U_{DS} - \frac{(1+F_B)}{2} U_{DS}^2 \right] \quad (4.62)$$

und im Sättigungsbereich ($U_{DS} \geq U_{DSsat}$)

$$I_{DS} = \frac{\beta_n}{2} \frac{(U_{GS} - U_{Tn})^2}{1+F_B} \quad (4.63)$$

ermittelt werden. Die Sättigungsspannung, die sich ähnlich wie in Gl.(4.54) bestimmen lässt, beträgt dabei

$$U_{DSsat} = \frac{U_{GS} - U_{Tn}}{1+F_B}. \quad (4.64)$$

Die abgeleiteten genaueren Gleichungen sind bis auf den Faktor F_B, der die Ortsabhängigkeit der Raumladung erfasst, identisch mit den einfachen Beziehungen (4.53) und (4.58). Dadurch sagen die genaueren Gleichungen im Vergleich zu den vereinfachten Beziehungen auch einen etwas niedrigeren Drainstrom voraus. Dieser ist um so geringer, je höher die Substratdotierung und damit der Substratsteuerfaktor ist Gl.(4.20).

4.4.3 Transistorgleichungen bei schwacher Inversion

Bei der Ableitung der Stromgleichungen wurde davon ausgegangen, dass ein Drainstrom dann einsetzt, wenn die Gatespannung einen Wert hat, der größer ist als derjenige der Einsatzspannung. Ist die Gatespannung dagegen gleich oder kleiner als die Einsatzspannung, so ist der Drainstrom Null, da entsprechend der Definition der Einsatzspannung (Abschnitt 4.3.3) die Inversionsschichtladung Null ist. Dieses Ergebnis resultiert aus dem Ansatz, dass sich der Transistor immer in starker Inversion befindet (Bild 4.19) und eine konstante Oberflächenspannung von Gl.(4.30) $\phi_S(SI) = 2\phi_F + U_{SB}$ besitzt. In Wirklichkeit geht der Transistor bei kleinen Gatespannungen in die schwache Inversion über und zeigt ein exponentielles Strom-Spannungsverhalten.

Für den interessierten Leser ist diese Herleitung am Ende des Kapitels, Anhang A enthalten. Das Resultat für $U_{GS} \leq U_{Tn}$ lautet

$$\boxed{I_{DS} = \beta_n (n-1)\phi_t^2 \, e^{(U_{GS}-U_{Tn})/\phi_t n} (1 - e^{-U_{DS}/\phi_t})} \quad (4.65)$$

wobei es sich bei diesem Strom um einen reinen Diffusionsstrom handelt.

In vorhergehender Gleichung beschreibt

$$\boxed{n = 1 + C'_j / C'_{ox}}$$ (4.66)

das Kapazitätsverhältnis des Transistors, wobei sich die Sperrschichtkapazität des MOS-Transistors

$$C'_j = \frac{\varepsilon_o \varepsilon_{Si}}{x_d}$$ (4.67)

aus Beziehung (4.12) ermitteln lässt. Typische Werte von n liegen zwischen 1,5 und 2,5. Der Transistor zeigt somit keinen scharfen Einsatzpunkt bei U_{Tn}, sondern wie bereits erwähnt ein exponentielles Strom-Spannungsverhalten unterhalb der Einsatzspannung. Der Einfluss der Drainspannung ist vernachlässigbar, wenn diese größer 100 mV bei Raumtemperatur ist.

Das folgende Beispiel soll ein Gefühl für die Größenordnung der Ströme bei schwacher Inversion vermitteln.

Beispiel:

Gegeben ist ein Transistor mit den Werten $\beta_n = 500 \cdot 10^{-6}$ A/V², $U_{Tn} = 0,5$ V und $n = 2$. Gesucht werden die Drainströme bei Raumtemperatur, wenn $U_{GS} = 0,4$ V und 0,1 V beträgt. U_{DS} soll > 100 mV sein.

$$I_{DS}(U_{GS} = 0,4V) = 500\mu A/V^2 \cdot (26 \cdot 10^{-3} V)^2 e^{(0,4V-0,5V)/2 \cdot 26 \cdot 10^{-3} V} = 49 nA$$

$$I_{DS}(U_{GS} = 0,1V) = 500\mu A/V^2 \cdot (26 \cdot 10^{-3} V)^2 e^{(0,1V-0,5V)/2 \cdot 26 \cdot 10^{-3} V} = 150 pA$$

Unterschwellstrom Charakterisierung

Anstatt den Strom anhand von Gleichung (4.65) auszurechnen, kann das Unterschwellstromverhalten sehr leicht durch eine Kennzahl S (subthreshold swing) bestimmt werden. Die Kennzahl

$$S = \frac{dU_{GS}}{d \log_{10} I_{DS}} = \ln 10 \frac{dU_{GS}}{d \ln I_{DS}}$$ (4.68)

gibt dabei die Änderung der Gatespannung an, die benötigt wird um den Strom um eine Dekade zu verändern (Bild 4.30).

4 Feldeffekttransistor 197

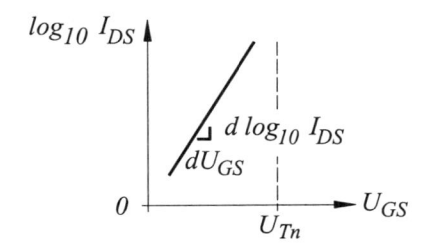

Bild 4.30: Charakterisierung des Unterschwellstromverhaltens

Gleichung (4.65) liefert bei U_{DS} > 100mV nach Logarithmierung

$$\ln I_{DS} = \ln \beta_n (n-1)\phi_t^2 + (U_{GS} - U_{Tn})/\phi_t n \qquad (4.69)$$

und daraus nach Differenzieren

$$\frac{d \ln I_{DS}}{dU_{GS}} = 1/\phi_t n = \frac{1}{(1 + C'_j/C'_{ox})\phi_t}$$

die Kennzahl Gl.(4.68)

$$\boxed{S = \phi_t (1 + C'_j / C'_{ox}) \ln 10} \qquad (4.70)$$

Nimmt man den besten Fall an, dass $C'_j / C'_{ox} \ll 1$ ist, dann resultiert bei Raumtemperatur ein Wert von

$$S = 26mV \cdot \ln 10 = 60mV / Dekade,$$

d.h. eine Reduzierung der Gatespannung um 60 mV verursacht eine Stromreduzierung von einer Dekade. Typische Werte sind jedoch größer, so dass der Transistor schlechter abgeschaltet werden kann. Dies wird im folgenden Beispiel erläutert.

Beispiel:

Ein Transistor hat eine Einsatzspannung von U_{Tn} = 0,5 V und eine Unterschwellstromkennzahl von S = 120 mV/Dek. Bei einer U_G-Spannung von 0,35 V wird ein Strom von 1,2 μA gemessen. Wie verkleinert sich der Strom, wenn die U_{GS}-Spannung auf 0 V reduziert wird?

Die Änderung der U_{GS}-Spannung beträgt 360 mV. Dies entspricht mit S = 120 mV/Dek. einer Stromreduzierung um ca. 3 Dekaden auf somit einen Strom von

$$I_{DS}(U_{GS} = 0V) \approx 1,2 \text{ nA}$$

bei Raumtemperatur.

Man erkennt aus diesem Beispiel deutlich, dass die Einsatzspannung nicht beliebig reduziert werden kann. Es sei denn, dass ein großer Reststrom akzeptierbar ist.

4.4.4 Temperaturverhalten des MOS-Transistors

Das Temperaturverhalten des MOS-Transistors wird bestimmt durch die Änderung der Einsatzspannung und des Verstärkungsfaktors. Dieser hat einen Wert von Gl.(4.53)

$$k_n(T) = \mu_n(T) C'_{ox} ,$$

wobei die Beweglichkeit durch die empirische Beziehung

$$\mu_n(T) = \mu_n(300K) \left(\frac{T}{300K} \right)^{-a_n} \qquad (4.71)$$

beschrieben werden kann. Der Faktor a_n liegt zwischen 1,5 und 2. Dies bedeutet, dass bei einer Temperaturerhöhung von Raumtemperatur auf 100°C die Beweglichkeit und damit die Stromverstärkung bei $a_n = 1,5$ um ca. 35 % abnimmt.

Die Änderung der Einsatzspannung Gl.(4.35)

$$U_{Ton}(T) = U_{FB} + 2\phi_F(T) + \gamma \sqrt{2\phi_F(T)}$$

kommt überwiegend durch die Temperaturabhängigkeit der Fermispannung Gl.(4.27)

$$\phi_F = \frac{kT}{q} \ln \frac{N_A}{n_i}$$

und der Intrinsicdichte Gl.(1.20)

$$n_i = C \left(\frac{T}{[K]} \right)^{3/2} e^{-W_g(T)/2kT}$$

zustande.

Wird die Einsatzspannung Gl.(4.35) nach der Temperatur differenziert resultiert

$$\frac{dU_{Ton}}{dT} = \frac{d\phi_F}{dT} \left[2 + \frac{\gamma}{\sqrt{2\phi_F}} \right]$$

$$\frac{dU_{Ton}}{dT} = \frac{d\phi_F}{dT} \left[2 + \frac{1}{C'_{ox}} \sqrt{\frac{qN_A \varepsilon_o \varepsilon_{Si}}{\phi_F}} \right], \qquad (4.72)$$

mit

$$\frac{d\phi_F}{dT} = \frac{1}{T} \left(\phi_F - \frac{W_g}{2q} \right) - \frac{3}{2} \frac{k}{q} .$$

4 Feldeffekttransistor

Hierbei wurde angenommen, dass der Bandabstand W_g unabhängig von der Temperatur ist. Mit $W_g/2q > \phi_F$ hat $d\phi_F/dT$ und damit dU_{Ton}/dT einen negativen Temperaturkoeffizienten. Hierbei ist hervorzuheben, dass dU_{Ton}/dT reduziert werden kann, wenn C'_{ox} vergrößert wird. Typische Werte für den Temperaturkoeffizienten dU_{Ton}/dT liegen im Bereich um -2 mV/°C.

Betrachtet man die Auswirkung der gezeigten temperaturabhängigen Parameter, z.B. auf einen Transistor in Sättigung Gl.(4.58), ergibt sich der dargestellte Zusammenhang

$$I_{DS}(T) = \frac{\mu_n(T)C'_{ox}}{2}\frac{w}{l}(U_{GS} - U_{Tn}(T))^2.$$

Mit zunehmender Temperatur nimmt der Drainstrom durch die Verringerung der Beweglichkeit $\mu_n(T)$ ab und gleichzeitig durch die Zunahme von $U_{GS} - U_{Tn}(T)$ zu. Dieser Zusammenhang ist in Bild 4.31 dargestellt.

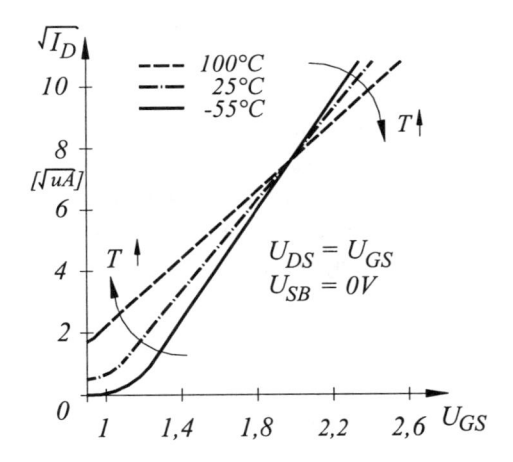

Bild 4.31: Temperaturabhängiges Stromverhalten des Transistors in Sättigung bei starker Inversion

Bei großen Gatespannungen überwiegt der Beweglichkeitseinfluss und bei kleinen Gatespannungen die Einsatzspannungsabhängigkeit. In einem kleineren mittleren Spannungsbereich kompensieren sich nahezu beide Temperatureinflüsse |FILA|. Bei der bisherigen Betrachtung befand sich der Transistor in **starker Inversion**. Wie das Temperaturverhalten bei **schwacher Inversion** aussieht wird im Folgenden betrachtet. In dem Arbeitsbereich $U_{GS} \leq U_{Tn}$ hat der Transistor Gl.(4.65)

$$I_{DS} = \beta_n(n-1)\phi_t^2 e^{(U_{GS}-U_{Tn})/\phi_t n}\left(1 - e^{-U_{DS}/\phi_t}\right)$$

infolge der exponentiellen Temperaturabhängigkeit ($\phi_t = kT/q$) ein extrem ausgeprägtes positives Temperaturverhalten (Bild 4.32).

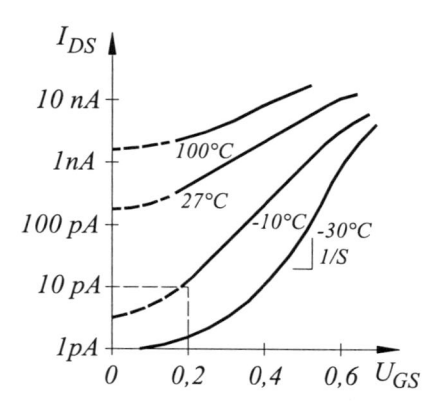

Bild 4.32: *Temperaturverhalten des MOS-Transistors bei schwacher Inversion (gestrichelter Bereich Restströme Kapitel 4.5.5)*

Dies wird auch deutlich, wenn man bedenkt, dass mit steigender Temperatur die Unterschwellstrom-Kennzahl S Gl.(4.70) zunimmt und gleichzeitig die Einsatzspannung abnimmt (Bild 4.33). Dies bedeutet bei einem ausgeschalteten Transistor mit $U_{GS} = 0$ V, dass die Zahl der zum Abschalten benötigten Dekaden stark abnimmt und der Strom somit ansteigt. Dieses Verhalten ist von besonderer Bedeutung, wenn man verschiedene Ladungsmengen an einem Drain- bzw. Sourcegebiet speichern will.

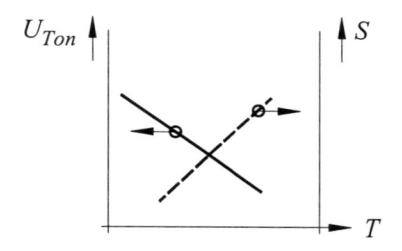

Bild 4.33: *Skizze zur Charakterisierung des Unterschwellstromverhaltens*

Zusammenfassung

Aus den vorhergehenden Abschnitten ergibt sich eine Beschreibung für den n-Kanal MOS-Transistor aufgeteilt in drei Bereiche, wie es in Bild 4.34 im Kennlinienfeld dargestellt ist. Diese Beschreibung wird häufig für erste überschlägige Berechnungen verwendet. Außerdem dient sie als Ausgangsbasis zur Erstellung von Kompaktmodellen für CAD-Anwendungen.

4 Feldeffekttransistor

$$I_{DS} \quad U_{DSsat} = U_{GS} - U_{Tn}$$

Stromsättigung
$$I_{DS} = \frac{\beta_n}{2}(U_{GS} - U_{Tn})^2$$

$U_{GS} \leq U_{Tn}$

Unterschwellstrombereich
$$I_{DS} = \beta_n (n-1)\phi_t^2 \, e^{(U_{GS} - U_{Tn})/\phi_t n} (1 - e^{-U_{DS}/\phi_t})$$

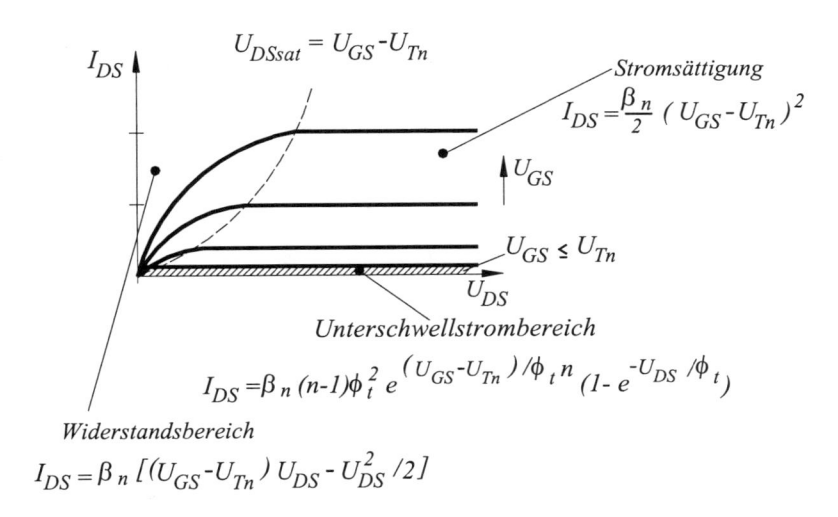

Widerstandsbereich
$$I_{DS} = \beta_n [(U_{GS} - U_{Tn}) U_{DS} - U_{DS}^2 /2]$$

Bild 4.34: Aufteilung der Transistorkennlinie in drei Arbeitsbereiche

4.5 Effekte zweiter Ordnung

In diesem Kapitel werden Effekte zweiter Ordnung behandelt. Dazu gehören die Beweglichkeitsdegradation, die Kanallängenmodulation sowie Effekte, die besonders bei kleinen Geometrieabmessungen auftreten und stark das Strom-Spannungsverhalten des MOS-Transistors beeinflussen. Außerdem werden das Durchbruchverhalten und parasitäre Bipolareffekte analysiert.

4.5.1 Beweglichkeitsdegradation

Bei den abgeleiteten Transistorgleichungen wurde die Beweglichkeit der Ladungsträger in der Inversionsschicht durch einen mittleren konstanten Wert μ_n beschrieben. In Wirklichkeit jedoch ist dieser stark von dem vertikalen und horizontalen elektrischen Feld und damit von der Gate- und Drainspannung abhängig.

Einfluss des vertikalen Feldes

Der Grund für diesen Einfluss ist, dass das vertikale Gatefeld senkrecht auf die Elektronenbewegung zur Drain hin wirkt. Dadurch werden die Ladungsträger zur Oxid-Halbleitergrenzfläche hin beschleunigt, wodurch sie zusätzlich Stöße erleiden. Dieser Effekt wird durch die Beziehung |SCHR|

$$\mu_s = \frac{\mu_n}{1 + \theta(U_{GS} - U_{Tn})} \qquad (4.73)$$

beschrieben, wobei θ eine Konstante und μ_n die Beweglichkeit der Ladungsträger in der Inversionsschicht ist, wenn die elektrischen Feldstärken sehr klein sind. Ein typischer Wert für θ ist 0,1 1/V. Durch diese Beweglichkeitsreduktion kann der Drainstrom um bis zu 30% abnehmen.

Einfluss des horizontalen Feldes

In Bild 4.27 ist gezeigt wie sich die Kanalspannung und damit das Feld entlang der Inversionsschicht verändert. Am Drainende des Kanals stellt sich dabei die größte Feldstärke und damit Elektronengeschwindigkeit ein. Zwischen dieser und der Feldstärke existiert der in Bild 4.35 skizzierte nichtlineare Zusammenhang (vergleiche mit Bild 1.16), wobei ab einer Feldstärke E_M die Elektronengeschwindigkeit (Sättigungsgeschwindigkeit) nahezu konstant bleibt.

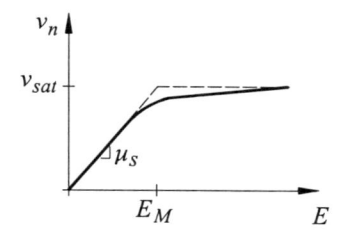

Bild 4.35:   *Elektronengeschwindigkeit in Abhängigkeit von der Feldstärke*

Dies bedeutet, dass mit zunehmender Drainspannung, d.h. horizontaler Feldstärke, eine kontinuierliche Beweglichkeitsreduzierung entlang der Inversionsschicht stattfindet. Die sich einstellende Elektronengeschwindigkeit kann wie in |CAUG| vorgeschlagen durch

$$v_n = \frac{-\mu_s E}{1 + \dfrac{E}{E_M}} \qquad (4.74)$$

beschrieben werden, wobei E_M den Feldübergang zur Sättigungsgeschwindigkeit der Elektronen angibt. Ist $E \ll E_M$, stellt sich eine Geschwindigkeit von

$$v_n = -\mu_s E$$

ein. Im anderen Fall mit $E \gg E_M$ nehmen die Elektronen Sättigungsgeschwindigkeit

$$v_n = v_{sat} = -\mu_s E_M \qquad (4.75)$$

an. Aus Beziehung (4.74) ergibt sich somit eine Beschreibung der wirksamen Beweglichkeit von

$$\mu_{eff} = -\frac{v_n}{E} = \frac{\mu_s}{(1 + \frac{E}{E_M})}, \qquad (4.76)$$

die in vielen Kompaktmodellen verwendet wird. Nähert man das anliegende Feld durch U_{DS}/l, resultiert der einfache Zusammenhang

$$\boxed{\mu_{eff} = \frac{\mu_s}{1 + \frac{U_{DS}/l}{v_{sat}/\mu_s}}}, \qquad (4.77)$$

wobei v_{sat} häufig als Parameter verwendet wird.

Zur überschlägigen Berechnung wird dringend empfohlen, bei Kanallängen l kleiner als 1,5 µm diese Beziehung zu benutzen und zur Vereinfachung $\mu_s = \mu_n$ zu verwenden.

4.5.2 Kanallängenmodulation

Bis jetzt wurde davon ausgegangen, dass der Strom auch dann konstant bleibt, wenn $U_{DS} > U_{DSsat}$ ist. An realisierten Transistoren wird jedoch eine leichte Zunahme des Stroms mit steigender U_{DS}-Spannung beobachtet. Diese Zunahme ist um so ausgeprägter, je kürzer die Kanallänge eines Transistors ist (Bild 4.36).

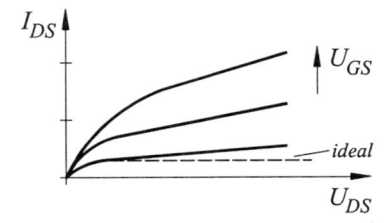

Bild 4.36: *Kennlinienfeld eines MOS-Transistors mit ausgeprägter Kanallängenmodulation*

Um diesen Effekt zu analysieren ist es zweckmäßig, noch einmal Bild 4.28 zu betrachten. Der Kanal schnürt ab einer Drainspannung von $U_{DS} = U_{DSsat} = U_{GS} - U_{Tn}$ ab. Es stellt sich drainseitig ein Abschnürpunkt mit der Spannung $\phi_K = U_{DSsat}$ ein. Wird die

Drainspannung weiter erhöht, wandert infolge des erhöhten Drainfeldes der Abschnürpunkt in Richtung Source nach l' (Bild 4.37).

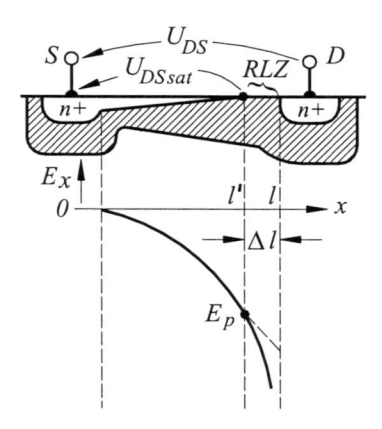

Bild 4.37:   n-Kanal MOS-Transistor in Sättigung

Mit zunehmender Drainspannung nimmt somit die wirksame Kanallänge ab, wodurch in Stromsättigung ein leicht erhöhter Drainstrom

$$I_{DS} = \frac{\mu_n C'_{ox}}{2} \frac{w}{l(U_{DS})} (U_{GS} - U_{Tn})^2 \tag{4.78}$$

beobachtet werden kann. Es ist offensichtlich, dass, wie bereits erwähnt, dieser Effekt um so stärker ausgeprägt ist je kürzer die Kanallänge ist.

Um die beschriebene Stromerhöhung mathematisch in einem Kompaktmodell einzubauen, muss streng genommen ein zweidimensionales Feldproblem gelöst werden. Um dies zu vereinfachen wird sehr häufig von einem eindimensionalen Ansatz |BAUM| ausgegangen.

Die Ladung im Bereich $l > x > l'$ besteht aus ionisierten Akzeptoren. Damit ergibt sich durch Lösung der Poissongleichung in Analogie zur Beziehung (2.36) ein Feldverlauf von

$$E_x(x) = E_p - \frac{qN_A}{\varepsilon_o \varepsilon_{Si}} x \tag{4.79}$$

wobei E_p die Feldstärke am Abschnürpunkt l' nähert. Aus der Integration

$$U_{DS} = U_{DSsat} - \int_{l'}^{l} E_x(x) dx \tag{4.80}$$

ergibt sich eine effektive Kanallänge von

$$l' = l - \sqrt{\left(E_p/2\alpha\right)^2 + \frac{K}{\alpha}\left(U_{DS} - U_{DSsat}\right)} - \left|E_p\right|/2\alpha, \qquad (4.81)$$

wobei $\alpha = qN_A/(2\varepsilon_o\varepsilon_{Si})$ ist.

Der eindimensionale Ansatz führt zur Ungenauigkeit zwischen Berechnung und Messung. Aus diesem Grund wird häufig ein Faktor K zur Anpassung eingeführt.

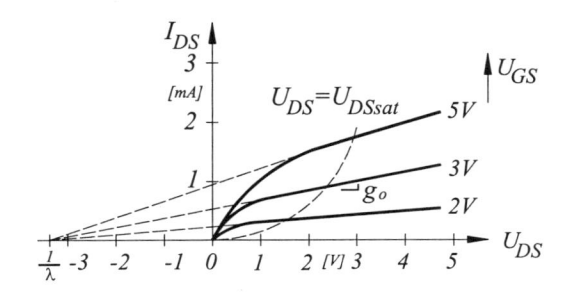

Bild 4.38: Kennlinienfeld eines MOS-Transistors mit ausgeprägter Kanallängenmodulation

Phänomenologisch |SHIC| lässt sich die Kanallängenmodulation zu ersten groben Abschätzungen durch Korrektur der Gleichung (4.58) mit einem Faktor $(1 + \lambda U_{DS})$

$$\boxed{I_{DS} = \frac{\beta_n}{2}\left(U_{GS} - U_{Tn}\right)^2 \left(1 + \lambda U_{DS}\right)}, \qquad (4.82)$$

wenn $U_{GS} - U_{Tn} \leq U_{DS}$ ist, beschreiben. λ kann grafisch aus dem Kennlinienfeld (Bild 4.38) ermittelt werden. Und zwar ergibt sich $1/\lambda$ für den Punkt, wo sich die extrapolierten Kennlinien bei $I_{DS} = 0$ in etwa schneiden. Ein typischer Wert für λ ist 0,05 1/V.

4.5.3 Kurzkanaleffekte

Die bisher abgeleiteten Transistorgleichungen gelten für Transistoren mit relativ großen Kanalabmessungen. Bei Kanalgeometrien, die in die Größenordnung der Weite einer Raumladungszone kommen, treten jedoch Wechselwirkungen zwischen dem Kanal, dessen Raumladungszone und den angrenzenden Source- und Drainraumladungszonen auf, die nicht mehr vernachlässigt werden können und im Folgenden beschrieben werden.

Transistoren mit kurzer Kanallänge

Bei der Ableitung der Transistorgleichungen wurde die Ladung der Raumladungszonen von Drain- und Sourcegebieten nicht berücksichtigt. Bei Transistoren mit kurzer Kanallänge kann durch diese Vernachlässigung ein Fehler entstehen, da die Ladung dieser Zonen die Ladung der Raumladungszone, die vom Gate gesteuert wird, verändert. Dies hat zur Folge, dass Transistoren mit kurzer Kanallänge (Bild 4.39a) eine niedrigere Einsatzspannung haben. Dadurch verursacht bereits eine geringfügige Änderung der Kanallänge bei der Herstellung eine relativ große Einsatzspannungsänderung.

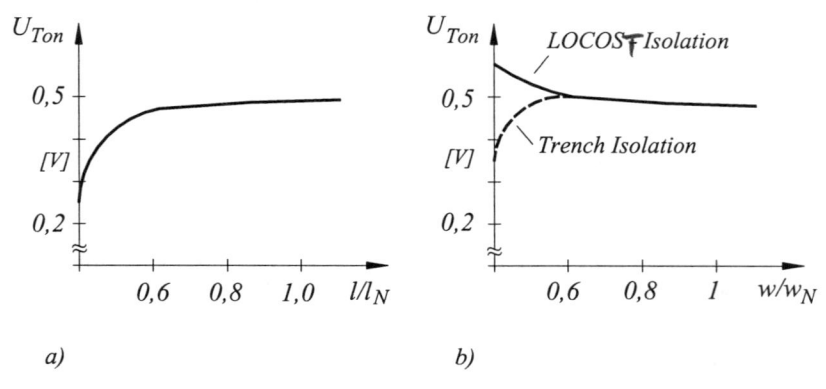

Bild 4.39: Abhängigkeit der Einsatzspannung von den Transistorgeometrien;
a) Einsatzspannung als Funktion einer normierten Kanallänge l/l_N;
b) Einsatzspannung als Funktion einer normierten Kanalweite w/w_N

Dieser als roll-down bezeichnete Effekt hängt stark von der Substratdotierung ab, wie die folgende Betrachtung zeigt. Hierzu wird das in Bild 4.40 gezeigte einfache Trapezmodell verwendet |YAU|.

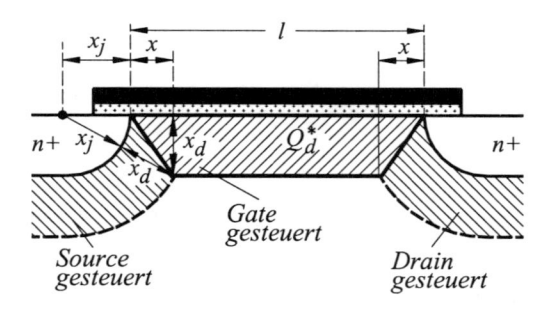

Bild 4.40: Trapezmodell zur Beschreibung des Kanallängeneffekts bei $U_{DS} = 0V$

Die Einsatzspannung Gl.(4.34) wurde bisher durch

4 Feldeffekttransistor

$$U_{Tn} = U_{FB} + 2\phi_F + \gamma\sqrt{2\phi_F + U_{SB}}$$
$$= U_{FB} + 2\phi_F - \frac{Q_d}{C_{ox}} \tag{4.83}$$

beschrieben Gl.(4.13), (4.20) wobei

$$Q_d = \sigma_d \cdot w \cdot l \tag{4.84}$$

die vom Gate beeinflusste Raumladung war. Diese ist bei Transistoren mit kurzer Gatelänge geringer und kann in erster Näherung durch die Fläche des Trapezoids

$$Q_d^* = \sigma_d \cdot w(l-x) \tag{4.85}$$

beschrieben werden. Mit

$$(x_j + x)^2 + x_d^2 = (x_j + x_d)^2 \tag{4.86}$$

ergibt sich somit eine in Abhängigkeit von der Kanallänge l reduzierte Einsatzspannung von

$$U_{Tn} = U_{FB} + 2\phi_F - \frac{Q_d^*}{Q_d}\frac{Q_d}{C_{ox}}$$
$$= U_{FB} + 2\phi_F + F_S\gamma\sqrt{2\phi_F + U_{SB}}, \tag{4.87}$$

wobei

$$F_S = 1 - \frac{x_j}{l}\left[\sqrt{1 + 2\frac{x_d}{x_j}} - 1\right] \tag{4.88}$$

die Reduzierung beschreibt. Die Einsatzspannungsänderung zwischen zwei Transistoren mit unterschiedlich kurzer Gatelänge beträgt demnach

$$\Delta U_{Tn} = U_{Tn,1} - U_{Tn,2}$$
$$\Delta U_{Tn} = \left(\frac{1}{l_2} - \frac{1}{l_1}\right)x_j\left[\sqrt{1 + 2\frac{x_d}{x_j}} - 1\right]\gamma\sqrt{2\phi_F + U_{SB}}. \tag{4.89}$$

Dies kann bei entsprechenden Schaltungen zu einer Asymmetrie führen.

Wird eine Drainspannung angelegt, so nimmt die Weite der Raumladungszone drainseitig stark zu, wodurch die gategesteuerte Ladung weiter absinkt (Bild 4.41).

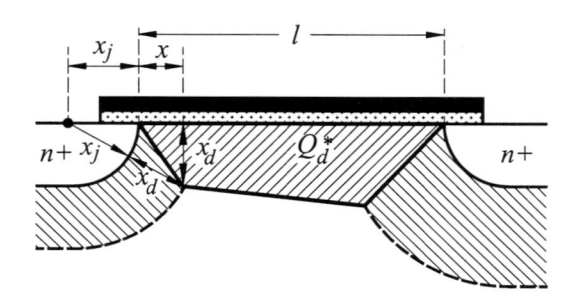

Bild 4.41:   *Trapezmodell zur Beschreibung des Kanallängeneffekts bei $U_{DS} > 0V$*

Die Folge ist eine weitere Reduzierung der Einsatzspannung, diesmal jedoch als Folge der Drainspannung. Dieser Effekt wird als **D**rain **I**nduced **B**arrier **L**owering (DIBL) bezeichnet |SKOT| und ist in Bild 4.42 für verschiedene normierte Gatelängen skizziert.

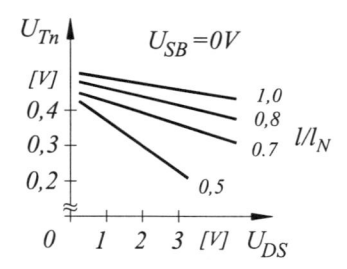

Bild 4.42:   *Einsatzspannung als Funktion von U_{DS} und einer normierten Gatelänge l/l_N*

Wie bereits erwähnt verursacht der beschriebene Kurzkanaleffekt durch geringfügige Änderungen der Kanallänge bei der Herstellung eine relativ große Einsatzspannungsänderung. Es wird zwar versucht diesen "roll-down" Bereich bei der Herstellung zu vermeiden, wegen der kurzen Kanallänge ist dies jedoch nicht ganz auszuschließen. Aus diesem Grund sollte an den Stellen in der Schaltung wo es besonders auf ein gutes Sperrverhalten der Transistoren ankommt (siehe Unterschwellstromverhalten Kapitel 4.3.3) keine minimalen Transistorlängen verwendet werden.

Transistoren mit kleiner Kanalweite

Bisher wurde das Verhalten der Einsatzspannung bei Transistoren mit kurzer Kanallänge analysiert. Eine Beeinflussung der Einsatzspannung ergibt sich aber auch, wenn die Kanalweite verkürzt wird (Bild 4.39b). Dies kann man mit Hilfe von Bild 4.43 näher erklären.

4 Feldeffekttransistor

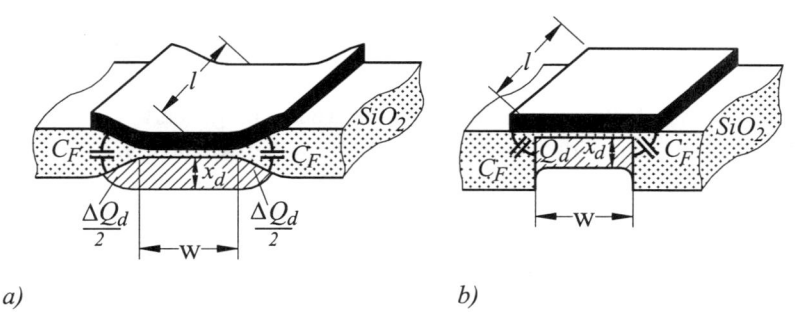

Bild 4.43: *Querschnitt durch einen MOS-Transistor a) LOCOS-Isolation; b) Trench-Isolation (siehe Bild 4.3)*

Bei Technologien mit Kanallängen über 0,25μm wird im Allgemeinen zur lateralen Isolation der Transistoren die selbstjustierende lokale Oxidation von Dickoxid benutzt, bei der es am Übergang vom Dünnoxid zum Dickoxid zur Ausbildung eines so genannten "bird's beak" (Bild 4.43a) kommt. Dieser Übergang kann geometrisch nicht weiter skaliert, d.h. verkleinert werden. Als Alternative wird daher die so genannte Trench Isolation (TI) verwendet (Bild 4.3). Bei dieser Technik wird um den Transistor ein Graben anisotrop geätzt und mit SiO₂ aufgefüllt. Eine laterale Ausdehnung der Raumladungszone wird dadurch vermieden, wodurch die Ladung der Raumladungszone Q_d nahezu weitenunabhängig ist (Bild 4.43b).

Abhängig von der Isolationstechnik kann man einen Anstieg- bzw. Abfall der Einsatzspannung bei Verkleinerung der Gateweite beobachten (Bild 4.43b). Dies lässt sich wie folgt erklären:

Die Einsatzspannung Gl.(4.83) kann in der Form

$$U_{Tn} = U_{FB} + 2\phi_F - \frac{Q_d}{C_{ox}}$$

ausgedrückt werden. Verändert man diese Beziehung

$$U_{Tn} = U_{FB} + 2\phi_F - \frac{Q_d + \Delta Q_d}{C_{ox} + C_F} \qquad (4.90)$$

so kann man den Weiteneinfluss auf die Einsatzspannung erkennen. In dieser Gleichung ist ΔQ_d die zusätzliche Ladung der Raumladungszone in lateraler Richtung und C_F eine Randkapazität.

Im Fall der LOCOS Isolation kann man C_F wegen des dickeren Oxids gegenüber der Oxidkapazität C_{ox} vernachlässigen. Die zusätzliche Ladung ΔQ_d ist jedoch bei Transistoren mit kleiner Weite und demnach kleiner Raumladung Q_d merklich, so dass die Einsatzspannung, wie aus Gleichung (4.91) hervorgeht, ansteigt (Bemerkung σ_d, Q_d und ΔQ_d haben negative Werte).

$$U_{Tn} = U_{FB} + 2\phi_F - \frac{\sigma_d}{C'_{ox}} - \frac{\Delta Q_d}{C'_{ox} wl} \qquad (4.91)$$

Im Fall der Trench-Isolation ist die Situation genau umgekehrt. C_F ist wegen der Überlappung des Dünnoxids in den Trench hinein bei kleinen Weiten nicht mehr gegenüber der Oxidkapazität vernachlässigbar. Da eine zusätzliche laterale Ladung ΔQ_d nicht entsteht, bedeutet dies in Bezug auf Beziehung (4.90), dass die Einsatzspannung bei Verkleinerung der Weite abnimmt

$$U_{Tn} = U_{FB} + 2\phi_F - \frac{\sigma_d}{C'_{ox} + C_F /(wl)} \; . \qquad (4.92)$$

Bei einem professionellen Kompaktmodell, wie z.B. in $|\text{BSIM}|$ werden die Kurzkanaleffekte durch geometrische Betrachtungen erfasst. Dadurch nimmt zwar die Zahl der Parameter zu jedoch ergibt sich ein ganz entscheidender Vorteil. Es muss nämlich nur ein Transistor charakterisiert, d.h. parametrisiert werden. Alle anderen Transistorvarianten ergeben sich dann automatisch. Die Alternative dazu wäre, alle Transistorvarianten zu charakterisieren. Eine nicht verlockende Aufgabe.

4.5.4 Heiße Ladungsträger

In Kapitel 4.4.1 wurde u.a. die Ortsabhängigkeit der Kanalspannung ϕ_K (Bild 4.27) betrachtet. Hierbei stellte sich heraus, dass der Strom Gl.(4.57)

$$I_{DS} = v_n w \sigma_n (x)$$

aus Kontinuitätsgründen überall im Kanal konstant ist. Da sich jedoch die Feldstärke entlang des Kanals verändert, passen sich die Ladungsdichte σ_n und die Elektronengeschwindigkeit $v_n = -\mu_n E$ an. Am Drainende des Kanals stellt sich bei größter Feldstärke somit die größte Elektronengeschwindigkeit ein. Abhängig von der Kanallänge und der Größe der Gatespannung kann die Geschwindigkeit Werte von bis zu 10^7cm/s (Bild 1.16) annehmen. In diesem Fall spricht man von heißen Elektronen (hot electrons). Diese sind so energetisch, dass sie in der Lage sind, drainseitig kovalente Verbindungen aufzubrechen, wodurch es zu Ladungsträgermultiplikationen kommt. Hierbei wandern die Elektronen zur Drain und die Löcher zum Substrat. Eine Erhöhung des Drain- und Substratstromes ist die Folge (Bild 4.44). Schädlich für den Transistor ist jedoch, was drainseitig im Gateoxid passiert. In diesem können nämlich Grenzflächen- sowie Oxidstörstellen durch eingefangene Elektronen (Bild 4.44b) oder Löcher aufgeladen werden. Es kommt zur sog. Alterung, was eine Degradation der Transistorparameter bedeutet $|\text{SCHW}|$, $|\text{LEBL}|$.

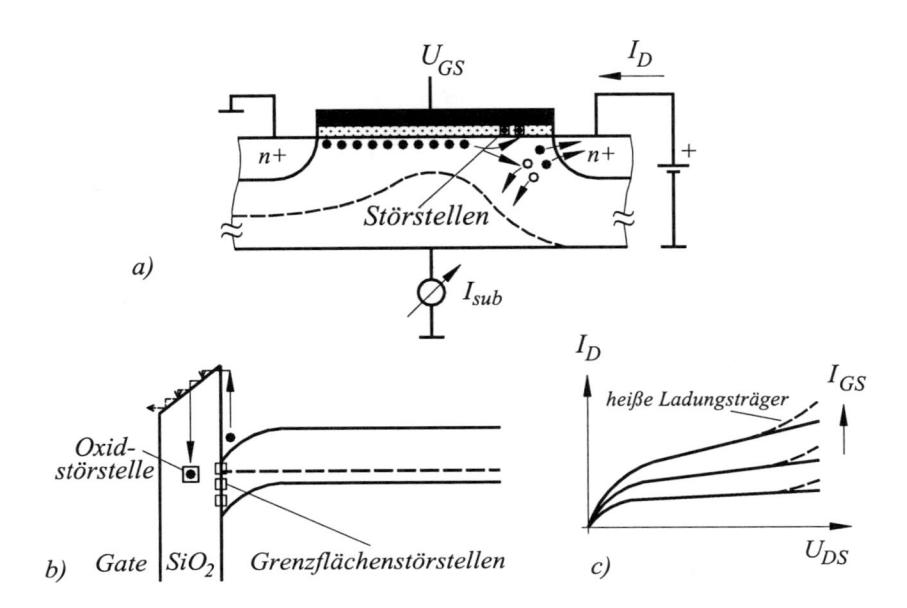

Bild 4.44: a) MOS-Transistor bei Injektion von heißen Ladungsträgern; b) Bänderdiagramm c) Auswirkung auf das Kennlinienfeld

Um diesen unerwünschten Effekt zu reduzieren, kann das elektrische Feld entlang der Inversionsschicht durch Reduzierung der Versorgungsspannung verkleinert werden oder eine niedrigere Dotierung im Drain- und damit gleichzeitig im Sourcegebiet vorgesehen werden. Durch diese sog. **L**ightly-**D**oped **D**rain (LDD)-Struktur (Bild 4.2) kann sich die Raumladungszone nicht nur wie bisher bei der sog. **H**ardly-**D**oped **D**rain (HDD) nahezu ausschließlich in das Substrat sondern auch in das Draingebiet selbst ausdehnen. Eine Reduzierung der Feldstärke ist die Folge. Zur Analyse der Maßnahme wurde mit einem Device-Simulator (MEDICI) das Laterale Feld für HDD- und LDD-Strukturen analysiert. Die Feldreduzierung (Bild 4.45) ist offensichtlich.

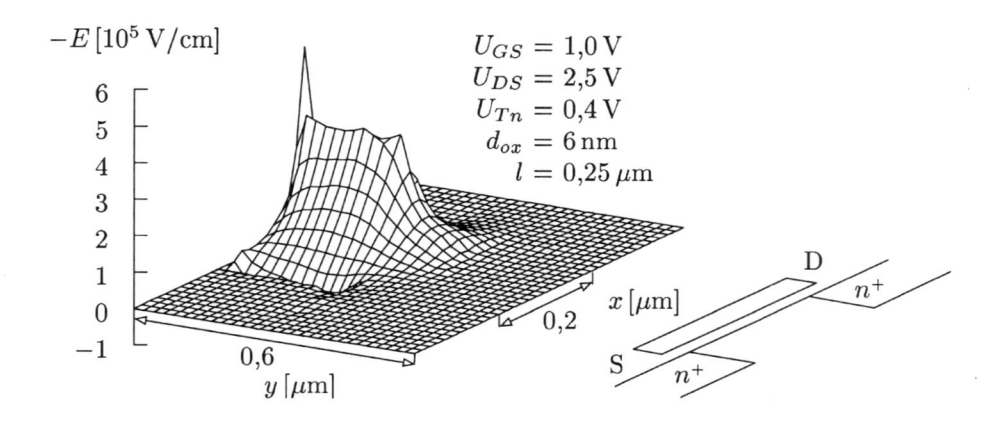

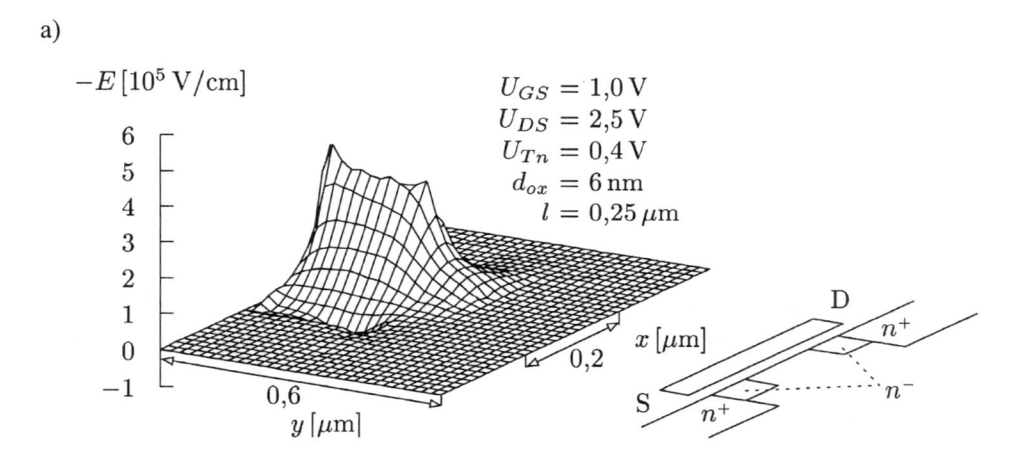

Bild 4.45: Laterale Feldstärke im MOS-Transistor a) HDD-Struktur; b) LDD-Struktur

4.5.5 Gateinduzierter Drainleckstrom

Wird ein Transistor als Schalter verwendet, interessieren im ausgeschalteten Zustand die verbleibenden Leckströme. Mit $0 \leq U_{GS} \leq U_{Tn}$ befindet sich der Transistor im Unterschwellstrombereich und es fließt ein I_{DS} - Strom entsprechend Gleichung (4.65)

4 Feldeffekttransistor   213

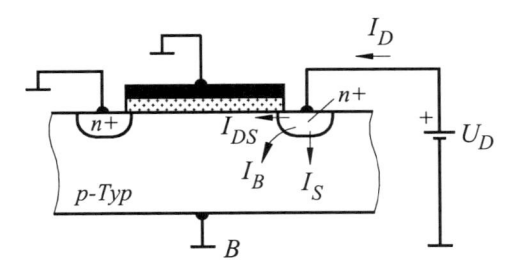

Bild 4.46: Drainleckströme aufgeteilt in Unterschwellstrom I_{DS}, Leckstrom I_S und gateinduzierter Drainleckstrom I_B

sowie ein Strom I_S des gesperrten n^+p^--Übergangs Gl.(2.28). Eine zusätzliche Komponente I_B, die bei kleineren Strukturabmessungen meist wesentlich größer ist als I_S, wird gateinduzierter Drainleckstrom (**G**ate **I**nduced **D**rain **L**eakage GIDL) genannt und im Folgenden näher betrachtet. Zu diesem Zweck ist in Bild 4.47 ein drainseitiger Transistorausschnitt gezeigt.

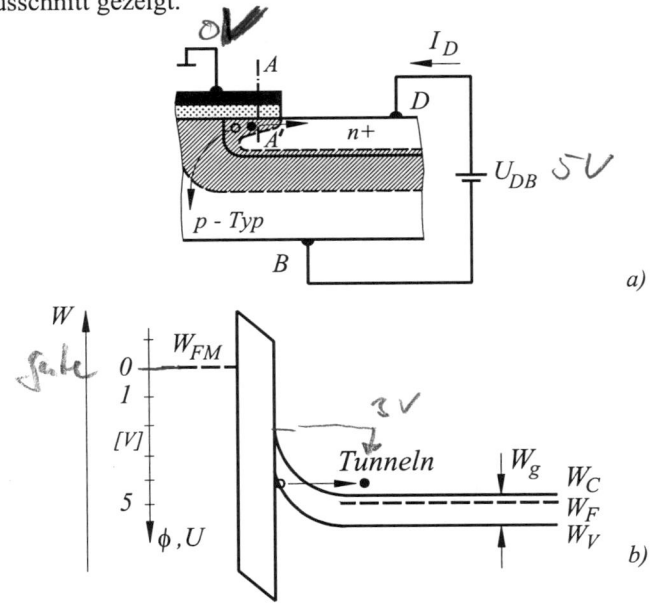

Bild 4.47: a) Drainseitiger Transistorausschnitt; b) Bänderdiagramm für den Schnitt A - A'

Es entsteht nämlich eine Verarmungszone in dem n^+-Draingebiet unterhalb des Gates. D.h. das n^+-Gebiet befindet sich in Verarmung (ähnlich wie in Bild 4.6 gezeigt). Ist das Gateoxid ausreichend dünn und die Drain-Bulk-Spannung entsprechend groß, dann wird die Energiebarriere in horizontaler Richtung viel kleiner als diejenige des Bandabstandes W_g. Dies hat zur Folge, dass Elektron-Lochpaare infolge eines so genannten Band zu Band Tunnelvorgangs leichter entstehen |TECH|, |TANA|. Das Elektron wandert zur positiven Drain und das zurückgebliebene Loch zum p-Substrat. Der dadurch entstehende Strom kann in etwa durch die analytische Beziehung |KOYA|

$$I_B = AE_S e^{-B/E_s} \tag{4.93}$$

beschrieben werden, wobei das vertikale Feld durch

$$E_S = \frac{U_{DG} - qW_g}{3d_{ox}} \tag{4.94}$$

genähert wird. U_{DG} ist dabei die Spannung zwischen Drain und Gate. Die Größen A und B sind Materialparameter.

4.5.6 Durchbruchverhalten des MOS-Transistors

In diesem Abschnitt werden die zwei wesentlichen Durchbruchmechanismen des MOS-Transistors Lawinendurchbruch und Punch-through behandelt. Auf das Durchbruchverhalten des Gateoxids wird im Kapitel 5 im Zusammenhang mit Eingangsschutzstrukturen eingegangen.

In Bild 4.48 ist das Durchbruchverhalten verschiedener Transistoren mit unterschiedlich normierten Gatelängen l_N aufgetragen.

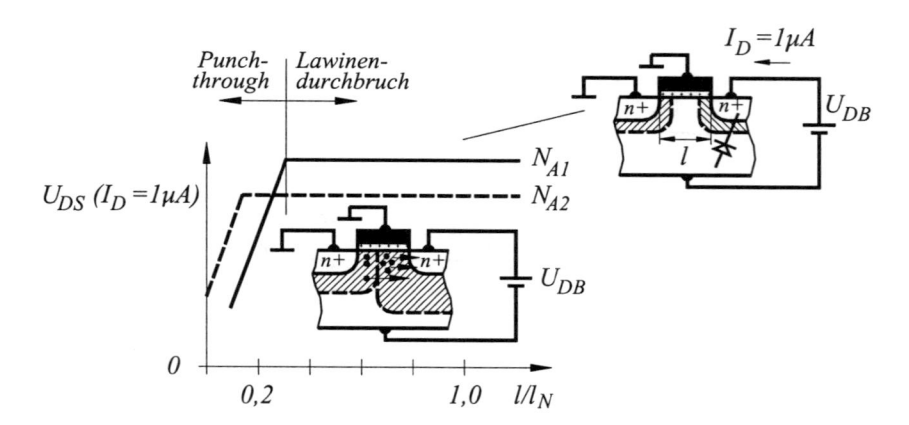

Bild 4.48: Maximale Drainspannung als Funktion einer normierten Kanallänge l/l_N, bei der ein Drainstrom von 1 μA fließt; $N_{A2} > N_{A1}$

Um den Transistor nicht zu zerstören, wird die Drainspannung nur so weit erhöht bis ein Strom von 1 μA fließt. Dieser Strom entsteht durch den Durchbruch des n^+p - Übergangs, der mit demjenigen von Kapitel 2.6 vergleichbar ist. Ab einer bestimmten Gatelänge nimmt diese Spannung jedoch ab. Dies ist darauf zurückzuführen, dass sich die

4 Feldeffekttransistor

Raumladungszone von Drain und Source berühren, wodurch Ladungsträger durch das Volumen von der Source direkt zu Drain gelangen. Der dadurch beginnende Durchbruch wird Punch-through genannt |BARN|. Durch Erhöhung der Substratdotierung $N_{A2} > N_{A1}$ werden die Weiten der Raumladungszonen reduziert, wodurch der Beginn des Punch-through sich hin zu kürzeren Kanallängen verschiebt. Gleichzeitig tritt eine Reduzierung des Durchbruchs des n^+p - Übergangs auf.

Wird der Strom bei der Messung von Transistoren mit großer Gatelänge nicht begrenzt, kommt es zu dem sog. Snap-Back-Effekt (Bild 4.49)

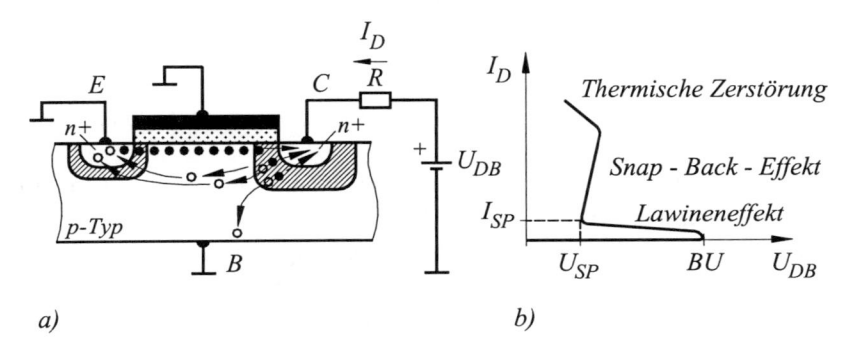

Bild 4.49:   a) MOS-Transistor unter Snap-Back-Bedingung; b) I_{DS} (U_{DS})-Verhalten

Mit $U_{DB} = BU$ beginnt der Lawineneffekt des gesperrten Drain-Substrat-Übergangs. Elektronen wandern zur U_{DB}-Spannungsquelle und Löcher zum Bulkanschluss, wodurch die p-Region leicht positiv vorgespannt wird. Damit verhält sich die Struktur wie ein bipolarer Transistor. Aus der Basis (Substrat) werden Löcher in den Emitter (Source-Kontakt) injiziert und gleichzeitig Elektronen durch die Basis zum Kollektor (Draingebiet). Die Basisweite entspricht hierbei in etwa der Kanallänge. Mit zunehmendem Strom nimmt die Verstärkung B zu (Bild 3.18b, Kapitel 3.2.5) und dadurch die Durchbruchspannung BU ab. Es kommt zum sog. Snap-Back, der durch I_{SP} und U_{SP} definiert ist. Eine weitere Erhöhung des Stromes führt letztlich aus dem Snap-Back in den Bereich der thermischen Zerstörung |AMER|.

4.5.7 Latch-Up Effekt

Bei CMOS-Schaltungen sind parasitäre npn- und pnp-Transistoren vorhanden, die als pnpn-Vierschichtdiode wirken. Bei bestimmten Bedingungen können diese gezündet werden, wodurch ein quasi Kurzschlusspfad zwischen U_{CC} und Masse entsteht. Die auftretenden großen Ströme sind in der Lage, die integrierte Schaltung zu zerstören. Am Beispiel eines CMOS-Inverters, von dem zur Vereinfachung nur die Sourcegebiete gezeigt sind (Bild 4.50), soll dies näher erläutert werden.

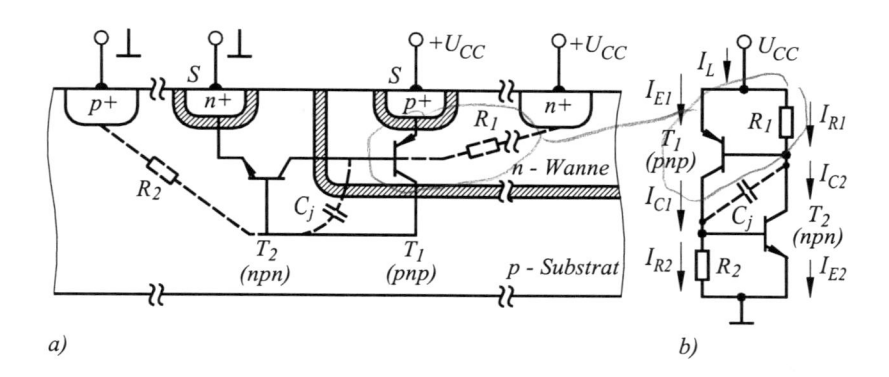

Bild 4.50: Ausschnitt aus einem CMOS-Inverter; a) Schnittbild; b) Ersatzschaltbild

In dem p-Substrat wurde durch Umdotierung eine n-Wanne erzeugt, in der die p-Kanal Transistoren enthalten sind (Bild 4.2). Die Wanne ist über eine n^+-Diffusion mit der Versorgungsspannung U_{CC} verbunden, während beim p-Substrat die Verbindung zur Masse über z.B. eine p^+-Diffusion erfolgt. Das Sourcegebiet n^+ bildet mit dem p-Substrat und der n-Wanne einen lateralen npn-Transistor (T_2) und das Sourcegebiet p^+ mit n-Wanne und p-Substrat einen vertikalen pnp-Transistor (T_1). Den Emitter-Basisübergängen sind die Widerstände R_1 und R_2, die sich aus dem Schichtwiderstand des Substrats bzw. der n-Wanne ergeben, parallel geschaltet. Die beiden miteinander verkoppelten Bipolartransistoren bilden eine pnpn-Vierschichtdiode, die, wenn einmal gezündet, unter bestimmten Bedingungen niederohmig bleibt, obwohl die Ursache für das Zünden nicht mehr vorhanden ist. Dieser Effekt wird als Latch-Up bezeichnet und mit Hilfe des Ersatzschaltbildes (Bild 4.50b) näher beschrieben.

Durch irgendeine Ursache, auf die später noch näher eingegangen wird, ist z.B. die Basis-Emitter-Diode des npn-Transistors $Tr2$ kurzzeitig leitend, wodurch ein Kollektorstrom I_{C2} fließt. Ein Teil dieses Stroms bildet den Basisstrom für den pnp-Transistor $Tr1$, der wiederum einen Kollektorstrom I_{C1} hervorruft. Dieser ist in der Lage, den Basisstrom für $Tr2$ zu liefern. Die pnpn-Vierschichtdiode befindet sich dadurch in einem niederohmigen Zustand. Der Zündvorgang kann selbstverständlich auch eingeleitet werden, wenn die Basis-Emitter-Diode des pnp-Transistors leitend wird.

Als Beispiel für Zündursachen |DISH| werden aufgeführt:

- Sehr steile Anstiegsflanke der Versorgungsspannung U_{CC}, die über die parasitäre Kapazität C_j (Sperrschichtkapazität n-Wanne/Substrat) einen Strom von $i = C_j \, dU_{CC}/dt$ erzeugt, der den Basis-Emitterübergang leitend schalten kann.

- Sehr große Störspannungsspitzen auf den Versorgungsspannungen (U_{CC}, Masse), die die Sperrspannung der Vierschichtdiode überschreiten.

- Über- und Unterschwingen bei Eingangssignalen.

- Injektion von Ladungsträgern durch benachbarte kurzzeitige leitende pn-Übergänge, was z.B. durch kapazitive Kopplungen innerhalb einer Schaltung geschehen kann.

Zur Zerstörung der Schaltung kann es kommen, wenn nach Wegfall der Zündursache die Vierschichtdiode nicht selbstständig abschaltet. Dazu müssen die beiden Bipolartransistoren eine bestimmte Stromverstärkung besitzen. Wie groß diese mindestens sein muss, wird im Folgenden abgeleitet. Unter der Voraussetzung, dass die Vierschichtdiode gezündet wurde, gilt:

$$I_L = I_{C1} + I_{C2}$$
$$I_L = A_1 I_{E1} + A_2 I_{E2} \qquad (4.95)$$
$$I_L = A_1(I_{E1} + I_{R1}) - A_1 I_{R1} + A_2(I_{E2} + I_{R2}) - A_2 I_{R2}$$

wobei $A_1 = I_{C1}/I_{E1}$ und $A_2 = I_{C2}/I_{E2}$ die statischen Stromverstärkungen der Transistoren T_1 und T_2 in Basisschaltung sind.

Nach Umformen von Gleichung (4.95) ergibt sich

$$1 = A_1 + A_2 - A_1 \frac{I_{R1}}{I_L} - A_2 \frac{I_{R2}}{I_L}. \qquad (4.96)$$

Diese Beziehung ist erfüllt, wenn

$$A_1 + A_2 = 1 + A_1 \frac{I_{R1}}{I_L} + A_2 \frac{I_{R2}}{I_L} \quad \text{oder} \qquad (4.97)$$

$$B_1 B_2 = 1 + B_1(1 + B_2)\frac{I_{R1}}{I_L} + B_2(1 + B_1)\frac{I_{R2}}{I_L} \qquad (4.98)$$

ist. Dabei wurde die statische Stromverstärkung $B = A/(1-A)$ verwendet. Diese Gleichungen geben die allgemeinen Zündkriterien einer Vierschichtdiode wieder |GEND|. Sind die Widerstände R_1 und R_2 unendlich und damit I_{R1} und I_{R2} Null, so reicht schon eine Stromverstärkung von

$$\boxed{A_1 + A_2 = 1} \quad \text{oder} \quad \boxed{B_1 B_2 = 1} \qquad (4.99)$$

aus, um die Latch-Up Bedingung zu erfüllen, was durch die meisten CMOS-Prozesse mit typischen Stromverstärkungen B der lateralen zwischen 0,1 und 2 und vertikalen Transistoren bis zu 50 geschieht.

Die wirksamste schaltungstechnische Maßnahme zur Reduzierung der Latch-Up Empfindlichkeit besteht darin, die den Emitter-Basisübergängen parallel geschalteten Widerstände zu reduzieren. Dies geschieht durch sehr niederohmige Spannungszuführungen und bei besonders gefährdeten Schaltungsteilen durch Anbringen von Schutzringen (guard ring) (Bild 4.51).

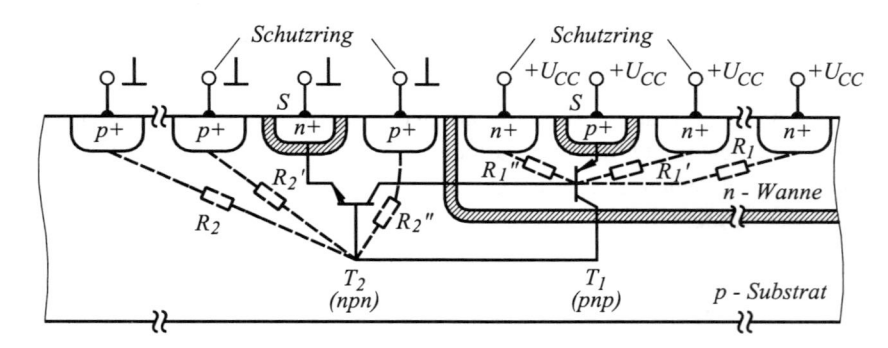

Bild 4.51:   *Ausschnittbild aus einem CMOS-Inverter mit Schutzringen*

In der n-Wanne besteht dieser aus einem n^+-Ring, der mit U_{CC} verbunden ist und im Substrat aus einem p^+-Ring, an den Masse zugeführt wird. Die dadurch entstandenen zusätzlichen Widerstände reduzieren den Gesamtwiderstand zwischen den jeweiligen Emitter-Basisübergängen, so dass es weit schwieriger ist, diese Übergänge in Durchlassrichtung zu schalten.

Die Ein- und Ausgänge von integrierten Schaltungen sind im Allgemeinen die gefährdetsten Schaltungsteile, da sie durch Über- und Unterschwingen der zugeführten Eingangs- bzw. Ausgangssignale leicht gezündet werden können. Aus diesem Grund werden die Ausgangstreiber manchmal nur aus n-Kanal Transistoren aufgebaut und die Eingänge der Schaltung, wie bereits erwähnt, mit besonderen Schutzringen versehen.

Die wirksamste technologische Maßnahme, die Latch-Up Empfindlichkeit zu reduzieren, besteht darin, ein sehr niederohmiges Substratmaterial (Epi-Scheibe) mit z.B. 0,01 Ωcm zu verwenden. Dadurch ist es möglich, eine Versorgungsleitung sehr niederohmig vom Substrat, d.h. von der Scheibenrückseite her zuzuführen.

Ab Strukturabmessungen kleiner 0,2 µm kann auf die teuren Scheiben mit Epitaxieschicht verzichtet werden. Dies ist möglich, da zur Verkleinerung der Raumladungszonen sehr hohe Dotierungen im Substrat von z.B. $N_A = 10^{19}$ cm^{-3} verwendet werden, wodurch das Substrat sehr niederohmig wird.

4.6 Modellierung des MOS-Transistors

4.6.1 CAD-Anwendungen

In heutigen Schaltungssimulationsprogrammen sind verschiedenste Kompaktmodelle von unterschiedlicher Komplexität enthalten. Allen Modellen gemeinsam ist die Aufteilung des Transistors in ein äußeres Modell, auch Modellrahmen genannt, der sich aus den parasitären Elementen des Transistors zusammensetzt und ein inneres Modell, das durch die Transistorgleichungen beschrieben wird. Diese Aufteilung hat den Vorteil, dass der Modellrahmen der jeweils entsprechenden Transistorgeometrie angepasst werden kann, ohne dass das innere Modell verändert werden muss.

Modellrahmen

Um den Modellrahmen näher zu analysieren, ist es zweckmäßig, das Schnittbild des Transistors (Bild 4.52) noch einmal zu betrachten.

Wie zu ersehen ist, besteht der Modellrahmen aus den folgenden Elementen:

1, 2 Gate Source- bzw. Gate Drain Überlappkapazität $C^*_\ddot{U}$ pro Kanalweite

3, 4 Drain- bzw. Source Sperrschichtkapazität C'_j pro Fläche

5, 6 Drain- bzw. Source Sperrschichtkapazität C^*_j pro Länge

7, 8 Source- bzw. Draindiode zur Berechnung der Ströme im Substrat

9, 10 Source- bzw. Drainwiderstände, die bisher vernachlässigt wurden.

Bei den Diffusionsgebieten wird die Sperrschichtkapazität in einen Boden- und Wandanteil aufgeteilt (Bild 2.13). Dies wird gemacht, um die unterschiedlichen Kapazitätswerte, die durch eine nichthomogene Dotierung hervorgerufen werden, zu berücksichtigen. Hierbei ist es gebräuchlich, den kapazitiven Bodenanteil flächenspezifisch und den Wandanteil längenspezifisch anzugeben ($C^*_j = C'_j$ (Rand) x_j). Dies hat den Vorteil, dass die gesamte Sperrschichtkapazität des Diffusionsgebiets aus den topologischen Abmessungen (Draufsicht) leicht bestimmt werden kann. Dabei ist zu beachten, dass sich der gesamte kapazitive Wandanteil nur aus dem mit 5 bzw. 6 bezeichneten Umfang ergibt.

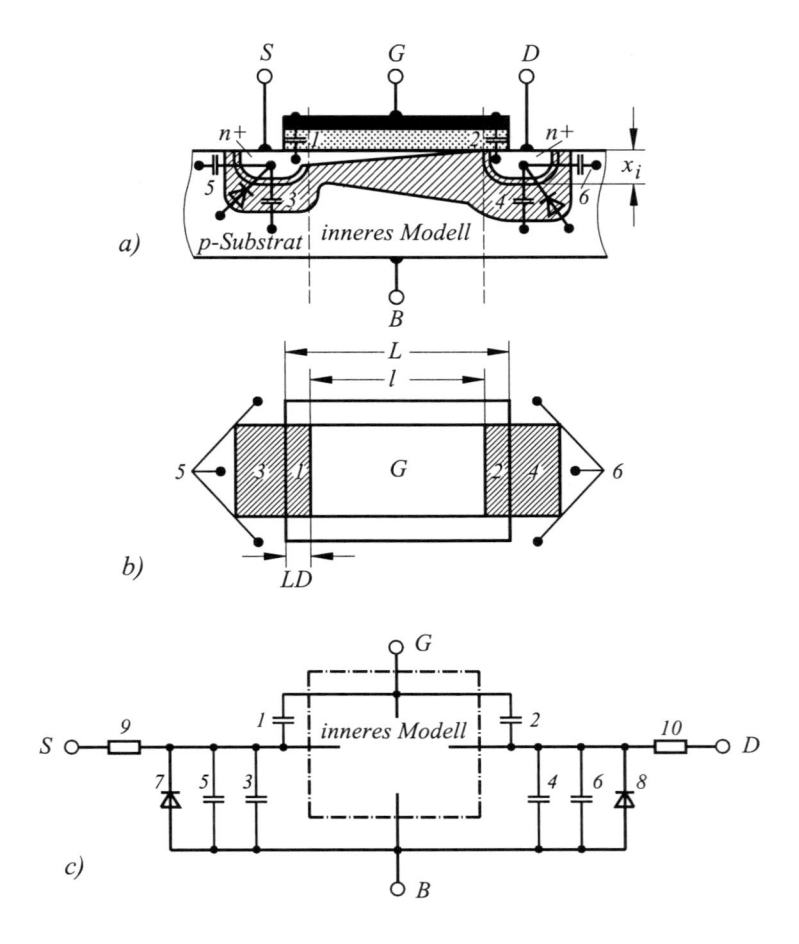

Bild 4.52: MOS-Transistor; a) Schnittbild; b) Draufsicht; c) elektrisches Ersatzschaltbild des Modellrahmens

Inneres Transistormodell

Die Genauigkeit einer Schaltungssimulation kann nicht größer sein als diejenige, mit der die Transistoren beschrieben und deren Parameter bestimmt werden. Daraus folgt, dass möglichst alle Transistoreffekte beschrieben werden müssen. Dies führt zu einem relativ aufwändigen Gleichungssystem, das zudem nicht einheitlich von Anwender zu Anwender ist und außerdem einer kontinuierlichen Weiterentwicklung unterliegt.

Um ein Gefühl für ein MOS-Transistormodell zu vermitteln, ist es zweckmäßig, die ursprüngliche Version basierend auf der Version von Andrej Vladimirescu und Sally Liu |VLAD| in Spice 2G level 3 näher zu betrachten. In den vorhergehenden Abschnitten wurde bereits näher auf diese Transistorgleichungen eingegangen, so dass hier eine Zusammenfassung der wesentlichen Gleichungen als Beispiel dienen soll.

Einsatzspannung

$$U_{Tn} = U_{Ton} + \gamma\left(\sqrt{2\phi_F + U_{SB}} - \sqrt{2\phi_F}\right),$$

$$U_{Ton} = U_{FB} + 2\phi_F + \gamma\sqrt{2\phi_F}$$

Stromgleichung (starke Inversion)

$$I_{DS} = \beta_n\left[(U_{GS} - U_{Tn}) - \frac{1+F_B}{2}U_{DSX}\right]U_{DSX}$$

$$U_{DSX} = \begin{cases} U_{DS} & \text{wenn } U_{GS} - U_{Tn} > U_{DS} \\ U_{DSsat} & \text{wenn } U_{GS} - U_{Tn} \leq U_{DS} \end{cases}$$

$$\beta_n = \mu_{eff} C'_{ox} \frac{w}{l}$$

$$F_B = \frac{\gamma}{2\sqrt{U_{SB} + 2\phi_F}}$$

$$\mu_{eff} = \frac{\mu_S}{1 + \frac{U_{DS}/l}{v_{sat}/\mu_S}}$$

$$\mu_S = \frac{\mu_n}{1 + \theta(U_{GS} - U_{Tn})}$$

$$U_{DSsat} = \frac{v_{sat}l}{\mu_S}\left(\sqrt{1 + 2\frac{\mu_S}{v_{sat}l}\frac{U_{GS} - U_{Tn}}{1 + F_B}} - 1\right)$$

Kanallängenmodulation

$$\Delta l = l - l' = \sqrt{\left(\frac{E_p}{2\alpha}\right)^2 + \frac{K}{\alpha}(U_{DS} - U_{DSsat})} - \frac{|E_p|}{2\alpha},$$

$$\alpha = \frac{qN_A}{2\varepsilon_0\varepsilon_{Si}}$$

Stromgleichung (schwache Inversion) wenn $U_{GS} \leq U_{Tn}$

$$I_{DS} = \beta_n(n-1)\phi_t^2 e^{(U_{GS} - U_{Tn})/\phi_t n}(1 - e^{-U_{DS}/\phi_t})$$

Die wichtigsten typischen Parameter, die das Transistormodell beschreiben, sind in Tabelle 4.1 für einen 1,5 μm-CMOS-Prozess zusammengefasst.

Text	Spice	Beschreibung	n-Kanal Trans.	p-Kanal Trans.	Dimension
U_{Ton}	VTO	Einsatzspannung bei $U_{SB} = 0V$	0,8	-0,8	V
k_n, k_p	KP	Verstärkungsfaktor des Prozesses	$120 \cdot 10^{-6}$	$40 \cdot 10^{-6}$	A/V^2
γ	GAMMA	Substratsteuerfaktor	0,3	0,4	$\sqrt{V}$
$2\phi_F$	PHI	Oberflächenpotenzial	0,78	0,70	V
d_{ox}	TOX	Gateoxiddicke	$20 \cdot 10^{-9}$	$20 \cdot 10^{-9}$	m
$N_{A(D)}$	NSUB	Substratdotierung	$5 \cdot 10^{16}$	10^{16}	cm^{-3}
x_j	XJ	Eindringtiefe Diffusion	$0,3 \cdot 10^{-6}$	$0,4 \cdot 10^{-6}$	m
μ_o	U0	Oberflächenbeweglichkeit	695	232	cm^2/Vs
v_m	VMAX	Maximale Driftgeschwindigkeit	$1,5 \cdot 10^5$	$2,5 \cdot 10^5$	m/s
δ	DELTA	Kanalweitenfaktor	0,04	0,09	
θ	THETA	Beweglichkeitsänderung	0,10	0,19	1/V
	ETA	Draineinfluss auf U_{Tn}	0,25	0,30	
K	KAPPA	Kanallängenmodulation	1	5	
R_D, R_S	RSH	Bahnwiderstand der Drain- bzw. Sourcediffusion	40	60	$\Omega/\square$
$C^*_\ddot{U}$	CGSO	Gate-Source Überlappkapazität pro Kanalweite	$0,34 \cdot 10^{-9}$	$0,34 \cdot 10^{-9}$	F/m
$C^*_\ddot{U}$	CGDO	Gate-Drain Überlappkapazität pro Kanalweite	$0,34 \cdot 10^{-9}$	$0,34 \cdot 10^{-9}$	F/m
C'_j	CJ	pn-Kapazität pro Fläche bei $U_{SB} = 0V$	$0,3 \cdot 10^{-3}$	$0,5 \cdot 10^{-4}$	F/m^2
M	MJ	Kapazitätskoeffizient der Fläche	0,5	0,5	
C^*_j	CJSW	pn-Kapazität je Länge bei $U_{SB} = 0V$	$0,1 \cdot 10^{-9}$	$0,1 \cdot 10^{-9}$	F/m
M	MJSW	Kapazitätskoeffizient des Wandanteils	0,33	0,33	
ϕ_i	PB	Diffusionsspannung	0,70	0,64	V
J_S	JS	Sättigungsstromdichte der D/S-Dioden	10^{-6}	10^{-6}	A/m^2

Tabelle 4.1: Modellparameter eines 1,5 μm CMOS-Prozesses

Ladungsmodell des inneren Transistors

Das Ladungsverhalten des inneren Transistors kann man phänomenologisch durch die Abhängigkeiten der inneren Kapazitäten vom Arbeitspunkt (Bild 4.55) erfassen. Die Beschreibung dieses Verhaltens wurde bei den älteren MOS-Modellen übernommen |MEYE|. Hierbei treten jedoch unter Umständen Probleme mit der Ladungserhaltung auf. Dies ist besonders störend bei dynamischen Schaltungen, bei denen die Speicherung von Ladung äußerst wichtig ist. Aus diesem Grund werden heute überwiegend ladungsorientierte Beschreibungen für das innere Verhalten des Transistors verwendet |WARD|. Im Folgenden wird darauf näher eingegangen, wobei der Übersicht halber auf die Berücksichtigung von Effekten 2. Ordnung verzichtet wird.

Zur Erstellung des Ladungsmodells werden die Knotenladungen an den Anschlüssen zum inneren Transistor (Bild 4.53)

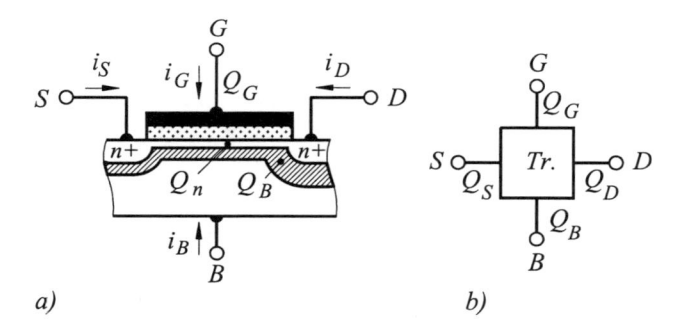

Bild 4.53:   a) Ladungen beim MOS-Transistor; b) innerer Transistor mit Knotenladungen

bestimmt. Aus der Änderung der Ladung nach der Zeit können die in die Klemme herein- bzw. herausfließenden Ströme

$$i_G = \frac{dQ_G}{dt}; \quad i_B = \frac{dQ_B}{dt}; \quad i_S + i_D = \frac{d(Q_S + Q_D)}{dt} \quad (4.100)$$

bestimmt werden. Hierbei wird davon ausgegangen, dass die Ladungen zu jeder Zeit aus den in diesem Moment anliegenden Klemmenspannungen bestimmt werden können. Dies ist eine quasi-statische Betrachtung, die bereits bei dem pn-Übergang und dem bipolaren Transistor verwendet wurde.

Die Gateladung Q_G stellt, wie in Bild 4.53 gezeigt ist, die Spiegel- oder Gegenladung zu derjenigen im Halbleiter Q_n plus Q_B dar. Um sie zu bestimmen, geht man deshalb von der im Halbleiter gespeicherten flächenbezogenen Ladung Gl.(4.60)

$$\sigma_g(x) = -[\sigma_n(x) + \sigma_d(x)]$$
$$= C'_{ox}[U_{GS} - U_{FB} - 2\phi_F - \phi_K(x)] \qquad (4.101)$$

aus, wobei die Ladung in der Raumladungszone einen Wert von Gl.(4.60)

$$\sigma_d(\phi_K) = -C'_{ox}\gamma\left(\sqrt{2\phi_F + U_{SB}} + \frac{\phi_K(x)}{2\sqrt{2\phi_F + U_{SB}}}\right) \qquad (4.102)$$

hat.

Die gesamte Gateladung ergibt sich durch Integration über der Gatelänge zu

$$Q_G = w\int_0^l \sigma_g(x)dx. \qquad (4.103)$$

Da die Abhängigkeit der Ladung vom Ort nicht bekannt ist, wird eine Variablentransformation Gl.(4.47)

$$dx = \frac{-w\sigma_n\mu_n}{I_{DS}}d\phi_K \qquad (4.104)$$

durchgeführt. Danach resultiert unter Verwendung von Gleichungen (4.101)), (4.60), (4.62) und Integration, eine Gateladung von

$$Q_G = -\frac{w^2\mu_n}{I_{DS}}\int_0^{U_{DS}}\sigma_g(\phi_K)\sigma_n(\phi_K)d\phi_K$$

$$= wlC'_{ox}\left(U_{GS} - U_{FB} - 2\phi_F - \frac{U_{DS}}{2} + \frac{1+F_B}{12F_I}U_{DS}^2\right), \qquad (4.105)$$

wobei zur Vereinfachung

$$F_I = U_{GS} - U_{Tn} - \frac{1+F_B}{2}U_{DS} \qquad (4.106)$$

eingeführt wurde.

Die Ladung am Substratanschluss kann ähnlich wie die Gateladung bestimmt werden. Demnach ist

$$Q_B = w\int_0^l \sigma_d(x)dx$$

$$= -\frac{w^2\mu_n}{I_{DS}}\int_o^{U_{DS}}\sigma_d(\phi_K)\sigma_n(\phi_K)d\phi_K \qquad (4.107)$$

$$= -wlC'_{ox}\left[\gamma\sqrt{2\phi_F+U_{SB}}+\frac{F_B}{2}U_{DS}-\frac{(1+F_B)}{12F_I}U_{DS}^2\right],$$

wobei Beziehungen (4.60), (4.62), (4.101) und (4.102) verwendet wurden.

Die bisherigen Ladungen waren eindeutig den Klemmen G und B zuzuordnen. Dies ist nicht so einfach für die Kanalladung (Bild 4.53)

$$Q_n = -(Q_G+Q_B) \qquad (4.108)$$

möglich, die auf die beiden Anschlüsse Source und Drain aufgeteilt werden muss. In den meisten Transistormodellen wird die Kanalladung wie folgt auf Source und Drain aufgeteilt

$$Q_D = w\int_0^l \frac{x}{l}Q_n dx$$

$$Q_S = w\int_0^l \left(1-\frac{x}{l}\right)Q_n dx. \qquad (4.109)$$

Komplexere innere Transistormodelle

Durch die Strukturverkleinerungen traten im Laufe der Zeit immer mehr Effekte 2. Ordnung, wie sie in Kapitel 4 beschrieben sind, in Erscheinung. Als Konsequenz wurde und wird eine Vielzahl von verbesserten Transistormodellen entwickelt. Ein relativ weit verbreitetes Modell ist dabei das in Berkeley entwickelte Modell BSIM3 (Berkeley Short Channel IGFET Model). Eine detaillierte Beschreibung des Modells ist in |CHEN| und |FOTY| enthalten, so dass sich eine weitere Beschreibung hier erübrigt. Wird dieses Modell bei Rechnersimulationen in Praktika verwendet, können typische Parameterdateien für 0,13 µm Transistoren (Tabelle 4.2) oder unter

www.unibw-muenchen.de/campus/ET4/index.html BSIM abgerufen werden.

MODEL NMOS LEVEL= 7

+A0	= 8.50000E-01	A1	= 0.00000E+00	A2	= 1.00000E+00
+AF	= 1.00000E+00	AGS	= 6.00000E-01	ALPHA0	= 1.30000E-08
+AT	= 4.10000E+04	B0	= 8.70000E-08	B1	= 5.80000E-09
+BETA0	= 1.00000E+01	CAPMOD	= 2.00000E+00	CDSC	= 4.30000E-04
+CDSCB	= 0.00000E+00	CDSCD	= 1.00000E-03	CF	= 1.00000E-10
+CGBO	= 1.00000E-12	CGDL	= 0.00000E+00	CGDO	= 1.80000E-10
+CGSL	= 0.00000E+00	CGSO	= 1.80000E-10	CIT	= 0.00000E+00
+CJ	= 1.00000E-03	CJSW	= 1.00000E-10		
+CKAPPA	= 6.00000E-01	CLC	= 1.00000E-07	CLE	= 6.00000E-01
+DELTA	= 2.90000E-02	DLC	= 1.50000E-08	DROUT	= 9.00000E-01
+DSUB	= 1.70000E+00	DVT0	= 7.50000E+00	DVT0W	= 0.00000E+00
+DVT1	= 1.90000E+00	DVT1W	= 5.30000E+06	DVT2	= 0.00000E+00
+DVT2W	= -3.2000E-02	DWB	= 0.00000E+00	DWC	= 0.00000E+00
+DWG	= 0.00000E+00	EF	= 1.00000E+00	EM	= 4.10000E+07
+ETA0	= 1.00000E+00	ETAB	= -5.0000E-04	JS	= 1.00000E-07
+JSW	= 1.00000E-14	K1	= 3.90000E-01	K2	= -8.7000E-03
+K3	= 1.00000E-03	K3B	= 0.00000E+00	KETA	= 0.00000E+00
+KF	= 0.00000E+00	KT1	= -2.5000E-01	KT1L	= 0.00000E+00
+KT2	= 0.00000E+00	LINT	= 2.00000E-08	LMAX	= 1.00000E-05
+LMIN	= 1.30000E-07	MJ	= 5.00000E-01	MJSW	= 4.00000E-01
+MJSWG	= 6.00000E-01	MOBMOD	= 1.00000E+00	N	= 1.00000E+00
+NCH	= 5.80000E+17	NFACTOR	= 1.90000E+00	NLX	= 1.20000E-07
+NOIMOD	= 1.00000E+00	NQSMOD	= 0.00000E+00	PB	= 8.00000E-01
+PBSW	= 8.00000E-01	PBSWG	= 8.00000E-01	PCLM	= 1.00000E-01
+PDIBLC1	= 1.80000E-01	DIBLC2	= 1.00000E-02	PDIBLCB	= 0.00000E+00
+PRT	= 0.00000E+00	PRWB	= 0.00000E+00	PRWG	= 0.00000E+00
+PSCBE1	= 7.50000E+08	PSCBE2	= 5.00000E-05	PVAG	= 0.00000E+00
+RDSW	= 1.40000E+02	TNOM	= 2.50000E+01	TOX	= 3.00000E-09
+U0	= 6.00000E+02	UA	= 6.00000E-10	UA1	= 2.00000E-09
+UB	= 2.20000E-18	UB1	= -2.5000E-18	UC	= 2.40000E-10
+UC1	= 0.00000E+00	UTE	= -1.5000E+00	VERSION	= 3.20000E+00
+VOFF	= -9.3000E-02	VSAT	= 1.15000E+05	VTH0	= 2.50000E-01
+W0	= 6.00000E-07	WINT	= 0.00000E+00	WMAX	= 1.00000E-05
+WMIN	= 1.50000E-07	WR	= 1.00000E+00	XJ	= 5.00000E-08
+XPART	= 0.00000E+00				

MODEL PMOS LEVEL= 7

+A0	= 5.10000E-01	A1	= 0.00000E+00	A2	= 1.00000E+00
+AF	= 1.00000E+00	AGS	= 3.40000E-01	ALPHA0	= 5.00000E-09
+AT	= 1.30000E+03	B0	= 0.00000E+00	B1	= 0.00000E+00
+BETA0	= 1.20000E+01	CAPMOD	= 2.00000E+00	CDSC	= 9.00000E-04
+CDSCB	= 4.80000E-04	CDSCD	= 5.20000E-04	CF	= 1.20000E-10
+CGBO	= 1.00000E-12	CGDL	= 0.00000E+00	CGDO	= 1.90000E-10
+CGSL	= 0.00000E+00	CGSO	= 1.90000E-10	CIT	= 0.00000E+00
+CJ	= 1.00000E-03	CJSW	= 1.00000E-10		
+CLC	= 1.00000E-07	CLE	= 6.00000E-01	DELTA	= 1.50000E-02
+DLC	= 1.80000E-08	DROUT	= 8.00000E-07	DSUB	= 8.50000E-01
+DVT0	= 1.40000E+01	DVT0W	= 0.00000E+00	DVT1	= 1.90000E+00
+DVT1W	= 5.30000E+06	DVT2	= 0.00000E+00	DVT2W	= -3.2000E-02
+DWB	= 0.00000E+00	DWC	= 0.00000E+00	DWG	= 0.00000E+00
+EF	= 1.00000E+00	ETA0	= 4.00000E-01	ETAB	= 0.00000E+00
+JS	= 1.00000E-08	JSW	= 1.00000E-14	K1	= 3.20000E-01
+K2	= 0.00000E+00	K3	= 1.00000E-03	K3B	= 0.00000E+00

```
+KETA     = 0.00000E+00   KF      = 0.00000E+00   KT1     = -2.5000E-01
+KT1L     = 0.00000E+00   KT2     = 0.00000E+00   LINT    = 1.50000E-08
+LMAX     = 1.00000E-05   LMIN    = 1.30000E-07   MJ      = 5.00000E-01
+MJSW     = 4.00000E-01   MJSWG   = 4.00000E-01   MOBMOD  = 1.00000E+00
+N        = 1.00000E+00   NCH     = 9.00000E+17   NFACTOR = 1.13000E+00
+NLX      = 1.60000E-07   NOIMOD  = 1.00000E+00   NQSMOD  = 0.00000E+00
+PB       = 8.00000E-01   PBSW    = 8.00000E-01   PBSWG   = 8.00000E-01
+PCLM     = 1.40000E+00   PDIBLC1 = 1.30000E-03   PDIBLC2 = 1.00000E-05
+PDIBLCB  = -1.0000E-03   PRT     = 0.00000E+00   PRWB    = 0.00000E+00
+PRWG     = 0.00000E+00   PSCBE1  = 7.20000E+08   PSCBE2  = 8.00000E-10
+PVAG     = 0.00000E+00   RDSW    = 2.20000E+02   RSH     = 0.00000E+00
+TNOM     = 2.50000E+01   TOX     = 3.00000E-09   U0      = 1.30000E+02
+UA       = 4.90000E-10   UA1     = 5.80000E-12   UB      = 1.30000E-18
+UB1      = -1.0000E-18   UC      = -1.40000E-12  UC1     = 0.00000E+00
+UTE      = -1.2000E+00   VERSION = 3.20000E+00   VOFF    = -1.4000E-01
+VSAT     = 8.00000E+04   VTH0    = -2.80000E-01  W0      = 3.40000E-07
+WINT     = 0.00000E+00   WMAX    = 1.00000E-05   WMIN    = 1.50000E-05
+WR       = 1.00000E+00   XJ      = 5.00000E-08   XPART   = 0.00000E+00
```

Tabelle 4.2: Modellparameter für das Modell BSIM3V3 /BSIM/ im Simulationsprogramm PSPICE

Die in Tabelle 4.2 beschriebenen Transistoren mit 0,13µm Kanallänge haben die folgenden charakteristischen Werte:

n-Kanal Transistor:

$I_{DS} = 600\mu A / \mu m$ Weite bei $U_{CC} = U_{GS} = 1,3V$;

$U_{Tn} = 0,3V$ bei $100nA\, w/l$;

p-Kanal Transistor:

$I_{DS} = 260\mu A / \mu m$ Weite bei $U_{CC} = U_{GS} = 1,3V$;

$U_{Tp} = -0,3V$ bei $40nA\, w/l$.

4.6.2 Überschlägige statische und transiente Berechnungen

Damit Schaltungsberechnungen von Hand nicht zu aufwändig werden, ist es zweckmäßig die einfachen Transistorgleichungen (Tabelle 4.3) zu verwenden, wobei nur der Einfluss des Drainfeldes als Effekt 2. Ordnung berücksichtigt wird. Diese Vorgehensweise ist gerechtfertigt, da eine größere Genauigkeit bei der Schaltungsberechnung, wie bereits mehrfach erwähnt, sowieso nur mit einem CAD-Verfahren und entsprechend aufwändigen Transistormodellen sinnvoll erreichbar ist.

n-Kanal Transistor	p-Kanal Transistor
Widerstandsbereich	**starke Inversion**

$$I_{DS} = \beta_n\left[(U_{GS}-U_{Tn})U_{DS} - \frac{U_{DS}^2}{2}\right] \qquad I_{DS} = -\beta_p\left[(U_{GS}-U_{Tp})U_{DS} - \frac{U_{DS}^2}{2}\right]$$

wenn $\quad U_{GS}-U_{Tn} > U_{DS}$ $\qquad\qquad$ wenn $\quad |U_{GS}-U_{Tp}| > |U_{DS}|$

Sättigungsbereich

$$I_{DS} = \frac{\beta_n}{2}(U_{GS}-U_{Tn})^2 \qquad\qquad I_{DS} = -\frac{\beta_p}{2}(U_{GS}-U_{Tp})^2$$

wenn $\quad U_{GS}-U_{Tn} \leq U_{DS}$ $\qquad\qquad$ wenn $\quad |U_{GS}-U_{Tp}| \leq |U_{DS}|$

Einsatzspannung

$$U_{Tn} = U_{Ton} + \gamma(\sqrt{2\phi_F + U_{SB}} - \sqrt{2\phi_F}) \qquad U_{Tp} = U_{Top} - \gamma(\sqrt{-2\phi_F - U_{SB}} - \sqrt{-2\phi_F})$$

$$U_{Ton} = U_{FB} + 2\phi_F + \gamma\sqrt{2\phi_F} \qquad\qquad U_{Top} = U_{FB} + 2\phi_F - \gamma\sqrt{-2\phi_F}$$

$$\gamma = \frac{\sqrt{qN_A 2\varepsilon_o \varepsilon_{Si}}}{C'_{ox}} \qquad\qquad\qquad \gamma = \frac{\sqrt{qN_D 2\varepsilon_o \varepsilon_{Si}}}{C'_{ox}}$$

$$\phi_F = \phi_t \ln N_A/n_i \qquad\qquad\qquad \phi_F = -\phi_t \ln N_D/n_i$$

$$\beta_n = k_n \frac{w}{l}; \quad k_n = \mu_{eff} C'_{ox} \qquad\qquad \beta_p = k_p \frac{w}{l}; \quad k_p = \mu_{eff} C'_{ox}$$

Beweglichkeit (l < 1,5µm)

$$\mu_{eff} = \frac{\mu_n}{1+\dfrac{U_{DS}/l}{v_{sat}/\mu_n}} \qquad\qquad \mu_{eff} = \frac{\mu_p}{1-\dfrac{U_{DS}/l}{v_{sat}/\mu_p}}$$

schwache Inversion

n-Tr: $(U_{GS} \leq U_{Tn})\quad I_{DS} = \beta_n(n-1)\phi_t^2 e^{(U_{GS}-U_{Tn})/\phi_t n}(1-e^{-U_{DS}/\phi_t})$

p-Tr: $(U_{GS} \geq U_{Tp})\quad I_{DS} = -\beta_p(n-1)\phi_t^2 e^{-(U_{GS}-U_{Tp})/\phi_t n}(1-e^{U_{DS}/\phi_t})$

$n = 1 + C'_j/C'_{ox}$

Tabelle 4.3:   Transistorgleichungen für n- und p-Transistoren (siehe Bild 4.34)

Bei dem Kompaktmodell für CAD-Anwendungen wurde das Ladungsmodell des inneren Transistors vorgestellt. Dies eignet sich nicht für überschlägige Berechnungen, weswegen im Folgenden die Ladungsspeicherung durch Kapazitäten dargestellt wird ($i = dQ/dt = Cdu/dt$)

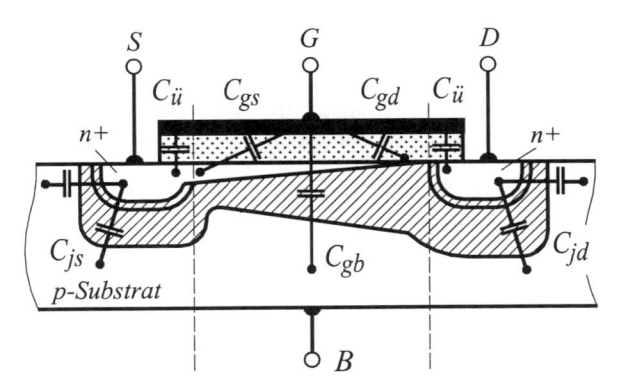

Bild 4.54:   Schnittbild des MOS-Transistors mit dazugehörigen Kapazitäten

Der Modellrahmen (Bild 4.54) wurde unverändert von Bild 4.52 übernommen. Die Werte der inneren Kapazitäten sind dabei stark vom Arbeitsbereich des Transistors abhängig. Dies ist in (Bild 4.55) für eine konstante U_{DS}-Spannung dargestellt.

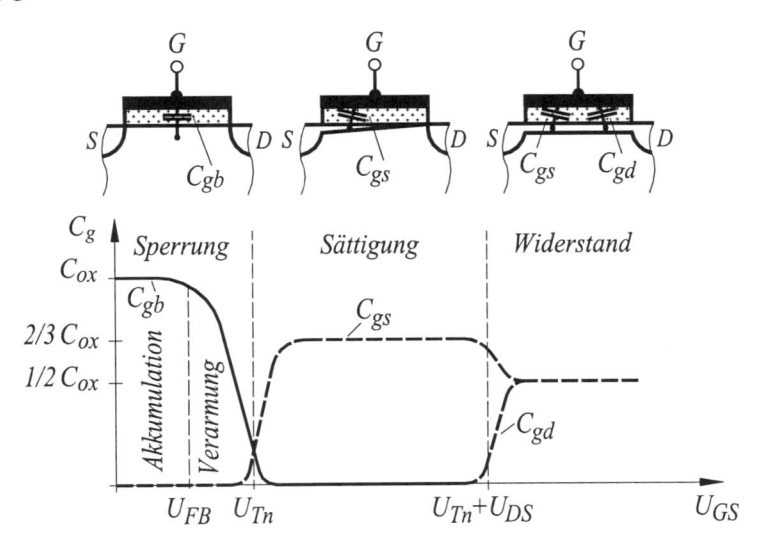

Bild 4.55:   Qualitative Darstellung der inneren Kapazitäten; U_{DS} = konst. /MEYE/

Ist der Transistor gesperrt, d.h. $U_{GS} < U_{Tn}$, dann hat die Gate-Substratkapazität einen Wert von $C_{gb} = C_{ox}$. Wird U_{GS} erhöht gelangt der Transistor in Sättigung. Es bildet sich ein Kanal aus, wodurch die Kapazität $C_{gb} = 0$ wird und eine Kapazität zwischen Gate und Source C_{gs} entsteht. Wird U_{GS} weiter erhöht gelangt der Transistor in den

Widerstandsbereich, wodurch ein durchgehender Kanal vorhanden ist und sich eine zusätzliche Kapazität C_{gd} zwischen Gate und Drain ausbildet. In diesem Zustand nehmen die Kapazitäten letztlich den gleichen Wert von

$$C_{gs} = C_{gd} = \tfrac{1}{2} C_{ox} \qquad (4.110)$$

an.

Aus dem Bild geht hervor, dass der Transistor in Sättigung eine Gate-Sourcekapazität von $(2/3)C_{ox}$ hat. Wie es dazu kommt, wird im nächsten Abschnitt hergeleitet.

Der C_{gs}-Wert lässt sich mit Hilfe der Kanalspannung (4.56) herleiten. Diese hat in Sättigung eine Ortsabhängigkeit von

$$\phi_K(x) = (U_{GS} - U_{Tn})\left(1 - \sqrt{1 - \frac{x}{l}}\right), \qquad (4.111)$$

wobei für $U_{DS} = U_{GS} - U_{Tn}$ die Sättigungsbedingung verwendet wurde. Damit ergibt sich eine ortsabhängige Ladungsdichte der Inversionsschicht (4.41) von

$$\sigma_n(x) = -C'_{ox}\left(U_{GS} - U_{Tn} - \phi_K(x)\right)$$

$$= -C'_{ox}\left(U_{GS} - U_{Tn}\right)\sqrt{1 - \frac{x}{l}} \qquad (4.112)$$

und nach Integration

$$w \int_0^l \sigma_n(x)\,dx = -wC'_{ox}\left(U_{GS} - U_{Tn}\right)\int_0^l \sqrt{(1 - \frac{x}{l})}\,dx \qquad (4.113)$$

eine Gesamtladung in der Inversionsschicht von

$$Q_n = -\tfrac{2}{3} C_{ox}\left(U_{GS} - U_{Tn}\right). \qquad (4.114)$$

Entsprechend der Definition Gl.(2.45) für eine Kleinsignalkapazität ergibt sich diese zwischen Gate und Source zu

$$\boxed{C_{gs} = \left|\frac{dQ_n}{dU_{GS}}\right| = \tfrac{2}{3} C_{ox}}. \qquad (4.115)$$

Der absolute Wert wurde verwendet, da im Gegensatz zu Beziehung (2.45) die negative Ladung der Inversionsschicht zur Ableitung eingesetzt wurde.

4 Feldeffekttransistor

4.6.3 Überschlägige Kleinsignalberechnungen

Genau wie beim bipolaren Transistor, so lässt sich auch hier aus dem dynamischen Großsignal-Ersatzschaltbild ein Kleinsignal-Ersatzschaltbild erstellen. Bild 4.56 zeigt dazu die drei möglichen auf die Source bezogenen Kleinsignalansteuerungen des Transistors mit ihrem Einfluss auf den Drainstrom.

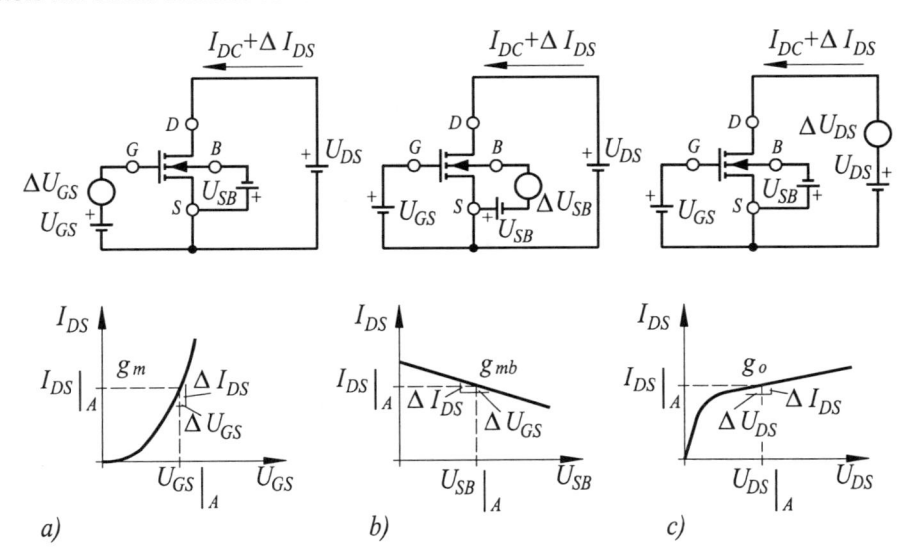

Bild 4.56: Kleinsignalansteuerung des Transistors und ihre Auswirkung auf die Transistorkennlinien; a) Gatesteuerung; b) Substratsteuerung; c) Drainsteuerung

Die Auswirkung auf jede verursachte Spannungsänderung kann durch drei Leitwertparameter beschrieben werden. Im Einzelnen sind dies:

Übertragungsleitwert des Gates

$$g_m = \frac{\partial I_{DS}}{\partial U_{GS}} \tag{4.116}$$

Übertragungsleitwert des Substrats

$$g_{mb} = \frac{\partial I_{DS}}{\partial U_{SB}} \tag{4.117}$$

Ausgangsleitwert

$$g_o = \frac{\partial I_{DS}}{\partial U_{DS}}. \qquad (4.118)$$

Werden alle drei Spannungen gleichzeitig verändert (Totale Ableitung), ergibt sich eine gesamte Änderung des Drainstroms von

$$\begin{aligned}\Delta I_{DS} &= \frac{\partial I_{DS}}{\partial U_{GS}} \cdot \Delta U_{GS} + \frac{\partial I_{DS}}{\partial U_{SB}} \cdot \Delta U_{SB} + \frac{\partial I_{DS}}{\partial U_{DS}} \cdot \Delta U_{DS} \\ &= g_m\, \Delta U_{GS} \;+\; g_{mb}\, \Delta U_{SB} + g_o\, \Delta U_{DS}. \end{aligned} \qquad (4.119)$$

Diese Beziehung wird durch das in Bild 4.57 gezeigte Kleinsignal-Ersatzschaltbild, wenn man von den Kleinsignalkapazitäten absieht, die aus Bild 4.54 übernommen wurden, wiedergegeben. Das Ersatzschaltbild ist natürlich auch dann gültig, wenn statt der Spannungsänderungen zeitvariable Spannungen anliegen.

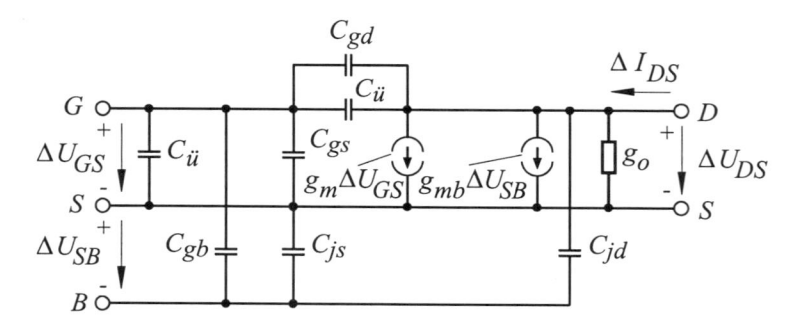

Bild 4.57: Kleinsignal-Ersatzschaltbild des MOS-Transistors

Ausgehend von den einfachen Transistorgleichungen (Tabelle 4.3) haben die Kleinsignalparameter folgende Abhängigkeit:

Übertragungsleitwert des Gates

Durch Differenziation der Stromgleichung für den Sättigungsbereich, wobei die Kanallängenmodulation berücksichtigt wurde Gl.(4.82), erhält man

$$g_m = \beta_n (U_{GS} - U_{Tn})(1 + \lambda U_{DS})$$

$$\boxed{g_m = \sqrt{2 I_{DS} \beta_n (1 + \lambda U_{DS})}}. \qquad (4.120)$$

Der Übertragungsleitwert steigt mit der Wurzel aus dem Drainstrom an und ist durch die Kanallängenmodulation (Kapitel 4.5.2) leicht von der Drainspannung abhängig.

Übertragungsleitwert des Substrats

Es gibt Analogschaltungen, bei denen eine Spannungsänderung ΔU_{SB} zwischen Source und Substrat des Transistors (Bild 4.56b) auftreten kann und sich nachteilig auswirkt. Dies ist besonders bei NMOS-Schaltungen der Fall, wo Transistoren als Ersatz für Widerstände verwendet werden. Die Ursache ist der Substratsteuereffekt (Kapitel 4.3.3), der einen unerwünschten Einfluss auf die Einsatzspannung und somit auf den Drainstrom des Transistors hat.

Nach Differenzierung der Stromgleichung im Sättigungsbereich Gl.(4.82) erhält man

$$g_{mb} = \sqrt{2 I_{DS} \beta_n (1 + \lambda U_{DS})} \left(-\frac{\partial U_{Tn}}{\partial U_{SB}} \right). \qquad (4.121)$$

Wird als weiteres die Beziehung für die Einsatzspannung Gl.(4.36)

$$U_{Tn} = U_{Ton} + \gamma \left(\sqrt{2\phi_F + U_{SB}} - \sqrt{2\phi_F} \right)$$

nach U_{SB} differenziert, resultiert ein Übertragungsleitwert des Substrats von

$$\boxed{g_{mb} = \frac{-\gamma}{2} \sqrt{\frac{2 I_{DS} \beta_n (1 + \lambda U_{DS})}{2\phi_F + U_{SB}}}}, \qquad (4.122)$$

der im Gegensatz zum Übertragungsleitwert des Gates einen negativen Wert besitzt (Bild 4.57) und damit der Gatesteuerung g_m entgegenwirkt.

Ausgangsleitwert

Für diesen Leitwert ist die Kanallängenmodulation (Kapitel 4.5.2) verantwortlich.

Durch Differenziation von Beziehung (4.82) erhält man einen Ausgangsleitwert von

$$\boxed{g_o = \frac{I_{DS} \lambda}{1 + \lambda U_{DS}} \approx I_{DS} \lambda}. \qquad (4.123)$$

Dieser beschreibt somit die Steigung der Ausgangskennlinie (Bild 4.56c) im Sättigungsbereich. Ist $\lambda = 0$, d.h. es liegt keine Kanallängenmodulation vor, ist wie erwartet $g_o = 0$.

Zusammenfassung der wichtigsten Ergebnisse des Kapitels

An Hand einer MOS-Struktur wurden die charakteristischen Zustände Akkumulation, Verarmung und Inversion vorgestellt und der Begriff der Flachbandspannung erklärt. Für den Fall der starken Inversion konnte die Spannung im Substrat durch $\phi_S = 2\phi_F + U_{SB}$ genähert werden. Dies führte zum Begriff der Einsatzspannung. Letztere wiederum kann durch die U_{SB}-Spannung verändert werden, was durch den Substratsteuerfaktor γ berücksichtigt wird.

Für kleine U_{DS}-Werte und bei starker Inversion wurde die Stromspannungsbeziehung hergeleitet und ergänzt durch eine phänomenologische Beschreibung des Stroms im Sättigungsbereich. Bei schwacher Inversion im sog. Unterschwellstrombereich mit $U_{GS} \leq U_{Tn}$ konnte ein exponentieller Zusammenhang zwischen U_{GS} und I_{DS} festgestellt werden. Im Gegensatz zur starken Inversion besitzt der Transistor in schwacher Inversion einen positiven Temperaturkoeffizienten.

Bei den Effekten zweiter Ordnung zeigte sich, dass die Elektronenbeweglichkeit im Kanal des Transistors stark von den anliegenden Feldern abhängig ist. Außerdem wurde gezeigt, wie sich durch Erhöhung der U_{DS}-Spannung die wirksame Kanallänge verkürzt und zu einem Anstieg des Stroms führt. Diese so genannte Kanallängenmodulation spielt eine gravierende Rolle bei analogen Schaltungen.

Übungen

Aufgabe 4.1

Bei der MOS-Struktur setzt starke Inversion ein, wenn die Elektronenkonzentration an der Halbleiteroberfläche n_s gleich der der Substratdotierung N_A ist. Die Oberflächenspannung ϕ_S hat dabei den Wert ϕ_S (SI) und bleibt auch bei größerer Gatespannung und Inversionsschichtladung näherungsweise konstant.

Skizzieren Sie für diesen Fall das Bänderdiagramm und weisen Sie nach, dass sich der Wert der Oberflächenspannung nur noch um ca. 60 mV ändert, wenn n_s um den Faktor 10 zunimmt.

Aufgabe 4.2

Nachfolgend ist die Kleinsignalkapazität einer n-Kanal MOS-Struktur in Abhängigkeit von der Gatespannung für mittlere Frequenzen dargestellt. Das Si-Substrat sei mit $N_A = 10^{16}$ cm^{-3} dotiert.

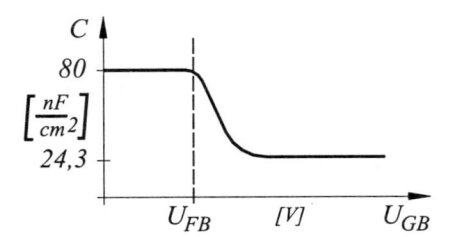

Bild A: 4.2

a) Wie groß ist die Weite der Verarmungszone bei Inversion? b) Berechnen Sie die Oberflächenspannung bei Beginn von starker Inversion. c) Wie groß ist die Einsatzspannung des Transistors, wenn die Flachbandspannung $U_{FB} = -0{,}1$ V beträgt und $U_{SB} = 0$ V ist? d) Wie groß ist die Einsatzspannung bei $U_{SB} = 5$ V?

Aufgabe 4.3

Dargestellt ist eine 64 Mbit DRAM Zelle. Die n$^+$-Polyseite der Kapazität kann auf 1,8 V bzw. 0 V aufgeladen werden. Dadurch ist es möglich, dass ein unerlaubt großer Leckstrom durch den gezeigten parasitären n-Kanal Transistor fließt.

Bestimmen Sie:

a) Die "worst case" Spannungskonstellation, b) die Einsatzspannung des parasitären Transistors bei $d_{ox} = 7$ nm (oxid collar) sowie wenn c) d_{ox} auf 30 nm vergrößert wird und d) eine Spannung von -1 V an die p-Wanne (p-Well) gelegt wird.

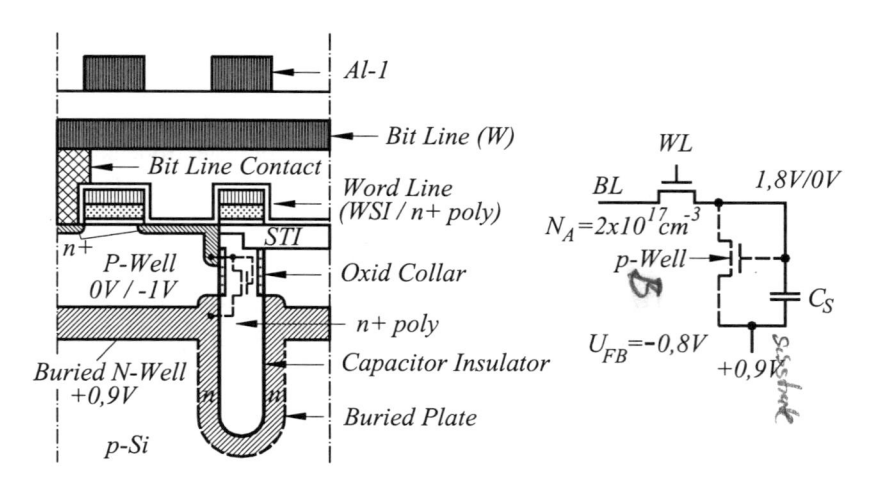

Bild A: 4.3

Aufgabe 4.4

Gesucht wird die Einsatzspannung des gezeigten Feldoxidtransistors, der in Kapitel 4.3.3 näher beschrieben wurde. Bestimmen Sie die Einsatzspannung U_{FT} des Transistors wenn die BPSG-Schicht und das Feldoxid (FOX) zusammen 100 nm bzw. 200 nm betragen. Welchen Wert nimmt die Einsatzspannung für die genannten beiden Fälle an, wenn eine Source-Bulkspannung von $U_{SB} = 1{,}0$ V verwendet wird?

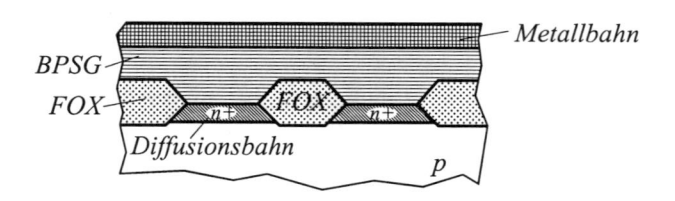

Bild A: 4.4

Die wirksame Dielektrizitätskonstante der Doppelschicht beträgt $\varepsilon_r \approx 4{,}1$.

Die Substratdotierung hat einen Wert von $N_A = 10^{17}$ cm^{-3}. Die Flachbandspannung liegt bei $U_{FB} = -0{,}4 V$.

Aufgabe 4.5

a) Bestimmen Sie bei Raumtemperatur und $U_{SB} = 0$ V die Einsatzspannung des dargestellten MOS-Transistors mit $d_{ox} = 9{,}5$ nm. b) Bestimmen Sie die Einsatzspannungsschwankung ebenfalls bei Raumtemperatur, wenn die Oxiddicke in der Fertigung zwischen 9,5 nm und 10,5 nm schwankt. c) Erwarten Sie eine Einsatzspannungsreduzierung infolge der kurzen Kanallänge? (Bestimmen Sie die Weite der Raumladungszone)

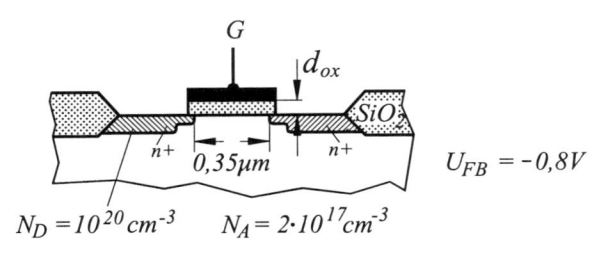

$N_D = 10^{20}$ cm^{-3} $N_A = 2 \cdot 10^{17}$ cm^{-3} $U_{FB} = -0{,}8$ V $0{,}35\,\mu m$

Bild A: 4.5

Aufgabe 4.6

Ein n-Kanal-Transistor mit $w/l = 1{,}5$; $d_{ox} = 5$ nm; $\varepsilon_{ox} = 3{,}9$; $\mu_n = 600$ cm^2/Vs und $U_{SB} = 0$ V wird als steuerbarer Widerstand eingesetzt.

a) Um wie viel muss die Gatespannung größer als die Einsatzspannung sein, damit für sehr kleine Drain-Sourcespannungen ($U_{DS} \to 0$) ein Widerstand von 2,5 kΩ zwischen den Drain-Sourceklemmen des Transistors messbar wird? b) Wie groß ist für diesen Widerstand die Elektronendichte σ_n der Inversionsschicht?

Aufgabe 4.7

Durch einen n-Kanal Transistor mit $k_n = 120$ μA/V^2, $w/l = 5$ und $U_{Ton} = 0{,}5$ V fließt ein Strom von 300 μA. Die Gate-Sourcespannung beträgt 3 V. Wie groß ist die Drain-Sourcespannung?

Aufgabe 4.8

In dem gezeigten Bild ist ein MOS-Transistor als sog. MOS-Diode verschaltet. Wie groß ist die Spannung zwischen Drain und Source bei Raumtemperatur (300K), wenn

a) $w/l = 5$; b) $w/l = 500$ und c) $w/l \gg 500$ ist?

Transistordaten: $k_n = 120$ μA/V^2; $U_{Ton} = 0{,}8$ V; $n = 2$

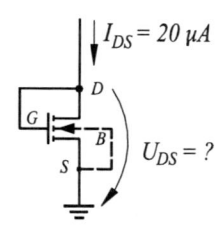

Bild A: 4.8

Aufgabe 4.9

Bestimmen Sie den I_{DS}-Strom bei Raumtemperatur (300K) ab dem der gezeigte Transistor in den Unterschwellstrombereich gelangt.

$k_n = 120\ \mu A/V^2$; $w/l = 15$; $n = 2$; $U_{Ton} = 0{,}6$ V

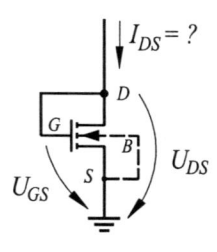

Bild A: 4.9

Aufgabe 4.10

Die Ein-Transistor-Zelle eines 64 Mbit DRAMs kann durch folgendes vereinfachtes Ersatzschaltbild dargestellt werden:

4 Feldeffekttransistor

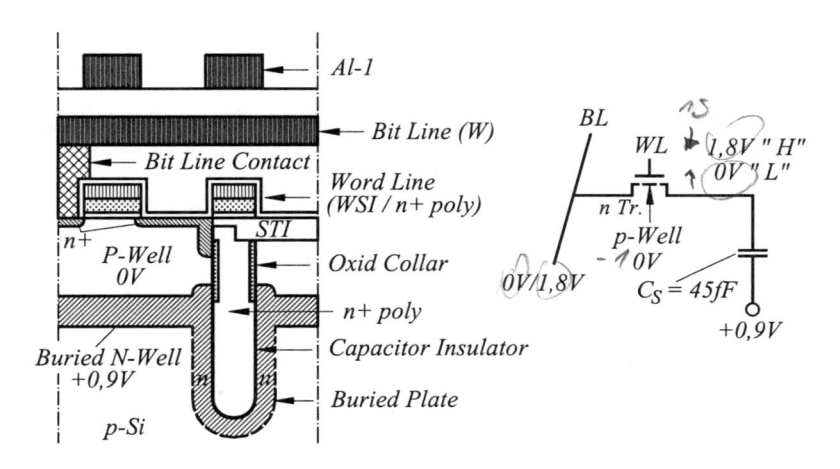

Bild A: 4.10

a) Bestimmen Sie den Unterschwellstrom des abgeschalteten n-Transistors unter "worst case" Bedingungen. b) Verwenden Sie den "worst case" Fall, um die Refreshzeit zu bestimmen. Hierbei ist davon auszugehen, dass ein reduzierter H-Pegel von 1,5 V und ein erhöhter L-Pegel von 0,3 V noch akzeptabel ist. c) Wie verbessern sich die Werte, wenn eine Source-Bulkspannung, d.h. zusätzlich eine Spannung an "p-Well" von -1 V verwendet wird?

Daten des n-Transistors

	27° C	90° C
I_{DS} (gemessen bei $U_{GS} = 0{,}6$ V)	250 pA	4,8 nA
U_{Ton} (p-Well an 0 V)	1,0 V	0,87 V
γ	$0{,}3\sqrt{V}$	$0{,}3\sqrt{V}$
S	120 mV/Dek	145 mV/Dek
$2\phi_F$	0,82 V	0,76 V
$n = 1 + \dfrac{C'_j}{C'_{ox}}$	2	2

Aufgabe 4.11

Überprüfen Sie Beziehung 4.5 bei der die Diffusionsspannung ϕ_i entweder über die verschiedenen Austrittsarbeiten oder Dotierungen bestimmt werden kann.

Anhang A

Herleitung der Strom-Spannungsbeziehung für den MOS-Transistor in schwacher Inversion

Die Herleitung für die Ladungen in der MOS-Struktur (Kapitel 4.3.1) war relativ einfach, da die sog. Charge-Sheet-Näherung sowie eine konstante Oberflächenspannung bei starker Inversion von $\phi_S(SI) = 2\phi_F$ (Bild 4.16) verwendet wurden. Interessiert man sich für das Transistorverhalten bei schwacher Inversion können beide Näherungen nicht mehr verwendet werden.

Der Ansatz ist, wie in Kapitel 4.3.1 ausgeführt, die Lösung der Poissongleichung

$$\frac{d^2\phi}{dx^2} = -\frac{\rho}{\varepsilon_o \varepsilon_{Si}} = \frac{q}{\varepsilon_o \varepsilon_{Si}}(N_A + n(x)) \tag{A.1}$$

wobei entsprechend Gl.(2.11) die Elektronenverteilung durch

$$n(x) = n_i e^{\frac{W_{Fn} - W_i(x)}{kT}} \tag{A.2}$$

beschrieben ist.

Entsprechend der Definition von Bild 4.18 hat die Oberflächenspannung einen Verlauf von

$$\phi(x) = \frac{W_i(x) - W_i(x_d)}{-q} \tag{A.3}$$

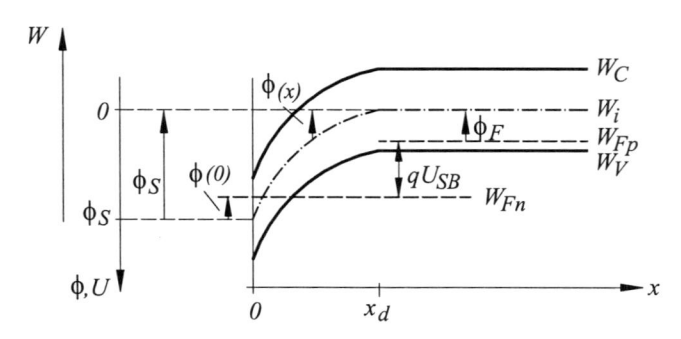

Bild A.1: Bänderdiagramm der MOS-Struktur bei Anlegen einer U_{SB}-Spannung

wodurch sich die Elektronendichte (A.2) als Funktion von $\phi(x)$

4 Feldeffekttransistor

$$n(x) = n_i e^{\frac{W_{Fn}-W_i(x_d)+q\phi(x)}{kT}} \tag{A.4}$$

beschreiben lässt. Da außerdem

$$\frac{W_{Fn}-W_i(x_d)}{-q} = \phi_F + U_{SB} \tag{A.5}$$

ist, resultiert eine Elektronenverteilung von

$$n(x) = n_i e^{(\phi(x)-\phi_F-U_{SB})/\phi_t}. \tag{A.6}$$

Damit ändert sich die Poissongleichung in

$$\frac{d^2\phi}{dx^2} = \frac{q}{\varepsilon_o \varepsilon_{Si}}\left(N_A + n_i e^{(\phi(x)-\phi_F-U_{SB})/\phi_t}\right). \tag{A.7}$$

Diese Gleichung lässt sich unter Verwendung der Identität

$$\frac{1}{2}\frac{d}{dx}\left(\frac{d\phi}{dx}\right)^2 = \left(\frac{d\phi}{dx}\right)\left(\frac{d^2\phi}{dx^2}\right) \tag{A.8}$$

und Integration mit $E_{Si}(x_d) = 0$

$$\left[\frac{1}{2}\left(\frac{d\phi}{dx}\right)^2\right]_0^{x_d} = \frac{q}{\varepsilon_o \varepsilon_{Si}}\left[N_A\phi(x) + \phi_t n_i e^{(\phi(x)-\phi_F-U_{SB})/\phi_t}\right]_{\phi_S}^0$$

$$E_{Si}^2(0) = \frac{2q}{\varepsilon_o \varepsilon_{Si}}\left(N_A\phi_S + \phi_t n_i e^{(\phi_S-\phi_F-U_{SB})/\phi_t}\right) \tag{A.9}$$

vereinfachen. Das Gaußsche Gesetz liefert den Zusammenhang Gl.(4.14)

$$-\varepsilon_o \varepsilon_{Si} E_{Si}(0) = \sigma_n + \sigma_d, \tag{A.10}$$

wobei die Flussdichte $D_{Si}(0)$ an der Halbleiteroberfläche siliziumseitig verwendet wurde. Zusammenfügen von (A.9) und (A.10) ergibt

$$\sigma_n + \sigma_d = -\left(2\varepsilon_o \varepsilon_{Si} q N_A\right)^{1/2}\left(\phi_S + \phi_t e^{(\phi_S-2\phi_F-U_{SB})/\phi_t}\right)^{1/2} \tag{A.11}$$

wobei $$p(x_d) = N_A = n_i e^{\phi_F/\phi_t}$$

Gl.(4.26) verwendet wurde. Da die Dicke der Inversionsschicht d_i wesentlich kleiner ist als die Weite der Raumladungszone x_d (Bild 4.13), kann die Ladung in der Raumladungszone durch Beziehung (4.13)

$$\sigma_d = -qN_A x_d = -\left(qN_A 2\varepsilon_o \varepsilon_{Si} \phi_S\right)^{1/2}$$

gut genähert werden. Damit resultiert aus (A.11) eine Ladung in der Inversionsschicht von

$$\sigma_n = -(2\varepsilon_o \varepsilon_{Si} q N_A)^{1/2} \left[\left(\phi_S + \phi_t e^{(\phi_S - 2\phi_F - U_{SB})/\phi_t} \right)^{1/2} - (\phi_S)^{1/2} \right]. \quad (A.12)$$

Was jetzt noch fehlt ist der Zusammenhang zwischen der Oberflächenspannung ϕ_S und der angelegten U_{GB}-Spannung um die Ladung in der Inversionsschicht σ_n als Funktion von U_{GB} zu beschreiben. Mit Gl. (4.15) und (4.18)

$$D_{ox} = C'_{ox}(U_{GB} - U_{FB} - \phi_S) = -(\sigma_n + \sigma_d) \quad (A.13)$$

sowie der Beziehung (A.11) resultiert

$$U_{GB} = U_{FB} + \phi_S + \frac{1}{C'_{ox}} \left[2\varepsilon_o \varepsilon_{Si} q N_A \left(\phi_S + \phi_t e^{(\phi_S - 2\phi_F - U_{SB})/\phi_t} \right) \right]^{1/2} \quad (A.14)$$

$$U_{GS} = U_{FB} + \phi_S - U_{SB} + \gamma \left[\phi_S + \phi_t e^{(\phi_S - 2\phi_F - U_{SB})/\phi_t} \right]^{1/2} \quad (A.15)$$

wobei die Beschreibung für den Substratsteuerfaktor (Gl.(4.20)) verwendet und U_{GB} durch $U_{GS} + U_{SB}$ ersetzt wurde. Gleichung (A.15) und (A.12) sind implizite Beziehungen, die nur numerisch oder durch entsprechende Näherungen, wie in Kapitel 4.3.2 beschrieben, gelöst werden können. Gleichung (A.15) ist in Bild (A.2) skizziert.

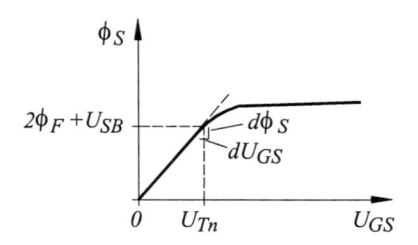

Bild A.2   Oberflächenspannung ϕ_S als Funktion von U_{GS}

Für die schwache Inversion mit $U_{GS} \leq U_{Tn}$ kann $\phi_S(U_{GS})$ genähert werden durch

4 Feldeffekttransistor

$$\phi_S \approx \phi_S(U_{GS} = U_{Tn}) + \frac{d\phi_S(U_{Tn})}{dU_{GS}}(U_{GS} - U_{Tn})$$

$$\approx 2\phi_F + U_{SB} + \frac{C'_{ox}}{C'_{ox} + C'_j}(U_{GS} - U_{Tn}) \quad (A.16)$$

$$\approx 2\phi_F + U_{SB} + \frac{1}{n}(U_{GS} - U_{Tn}),$$

wobei
$$\boxed{n = 1 + \frac{C'_j}{C'_{ox}}} \quad (A.17)$$

ist. Wie es zu dem Kapazitätsverhältnis kommt, wird im Folgenden betrachtet.

Erweitert man den Differenzialquotienten

$$\frac{d\phi_S}{dU_{GS}} = \frac{dQ}{dU_{GS}} \frac{d\phi_S}{dQ}$$

$$\frac{d\phi_S}{dU_{GS}} = C'_{ox} \frac{1}{C'_j + C'_{ox}}, \quad (A.18)$$

so kann man diesen durch Kapazitäten ausdrücken. Hilfreich bei dieser Betrachtung ist Bild A.3

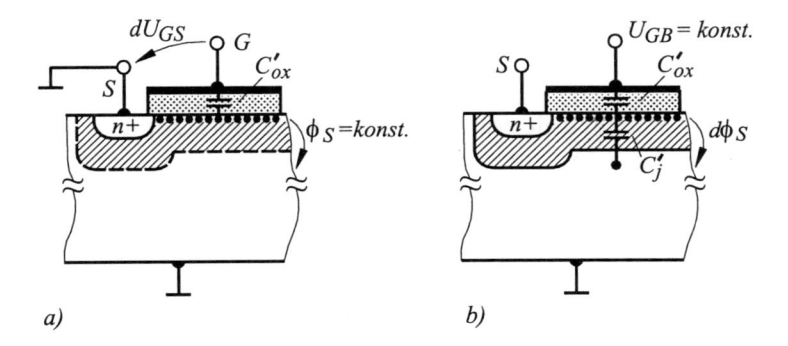

Bild A.3:   *Darstellung der Kapazitätsverhältnisse: a) ϕ_S = konstant;*
                b) U_{GB} = konstant (dϕ_S durch Spannungsänderung an Source)

Hier zeigt die jeweilige Spannungsänderung die zugehörige Ladungsänderung und damit Kleinsignalkapazität an.

Die Ladungsbeschreibung für die Inversionsschicht lässt sich bei kleinen ϕ_S-Werten, wie dies bei schwacher Inversion der Fall ist, vereinfachen. Der Wurzelausdruck in Gleichung (A.12) kann durch die Näherung – gültig bei kleinen x-Werten –

$$(1+x)^{1/2} \approx 1 + x/2 \tag{A.19}$$

zu

$$\tau_n \approx -(2\varepsilon_o \varepsilon_{Si} q N_A)^{1/2} \left(\frac{1}{2} \phi_t \frac{1}{\sqrt{\phi_S}} e^{(\phi_S - 2\phi_F - U_{SB})/\phi_t} \right) \tag{A.20}$$

vereinfacht werden. Da die Sperrschichtkapazität einen Wert von Gl.(4.3) und Gl.(4.12)

$$C_j = \frac{\varepsilon_o \varepsilon_{Si}}{x_d} = \frac{(2\varepsilon_o \varepsilon_{Si} q N_A)^{1/2}}{2\sqrt{\phi_S}} \tag{A.21}$$

hat, vereinfacht sich die Ladungsbeschreibung zu

$$\sigma_n \approx -C_j \phi_t e^{(\phi_S - 2\phi_F - U_{SB})/\phi_t} . \tag{A.22}$$

Wie in Kapitel 4.4 ausgeführt (Gl.(4.49), (4.52)) dominiert bei kleinen Gatespannungen der Diffusionsstrom. Entsprechend Beziehung (4.52) ergibt sich dieser zu

$$\int_{y=0}^{y=l} I_{DS} dx = w \mu_n \phi_t \int_{\tau_n(Source)}^{\tau_n(Drain)} d\sigma_n \tag{A.23}$$

$$I_{DS} = \frac{w}{l} \mu_n \phi_t [\sigma_n(Drain) - \sigma_n(Source)].$$

Die Ladung sourceseitig erhält man direkt aus Beziehung (A.20) und diejenige drainseitig, indem U_{SB} durch U_{DB} ersetzt wird. Mit der ortsunabhängigen Oberflächenspannung von Gleichung (A.16) und dem Zusammenhang $U_{DB} = U_{DS} + U_{SB}$ resultiert ein Unterschwellstrom von

$$I_{DS} = \frac{w}{l} \mu_n C_j' \phi_t^2 e^{(U_{GS} - U_{Tn})/\phi_t n} \left(1 - e^{-U_{DS}/\phi_t} \right)$$

$$I_{DS} = \frac{w}{l} \mu_n C_{ox}' \frac{C_j'}{C_{ox}'} \phi_t^2 e^{(U_{GS} - U_{Tn})/\phi_t n} \left(1 - e^{-U_{DS}/\phi_t} \right)$$

$$\boxed{I_{DS} = \beta_n (n-1) \phi_t^2 e^{(U_{GS} - U_{Tn})/\phi_t n} \left(1 - e^{-U_{DS}/\phi_t} \right)} \tag{A.24}$$

4 Feldeffekttransistor

Damit ergibt sich die in Bild A.4 gezeigte Situation

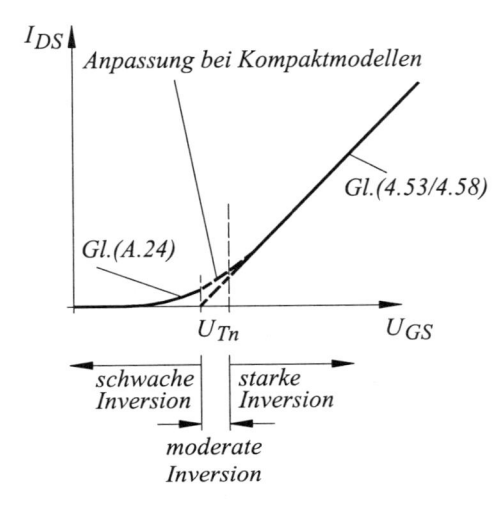

Bild A.4   Darstellung der Ströme nahe der Einsatzspannung

Durch die verschiedenen Näherungen die bei starker bzw. schwacher Inversion gemacht wurden ergibt sich eine Diskontinuität bei der Einsatzspannung. In der Praxis, d.h. bei den Kompaktmodellen für die Schaltungssimulation wird deswegen eine weitere Aufteilung der Kennlinie in moderate Inversion vorgenommen und die verschiedenen Bereiche angepasst.

Literatur

|AMER| A. Amerasekera et al: "Charakterization and modeling of Second Breakdown in NMOST's for the Extraction of ESD-Related Processes and Design Parameters"; IEEE Transactions on Electron Devices; Vol.38, No.9, Sept. 1991

|BAGH| M. Bagheri, C. Turchetti: "The need for an explicit model describing MOS transistors in moderate inversion", Electronics Letters, 12th Sept. 1985, Vol.21; No.12, pp.873-874

|BARN| J.J. Barnes et al: "Short-Channel MOSFETs in the Punch-Through Current Mode"; IEEE Trans. Electron. Devices ED-26, p.446 (1979)

|BAUM| G. Baum and H. Beneking: "Drift Velocity Saturation in MOS Transistors"; IEEE Trans. Elec. Dev. (1970); Vol.ED-17, pp.481-482

|BREW| J.R. Brews: "A Charge-Sheet Model of the MOSFET"; Solid-State Electronics; Vol.21, pp.345-355; 1978

|BSIM| Y.Cheng, C. Hu: "MOSFET Modelling and BSIM3 User`s Guide"; Kluwer Academic Publishers; ISBN 0-7923-8575-6 (1999)

|CAUG| D. Caughy and R. Thomas: "Carrier Mobilities in Silicon Empirically Related to Doping and Field"; Proc. IEEE (1967) Vol.55; pp.2192-2193

|CHAN| C.Y. Chang, S.M. Sze: "ULSI Technology"; McGraw-Hill Company ISBN 0-007-063062-3 (1966)

|CHEN| H. Cheng: "MOSFET MODELLING and BSIM 3 USER'S GUIDE, Kluwer Academic Publishers, ISBN 0-7923-8575-6

|DISH| J.M. Dishman: "Limitation of the maximum operation voltage of CMOS integrated circuits"; IEEE Int.El.Dev.Meeting, Techn.Dig.; Washington, Dec.1975

|FILA| I.M. Filanovsky: "Voltage Reference Using Mutual Compensation of Mobility and Threshold Voltage Temperature Effects"; ISCAS 2000; IEEE International Symposium on Circuits and Systems; May 28-31, 2000; Geneva

|FOTY| D. Foty: "MOSFET MODELLING with SPICE"; Prentice-Hall International, ISBN 0-13-227935-5

|GEND| J. Hu Genda: "A Better Understanding of CMOS Latch-Up"; IEEE Transcations on Electron Devices, Vol.ED-31; No.1; January 1984; pp.62-67

| KLEI | P. Klein: "Analytisches LDD MOS-Transistor Ladungsmodell für CAD-Anwendungen"; Dissertation 1996; Universität der Bundeswehr München

| KOYA | M. Koyanagi, et al: "Subbreakdown drain Leakage current in MOSFETs"; IEEE Electron device letters, Vol.EDL-8; pp.515-517; 1987

| LEBL | Y. Leblebici et al: "Hot-carrier reliability of MOS VLSI Circuits"; Kluwer Academic Publishers; ISBN 0-7923-9352-X; 1993

| LEMA | B. Lemaitre: "Analytisches LDD-MOSFET Modell für digitale und analoge Schaltungssimulation bis in den Sub-Mikrometerbereich"; Dissertation 1994; Universität der Bundeswehr München

| MATT | C. Matthes: "Nichtquasistatisches MOS-Transistormodell"; Dissertation 1998; Universität der Bundeswehr München

| MEDI | MEDICI: "User`s Manual"; TMA Inc; Sunnyvale USA

| MEYE | J.E. Meyer: "MOS Models and circuit simulation"; RCA Rev, Vol.32; pp.42-63; Mar. 1971

| NICO | E.H. Nicollian et al: "MOS (Metal Oxide Semiconductor) Physics and Technology"; Wiley-Interscience Publication; 1982

| SCHR | J. Schrietter: "Effective Carrier Moblity in Surfaces Space Charge Layers"; Phys. Rev. (1955); Vol.97; pp.641-646

| SCHW | A. Schwerin et al: "The relationship between oxide charge and device degradation: a comparative study of n- and p-channel MOSFETs"; IEEE Trans. Electron Devices, Vol.ED-34; pp.2493-2499; Dec.1987

| SHIC | H. Shichman, D.H. Hodges: "Modeling and Simulation of Insulated Gate-Field-Effect Transistor Switching Circuits"; IEEE Journal of Solid-State Circuits, Vol.SC-3; No.3, Sept.1968; pp.285-289

| SKOT | T. Skotnicki and W. Marcinak: "A New Approach to Threshold Voltage Modelling of Chort-Channel MOSFETs"; Solid-State Electronics 29 (11), 1986; pp.1115-1127

| TANA | S. Tanaka: "Theory of the drain Leakage current in silicon MOSFETs"; Solid-State Electronics; Vol.38; No.3; pp.683-691; 1995

| TANG | T.E. Tang, et al: "Titanium Nitride Local Interconnection Technology for ULSI"; IEEE Trans.Electron Dev. 34(3); p.628; 1987

| TECH | T.E. Chang, et al: "Mechanisms of Interface Trap-Induced Drain Leakage Current in Off-State n-MOSFET`s "; IEEE Transactions on Electron Devices; Vol.42; No.4; April 1995

| TSIV | Y. Tsividis: "Operation and modeling of the MOS transistor"; McGraw-Hill 1987; ISBN 0-007 065381-X

|TURC| C. Turchetti: "Relationship for the drift and diffusion components of the drain current in an MOS Transistor"; Electronics Letters 10th; Nov.1983; Vol.19; No.23; pp.960-961

|VLAD| A. Vladimirescu et al: "The simulation of MOS integrated circuits using Spice 2"; Memorandum No:UCB/ERL M80/7; University fo California; Berkeley, Febr.1980

|WARD| D.E. Ward et al: "A Charge-Oriented Model for MOS Transistor Capacitances"; IEEE Journal of Solid-State Circuits; Vol.SC-13; No.5; pp.703-708, Oct. 1978

|WIDM| D. Widmann, et al: "Technologie hochintegrierter Schaltungen"; Springer Verlag; ISBN 3-540-59357-82 (1996)

|YAU| L.D. Yau: "A Simple Theory to Predict the Threshold Voltage of Short-Channel IGFETs"; Solid-State Electron, 17, 1059, 1974

5 Grundlagen digitaler CMOS-Schaltungen

In diesem Kapitel werden, ausgehend von der in Kapitel 4 vorgestellten Beschreibung des Herstellablaufs eines CMOS-Prozesses, geometrische und elektrische Entwurfsunterlagen abgeleitet. Diese sind die wesentlichsten Unterlagen für den Entwurf digitaler und analoger Schaltungen.

Die grundsätzliche Dimensionierung von Transistoren bei digitalen Anwendungen wird am Beispiel eines einfachen Inverters behandelt. Hierbei kann man als Lastelemente Verarmungs-, Anreicherungs- und Komplementärtransistoren verwenden, um Logikpegel, Leistungsverbrauch und Schaltverhalten zu analysieren. Treiberschaltungen sowie Ein- und Ausgangsschaltungen werden anschließend vorgestellt und in diesem Zusammenhang der ESD-Schutz diskutiert. Die gewonnenen Erkenntnisse kann man direkt in weiteren Kapiteln auf komplexe Schaltungen und Speicher übertragen.

5.1 Geometrische Entwurfsunterlagen

Will man eine integrierte Schaltung entwerfen, muss das so genannte Layout erstellt werden. Dieses gibt die gewünschten Strukturen wieder, die mittels der entsprechenden Masken und Fototechnik auf die Scheibe übertragen werden sollen. Das Layout ist somit das Bindeglied zwischen dem Schaltungsentwurf (Design) und der Herstellung der integrierten Schaltung. An einem Beispiel soll dies verdeutlicht werden, wobei als Herstellverfahren der in Kapitel 4.1 beschriebene CMOS-Prozess dienen soll. Die einzelnen Schritte sind:

1. Festlegung der n-Wannengeometrie (Maske 1).
2. Bestimmung der aktiven Flächen (Maske 2), dies sind alle Gate- und Diffusionsgebiete. Die verbleibenden Flächen erhalten Feldoxid (FOX) (Bild 5.1a) oder eine Grabenisolierung.
3. Definition der Polysilizium-Gates und der Polysilizium-Leiterbahnen über Feldoxid (Maske 3, Bild 5.1b).

250　　　　　　　　　　　　　　　　　5 Grundlagen digitaler CMOS-Schaltungen

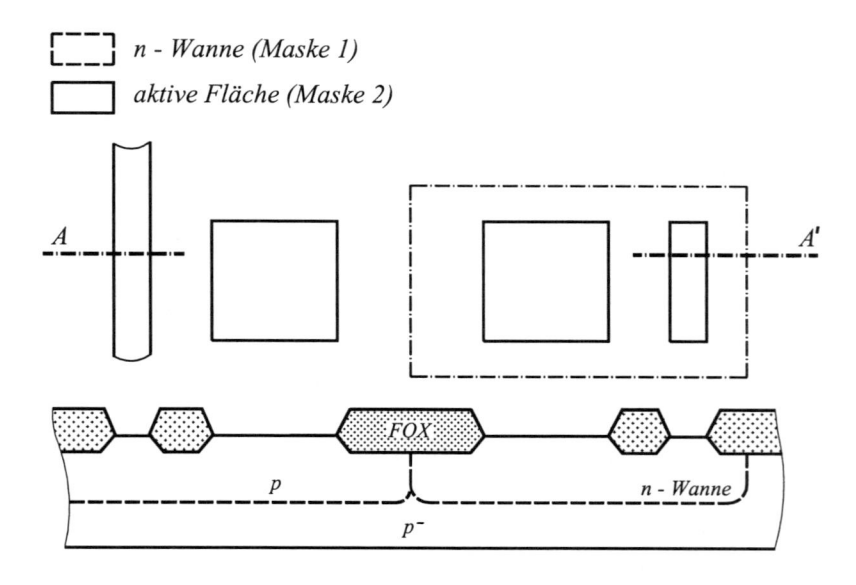

⌐ ⌐ n - Wanne (Maske 1)
☐ aktive Fläche (Maske 2)

a) n-Wanne und aktive Flächen

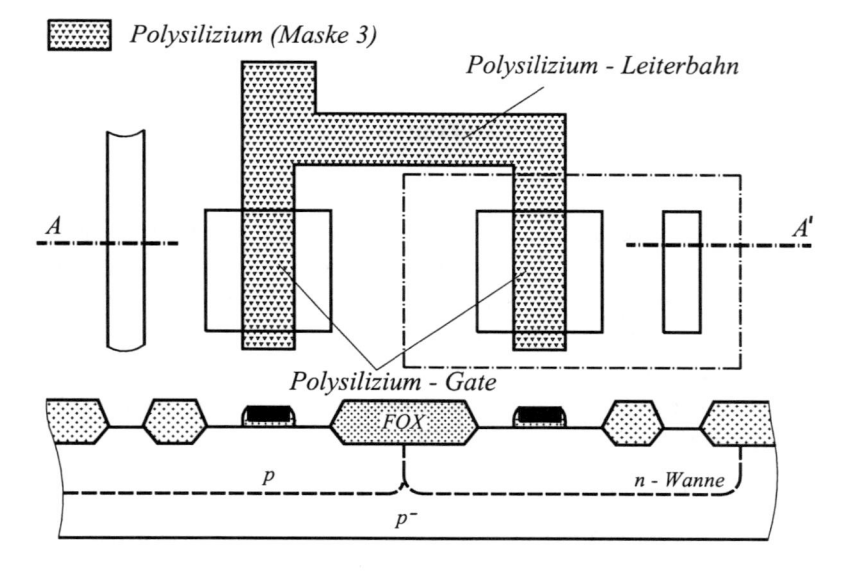

▨ Polysilizium (Maske 3)

Polysilizium - Leiterbahn

Polysilizium - Gate

b) Polysilizium-Gate und Polysilizium-Leiterbahnen

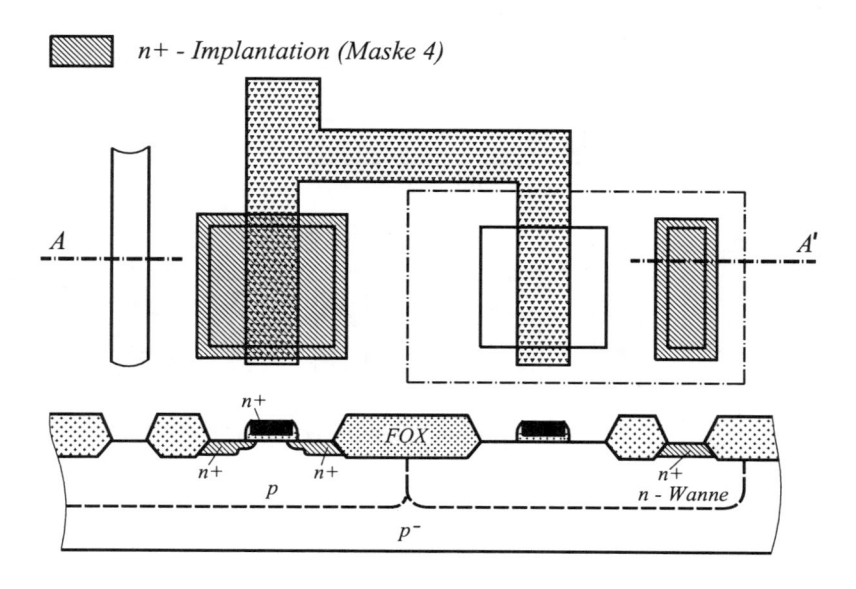

5 Grundlagen digitaler CMOS-Schaltungen

▨ $n+$ - Implantation (Maske 4)

c) n^+ Implantationen

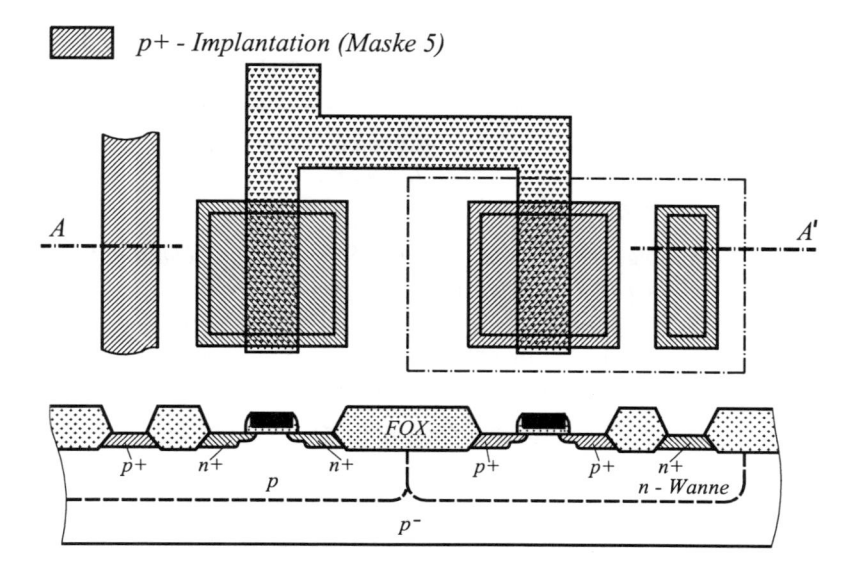

▨ $p+$ - Implantation (Maske 5)

d) p^+ Implantationen

252   5 Grundlagen digitaler CMOS-Schaltungen

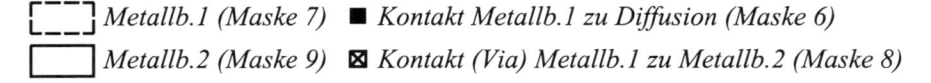

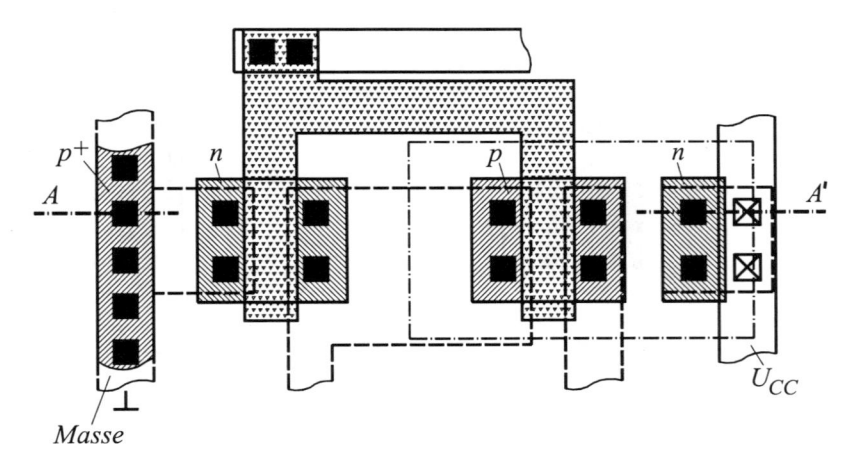

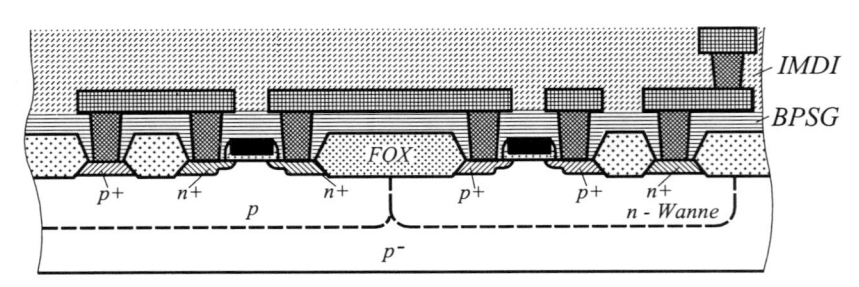

☐ Metallb.1 (Maske 7)   ■ Kontakt Metallb.1 zu Diffusion (Maske 6)
☐ Metallb.2 (Maske 9)   ⊠ Kontakt (Via) Metallb.1 zu Metallb.2 (Maske 8)

e) Kontakte Metallbahn 1 zu Diffusionsgebiete; Metallbahn 1;
   Kontakte (Via) Metallbahn 1 zu Metallbahn 2; Metallbahn 2
   (Nicht alle vorhergehenden Schritte dargestellt)

Bild 5.1:   Erstellung eines Layouts für einen Schaltungsausschnitt mit Angabe des
            jeweiligen Technologieprofils (Querschnitt A-A')

4. n^+-Implantationsbereiche definieren (Maske 4). Dies sind Source- und Draingebiete der n-Kanal Transistoren sowie der n-Wannen Kontakt (Bild 5.1c).

5. p^+-Implantationsbereiche definieren (Maske 5). Dies sind Source- und Draingebiete der p-Kanal Transistoren sowie der p-Substratkontakte (Bild 5.1d).

6. Kontakte definieren (Maske 6). Um sowohl bei der Herstellung der Kontakte als auch beim späteren elektrischen Betrieb gleiche Verhältnisse herzustellen, wird meist nur eine einzige Kontaktlochgröße nämlich der Minimalkontakt verwendet. Ein niedrigerer Kontaktwiderstand wird durch die Verwendung mehrerer paralleler Kontakte erreicht (Bild 5.1e).

7. Metallbahn 1 (Maske 7) beschreiben.

8. Verbindung von Metallbahn 1 zu Metallbahn 2 (Via) definieren (Maske 8).

9. Metallbahn 2 bestimmen (Maske 9) (Bild 5.1e)

10. Verbindung von Metallbahn 2 (Via) zu Metallbahn 3 (Maske 10) nicht dargestellt.

11. Metallbahn 3 festlegen (Maske 11) nicht dargestellt usw.

Aus dem vorhergehenden Beispiel geht hervor, dass zulässige geometrische Entwurfsregeln, d.h. minimale Abstände und Abmessungen von Diffusionsgebieten, Polysilizium- und Metallbahnen sowie Kontakte vorliegen müssen. Nur wenn diese Abmessungen nicht unterschritten werden, kann eine große Ausbeute bei der Fertigung garantiert werden. Unter Ausbeute versteht man das Verhältnis von guten Chips zur Anzahl der gesamten Chips auf einer Scheibe. Werden auf der anderen Seite zu große Geometriemaße gewählt, nimmt die Schaltung viel Siliziumfläche ein, wodurch die Anzahl der Chips abnimmt. Zusätzlich zu den Minimalmaßen, die fertigungstechnisch auf eine Scheibe übertragbar sind, gibt es weitere Randbedingungen die diese beeinflussen. Zur Veranschaulichung seien einige angeführt. Der Abstand zwischen Diffusionsgebieten ergibt sich durch die benötigte Spannungsfestigkeit und die Minimalbreite durch den noch zulässigen Schichtwiderstand. Ein möglichst kleiner Übergangswiderstand bestimmt die Minimalmaße der Kontaktlöcher. Weiterhin müssen die Entwurfsregeln die Toleranz der Justierung der Maske auf der Siliziumscheibe berücksichtigen. Zwei Beispiele dafür sind angeführt. Die Kontaktzone (Bild 5.a) ist gegenüber der Diffusion dejustiert, wodurch ein Kurzschluss zwischen Metall und Substrat entsteht. Sind Polysilizium- und Diffusionsgebiete des Transistors dejustiert entsteht eine Diffusionsbrücke zwischen Source und Drain (Bild 5.b).

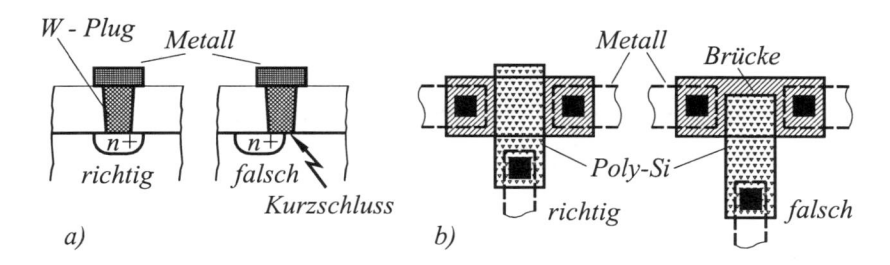

Bild 5.2: Dejustierungen: a) zwischen Metall und Diffusion; b) zwischen Polysilizium und Diffusionsgebiete

Unter Berücksichtigung aller Einflüsse entstehen die geometrischen Entwurfsunterlagen, die die minimal zulässigen Abstände und Breiten zur Herstellung eines Layouts beinhalten. Die wesentlichen Abmessungen sind als Beispiel für einen CMOS-Prozess mit einer mittleren Strukturabmessung von ca. 0,3 µm in Tabelle 5.1 zusammengefasst.

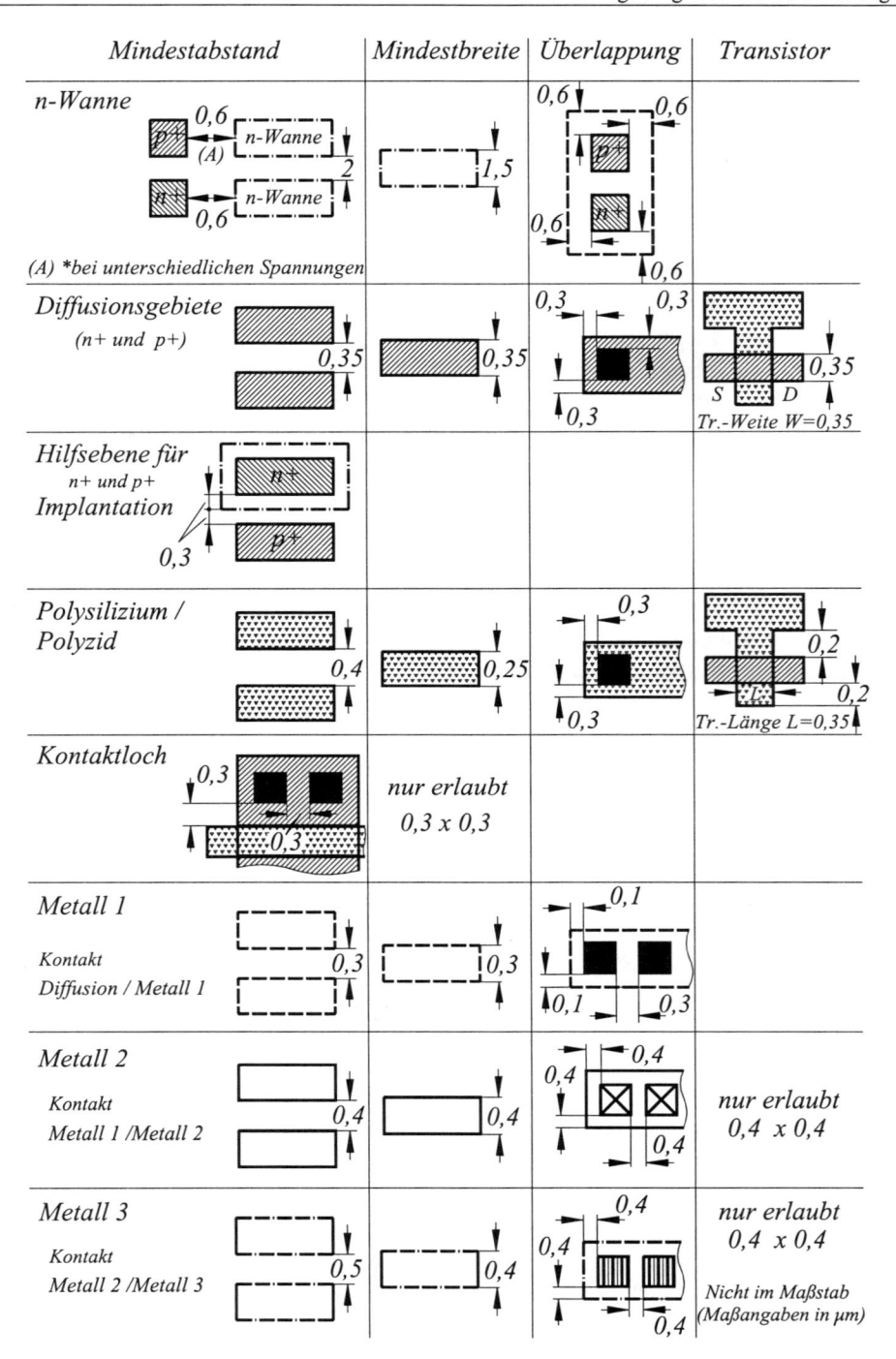

	Mindestabstand	Mindestbreite	Überlappung	Transistor
n-Wanne	0,6 (p+ zu n-Wanne (A)); 2 (n-Wanne zu n-Wanne); 0,6 (n+ zu n-Wanne) (A) *bei unterschiedlichen Spannungen	1,5	0,6 / 0,6 / 0,6 / 0,6	
Diffusionsgebiete (n+ und p+)	0,35	0,35	0,3 / 0,3	0,35 S D Tr.-Weite W=0,35
Hilfsebene für n+ und p+ Implantation	0,3			
Polysilizium / Polyzid	0,4	0,25	0,3 / 0,3	0,2 / 0,2 Tr.-Länge L=0,35
Kontaktloch	0,3 / 0,3	nur erlaubt 0,3 x 0,3		
Metall 1 Kontakt Diffusion / Metall 1	0,3	0,3	0,1 / 0,1 / 0,3	
Metall 2 Kontakt Metall 1 / Metall 2	0,4	0,4	0,4 / 0,4 / 0,4	nur erlaubt 0,4 x 0,4
Metall 3 Kontakt Metall 2 / Metall 3	0,5	0,4	0,4 / 0,4 / 0,4	nur erlaubt 0,4 x 0,4 Nicht im Maßstab (Maßangaben in μm)

Tabelle 5.1: Geometr. Entwurfsregeln für einen 0,3 μm CMOS-Prozess (Zeichenmaße)

Zusammenhänge zwischen Zeichen- und Realisierungsmaßen beim Transistor

Die beschriebenen geometrischen Entwurfsunterlagen geben die minimal zulässigen Abstände und Breiten als Zeichenmaß (Designmaß) zur Erstellung eines Layouts wieder. Diese Maße werden dann mit Hilfe der Fototechnik (Maskengröße) auf die Siliziumscheibe übertragen. Dabei ergeben sich die in (Bild 5.3) gezeigten unterschiedlichen Abmessungen zwischen Zeichenmaß und Realisierungsmaß beim Transistor.

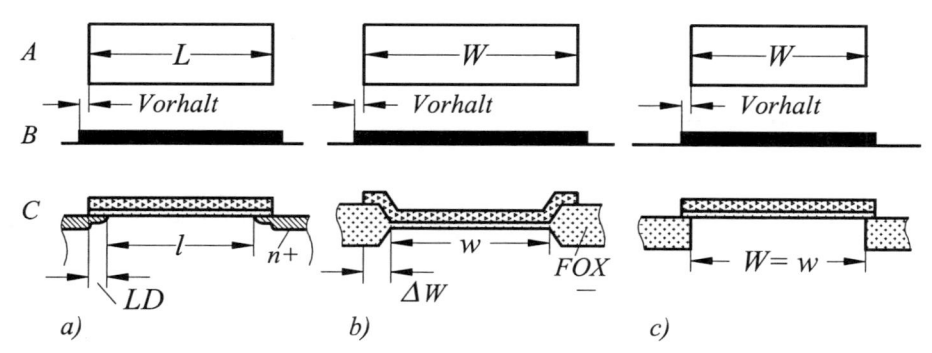

Bild 5.3: Zeichen A– Masken B– und Realisierungsmaße C beim Transistor; a) Gatelänge; b) Gateweite bei LOCOS-Isolierung; c) Gateweite bei Graben-Isolierung $\Delta W = 0$

Aus den Bildern geht hervor, dass die realisierten Transistoren eine Länge von

$$l = L - 2LD \qquad (5.1)$$

und eine Weite von

$$w = W - 2\Delta W \qquad (5.2)$$

besitzen.

LD ist das Maß, das die Unterdiffusion unter dem Gate angibt. Bei dem beschriebenen CMOS Prozess ist diese ca. 0,05 µm, so dass eine minimale Kanallänge von $l = 0,35\ \mu m - 2 \cdot 0,05\ \mu m = 0,25\ \mu m$ hergestellt werden kann. Die vorgestellten geometrischen Entwurfsunterlagen bezogen sich auf einen Standard-Logik-CMOS-Prozess mit drei Metallisierungslagen.

Weitere Prozessergänzungen führen zu einer größeren Vielfalt von Design-Möglichkeiten und verursachen natürlich dadurch auch eine größere Herstellungskomplexität. Dies sind u.a.

a) das Ausblenden von Saliziden bei ESD- und Ausgangsstrukturen (Kapitel 5.6.3) zur Erhöhung der Widerstände von Source, Drain und Gate;

b) eine zweite Polysiliziumlage zur Herstellung von präzisen Kondensatoren (Polysilizium 1 zu Polysilizium 2);

c) eine zusätzliche Implantation zur Erzeugung von genauen hochohmigen Widerständen aus Polysilizium mit z.B. 1 kΩ/□;

d) Transistoren, die mit einer höheren Spannungsfestigkeit betrieben werden können;

e) weitere Metalllagen, z.B. aus Kupfer um u.a. auch Spulen realisieren zu können und

f) Spezialelemente zum Speichern von Informationen. Hierauf wird in Kapitel 7 näher eingegangen.

5.2 Elektrische Entwurfsregeln

Beim Entwurf einer integrierten Schaltung werden außer den geometrischen noch die elektrischen Entwurfsregeln benötigt. Dazu gehören die Parameter der Transistoren sowie die Kapazitäts- und Widerstandswerte von Leiterbahnen.

Transistorparameter

Ausgangsbasis zur Gewinnung der Transistorparameter ist ein Test-Chip mit diversen Teststrukturen und Transistoren. Diese werden gemessen und ausgewertet und die C(V)- und I(U)-Parameter bestimmt.

Grundsätzlich kann man hierbei zwischen zwei Extraktionsmethoden wählen. Bei der ersten Methode wird das Transistorverhalten bei gleichen Spannungen und Strömen simuliert und gemessen. Der Fehler zwischen Simulation und Messung wird durch einen Optimierungsalgorithmus minimiert, indem solange mit veränderten Parametern simuliert wird bis das gewünschte Resultat erreicht ist. Von Nachteil ist, dass u.U. die gewonnenen Parameter keinen sinnvollen physikalischen Bezug mehr besitzen, obwohl ein physikalisch basiertes Modell verwendet wurde.

Im Gegensatz dazu geht man bei der zweiten Methode zwar auch von einem physikalisch basierten Modell aus, jedoch werden die gemessenen Daten mit Hilfe von Extraktionsroutinen ausgewertet und die Parameter berechnet. Zum Beispiel werden die Einsatzspannungen an verschiedenen MOS-Testtransistoren mit unterschiedlichen Gatelängen und Weiten bestimmt. Anschließend werden aus diesen Daten die Parameter errechnet, die die Kurzkanaleffekte (Kap. 4.5.3) im Transistormodell beschreiben. Diese Extraktionsmethode ist zwar nicht so genau wie die Erstgenannte, dafür bleibt aber der physikalische Zusammenhang erhalten.

Widerstandswerte

In Tabelle 5.2 sind typische Bahn- und Kontaktwiderstände des beschriebenen CMOS-Herstellverfahrens aufgeführt.

n-Wanne	1 kΩ/□
n^+/p^+ - S/D Silizid	3 Ω/□
n^+ - S/D ohne Silizid	80 Ω/□
p^+ - S/D ohne Silizid	100 Ω/□
Polysilizium mit Silizid	3 Ω/□
n^+-Polysilizium ohne Silizid	250 Ω/□
p^+-Polysilizium ohne Silizid	200 Ω/□
Metall-1	100 mΩ/□
Metall-2	80 mΩ/□
Metall-3	60 mΩ/□
Metall-1 auf n^+ bzw. p^+	4 Ω
Metall-1 auf Polysilizium	3 Ω
Metall-1 auf Metall 2 (Via)	1 Ω
Metall-3 auf Metall 2 (Via)	1 Ω

Tabelle 5.2: Typische Bahnwiderstände und Kontaktwiderstände eines 0,3 µm CMOS-Prozesses

Hierbei sind die Kontaktwiderstände in Ω angegeben, da sie sich auf die in Tabelle 5.1 beschriebenen Abmessungen beziehen. Dagegen wird der Bahnwiderstand jeweils auf eine Leiterbahn bezogen. Der Widerstand der in Bild 5.4 dargestellten Leiterbahn beträgt

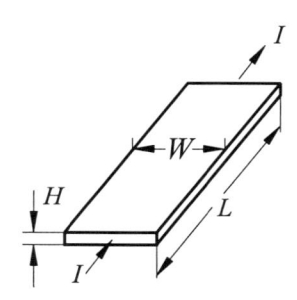

Bild 5.4: Skizze zur Bestimmung des Bahnwiderstandes

$$R = \rho \cdot \frac{L}{H \cdot W} = \frac{\rho}{H} \frac{L}{W}. \qquad (5.3)$$

Hierbei ist ρ der spezifische Widerstand (Ωcm) des Materials und H, W und L sind die Abmessungen der Leiterbahn. Wird der spezifische Widerstandswert des Materials durch die Dicke H des Materials dividiert, erhält man

$$\boxed{R = R_S \frac{L}{W}}, \qquad (5.4)$$

wobei R_S als Bahnwiderstand bezeichnet wird. Ist der Bahnwiderstand bekannt, kann der Widerstand einer Struktur durch Multiplikation mit der Zahl der Leiterbahnquadrate, die sich aus dem Verhältnis von L/W ermitteln lässt, berechnet werden. Der Bahnwiderstand hat die Einheit Ohm. Er wird jedoch in Ohm pro Quadrat ($\Omega/\square$) angegeben, um dadurch hervorzuheben, dass sich der Widerstand aus dem Produkt der Zahl der Leiterbahnquadrate und dem Bahnwiderstand bestimmen lässt.

Beispiel:

Gegeben sind die diffundierten Strukturen nach (Bild 5.5). Wie groß sind die Widerstände, wenn der Bahnwiderstand der Diffusion 3 $\Omega/\square$ beträgt?

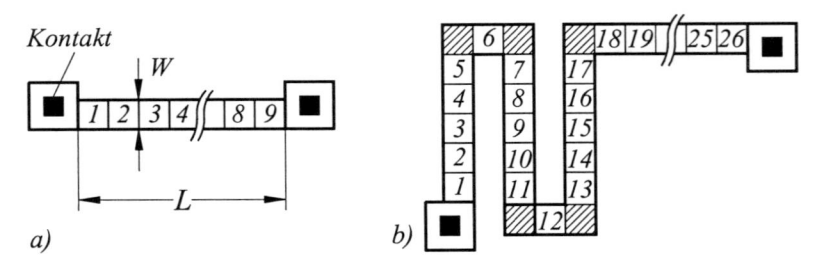

Bild 5.5:   Draufsicht auf diffundierte Strukturen

Struktur a) hat ein L/W-Verhältnis von 9 und eine entsprechende Zahl von Leiterbahnquadraten, so dass ein Widerstand von $R = 3\ \Omega/\square \cdot 9\square = 27\ \Omega$ resultiert. Die Anschlusswiderstände wurden dabei vernachlässigt.

Die mäanderförmige Struktur b) hat 26 Leiterbahnquadrate und 5 Eckquadrate, deren Bahnwiderstand mit $0{,}55 R_S$ berücksichtigt wird $|\text{WALT}|$. Somit ergibt sich ein Widerstand von

$$R = 3\ \Omega/\square\ (26 + 0{,}55 \cdot 5) = 86\ \Omega.$$

Wie das Beispiel zeigt, wird die Berechnung eines Widerstandes durch die Verwendung des Bahnwiderstandes stark vereinfacht. Aus diesem Grunde werden bei integrierten Schaltungen allgemein die Widerstände der Schichten als Bahnwiderstände angegeben.

Elektromigration in Metallbahnen

Eine weitere äußerst wichtige Größe bei Metallbahnen ist ihre mittlere Lebensdauer, ausgedrückt in **Mean Time Between Failures (MTBF)**. Diese mittlere Lebensdauer wird durch die Elektromigration, d.h. durch eine Materialwanderung in den Leiterbahnen, bestimmt. Ursache für diese Materialwanderung sind Stöße der bewegten Elektronen mit den positiven Metallionen, wobei das Material in Richtung der Elektronenbewegung wandert. Diese Materialwanderung kann zum Abriss einer Leiterbahn und damit zum Ausfall der integrierten Schaltung führen. Zur Bestimmung der Lebensdauer wird meist die Arrheniussche Beziehung

$$\boxed{MTBF \sim J^{-2} e^{W_A / kT}} \tag{5.5}$$

verwendet. Hierbei ist J die Stromdichte und W_A eine Aktivierungsenergie mit einem Wert von ca. 0,65 eV. Als typische Werte werden Stromdichten von 2mA/µm² verwendet. Bei diesen Daten beträgt die mittlere Lebensdauer MTBF $\approx$ 80 Jahre bei 80°C Chiptemperatur. Bei diesem guten Wert ist jedoch zu bedenken, dass mit höherer Temperatur die Lebensdauer der Metallbahn exponentiell absinkt (Aufgabe 5.1).

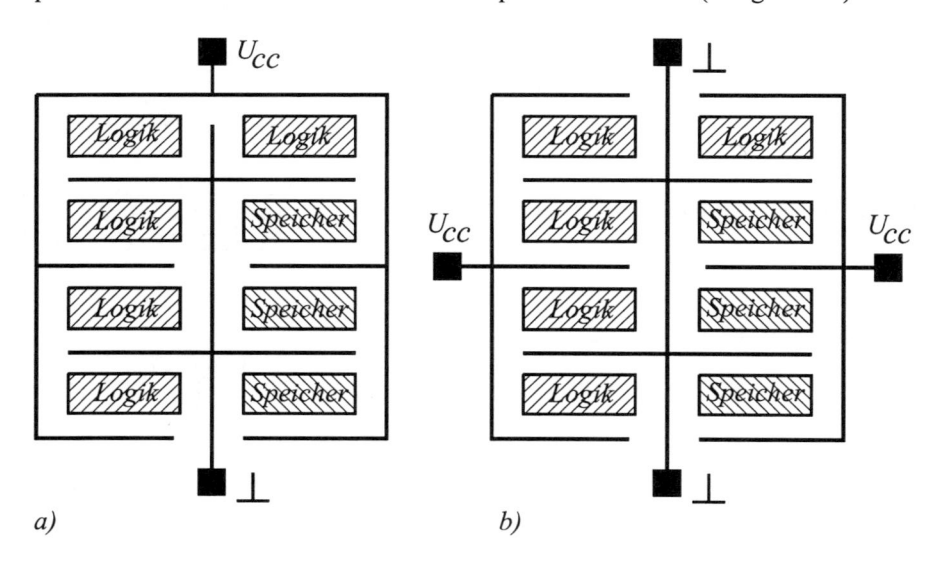

Bild 5.6:   *Netzplanungen von kreuzungsfreien Versorgungsleitungen*
a) Fingerentwurf; b) Entwurf mit mehreren Versorgungsanschlüssen

Von der Elektromigration sind auch Metall-Siliziumkontakte betroffen. Besonders an Kontaktkanten treten große Ströme auf, wodurch Siliziumatome ins Metall wandern können. Typische zulässige Werte liegen im Bereich um 0,1 mA pro Kontakt.

Aus der beschriebenen Anforderung an die Metallisierung geht hervor, dass mit dem eigentlichen Entwurf einer integrierten Schaltung erst begonnen werden kann, wenn die Anordnung und Dimensionierung der Versorgungsleitungen vorliegen. Als Beispiel sind in Bild 5.6 zwei Netzplanungen dargestellt. Beide Darstellungen haben den Vorteil, dass keine Leiterbahnkreuzungen vorkommen.

Kapazitätswerte

Zu den elektrischen Entwurfsunterlagen gehören noch die parasitären Kapazitätswerte. In Tabelle 5.3 sind die wichtigsten typischen Werte für den betrachteten CMOS-Prozess dargestellt.

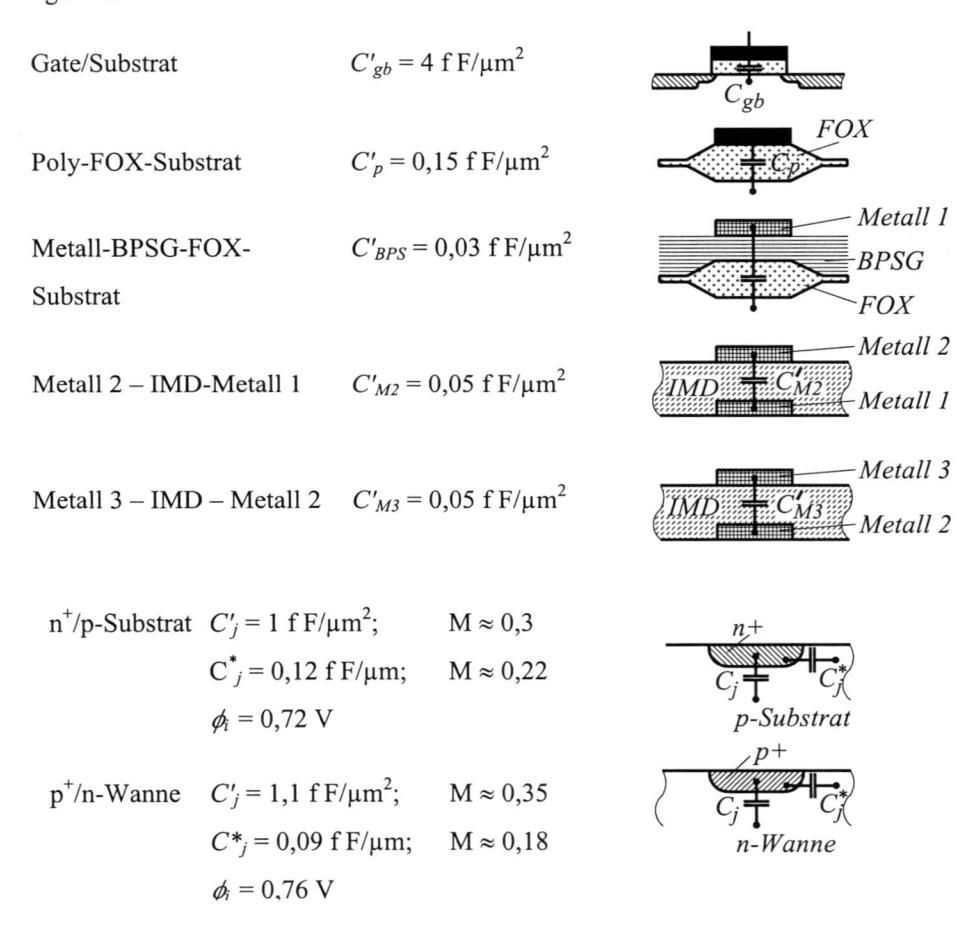

Gate/Substrat $\quad C'_{gb} = 4 \text{ f F}/\mu m^2$

Poly-FOX-Substrat $\quad C'_p = 0{,}15 \text{ f F}/\mu m^2$

Metall-BPSG-FOX-Substrat $\quad C'_{BPS} = 0{,}03 \text{ f F}/\mu m^2$

Metall 2 – IMD-Metall 1 $\quad C'_{M2} = 0{,}05 \text{ f F}/\mu m^2$

Metall 3 – IMD – Metall 2 $\quad C'_{M3} = 0{,}05 \text{ f F}/\mu m^2$

n^+/p-Substrat $\quad C'_j = 1 \text{ f F}/\mu m^2; \quad M \approx 0{,}3$
$\qquad\qquad\qquad C^*_j = 0{,}12 \text{ f F}/\mu m; \quad M \approx 0{,}22$
$\qquad\qquad\qquad \phi_i = 0{,}72 \text{ V}$

p^+/n-Wanne $\quad C'_j = 1{,}1 \text{ f F}/\mu m^2; \quad M \approx 0{,}35$
$\qquad\qquad\qquad C^*_j = 0{,}09 \text{ f F}/\mu m; \quad M \approx 0{,}18$
$\qquad\qquad\qquad \phi_i = 0{,}76 \text{ V}$

Tabelle 5.3:   Typische Kapazitäten des 0,3 µm CMOS-Prozesses

CAD-Werkzeuge beim physikalischen Entwurf integrierter Schaltungen

In den vorhergehenden Kapiteln wurden geometrische und elektrische Entwurfsunterlagen für ein CMOS-Herstellverfahren vorgestellt. Diese Unterlagen dienen zusammen mit den Modellen und Parametern der entsprechenden Bauelemente dem physikalischen

5 Grundlagen digitaler CMOS-Schaltungen

Entwurf einer integrierten Schaltung. Wie dies im Detail abläuft und durch Computer-Aided-Design (CAD)-Werkzeuge unterstützt wird, wird im Folgenden näher betrachtet. Dazu ist in Bild 5.6 ein allgemeiner Verfahrensablauf dargestellt, der in die Kategorien System-, Logik-, Schaltungs- und Layout-Entwurf aufgegliedert werden kann. Hierbei werden die ersten beiden Entwurfsebenen häufig als logischer Entwurf und die beiden letzten Ebenen als physikalischer Entwurf bezeichnet. Da letzterer zum Themenkreis dieses Buches zählt, wird er detaillierter betrachtet.

Die Ausgangsbasis für den gezeigten Verfahrensablauf ist eine Systemspezifikation, aus der eine entsprechende Architektur entwickelt wird. Diese besteht aus Blöcken wie z.B. Rechenwerke, Steuereinheiten, Datenspeicher, usw. Ausgehend von dieser Struktur wird der Logikentwurf durchgeführt. Als Ergebnis liegt dann ein Logikplan vor, der aus verknüpften Gattern, Flip-Flops, Multiplexern, usw. besteht. Dieser wird in einem weiteren Verfahrensabschnitt direkt in die Schaltkreisebene überführt, wobei die in den folgenden Kapiteln beschriebenen Schaltungen verwendet werden können. Zur Optimierung und Verifizierung der Schaltungen wird dabei die Schaltungssimulation, die bereits in Kapitel 2.7 skizziert wurde, eingesetzt.

Entwurfsgliederung	Darstellung	Beispiel	CAD-Werkzeuge
Systementwurf ↓	Blöcke		Höhere Progammiersprachen
Logikentwurf ↓	Logikplan		Logiksimulation
Schaltungsentwurf ↓	Schaltplan		Schaltungssimulation / Extraktor
Layout-Entwurf ↓ Maskenband		Floorplan Stick-Diagr. Layout	DRC ERC EPC

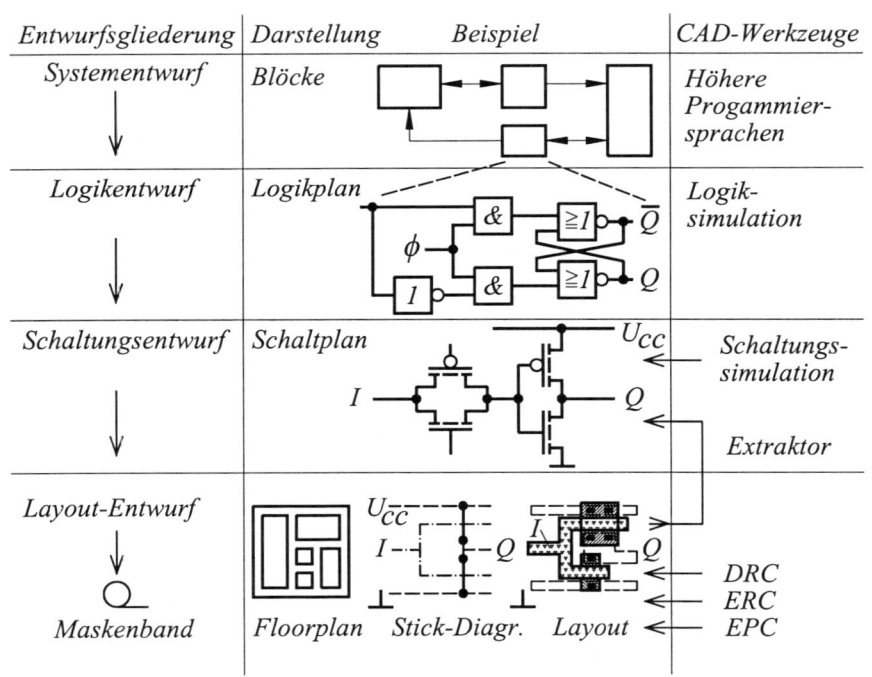

Bild 5.7:   Entwurfsgliederung mit Beispielen und CAD-Werkzeuge

Ausgehend von dem entworfenen Schaltplan beginnt die Layout-Phase, in der alle Maskenebenen geometrisch konstruiert werden müssen. Da das gesamte Layout der Schaltung in ein Rechteck passen muss, geht man von einer Flächenplanung (Floorplan) aus, in der die verschiedensten Schaltungsteile platziert werden. Hierbei können besonders kritische Geschwindigkeitspfade und Stromverbraucher berücksichtigt werden. Als Hilfsmittel für die Layout-Konstruktion dienen häufig Stick-Diagramme, die vereinfachte symbolische Darstellungen erlauben. Diese können dann mit Rechnerunterstützung in das eigentliche Layout umgesetzt werden. Ist das gesamte Layout fertiggestellt, wird ein Maskenband – auch Steuerband genannt – erzeugt und mit dessen Hilfe an einem Patterngenerator die Masken zur Herstellung des ICs generiert. Doch bevor dies geschieht, muss das Layout auf seine Richtigkeit überprüft werden. Hierzu kommen die folgenden Prüfprogramme in Frage.

Entwurfsregel-Überprüfung (**D**esign **R**ule **C**heck DRC): Mit diesem Prüfprogramm wird die Einhaltung der geometrischen Entwurfsunterlagen (z.B. Tabelle 5.1) überprüft. Hierbei werden Abstands-, Breiten- oder Überlappungsverletzungen gemeldet |BAKE|, |SZYM|.

Schaltungsextraktion: Verknüpfungsfehler können mit dem vorhergehenden Test nicht gefunden werden. Aus diesem Grund wurden Extraktionsprogramme |TRIM| entwickelt, mit deren Hilfe aus einem Layout die Beschreibung des Schaltkreises (Netzliste aus Transistoren) gewonnen werden kann. Durch einen Vergleich mit der Vorgabe sind dann Fehler feststellbar. Zusätzlich können noch die parasitären Widerstände und Kapazitäten aus dem Layout ermittelt und an einen Schaltungssimulator weitergegeben werden, so dass dann eine realitätsnahe Schaltungssimulation durchgeführt werden kann.

Elektrische Regel-Überprüfung (**E**lectrical **R**ules **C**heck ERC): Ausgehend von den bei der Schaltungsextraktion bestimmten elektrischen Verbindungen kann der ERC-Test durchgeführt werden. Beispiele für Regelverletzungen sind:

- Kurzschlüsse zwischen Masse und U_{CC}
- Netze, von denen kein Weg nach Masse bzw. U_{CC} führt
- offene Anschlüsse
- Kurzschlüsse zwischen Drain und Source eines MOS-Transistors oder bei einer bipolaren Technologie, Kurzschlüsse zwischen Emitter-Basis oder
- Basis mit Masse oder U_{CC} verbunden.

Parameter Überprüfung (**E**lectrical **P**arameter **C**heck EPC): Eine weitere Verifikation besteht in der Anwendung des EPC-Tests. Hierbei werden geometriebedingte elektrische Eigenschaften des Layouts abgefragt. Darunter fallen:

- Weite und Länge der Transistoren
- zu hochohmige Leitungen und
- Knoten mit zu großer kapazitiver Belastung.

Ausgehend von den vorgestellten Entwurfsunterlagen und Transistorparametern werden in den folgenden Abschnitten die wichtigsten Grundschaltungen behandelt und Layouts vorgestellt.

5.3 MOS-Inverter

Der MOS-Inverter ist die einfachste Grundschaltung, an der nahezu alle wesentlichen Eigenschaften von MOS-Schaltungen, wie w/l-Dimensionierung, Spannungsreduzierung durch die Einsatzspannung, Wirkung des Substratsteuerfaktors, Leistungsverbrauch und Schaltverhalten erklärt werden können. Aus diesem Grund wird der MOS-Inverter im Folgenden detailliert behandelt. Dabei wird versucht, möglichst einfache Beziehungen aufzustellen, um erste grobe Schätzungen zur Dimensionierung einer Schaltung durchzuführen. Die endgültige Dimensionierung wird dann mit einem Schaltungsanalyseprogramm mit entsprechenden Transistormodellen auf einem Rechner durchgeführt.

In der einfachsten Form ist der MOS-Inverter in Bild 5.8 dargestellt.

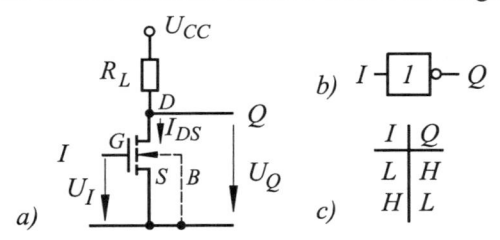

I	Q
L	H
H	L

Bild 5.8: *MOS-Inverter: a) Schaltung; b) Logiksymbol; c) Wahrheitstabelle*

Liegt am Eingang I eine Spannung $U_I < U_{Tn}$, ist der Transistor nichtleitend. Da kein Drain-Sourcestrom fließt (Unterschwellstrom wird als vernachlässigbar betrachtet), beträgt die Ausgangsspannung $U_Q = U_{CC}$. Ist dagegen die Eingangsspannung $U_I \gg U_{Tn}$, ist der Transistor stark leitend. Es fließt ein großer Drain-Sourcestrom, der am Lastwiderstand R_L einen Spannungsabfall verursacht. Die Ausgangsspannung U_Q sinkt dadurch auf einen sehr kleinen Wert. Ordnet man den Ein- und Ausgangsspannungen binäre Zustände L (Low) für Spannungen $<U_{Tn}$ und H (High) für Spannungen $\gg U_{Tn}$ zu, resultiert die in Bild 5.8 gezeigte Wahrheitstabelle.

Der Widerstand R_L könnte durch lange mäanderförmige Leiterbahnen aus Diffusions- oder Polysiliziumstreifen realisiert werden. Da dazu relativ viel Siliziumfläche benötigt wird, verwendet man Transistoren als Lastelemente. Abhängig von der verwendeten Technologie ergeben sich dadurch die in Bild 5.9 gezeigten Inverterrealisierungen, die im nächsten Abschnitt analysiert werden.

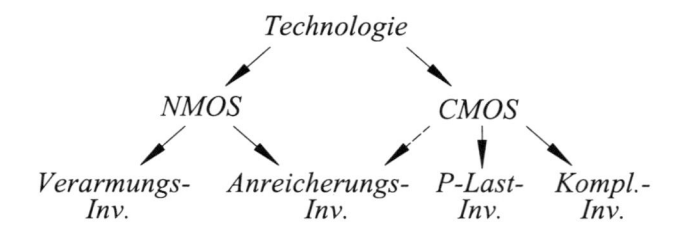

```
                    Technologie
                   /          \
              NMOS              CMOS
             /    \            /    \
     Verarmungs- Anreicherungs- P-Last- Kompl.-
        Inv.        Inv.        Inv.     Inv.
```

Bild 5.9: Übersicht über Inverterrealisierungen

Die NMOS-Technik – auch Depletion-Technik genannt – verwendet nur n-Kanal MOS-Transistoren. Sie wurde bis ca. 1978 überwiegend eingesetzt. Abgelöst wurde diese durch die komplexere CMOS-Technik. Heute spielt die NMOS-Technik nur dort noch eine Rolle, wo niedrige Herstellkosten im Vordergrund stehen. Dies sind einige Chip-Karten, sowie Anwendungen in der Autoindustrie, die unter dem Begriff Smart-Power zu finden sind.

5.3.1 Verarmungsinverter

Dies ist die gebräuchlichste Inverterrealisierung in einer nur NMOS-Technologie. Bei dem als Last verwendeten Verarmungstransistor (Bild 5.10) sind Gate und Source zusammengeschlossen.

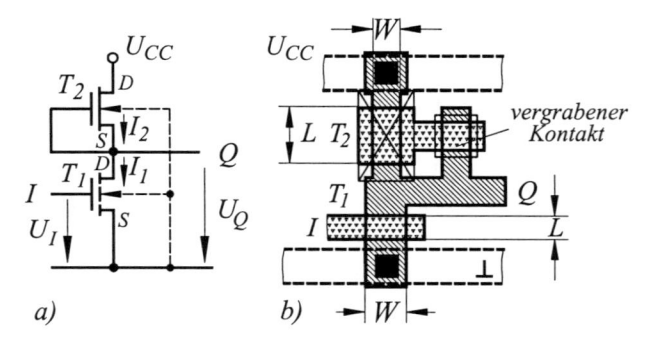

Bild 5.10: Verarmungsinverter; a) Schaltung; b) Layout

Da der Transistor durch eine zusätzliche Implantation eine negative Einsatzspannung von z.B. $-3{,}5$ V hat, ist er auch leitend, wenn Gate und Source verbunden sind ($I_{DS,1}$ in Bild 5.11). Das Layout ist besonders platzsparend, da ein vergrabener Kontakt (Bild 5.10) dazu verwendet wird, Gate (Polysilizium) und Source (Diffusion) zu verbinden. Das Substrat einer integrierten Schaltung ist gemeinsam für alle Transistoren. Es liegen in diesem Fall 0 V an.

5 Grundlagen digitaler CMOS-Schaltungen

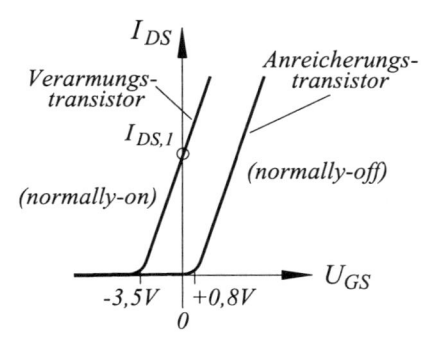

Bild 5.11:   Vergleich zwischen Verarmungs- und Anreicherungstransistor

Treibt ein MOS-Inverter einen anderen Inverter oder Schaltung, muss die Ausgangsspannung im Low-Zustand $U_{QL} < U_{Tn}$ sein. Mit dieser Forderung ist sichergestellt, dass die folgende Schaltung sicher sperrt.

In der Praxis wird meist ein Wert, bei dem noch ein ausreichender Störabstand gegeben ist, von

$$\boxed{U_{QL} = 1/2\, U_{Tn}} \tag{5.6}$$

verwendet. Aus dieser Bedingung und mit $U_{IH} = U_{CC}$ kann das Geometrieverhältnis der Invertertransistoren wie folgt bestimmt werden.

Der Lasttransistor T_2 befindet sich mit einer Einsatzspannung von –3,5 V in Sättigung, da $(U_{GS,2} - U_{Tn,2}) = (0 - U_{Tn,2}) \leq U_{DS,2} = (U_{CC} - U_{QL}) = (5\,V - 0{,}4\,V)$ ist und der Schalttransistor T_1 im Widerstandsbereich, da $(U_{GS,1} - U_{Tn,1}) = (U_{IH} - U_{Tn,1}) > U_{DS,1}$ ist. Die zusätzlichen Indizes beziehen sich dabei auf den entsprechenden Transistor. Damit ergibt sich aus den einfachen Transistorgleichungen (4.53) und (4.58)

$$I_2 = I_1$$

$$\frac{\beta_{n,2}}{2}\left(-U_{Tn,2}\right)^2 = \beta_{n,1}\left[\left(U_{IH} - U_{Tn,1}\right)U_{QL} - \frac{U_{QL}^2}{2}\right] \tag{5.7}$$

und unter Berücksichtigung von Beziehung (5.6) ein Verstärkungsverhältnis von

$$Z = \frac{\beta_{n,1}}{\beta_{n,2}} = \frac{(-U_{Tn,2})^2}{(U_{IH} - U_{Tn,1})\,U_{Tn,1} - (U_{Tn,1}/2)^2}$$

$$\boxed{Z = \frac{\beta_{n,1}}{\beta_{n,2}} = \frac{k_{n,1}}{k_{n,2}}\frac{(w/l)_1}{(w/l)_2}} \tag{5.8}$$

Dieses Verstärkungsverhältnis ist stark abhängig von der Eingangsspannung U_{IH}. In den überwiegenden Fällen ist diese gleich U_{CC}, da der Inverter meist von einer gleichartigen Schaltung angesteuert wird.

Damit ergibt sich für die folgenden Werte einer NMOS-Technik: $k_{n,1} = 30 \cdot 10^{-6}$ A/V², $k_{n,2} = 25 \cdot 10^{-6}$ A/V², $U_{Tn,2} = -3{,}5$ V, $U_{Tn,1} = 0{,}8$ V und $U_{IH} = U_{CC} = 5$ V ein Verstärkungsverhältnis von $Z = 3{,}8$ und ein Geometrieverhältnis von $(w/l)_1 / (w/l)_2 = 3{,}2$. Der Verstärkungsfaktor des Verarmungstransistors $k_{n,2} = \mu_n C_{ox}$ ist etwas kleiner als der des Anreicherungstransistors $k_{n,1}$, da der Erstgenannte zweimal implantiert wurde, wodurch die Beweglichkeit abnimmt.

Bisher wurde stillschweigend davon ausgegangen, dass die Einsatzspannungen konstant sind. Dies trifft nur für den Schalttransistor T_1 zu, bei dem Source und Substrat verbunden ist. Beim Lasttransistor T_2 herrscht dagegen zwischen Source und Substrat die Ausgangsspannung $U_Q = U_{SB}$. Diese Spannung hat entsprechend Gleichung (4.36) über die Substratsteuerung eine Veränderung der Einsatzspannung in Abhängigkeit der Ausgangsspannung zur Folge (Aufgabe 5.4). Dadurch ist die Stromergiebigkeit des Transistors geringer, wodurch das Schaltverhalten des Inverters ungünstig beeinflusst wird.

Leistungsverbrauch

Den Leistungsverbrauch kann man in einen statischen P_{stat} und einen dynamischen Anteil P_{dyn} aufteilen, der durch das Umladen von Kapazitäten hervorgerufen wird. Da bei dem vorgestellten Inverter im durchgeschalteten Zustand ein relativ großer statischer Leistungsverbrauch auftritt, kann der dynamische Anteil (Abschnitt 5.3.4), der wesentlich kleiner ist, vernachlässigt werden.

Für den Verarmungsinverter ergibt sich demnach ein Leistungsverbrauch von

$$P_{stat} = I_2 U_{CC} S$$
$$= \frac{\beta_{n,2}}{2} \left(-U_{Tn,2}\right)^2 U_{CC} S \,, \qquad (5.9)$$

da T_2 im Sättigungsbereich ist, wenn T_1 durchgeschaltet ist. Der Faktor S gibt das Taktverhältnis, d.h. das Zeitverhältnis von eingeschaltetem zu ausgeschaltetem Zustand an. In den meisten praktischen Fällen ist das Taktverhältnis 50 %, d.h. $S = 0{,}5$.

5.3.2 Anreicherungsinverter

Wie in Bild 5.9 angedeutet, kann man den Anreicherungsinverter (Bild 5.12) in NMOS- und CMOS-Technologie herstellen. Er hat, wie die folgenden Betrachtungen zeigen, einige gravierende Nachteile. Deshalb wird er in dieser Form auch nicht mehr verwendet. Aus didaktischen Gründen heraus ist es jedoch zweckmäßig ihn zu betrachten, da die Erkenntnisse auf ähnliche Schaltungen übertragen werden können.

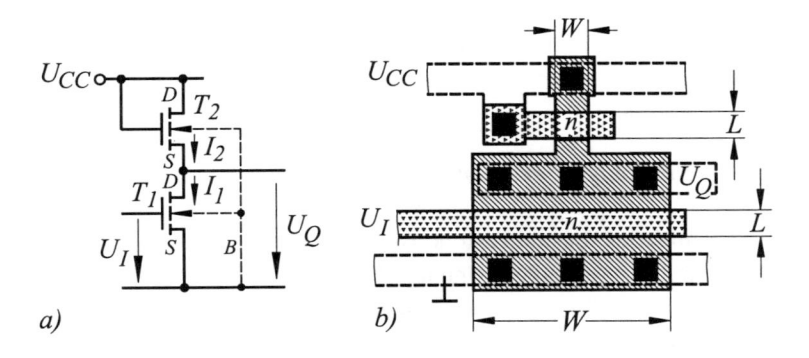

Bild 5.12: Anreicherungsinverter; a) Schaltung; b) Layout

Die Verstärkungs- und Geometrieverhältnisse kann man ähnlich wie im vorhergehenden Fall ermitteln. Der Lasttransistor mit einer Einsatzspannung von z.B. $U_{Tn} = 0{,}45$ V ist immer in Sättigung, da $(U_{GS,2} - U_{Tn,2}) < U_{DS,2} = U_{GS,2}$ ist. Damit ergibt sich:

$$I_2 = I_1$$

$$\frac{\beta_{n,2}}{2}(U_{GS,2} - U_{Tn,2})^2 = \beta_{n,1}\left[(U_{IH} - U_{Tn,1})U_{QL} - \frac{U_{QL}^2}{2}\right] \tag{5.10}$$

und mit
$$U_{GS,2} = U_{CC} - U_{QL}; U_{QL} = U_{Tn}/2$$
$$U_{Tn,1} = U_{Tn,2} = U_{Tn} \quad \text{und} \quad k_{n,1} = k_{n,2}$$

ein Verstärkungsverhältnis von

$$Z = \frac{\beta_{n,1}}{\beta_{n,2}} = \frac{(w/l)_1}{(w/l)_2} = \frac{(U_{CC} - (3/2)U_{Tn})^2}{(U_{IH} - U_{Tn})U_{Tn} - (U_{Tn}/2)^2}. \tag{5.11}$$

Bei Verwendung der Parameter $U_{CC} = 3$ V, $U_{IH} = U_{CC}$, $U_{Tn} = 0{,}45$ ergibt sich ein Verstärkungs- und Geometrieverhältnis von $Z = 4{,}9$.

Ein wesentlicher Nachteil des Anreicherungstransistors als Lastelement ist, dass die maximale Ausgangsspannung

$$U_{QH} = U_{CC} - U_{GS,2} = U_{CC} - U_{Tn,2} \tag{5.12}$$

nicht den Wert der Versorgungsspannung erreicht, sondern um die Einsatzspannung $U_{Tn,2}$ des Lasttransistors verringert ist. Dies wird verständlich, wenn man bedenkt, dass der Lasttransistor nicht mehr leitet (Unterschwellstrom vernachlässigt), wenn die Spannung $U_{GS,2} = U_{Tn,2}$ ist (Bild 5.13).

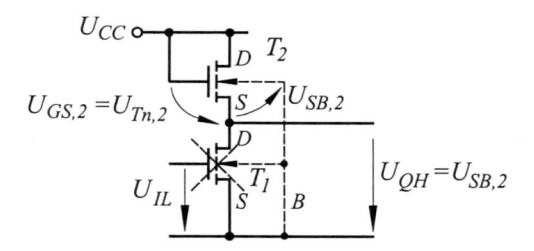

Bild 5.13: Anreicherungsinverter im H-Zustand

Die Einsatzspannung des Lasttransistors ist, wie bereits erwähnt, durch den Substratsteuereffekt von der Ausgangsspannung U_Q, die gleich der Source-Substratspannung $U_{SB,2}$ des Transistors ist, abhängig. Dadurch nimmt die Einsatzspannung zu, wodurch die Ausgangsspannung des Inverters noch weiter reduziert wird. Diese lässt sich aus der Beziehung für die Einsatzspannung (4.36) mit $U_{SB,2} = U_{QH}$

$$U_{Tn,2} = U_{Ton,2} + \gamma\left(\sqrt{2\phi_F + U_{QH}} - \sqrt{2\phi_F}\right) \tag{5.13}$$

und Gleichung (5.12)

$$U_{QH} = U_{CC} - U_{Ton,2} - \gamma\left(\sqrt{2\phi_F + U_{QH}} - \sqrt{2\phi_F}\right)$$

zu

$$\boxed{U_{QH} = U_N + \gamma^2/2 - \gamma\sqrt{U_N + 2\phi_F + \gamma^2/4}} \tag{5.14}$$

ermitteln, wobei

$$\boxed{U_N = U_{CC} - U_{Ton,2} + \gamma\sqrt{2\phi_F}}$$

ist.

Um ein Gefühl für den Einfluss des Substratsteuerfaktors auf die Ausgangsspannung zu ermitteln, wird folgendes Beispiel berechnet.

Beispiel:

Gegeben ist ein Anreicherungsinverter nach Bild 5.13. Der Schalttransistor T_1 ist nichtleitend. Welchen maximalen Wert kann die Ausgangsspannung annehmen, wenn $U_{Ton,2}$ = 0,45 V, $2\phi_F$ = 0,6 V, $\gamma = 0,4\sqrt{V}$ und $U_{CC\,min}$ = 3V betragen?

Die Werte, in Gleichung (5.14) eingesetzt, ergeben eine maximale Ausgangsspannung von U_{QH} = 2,19 V. Würde die Änderung der Einsatzspannung durch die Substratsteuerung nicht berücksichtigt, wäre die Ausgangsspannung $U_{QH} = U_{CC} - U_{Ton,2}$ = 2,55 V und der gemachte Fehler ca. 16 %.

Wird mit dieser niedrigen Ausgangsspannung ein ähnlicher Inverter betrieben, so muss dessen Verstärkungsverhältnis Z dem niedrigeren Eingangssignal U_{QH} angepasst werden. Werte von Z > 15 sind erforderlich.

Beim Anreicherungsinverter beträgt der Leistungsverbrauch

$$\begin{aligned}P_{stat} &= I_2 U_{CC} S \\ &= \frac{\beta_{n,2}}{2}\left(U_{GS,2} - U_{Tn}\right)^2 U_{CC} S \\ &= \frac{\beta_{n,2}}{2}\left(U_{CC} - U_{QL} - U_{Tn}\right)^2 U_{CC} S \\ &= \frac{\beta_{n,2}}{2}\left(U_{CC} - \frac{3}{2} U_{Tn}\right)^2 U_{CC} S ,\end{aligned} \quad (5.15)$$

wobei $U_{Tn,2} \sim U_{Tn,1} = U_{Tn}$ angenommen wurde.

5.3.3 P-Last Inverter

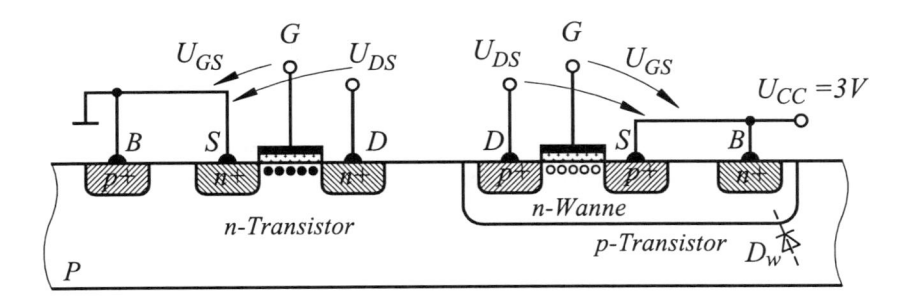

Bild 5.14:   *Skizze durch eine CMOS-Technologie mit n-Wanne; Diode n-Wanne / Substrat D_w immer gesperrt*

Bevor auf diesen Inverter eingegangen wird, ist es zweckmäßig, sich über die Definition von Source und Drain beim p-Kanal Transistor im klaren zu sein. Zu diesem Zweck ist in Bild 5.14 ein Querschnitt durch eine CMOS-Technologie mit n-Wanne skizziert.

Alle Diffusionsgebiete sind in Sperrrichtung gepolt. Die Sourcegebiete der Transistoren sind mit ihrem jeweiligen Substrat *B* verbunden. Hierbei ist zu berücksichtigen, dass im Gegensatz zum n-Kanal Transistor beim p-Kanal Transistor die Source mit der positivsten Spannung nämlich U_{CC} verbunden ist. In Bezug auf dieses Gebiet sind dann die Spannung U_{GS} und U_{DS} negativ, während sie beim n-Kanal Transistor positiv sind.

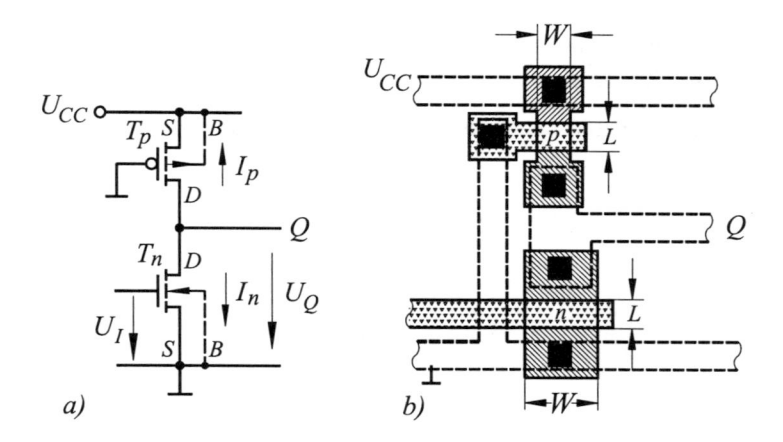

Bild 5.15: a) P-Last Inverter; b) Layout

Ist die n-Wanne mit U_{CC} verbunden, wird zur Vereinfachung des Layouts die Wannenstruktur nicht dargestellt. Außerdem wird zur leichteren Übersicht in den folgenden Kapiteln bei den Schaltungen auf die Darstellung von Bulk (B)-Anschlüssen bei den Transistoren verzichtet, solange diese mit U_{CC} bzw. Masse verbunden sind.

Bei dem P-Last Inverter (Bild 5.15) übernimmt der p-Kanal Transistor die Funktion des Lastelements, da er immer leitend ist. Sein Verhalten ist dadurch ähnlich dem des Verarmungsinverters in nur NMOS-Technik, weswegen er häufig auch Quasi-NMOS Inverter genannt wird. Im durchgeschalteten Zustand ($U_I = U_{IH}$) ist T_p in Stromsättigung, da $|U_{GS,p} - U_{Tp}| < |U_{DS,p}|$ ist.

Damit ergibt sich ein Verstärkungsverhältnis von:

$$-I_p = I_n$$

$$\frac{\beta_p}{2}(-U_{CC} - U_{Tp})^2 = \beta_n\left[(U_{IH} - U_{Tn})U_{QL} - \frac{U_{QL}^2}{2}\right]$$

$$Z = \frac{\beta_n}{\beta_p} = \frac{k_n(w/l)_n}{k_p(w/l)_p} = \frac{(-U_{CC} - U_{Tp})^2}{(U_{IH} - U_{Tn})U_{Tn} - (U_{Tn}/2)^2}, \quad (5.16)$$

wobei $U_{QL} = U_{Tn}/2$ sein soll.

Mit den Werten $U_{Tn} = 0{,}45$ V, $U_{Tp} = -0{,}45$ und $U_{IH} = U_{CC(min)} = 3$ V muss ein Verstärkerverhältnis von $Z = 5{,}9$ eingehalten werden. Mit $k_n = 120 \cdot 10^{-6}$ A/V^2 und $k_p = 50 \cdot 10^{-6}$ A/V^2 ergibt sich daraus ein Geometrieverhältnis von $(w/l)_n / (w/l)_p = 2{,}5$.

Leistungsverbrauch:

Der statische Leistungsverbrauch des P-Last Inverters beträgt

$$P_{stat} = I_p U_{CC} S$$
$$= \frac{\beta_p}{2} \left(-U_{CC} - U_{Tp} \right)^2 U_{CC} S \,. \tag{5.17}$$

Dieser statische Leistungsverbrauch kann nahezu ganz vermieden werden, wenn die Gates der Transistoren gemeinsam angesteuert werden. Aus diesem Grund wird der P-Last Inverter nur in den Fällen eingesetzt, bei denen die Zahl der in Serie geschalteten Transistoren reduziert werden muss (Kapitel 6.1.2). Man kann sich natürlich auch vorstellen, die Schaltung von Bild 5.15 so abzuändern, dass der n-Kanal Transistor als Last wirkt und der p-Kanal Transistor als Schaltelement. Man könnte diesen Inverter dann in Analogie zur vorhergehenden Beschreibung N-Last Inverter nennen. Dies wird nur selten gemacht, da in diesem Fall der p-Schalttransistor mit seinem kleineren Verstärkungsfaktor k_p eine größere Geometrie (w/l) benötigt, wodurch die zu treibende vorhergehende Stufe mehr belastet wird.

5.3.4 Komplementärinverter

Der in Bild 5.16 gezeigte Komplementärinverter ist der wichtigste Invertertyp.

Hat die Eingangsspannung U_I einen Wert von U_{CC}, dann ist der n-Kanal Transistor sehr niederohmig, während der p-Kanal Transistor extrem hochohmig, d.h. gesperrt ist, da seine Gate-Sourcespannung Null ist. Dadurch ist die Ausgangsspannung $U_{QL} \approx 0$ V. Der Strom des Inverters entspricht dem sehr kleinen Unterschwellstrom des p-Kanal Transistors.

Liegt am Eingang des Inverters die Spannung $U_I = 0$ V an, so ist der n-Kanal Transistor extrem hochohmig und der p-Kanal Transistor sehr niederohmig. Es fließt nur der sehr kleine Unterschwellstrom des n-Kanal Transistors.

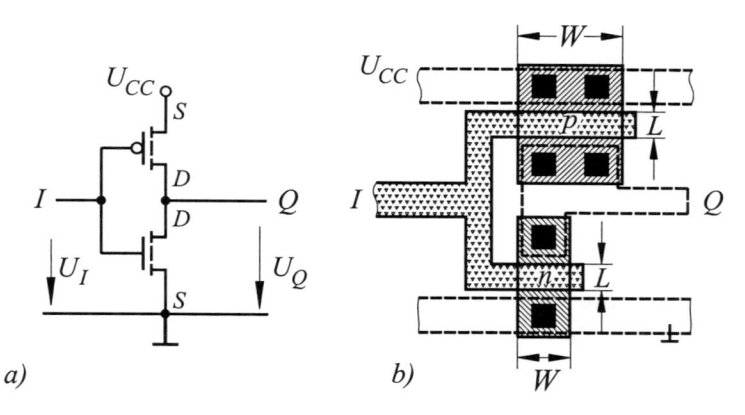

Bild 5.16:   *a) Komplementärinverter, b) Layout*

Die Ausgangsspannung hat den Wert von $U_{QH} \approx U_{CC}$. D.h. der Spannungsunterschied zwischen Low (0V) und High (U_{CC}) am Ausgang beträgt U_{CC}. Man spricht in diesem Fall von "rail to rail swing". Damit entfällt jegliche Anforderung an das Verstärkungsverhältnis (Z-Verhältnis) der Transistoren, wie es für die vorhergehenden Inverter vorlag. Die Transistorgeometrien können somit auf eine maximale Geschwindigkeit oder einen symmetrischen Signal-Geräuschabstand, wie im Folgenden beschrieben wird, optimiert werden. Weiterhin ist vorteilhaft, dass die Source- und Substratgebiete des n- und p-Transistors jeweils verbunden sind (Bild 5.14). Eine Substratsteuerung tritt somit nicht auf.

In Bild 5.17 ist die Übertragungskennlinie des Komplementärinverters, die die Ausgangsspannung als Funktion der Eingangsspannung beschreibt, dargestellt.

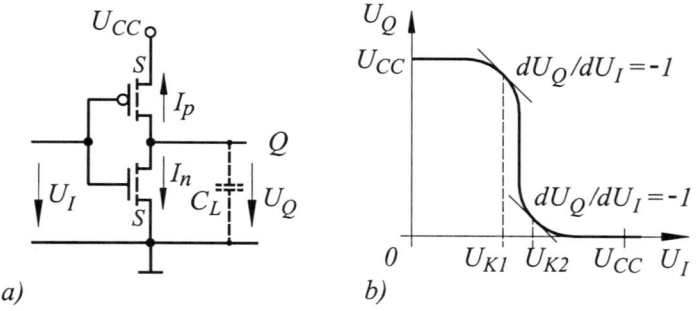

Bild 5.17:   *a) Komplementärinverter; b) Übertragungskennlinie*

Wird das Eingangssignal von 0 V ausgehend erhöht oder von U_{CC} ausgehend erniedrigt, so tritt eine Änderung des Ausgangssignals von $dU_Q / dU_I = -1$ bei einer Eingangsspannung von U_{K1} oder entsprechend bei U_{K2} auf. Die Punkte mit der Steigung −1 sind als Kipppunkte des Inverters definiert. Als Kriterium für die Dimensionierung des Inverters wird ein symmetrischer Störabstand gewählt. Dieser erfordert, dass $U_{K1} = U_{CC} - U_{K2}$ ist. Der Vorteil dieser Dimensionierung ist, dass z.B. dem L-Zustand am Eingang eine Stör-

5 Grundlagen digitaler CMOS-Schaltungen

spannung in der Größe bis zu U_{K1} überlagert sein kann ohne dass sich die Ausgangsspannung U_Q merklich ändert. Analog dazu kann dem H-Zustand eine Störung von $U_{CC} - U_{K2}$ überlagert werden. Die Wahl eines symmetrischen Störabstands bedeutet, dass die Ströme I_p und I_n und somit die Verstärkungsfaktoren gleich groß sein sollen. Damit ist $\beta_p = \beta_n$ und

$$\left(\frac{w}{l}\right)_p = \frac{k_n}{k_p}\left(\frac{w}{l}\right)_n = \frac{\mu_n C'_{ox}}{\mu_p C'_{ox}}\left(\frac{w}{l}\right)_n. \tag{5.18}$$

Infolge der zwei- bis dreifach geringeren Beweglichkeit der Ladungsträger im p-Kanal Transistor ergibt sich somit ein Geometrieverhältnis von (Bild 5.16b)

$$\boxed{\left(\frac{w}{l}\right)_p = 2 \text{ bis } 3 \cdot \left(\frac{w}{l}\right)_n}. \tag{5.19}$$

Leistungsverbrauch

Beim Komplementärinverter ist es zweckmäßig, den Leistungsverbrauch in die Anteile statischer, transienter und dynamischer Leistungsverbrauch einzuteilen.

Statischer Leistungsverbrauch

Liegt am Eingang des Inverters die Spannung $U_{IL} = 0$ V an, so ist der n-Kanal Transistor – wie im Vorhergehenden bereits beschrieben – extrem hochohmig und der p-Kanal Transistor sehr niederohmig (Bild 5.18).

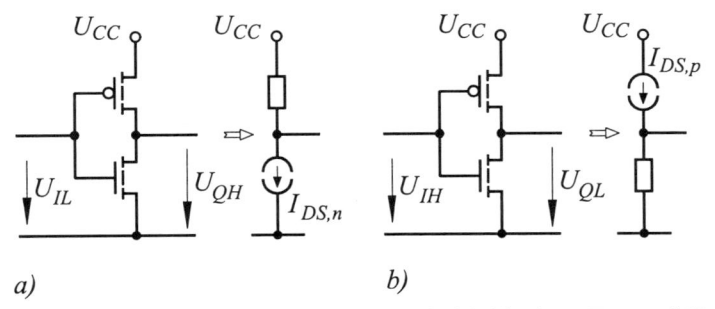

Bild 5.18: Komplementärinverter mit Ersatzschaltbild: a) im Zustand $U_{IL} = 0V$; b) im Zustand $U_{IH} = U_{CC}$

Mit $U_{IL} = 0$ V fließt damit im n-Kanal Transistor ein Unterschwellstrom von Gl.(4.65)

$$I_{DS,n} = \beta_n (n-1)\phi_t^2 \, e^{(U_{GS}-U_{Tn})/\phi_t n}\left(1 - e^{-U_{DS}/\phi_t}\right) \tag{5.20}$$

wobei $U_{GS} = 0$ V und $U_{DS} = U_{CC}$ sind. Im Fall von Bild 5.17b ist die Situation umgekehrt. Der n-Kanal Transistor ist niederohmig und der p-Kanal Transistor liefert den Unterschwellstrom $I_{DS,p}$ in Analogie zu Gleichung (5.20).

Damit ergibt sich ein geringer statischer Leistungsverbrauch von

$$P_{stat} = U_{CC}\left[I_{DS,n}S + I_{DS,p}(1-S)\right], \quad (5.21)$$

wobei S das Taktverhältnis – wie in Gl.(5.9) – angibt. Die Restströme von gesperrten Diffusionsgebieten wurden vernachlässigt.

Will man den statischen Leistungsverbrauch, wie dies oft bei Speicherschaltungen gefordert wird, reduzieren, so bietet sich eine Erhöhung der Einsatzspannung an Gl.(5.20). Dies bedeutet jedoch, dass die sog. overdrive Spannung ($U_{GS} - U_{Tn}$) und damit der Strom während des Schaltens abnimmt, was zu einem verschlechterten Schaltverhalten führt. Eine schaltungstechnische Lösung besteht darin, die Sourcegebiete z.B. mit 0,15 V vorzuspannen (Bild 5.19).

In diesem Fall ergeben sich bei den Sperrzuständen die Spannungen $U_{GS,n} = -0,15$ V oder $U_{GS,p} = +0,15$ V, wodurch die Ströme der Transistoren um mindestens eine Dekade Gl.(4.70) reduziert werden. Leider wird dies durch eine Verschlechterung der Ausgangspegel erreicht, wodurch diese schaltungstechnische Maßnahme nur in Sonderfällen angewendet werden kann.

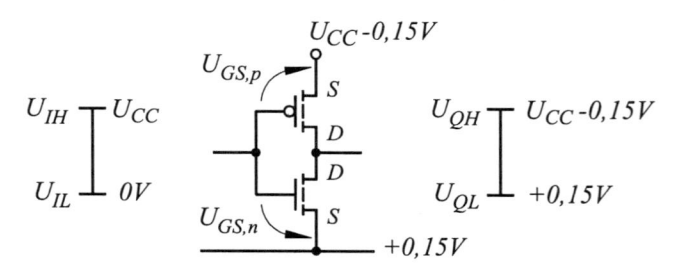

Bild 5.19: Anordnung zur Reduzierung des statischen Leistungsverbrauchs

Transienter Leistungsverbrauch

Dieser Leistungsverbrauch kommt dadurch zustande, dass während des Umschaltens kurzzeitig beide Transistoren leitend sind. Dies ist in Bild 5.20 dargestellt. Mit $U_I = 0$V befindet sich der p-Kanal Transistor im niederohmigen Widerstandsbereich und der n-Kanal Transistor wird als ausgeschaltet betrachtet. Während der Zeit von t_1 nach t_2 steigen die Eingangsspannung U_I und der Strom durch den n-Kanal Transistor an, während derjenige durch den p-Kanal Transistor abnimmt. Da in dem betrachteten Zeitintervall $U_Q > (U_I - U_{Tn})$ ist, befindet sich der n-Kanal Transistor in Sättigung und bestimmt den durch den Inverter fließenden Strom.

5 Grundlagen digitaler CMOS-Schaltungen

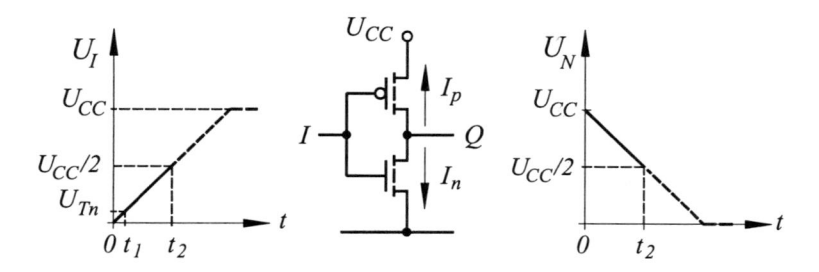

Bild 5.20: Skizze zur Erklärung des transienten Leistungsverbrauchs

$$I(t) = \frac{\beta_n}{2}\left(U_I(t) - U_{Tn}\right)^2 . \tag{5.22}$$

Unter der Annahme, dass der Inverter symmetrisch aufgebaut ist, d.h. $\beta_n = \beta_p = \beta$ und $U_{Tn} = -U_{Tp}$ ist, erreicht der Strom sein Maximum, wenn U_I den Wert von $U_{CC}/2$ annimmt (Bild 5.21). Beide Transistoren sind in Sättigung. Steigt die Eingangsspannung weiter an kehrt sich die Situation um. Der p-Kanal Transistor bleibt in Sättigung und der n-Kanal Transistor gelangt in den Widerstandsbereich. Der abnehmende Strom durch die Schaltung wird durch den p-Kanal Transistor bestimmt. Über die Zeit betrachtet ist dann der Stromverlauf symmetrisch.

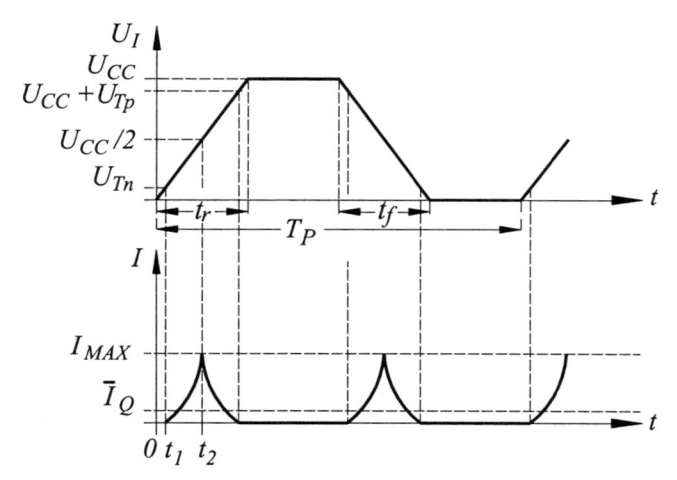

Bild 5.21: Stromverbrauch des Komplementärinverters während des Umschaltens

Während einer Periodendauer T_P fließt somit ein Durchschnittsstrom von

$$\bar{I} = 4\frac{1}{T_P}\int_{t_1}^{t_2} I(t)dt = \frac{2\beta}{T_P}\int_{t_1}^{t_2}\left(U_I(t) - U_{Tn}\right)^2 dt . \tag{5.23}$$

Hat das Eingangssignal, wie gezeigt, einen linearen und symmetrischen Verlauf, dann ist $\tau_r = \tau_f = \tau$ und

$$U_I(t) = \frac{U_{CC}}{\tau} t. \tag{5.24}$$

Der durchschnittliche Strom beträgt

$$\bar{I} = \frac{2\beta}{T_P} \int_{t_1}^{t_2} \left(\frac{U_{CC}}{\tau} t - U_{Tn} \right)^2 dt$$

$$= \frac{1}{12} \frac{\beta}{U_{CC}} (U_{CC} - 2U_{Tn})^3 \frac{\tau}{T_P}, \tag{5.25}$$

wobei $t_1 = (U_{Tn}/U_{CC})\tau$ und $t_2 = \tau/2$ ist. Damit ergibt sich ein transienter Leistungsverbrauch von

$$\boxed{P_{tr} = \bar{I} U_{CC} = \frac{\beta}{12} (U_{CC} - 2U_{Tn})^3 \frac{\tau}{T_P}}. \tag{5.26}$$

Dies ist sicherlich kein unerwartetes Resultat. Es besagt, dass der Leistungsverbrauch um so geringer ist, je kürzer die Anstiegs- und Abfallzeiten τ des Eingangssignals und je kleiner die Verstärkungsfaktoren sind.

Dynamischer Leistungsverbrauch

Was passiert nun, wenn der Ausgang des Inverters, wie in Wirklichkeit, mit einer Kapazität C_L belastet ist? In diesem Fall wird die Kapazität beim Schalten des Inverters durch den p-Kanal Transistor aufgeladen und durch den n-Kanal Transistor entladen. Diese Ströme verursachen in den Transistoren einen entsprechenden Leistungsverbrauch, der im Folgenden bestimmt wird. Dabei wird vorausgesetzt, dass die Anstiegs- und Abfallzeiten τ_r, τ_f (Bild 5.22) am Ausgang des Inverters wesentlich kleiner sind als die Periodendauer T_P. Dies hat zur Folge, dass die Lastkapazität jeweils komplett aufgeladen bzw. komplett entladen wird.

5 Grundlagen digitaler CMOS-Schaltungen

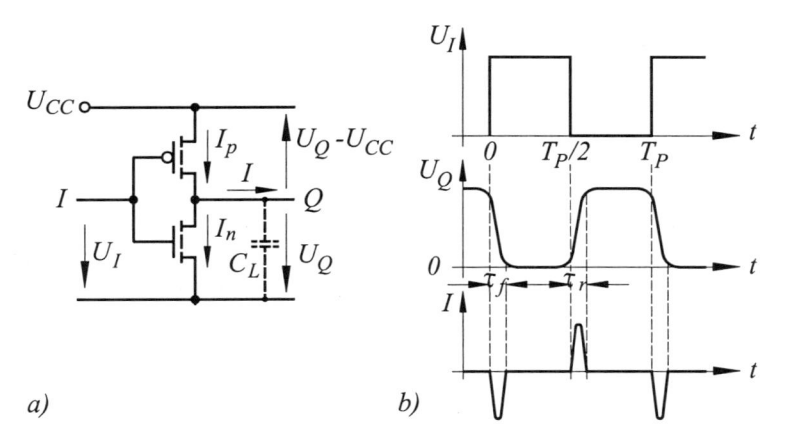

Bild 5.22: a) Komplementärinverter mit kapazitiver Last; b) Zeitverhalten

Der durchschnittliche dynamische Leistungsverbrauch im Inverter beträgt dann

$$P_{dyn} = \frac{1}{T_P}\left[\int_0^{T_P/2} I_n U_Q dt + \int_{T_P/2}^{T_P} I_p (U_{CC} - U_Q) dt\right], \quad (5.27)$$

wobei es sich während der Abfallzeit τ_f um den Leistungsverbrauch im n-Kanal Transistor und während der Anstiegszeit τ_r um denjenigen im p-Kanal Transistor handelt.

Da $I = C_L dU_Q/dt$ ist, ergeben sich die Ströme durch den n- und p-Kanal Transistor in den entsprechenden Zeitintervallen zu $I_n = -C_L dU_Q/dt$ und $I_p = C_L dU_Q/dt$. Ein dynamischer Leistungsverbrauch von

$$P_{dyn} = \frac{C_L}{T_P}\left[-\int_{U_{CC}}^{0} U_Q dU_Q + \int_0^{U_{CC}} (U_{CC} - U_Q) dU_Q\right]$$

$$P_{dyn} = \frac{C_L}{T_P} U_{CC}^2$$

$$\boxed{P_{dyn} = C_L f\, U_{CC}^2} \quad (5.28)$$

resultiert, wobei $f = 1/T_P$ die Taktfrequenz ist.

Die wesentliche Aussage dieser Beziehung ist, dass der dynamische Leistungsverbrauch nicht von den Transistorparametern abhängig ist. Der Grund hierfür ist, dass die Kapazität immer komplett aufgeladen und entladen wird, wodurch Zeitkonstanten durch den Transistor keine Rolle spielen.

Der gesamte Leistungsverbrauch des Komplementärinverters, der sich aus den beschriebenen Einzelbeiträgen zusammensetzt, ist somit

$$P = P_{stat} + P_{tr} + P_{dyn}. \qquad (5.29)$$

Wie bereits erwähnt, ist der P_{stat}-Anteil meist sehr klein. Ebenso kann der P_{tr}-Anteil vernachlässigt werden, solange das Eingangssignal U_I und das Ausgangssignal U_Q vergleichbare Anstiegs- und Abfallzeiten haben |HARR|. D.h. beim CMOS-Inverter ist in den meisten Fällen der dynamische Leistungsverbrauch die dominierende Komponente.

Achtung: Bei der vorhergehenden Analyse wurde der transiente Anteil so berechnet, als wenn keine kapazitive Last vorhanden wäre. In Wirklichkeit ist dies jedoch nicht der Fall |HARR|. Somit kann P_{tr} nur als grobe Schätzung dienen. Genauere Berechnungen müssen mit einem Schaltungssimulator z.B. Spice erfolgen.

Überträgt man die durchgeführte Leistungsbetrachtung auf ein großintegriertes System ergibt sich der in Bild 5.23 gezeigte Zusammenhang.

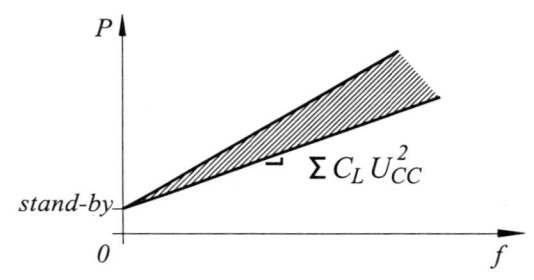

Bild 5.23:   *Leistungsverbrauch einer großintegrierten Schaltung*

Bei der Frequenz $f = 0$ Hz befindet sich das System im sog. stand-by. Nur Schaltungsteile die unbedingt benötigt werden sind aktiv. Der Anstieg des Leistungsverbrauchs hängt davon ab welche Datenwege in einem Mikrosystem aktiviert werden.

Durch forcierte Luft kann man die Leistung von nahezu 20 W/cm^2 von einem IC im Gehäuse abführen. Diese Begrenzung stellt somit eine wesentliche Herausforderung an den Entwurf von großintegrierten Systemen mit hohen Taktraten dar.

Aus Beziehung (5.28) geht hervor, dass eine wesentliche Maßnahme den Leistungsverbrauch zu reduzieren darin besteht, die Versorgungsspannung – wegen ihres quadratischen Einflusses – zu reduzieren. Da dadurch jedoch die Geschwindigkeit eines Systems negativ beeinflusst wird, werden häufig unterschiedlich große externe Versorgungsspannungen verwendet.

5.3.5 Serien- und Parallelschaltung von Transistoren

Bei Gatterschaltungen werden Transistoren in Serie und parallel geschaltet. Im Folgenden soll bestimmt werden, wie diese Transistoren bei Gatterschaltungen mit Z-Verhältnis im Vergleich zu entsprechenden Invertern dimensioniert werden müssen. Dazu ist in

Bild 5.24 ein Vergleich angestellt. Die Spannungsbedingung $U_{QL} = \frac{1}{2} U_{Tn}$ Gl.(5.6) darf bei allen Invertern mit Z-Verhältnis nicht überschritten werden. Der Widerstand des Schalttransistors mit dem Verstärkungsfaktor β_S beträgt dabei

$$R_S = \frac{U_{QL}}{\beta_S[(U_{IH} - U_{Tn})U_{QL} - U_{QL}^2/2]}$$

$$\approx \frac{1}{\beta_S[U_{IH} - U_{Tn}]} \qquad (5.30)$$

wenn U_{QL} als relativ klein angenommen wird.

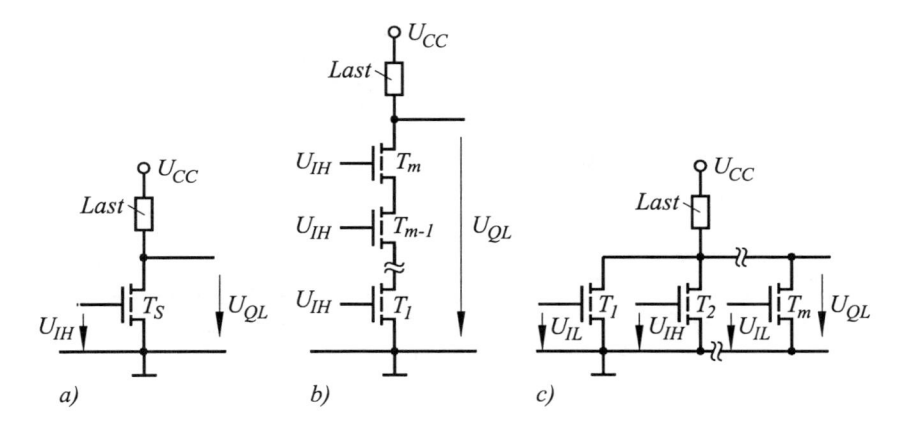

Bild 5.24: Schaltungen mit Z-Verhältnis; a) Inverter; b) Serienschaltung (NAND-Gatter); c) Parallelschaltung (NOR-Gatter)

Der gesamte Widerstand der in Serie geschalteten m gleichen Transistoren mit jeweils dem Verstärkungsfaktor β_n (Bild 5.24b) ist dagegen

$$\Sigma R \approx \frac{m}{\beta_n[U_{IH} - U_{Tn}]} . \qquad (5.31)$$

Um zu garantieren, dass bei der Serienschaltung der Transistoren ebenfalls die U_{QL}-Bedingung eingehalten wird, muss $\Sigma R = R_S$ sein.

Daraus resultiert das Geometrieverhältnis eines jeden in Serie geschalteten Transistors

$$\beta_n = m\beta_S$$

$$\boxed{(w/l)_n = m(w/l)_S} . \qquad (5.32)$$

Da beim Layout meist die minimale Gatelänge verwendet wird bedeutet dies, dass bei der Serienschaltung von m-Transistoren die Kanalweite w eines jeden Einzeltransistors m-fach größer sein muss als die bei einem vergleichbaren Inverter.

Bei der Parallelschaltung von Transistoren (NOR-Gatter) kann der schlechteste Fall auftreten, wenn nur einer der Transistoren durchgeschaltet ist. Deshalb muss jeder einzelne der parallel geschalteten Transistoren T_1 bis T_m so dimensioniert werden wie ein vergleichbarer Schalttransistor T_S beim Inverter.

Unter Berücksichtigung des Vorhergehenden, sind in Bild 5.25 die Layouts der Schaltungen von Bild 5.24 mit zwei in Serie bzw. parallel geschalteten Transistoren dargestellt, wobei als Lastelement die gleichen P-Lasten verwendet wurden.

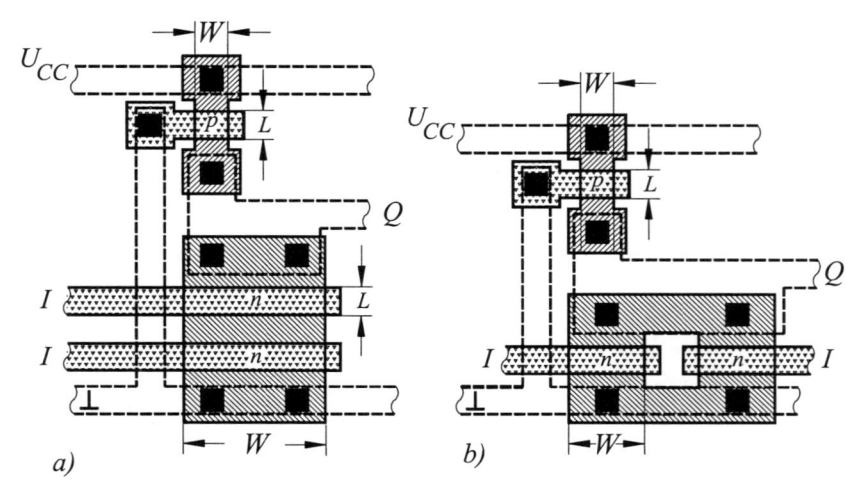

Bild 5.25: Layouts; a) NAND-Gatter mit 2 Eingängen; b) NOR-Gatter mit 2 Eingängen

Bei der Serienschaltung werden die Transistorgeometrien und damit die parasitären Kapazitäten größer. Um zu vermeiden, dass dadurch die Schaltzeiten zu langsam werden schaltet man in der Praxis meist nie mehr als fünf Transistoren in Serie.

Auf die Dimensionierung von Komplementärgatter wird im Zusammenhang mit dem Schaltverhalten von Gattern in Kapitel 6.2.5 eingegangen.

5.4 Schaltverhalten der MOS-Inverter

In diesem und den folgenden Abschnitten werden das Schaltverhalten und die daraus resultierenden Verzögerungszeiten der Inverter analysiert. Die Ergebnisse dieser Analyse kann man dann zusammen mit denen aus dem vorhergehenden Abschnitt dazu verwenden, die Dimensionierung der Transistoren durchzuführen.

5 Grundlagen digitaler CMOS-Schaltungen

Im Allgemeinen ist die vom Ausgang Q eines Inverters getriebene Last rein kapazitiv. Dies ist in Bild 5.26 am Beispiel einer Hintereinanderschaltung zweier Komplementärinverter gezeigt.

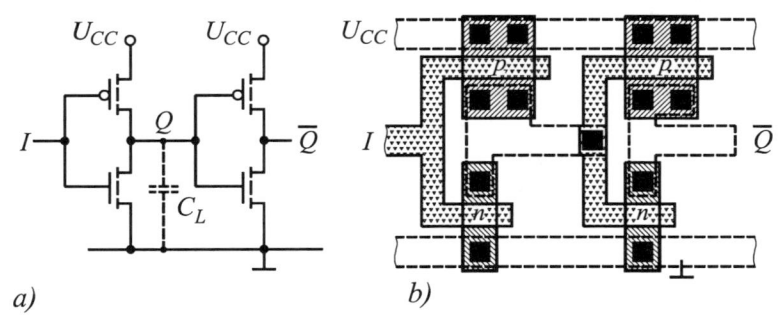

Bild 5.26: *Schaltung und Layout zweier hintereinandergeschalteter Komplementärinverter*

Die am Ausgang Q wirksame Kapazität C_L setzt sich dabei, wie im Layout gezeigt, aus den Verdrahtungs- und Überlappkapazitäten sowie den spannungsabhängigen nichtlinearen Gate- und pn-Kapazitäten zusammen. In den meisten Fällen dominieren hierbei die Gatekapazitäten, worauf im Folgenden eingegangen wird. Da außerdem die Transistorgleichungen nichtlinear sind ist es sinnvoll eine genaue Berechnung des Schaltverhaltens mit einem Netzwerkanalyseprogramm durchzuführen.

Die im Folgenden vorgestellten überschlägigen Berechnungen sind ungenau, jedoch aus zwei Gründen erforderlich:

a) um allgemein ein Gefühl für das Schalt- und Verzögerungsverhalten von MOS-Schaltungen zu vermitteln und um

b) eine erste grobe Schätzung zur Dimensionierung durchzuführen.

Die Gleichungen sollten deswegen einfach und übersichtlich sein. Um diese Anforderungen zu erfüllen, werden folgende Voraussetzungen gemacht:

1. C_L ist eine mittlere spannungsunabhängige Lastkapazität.

2. Am Eingang des Inverters wird eine Sprungfunktion angelegt.

3. Alle Leiterbahnwiderstände sind vernachlässigbar klein.

Schätzen von C_L

Um einen ersten Schätzwert für die Lastkapazität C_L zu bekommen ist die folgende Betrachtung zweckmäßig. Der Komplementärinverter (Bild 5.27) wird am Eingang von L nach H geschaltet, und es werden zuerst nur die wirksamen Kapazitäten des n-Kanal Transistors betrachtet. Zur Vereinfachung und zur "worst case" Betrachtung sei angenommen, dass der Transistor sich immer im Widerstandsbereich befindet. In diesem

Bereich kann die Gatekapazität zu je 50 % auf Source und Drain aufgeteilt werden (Bild 4.55). Damit ergibt sich die folgende Situation.

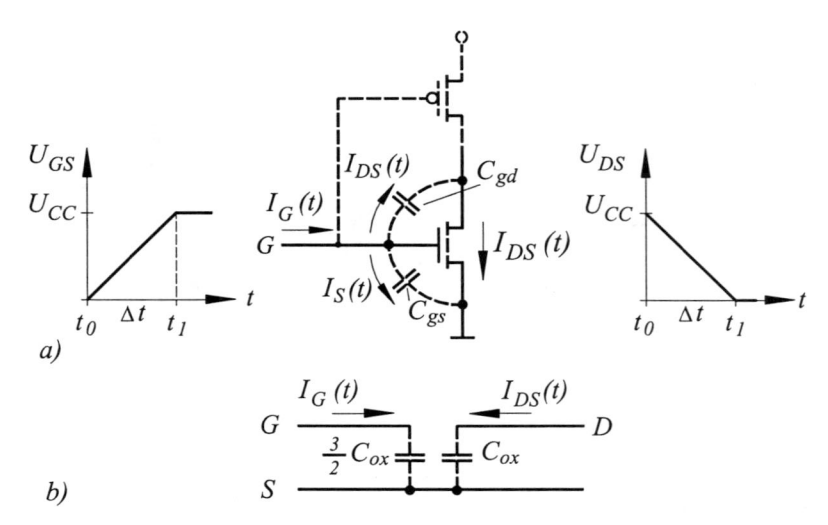

Bild 5.27: a) Ansteuerung des Komplementärinverters mit wirksamen Kapazitäten des n-Kanal Transistors; b) kapazitives Ersatzschaltbild des n-Kanal Transistors

Der Transistor ist zur Zeit $t = 0$ ausgeschaltet. Damit ist die Gate-Sourcekapazität $C_{gs} = C_{ox}/2$ auf 0 V und die Gate-Drainkapazität $C_{gd} = C_{ox}/2$ auf $U_{GD} = -U_{CC}$ über den p-Transistor aufgeladen. Wird nun der Transistor eingeschaltet, wird C_{gs} auf U_{CC} **aufgeladen** und C_{gd} dagegen auf $U_{GD} = U_{CC}$ **umgeladen**. Der Strom durch C_{gs} beträgt

$$I_S(t) = \frac{C_{ox}}{2} \frac{dU_{GS}}{dt} \approx \frac{C_{ox}}{2} \frac{U_{CC}}{\Delta t} \tag{5.33}$$

und derjenige durch C_{gd}

$$I_{DS}(t) = \frac{C_{ox}}{2}\left(\frac{dU_{GS}}{dt} - \frac{dU_{DS}}{dt}\right) \approx \frac{C_{ox}}{2}\left[\frac{U_{CC}}{\Delta t} - \left(-\frac{U_{CC}}{\Delta t}\right)\right]$$
$$\approx C_{ox}\frac{U_{CC}}{\Delta t}. \tag{5.34}$$

Der resultierende Gatestrom ist damit

$$I_G(t) = I_S(t) + I_{DS}(t) \approx \frac{3}{2}C_{ox}\frac{U_{CC}}{\Delta t}. \tag{5.35}$$

Das Ersatzschaltbild (Bild 5.27b) beschreibt somit die wirksame kapazitive Belastung des n-Kanal Transistors. Auf die hintereinander geschalteten Inverter übertragen ergibt sich damit die in Bild 5.28 gezeigte Belastung des Inverters zu

5 Grundlagen digitaler CMOS-Schaltungen

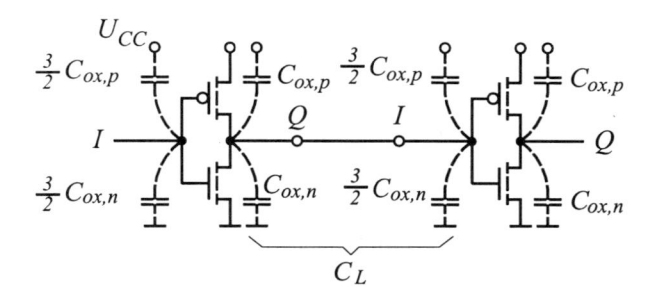

Bild 5.28: Lastkapazitäten bei hintereinandergeschalteten Invertern mit gleicher Geometrie

$$C_L \approx \frac{5}{2}\left(C_{ox,n} + C_{ox,p}\right). \tag{5.36}$$

Wird entsprechend Gleichung (5.19) das Geometrieverhältnis des p-Transistors doppelt so groß wie das des n-Transistors gewählt resultiert eine Lastkapazität von

$$\boxed{C_L \approx 7{,}5 C_{ox}}. \tag{5.37}$$

Schaltverhalten des Komplementärinverters

Das Schaltverhalten ist in Bild 5.29 dargestellt. Ändert sich die Eingangsspannung abrupt von $U_I = 0$ V auf $U_I = U_{CC}$, ist der n-Kanal Transistor leitend und der p-Kanal Transistor gesperrt. Die Kapazität C_L wird entladen. Bei einem Wert von $0{,}1 U_{CC}$ wird davon ausgegangen, dass die folgende Stufe diesen Wert als L-Pegel interpretiert. Der n-Kanal Transistor ist bis zu einer Drainspannung von $U_{DS} = U_{CC} - U_{Tn}$ in Sättigung und geht anschließend in den Widerstandsbereich über. Damit muss zur Berechnung die Entladezeit t_f in zwei Zeitintervalle aufgeteilt werden.

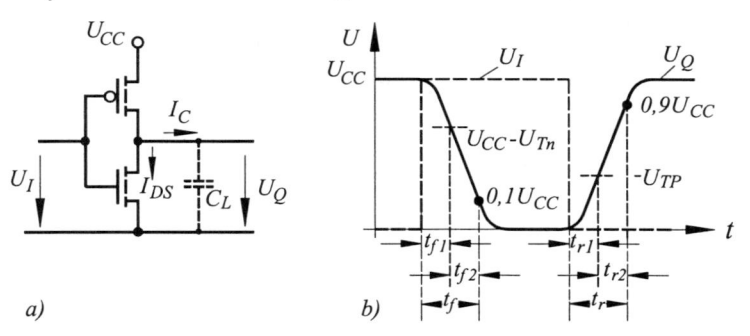

Bild 5.29: a) Komplementärinverter; b) Schaltverhalten

Da der Strom des Transistors I_{DS} gleich dem Entladestrom der Kapazität I_C ist, ergibt sich für das erste Zeitintervall t_{f1} der Zusammenhang

$$I_C = -I_{DS}$$

$$C_L \frac{dU_Q}{dt} = -\frac{\beta_n}{2}(U_{CC} - U_{Tn})^2$$

$$\int dt = \int_{U_{CC}}^{U_{CC}-U_{Tn}} \frac{2C_L}{-\beta_n(U_{CC} - U_{Tn})^2} dU_Q$$

$$t_{f1} = \frac{2C_L U_{Tn}}{\beta_n (U_{CC} - U_{Tn})^2} \,. \tag{5.38}$$

Im zweiten Zeitintervall resultiert

$$C_L \frac{dU_Q}{dt} = -\beta_n \left[(U_{CC} - U_{Tn}) U_Q - U_Q^2/2 \right]$$

$$\int dt = -\frac{C_L}{\beta_n} \int_{U_{CC}-U_{Tn}}^{0,1 U_{CC}} \frac{1}{(U_{CC}-U_{Tn}) U_Q - U_Q^2/2} dU_Q$$

$$t_{f2} = \frac{C_L}{\beta_n} \frac{1}{U_{CC}-U_{Tn}} \ln \frac{1,9 U_{CC} - 2 U_{Tn}}{0,1 U_{CC}} \,. \tag{5.39}$$

Damit beträgt die gesamte Abfallzeit

$$t_f = t_{f1} + t_{f2} = \frac{C_L}{\beta_n} \frac{1}{U_{CC}-U_{Tn}} \left(\frac{2 U_{Tn}}{U_{CC}-U_{Tn}} + \ln \frac{1,9 U_{CC} - 2 U_{Tn}}{0,1 U_{CC}} \right) \tag{5.40}$$

Die Aufladezeit t_r des Inverters ergibt sich in Analogie zum Vorhergehenden zu

$$t_r = t_{r1} + t_{r2} = \frac{C_L}{\beta_p} \frac{1}{U_{CC}+U_{Tp}} \left(\frac{-2 U_{Tp}}{U_{CC}+U_{Tp}} + \ln \frac{1,9 U_{CC} + 2 U_{Tp}}{0,1 U_{CC}} \right). \tag{5.41}$$

Um die Zeitabschätzungen zu vereinfachen, ist es zweckmäßig, die beiden letzten Gleichungen zu vereinfachen. Mit den typischen Werten von

$$U_{CC} = 3 \text{ V} \quad \text{und} \quad U_{Tn} = -U_{Tp} = 0,45 \text{ V}$$

ergeben sich die Zeiten zu

5 Grundlagen digitaler CMOS-Schaltungen

und

$$t_f = \frac{C_L}{\beta_n} 1{,}2(1/V) \qquad (5.42)$$

$$t_r = \frac{C_L}{\beta_p} 1{,}2(1/V) \qquad (5.43)$$

Dies sind sicherlich keine überraschenden Ergebnisse. Sie besagen, dass die Abfall- und Anstiegszeiten proportional zur Lastkapazität sind und entsprechend verkürzt werden können, wenn die Stromverstärkungen vergrößert werden.

Verzögerungszeit des Komplementärinverters

Ursache für die Verzögerungszeit beim Inverter ist das endliche Laden und Entladen der gesamten Lastkapazität. Im Vorhergehenden wurde zur Berechnung der Lade- und Entladezeiten eine Sprungfunktion am Eingang des Inverters angelegt. In Wirklichkeit hat die Eingangsfunktion jedoch, genau wie die Ausgangsfunktion, eine endliche Anstiegs- und Abfallzeit. Wird dies berücksichtigt, so kann die Verzögerungszeit durch das Entladen bzw. Aufladen in etwa durch $t_{dr} \approx t_r/2$ und $t_{df} \approx t_f/2$ berücksichtigt werden. Daraus ergibt sich für überschlägige Berechnungen bei einem Inverter eine mittlere Verzögerungszeit von

$$t_d \approx \frac{1}{2}(t_{dr} + t_{df}) \approx \frac{1}{4}(t_r + t_f) \qquad (5.44)$$

Bezogen auf die Werte $U_{CC} = 3V$ und $U_{Tn} = -U_{Tp} = 0{,}45V$ führt dies zu einem Verzögerungswert beim Komplementärinverter von

$$t_d \approx C_L \left(\frac{1}{\beta_p} + \frac{1}{\beta_n} \right) 0{,}3(1/V) . \qquad (5.45)$$

Diese Beziehung liefert ein interessantes Ergebnis, wenn man die Lastkapazität durch Beziehung (5.36) nähert

$$C_L \approx \frac{5}{2}\left((w \cdot l)_n + (w \cdot l)_p\right) C'_{ox} , \qquad (5.46)$$

wodurch sich eine Verzögerungszeit von

$$t_d \approx \frac{5}{2}\left((w \cdot l)_n + (w \cdot l)_p\right) C'_{ox} \left(\frac{1}{(w/l)_p k_p} + \frac{1}{(w/l)_n k_n} \right) 0{,}3(1/V) \qquad (5.47)$$

bzw. von

$$t_d \approx 2C'_{ox} l^2 \left(\frac{1}{2k_p} + \frac{1}{k_n} \right) (1/V) \tag{5.48}$$

ergibt, wenn ein Geometrieverhältnis von $(w/l)_p = 2(w/l)_n$ gewählt wurde. Hieraus ist ersichtlich, dass die Verzögerungszeit bei hintereinander geschalteten Invertern quadratisch von der Gatelänge abhängt und die Gateweite keine Rolle spielt. Dies wird verständlich, wenn man bedenkt, dass mit z.B. zunehmender Gateweite die Stromverstärkungen ansteigen jedoch auch im gleichen Maße die Gatekapazitäten, wodurch die Verzögerungszeit unverändert bleibt. Voraussetzung bei dieser Betrachtung ist, dass die Gatekapazität gegenüber anderen parasitären Kapazitäten bei weitem überwiegt.

Schaltverhalten des P-Last Inverters

Bei dem in Bild 5.30 gezeigten Inverter geschieht das Aufladen der Kapazität durch den Strom $I_C = -I_p$ des p-Kanal Transistors und das Entladen der Kapazität durch die Differenz der Ströme $I_C = -I_p - I_n$ (I_p hat negativen Wert; Tabelle 4.3).

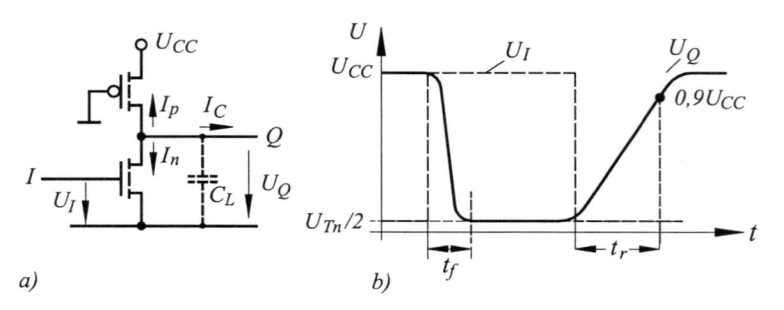

Bild 5.30:   a) P-Last Inverter; b) Schaltverhalten

Da $\beta_n = Z \cdot \beta_p$ (Gl. (5.16)) ist kann der Entladestrom in der überwiegenden Zeit durch $I_C \approx -I_n$ genähert werden. Damit ergibt sich in erster Näherung eine Situation wie bei dem Komplementärinverter, wo das Aufladen durch den p-Transistor und das Entladen durch den n-Transistor erfolgt. Wird angenommen, dass $U_{Tn}/2 \sim 0{,}1\ U_{CC}$ ist, dann können die Resultate von den vorhergehenden Gleichungen (5.42), (5.43)

$$t_f = \frac{C_L}{\beta_n} 1{,}2 (1/V)$$

$$t_r = \frac{C_L}{\beta_p} 1{,}2 (1/V)$$

übernommen werden. Da $\beta_n = Z \cdot \beta_p$ ist, ergibt sich ein Verhältnis von Anstieg- zu Abfallzeit von

$$\boxed{\frac{t_r}{t_f} = \frac{\beta_n}{\beta_p} = Z} \ . \tag{5.49}$$

Das heißt, dass die Anstiegszeit um das Verstärkungsverhältnis Z länger ist als die Abfallzeit.

Schaltverhalten des Anreicherungsinverters

Hierbei handelt es sich ebenfalls um einen Inverter, bei dem das Z-Verhältnis eingehalten werden muss (Bild 5.31).

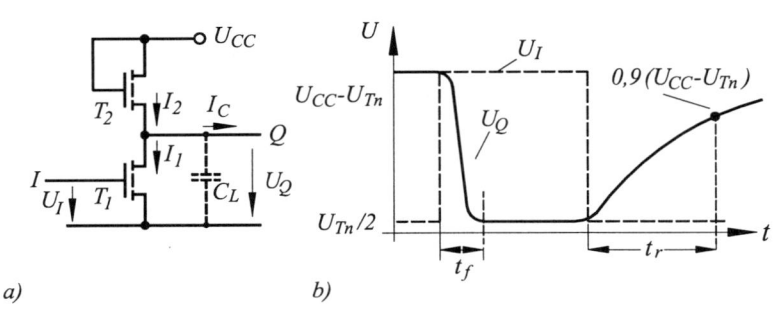

Bild 5.31: a) Anreicherungsinverter; b) Schaltverhalten

Die Entladezeit ergibt sich wie bei dem vorhergehenden Inverter aus der Differenz der Ströme $I_C = I_2 - I_1$. Da auch hier gilt, dass $\beta_1 = Z$ mal so groß ist wie β_2 Gl.(5.11) kann der Entladestrom in der überwiegenden Zeit durch $I_C \approx -I_1$ genähert werden. Wenn man davon absieht, dass im Gegensatz zu den beiden vorhergehenden Invertern die Entladung der Kapazität nicht bei der Spannung U_{CC} sondern bei $(U_{CC} - U_{Tn})$ beginnt, dann können die Resultate der Gleichungen (5.40) bzw. (5.42) ebenfalls übertragen werden.

Beim Aufladen der Kapazität ist die Situation jedoch erheblich anders. Der Lasttransistor befindet sich immer in Sättigung. Damit gilt:

$$I_C = I_2$$
$$C_L \frac{dU_Q}{dt} = \frac{\beta_{n,2}}{2}\left(U_{CC} - U_Q - U_{Tn,2}\right)^2 \qquad (5.50)$$

Nach Trennen der Variablen und Integration resultiert eine Anstiegszeit von

$$t_r = \frac{2C_L}{\beta_{n,2}}\left[\frac{1}{0{,}1(U_{CC} - U_{Tn})} - \frac{1}{U_{CC} - (3/2)U_{Tn}}\right], \qquad (5.51)$$

wobei die Substratsteuerung vernachlässigt wurde, so dass $U_{Tn,2} = U_{Tn,1} = U_{Tn}$ ist.

Dabei wurden die Integrationsgrenzen von $U_{Tn}/2$ und $U_Q = 0{,}9\,(U_{CC} - U_{Tn})$ verwendet. Es sei hier noch einmal darauf hingewiesen, dass die maximale Ausgangsspannung U_Q um den Wert der Einsatzspannung Gl.(5.12) unter U_{CC} liegt.

Mit den bereits verwendeten Werten von $U_{CC} = 3$ V und $U_{Tn} = 0{,}45$ V ergibt sich damit eine Aufladezeit von

$$\boxed{t_r = \frac{C_L}{\beta_{n,2}} 7(1/V)},\qquad(5.52)$$

die wesentlich langsamer ist als alle bisher vorgestellten Inverterzeiten. Der Grund hierfür ist, dass während des Aufladens von C_L die Gate-Sourcespannung $U_{GS} = U_{CC} - U_Q(t)$ kontinuierlich mit der Zeit abnimmt, bis der Transistor bei $U_{GS} = U_{Tn,2}$ abschaltet.

Die Abfallzeit entspricht, wie bereits erwähnt, in etwa den Werten wie sie bereits hergeleitet wurden. Dieser Inverter ist somit in zweierlei Hinsicht unvorteilhaft a) was die Aufladezeit und b) den H-Pegel betrifft. Er wird deswegen – so wie er dargestellt ist – nicht verwendet. In abgeänderter Form findet man ihn jedoch in den nächsten Kapiteln wieder.

Schaltverhalten des Verarmungsinverters

Zu Beginn des Aufladens im Zeitintervall t_{r1} befindet sich der Lasttransistor T_2 in Sättigung bis seine Drain-Sourcespannung $U_{DS,2} = (U_{GS,2} - U_{Tn,2})$, d.h. $(U_{CC} - U_Q) = (-U_{Tn,2})$ ist und damit die Ausgangsspannung den Wert $U_Q = U_{CC} + U_{Tn,2}$ erreicht. Anschließend gelangt der Lasttransistor in den Widerstandsbereich.

Da der Laststrom I_2 gleich dem Ladestrom der Kapazität I_C ist, ergibt sich für das Zeitintervall t_{r1} der Zusammenhang

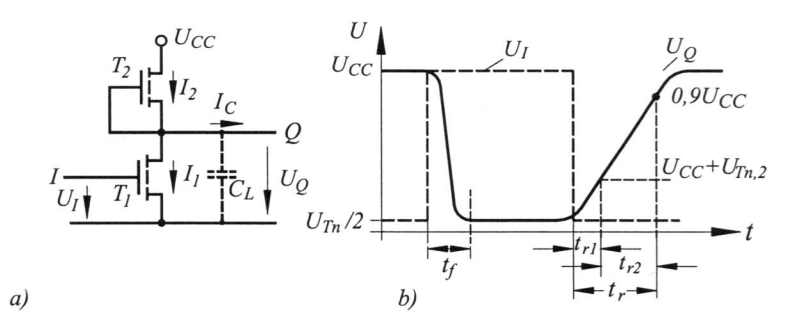

Bild 5.32:   a) Verarmungsinverter; b) Schaltverhalten

$$C_L \frac{dU_Q}{dt} = \frac{\beta_{n,2}}{2}\left(-U_{Tn,2}\right)^2$$

$$\int dt = \frac{2C_L}{\beta_{n,2}(-U_{Tn,2})^2} \int_{U_{Tn,1}/2}^{U_{CC}+U_{Tn,2}} dU_Q$$

$$t_{r1} = \frac{2C_L}{\beta_{n,2}(-U_{Tn,2})^2}\left(U_{CC}+U_{Tn,2}-U_{Tn,1}/2\right).\qquad(5.53)$$

Für das Zeitintervall t_{r2} resultiert die Beziehung

$$C_L \frac{dU_Q}{dt} = \beta_{n,2} \left[(-U_{Tn,2})(U_{CC} - U_Q) - \frac{(U_{CC} - U_Q)^2}{2} \right]. \quad (5.54)$$

Nach Trennen der Variablen und Integration ergibt sich

$$t_{r2} = \frac{C_L}{\beta_{n,2} U_{Tn,2}} \ln \left[\frac{0{,}1 U_{CC}}{-0{,}1 U_{CC} - 2 U_{Tn,2}} \right]. \quad (5.55)$$

Die gesamte Anstiegszeit ist damit:

$$t_r = \frac{C_L}{\beta_{n,2}} \left[\frac{2(U_{CC} + U_{Tn,2} - U_{Tn,1}/2)}{(-U_{Tn,2})^2} + \frac{1}{U_{Tn,2}} \ln \frac{0{,}1 U_{CC}}{-0{,}1 U_{CC} - 2 U_{Tn,2}} \right]. \quad (5.56)$$

Mit den typischen Werten für eine NMOS Verarmungstechnik von $U_{Tn,1} = 0{,}8$ V; $U_{Tn,2} = -3{,}5$ V und $U_{CC} = 5$ V lässt sich diese Gleichung zu

$$\boxed{t_r = \frac{C_L}{\beta_{n,2}} 0{,}9 (1/V)} \quad (5.57)$$

vereinfachen. Der Entladevorgang ist vergleichbar mit demjenigen beim P-Last Inverter.

In den beiden vorhergehenden Abschnitten 5.3 und 5.4 wurde beschrieben wie die MOS-Inverter dimensioniert werden können und wie man anschließend die Anstiegs- und Abfallzeiten bestimmt. Beginnt man den Entwurf einer integrierten Schaltung, so ist die Situation meist genau umgekehrt. Aus der Spezifikation bzw. dem Pflichtenheft liegt die Geschwindigkeitsanforderung vor. Die geforderten Verzögerungszeiten Gl.(5.44) und daraus abgeleitet die Anstiegs- und Abfallzeiten sind somit bekannt und bestimmen die Geometriemaße *w/l* der Transistoren.

Liegen erste Erkenntnisse über Transistorgeometrien vor, kann der Entwurf (Layout) des Inverters mit Hilfe der geometrischen Entwurfsregeln erstellt werden. Aus diesem Entwurf können dann die tatsächlichen parasitären Kapazitäten und Widerstände extrahiert werden. Eine anschließende rechnerunterstützte Schaltungssimulation dient dann der Verifikation und weiteren Optimierung der Schaltung.

Der besseren Übersicht halber sind die wichtigsten Beziehungen, die der **überschlägigen** Inverterdimensionierung dienen, in Tabelle 5.4 zusammengefasst.

Auf die heute nur noch in Sonderfällen verwendete Depletiontechnik, (Verarmungsinverter) wurde in der Auflistung verzichtet.

Invertertyp	Z	t_r	t_f
Komplementär	-	$\dfrac{C_L}{\beta_p}1,2(1/V)$	$\dfrac{C_L}{\beta_n}1,2(1/V)$
P-Last	5,9	$\dfrac{C_L}{\beta_p}1,2(1/V)$	$\dfrac{C_L}{\beta_n}1,2(1/V)$
Anreicherung	4,9	$\dfrac{C_L}{\beta_{n,2}}7(1/V)$	$\dfrac{C_L}{\beta_{n,1}}1,2(1/V)$

Bedingungen: U_{CC} = 3 V; U_{IH} = 3 V; U_{Tn} = 0,45V; U_{Tp} = – 0,45 V

Tabelle 5.4: Vergleich charakteristischer Merkmale der MOS-Inverter

5.5 Treiberschaltungen

Treiberschaltungen werden in einer integrierten Schaltung dazu benötigt, relativ große Kapazitäten wie sie im Zusammenhang mit Daten- und Taktzuführungen auftreten umzuladen. Die Treiber kann man dabei grob einteilen in sog. "Super-Treiber" und bootstrap-Treiber auf deren Funktion im Folgenden näher eingegangen wird.

5.5.1 Super-Treiber

Ein Komplementärinverter wie er symbolisch in Bild 5.33a dargestellt ist soll eine große Lastkapazität C_L in sehr kurzer Zeit umladen. Dabei entsteht eine Verzögerungszeit die durch Gl.(5.45) beschrieben ist.

5 Grundlagen digitaler CMOS-Schaltungen

a)

b)

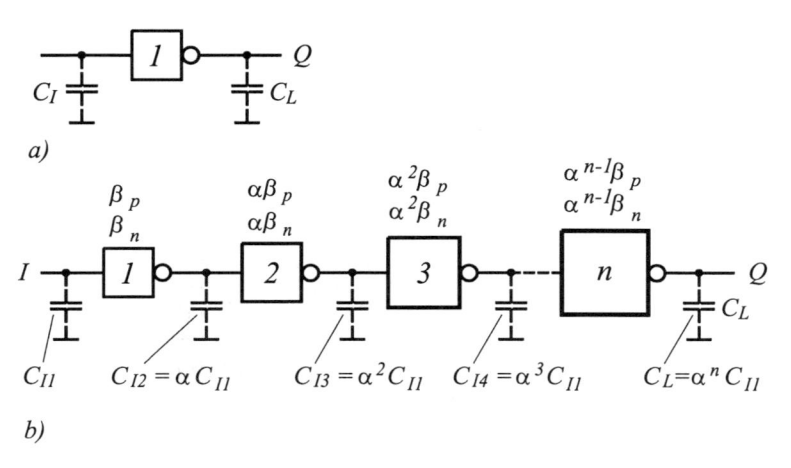

Bild 5.33: Kapazitive Verhältnisse: a) bei einem Inverter; b) bei kaskadierten Invertern

Die Verzögerungszeit kann dabei die gesamte Geschwindigkeit eines Systems negativ beeinflussen. Eine wesentliche Erhöhung der Stromergiebigkeit des Komplementärinverters durch Vergrößerung der Geometrieverhältnisse $(w/l)_n$ und $(w/l)_p$ hilft nur bedingt, da die Eingangskapazität des Inverters Gl.(5.36) ebenfalls zunimmt. Eine Inverterkette (Bild 5.33b) mit zunehmenden (w/l)-Verhältnissen kann Abhilfe schaffen |LIN|, |DESC|. Der erste Inverter der Eingangskette hat eine relativ kleine Eingangskapazität von C_{I1}, die dem (w/l)-Verhältnis der n- und p-Kanal Transistoren entspricht. Dieser Inverter treibt einen zweiten Inverter, mit ein um α größeren (w/l)-Verhältnis und demnach eine um $C_{I2} = \alpha\, C_{I1}$ vergrößerter Eingangskapazität. Der zweite Inverter wiederum treibt einen Dritten mit einer ebenfalls α mal größeren Eingangskapazität von $C_{I3} = \alpha\, C_{I2} = \alpha^2 C_{I1}$, die dem (w/l)-Verhältnis des dritten Inverters entspricht usw., bis der n-te Inverter mit größtem (w/l)-Verhältnis die große Lastkapazität C_L treibt. Damit stellt sich die Frage, wie viele Inverter werden in der Kette benötigt, und wie muss das Kapazitätsverhältnis

$$\alpha = \frac{C_{I(N+1)}}{C_{I(N)}} \tag{5.58}$$

eines jeden Inverters gewählt werden, damit eine minimale Verzögerungszeit realisiert werden kann. Besteht eine Inverterkette aus identisch hintereinander geschalteten Invertern (z.B. nach Bild 5.26), so hat jeder Inverter die Verzögerungszeit t_d. Ist es jedoch das Ziel, eine Inverterkette mit einem um den Faktor α zunehmenden Kapazitätsverhältnis zu realisieren, steigt die Verzögerungszeit eines jeden Inverters auf

$$t'_d = \alpha\, t_d \tag{5.59}$$

an. Daraus ergibt sich eine gesamte Verzögerungszeit der Inverterkette von

$$T_d = nt'_d = n\alpha\, t_d. \tag{5.60}$$

Da (siehe Bild 5.33b)

$$C_L = \alpha^n C_{I1} \tag{5.61}$$

ist, resultiert aus den beiden letzten Beziehungen der Zusammenhang

$$T_d = \frac{\alpha}{\ln \alpha} t_d \ln \frac{C_L}{C_{I1}} \tag{5.62}$$

der in Bild 5.34 skizziert ist. Eine minimale Verzögerungszeit von

$$T_{d\,min} = et_d \ln \frac{C_L}{C_{I1}} \tag{5.63}$$

ergibt sich bei $dT_d / d\alpha = 0$. Dazu muss das Kapazitätsverhältnis $\alpha = e$, d.h. der Eulerzahl entsprechen. Die Zahl der in diesem Fall benötigter Inverter

$$\boxed{n = \ln \frac{C_L}{C_{I1}}} \tag{5.64}$$

resultiert direkt aus Gl.(5.61).

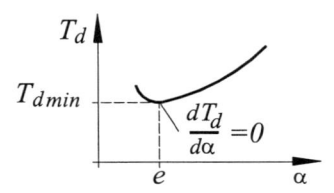

Bild 5.34:   Verzögerungszeit als Funktion des Kapazitätsverhältnisses aus Gl.(5.62)

Beispiel:

Ein Takttreiber soll eine Leitung mit einer Kapazität von $C_L = 5\,pF$ treiben. Der Treiber soll dabei eine Eingangskapazität von $C_{I1} = 100\,fF$ nicht überschreiten. Wie groß sind die Verzögerungszeiten, wenn a) nur ein Inverter und b) eine Inverterkette – wie im Vorhergehenden beschrieben – verwendet wird?

Die Prozessdaten sind:

$C'_{ox} = 4{,}3\,fF/\mu m^2$, $k_n = 100\,\mu A/V^2$, $k_p = 40\,\mu A/V^2$, Kanallänge $l = 0{,}35\,\mu m$

5 Grundlagen digitaler CMOS-Schaltungen

Nur ein Inverter

Ausgehend von den in Bild 5.28 dargestellten Invertern hat die Eingangskapazität einen Wert von

$$C_I = \frac{3}{2}\left(C_{ox,n} + C_{ox,p}\right) = \frac{3}{2} C'_{ox}\left((w \cdot l)_n + (w \cdot l)_p\right)$$

mit $(w/l)_p = (2w/l)_n$ resultiert

$$C_I = 4{,}5 C'_{ox} (w \cdot l)_n.$$

Da die Kanallänge mit 0,35 μm vorgegeben ist, ergibt sich eine Weite für den n-Kanal Transistor von

$$w = \frac{100\,fF}{4{,}5 \cdot 4{,}3 \cdot fF/\mu m^2 \cdot 0{,}35\,\mu m} = 14{,}76\,\mu m$$

und eine Stromverstärkung von

$$\beta_n = \left(\frac{w}{l}\right)_n k_n = \frac{14{,}76\,\mu m}{0{,}35\,\mu m} 100\,\mu A/V^2 = 4{,}2\,mA/V^2.$$

Der p-Kanal Transistor mit doppeltem w/l-Verhältnis hat dagegen eine Stromverstärkung von

$$\beta_p = \left(2\frac{w}{l}\right)_p k_p = 2 \cdot \frac{14{,}76\,\mu m}{0{,}35\,\mu m} \cdot 40\,\mu A/V^2 = 3{,}4\,mA/V^2.$$

Mit insgesamt 5 pF Belastung resultiert daraus eine Verzögerungszeit von Gl.(5.45)

$$t_d \approx C_L \left(\frac{1}{\beta_p} + \frac{1}{\beta_n}\right) 0{,}3(1/V) = 800\,ps.$$

Inverterkette

Wird eine Kaskadierung von Invertern (Bild 5.33) mit $\alpha = e$ verwendet, werden

$$n = \ln \frac{C_L}{C_{I1}} = \ln \frac{5000\,fF}{100\,fF} \approx 4$$

Inverterstufen benötigt. Die Verzögerungszeit durch die gesamte Inverterkette beträgt dann

$$T_{d\,min} = e\,t_d n.$$

Zur Lösung wird noch die Verzögerungszeit t_d hintereinander geschalteter identischer Inverter benötigt.

Entsprechend (Bild 5.28) ergibt sich in diesem Fall eine Lastkapazität Gl.(5.36) von

$$C_L = \frac{5}{2}\left(C_{ox,n} + C_{ox,p}\right).$$

Da die Eingangskapazität mit

$$C_I = \frac{3}{2}\left(C_{ox,n} + C_{ox,p}\right) = 100\,fF$$

festliegt, hat die Lastkapazität einen Wert von 166 fF.

Dies führt zu einer Verzögerungszeit Gl.(5.45) von

$$t_d \approx C_L \left(\frac{1}{\beta_p} + \frac{1}{\beta_n}\right) 0{,}3(1/V) = 26{,}5\,ps\ .$$

Übertragen auf die Inverterkette mit ansteigendem Kapazitätsverhalten beträgt

$$T_{d\,min} = e \cdot t_d \cdot n = 288\,ps,$$

und ist somit ca. dreimal kürzer als die eines einzelnen Inverters, der die gleiche Kapazität von 5 pF treibt.

5.5.2 Bootstrap-Treiber

Die bootstrap-Technik (Bild 5.35) wird dazu verwendet, eine Spannungserhöhung zu erzeugen. Diese kann dann dazu verwendet werden, die verschiedensten Treiber anzusteuern.

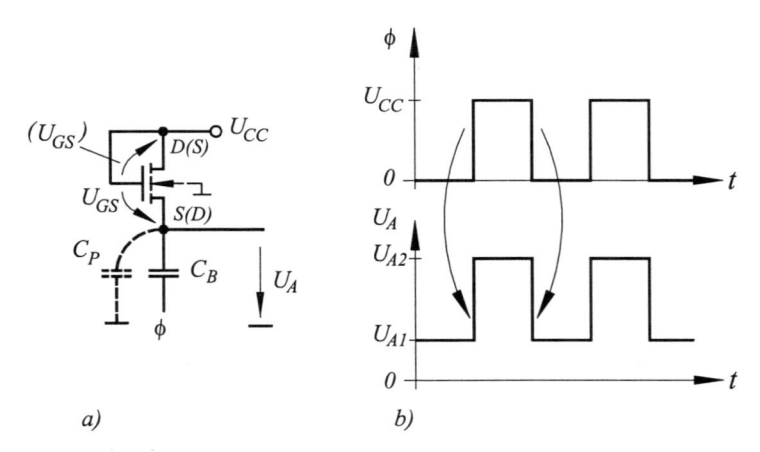

Bild 5.35: Bootstrap Prinzip: a) Schaltung; b) Zeitverhalten

Beträgt die Taktspannung $\phi = 0$ V, dann wird die Kapazität auf $U_{A1} = U_{CC} - U_{GS} = U_{CC} - U_{Tn}$ aufgeladen. Wird die Taktspannung anschließend auf $\phi = U_{CC}$ erhöht, stellt sich eine Spannung von $U_{A2} = U_{CC} - U_{Tn} + \phi = 2U_{CC} - U_{Tn}$ ein. D.h. zu der Spannung der aufgeladenen Kapazität wird die Taktspannung addiert. Eine Spannungserhöhung resultiert. Da in diesem Zeitintervall U_{A2} größer als U_{CC} ist, sind bei dem Transistor die Funktionen von Source und Drain vertauscht (in Klammern dargestellt). Mit ($U_{GS} = 0$) sperrt der Transistor, wodurch die Ladung der Kapazität – wenn man von Restströmen absieht – erhalten bleibt.

Meist ist mit einer derartigen Schaltung auch eine nicht vernachlässigbare parasitäre Kapazität C_P vorhanden. Dies führt zu einem Ladungsausgleich zwischen C_B und C_P und damit zu einer Spannungsreduzierung auf einen Wert von

$$U_{A2} = U_{CC} - U_{Tn} + U_{CC} \frac{C_B}{C_B + C_P}$$
$$= U_{CC}\left(1 + \frac{C_B}{C_B + C_P}\right) - U_{Tn}. \tag{5.65}$$

Als Beispiel für die Anwendung des bootstrap Prinzips wird im Folgenden ein entsprechender Treiber (Bild 5.36) vorgestellt.

Zur Zeit $t < t_1$ hat das Eingangssignal eine Spannung von $U_I = U_{CC}$ und das Ausgangssignal U_Q eine Spannung von U_{QL}, die in diesem Beispiel zu $\sim 0\ V$ angenommen wird. Die Kapazität C_B ist damit über den Transistor T_3 bis auf eine Spannung ($U_{CC} - U_{Tn}$) aufgeladen. Ändert sich das Eingangssignal von U_{CC} nach $0\ V$ ($t > t_1$), so wird T_1 hochohmig und die Kapazität C_L durch den Strom des Lasttransistors T_2 aufgeladen. Die Ausgangsspannung U_Q steigt an und mit ihr die Spannung U_A am Knoten a, die einen Maximalwert von $2\ U_{CC} - U_{Tn}$ erreichen kann. Damit wirkt die Kapazität C_B wie eine eingebaute Spannungsquelle mit einem Wert von ($U_{CC} - U_{Tn}$). Diese Spannung entspricht einer konstanten Gate-Sourcespannung von Transistor T_2, der dadurch mit einer gesteigerten Stromergiebigkeit die Lastkapazität C_L auf den vollen Wert der Versorgungsspannung auflädt.

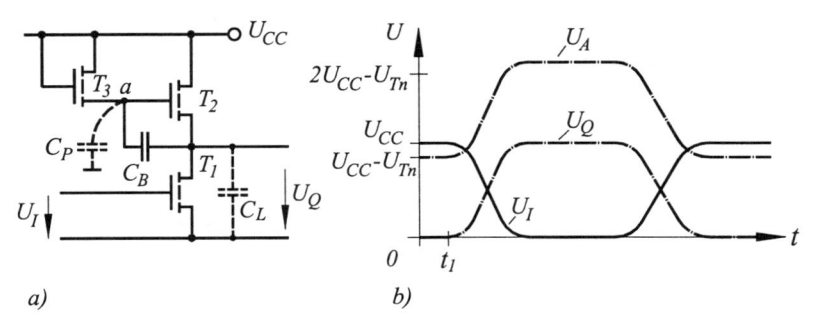

Bild 5.36: Bootstrap-Treiber; a) Schaltung; b) Zeitverhalten

In der Praxis ist, wie bereits erwähnt, am Knoten a immer eine parasitäre Kapazität C_P vorhanden. Diese bewirkt eine Reduzierung der Maximalspannung U_A, da während der Anstiegszeit ein Ladungsausgleich zwischen C_B und C_P stattfindet. Um diesen zu reduzieren, soll $C_B \gg C_P$ sein. Diese Forderung wird erleichtert, wenn man bedenkt, dass ein Teil der C_B-Kapazität durch die relativ große Gate-Sourcekapazität von T_2 bereits gegeben ist.

Der vorgestellte bootstrap-Treiber ist nicht ideal, da mit U_{IH} ein Gleichstrom zwischen T_2 und T_1 fließt. Das Beispiel ist jedoch gut geeignet das Prinzip zu verdeutlichen. Auf eine verbesserte Schaltung wird im Zusammenhang mit Wortleitungstreibern (Kapitel 7.5.2) näher eingegangen.

5.6 Eingangs- / Ausgangsschaltungen

Jede integrierte Schaltung hat Eingangs- und Ausgangsschaltungen. Welche Anforderungen an diese gestellt werden und welche Probleme dabei entstehen wird im folgenden Abschnitt analysiert. Hierzu ist es wichtig, einige gängigen Schnittstellenspezifikationen als Beispiel näher zu betrachten. Dies sind z.B. die im JEDEC STANDARD No. 8-A festgelegten Spezifikationen für LVTTL (**L**ow **V**oltage **T**ransistor **T**ransistor **L**ogic) sowie für LVCMOS (**L**ow **V**oltage **CMOS** **L**ogic) (Bild 5.37)

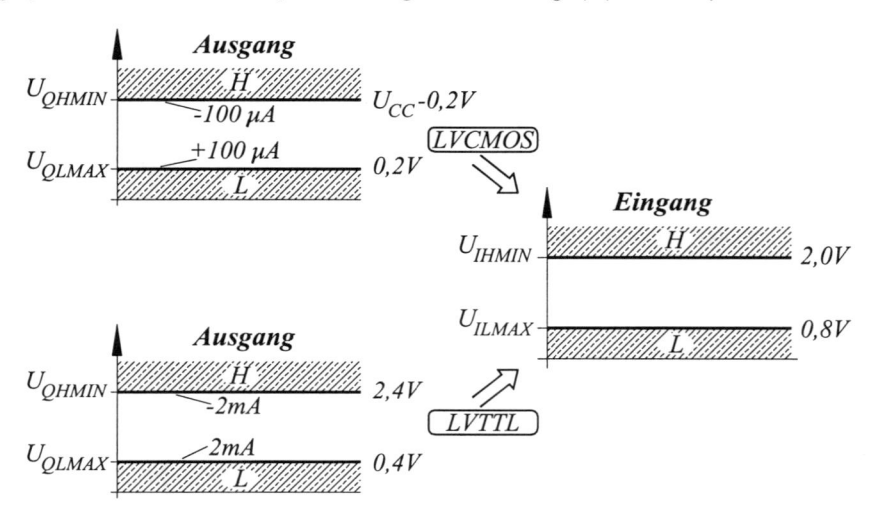

Bild 5.37:   *LVCMOS- und LVTTL-STANDARD für $U_{CC} = 3{,}3\ V \pm 10\ \%$*

Der geringste Störabstand zwischen dem Ausgang einer integrierten Schaltung und dem Eingang einer anderen integrierten Schaltung beträgt somit

$$\Delta U_H = U_{QHMIN} - U_{IHMIN} \tag{5.66}$$

$$\Delta U_L = U_{QLMAX} - U_{ILMAX}. \tag{5.67}$$

5.6.1 Eingangsschaltungen

Die Eingangsschaltungen müssen so dimensioniert sein, dass sie mit LVCMOS- bzw. LVTTL-Pegel arbeiten können. Im ersten Fall ist dies kein Problem, da die Ausgangspegel ein nahezu rail to rail Signal liefern. Damit wird der Komplementärinverter (Bild 5.38a) am Eingang (E) immer durchgeschaltet, wodurch kein Gleichstrompfad entsteht.

Liegen jedoch LVTTL-Pegel vor, so fließt bei einem U_{IHMIN}-Signal von 2,0 V ein nicht zu vernachlässigender Gleichstrom (Bild 5.38a)

$$I_0 = \frac{\beta_p}{2}\left(U_{GS,p} - U_{Tp}\right)^2 = \frac{\beta_P}{2}\left(U_{IHMIN} - U_{CCMAX} - U_{Tp}\right)^2. \qquad (5.68)$$

Dies führt zu einer erhöhten Stromaufnahme in der integrierten Schaltung. Da beide Transistoren leiten, erfolgt die Dimensionierung ähnlich wie sie beim P-Last Inverter (Kapitel 5.3.3) vorgestellt wurde. Will man die Abhängigkeit des Stroms I_0 von Änderungen der Eingangs- und Versorgungsspannung reduzieren, kann eine so genannte Stromspiegelschaltung verwendet werden (Bild 5.38b). Diese garantiert, dass der Strom eine bestimmte Größe nicht überschreitet.

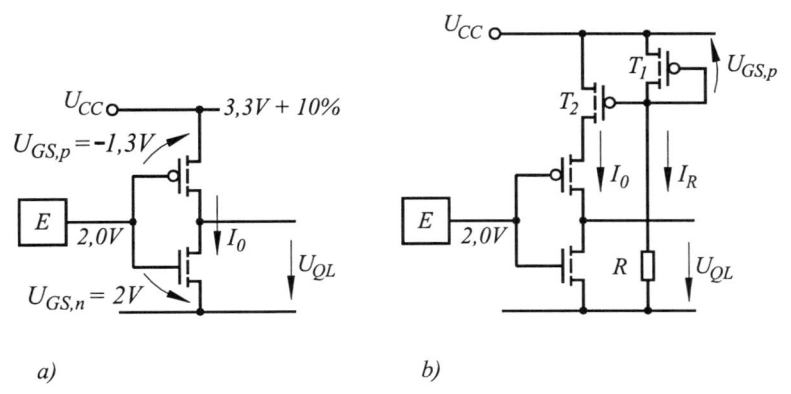

Bild 5.38: Eingangsschaltungen: a) Komplementärinverter; b) Komplementärinverter mit Stromspiegelung.

Der Strom durch Transistor T_1 der sich in Sättigung befindet, beträgt unter Vernachlässigung der Kanallängenmodulation

$$I_R = \frac{\beta_{p,1}}{2}\left(U_{GS,p} - U_{Tp}\right)^2$$

und derjenige durch Transistor T_2, der ebenfalls in Sättigung ist

$$I_0 = \frac{\beta_{p,2}}{2}\left(U_{GS,p} - U_{Tp}\right)^2.$$

Damit ergibt sich ein Stromverhältnis oder eine so genannte Stromspiegelung von

$$\frac{I_0}{I_R} = \frac{(w/l)_{p,2}}{(w/l)_{p,1}}, \tag{5.69}$$

die nur von den Geometrieverhältnissen abhängig ist. Der Absolutwert dagegen beträgt

$$I_R = \frac{U_{CC} - U_{GS,p}}{R} = \frac{U_{CC} - \sqrt{\frac{2I_R}{\beta_{p,1}}} + U_{Tp}}{R}. \tag{5.70}$$

Wie gut diese Schaltung ist, hängt damit im Wesentlichen von der Realisierbarkeit und der Streuung des Widerstands ab.

Schmitt-Trigger

Bei sehr langsamen oder störbehafteten Signalen kann es sehr vorteilhaft sein eine Schmitt-Trigger-Eingangsschaltung zu verwenden. Die Wirkung dieser Schaltung ist in Bild 5.39 dargestellt.

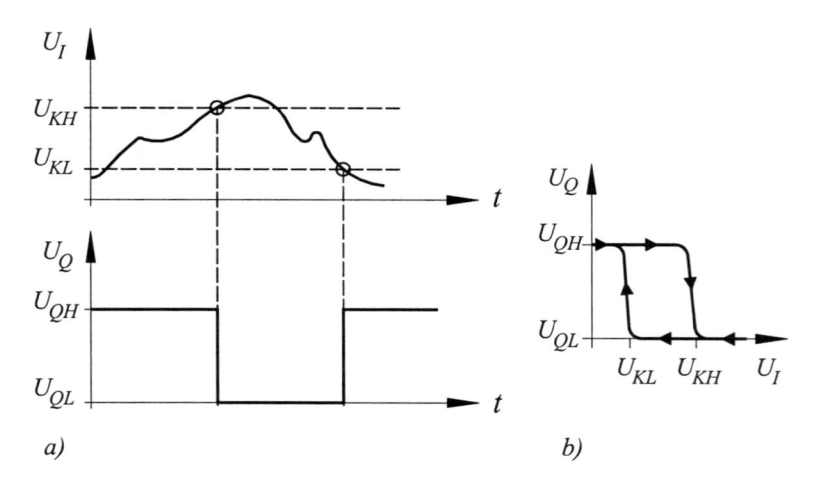

Bild 5.39: a) Zeitverhalten von Eingangs- und Ausgangssignal;
b) Übertragungsfunktion $U_Q (U_I)$

Erreicht das Eingangssignal ausgehend von einem L-Signal die Kippspannung U_{KH} dann ändert sich der Ausgang von H nach L. Erreicht dagegen die Eingangsspannung ausgehend von einem H-Signal die Kippspannung U_{KL} dann ändert sich der Ausgang von L nach H. Hierzu erforderlich ist das in Bild 5.39b gezeigte Hystereseverhalten der Eingangsschaltung.

5 Grundlagen digitaler CMOS-Schaltungen

Eine Schaltung |OHTO|, die dies ermöglicht ist in Bild 5.40 dargestellt.

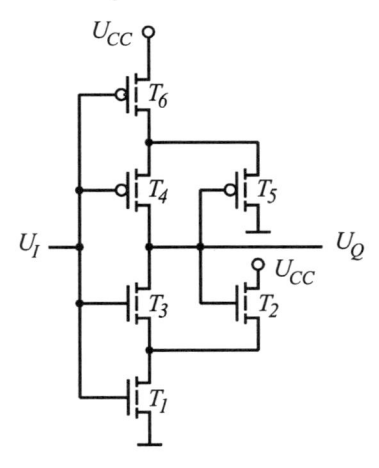

Bild 5.40: Schmitt-Trigger-Schaltung

Grundsätzlich besteht die Schaltung aus einem Komplementärinverter mit jeweils einem in Reihe geschalteten p-Kanal- bzw. n-Kanal Transistor. Die Spannung zwischen den Transistoren T_1 und T_3 bzw. T_6 und T_4 wird während des Schaltens durch die Transistoren T_2 bzw. T_5 bestimmt und damit die Kipppunkte der Schaltung. Wie dies funktioniert wird anhand von Bild 5.41a erklärt.

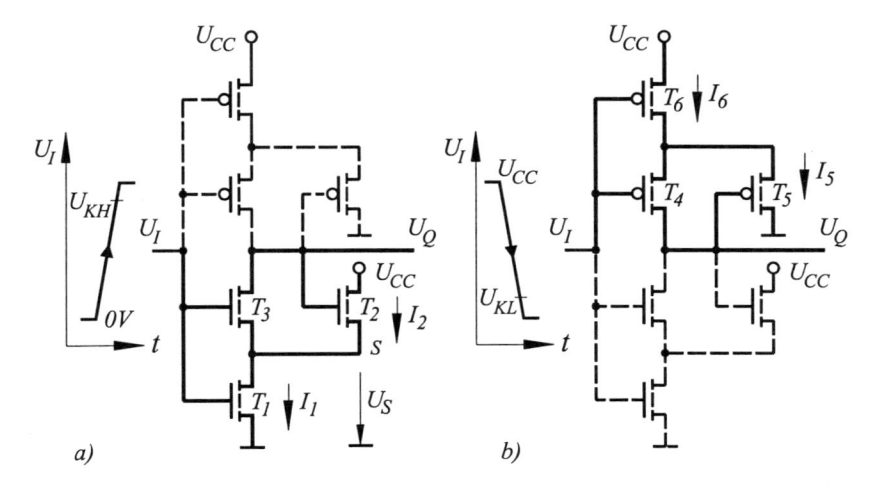

Bild 5.41: Bestimmung der Kipppunkte; a) Kipppunkt U_{KH}; b) Kipppunkt U_{KL}

Die Spannung U_I hat einen Wert von 0 V. Am Ausgang herrscht eine Spannung von $U_Q = U_{CC}$. Die Spannung U_I steigt an. Solange diese kleiner als die Einsatzspannung $U_{Tn,1} = U_{Tn}$ von T_1 ist hat die Spannung an der Source von T_2 einen Wert von $U_S \approx U_{CC} - U_{Tn,2}$. Wird U_I weiter erhöht, beginnt T_1 zu leiten, wodurch die Spannung U_S

abnimmt. Der Kipppunkt U_{KH} wird erreicht, wenn T_3 gerade zu leiten beginnt. Dazu muss die Eingangsspannung einen Wert von

$$U_I = U_{KH} = U_S + U_{Tn,3} \quad (5.71)$$

besitzen. Mit dem Einschalten von T_3 beginnt die Ausgangsspannung zu sinken. Dies wiederum verursacht, dass U_S noch weiter absinkt, wodurch T_2 hochohmiger wird. Letztlich wird T_2 ganz abgeschaltet und T_1 und T_3 ganz eingeschaltet.

Hat die Eingangsspannung den in Gleichung (5.71) angegebenen Wert erreicht, dann fließt in etwa durch T_2 und T_1 der gleiche Strom. Aus diesem Ansatz heraus kann das Geometrieverhältnis von T_1 zu T_2, das für die Kippspannung U_{KH} benötigt wird, bestimmt werden. Mit

$$I_1 = I_2$$
$$\frac{\beta_1}{2}(U_{KH} - U_{Tn})^2 = \frac{\beta_2}{2}(U_{CC} - U_S - U_{Tn,2})^2 \quad (5.72)$$

und Einbeziehung von Gl.(5.71) ergibt sich ein Verstärkungs- und damit Geometrieverhältnis von

$$\frac{\beta_1}{\beta_2} = \frac{(w/l)_1}{(w/l)_2} = \left(\frac{U_{CC} - U_{KH}}{U_{KH} - U_{Tn}}\right)^2.$$

Hierbei wurde berücksichtigt, dass $U_{Tn,2} = U_{Tn,3}$ ist, da diese Transistoren einen gemeinsamen Source-Anschluss besitzen.

Eine ähnliche Analyse kann für den Kipppunkt U_{KL} durchgeführt werden (Bild 5.41b). Hierfür verantwortlich sind die p-Kanal Transistoren. Das Eingangssignal hat einen Wert von U_{CC} wodurch die Ausgangsspannung $U_Q = 0$ V beträgt. Wird die Eingangsspannung auf den Wert von U_{KL} erniedrigt, fließt ein annähernd gleicher Strom durch T_5 und T_6. Das für eine vorgegebene Kippspannung U_{KL} benötigte Verstärkungs- bzw. Geometrieverhältnis

$$\frac{\beta_6}{\beta_5} = \frac{(w/l)_6}{(w/l)_5} = \left(\frac{U_{KL}}{U_{CC} - U_{KL} + U_{Tp}}\right)^2 \quad (5.73)$$

kann hieraus hergeleitet werden.

Da die Transistoren T_3 und T_4 im Prinzip als Schalter wirken, sollte deren Verstärkungsfaktor in etwa in dem Bereich

$$\beta_3 \geq 8\beta_1 \quad \text{und}$$
$$\beta_4 \geq 8\beta_6 \quad (5.74)$$

liegen.

5.6.2 Ausgangstreiber

Besondere Bedeutung kommt den Ausgangstreibern einer integrierten MOS-Schaltung zu, da diese in den überwiegenden Fällen die Schnittstelle zu einem relativ stark belasteten Datenbus (Bild 5.42) herstellen müssen.

Dieser Datenbus muss von allen Bausteinen angesprochen werden können. Damit dies nicht gleichzeitig geschieht, wird jeweils nur eine der Schaltungen über den CS-Anschluss (**C**hip **S**elect) ausgewählt, während die Datenausgänge der verbleibenden Schaltungen in einem hochohmigen Zustand verbleiben. Dieser Zustand wird Tri-State genannt.

Ist der Datenbus z.B. für eine LVTTL-Schnittstelle (Bild 5.42b) ausgelegt, so müssen die Datenausgänge der Bausteine diese Spezifikation erfüllen (siehe auch Bild 5.37). Außerdem muss eine parasitäre Kapazität C_L von ca. 30 pf, die sich aus der gesamten Busanordnung ergibt, möglichst schnell umgeladen werden. Der Wellencharakter der Leitungen wird bei diesen Bussystemen meist vernachlässigt, da die Taktfrequenzen unter 100MHz liegen.

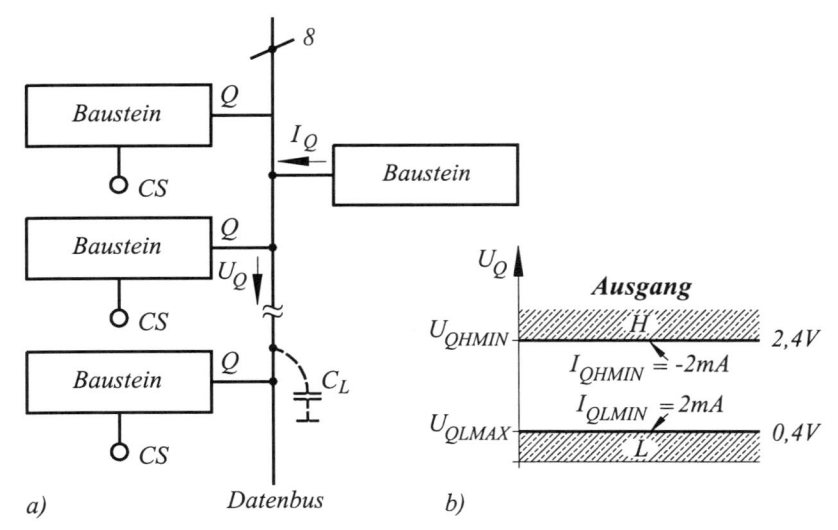

Bild 5.42: a) Ansteuerung eines Datenbusses; b) LVTTL-Spannungspegel

Diese beschriebenen Anforderungen haben zur Folge, dass die Ausgangstransistoren der Treiberschaltungen ein relativ großes w/l-Verhältnis im Bereich von 800 besitzen (Bild 5.43).

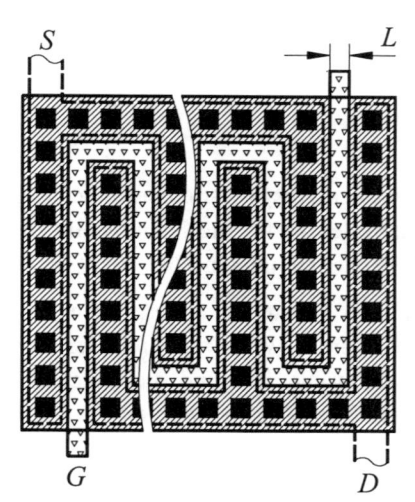

Bild 5.43: Beispiel für ein Transistor Layout mit niederohmigen Source-Drainanschlüssen ((W ≙ mittlere Meanderlänge)

Um möglichst niederohmig Source- und Drainkontakte zu erreichen, sind die Diffusionsgebiete jeweils mit Metallbahnen kurzgeschlossen.

In Bild 5.44 ist eine Ausgangstreiberschaltung dargestellt. Hierbei kommt es nicht nur darauf an, dass eine schnelle Datenübertragung möglich ist, sondern auch, dass das Chipselect-Signal in sehr kurzer Zeit den Ausgang hochohmig bzw. aktiv schaltet.

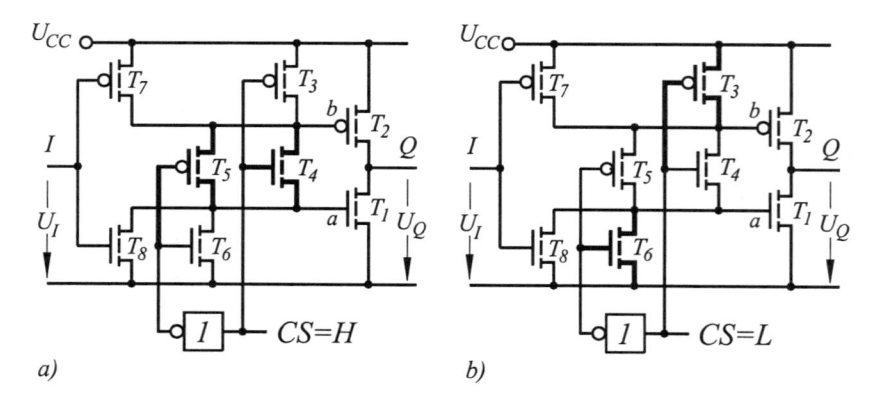

Bild 5.44: Ausgangstreiber-Schaltung; a) CS = H; b) CS = L

Mit Chipselect im Zustand $CS = H$ ist der Baustein ausgewählt. Die Transistoren T_5 und T_4 leiten während die Transistoren T_3 und T_6 nicht leiten. Somit sind die Gates von T_2 und T_1 und die Draingebiete von T_7 und T_8 miteinander verbunden. Die Schaltung verhält sich damit wie zwei hintereinander geschaltete Inverter.

Hat Chipselect den Zustand $CS = L$ (Bild 5.44b), sind die Transistoren T_3 und T_6 leitend. Die Gatespannung am Transistor T_1 beträgt 0 V und die am Transistor T_2 U_{CC} und zwar unabhängig davon, welcher Zustand am Eingang I herrscht. Dadurch sind Transistoren T_1 und T_2 nichtleitend und im sog. Tri-State. Nichtleitend bedeutet, dass sich die Transistoren T_2 und T_1 im Unterschwellstrombereich befinden. Damit fließt durch die Transistoren ein Reststrom, der bei erhöhter Temperatur (siehe Kapitel 4.4.3) den höchsten Wert erreicht. Dieser darf im allgemeinen 10 µA nicht überschreiten. Hierbei ist zu bedenken, dass die beiden Transistoren T_1 und T_2 ein großes w/l-Verhältnis besitzen. Wie dieser Strom gemessen werden kann ist in Bild 5.45 dargestellt.

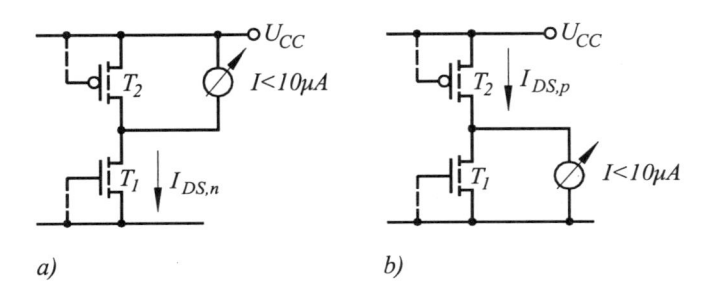

Bild 5.45:   Transistoren T_1 und T_2 im Tri-State; a) Messung $I_{DS,n}$; b) Messung $I_{DS,p}$

Im Fall a) stellt sich an den Draingebieten eine Spannung von U_{CC} ein, wodurch der p-Kanal Transistor T_2 neutralisiert ist und nur der Unterschwellstrom des n-Kanal Transistors gemessen wird. Im Fall b) ist die Situation entgegengesetzt.

Durch das Umladen der großen Lastkapazität am Datenausgang entstehen Störspannungen in den Zuleitungen zum Ausgangstreiber, die so groß werden können, dass ein Ausfall der Schaltung verursacht werden kann. Um dies zu vermeiden dürfen bestimmte Anstiegs- und Abfallzeiten am Datenausgang nicht unterschritten werden |SHOJ|, worauf im Folgenden näher eingegangen wird. In Bild 5.46 ist gezeigt, wie die Lastkapazität durch den Ausgangstreiber auf- und entladen wird.

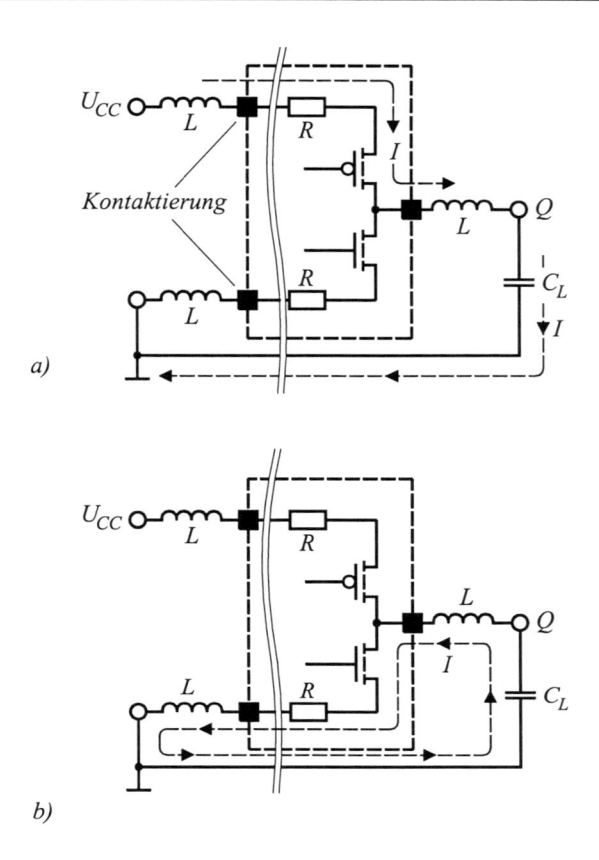

Bild 5.46:   IC nach Kontaktierung; a) Aufladen von C_L; b) Entladen von C_L

Dabei wurden die Induktivitäten L der Anschlussdrähte, die die integrierte Schaltung (IC) mit dem Gehäuse verbinden sowie die Widerstände R der Zuleitungen auf dem IC mit aufgeführt. Durch diese Anordnung ergibt sich ein direkter Zusammenhang zwischen der Stromänderung dI/dt am Ausgang und den Störspannungen auf den Leitungen. In Bild 5.47 ist dazu das Stromverhalten des Ausgangstreibers während des Schaltvorgangs dargestellt.

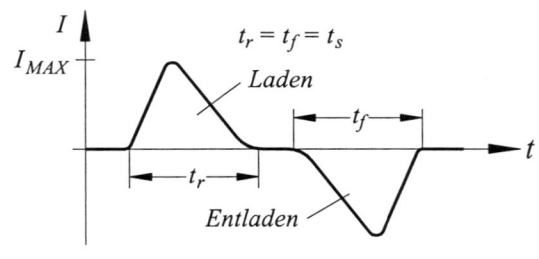

Bild 5.47:   *Stromverlauf während der Lade- (t_r) und Entladezeit (t_f)*

5 Grundlagen digitaler CMOS-Schaltungen

Wird angenommen, dass die Stromänderung am Ausgang in etwa durch die Beziehung

$$\left|\frac{dI}{dt}\right|_{MAX} \approx \frac{I_{MAX}}{t_s/2} \qquad (5.75)$$

beschrieben werden kann (siehe Bild 5.47), ergibt sich mit

$$Q_L \approx I_{MAX} \cdot t_s/2 = C_L U_{CC} \qquad (5.76)$$

der Zusammenhang

$$\boxed{\left|\frac{dI}{dt}\right|_{MAX} \approx \frac{4 C_L U_{CC}}{t_s^2}}, \qquad (5.77)$$

wodurch Störspannungen an den Induktivitäten und Widerständen von $U_L = LdI/dt$ bzw. $RI(t)$ erzeugt werden. Diese Störspannungen sind damit, wie erwartet, um so größer je kürzer die Schaltzeit t_s ist.

Beispiel:

Mit den Werten $C_L = 30\ pf$, $t_s = 2$ ns, $U_{CC} = 3{,}3$ V und einer Bond-Draht Induktivität von $L = 5\ nH$, ergibt sich bereits eine Störspannung an nur einer Induktivität von etwa $U_L = 0{,}5$ V.

In der vorhergehenden Analyse wurde von einem idealen Schaltverhalten des Ausgangstreibers ausgegangen und damit der transiente Stromanteil, der während des Umschaltens kurzzeitig durch beide Transistoren fließt vernachlässigt (Kapitel 5.3.4). Dieser Strom führt jedoch zu zusätzlichen Störspannungen – **S**imultaneous **S**witching **N**oise (SSN) genannt – an Zuleitungen die beträchtlich sind, da die Transistoren des Ausgangstreibers eine große Stromergiebigkeit besitzen.

Eine der effizientesten Methoden die Anstiegs- und Abfallzeiten (Slew Rate) zu kontrollieren besteht darin, den Ausgangstreiber in diverse Treiber aufzuteilen. Durch Widerstände in den Ansteuerleitungen kann dann die gewünschte "Slew Rate" festgelegt werden (Bild 5.48).

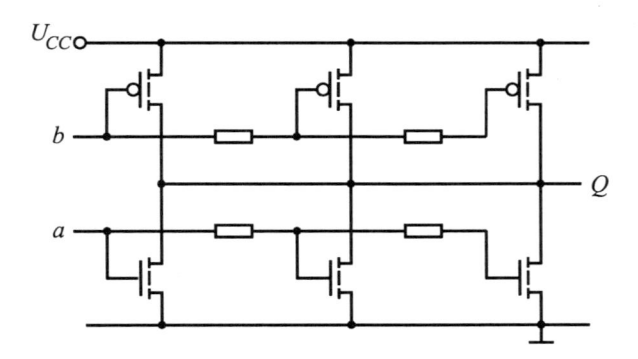

Bild 5.48: *Ausgangstreiber mit kontrollierbarer "Slew Rate" (a und b Anschlüsse siehe Bild 5.44*

Mit drei Stufen und entsprechenden Verzögerungszeiten ist diese Ausgangstreiberkonfiguration zwar etwas langsamer als ein konventioneller Ausgangstreiber, die Störspannungen (SSN) können aber bis zu 50% gesenkt werden |SENT|.

Die beschriebene Situation wird weiter verschärft, wenn ein Baustein mehrere Datenausgänge besitzt, die gleichzeitig geschaltet werden können.

Durch folgende Kompromisse können die Störspannungen reduziert werden:

1) Verlängerung der Schaltzeit durch gezielt eingebaute Verzögerungen in jeden Ausgangstreiber;

2) Datenausgänge mit verschiedenen Verzögerungszeiten versehen, so dass die Ausgänge zeitlich gestaffelt schalten oder

3) jedem Datenausgang werden eigene U_{CC}- und Masse-Anschlüsse zugeordnet;

4) Verwendung neuartiger Schnittstellen mit kleinem Signalpegel.

Diese Anforderungen führen zu Gehäusebauformen mit sehr vielen und sehr eng benachbarten Anschlüssen. Einige Beispiele für Plastikgehäuse sind in Bild 5.49 dargestellt.

5 Grundlagen digitaler CMOS-Schaltungen

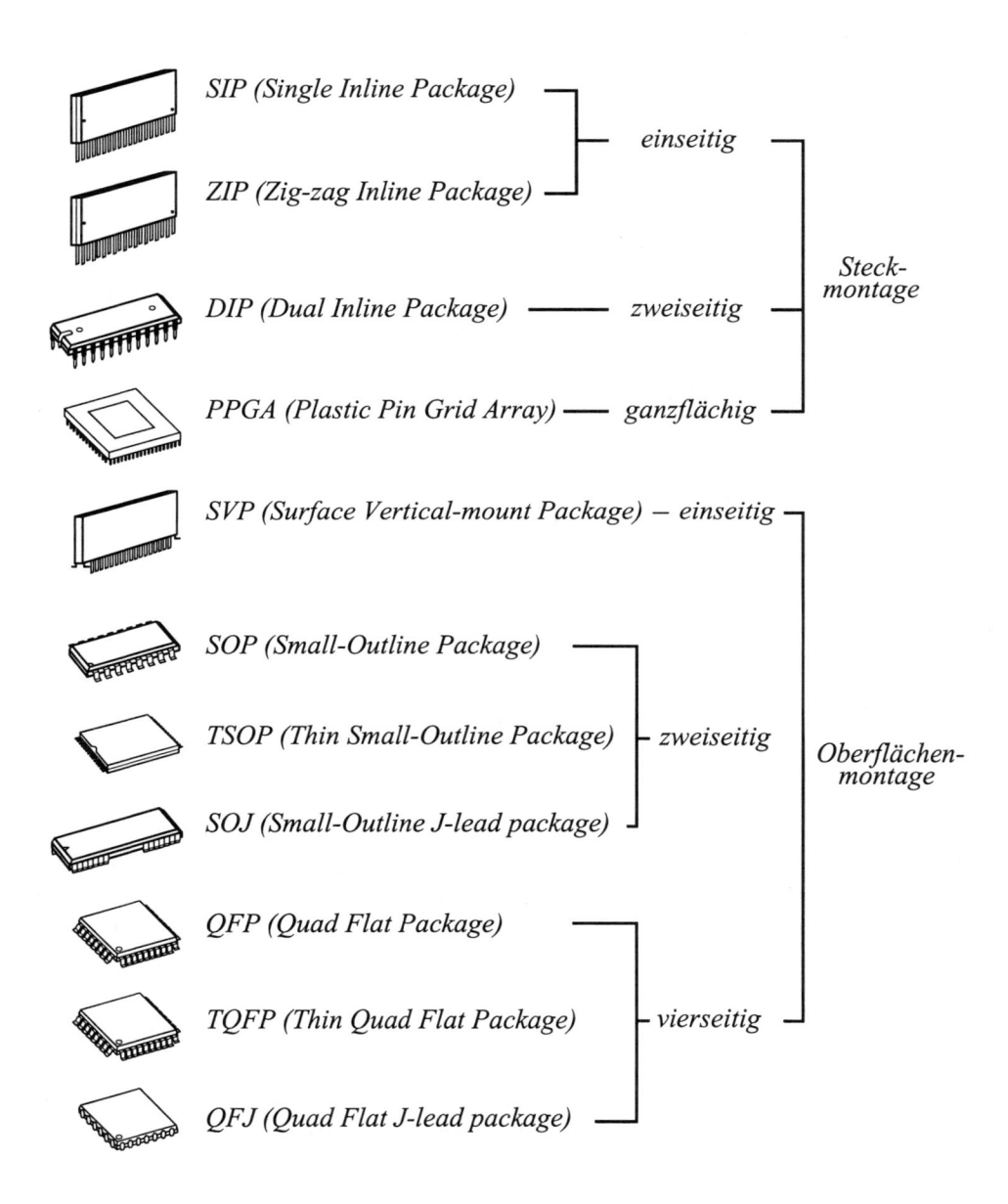

SIP (Single Inline Package) ─┐
                              ├─ einseitig ─┐
ZIP (Zig-zag Inline Package) ─┘   │
                                             ├─ Steck-
DIP (Dual Inline Package) ──── zweiseitig ──┤   montage
                                             │
PPGA (Plastic Pin Grid Array) ── ganzflächig ┘

SVP (Surface Vertical-mount Package) – einseitig ─┐
                                                   │
SOP (Small-Outline Package) ─┐   │
                              │   │
TSOP (Thin Small-Outline Package) ├─ zweiseitig   ├─ Oberflächen-
                              │   │   montage
SOJ (Small-Outline J-lead package) ┘   │
                                                   │
QFP (Quad Flat Package) ─┐   │
                          │   │
TQFP (Thin Quad Flat Package) ├─ vierseitig ──────┘
                          │
QFJ (Quad Flat J-lead package) ┘

Bild 5.49:   Beispiele für diverse Plastikgehäuse

5.6.3 ESD-Schutz

Elektrostatische Entladungen (**E**lectro **S**tatic **D**ischarge) eines Halbleiters können zu Zuverlässigkeitsproblemen bzw. Totalausfällen führen. Drei gebräuchliche Modelle geben wieder was in der Praxis passieren kann.

Human body model (HBM)

Hierbei handelt es sich um ein Modell, das die Personenentladung über ein Bauelement simuliert (Bild 5.50)

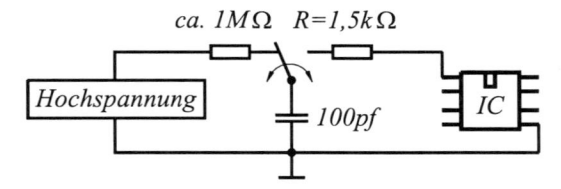

Bild 5.50:   Skizze eines HBM-Testplatzes

Die Ladung auf dem Kondensator entspricht dabei der Personenaufladung. Wird der Schalter mit dem Widerstand von 1,5 kΩ verbunden findet eine Entladung über das Bauelement (IC) statt. Der Widerstand von 1,5 kΩ bildet dabei den Finger beim Berühren des Bauelementes ab. Der Wert der Hochspannung, – im Folgenden ESD-Spannung genannt – den das Bauelement unbeschadet übersteht ist damit ein Maß für den ESD-Schutz. Zu bedenken hierbei ist, dass in der Praxis beim Berühren von Bauelementen Stromänderungen von 5 bis 20 A in einem Zeitbereich von 50 bis 200 ns beobachtet wurden |TUCK|.

Machine model (MM)

Zusätzlich zu den möglichen elektrischen Entladungen, die durch Personen verursacht werden können, treten Entladungen auf, wenn Bauelemente mit Maschinen z.B. Bestückungsautomaten in Berührung gelangen. Die Gefährdung des Bauelements kann dabei noch größer sein, da kein Körperwiderstand die Entladung hemmt. Beobachtet wurden Stromänderungen von 10 A in 8 ns. Simuliert wird diese Entladung ähnlich wie beim HBM-Modell wobei jedoch der Widerstand R ~ 0 Ω und der Kondensator C = 200 pf beträgt.

5 Grundlagen digitaler CMOS-Schaltungen

Charged Device Model (CDM)

Die Modelle HBM und MM geben die Fälle wieder, bei denen sich eine elektrisch geladene Person oder Maschine über ein geerdetes Bauelement entlädt. Das Charged Device Model dagegen berücksichtigt eine Situation, bei der das Bauelement selbst aufgeladen ist. Dies kann z.B. durch die Herausnahme des Bauelementes aus einer Verpackung oder einer Transportschiene geschehen. Bei einem nachfolgenden Kontakt des Bauelements mit einem geerdeten Gegenstand z.B. Arbeitsplatte, kann es dann zu einer ungewünschten Entladung kommen. Beobachtet wurden Stromänderungen von 60 A in 0,25 ns. Eine mögliche Simulation dieses Vorgangs ist in Bild 5.51 dargestellt,

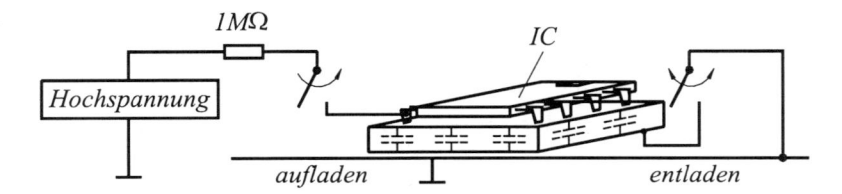

Bild 5.51:   Skizze eines möglichen CDM-Testplatzes

wobei die Kondensatoren die Ladungsspeicherung des Bauelements zur Umgebung wiedergeben |BAUM|.

Will man eine integrierte Schaltung gegen elektrische Aufladung schützen, müssen Schutzschaltungen vorgesehen werden. Hierbei unterscheidet man zwischen Anschlüssen, die ausschließlich mit einem Gate z.B. Eingänge verbunden sind und solchen, an denen Diffusionsgebiete liegen wie z.B. bei Ausgängen und Versorgungsleitungen. Während die direkten Anschlüsse mit einem Gate unbedingt eine Schutzvorrichtung benötigen, hängt es bei den anderen Anschlüssen von der Belastbarkeit der Diffusionsgebiete ab.

Eine typische Schutzvorrichtung bei Eingängen ist in Bild 5.52 gezeigt.

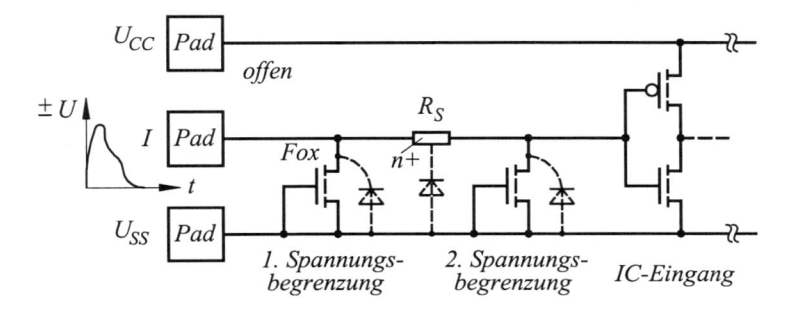

Bild 5.52:   Zweistufige ESD-Schutzschaltung

Liegt eine negative ESD-Spannung zwischen einem Eingangs-Pad I und dem Masse-Pad U_{SS} findet die Entladung über die in Durchlassrichtung gepolten Dioden statt. Da der Spannungsabfall über den Dioden relativ gering ist, ist auch deren Verlustleistung gering, so dass diese Konstellation nicht kritisch ist. Liegt dagegen eine positive Spannung am Eingang an, so muss der Schutz derartig gestaltet sein, dass die logischen Eingangssignale (Kapitel 5.6.) nicht beeinflusst werden, jedoch die Entladung zerstörungsfrei über die Schutzstruktur stattfinden kann. Aus diesem Grund wird meist von einer zweistufigen Spannungsbegrenzung ausgegangen. Die erste Begrenzung findet z.B. durch einen **FeldOXi**dtransistor (FOX) – ähnlich wie in Bild 4.22 dargestellt – statt. Dieser ist durch das dickere Oxid robust und gelangt ab einer bestimmten Spannung in den Snap-Back-Bereich (Kapitel 4.5.6). In diesem Zustand ist die Spannungsdifferenz über dem Transistor mit U_{SP} (Bild 4.49) viel geringer als wenn es sich nur um eine im Lawinendurchbruch befindliche n^+p - Diode handeln würde.

Die Spannung U_{SP} über der ersten Stufe ist jedoch noch immer zu hoch um einen sicheren Schutz des IC-Eingangs mit seinem dünnen Gateoxid zu gewährleisten. Aus diesem Grund ist ein Serienwiderstand R_S in Verbindung mit einem weiteren Begrenzungstransistor vorgesehen. Dies kann z.B. ein Transistor mit standard Gateoxid sein, der ebenfalls in den Snap-Back-Modus gelangt oder einer mit kurzer Gatelänge nahe dem Punch-through (Kapitel 4.5.6). Damit dieser nicht zerstört wird ist der erwähnte Serienwiderstand R_S realisiert durch einen n^+-Diffusionsstreifen an dem ein merklicher Spannungsabfall auftreten kann vorgesehen.

Im Vorhergehenden wurde nur die elektrostatische Entladung zwischen einem Eingang und Masse betrachtet. Um aber einen ausreichenden ESD-Schutz zu gewährleisten muss zwischen beliebigen Anschlüssen des Bauelementes dieser Stress-Test zerstörungsfrei möglich sein. Welche Situation entstehen kann ist in Bild 5.53 dargestellt.

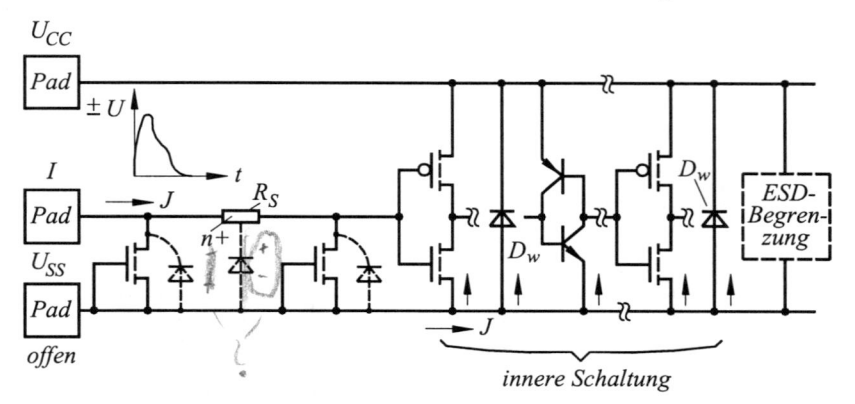

Bild 5.53: Mögliche ESD-Strompfade in einer Schaltung

Am Eingangs-Pad *I* liegt eine positive ESD-Spannung gegenüber dem U_{CC}-Pad an. Es findet eine Entladung über die Transistoren der Eingangsschutzschaltung (Snap-Back-Betrieb), sowie über die jetzt in Durchlassrichtung gepolten Dioden D_W der n-Wannenanschlüsse (Bild 5.14) statt. Da diese Dioden eine große Fläche einnehmen, ist im Allgemeinen der daran anfallende kurzzeitige Leistungsverbrauch von untergeordneter Bedeutung.

Anders ist die Situation, wenn am Eingangs-Pad eine negative ESD-Spannung gegenüber dem U_{CC}-Pad angelegt wird. Die Dioden der Eingangsstruktur leiten und die D_W-Dioden sind in Sperrrichtung. Abhängig von der Größe dieser Spannung können dann unerwünschte Entladungen über die einzelnen Schaltungsteile der Schaltungen (Pfeile in Bild 5.53) erfolgen und zu unerwarteten Zerstörungen führen. Selbst ein Latch-Up Effekt (Kapitel 4.5.7) kann initiiert werden und Zerstörungen hervorrufen. Die Wahrscheinlichkeit der Zerstörung kann durch eine Begrenzung der Spannung zwischen U_{CC} und Masse (U_{SS}) (Bild 5.54) stark vermindert werden.

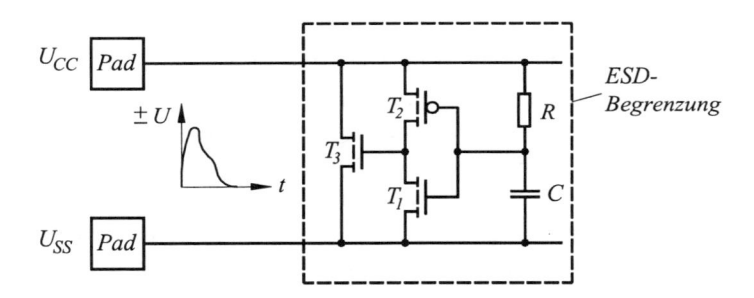

Bild 5.54:   ESD-Spannungsbegrenzer zwischen U_{CC} und Masse (U_{SS})

Liegt am I-Pad oder U_{SS}-Pad eine negative ESD-Spannung gegenüber dem U_{CC}-Pad an, was gleichbedeutend ist mit einer positiven ESD-Spannung am U_{CC}-Pad gegenüber dem U_{SS}-Pad, dann ist Transistor T_2 anfänglich leitend, da die Kapazität C noch nicht aufgeladen ist. Dies hat zur Folge, dass der Transistor T_3 – mit einem sehr großen w/l Verhältnis um 3000 – die Überspannung abbaut. Gleichzeitig wird jedoch die Kapazität C über den Widerstand R aufgeladen, wodurch T_1 leitend und T_3 abgeschaltet wird. Die RC-Zeitkonstante ist dabei so gewählt, dass der ESD-Schutz während der ESD-Entladung $t < 200$ ns gewährleistet ist, jedoch das Einschalten der Versorgungsspannung im Betrieb $t \gg 1$ μs nicht stört. Die ESD-Spannungen konnten entsprechend der folgenden Literaturangabe |KER| bei den Modellen HBM auf Werte zwischen 6000 V bis 8000 V und MM auf ca. 400 V erhöht werden.

5.7 Transfer-Elemente

Bisher wurden die MOS-Transistoren ausschließlich als Schalt- oder Lastelemente verwendet. Öfters muss jedoch in einer integrierten Schaltung zeitweise eine Verbindung zwischen zwei Schaltungsknoten hergestellt werden. Dies kann mit Hilfe eines n- oder p-Kanal Transistors geschehen (Bild 5.55).

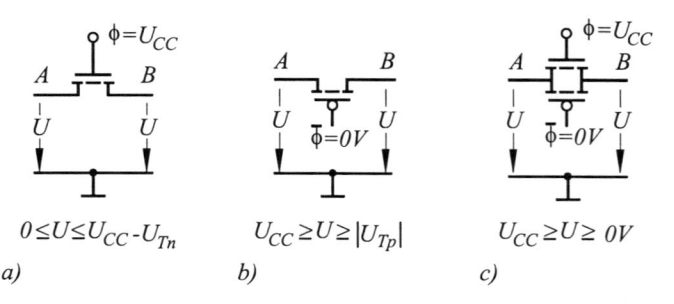

$$0 \leq U \leq U_{CC} - U_{Tn} \qquad U_{CC} \geq U \geq |U_{Tp}| \qquad U_{CC} \geq U \geq 0V$$
a) \hspace{2cm} b) \hspace{2cm} c)

Bild 5.55:   *Transfer-Elemente; a) n-Kanal; b) p-Kanal; c) n- und p-Kanal parallel*

Durch einen entsprechenden Takt ϕ am Gate des Transistors ist die Verbindung A-B offen oder hergestellt. Hat der Takt eine Spannung von $\phi = U_{CC}$ beim n-Kanal Transistor (Bild 5.55a), so ist die maximal übertragbare Spannung von A nach B oder umgekehrt auf $U = U_{CC} - U_{Tn}$ begrenzt. Diese Spannungsreduzierung ist vergleichbar mit dem Fall bei dem ein Anreicherungstransistor als Lastelement beim Inverter verwendet wird und die Ausgangsspannung U_{QH} sich um den Wert der Einsatzspannung verringert Gl.(5.14). Wird mit dieser erniedrigten Spannung ein folgender Komplementärinverter getrieben, so kann es bei diesem zu einem ungewollten Stromfluss kommen. Will man dies umgehen, muss die Taktspannung einen Wert von $\phi > U_{CC} + U_{Tn}$ besitzen, was durch eine Spannungsüberhöhungsschaltung erreicht werden kann. Verwendet man einen p-Kanal Transistor als Transfer-Element, ist die Situation umgekehrt. Es kann nur eine Spannung zwischen A und B von $U \geq |U_{Tp}|$ übertragen werden, wenn der Transistor mit $\overline{\phi} = 0V$ eingeschaltet wird.

Eine Änderung der übertragbaren Spannung kann vermieden werden, wenn n- und p-Kanal Transistoren (Bild 5.55c) parallel geschaltet werden. Haben die Taktspannungen gleichzeitig die Werte $\phi = U_{CC}$ und $\overline{\phi} = 0V$, so ist wie aus der vorhergehenden Erklärung hervorgeht, immer gewährleistet, dass ein Transistor leitet und eine Spannung von $U_{CC} \geq U \geq 0V$ übertragen werden kann. Haben dagegen die Taktspannungen die Werte $\phi = 0V$ und $\overline{\phi} = U_{CC}$, so sind beide Transistoren gesperrt.

Das Laden und Entladen einer kapazitiven Last durch ein Transfer-Element kann man überschlägig bestimmen, wenn man auf die Ergebnisse von Kapitel 5.4, in dem das Schaltverhalten der MOS-Inverter behandelt wurde, zurückgreift.

In Bild 5.56 ist das Laden und Entladen dargestellt.

5 Grundlagen digitaler CMOS-Schaltungen

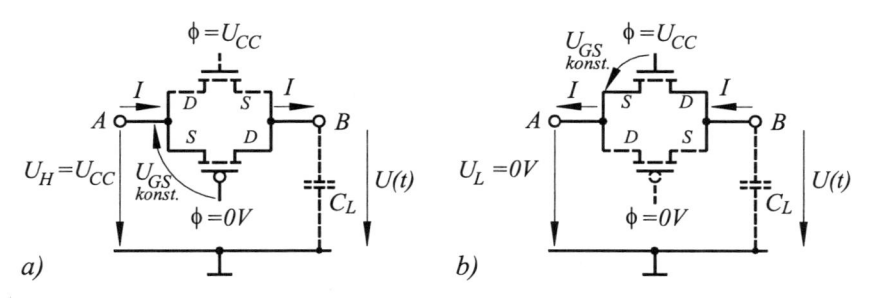

Bild 5.56: a) Laden und b) Entladen einer Kapazität durch ein Transfer-Element

An der Klemme A liegt eine Spannung von $U_H = U_{CC}$ an. Die Kapazität C_L an der Klemme B ist auf 0 V aufgeladen. Aktiviert man das Transfer-Element mit $\phi = U_{CC}$ und $\overline{\phi} = 0V$, wird die Kapazität auf $U_H = U_{CC}$ aufgeladen. Das Laden durch T_n ist dabei vergleichbar mit demjenigen beim Anreicherungsinverter Gl.(5.52)

$$t_r = \frac{C_L}{\beta_n} 7(1/V)$$

und das Laden durch T_p mit demjenigen beim Komplementärinverter Gl.(5.43)

$$t_r = \frac{C_L}{\beta_p} 1{,}2(1/V) \ .$$

Beim Entladen (Bild 5.56b) ist die Situation entgegengesetzt.

Vergleicht man die Größenordnungen, so erscheint es angebracht, zur überschlägigen Berechnung das Laden und Entladen nur durch die Transistoren mit konstanter U_{GS}-Spannung zu beschreiben. Demnach resultiert

$$\boxed{t_r \approx \frac{C_L}{\beta_p} 1{,}2(1/V)} \qquad (5.78)$$

und

$$\boxed{t_f \approx \frac{C_L}{\beta_n} 1{,}2(1/V)} \qquad (5.79)$$

Hierbei ist zu berücksichtigen, dass dies für die Bedingungen $U_{CC} = U_H = 3V$, $\phi = U_{CC}$ und $\overline{\phi} = 0V$ sowie $U_{Tn} = 0{,}45V$ und $U_{Tp} = -0{,}45V$ gilt.

Zusammenfassung der wichtigsten Ergebnisse des Kapitels

Ausgehend von den geometrischen und elektrischen Entwurfsunterlagen wurden alle möglichen MOS-Inverter-Konstellationen betrachtet. Besonders erwähnenswert ist, dass bei dem Komplementärinverter kein Z-Verhältnis eingehalten werden muss, da kein Gleichstrompfad vorhanden ist. In den meisten praktischen Fällen hat dieser Inverter einen Leistungsverbrauch von $P = CU_{CC}^2 f$, der durch das Umladen von Kapazitäten entsteht.

Bei dem Schaltverhalten stellte sich heraus, dass das Aufladen einer Kapazität bei dem Anreicherungsinverter ca. sechsmal so langsam ist wie bei allen anderen Invertern. Außerdem ist das H-Signal um den Wert der Einsatzspannung reduziert.

Zwei Treiberschaltungen wurden vorgestellt. Bei dem Super-Treiber wird eine Inverterkette mit einem ansteigenden Kapazitätsverhältnis bzw. w/l-Verhältnis von $\alpha = e$ verwendet, während der bootstrap-Treiber durch eine Spannungsvervielfachung bessere Treibereigenschaften erhält.

Ein- und Ausgangsschaltungen wurden betrachtet. Bei der Ausgangsschaltung ergab sich der unangenehme Zusammenhang, dass die Stromänderung dI/dt umgekehrt proportional zur Schaltzeit t_s^2 ist, wodurch große Störspannungen in der integrierten Schaltung (IC) generiert werden können.

Elektrostatische Entladungen (ESD) sind in der Lage, Totalausfälle bei ICs zu erzeugen. Simuliert werden diese Entladungen durch diverse Modelle. Beim sog. Human Body Model muss das IC eine Stromänderung von 5 A bis 20 A in einer Zeit von 50 ns bis 200 ns überstehen ohne beschädigt zu werden.

Übungen

Aufgabe 5.1

Die mittlere Lebensdauer einer Metallbahn, die durch eine Stromdichte von $1 mA/\mu m^2$ belastet wird, beträgt bei einer durchschnittlichen Chiptemperatur von 80°C 75 Jahre. Wie verkürzt sich die Lebensdauer, wenn die mittlere Chiptemperatur 160°C betragen würde? Die gemessene Aktivierungsenergie beträgt $W_A = 0{,}65$ eV.

Aufgabe 5.2

Ein IC wird im Automobilbau eingesetzt. Im Betrieb beträgt die Stromdichte in der Versorgungsleitung $I = 2{,}0$ mA/μm^2. Die Lebensdauer (MTBF) der Leiterbahn wurde bei 70°C auf 60 Jahre ermittelt. Überprüfen Sie, ob die Lebensdauer ausreicht einen sicheren Betrieb des ICs für 10.000 Autostunden bei einer IC-Temperatur (Selbsterwärmung + erhöhte Außentemperatur) von 150°C zu garantieren. Die Aktivierungsenergie beträgt $W_A = 0{,}65$ eV.

Aufgabe 5.3

Gegeben ist folgende Inverterschaltung

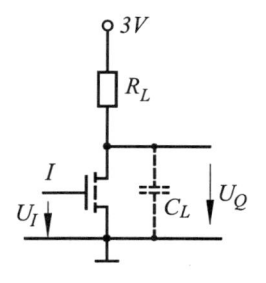

$U_{Ton} = 0{,}6\,V$

$k_n = 120\,\mu A / V^2$

$C_L = 0{,}1\,pF$

Bild A: 5.3

a) Wie groß muss der Lastwiderstand R_L sein, damit die Lastkapazität C_L bei gesperrtem Transistor in 3 ns auf ca. 86 % (zwei Zeitkonstanten) aufgeladen wird? b) Wie groß muss das Geometrieverhältnis w/l des Schalttransistors gewählt werden, damit die Ausgangsspannung U_Q auf 0,3 V absinkt, wenn man an den Eingang eine Spannung von $U_I = 3$ V gibt? c) Wie muss die w/l-Dimensionierung geändert werden, wenn die Eingangsspannung nur $U_I = 2$ V beträgt?

Aufgabe 5.4

Gegeben ist ein Inverter aus der Leistungselektronik mit einem Verarmungstransistor als Lastelement. Die Eingangsspannung U_I beträgt 0 V. Wie groß ist die maximale Ausgangsspannung U_Q, wenn U_{CC} = 50 V ist?

$$U_{Ton,2} = -3{,}5\,V$$
$$\phi_F = 0{,}3\,V$$
$$y = 0{,}7\sqrt{V}$$

Bild A: 5.4

Aufgabe 5.5

Als Last wird bei einem Inverter ein Anreicherungstransistor verwendet. Die Eingangsspannung U_I beträgt 0 V.

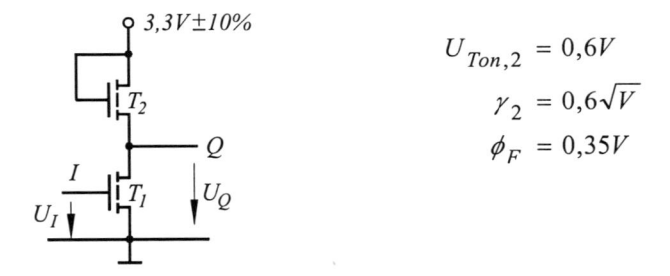

$$U_{Ton,2} = 0{,}6V$$
$$\gamma_2 = 0{,}6\sqrt{V}$$
$$\phi_F = 0{,}35V$$

Bild A: 5.5

a) Arbeitet der Lasttransistor T_2 im Widerstands- oder im Stromsättigungsbereich? b) Wie groß ist die im schlechtesten Fall erreichbare Ausgangsspannung U_{QH}?

Aufgabe 5.6

Gegeben ist ein Komplementärinverter, der mit einem periodischen Signal getaktet wird. Das Signal ist spezifiziert mit: T_p = 10 ns und $\tau_r = \tau_f$ = 1 ns

Berechnen Sie den transienten Leistungsverbrauch P_{tr} und vergleichen Sie diesen mit dem dynamischen Leistungsverbrauch P_{dyn}.

$$\beta_n = \beta_p = 120\,\mu A/V^2$$
$$U_{Ton} = -U_{Top} = 0{,}45\,V$$
$$C_L = 0{,}1\,pF$$

Bild A: 5.6

Aufgabe 5.7

Gezeigt ist der Ausschnitt aus einer Schieberegisterschaltung. Hat der Takt ϕ den Wert von U_{CC} wird die parasitäre Kapazität C_L auf den logischen Zustand des vorhergehenden Inverters gebracht.

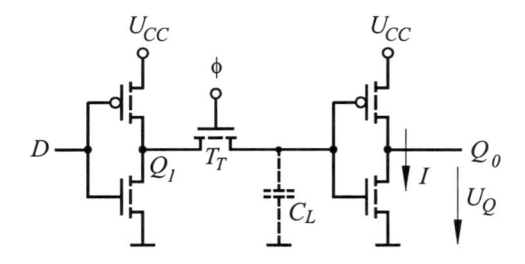

Bild A: 5.7

Mit $\phi = 0$ V ist Transistor T_T ausgeschaltet, und die logische Funktion als unterschiedliche Ladung an C_L gespeichert. Wie groß ist die Spannung im L- bzw. H-Zustand an C_L? Kann ein Gleichstrom I entstehen und wenn wie groß ist dieser?

Daten: $U_{CC} = 3$ V; alle n-Kanal Transistoren haben die Werte

$U_{Ton} = 0{,}5$ V; $\gamma = 0{,}4\sqrt{V}$; $\beta_n = 300\,\mu A/V^2$; $2\phi_F = 0{,}65V$

und alle p-Kanal Transistoren die Werte

$U_{Tpo} = -0{,}5V$; $\gamma = 0{,}4\sqrt{4}$; $\beta_p = 300\,\mu A/V^2$ und $2\phi_F = 0{,}65V$

Aufgabe 5.8

Dimensionieren Sie die gezeigte Gatter-Schaltung, d.h. bestimmen Sie die Weite der Transistoren, wenn die Lastkapazität $C_L = 0,1$ pF innerhalb von 1 ns aufgeladen werden soll. Die elektrischen Daten der Transistoren sind:

$k_n = 100 \mu A / V^2$; $k_p = 40 \mu A / V^2$; $l_{min} = 0,3 \mu m$.

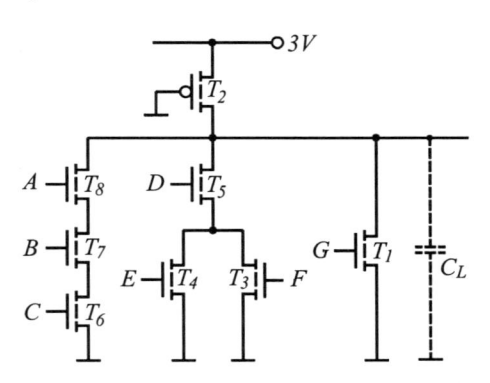

Bild A: 5.8

Aufgabe 5.9

Ein IC hat vier Datenausgänge, wodurch beim gleichzeitigen Schalten der Ausgangstreiber große Störspannungen an den Zuleitungswiderständen und -induktivitäten erzeugt werden. Würden Sie als Lösung die Schaltzeiten verlängern oder die Ausgänge gestaffelt schalten?

Literatur

|BAKE| C.M. Baker et al: "Tools for Verifying Integrated Circuit Designs"; Lambda Magazin, 1980

|BAUM| H. Baumgärtner et al: "ESD-Elektrostatische Entladungen"; Oldenbourg Verlag München Wien; 1997

|DESC| D. Deschacht et al: "Explicit Formulation of Delays in CMOS Data Paths"; IEEE Journal of Solid-State Circuits, Vol.23, No.5, Oct.1988, pp.1257-1264

|HARR| I.M. Harry et al: "Short-Circuit Dissipation of Static CMOS Circuitry and Its Impact on the Design of Buffer Circuits"; IEEE Journal of Solid-State Circuits, Vol.SC-19, No.4, August 1984

|KER| M.D. Ker et al: "ESD Protection on Analog Pin with Very Low Input Capacitance for High-Frequency or Current-Mode Applications"; IEEE Journal of Solid-State Circuits, Vol.35 No.8, Aug.2000, pp.1194-1199

|LIN| H.C. Lin: "An Optimized Output Stage for MOS Integrated Circuits"; IEEE Journal of Solid-State Circuits, Vol.SC-10; No.2, April 1975

|OHTO| Y. Ohtomo et al: "Low power Gb/s CMOS interface"; Symposium on VLSI Circuits, Digest of Technical Papers 1995, pp.29-30

|SENT| R. Senthinathan et al: "Application Specific CMOS Output Driver Circuit Design Techniques to Reduce Simultaneous Switching Noise"; IEEE Journal of Solid-State Circuits, Vol.28, No.12 Dec.1993, pp.1383-1388

|SHOJ| M. Shoji: "Reliable chip design method in high performance CMOS VLSI"; ICCD 86 Digest, Oct.1986, pp.389-392

|SZYM| T.G. Szymanski et al: "Space Effective Algorithms for VLSI Network Analysis"; 20th Design Automation Conference, 1983

|TRIM| S.M. Trimberger: "An Introduction to CAD for VLSI"; Kluwer, 1987

|TUCK| J.J. Tucker: "Annals of the New York"; Acad. of Science 152, 1968

|WALT| A.J. Walton et al: "Numerical Simulation of Resistive Interconnects for Integrated Circuits"; IEEE Journal of Solid-State Circuits, Vol.SC-20, No.5, Dec.1985, pp.1252-1258

6 Schaltnetze und Schaltwerke

Aufbauend auf den im vorhergehenden Kapitel an Grundschaltungen gewonnenen Erkenntnissen, werden in diesem detailliertere Schaltungs- und Layouttechniken anhand von Schaltnetzen und Schaltwerken vorgestellt.

Ausgangspunkt sind Schaltnetze mit einfachen Gatterschaltungen. Diese eignen sich hervorragend, um die Vor- und Nachteile statischer und getakteter CMOS-Schaltungen zu diskutieren. Zur Optimierung der Chipfläche kann man logische Felder einsetzen. Grundelemente sind Dekoder- und PLA-Anordnungen. Schaltwerke benötigen unterschiedlichste Flip-Flop-Realisierungen, die dann zur Implementierung von Registern herangezogen werden können.

6.1 Statische Schaltnetze

Ein digitales System besteht fast immer aus Schaltnetzen und Schaltwerken. Diese unterscheiden sich dadurch, dass Schaltwerke einen Speicher und damit ein Gedächtnis besitzen. Da Schaltwerke zur Synchronisierung der einzelnen Schaltungsteile einen Takt benötigen, kann man diesen auch vorteilhaft bei den Schaltnetzen einsetzen. Eine Übersicht über gebräuchliche statische und getaktete CMOS-Schaltungstechniken zeigt Bild 6.1.

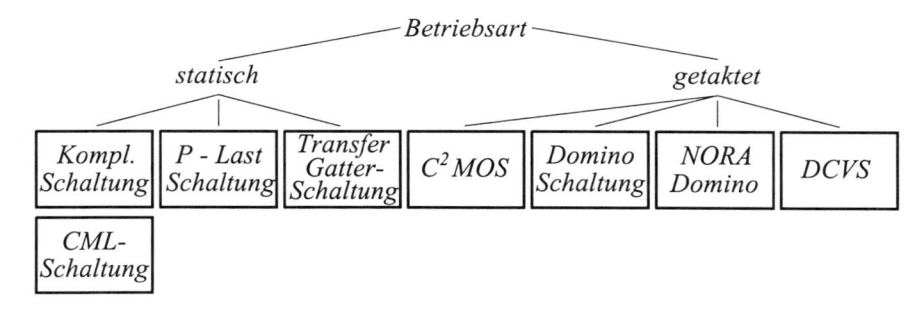

Bild 6.1: CMOS-Schaltungstechniken

Im Folgenden werden zuerst einfache statische Gatterschaltungen näher betrachtet.

6.1.1 Statische Gatterschaltungen

Das Wesentliche bei diesen Gattern ist, dass sie sich wie ein Komplementärinverter verhalten, bei dem kein Ruhestrom fließt, wenn man vom Unterschwellstrom absieht. Dies erreicht man dadurch, dass zu jeder Serien- bzw. Parallelschaltung von n-Kanal Transistoren eine entsprechende Parallel- bzw. Serienschaltung von p-Kanal Transistoren vorgesehen wird. Am Beispiel der folgenden zweifach NAND- und NOR-Gatter wird dies näher beschrieben.

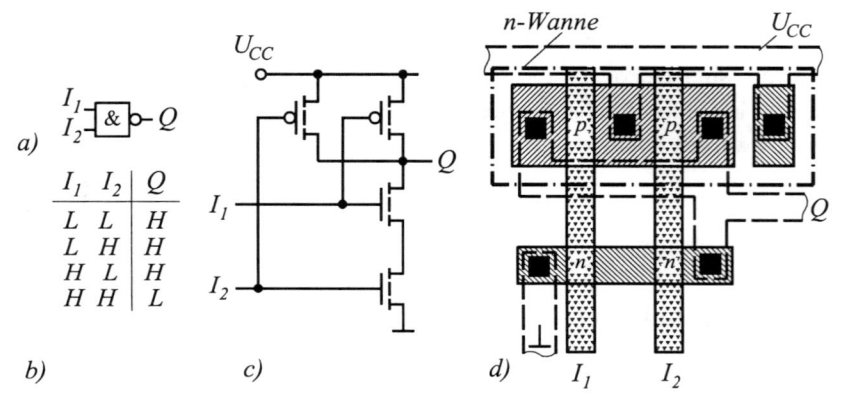

Bild 6.2: Zweifach NAND-Gatter; a) Logiksymbol; b) Wahrheitstabelle; c) Schaltung; d) Layout

Befinden sich beide Eingangspegel des NAND-Gatters (Bild 6.2) im H-Zustand, leiten beide n-Kanal Transistoren, während die p-Kanal Transistoren nichtleitend sind. Ein Ruhestrom kann somit nicht fließen. Dies trifft auch beim NOR-Gatter (Bild 6.3) zu. Haben beide Eingangspegel den L-Zustand, sind die p-Kanal Transistoren leitend und die n-Kanal Transistoren nichtleitend.

Zur Erstellung der gezeigten Layouts wurden die geometrischen Entwurfsregeln von Tabelle 5.1 verwendet.

Aus den vorgestellten einfachen statischen Gatterschaltungen ist folgendes erkennbar:

1. Alle p-Kanal Transistoren können platzsparend in einer gemeinsamen n-Wanne angeordnet werden.

2. Am Ausgang herrscht immer ein definierter H- oder L-Zustand.

3. Der H-Zustand wird durch die p-Kanal Transistoren und der L-Zustand durch die n-Kanal Transistoren garantiert.

4. Die durch die n-Kanal Transistoren realisierte logische Funktion kann man in komplementärer Form durch die p-Kanal Transistoren wiedergeben.

6 Schaltnetze und Schaltwerke   323

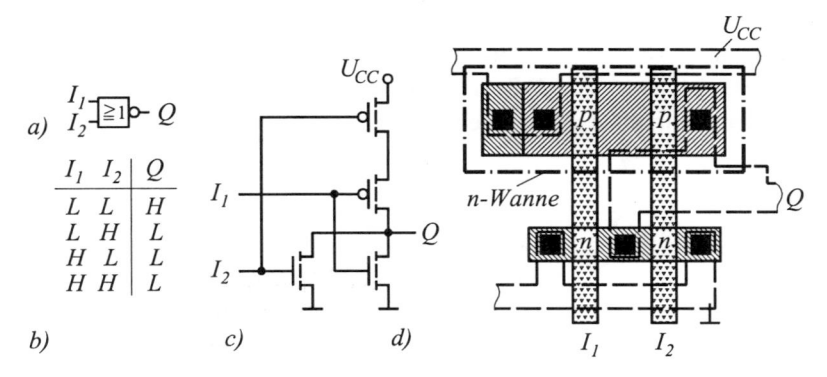

a) $\begin{array}{c} I_1 \\ I_2 \end{array} \boxed{\geq 1} \!\!\!\!\!\!\!\triangleright\!\!- Q$

$\begin{array}{cc|c} I_1 & I_2 & Q \\ \hline L & L & H \\ L & H & L \\ H & L & L \\ H & H & L \end{array}$

b)   c)   d)

Bild 6.3:   Zweifach NOR-Gatter; a) Logiksymbol; b) Wahrheitstabelle;
             c) Schaltung; d) Layout

Wie das letzte Argument zu verstehen ist und auf komplexere Funktionen angewendet werden kann wird im Folgenden näher erläutert. Dazu ist in Bild 6.4 ein allgemeines komplementäres Netzwerk dargestellt, wobei $Q(I)$ die H-Zustände und $\overline{Q}(I)$ die L-Zustände am Ausgang Q beschreibt.

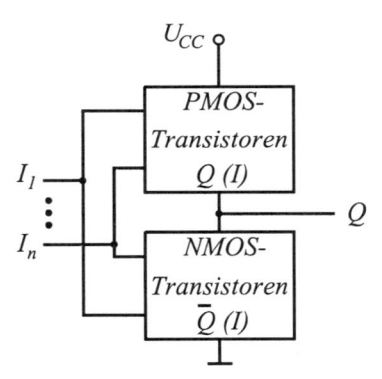

Bild 6.4:   Allgemeines komplementäres Netzwerk

Das benötigte Komplement einer logischen Funktion erhält man durch Anwendung von DeMorgans Theorem. Dies besagt: Das Komplement einer logischen Funktion wird hergeleitet, indem jede Variable durch ihr Komplement ersetzt wird sowie ODER- und UND-Funktionen vertauscht werden. Damit ist

$$Q = \overline{I_1 + I_2 + I_3 + I_4 \ldots} = \bar{I}_1 \cdot \bar{I}_2 \cdot \bar{I}_3 \cdot \bar{I}_4 \ldots$$
bzw.   (6.1)
$$Q = \overline{I_1 \cdot I_2 \cdot I_3 \cdot I_4 \ldots} = \bar{I}_1 + \bar{I}_2 + \bar{I}_3 + \bar{I}_4 \ldots$$

Soll z.B. die Funktion $\overline{Q} = I_1 \cdot [I_2 + I_3] + I_4 \cdot I_5 + I_6$ implementiert werden, so ist die Verknüpfung der n-Kanal Transistoren durch diese Angabe festgelegt.

Die Verschaltung $Q = [\overline{I}_1 + \overline{I}_2 \cdot \overline{I}_3] \cdot [\overline{I}_4 + \overline{I}_5] \cdot \overline{I}_6$ der p-Kanal Transistoren erhält man durch Anwendung DeMorgans Theorem. Da bei den p-Kanal Transistoren die *L*-Zustände an den Eingängen zu *H*-Zuständen am Ausgang führen, ist die Komplementierung der Eingangsvariablen damit bereits ausgeführt.

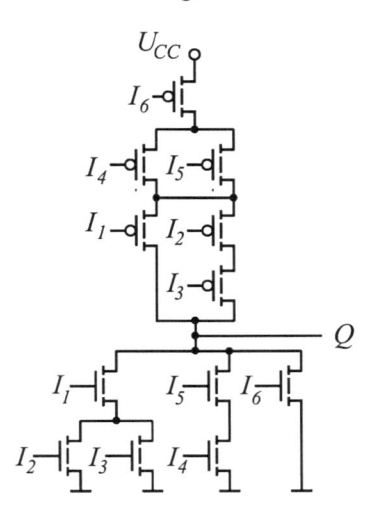

Bild 6.5: Komplementärschaltung

6.1.2 Layout statischer Gatterschaltungen

Das Layout verschachtelter statischer Komplementärgatter kann besonders vorteilhaft gestaltet werden, wenn die Polybahnen bzw. Polyzidbahnen orthogonal zu den p- und n-Bereichen sowie den Versorgungsleitungen U_{CC} (Metall) und Masse (Metall) angeordnet werden. Dies ist in Bild 6.6a am Beispiel der vorhergehenden Schaltung dargestellt.

In diesen Bildern sowie in den folgenden Abschnitten werden – wie in Kapitel 5 bereits durchgeführt – zur Vereinfachung die n-Wannen mit Anschlüssen nicht mehr dargestellt.

Die Polybahnen bzw. Polyzidbahnen verlaufen vertikal. Schneiden diese eine n- bzw. p-Diffusionsbahn, entstehen n- bzw. p-Kanal Transistoren. Die Verknüpfung der individuellen Transistoren untereinander ist mit Metallbahnen ausgeführt. Diese stellen eine direkte Umsetzung der Schaltung ins Layout dar. Das Layout kann flächenmäßig minimiert werden, wenn es gelingt, die Abstände zwischen den Diffusionsbereichen zu reduzieren bzw. ganz zu eliminieren, wie es in Bild 6.5b dargestellt ist. Dies ist möglich, wenn Source- bzw. Drainanschlüsse von Transistoren eines gleichen Typs durch gemeinsame Diffusionsgebiete zusammengeschaltet werden können. Damit dies optimal geschieht, muss eine entsprechende Reihenfolge der Polybahnen (Transistoren)

6 Schaltnetze und Schaltwerke 325

festgelegt werden. Dazu wird, wie in |UEHA| beschrieben, die Komplementärschaltung durch einen Graphen dargestellt und an diesem die Reihenfolge der Polybahnen bestimmt. Wie dies zu verstehen ist wird im Folgenden an einem einfachen Gatter mit der logischen Funktion $Q = \overline{I_1 \cdot I_2 + I_3 \cdot I_4}$ demonstriert.

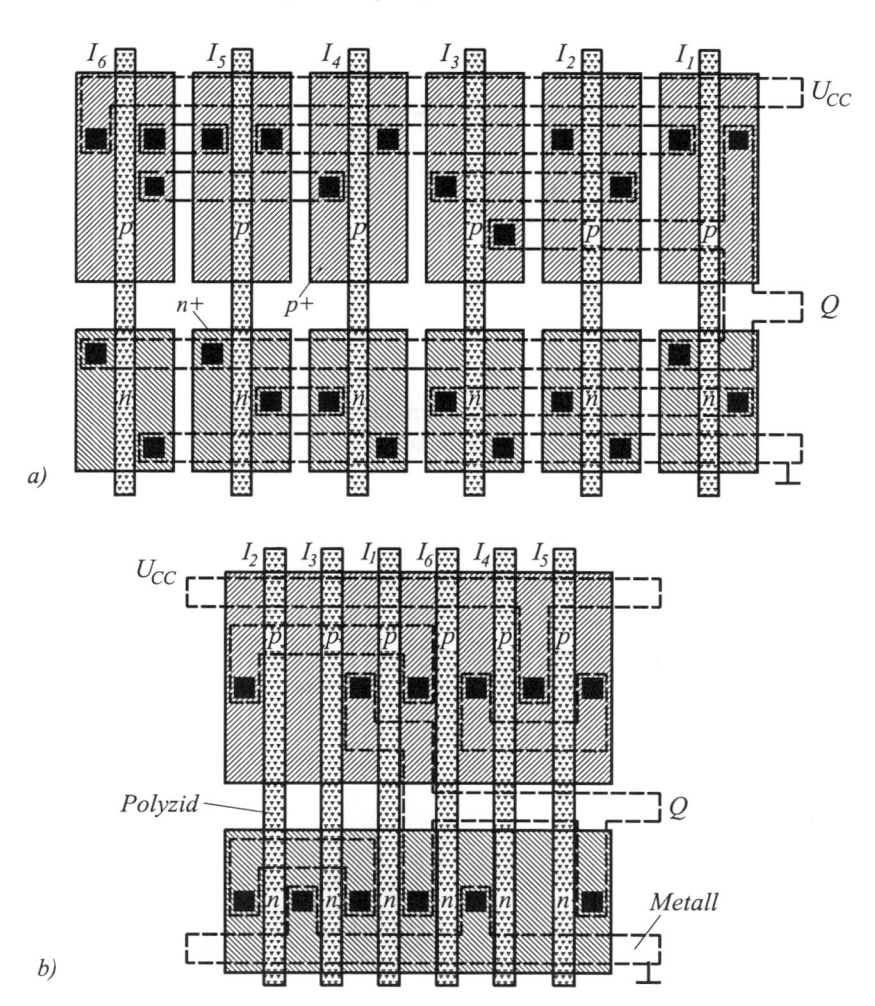

Bild 6.6: Layout der Komplementärschaltung von Bild 6.5 (n-Wanne nicht gezeigt); a) individuelle Transistoren; b) verschachtelte Transistoren

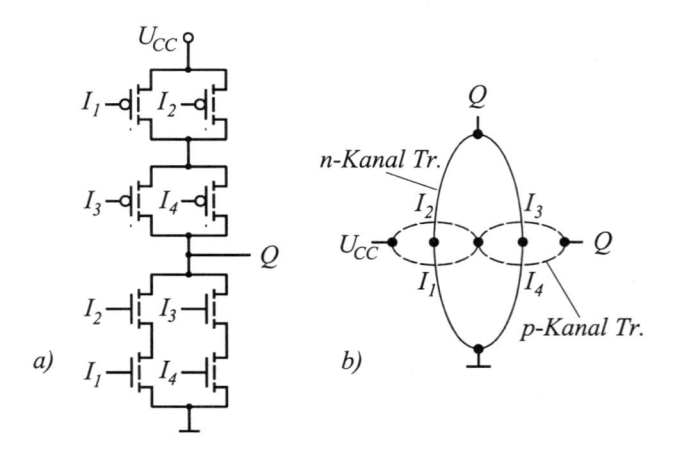

Bild 6.7: Logische Funktion $Q = \overline{I_1 \cdot I_2 + I_3 \cdot I_4}$; a) Schaltung; b) Graph

Der Graph (Bild 6.7b) besteht aus zwei Teilen, einer repräsentiert die n-Kanal und der andere die p-Kanal Transistoren. Die Knotenpunkte (Ecken) entsprechen den Source-Drainanschlüssen und die Zweige (Kanten) zwischen den Knoten einem Transistor. Die Bezeichnung der Eingangsvariablen wurde übertragen. Die p- und n-Kanalteile des Graphs sind genau wie bei der Schaltung komplementär zueinander angeordnet. Der Zweck dieser Darstellung ist, in jedem Teilgraphen einen Pfad ausfindig zu machen, der alle Zweige (Transistoren) beinhaltet ohne dass ein Zweig zweimal erfasst wird. Existiert für den n- und p-Graphen eine identische Zweigfolge (Transistorfolge), dann können die n- und p-Kanal Transistoren in der gleichen Reihenfolge entlang eines n- bzw. p-Diffusionsstreifens realisiert werden.

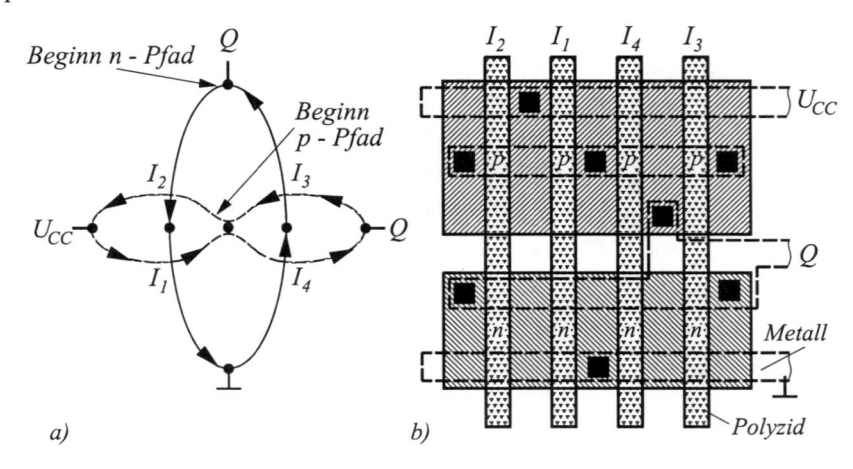

Bild 6.8: Logische Funktion $Q = \overline{I_1 \cdot I_2 + I_3 \cdot I_4}$; a) Graph; b) Layout

Dieser Pfad (in Bild 6.8 I_2, I_1, I_4, I_3) wird Eulerpfad genannt. Der vorgestellte Layoutstil kann, wie in |UEHA| beschrieben, dazu verwendet werden, automatisch ein Layout zu generieren. Dabei wird zusätzlich die Gruppierung der Transistoren in der Schaltung so verändert, dass immer ein Eulerpfad gefunden werden kann. Ein weiterer Vorteil der beschriebenen Layouttechnik ist, dass z.B. alle p-Kanal Transistoren in einer gemeinsamen und dadurch flächensparenden n-Wanne angeordnet werden können.

Realisierung: P-Last-Gatter

Die beschriebene Realisierung von statischen Komplementärschaltungen kann durch die Komplementärbildung zu einem relativ hohen Schaltungsaufwand und damit zu einem entsprechend großen Bedarf an Layoutfläche führen. Im Extremfall kann dies sogar dazu führen, dass Schaltungen nicht realisiert werden können, da Anstieg- oder Abfallzeiten zu stark zunehmen. Als Beispiel soll ein 1024er NOR- oder NAND-Gatter dienen. In jedem Fall kommt es zu einer Serienschaltung von 1024 Transistoren, wodurch das Schaltverhalten extrem verlangsamt wird. Will man dies vermeiden, kann man die gesamte Serienschaltung durch eine N- bzw. P-Last ersetzen. Als Beispiel wurde in Bild 6.9 die gesamte p-Kanal Verknüpfung (Bild 6.5) durch eine einzige P-Last ersetzt.

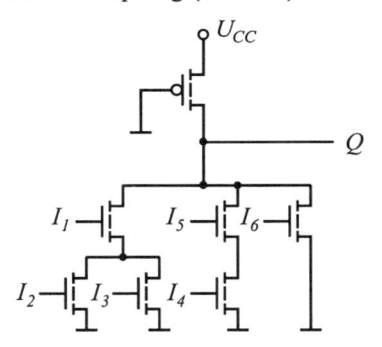

Bild 6.9:   *P-Last Realisierung der in Bild 6.5 dargestellten Verknüpfung*

Von Nachteil hierbei ist, dass in Abhängigkeit von den Eingangsvariablen ein unerwünschter Strompfad und damit Leistungsverbrauch entsteht. Damit ergeben sich Gatterschaltungen mit Z-Verhältnis, deren Dimensionierung bei der Serien- bzw. Parallelschaltung von Transistoren in Kapitel 5.3.5 beschrieben wurde.

6.1.3 Transfer-Gatterschaltungen

In dieser Schaltungsvariante werden die im Kapitel 5.7 beschriebenen Transfer-Elemente zur Implementierung von Gatterschaltungen verwendet. Als Beispiel wird ein 4 zu 1 Multiplexer verwendet. (Bild 6.10)

Jeweils einer der vier Eingangsvariablen I_1 bis I_4 kann in Abhängigkeit von den Steuereingängen S_1, S_2 und deren Komplement zum Ausgang durchgeschaltet werden. Zur Reduzierung des Aufwands wurden die Transfer-Elemente nur aus n-Kanal Transistoren realisiert. Um die damit verbundene Verringerung der Ausgangsspannung auf $U_{QH} = U_{CC} - U_{Tn}$ zu vermeiden, kann man die gezeigte zusätzliche Schaltung zur vollen Pegelherstellung verwenden.

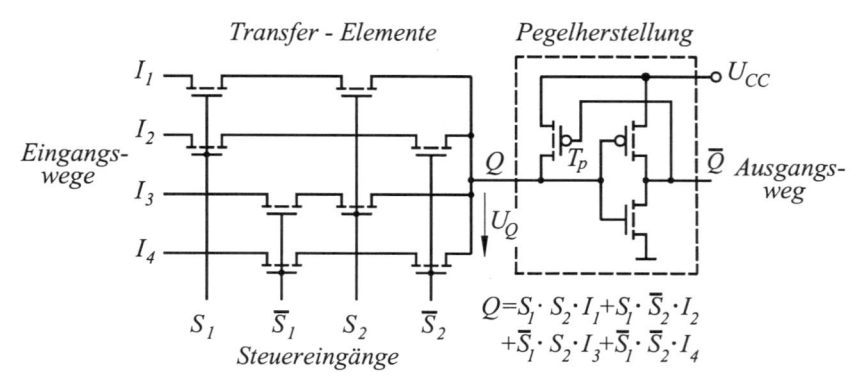

Bild 6.10: 4 zu 1 Multiplexer mit Pegelherstellung

Diese Schaltung besteht aus einem Komplementärinverter mit einem rückgekoppelten p-Kanal Transistor T_p. Gelangt über den Multiplexer ein reduzierter H-Zustand an den Eingang des Inverters, geht dessen Ausgang in den L-Zustand. Dadurch wird Transistor T_p leitend und ein voller H-Pegel von $U_{QH} = U_{CC}$ am Eingang des Inverters erzeugt. Gelangt dagegen ein L-Zustand von einem Eingang I über den Multiplexer zum Eingang des Inverters, müssen anfänglich die n-Kanal Transfer-Elemente gegen den p-Kanal Transistor T_p arbeiten, bis der Ausgang des Inverters $\overline{Q}$ den H-Zustand erreicht hat und T_p nichtleitend wird.

Bei der (w/l)-Dimensionierung von T_p und dem Multiplexer ist zu berücksichtigen, dass während der $H \rightarrow L$ Zustandsänderung bei Q kurzzeitig ein Strompfad existiert. Um ein sicheres Umschalten zu garantieren, sollte das Geometrieverhältnis zwischen T_p und den Transfer-Elementen so gewählt werden, dass bei voll leitendem Transistor T_p die Eingangsspannung U_{QL} am Inverter ca. $U_{CC}/2$ beträgt.

Als Alternative zu dieser Schaltung können die Transfer-Elemente aus parallel geschalteten p- und n-Kanal Transistoren, wie in Kapitel 5.7 gezeigt, realisiert werden. Dies bedeutet jedoch, dass jeder p-Kanal Transistor seine eigene n-Wanne, die an U_{CC} angeschlossen sein muss, besitzt. Um die zur Realisierung benötigte Siliziumfläche gering zu halten, wurden deshalb die p- und n-Kanal Transistoren, wie in Bild 6.11 dargestellt, getrennt angeordnet.

Diese Vorgehensweise hat, wie bereits früher erwähnt, den wesentlichen Vorteil, dass alle p-Kanal Transistoren in einer gemeinsamen und dadurch flächesparenden n-Wanne angeordnet werden können. Diese Maßnahme ist um so zwingender, je komplexer eine

6 Schaltnetze und Schaltwerke

Schaltung und, um bei dem Beispiel zu bleiben, je mehr Eingangswege der Multiplexer besitzt.

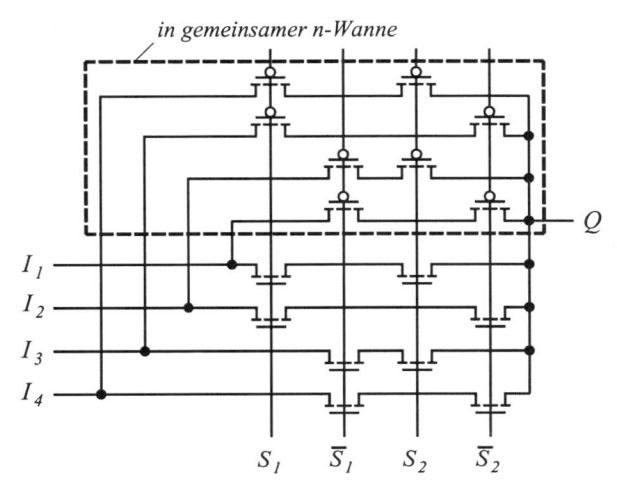

Bild 6.11:   *4 zu 1 Multiplexer mit zusätzlichen p-Kanal Transistoren*

Im Vorhergehenden wurde gezeigt wie Transfer-Gatter vorteilhaft zur Implementierung eines Multiplexers verwendet werden können. Diese Schaltungstechnik ist aber nicht auf diesen einen Fall begrenzt, sondern kann vielmehr auf beliebige Logikfunktionen angewendet werden. In |WHIT| und |RADH| sind Wege beschrieben, wie dies formal durchgeführt werden kann. Im Folgenden wird darauf kurz eingegangen.

Bei den Transfer-Gattern bestimmen die Steuervariablen und die Verbindungsfunktion die Ausgangszustände (Bild 6.12).

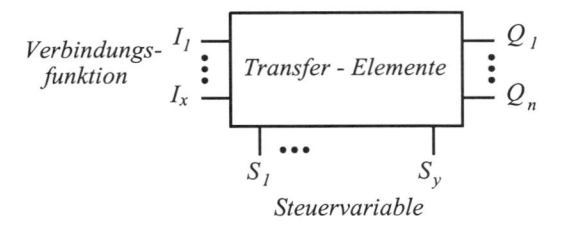

Bild 6.12:   *Transfer-Gatternetzwerk*

Die Verbindungsfunktion, welche die Eingangsvariablen des Multiplexers ersetzt, kann konstante Zustände (L, H) sowie variable Größen (x_i, $\bar{x}_i$) besitzen. Die Steuervariablen kontrollieren dabei die Transfer-Elemente derart, dass ähnlich wie beim Multiplexer nur jeweils eine Eingangsgröße mit dem Ausgang verbunden ist. Dadurch ist der Ausgangszustand immer definiert und es kann jede beliebige Summe von binären Produkttermen $Q = F_1(I_1) + F_2(I_2)....F_i(I_i)$ erzeugt werden. Hierbei beschreibt $F_i = (S_1...S_i)$ die Steuerfunktion mit der die Transfer-Elemente aktiviert werden und $I_i = (L, H, x_i, \bar{x}_i)$ die Eingangsfunktion.

Synthese von Transfer-Gatterschaltungen

Eine Synthese von komplexen Transfer-Gatterschaltungen kann durch Anwendung eines modifizierten Karnaugh-Diagramms erfolgen, in das die Verbindungsfunktion aufgenommen wird. Dies wird am folgenden Beispiel demonstriert.

Die Funktion $Q = A \cdot \overline{B} + C \cdot A + C \cdot \overline{B}$ ist in dem Karnaugh-Diagramm (Bild 6.13) eingetragen.

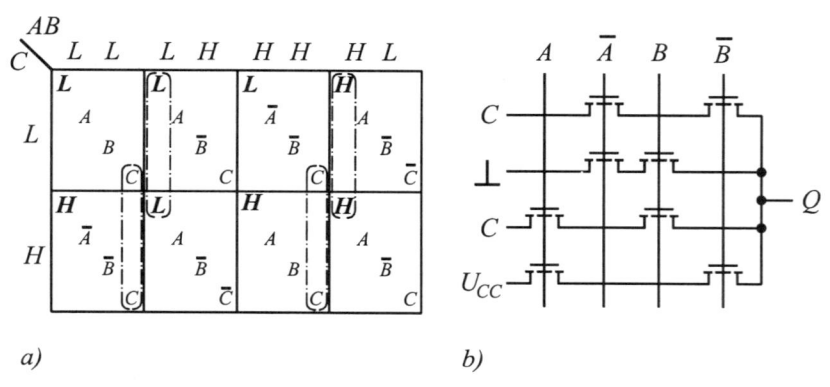

a)   b)

Bild 6.13:   *a) Modifiziertes Karnaugh-Diagramm; b) Schaltungsrealisierung*

Die Verbindungsfunktion erhält man durch folgende Fragestellung: Mit welcher der vorliegenden Variablen kann der jeweilige Zustand (*L* oder *H*) erreicht werden? Anschließend wird, ähnlich wie bei der Minimierung der Terme im Karaugh-Diagramm verfahren und gemeinsame Variable oder Zustände erfasst (eingekreist in Bild 6.13a). Das Resultat ist in diesem Fall: $Q = \overline{A} \cdot \overline{B} \cdot (C) + \overline{A} \cdot B \cdot (L) + A \cdot B \cdot (C) + A \cdot \overline{B} \cdot (H)$. Die schaltungstechnische Realisierung der Funktion ist in Bild 6.13b gezeigt, wobei der volle *H*-Pegel durch die bereits beschriebenen Methoden hergestellt werden kann. Weitere Varianten ergeben sich durch Zusammenfassung anderer Variablen. So ergibt sich z.B. bei der in Bild 6.14 gezeigten Darstellung die Funktion $Q = \overline{A} \cdot \overline{B} \cdot (C) + \overline{A} \cdot B \cdot (L) + A \cdot \overline{C} \cdot (\overline{B}) + A \cdot C \cdot (H)$. Vergleicht man beide schaltungstechnische Realisierungen, so ist diejenige von Bild 6.13b wegen der geringen Anzahl von Steuervariablen zu bevorzugen.

Aus den schaltungstechnischen Darstellungen gehen die Vor- und Nachteile der Transfer-Gatterschaltungen hervor. Der einfachen Realisierung steht die Zunahme der Verzögerungszeit, die durch die Serienschaltung der Transfer-Elemente verursacht wird, entgegen, wodurch diese Art der Gatterrealisierung meist nur auf einfache logische Funktionen angewendet wird.

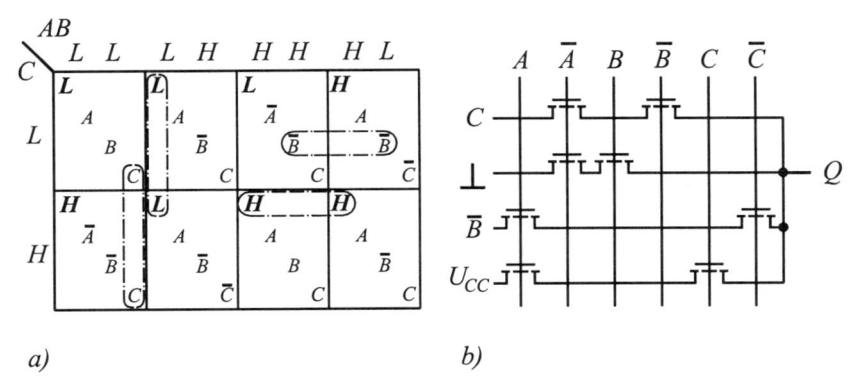

Bild 6.14: Variante zur Realisierung in Bild 6.13

6.2 Getaktete Schaltnetze

Der größte Nachteil der statischen Komplementärgatter ist, dass durch die Reihenschaltung von n- oder p-Kanal Transistoren die Schaltgeschwindigkeit reduziert wird. P-Last-Gatter liefern Abhilfe, dafür entsteht aber ein statischer Leistungsverbrauch. Mit getakteten Schaltnetzen können die aufgeführten Probleme umgangen werden.

6.2.1 Getaktete Gatterschaltungen (C²MOS)

Das Prinzip dieser Schaltungstechnik (Clocked **CMOS**, C²MOS) ist in Bild 6.15 dargestellt. Hat der Takt den Zustand $\phi = L$, ist der p-Kanal Transistor leitend, während der n-Kanal Transistor nichtleitend ist. Die parasitäre Kapazität C_L am Ausgang wird auf die Spannung U_{CC} vorgeladen (precharge). Ändert sich der Takt nach $\phi = H$, wird der p-Kanal Transistor nichtleitend und der n-Kanal Transistor leitend.

Die Auswertung des n-Kanal Gatters beginnt, da in Abhängigkeit von den Zuständen I_1 bis I_n die Kapazität entladen oder nicht entladen wird. In Bild 6.15 wurde als Beispiel für ein Gatter mit n-Kanal Transistoren die Anordnung von Bild 6.9 verwendet.

In Bild 6.15 ist jeweils gestrichelt ein p-Kanal Transistor, auch Haltetransistor genannt, vorgesehen. Dieser soll verhindern, dass bei niedrigen Taktfrequenzen durch nicht beabsichtigtes Entladen von C_L infolge von Leckströmen ein *H*- in einen *L*-Zustand übergeht. Somit muss der Strom, der durch den p-Kanal Transistor fließt größer sein als der zu erwartende Leckstrom an diesem Knoten.

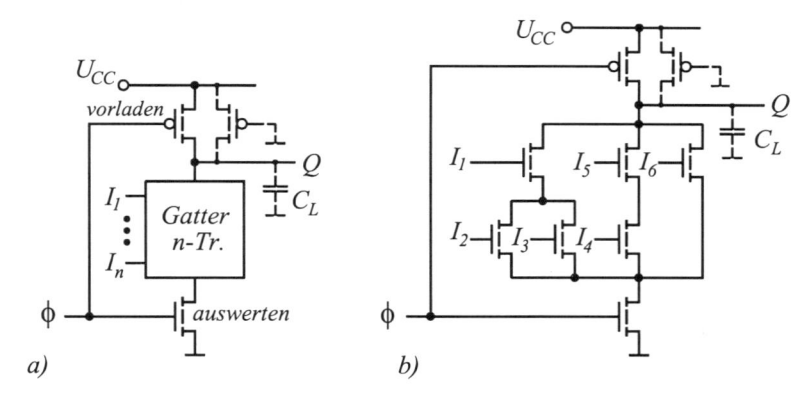

Bild 6.15: C^2MOS-Schaltung; a) Prinzip; b) mit Gatteranordnung

Dieser setzt sich überwiegend aus dem Unterschwellstrom Gl.(4.65) der ausgeschalteten Transistoren zusammen. Da dieser sehr klein ist ($<10^{-18}$A) genügt auch ein kleines (w/l)-Verhältnis bei dem Haltetransistor um diese Bedingung zu erfüllen. Dies ist jedoch nicht unbedingt eine optimale Lösung, da dies eine sehr große Gatelänge erfordert und somit viel Layoutfläche verschlingt. Damit bleibt nichts anderes übrig als ein praktikables (w/l)-Verhältnis zu wählen und einen merklichen Gleichstromfluss bei einem L-Pegel am Ausgang zu akzeptieren.

Liegt dagegen das Ausgangssignal in invertierter Form vor – wie dies bei den Dominoschaltungen, die im nächsten Abschnitt beschrieben werden der Fall ist – so kann durch Einfügen eines rückgekoppelten p-Kanal Transistors (gestrichelt in Bild 6.16 gezeigt) der Gleichstrompfad vermieden werden.

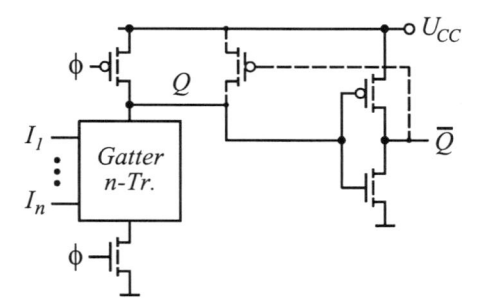

Bild 6.16:   Getaktete Gatterschaltung mit Unterschwellstromkompensation

Nur kurzzeitig entsteht ein Strompfad und zwar, wenn sich der Ausgang Q von H nach L verändert. Hierauf wurde bereits im Zusammenhang mit Bild 6.10 hingewiesen.

Auf den Haltetransistor kann verzichtet werden, wenn die Taktzeit wesentlich kürzer ist als die Entladezeit von C_L.

Das Schaltverhalten der vorgestellten Schaltung ergibt sich u.a. aus den Transistorgeometrien und den damit verbundenen parasitären Kapazitäten. D.h. die Optimierung der Schaltung in Bezug auf Schaltgeschwindigkeit und Leistungsverbrauch stellt eine Optimierung zwischen Layout und damit verbundenen parasitären Kapazitäten und Transistorgeometrien dar. Als Einstieg in das Layout wird für die n-Transistoren ein Geometrieverhältnis von ca. 2 empfohlen.

Von Nachteil der C^2MOS-Technik ist, dass

1. sich die Eingangspegel I_1 bis I_n nur während des Vorladens ändern dürfen, da sonst ein Ladungsausgleich stattfinden kann, der die Ausgangsspannung U_Q verringert und

2. eine Kaskadierung der Gatter nur mit zusätzlichem Schaltungsaufwand möglich ist.

Diese beiden Punkte werden im Folgenden detaillierter betrachtet.

Ladungsausgleich bei dynamischen Schaltungen

Bei allen dynamischen Schaltungen kann es durch das Zusammenschalten von Kapazitäten zu einem ungewünschten Ladungsausgleich kommen, wodurch Spannungen unzulässig abgesenkt werden und die Funktion der Schaltung nicht mehr gewährleistet ist. Am folgenden Beispiel, bei dem eine Variablenänderung nach dem Vorladen auftritt, soll dies näher erläutert werden. In Bild 6.17 ist dazu ein Teil der Schaltungen von Bild 6.15 wiedergegeben incl. einer parasitären Kapazität C_A am Knoten A.

Zur Zeit t_0 wird C_L auf eine Spannung $U_Q = U_{CC}$ aufgeladen und zur Zeit t_1 C_A auf eine von $U_A = 0$ V, da I_4 sich im H-Zustand befindet. Die Spannungen an den Kapazitäten bleiben auch erhalten, wenn sich der Eingang I_4 zur Zeit t_2 von H nach L verändert.

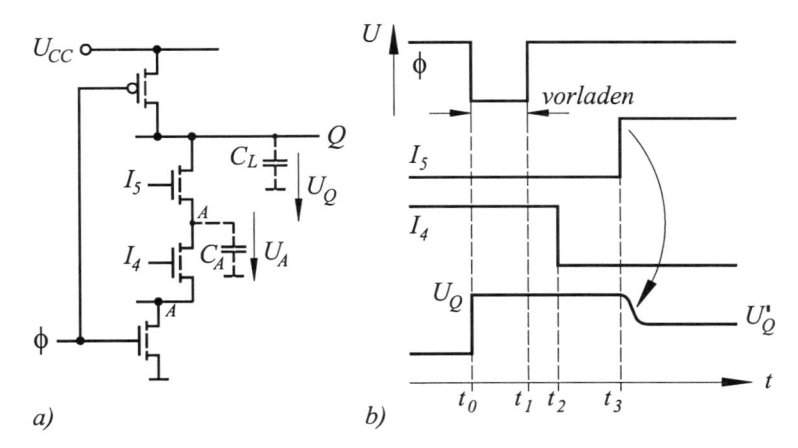

Bild 6.17: Prinzip des Ladungsausgleichs; a) Teilausschnitt aus Schaltung von Bild 6.15b; b) Zeitabläufe

Ändert sich jetzt I_5 zur Zeit t_3 von L nach H, werden die vorgeladenen Kapazitäten zusammengeschaltet, wodurch ein Ladungsausgleich zwischen beiden stattfindet. Es stellt sich am Ausgang Q eine reduzierte Spannung von

$$U'_Q = \frac{Q_G}{C_G} = \frac{C_L U_Q + C_A U_A}{C_A + C_L}$$
$$= \frac{C_L}{C_A + C_L} U_{CC} \qquad (6.2)$$

ein, wobei Q_G die Gesamtladung und C_G die Gesamtkapazität beschreibt.

Abhilfe bzw. Verringerung dieses Effekts kann durch folgende Maßnahmen erreicht werden:

1. die Änderung der Eingangssignale wird – wie bereits erwähnt – auf die Vorladezeit begrenzt oder

2. das Layout wird so gestaltet, dass in etwa $C_A < C_L/10$ ist.

6.2.2 Dominoschaltungen

Die Kaskadierung von getakteten Gatterschaltungen ist nur mit zusätzlichem Schaltungsaufwand möglich. Warum dies so ist, ist in Bild 6.18 demonstriert.

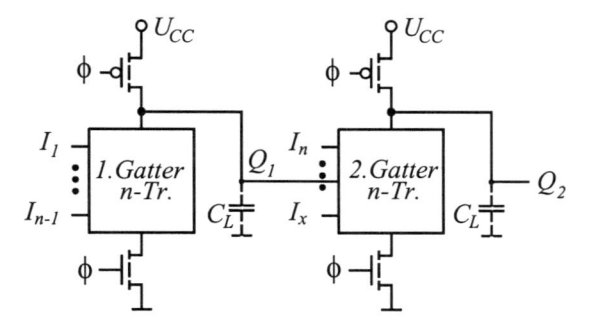

Bild 6.18: *Nicht erlaubte Kaskadierung von getakteten Gattern*

Die Kapazitäten C_L sind über die p-Kanal Transistoren auf eine Spannung U_{CC} vorgeladen. Ändert sich der Takt ϕ von L nach H, werden beide Gatter gleichzeitig aktiviert. Abhängig von den Variablen I_1 bis I_{n-1} kann der Ausgang Q_1 einen L-Zustand annehmen. Da dies jedoch nur verzögert geschieht, wird die logische Information am Eingang des 2. Gatters, das ja gleichzeitig mit dem 1. Gatter aktiviert wird, für eine kurze Zeit z.B. 1ns falsch interpretiert. Dadurch ist es möglich, dass Q_2 ebenfalls in einen falschen Zustand gelangt. Abhilfe kann dadurch erreicht werden, dass das 2. Gatter mit einem verzögerten Takt angesteuert wird oder man das Dominoprinzip |KRAM| anwendet.

6 Schaltnetze und Schaltwerke

Hierbei werden infolge der eingeführten Inverter nur nicht invertierte Signale weitergegeben (Bild 6.19).

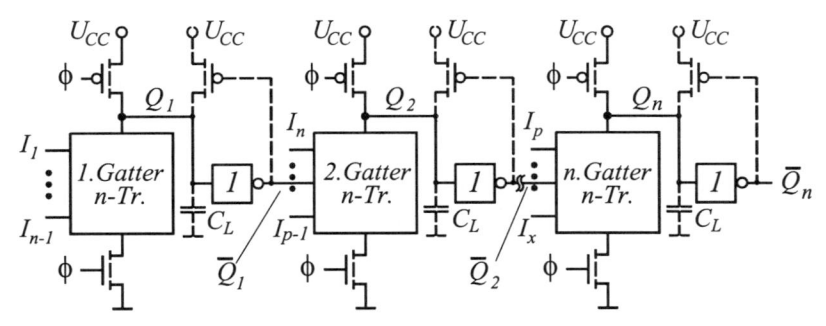

Bild 6.19:   Dominoprinzip

Diese ändern sich nach Aktivierung der Gatter natürlich auch nur verzögert, jedoch mit dem wesentlichen Unterschied, dass hierbei sich der logische Zustand in Abhängigkeit der Eingangsvariablen nur von L nach H verändern kann. Eine richtige Signalfortpflanzung ist gewährleistet, die ähnlich wie beim Dominospiel abläuft.

Wie aus der Beschreibung hervorgeht, ist der große Vorteil des Dominoprinzips die einfache Ansteuerung, bei der sich innerhalb einer Taktperiode die Logikzustände über viele Stufen hinweg fortpflanzen können. Durch Zufügen eines Rückkopplungstransistors (gestrichelt in Bild 6.19) kann, wie im vorhergehenden Abschnitt beschrieben wurde, auf elegante Weise das Leckstromproblem gelöst werden. Nachteilig ist dagegen, dass nur nichtinvertierte Logikstrukturen verwendet werden können.

6.2.3 Modifizierte Dominoschaltung (NORA-Domino)

Eine Schaltungstechnik mit weniger Aufwand erhält man, wenn alternierend n- und p-Kanal Logikblöcke kaskadiert werden (Bild 6.20).

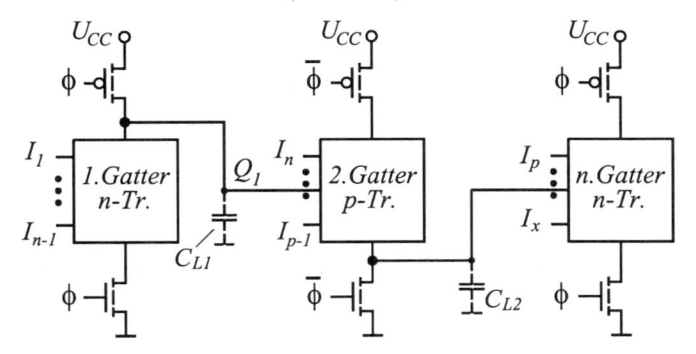

Bild 6.20:   Modifizierte Dominoschaltung

Auf zwischengeschaltete Inverter kann verzichtet werden. Während des Vorladens ist $\phi = L$ und $\overline{\phi} = H$, da $\overline{\phi}$ dem invertierten Signal ϕ entspricht. C_{L1} wird auf eine Spannung von U_{CC} und C_{L2} auf eine Spannung 0 V aufgeladen. Dadurch ist gewährleistet, dass beim Aktivieren der Gatter, wenn ϕ in den H- und $\overline{\phi}$ in den L-Zustand übergeht, eine Fehlinterpretierung der Variablen nicht erfolgt, da die n- bzw. p-Gatter nur leitend werden, wenn sich die entsprechenden Eingänge von L nach H bzw. H nach L verändern. Da die Signalfortpflanzung immer richtig abläuft, wird diese Technik NORA-Domino (**NO RA**CE) genannt |GONC|.

Ein Beispiel für diese Technik ist in Bild 6.21 dargestellt.

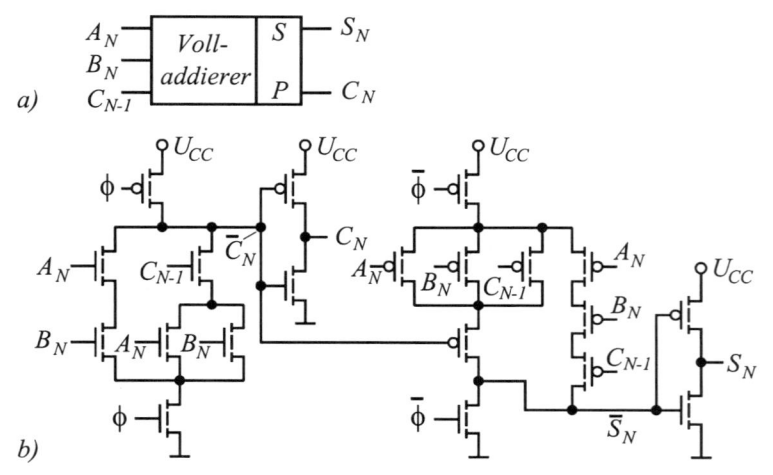

Bild 6.21:   *Volladdierer; a) Symbol; b) NORA-Schaltung*

Hierbei handelt es sich um einen Volladdierer, der die logischen Funktionen

$$S_N = [A_N \oplus B_N] \oplus C_{N-1} \quad \text{und}$$
$$C_N = [A_N \oplus B_N]C_{N-1} + A_N B_N \tag{6.3}$$

realisiert.

Bei allen bisher vorgestellten getakteten Schaltungen haben während des Vorladens die Ausgänge entweder einen L- oder H-Zustand. Dies ist in Bild 6.22a z.B. für den beschriebenen Addierer dargestellt.

Will man dies vermeiden (Bild 6.22b), was für die weitere Verarbeitung der Daten wichtig ist, kann die Information während des Vorladens an den Ausgängen zwischengespeichert werden. Dazu wurden, wie in Bild 6.22c gezeigt, die Ausgangsinverter modifiziert. In der Vorladezeit, wenn $\phi = L$ und $\overline{\phi} = H$ ist, sind die Ausgänge C_N und S_N hochohmig geschaltet. Ihre Zustände ändern sich nicht. Die Kapazitäten sind entweder auf- oder entladen. Diese Art der Informationsspeicherung wird dynamisch genannt, da die Ladung der Kapazitäten infolge von Leckströmen nur für eine bestimmte Zeit – wie in Kapitel 6.5.1 beschrieben – garantiert werden kann.

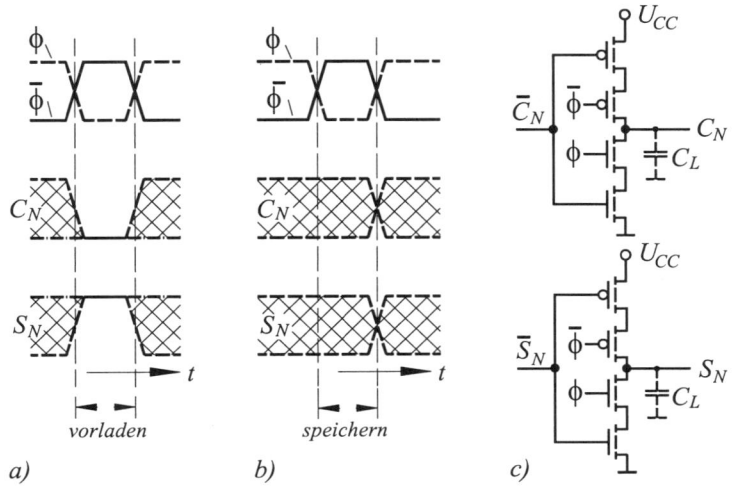

Bild 6.22: a) Zeitdiagramm des Volladdierers nach Bild 6.21b; b) Zeitdiagramm des Volladdierers mit modifiziertem Ausgangsinverter; c) Modifizierte Ausgangsinverter

6.2.4 Differenziell kaskadierte Schaltung (DCVS)

Man benötigt zu dieser DCVS-Technik (**D**ifferential **C**ascade **V**oltage **S**witch) die wahren und komplementären Eingangsvariablen. Die Anordnung von Bild 6.23 beruht auf dem in Abschnitt 6.2.1 beschriebenen C²MOS-Prinzip.

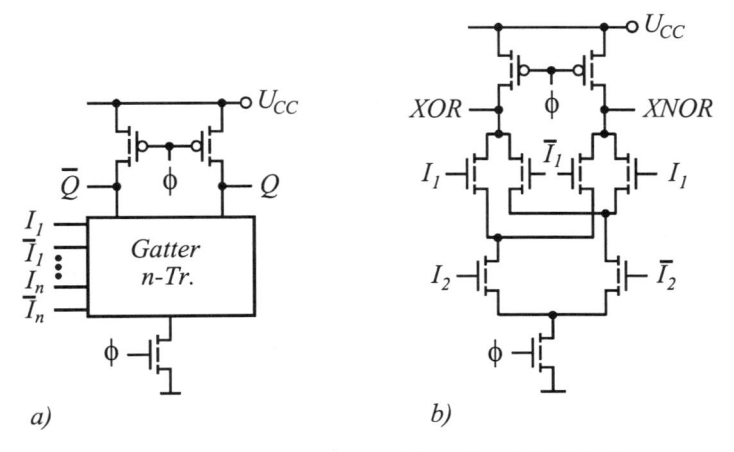

Bild 6.23: a) DCVS-Anordnung; b) Beispiel für XOR / XNOR-Gatter

Entsprechend den Zuständen der Eingangsvariablen liefert das Gatter bei $\phi = H$ einen leitenden Pfad nach Masse, wodurch Q oder $\overline{Q}$ den L-Zustand annimmt. Als Beispiel wurde ein XOR-Gatter dargestellt. Hierbei ist die Verknüpfung der Transistoren für den Ausgang Q gegeben durch: $Q = I_1 \cdot \overline{I}_2 + \overline{I}_1 \cdot I_2$ und diejenige für den komplementären Ausgang durch: $\overline{Q} = I_1 \cdot I_2 + \overline{I}_1 \cdot \overline{I}_2$. Wie dieses Beispiel zeigt, können Standard Logikentwurfsmethoden angewendet werden |CHU|, um derartige Schaltungen zu realisieren.

Bei Pipeline-Strukturen (Abschnitt 6.5.3) werden Zwischenspeicher benötigt. Wie diese Speicherung im Fall der DCVS-Schaltungstechnik bewerkstelligt werden kann ist in Bild 6.24 dargestellt.

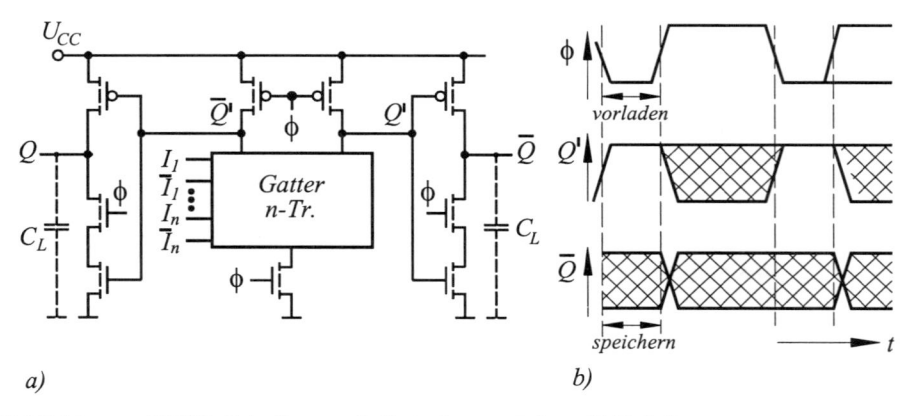

Bild 6.24:   DCVS-Schaltung mit Zwischenspeicher; b) Zeitdiagramm

Ist $\phi = L$ befinden sich die Ausgänge $\overline{Q}'$ und Q' des Gatters im H-Zustand. Gleichzeitig sind die Ausgänge Q und $\overline{Q}$ hochohmig geschaltet. Dies bedeutet, dass die Information, die als unterschiedliche Ladungsmenge an C_L gespeichert ist, erhalten bleibt. Erst wenn sich ϕ von L nach H verändert, erfolgt eine Zustandsänderung am Ausgang Q bzw. $\overline{Q}$.

Genau wie bei der C²MOS- und Domino-Technik beschrieben, ist es möglich, dass infolge von Leckströmen ein H- in einen L-Zustand gelangt. Dies kann durch Modifizieren der Anordnung von Bild 6.23 vermieden werden, in dem kreuzgekoppelte p-Kanal Transistoren (Bild 6.25) verwendet. werden.

Vergleicht man die DCVS-Technik mit den vorgestellten Schaltungstechniken, so ergibt sich durch die differenzielle Ansteuerung ein deutlicher Geschwindigkeitsvorteil bei gleichzeitig zum Teil reduzierter Transistorzahl |PING|.

6 Schaltnetze und Schaltwerke 339

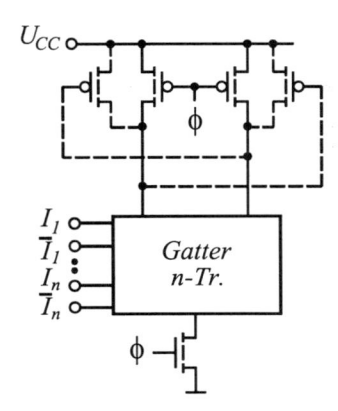

Bild 6.25: Modifizierte DCVS-Schaltung

6.2.5 Schaltverhalten von Gattern

Zur überschlägigen Bestimmung der Anstiegs- bzw. Abfallzeiten bei Gattern kann auf die Ergebnisse, die in Tabelle 5.4 (Kapitel 5) zusammengefasst sind, zurückgegriffen werden.

Sind z.B. m-Transistoren – wie in Bild 5.25b gezeigt – parallel geschaltet, ergibt sich eine Streuung der Abfallzeit von

$$\frac{1}{m}\frac{C_L}{\beta_n}1{,}2(1/V) \le t_f \le \frac{C_L}{\beta_n}1{,}2(1/V) \ . \tag{6.4}$$

Diese hängt davon ab, wie viele Transistoren gleichzeitig aktiviert werden.

Werden dagegen m-Transistoren in Serie geschaltet (Bild 5.25a), resultiert eine verlängerte Zeit von

$$t_f = m\frac{C_L}{\beta_n}1{,}2(1/V) \ . \tag{6.5}$$

Die in dieser Gleichung angegebene Zeit gibt den besten Fall wieder, wie im folgenden Beispiel für die Serienschaltung von n-Kanal Transistoren bei einem vierfach komplementären NAND-Gatter (Bild 6.26) demonstriert wird.

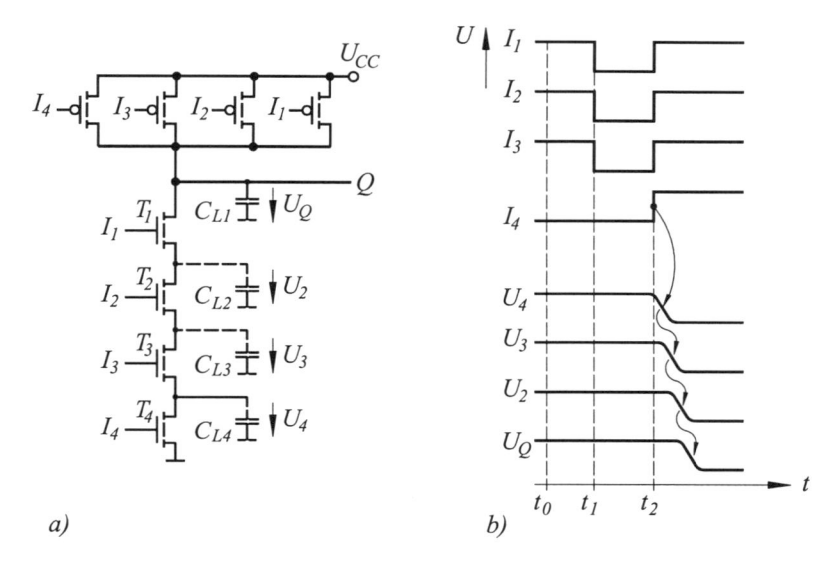

Bild 6.26:   *a) Vierfach NAND-Gatter; b) Zeitverhalten*

Zur Zeit t_0 herrschen an den Eingängen die in Bild 6.26b angegebenen Zustände. Dadurch sind die Transistoren T_1, T_2, und T_3 leitend geschaltet, wodurch sich die gezeigten Spannungen U_Q bis U_4 einstellen.

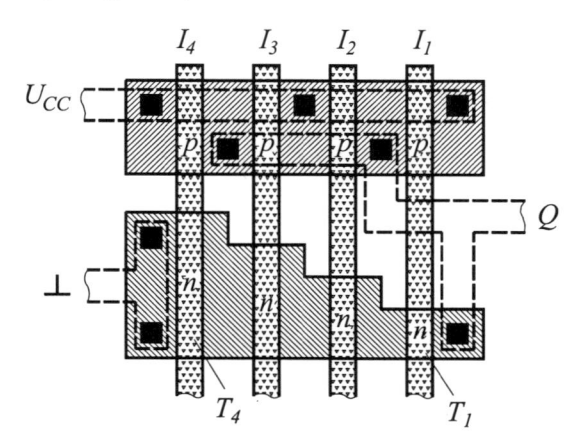

Bild 6.27:   *Layout eines vierfach NAND-Gatters*

Zur Zeit t_1 werden an die Eingänge I_1 bis I_3 L-Zustände angelegt. Die Spannungen U_Q bis U_4 bleiben dadurch unverändert. Ändern sich jedoch zur Zeit t_2 alle Eingangspegel von L nach H, so kann sich die Ausgangsspannung U_Q erst dann ändern, wenn nacheinander die Kapazitäten C_{L4} bis C_{L1} entladen werden. Dies führt zu einer Erhöhung gegenüber der in Gleichung (6.5) angeführten Entladezeit, wobei sich der Substratsteuerfaktor zusätzlich negativ auswirkt. Um die Entladezeit zu verringern, können die n-Kanal Transistoren, wie in |SHOJ| beschrieben, gestaffelt dimensioniert werden. Bild 6.27 zeigt für diesen Fall das Layout des vierfach NAND-Gatters.

Der am nächsten zum Ausgang Q liegende Transistor T_1 hat dabei die kleinste Weite, während derjenige am nächsten zur Masse liegende Transistor T_4 die größte Weite besitzt. Durch diese Maßnahme kann eine Verkürzung der Abfallzeit von 15 bis 25% erreicht werden.

6.3 Gatterschaltungen für hohe Taktraten

Drahtlose Kommunikationssysteme und Glasfaseranwendungen benötigen Gatterschaltungen, die mit Datenraten weit über 1Gb/s arbeiten. Auf Siliziumbasis wurden und werden derartige Schaltungen mit Bipolartransistoren realisiert und die Schaltungstechniken **Current Mode Logic (CML)** bzw. **Emitter Couple Logic (ECL)** dazu verwendet (Kapitel 10.1).

Mit der fortschreitenden Verfeinerung der Strukturen wurden die MOS-Transistoren so schnell, dass **CML**-Schaltungen – **MCML** genannt – auch mit diesen Transistoren realisiert werden können |YAMA|, worauf im folgenden Abschnitt eingegangen wird.

Die kurzen Schaltzeiten werden dadurch erreicht, dass man die Differenz der Logikpegel $\Delta U = U_{IH} - U_{IL}$, die bei den betrachteten CMOS-Schaltungen dem sog. vollen rail to rail swing von U_{CC} entspricht stark verkleinert. Eine deutlich verbesserte Schaltzeit

$$\Delta t \approx C \frac{\Delta U}{I} \qquad (6.6)$$

resultiert.

Das Grundelement der MCML-Schaltungen ist der Stromschalter (Bild 6.28) der als Inverter verwendet werden kann und in differenzieller Form betrieben wird. Der Strom der Stromsenke I_K teilt sich auf die in Stromsättigung betriebenen Transistoren T_1 und T_2 auf. Ist die Eingangsspannung $U_I > U_{\bar{I}}$ dann ist $I_{DS,1} \gg I_{DS,2}$, wodurch an T_3 ein Spannungsabfall von ΔU entsteht, während dieser bei T_4 ca. 0V beträgt. Somit liegen an den Ausgängen die Spannungen $U_{\overline{Q}L} = U_{CC} - \Delta U$ und $U_{QH} = U_{CC}$ an. Ist dagegen $U_I < U_{\bar{I}}$ ergibt sich eine umgekehrte Situation. Als Wert für ΔU wird in der Praxis eine Spannung zwischen 0,2 V und 0,4 V gewählt. Wobei 0,2 V als kleinster Wert angesehen wird, bevor die Robustheit der Schaltung in Bezug auf Störeinkopplungen und Einsatzspannungsschwankungen merklich abnimmt.

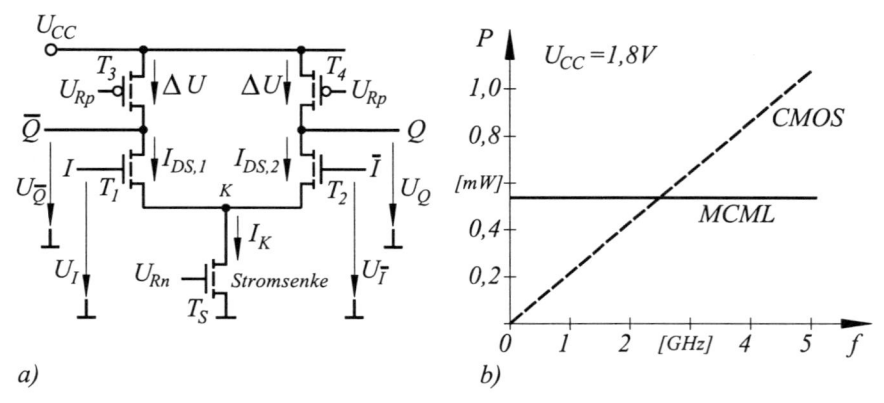

Bild 6.28: a) Stromschalter; b) Leistungsverbrauch von CMOS und MCML als Funktion der Taktfrequenz /TANA/

Um die Spannungsänderung ΔU einzustellen, werden die p-Kanal Transistoren T_3, T_4 im Widerstandsbereich betrieben und die Spannung U_{Rp} so gewählt, dass $\Delta U = I_K \cdot R$ ist, wobei R den Widerstandswert der p-Transistoren angibt. Wenn es das Herstellverfahren erlaubt, können auch Widerstände statt der p-Kanal Transistoren verwendet werden. Dies kann von Vorteil sein. Werden nämlich p-Kanal Transistoren mit relativ großen Geometrien benötigt, kann dies eine nicht mehr akzeptierbare Zunahme der kapazitiven Belastung in der Schaltung bedeuten.

Transistor T_S – die sog. Stromsenke (Kapitel 8.1) – wird in Stromsättigung betrieben und der Strom I_K mit der Spannung U_{Rn} eingestellt. Die Spannung am Knoten K bleibt infolge der differenziellen Eingänge nahezu konstant (Kapitel 8.3.2). Dies ändert sich auch nicht, wenn die Taktfrequenz erhöht wird. Dies hat zur Folge, dass der Leistungsverbrauch bei MCML-Technik nahezu unabhängig von der Taktfrequenz ist. Der Leistungsverbrauch von CMOS-Gattern nimmt dagegen mit der Frequenz Gl.(5.28)

$$P = CU_{CC}^2 f \tag{6.7}$$

zu (Bild 6.28b). Dies bedeutet, dass MCML-Schaltungen sehr gut für den GHZ-Betrieb bei niedrigem Leistungsverbrauch geeignet sind.

Der Strom I_K der Stromsenke ist konstant und wird entweder über T_1 oder T_2 geschaltet. Für die Zuleitungen der Versorgungsspannungen bedeutet dies eine nahezu konstante Strombelastung, wodurch nur sehr geringe Störspannungen im Vergleich zu CMOS-Gatter entstehen. Außerdem werden Störungen, die auf beide Eingänge des Gatters gleich wirken, stark unterdrückt. Der Grund dafür ist, dass die Eingangsspannungen U_I und $U_{\overline{I}}$ sich durch die Störung zwar im gleichen Sinne verändern aber nicht der Strom der Stromsenke und die Aufteilung des Stroms auf die Transistoren T_1 und T_2 (Kapitel 8.3.2 Common mode rejection).

6 Schaltnetze und Schaltwerke

Ein weiterer Vorteil der MCML-Technik ist, dass die Versorgungsspannung und damit der Leistungsverbrauch $P = I_K \cdot U_{CC}$ reduziert werden kann ohne dass die Verzögerungszeit Gl.(6.6) zunimmt. Den minimalen Wert, den die Versorgungsspannung dabei annehmen kann ergibt sich aus Bild 6.29.

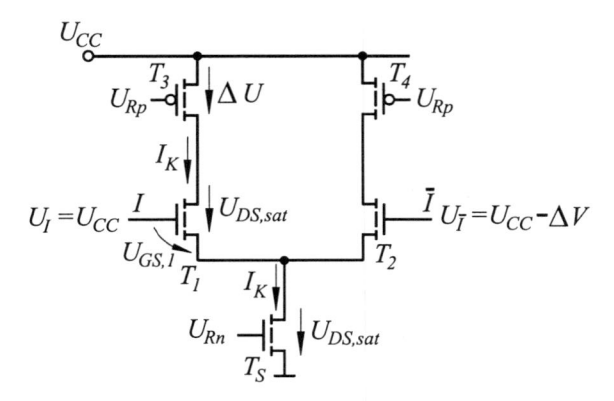

Bild 6.29:   *Stromschalter mit Spannungen zur Bestimmung von U_{CC} (min)*

Die Transistoren T_S und T_1 bzw. T_2 arbeiten in Stromsättigung um eine hohe Spannungsverstärkung zu garantieren. Die minimale U_{DS}-Spannung die dabei noch möglich ist, ist die Sättigungsspannung Gl.(4.54)

$$U_{DSsat} = U_{GS} - U_{Tn}. \tag{6.8}$$

Der Strom der dabei fließt beträgt Gl.(4.58)

$$I_{DS} = I_K = \frac{\beta_n}{2}(U_{GS} - U_{Tn})^2, \tag{6.9}$$

so dass sich eine Sättigungsspannung als Funktion des Stromes von

$$U_{DSsat} = \sqrt{\frac{2I_K}{\beta_n}} \tag{6.10}$$

ergibt.

Die minimale mögliche Versorgungsspannung setzt sich damit aus der Summe der Sättigungsspannungen an T_S und T_1 sowie dem Spannungsabfall an T_3

$$\boxed{U_{CC}(\text{min}) = \sqrt{\frac{2I_K}{\beta_{n,s}}} + \sqrt{\frac{2I_K}{\beta_{n,1}}} + \Delta U} \tag{6.11}$$

zusammen.

Bei dem Stromschalter gibt es noch ein weiteres Kriterium, das die minimale Versorgungsspannung bestimmt. Liegen z.B. am Eingang I eine Spannung von U_{CC} und am

Eingang $\bar{I}$ eine von $U_{CC} - \Delta U$ an, darf die Versorgungsspannung nicht kleiner sein als (Bild 6.29)

$$U_{CC}(\min) = U_{DS,sat} + U_{GS,1}$$

$$\boxed{U_{CC}(\min) = \sqrt{\frac{2I_K}{\beta_{n,s}}} + \sqrt{\frac{2I_K}{\beta_{n,1}}} + U_{Tn}}. \tag{6.12}$$

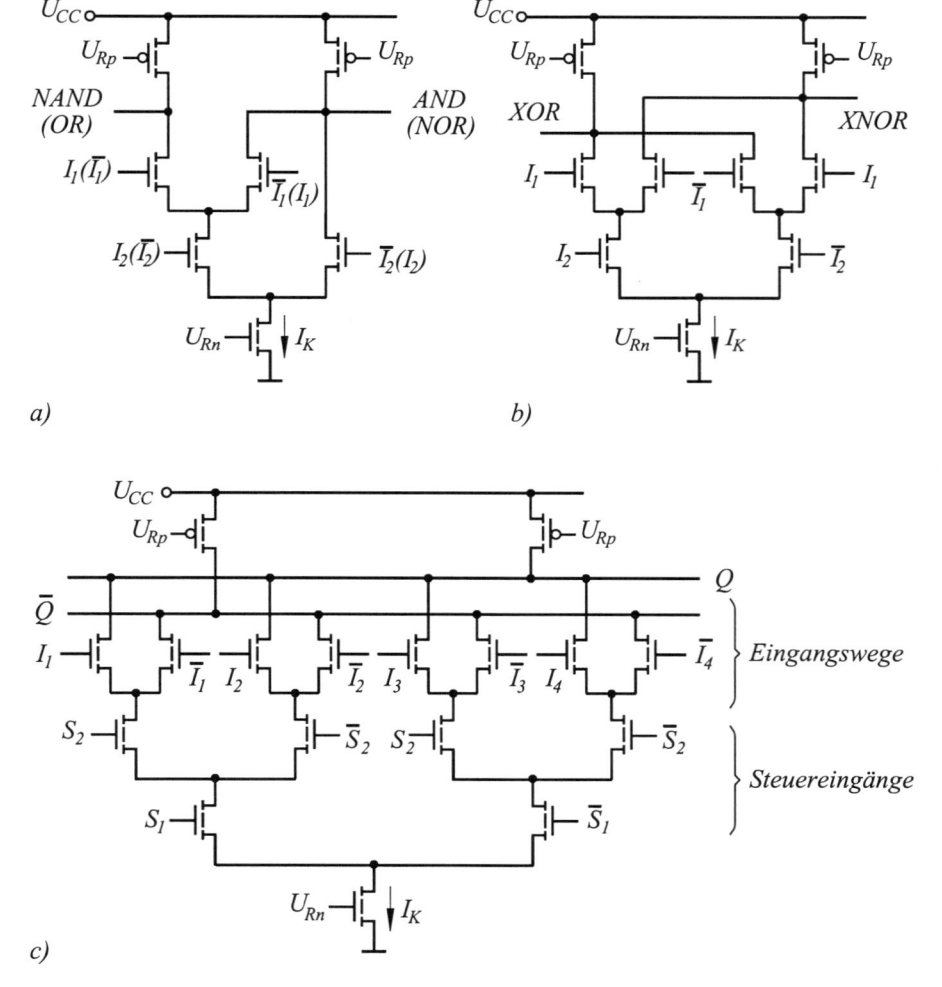

Bild 6.30: Beispiele für differenzielle MCML-Gatter; a) NAND (OR) / AND (NOR); b) XOR / XNOR; c) 4 zu 1 Multiplexer

Aus dieser Betrachtung ist ersichtlich, dass es wünschenswert ist, bei MCML Transistoren mit besonders kleiner Einsatzspannung z.B. von 0,2 V – wie in |MIZU| beschrie-

6 Schaltnetze und Schaltwerke

ben – zu verwenden. Dies führt zu erhöhter Schaltgeschwindigkeit bei gleichzeitig reduzierter Versorgungsspannung.

Mit z.B. $U_{DSsat} = 0{,}4$ V für die Transistoren T_S und T_1 und $\Delta U = 0{,}3$ V liefert damit Beziehung (6.11) einen Wert für die minimal mögliche Versorgungsspannung von 1,1V.

Wie Logikimplementierungen in differenzielle MCML-Technik realisiert werden können ist in Bild 6.35 anhand einiger Beispiele dargestellt. Auf ein D-Flip-Flop wird in Kapitel 6.5.1 näher eingegangen.

Bei der dargestellten differenziellen MCML-Technik werden die Transistoren so verknüpft, dass der Stromsenkenstrom I_K entweder auf den linken oder rechten Logikzweig aber nie gleichzeitig auf beide Zweige geschaltet werden kann. Dies führt zu serieller Verknüpfung – auch series gating genannt – der Transistoren. Dies hat – entsprechend den zusätzlichen Spannungsabfällen an den durchgeschalteten Transistoren – eine höhere Versorgungsspannung zur Folge. Weiterhin zeigt sich, wenn Gatter kaskadiert werden, dass einige Transistoren in den Widerstandsbereich gelangen, wodurch die Spannungsverstärkung der Schaltung leicht abnimmt. Dazu ein Beispiel

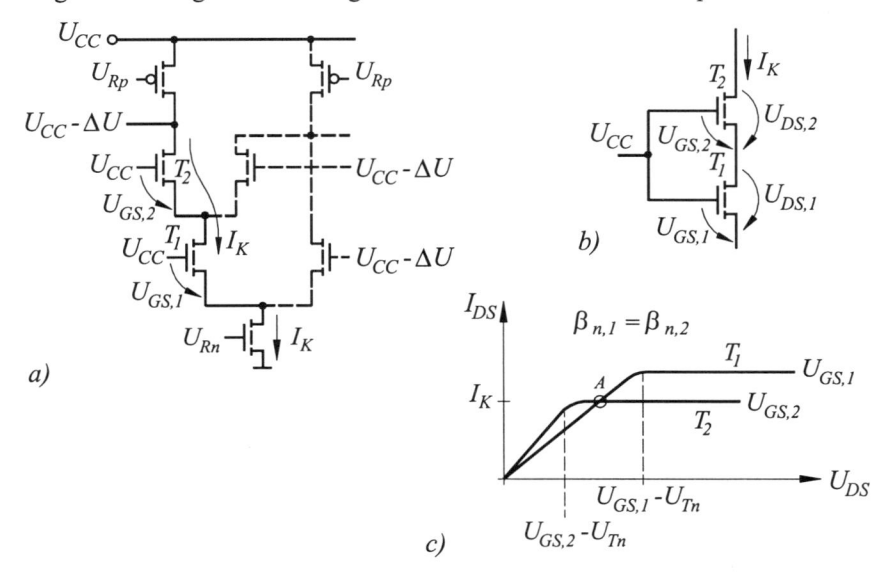

Bild 6.31:   *Bereichsbetrachtung am MCML-Gatter*

Die Ausgangsspannungen eines Gatters sind die Eingangsspannungen für ein folgendes Gatter. Mit z.B. $U_{IH} = U_{CC}$ an den Transistoren T_1 und T_2 ergibt sich eine Situation von zwei in Reihe geschalteten Transistoren (Bild 6.31b). Da $U_{GS,1} > U_{GS,2}$ ist, resultiert mit $\beta_{n,1} = \beta_{n,2}$ das in Bild 6.31c skizzierte Strom-Spannungsverhalten. Der Strom I_K fließt durch beide Transistoren, wodurch sich ein Arbeitspunkt A einstellt. Dies bedeutet, dass T_2 sich im Stromsättigungs- und T_1 sich im Widerstandsbereich befindet.

Die Schaltgeschwindigkeit der MCML-Schaltungen wird einerseits durch den Strom I_K und andererseits durch den Signalhub ΔU bestimmt. Um beide Größen möglichst unabhängig von Technologieschwankungen und Betriebsbedingungen zu machen, kann die Spannung U_{Rn} mit der in Bild 6.32 gezeigten Anordnung geregelt werden.

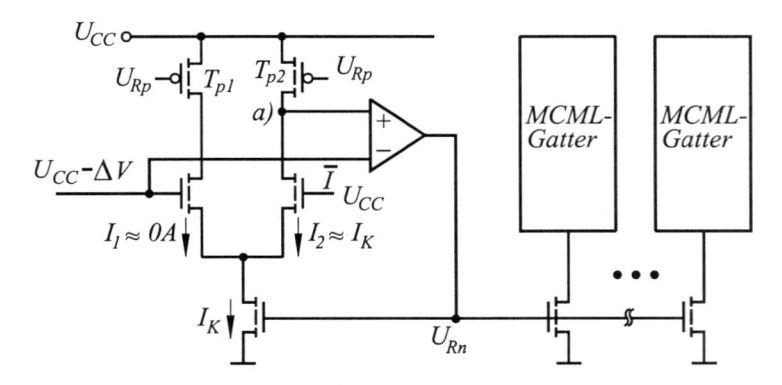

Bild 6.32:   *Schaltungsanordnung zur Generierung von U_{Rn}*

Dazu liegen am Eingang I eine Spannung von $U_{CC} - \Delta U$, die z.B. durch einen Spannungsteiler oder eine Bandabstands-Spannungsquelle (Kapitel 10.3) erzeugt wird und am Eingang $\bar{I}$ eine von U_{CC} an. Dadurch ist $I_1 \approx 0$ A und $I_2 \approx I_K$. Ist der Spannungsabfall über T_{p2} kleiner oder größer als $U_{CC} - \Delta U$, steigt oder sinkt die Spannung U_{Rn} am Ausgang des Verstärkers, wodurch I_K zu- oder abnimmt bis die Spannungsdifferenz am Eingang des Verstärkers ~ 0 V beträgt. Damit hat U_{Rn} einen Wert der garantiert, dass am Knoten a) eine Spannung von $U_{CC} - \Delta U$ herrscht. Die U_{Rn}-Spannung kann als Referenzspannung für andere MCML-Schaltungen verwendet werden. Voraussetzung hierbei ist, dass gleiche Transistorgeometrien vorliegen. Ist dies nicht der Fall, muss eine zusätzliche Referenzspannung erzeugt werden.

Eine weitere Möglichkeit ergibt sich wenn die Spannung U_{Rp} gesteuert wird. Dies kann, wie in |MIZU| beschrieben so geschehen, dass MCML-Schaltungen auch bei Spannungsänderungen eine konstante Verzögerungszeit besitzen.

Offset-Spannung

Ein Nachteil der MCML-Schaltungen ist, dass sie sehr empfindlich auf Offset-Spannungen reagieren, wodurch der minimale Signalhub begrenzt wird und die Robustheit der Gatter leidet. Wird z.B. an die beiden Eingänge des Stromschalters eine Spannung von $U_{CC} - \Delta U$ angelegt (Bild 6.33), dann ist im Idealfall die Spannung zwischen den beiden Ausgängen $U_{off} = 0$V und es stellt sich eine mittlere Ausgangsspannung von U_M ein.

6 Schaltnetze und Schaltwerke

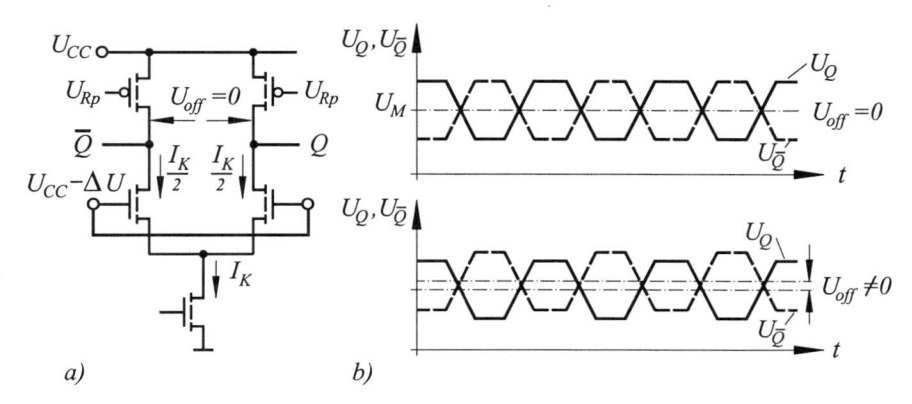

Bild 6.33: a) Stromschalter mit kurzgeschlossenen Eingängen; b) Auswirkung einer Offset-Spannung auf die Ausgangspegel

Eine Offset-Spannung zwischen den beiden Ausgängen kommt durch Asymmetrien in der Schaltung zustande. Diese werden überwiegend durch Einsatzspannungsdifferenzen bei den p- und n-Kanal Transistoren verursacht (Kapitel 10.4.1). Um die Asymmetrie bei den n-Kanal Transistoren näher zu betrachten, ist es zweckmäßig, eine Kleinsignalanalyse (Kapitel 8.3.2) durchzuführen. Zur Vereinfachung wurden die p-Kanal Transistoren durch identische Widerstände ersetzt.

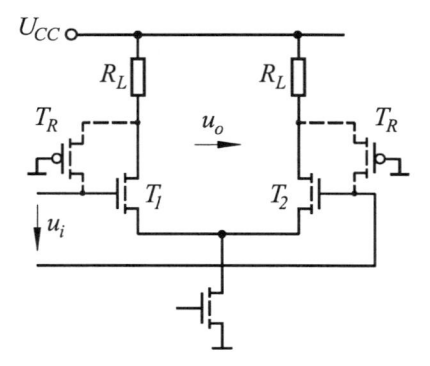

Bild 6.34: Stromschalter mit Wechselspannungen

Entsprechend der Herleitung in Kapitel 8.3.2 wobei in Gleichung (8.34) $(g_{o,n} + g_{o,p})^{-1}$ durch R_L ersetzt wurde ergibt sich — ohne die Transistoren T_R — bei niedrigen Frequenzen eine Spannungsverstärkung von

$$a_{dm}(0) = \frac{u_o}{u_i} = -g_m R_L \qquad (6.13)$$

wobei der Übertragungsleitwert Gl.(6.9) einen Wert von

$$g_m = \frac{\partial I_{DS}}{\partial U_{GS}} = \beta_n (U_{GS} - U_{Tn}) \qquad (6.14)$$

hat.

Die Offset-Spannung kann mit

$$U_{off} = \Delta I_{DS} R_L, \qquad (6.15)$$

bestimmt werden, wobei ΔI_{DS} die Differenz der Ströme zwischen den beiden n-Kanal Transistoren als Folge der Einsatzspannungsdifferenz beschreibt. Diese Beziehung erweitert liefert

$$U_{off} \approx \frac{\partial I_{DS}}{\partial U_{Tn}} \Delta U_{Tn} R_L. \qquad (6.16)$$

Aus Gleichung (6.9) ergibt sich

$$\frac{\partial I_{DS}}{\partial U_{Tn}} = -g_m, \qquad (6.17)$$

so dass eine Offset-Spannung von

$$\boxed{U_{off} \approx a_{dm}(0) \Delta U_{Tn}} \qquad (6.18)$$

resultiert.

Dies ist kein sonderlich überraschendes Resultat, denn es besagt, dass die Offset-Spannung mit der Verstärkung der Schaltung zunimmt. Für die Praxis bedeutet dies, dass $a_{dm}(0)$ um 1,5 herum liegen sollte. In |TANA| wird dies durch eine Rückkopplung mit jeweils einem p-Kanal Transistor zwischen Drain und Gate von T_1 und T_2 erreicht (gestrichelt in Bild 6.34 eingezeichnet).

6.4 Logische Felder

Im Vorhergehenden wurden die verschiedensten Grundelemente der Schaltnetze analysiert. Diese können verknüpft werden, um komplexe Schaltnetze zu realisieren. Dabei entstehen fast immer unregelmäßige Layout-Strukturen. Mit Hilfe von logischen Feldern können diese systematisch angeordnet werden. Dadurch ist ab einer bestimmten Zahl von Gattern, die von der verwendeten Technik abhängt, die Chipfläche pro Gatter geringer (Bild 6.35).

6 Schaltnetze und Schaltwerke 349

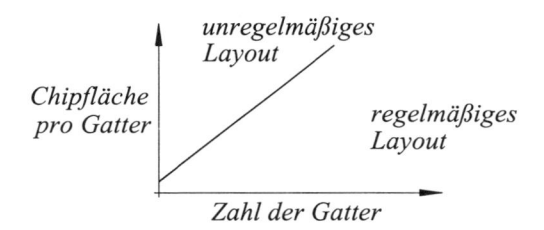

Bild 6.35: Vergleich von unregelmäßigem und regelmäßigem Layout

Im nächsten Abschnitt werden als Beispiele für logische Felder Dekoder und PLAs näher betrachtet.

6.4.1 Dekoder

In vielen digitalen Schaltungen und insbesondere bei Speichern werden Dekoder verwendet. Dies sind Schaltungen, die ein N-bit Eingangswort in ein M-bit Ausgangswort umwandeln, wobei $M = 2^N$ ist.

A	B	C	Y_0	Y_1	Y_2	Y_3	Y_4	Y_5	Y_6	Y_7
L	L	L	H	L	L	L	L	L	L	L
H	L	L	L	H	L	L	L	L	L	L
L	H	L	L	L	H	L	L	L	L	L
H	H	L	L	L	L	H	L	L	L	L
L	L	H	L	L	L	L	H	L	L	L
H	L	H	L	L	L	L	L	H	L	L
L	H	H	L	L	L	L	L	L	H	L
H	H	H	L	L	L	L	L	L	L	H

Bild 6.36: Strukturaufbau eines 1 aus 8 NOR-Dekoders mit Wahrheitstabelle

Bei jedem Ausgangswort hat stets nur ein Ausgang einen Binärzustand H, während die verbleibenden Ausgänge die Binärzustände L besitzen. Zuerst ist es zweckmäßig, den Strukturaufbau z.B. eines eins aus acht NOR-Dekoders zu betrachten (Bild 6.36). Die Eingänge bestehen aus einem 3-bit Eingangswort und dessen Komplement. Der Einfachheit halber wurden P-Lasten zur Herstellung des jeweiligen H-Pegels verwendet. Y_0 hat einen Zustand H, wenn A, B und C einen L-Pegel besitzen, denn dann sind die entsprechenden Transistoren nicht leitend. Y_1 hat einen H-Zustand, wenn $\overline{A}$, B und C einen L-Pegel einnehmen usw. Die Dekodierung ist eindeutig, da eine Eingangsadresse immer nur eine bestimmte Transistorkombination nichtleitend schaltet und somit eine Y-Leitung auswählt. Betrachtet man das Schema genauer ist ersichtlich, dass die Anordnung der Transistoren der **Least Significant Bits (LSB)** sich alternierend ändert und die Transistoren des mittleren Bits sich dagegen in zweier Folge und die des **Most Significant Bits (MSB)** in vierer Folge verändert. Die Anordnung der Transistoren entspricht somit direkt dem Binärcode.

Im nächsten Abschnitt werden Dekoder in den verschiedensten Schaltungstechniken vorgestellt.

Komplementärdekoder

Als Beispiel wird ein eins aus acht komplementärer NOR-Dekoder (Bild 6.37) entsprechend der in Bild 6.36 gezeigten Wahrheitstabelle betrachtet.

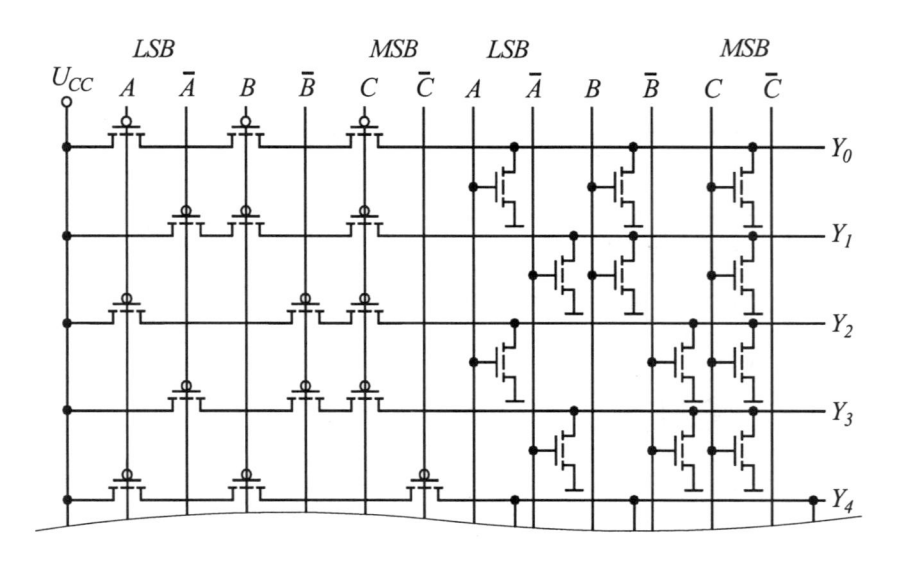

Bild 6.37:   *1 aus 8 komplementärer NOR-Dekoder*

Die n-Transistoren geben – genau wie in Bild 6.36 – die NOR-Verknüpfung wieder, während die p-Transistoren komplementär dazu angeordnet sind.

Als weiteres Beispiel wird ein eins aus acht komplementärer NAND-Dekoder (Bild 6.38) vorgestellt, bei dem im Gegensatz zur Wahrheitstabelle in Bild 6.36 ein L-Pegel aus lauter H-Pegel selektiert wird.

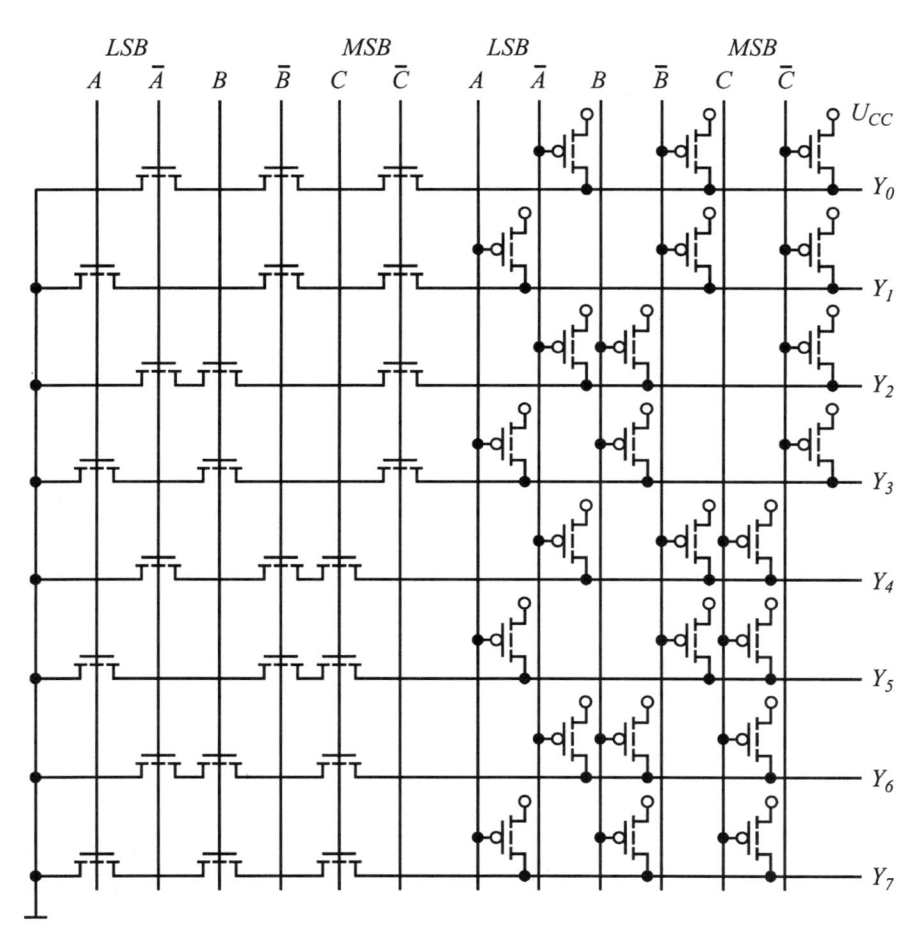

Bild 6.38:   1 aus 8 komplementärer NAND-Dekoder

Die n-Transistoren realisieren hierbei die NAND-Funktion und die p-Transistoren die komplementäre Funktion dazu. In beiden Beispielen können alle p-Kanal Transistoren zur Einsparung von Siliziumfläche in einer gemeinsamen n-Wanne angeordnet werden. Nachteilig bei diesen Dekodern ist, dass immer entweder die p-Kanal oder die n-Kanal Transistoren seriell angeordnet sind, wodurch es bereits ab fünf Transistoren zu relativ langsamen Anstiegs- bzw. Abfallzeiten am Ausgang kommt. Um diese zu entschärfen, werden Dekoder häufig kaskadiert. Dieses Prinzip ist in Bild 6.39 an einem 1 aus 16 Dekoder demonstriert.

Zur Nachdekodierung wird ein Komplementärinverter verwendet, der an der Source des p-Kanal Transistors zusätzlich angesteuert wird. Wie an dem Beispiel zu ersehen, kann der H-Pegel des NOR-Dekoders nur dann zum Ausgang Z_o gelangen, wenn der NAND-Dekoder einen L-Pegel liefert. (Die im ungünstigsten Fall an den Z-Ausgängen auftretende Spannung wird in Aufgabe 6.3 berechnet.)

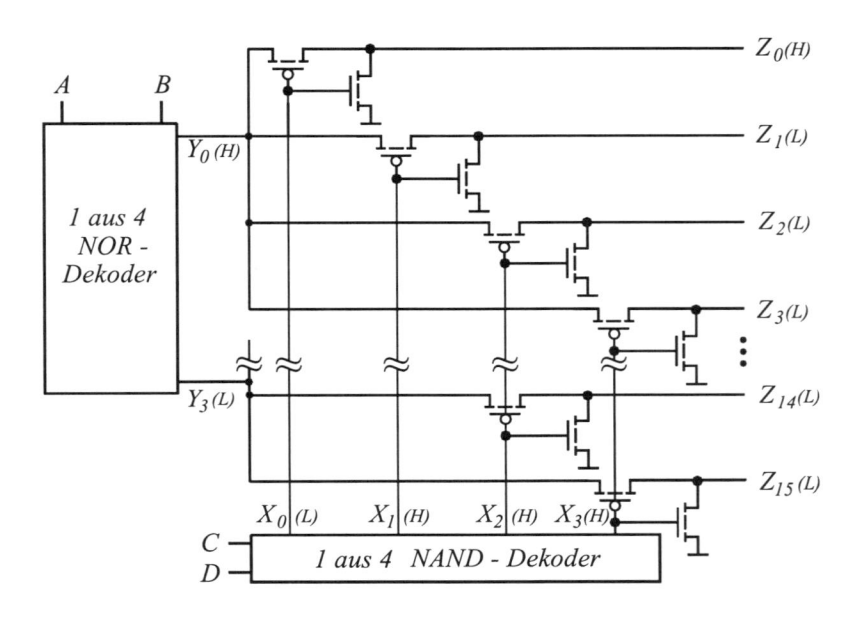

Bild 6.39:   Kaskadierung von Dekodern

Dekoder mit virtueller Masse

Zur Einsparung von Siliziumfläche kann das Prinzip der virtuellen Masse verwendet werden. Zur Erklärung wird z.B. auf Bild 6.37 verwiesen. Jedem n-Transistor ist eine individuelle Masseverbindung zugeführt. Auf diese individuelle Masse kann verzichtet werden. Dies soll am Beispiel eines eins aus acht NOR-Dekoders mit P-Lasten verdeutlicht werden.

Die geradzahligen oder die ungeradzahligen Ausgänge sind mit Hilfe des LSBs jeweils mit Masse verbunden. Dadurch kann die Masseverbindung der verbleibenden Transistoren jeweils über die entsprechende gerad- oder ungeradzahlige Y-Leitung hergestellt werden. Das Layout ist in Bild 6.40b dargestellt, wobei die Leitungen A bis $\overline{C}$ in Polyzid ausgeführt sind.

6 Schaltnetze und Schaltwerke 353

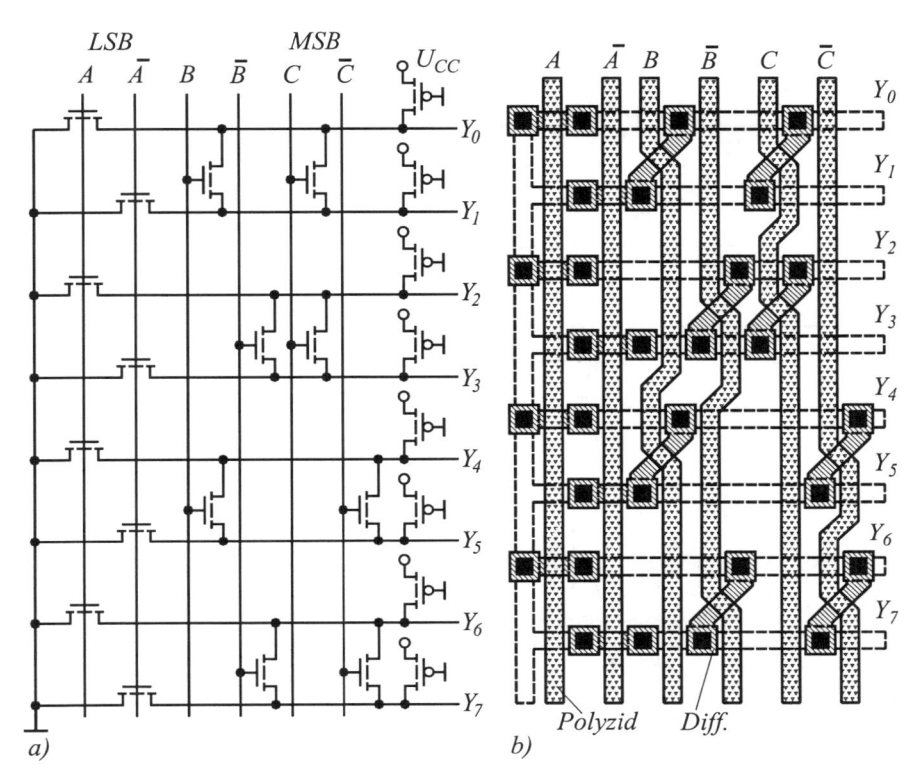

Bild 6.40: 1 aus 8 NOR-Dekoder mit P-Last und virtueller Masse; a) Schaltung; b) Layout

Dynamischer Dekoder

Die bei den dynamischen Gatterschaltungen vorgestellten Prinzipien sind selbstverständlich auch bei den Dekodern anwendbar. Im Folgenden wird als Beispiel für diese Kategorie von Schaltungen ein weit verbreiteter NOR-Dekoder (Bild 6.41) vorgestellt.

Ist $\phi = L$ und $\overline{\phi} = H$, dann sind alle Ausgänge der NOR-Gatter im L-Zustand und alle n-Kanal Transistoren gesperrt. Die p-Kanal Transistoren leiten, wodurch die mit den Y-Leitungen einhergehenden parasitären Kapazitäten C_L auf U_{CC} aufgeladen werden. Ändern die ϕ-Signale ihren Zustand, findet die Dekodierung durch entsprechende Entladung bzw. Nichtentladung der Kapazitäten statt.

Zwei mögliche Dekoder-Layouts sind dargestellt. In Bild 6.41b wurden die Eingänge als Polyzidbahnen und die Y-Ausgänge als Metallbahnen ausgeführt. Die Masseanschlüsse der n-Kanal Transistoren werden über gemeinsame Diffusionsstreifen realisiert. Da diese auch bei Verwendung von Silizid mit ca. $3\Omega\,/\,\square$ relativ hochohmig sind, müssen diese periodisch mit den niederohmigen Metall-Leitungen kontaktiert werden.

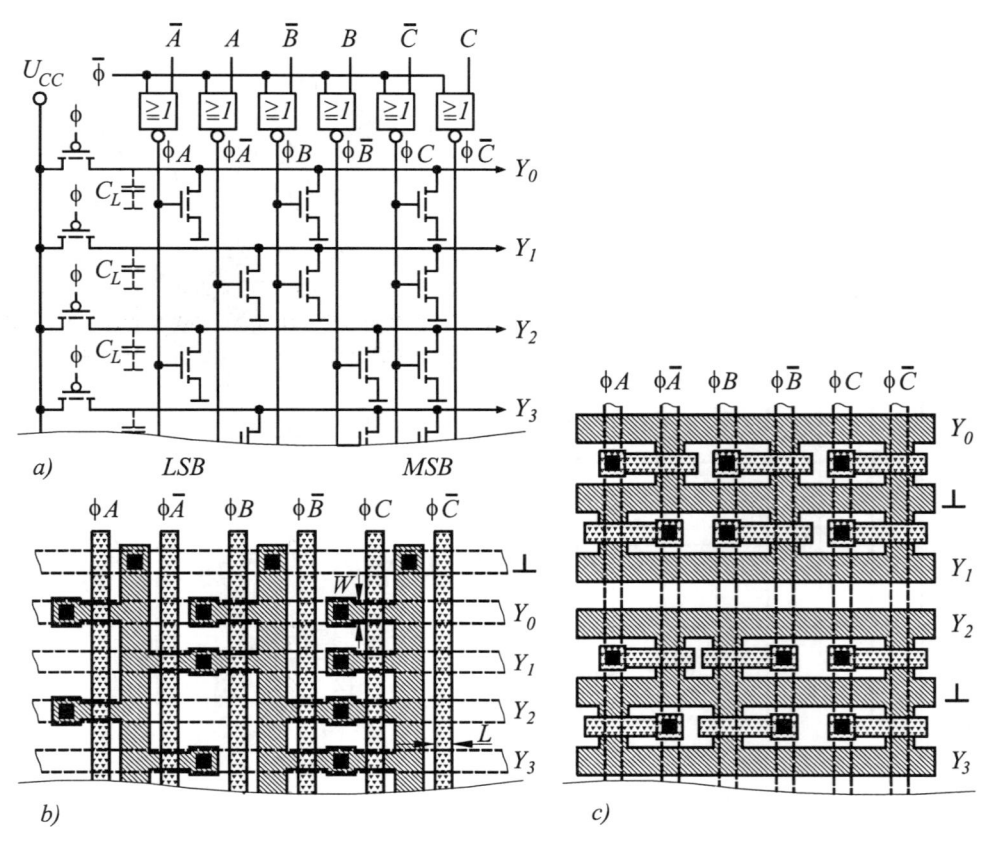

Bild 6.41: Dynamischer 1 aus 8 NOR-Dekoder; a) Schaltung; b) Layout: Eingänge Polyzid, Ausgänge Metall; c) Layout: Eingänge Metall, Ausgänge Diffusionsbahnen

Der Vorteil dieser Anordnung ist der geringe geometrische Abstand der Y-Ausgänge. Dieser wird bei Halbleiterspeichern benötigt, bei denen mit dem Dekoder Speicherelemente mit geringen Abmessungen ausgewählt werden müssen. Von Nachteil ist dagegen die Polyzidbahn, die sich infolge ihres großen Kapazitäts- und Widerstandsbelags wie eine Verzögerungsleitung verhält. Eine Möglichkeit die Situation zu entschärfen besteht darin, eine zusätzliche Metallbahn zu verwenden und periodisch die Polyzidbahn über Kontakte damit zu verknüpfen.

Eine Alternative zu diesem Layout ist in Bild 6.41c gezeigt. Hierbei sind die Eingänge als Metall- und die Ausgänge als Diffusionsbahnen ausgeführt. Es resultiert ein wesentlich größerer Abstand der Y-Ausgänge als im vorhergehenden Beispiel. Die Signalverzögerung auf den Diffusionsbahnen ist in vielen praktischen Fällen nicht sehr groß, da diese Leitungen wesentlich kürzere Abmessungen als die der Eingangsleitungen besitzen.

6.4.2 Programmierbare Logikanordnung (PLA)

Ein Schaltnetz mit N-Eingängen und mehreren Ausgängen kann bis zu 2^N unterschiedliche Zustände einnehmen. Diese können durch Gatter-Logik oder durch die Kombination zweier Matrizen als programmierbare Logikanordnung (**P**rogrammable **L**ogic **A**rray (**PLA**)) realisiert werden. Letztere hat gegenüber der Gatter-Logik den wesentlichen Vorteil, dass man sie in einer sehr regelmäßigen Layout-Struktur anordnen kann, wodurch die in Bild 6.35 dargestellten Vorteile zum Tragen kommen. Die Basis für die Logikanordnung ist die Realisierung der Summe von binären Produkttermen, wie z.B.

$$Q_1 = A \cdot \overline{B} \cdot \overline{C} + \overline{A} \cdot B \cdot \overline{C}; \quad Q_2 = \overline{A} \cdot \overline{B} \cdot \overline{C} + A \cdot \overline{B} \cdot \overline{C} + \overline{A} \cdot \overline{B} \cdot C + \overline{A} \cdot B \cdot C;$$
$$Q_3 = \overline{A} \cdot B \cdot \overline{C} + A \cdot B \cdot \overline{C} + A \cdot \overline{B} \cdot C; \quad Q_4 = A \cdot B \cdot \overline{C} + \overline{A} \cdot B \cdot C,$$

die im Folgenden anhand einer NOR-NOR-Matrizen Anordnung mit P-Lasten implementiert werden soll.

Ausgangspunkt für die im Bild 6.42 gezeigte Matrix ist ein unvollständiger eins aus acht NOR-Dekoder. Die Ausgänge des Dekoders sind gleichzeitig die Eingänge der nachgeschalteten NOR-Matrix mit den Ausgängen Q_1 bis Q_4, die im Folgenden Programmiermatrix genannt wird. Die Verknüpfung der Gattertransistoren geschieht, wie aus dem Layout zu ersehen ist, mit Hilfe von Kontaktzonen, die die benötigten Verbindungen von Draingebieten mit den Metallbahnen der Ausgänge herstellt. Diese Art der Verknüpfung hat den Vorteil, dass die Schaltung bis einschließlich Zwischenoxid vorgefertigt werden kann. Die eigentliche Programmierung, d.h. Realisierung der Wahrheitstabelle kann dann später durch Einfügen von entsprechenden Kontaktzonen usw. realisiert werden.

Eine noch flächensparendere Logikanordnung kann durch die Verwendung von NAND-NAND-Matrizen erreicht werden, wobei die Programmierung durch Ionenimplantation geschehen kann. Dieses Verfahren wird im folgenden Beispiel (Bild 6.43) vorgestellt, wobei eine dynamische Schaltungstechnik angewendet wird und die im Vorhergehenden bereits gewählte Summe von binären Produkttermen realisiert werden soll. Der NAND-Dekoder setzt sich aus den bereits in den vorhergehenden Abschnitten behandelten Elementen zusammen. Es wird jedoch darauf hingewiesen, dass dieser bei jedem Ausgangswort stets nur einen *L*-Zustand liefert. (Bild 6.38). Dies ist zum Verständnis der Wirkungsweise des nachgeschalteten NAND-Programmierfeldes wichtig. Wie bereits erwähnt, geschieht dort die Programmierung bzw. Verknüpfung durch Ionenimplantation im Transistorbereich. Dadurch werden diese Transistoren in Verarmungstransistoren mit (Bild 5.11) z.B. einer Einsatzspannung von U_{Tn} = -3,5 V umgewandelt. Diese können dadurch bei Anlegen eines *L*-Zustandes vom Dekoder nicht mehr nichtleitend geschaltet werden, wodurch wie in Bild 6.43 als Beispiel dargestellt, sich an den Ausgängen die Zustände $Q_1 = L$, $Q_2 = H$, $Q_3 = L$ und $Q_4 = L$ einstellen, wenn $Y_0 = L$ ist.

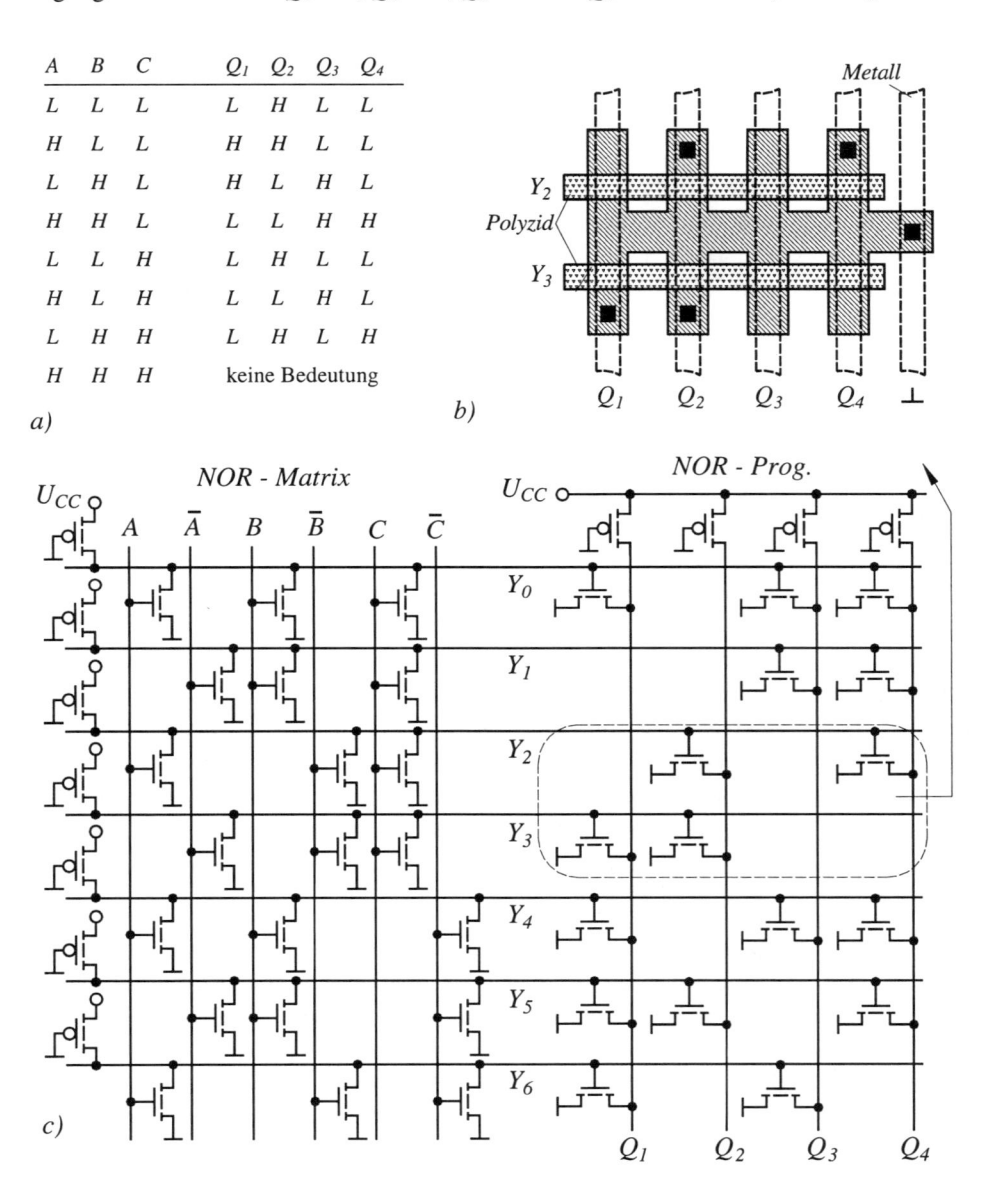

A	B	C	Q_1	Q_2	Q_3	Q_4
L	L	L	L	H	L	L
H	L	L	H	H	L	L
L	H	L	H	L	H	L
H	H	L	L	L	H	H
L	L	H	L	H	L	L
H	L	H	L	L	H	L
L	H	H	L	H	L	H
H	H	H	keine Bedeutung			

a)   b)   c)

Bild 6.42:   PLA mit NOR-NOR Matrizen; a) Wahrheitstabelle; b) Layout-Ausschnitt
c) P-Last Schaltung

Der restliche Teil der NAND-Programmiermatrix ist niederohmig, da an allen diesen Leitungen H-Pegel anliegen. Damit ist klar, dass alle nicht ausgewählten Zeilen mit ihrem H-Pegel die entsprechenden Transistoren im Programmierfeld niederohmig schalten, während die ausgewählte Zeile mit L-Pegel die Ausgangszustände Q_1 bis Q_4

6 Schaltnetze und Schaltwerke

bestimmt. Die durch diese Art der Programmierung ermöglichte Einsparung von Siliziumfläche geht aus dem Layout der Programmiermatrix (Bild 6.43b) hervor, bei dem keine Kontaktzonen benötigt werden.

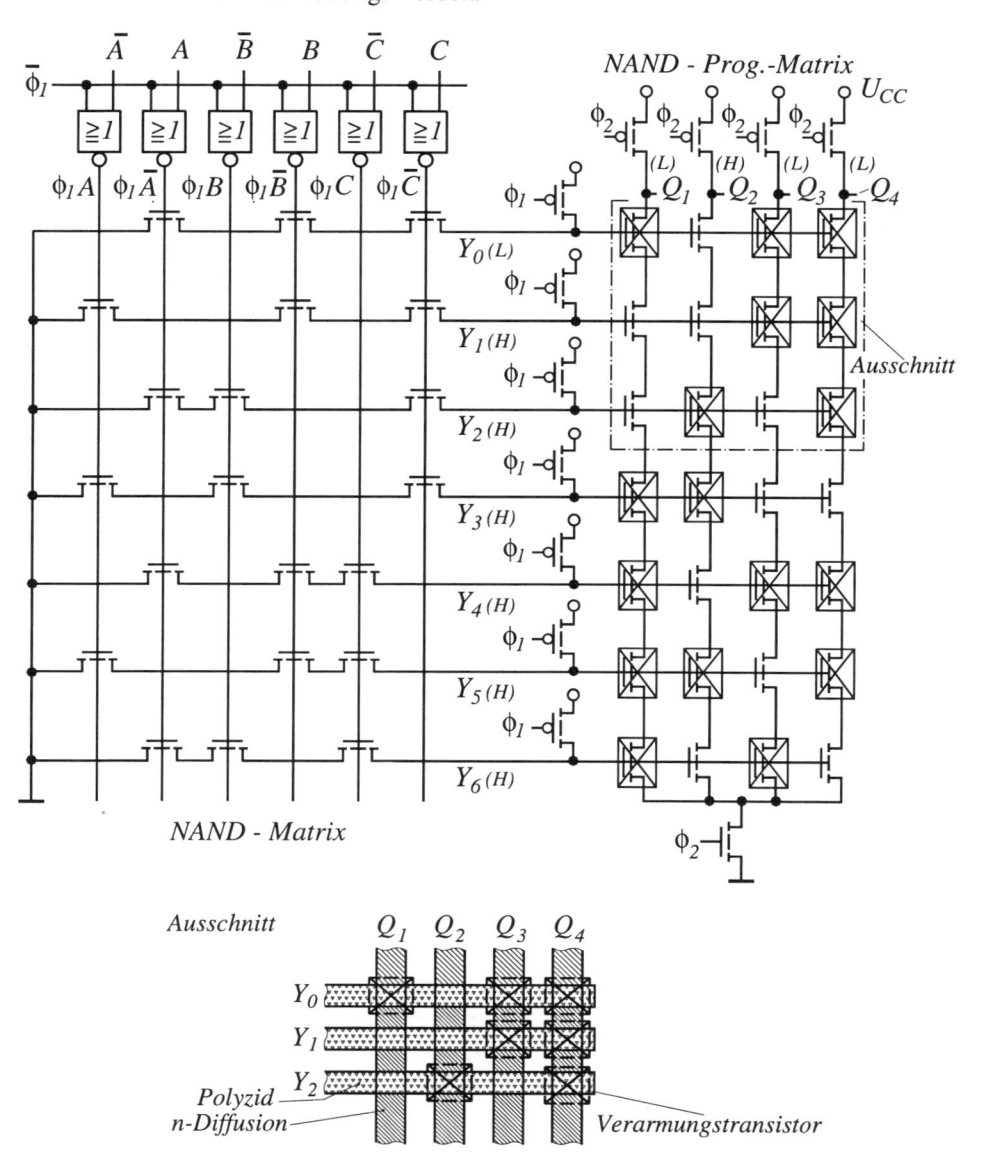

Bild 6.43: PLA mit NAND-NAND Matrizen; a) Schaltung; b) Ausschnitt aus dem Layout der NAND-Programmiermatrix

Ein wesentlicher Nachteil dieser Anordnung ist die langsame Abfallzeit, die durch die Serienschaltung der Transistoren, besonders bei größeren Feldern verursacht wird. Um diesen Effekt zu mildern, wurde bereits die dynamische Schaltungstechnik angewendet.

Anwendungen finden derartige PLAs z.B. in der Sprachaufzeichnung oder bei Sprachübersetzer, die mit niedrigen Taktraten arbeiten.

In |HACH|, |SMIT| sind weiterführende PLA-Konzepte vorgestellt, bei denen die Matrizen ineinander verschachtelt sind. Dies hat den Vorteil, dass insgesamt eine noch bessere Ausnutzung der Siliziumfläche erreicht werden kann.

6.5 Schaltwerke

Wie in Abschnitt 6.1 beschrieben, kann ein digitales System in Schaltnetze und Schaltwerke aufgeteilt werden. Der wesentliche Unterschied besteht darin, dass die Schaltwerke ein Gedächtnis oder besser gesagt, einen Datenspeicher besitzen, dessen Grundelement das Flip-Flop ist.

6.5.1 Flip-Flops

Von den Flip-Flop-Typen sind das RS- sowie das D-Flip-Flop am bedeutendsten. Diese können asynchron oder mit Takten synchron betrieben werden, worauf im Folgenden näher eingegangen wird.

Statisches RS-Flip-Flop

Ein derartiges Flip-Flop kann aus zwei kreuzgekoppelten NOR-Gattern (Bild 6.44)

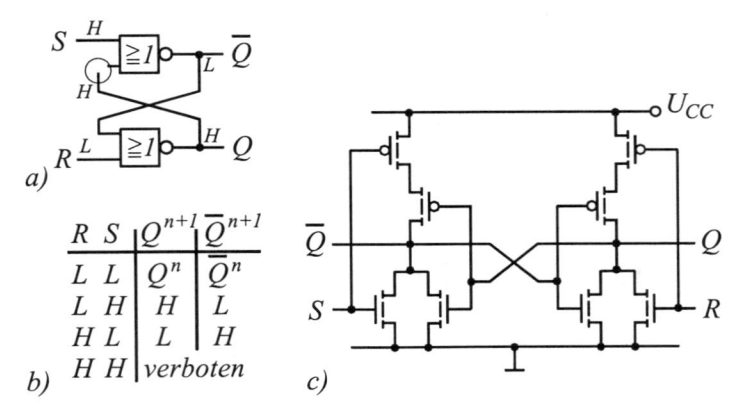

R	S	Q^{n+1}	$\overline{Q}^{n+1}$
L	L	Q^n	$\overline{Q}^n$
L	H	H	L
H	L	L	H
H	H	verboten	

Bild 6.44: RS-Flip-Flop; a) Logikdarstellung; b) Wahrheitstabelle; c) Schaltung

aufgebaut werden. Die Eingänge sind mit Setzeingang S (set) und Rücksetzeingang R (reset) bezeichnet. Liegt am Setzeingang ein H-Zustand an, dann ist $\overline{Q} = L$. Da der Ausgang $\overline{Q}$ mit einem Eingang des zweiten NOR-Gatters verbunden ist und am Reseteingang ein L-Zustand anliegt, ist $Q = H$. Wird nun Q mit dem zweiten Eingang des ersten NOR-Gatters verbunden (Kreis in Bild 6.44a), bleiben die kreuzgekoppelten NOR-Gatter in dem beschriebenen Zustand, auch wenn sich der Setzeingang von H auf L ändert. Ist dagegen R = H, dann gelangt das Flip-Flop in den entgegengesetzten Zustand. Das Flip-Flop hat somit zwei stabile Zustände, in die es mit H am Setz- bzw. Rücksetzeingang gebracht werden kann.

Ist R = S = L, dann tritt keine Zustandsänderung auf. Dies ist in der Wahrheitstabelle durch den alten Zustand Q^n gekennzeichnet. Ist dagegen R = S = H, dann haben die Ausgänge den Zustand L und sind nicht mehr invertiert zueinander. Diese Ansteuerung ist verboten, da sich das Flip-Flop in keinem bistabilen Zustand befindet. Die schaltungstechnische Realisierung des RS-Flip-Flops ist in Bild 6.44c dargestellt. Um das Flip-Flop in sequenziellen Funktionsblöcken zu verwenden, muss es synchron, d.h. taktgesteuert betrieben werden.

Das getaktete RS-Flip-Flop wird durch die Verknüpfung der R- und S-Eingänge mit zwei AND-Gatter und einem Steuertakt ϕ realisiert (Bild 6.45).

Dadurch wird die Information an den R- und S-Eingängen erst wirksam, wenn $\phi = H$ ist. Der verbotene Zustand R = S = H bleibt bestehen. Die schaltungstechnische Realisierung des Flip-Flops (Bild 6.45b) ist dadurch entstanden, dass die AND-Gatter nicht separat, sondern direkt in den Zweigen des Flip-Flops eingebracht wurden.

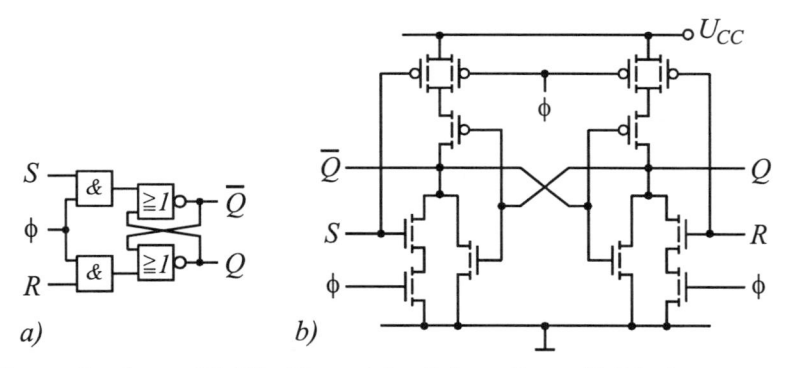

Bild 6.45:   *Getaktetes RS-Flip-Flop; a) Logikdarstellung; b) Schaltung*

Der Nachteil des verbotenen Zustandes R = S = H wird mit dem folgenden D-Flip-Flop umgangen.

Statische D-Flip-Flops

Hierzu wird dem Rückstelleingang immer der invertierte Zustand des Setzeingangs zugeführt (Bild 6.46).

Die schaltungstechnische Realisierung des Flip-Flops kann selbstverständlich durch Abänderung des in (Bild 6.45) dargestellten RS-Flip-Flops erfolgen oder, wie in Bild 6.46a gezeigt, durch die Verwendung von Transfer-Elementen. Die Speicherung der Daten geschieht über die durch das Transfer-Element *TE2* rückgekoppelten Inverter. Soll das Flip-Flop Information übernehmen, wird das Transfer-Element *TE1* aktiviert und *TE2* deaktiviert. Die Deaktivierung von *TE2* ist nötig, damit der Eingang D nicht gegen den niederohmigen Ausgang Q arbeiten muss.

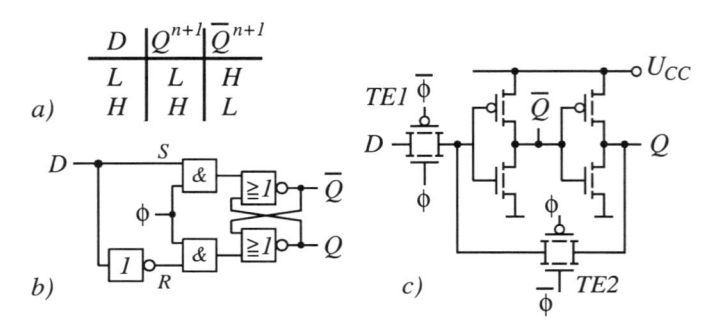

D	Q^{n+1}	$\overline{Q}^{n+1}$
L	L	H
H	H	L

Bild 6.46: Getaktetes D-Flip-Flop; a) Wahrheitstabelle; b) Logikdarstellung; c) Schaltung

In Abschnitt 6.3 wurden MCML-Gatter betrachtet. Wie in dieser Technik ein D-Flip-Flop realisiert werden kann ist in Bild 6.47 dargestellt.

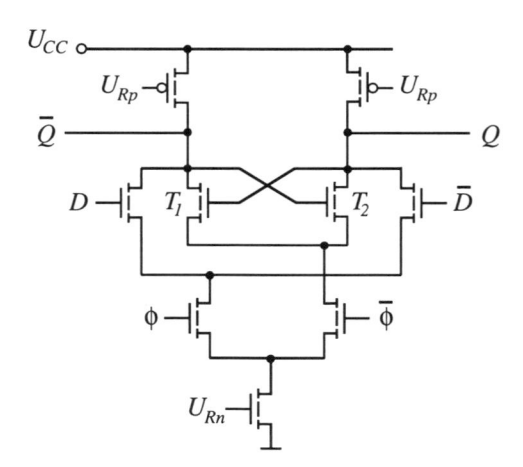

Bild 6.47: Differenzielles D-Flip-Flop in MCML-Technik

Ist $\phi = H$ und $\overline{\phi} = L$ gelangen die Daten von D bzw. $\overline{D}$ an die Ausgänge $\overline{Q}$ bzw. Q. Ändert sich dagegen der Takt nach $\phi = L$ und $\overline{\phi} = H$ werden die Eingangstransistoren abgeschaltet und die Information statisch durch die rückgekoppelten Transistoren T_1 und T_2 gespeichert.

Dynamische D-Flip-Flops

Die bisher vorgestellten Flip-Flops sind alle statisch, d.h. die gespeicherte Information bleibt in den kreuzgekoppelten NOR-Gattern oder Invertern solange erhalten wie die Versorgungsspannung anliegt. Im Gegensatz dazu gibt es Flip-Flops, bei denen die Information als unterschiedliche Ladungsmenge in einer Kapazität gespeichert wird. Der Vorteil dabei ist, dass der zur Realisierung benötigte Aufwand relativ gering ist.

Auf die bekanntesten dynamischen D-Flip-Flops wird in diesem Abschnitt näher eingegangen. Hat der Takt den Zustand $\phi = H$, wird die Kapazität C_L auf den Spannungswert des D-Eingangs aufgeladen (Bild 6.48a). Gelangt der Takt in den Zustand $\phi = L$ trennt der Transistor (das Transfer-Element) den D-Eingang von der Kapazität. Die Information wird somit – wie bereits angedeutet – als unterschiedliche Ladungsmenge in der Kapazität C_L, die sich aus den Gatekapazitäten der beiden folgenden Transistoren zusammensetzt, gespeichert. Diese Schaltung benötigt den geringsten Aufwand, jedoch wird durch das Transfer-Element nur dann der volle H-Pegel übertragen, wenn der Takt ϕ eine überhöhte Spannung von mindestens $\phi > U_{CC} + U_{Tn}(U_{SB})$ hat.

Von Nachteil aller Speicher mit Ladungsspeicherung ist, dass durch Leckströme die Speicherzeit der Ladung begrenzt wird. Man spricht deshalb bei diesen Speichern von dynamischen Flip-Flops.

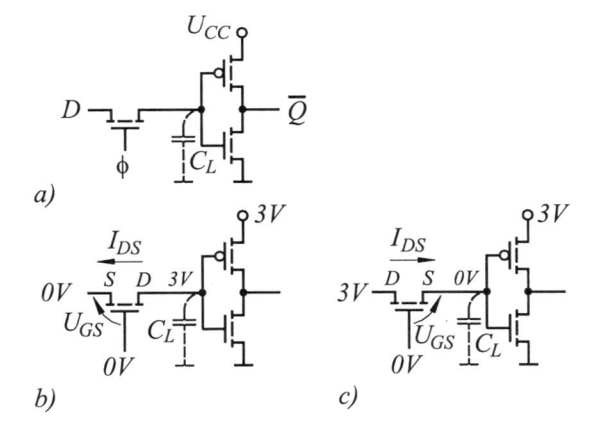

Bild 6.48: a) Dynamisches D-Flip-Flop; b) Unterschwellstrom bei H-Pegel an C_L; c) Unterschwellstrom bei L-Pegel an C_L;

Bestimmung der Speicherzeit

An dem Speicherknoten treten zwei Strompfade auf (Bild 6.49). Dies ist der Unterschwellstrom I_{DS} des Transistors (Kapitel 4.4.3) und der Sperrstrom I_S des Diffusionsgebiets (Kapitel 2.3.2).

Normalerweise dominiert der Unterschwellstrom, so dass dieser im Folgenden nur betrachtet wird. Entsprechend Beziehung (4.65) hat dieser einen Wert bei $U_{DS} > 100\text{mV}$ von

$$I_{DS} = \beta_n (n-1)\phi_t^2 e^{(U_{GS}-U_{Tn})/\phi_t n} \,. \tag{6.19}$$

In dem vorhergehenden Beispiel (Bild 6.49), das den Fall der Spannungskonstellation von Bild 6.48b wiedergibt, wurde C_L auf z.B. 3 V aufgeladen und der Transistor mit $\phi = 0$ V abgeschaltet. Die Spannung am Eingang D ändert sich auf 0 V. Somit liegt zwischen Gate und Source des Transistors eine Spannung von $U_{GS} = 0$ V an. Ein entsprechender Unterschwellstrom entlädt die Kapazität C_L. Wird der umgekehrte Fall betrachtet, dann liegt C_L auf 0 V und der Eingang D hat 3 V. In diesem Fall wird infolge des Unterschwellstroms die Kapazität aufgeladen. Dies bedeutet, dass sich eine negative Gate-Sourcespannung einstellt und dem Strom entgegenwirkt. Hat der Transistor z.B. einen Unterschwellstromgradienten von S = 150 mV/Dek (Kapitel 4.4.3) und steigt die Spannung an C_L um 150 mV an, dann bedeutet dies, dass der Strom um eine Dekade abnimmt. Somit ist klar, dass in diesem Fall sich der Strom selbst begrenzt. Damit ist die Situation in Bild 6.48b am ungünstigsten. Wichtig ist in diesem Zusammenhang zu beachten, dass der Transistor im Unterschwellstrombereich (Bild 6.49b) einen positiven Temperaturkoeffizienten besitzt.

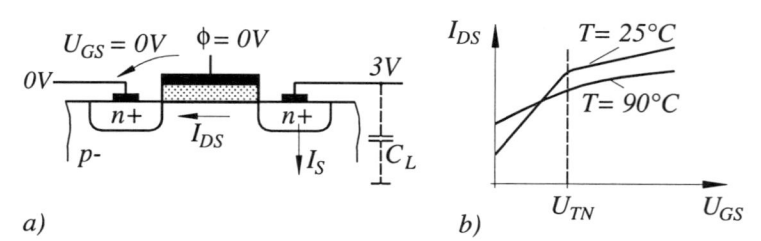

Bild 6.49: a) Strompfade beim gesperrten Transfer-Element; b) Stromverhalten im Unterschwellstrombereich

Die maximale Speicherzeit ergibt sich damit zu

$$\Delta t \approx C_L \frac{\Delta U}{I_{DS}}, \tag{6.20}$$

wobei ΔU die noch erlaubte Spannungsänderung an C_L beschreibt. Bei der Simulation der Speicherzeit ist darauf zu achten, dass die richtigen Daten bezüglich Temperatur, Einsatzspannung und beobachteten Zeitbereich eingegeben werden.

6 Schaltnetze und Schaltwerke

Bei dem in Bild 6.48a gezeigten dynamischen D-Flip-Flop war ein überhöhtes Taktsignal erforderlich um die Kapazität auf den vollen Spannungspegel des Eingangs D aufzuladen. Will man dies vermeiden kann die schon in Bild 6.10 eingesetzte Rückkopplung verwendet werden (Bild 6.50a).

Jetzt könnte man auf die Idee kommen, dass der Unterschwellstrom den H-Pegel (Bild 6.50b) nicht mehr ändern kann, da der Rückkopplungstransistor eingeschaltet ist. Diese Überlegung ist korrekt, leider ergibt sich aber für den in Bild 6.50c gezeigten Fall eine unangenehme Überraschung.

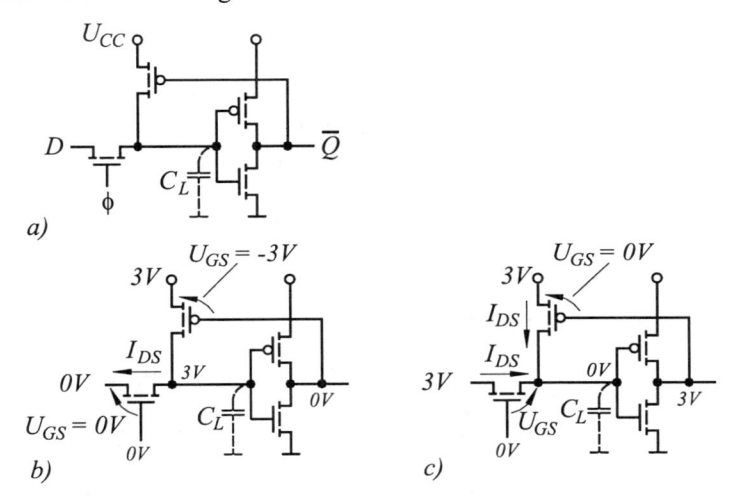

Bild 6.50: a) Dynamisches D-Flip-Flop mit Rückkopplung b) Unterschwellstrom bei H-Pegel an C_L; c) Unterschwellstrom bei L-Pegel an C_L;

Der Strom des n-Transistors ist wie im Beispiel nach (Bild 6.48c) selbstbegrenzend. Im Gegensatz dazu liegt aber an dem Rückkopplungstransistor eine U_{GS} - Spannung von 0 V an, so dass dieser Transistor bestimmend ist für welche Zeitspanne der 0-Pegel garantiert werden kann.

Zwei weitere bekannte dynamische D-Flip-Flops sind in Bild 6.51 dargestellt.

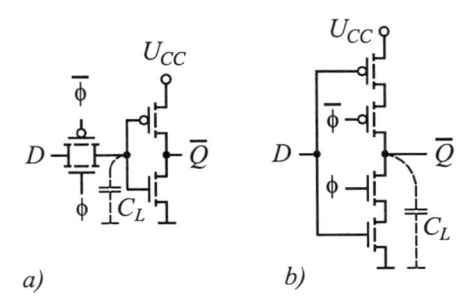

Bild 6.51: Dynamische D-Flip-Flops; a) mit Transfer-Elemente im Eingangszweig; b) mit Transfer-Elemente im Ausgangszweig

Beide benötigen den invertierten Takt, um die Pegel ganz durchzuschalten. Während im Fall von Bild 6.51a die Information an der Kapazität des Eingangs gespeichert wird, geschieht dies im Fall von Bild 6.51b an der Ausgangskapazität. Was das Unterschwellstromverhalten der Schaltungen angeht, so ist die Konstellation so, dass immer ein Transistor eine U_{GS}- Spannung von 0 V hat und diese sich nicht verändert. Damit haben auch diese zwei Schaltungen kein besseres Speicherverhalten. Das Layout nach Bild 6.51b ist jedoch kompakter, da es mit weniger Kontaktzonen auskommt als dasjenige nach (Bild 6.51a).

Die beschriebenen getakteten Flip-Flops, ob in statischer oder dynamischer Ausführung, werden gesetzt oder rückgesetzt, wenn der Takt in den Zustand H übergeht. Während der Dauer dieses Zustandes sind die Eingänge der Flip-Flops mit den Ausgängen direkt verkoppelt. Somit kann sich während dieser Zeit eine Zustandsänderung an den Eingängen direkt auf die Ausgänge übertragen. Dieser Nachteil kann mit dem Master-Slave-Prinzip umgangen werden.

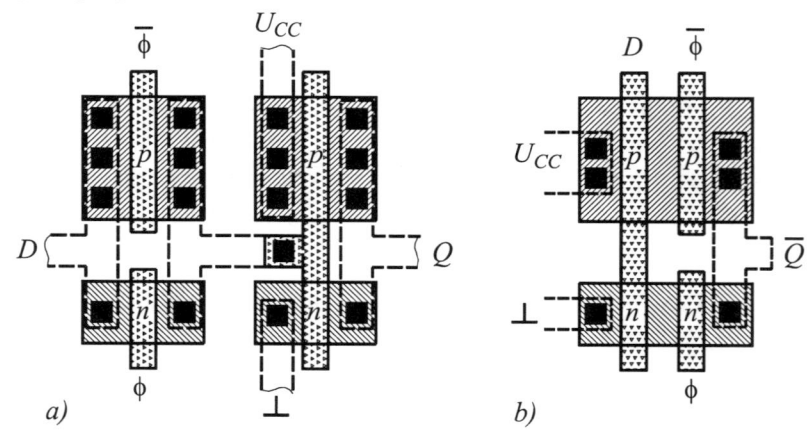

Bild 6.52:   Layout dynamischer Flip-Flops; a) nach Bild 6.51a; b) nach Bild 6.51b

Master-Slave-Prinzip

Hierbei werden zwei Flip-Flops, z.B. statische D-Flip-Flops wie in Bild 6.53 gezeigt, hintereinander geschaltet. Das erste wird vom Takt ϕ_1 gesteuert, während das zweite vom Takt ϕ_2 kontrolliert wird.

Da die Takte ϕ_1 und ϕ_2 nicht überlappen, stellt man sicher, dass nur jeweils eines der beiden Flip-Flops Daten übernehmen kann. Damit können die Eingangsdaten zu keinem Zeitpunkt den Ausgang direkt beeinflussen. Das Flip-Flop kann somit Daten übernehmen, während gleichzeitig der alte Zustand am Ausgang beibehalten bleibt.

Das Flip-Flop ist flankengesteuert, wodurch folgende Zeiten zwischen den Ein- und Ausgangsdaten berücksichtigt werden müssen.

6 Schaltnetze und Schaltwerke 365

Zur Zeit t_1 geht ϕ_1 in den H-Zustand und der Master wird aktiviert. Am Datenausgang Q, $\overline{Q}$ tritt keine Datenänderung auf, da ϕ_2 sich im L-Zustand befindet. Damit die Schaltung korrekt funktioniert, müssen die Eingangsdaten stabil sein, bevor die Flanke ϕ_1 sich von H nach L verändert und den Master vom Eingang D entkoppelt (negative edge triggered). Diese Zeit wird set-up time t_S genannt. Sie entspricht in etwa der Verzögerungszeit der Gatter im Master. Die Verzögerungszeit t_{FF} dagegen entspricht der maximalen Zeit die vergeht, bis der Ausgang Q bzw. $\overline{Q}$ nach der negativen Flanke von ϕ_1 den wahren Zustand annimmt.

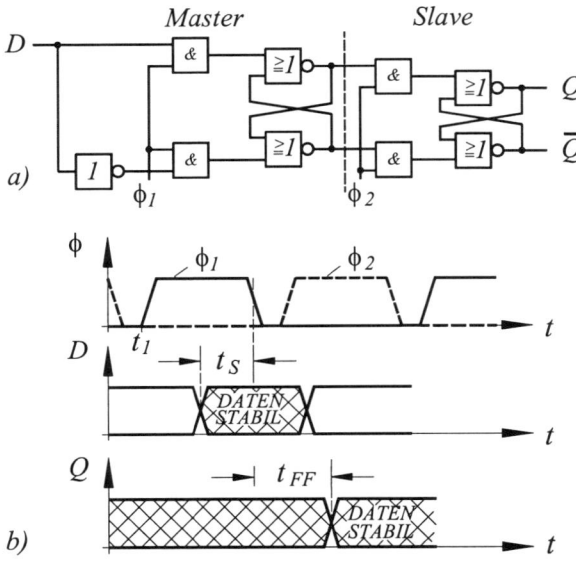

Bild 6.53:   a) Master-Slave D-Flip-Flop; b) Ansteuerung

6.5.2 Zwei-Takt-Register

Register bestehen aus hintereinander geschalteten Master-Slave Flip-Flops. Mit Hilfe von Taktimpulsen an gemeinsamen Taktleitungen können Daten in die jeweils benachbarte Stufe geschoben werden. Die Eingabe und Ausgabe der Daten kann seriell oder parallel erfolgen. Deshalb werden derartige Register gerne zur Serien/Parallel- oder Parallel/Serien-Umwandlung verwendet. Als Beispiel ist in Bild 6.54 ein Serien/Parallel-Register dargestellt.

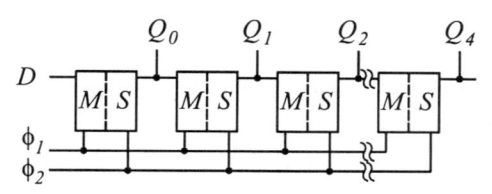

Bild 6.54: Serien/Parallel-Register mit Master-Slave D-Flip-Flops

In den folgenden Abschnitten wird auf die Realisierung derartiger Register eingegangen. Man unterscheidet hierbei Lösung mit statischen, quasi-statischen und dynamischen D-Flip-Flops.

Statisches Master-Slave-Register

Dies Register (Bild 6.55) wird durch die Zusammenschaltung von Flip-Flops nach Bild 6.46 gebildet. Als Taktfolge kommen nur nicht überlappende Takte in Frage, da sonst nicht gewährleistet werden kann, dass Datenein- und Datenausgang kurzfristig über die Transfer-Elemente kurzgeschlossen werden.

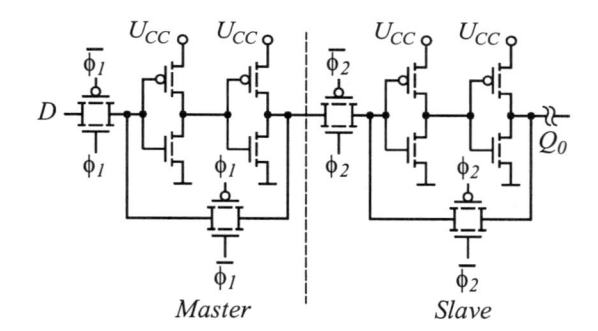

Bild 6.55: Erste Stufe des Serien/Parallel-Registers mit statischem Master-Slave D-Flip-Flop

Quasi-statisches Master-Slave-Register

Die im Vorhergehenden gezeigte aufwändige Realisierung kann vereinfacht werden, wenn als Master ein dynamisches und als Slave ein statisches Flip-Flop verwendet wird (Bild 6.56).

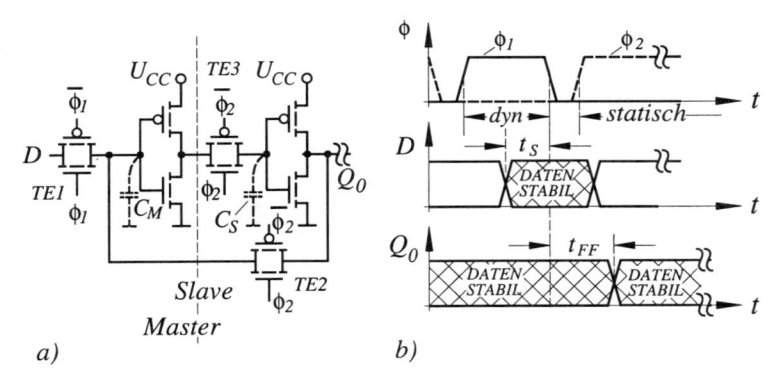

Bild 6.56: a) Erste Stufe des Serien/Parallel-Registers mit quasi-statischem D-Flip-Flop; b) Ansteuerung (invertierte Takte nicht dargestellt)

Während $TE1$ durch ϕ_1 und $\overline{\phi}_1$ aktiviert ist, wird die Information als unterschiedliche Ladung an C_S gespeichert. Diejenige bei C_M kann durch die Daten am Eingang bis zur negativen Flanke von ϕ_1 verändert werden. Der Ausgangspegel von Q_0 bleibt unverändert. Ist $TE1$ deaktiviert und $TE2$ und $TE3$ aktiviert, gelangt die Information von C_M an den Ausgang Q_0 und ist gleichzeitig statisch gespeichert. Es ist offensichtlich, dass diese Anordnung keine Speicherzeitgrenze besitzt solange gewährleistet ist, dass im Ruhezustand die Information in der statischen Slave-Stufe gespeichert ist.

Dynamisches Master-Slave-Register

Die Komplexität kann noch weiter reduziert werden, wenn das Master-Slave Flip-Flop aus den in Bild 6.51a gezeigten Darstellungen realisiert wird. Dabei benötigt die Version (Bild 6.57) ebenfalls nicht überlappende Takte, damit es nicht – wie bereits erwähnt – dazu kommt, dass der Dateneingang kurzfristig mit dem Datenausgang verbunden ist.

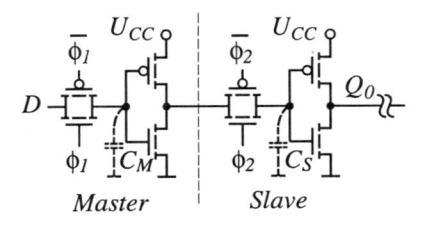

Bild 6.57: Erste Stufe des Serien/Parallel-Registers mit dynamischem Master-Slave Flip-Flop; Ansteuerung wie in Bild 6.53b gezeigt

Wird dagegen auf die Version nach Bild 6.51b zurückgegriffen, so kann diese sogar mit nur einem Takt ϕ und dessen Inversion $\overline{\phi}_1$ betrieben werden |SUZU|. Diese Schaltung wird **C²MOS** Master-Slave D-Flip-Flop genannt (Clocked **CMOS**).

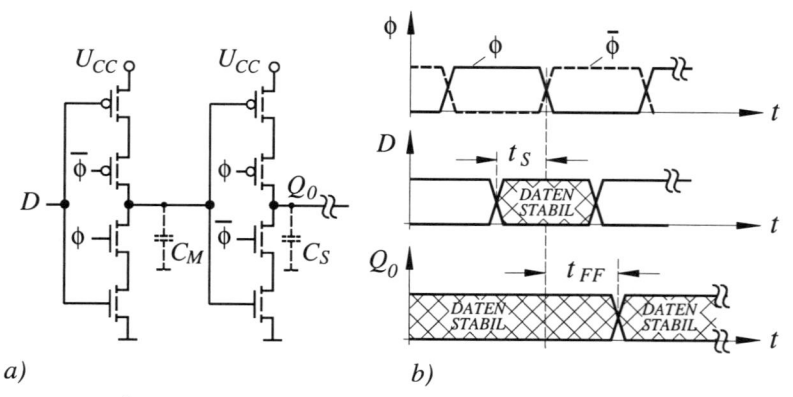

Bild 6.58: a) C²MOS Master-Slave D-Flip-Flop; b) Ansteuerung

Ist $\phi = H$ und $\overline{\phi} = L$ wird die Information als unterschiedliche Ladung an C_S gespeichert, wogegen diejenige an C_M bis zur negativen Flanke von ϕ verändert werden kann. Es handelt sich also hierbei um ein von der negativen Flanke gesteuertes Flip-Flop. Mit $\phi = L$ und $\overline{\phi} = H$ gelangt die Information zum Ausgang Q_0. Das Besondere an dem C²MOS Master-Slave Flip-Flop ist, dass es unempfindlich gegenüber überlappenden Takten ist. Dies geht aus der folgenden Darstellung (Bild 6.59) hervor.

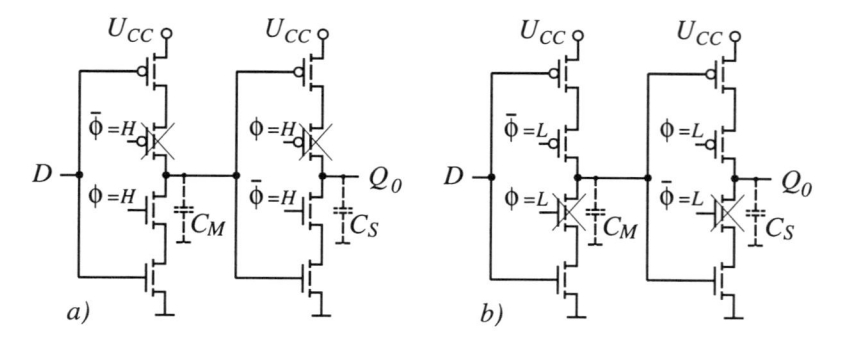

Bild 6.59: C²MOS Master-Slave Flip-Flop; a) überlappende Takte $\phi = H$, $\overline{\phi} = H$
b) überlappende Takte $\phi = L$, $\overline{\phi} = L$;

Weder im Fall dass $\phi = \overline{\phi} = H$ ist noch im Fall dass $\phi = \overline{\phi} = L$ ist, ist der Ausgang mit dem Eingang verbunden. Dies ist erklärbar, da entweder nur die p-Kanal oder nur die n-Kanal Transistoren leitend sind. Eine Signalfortpflanzung kann jedoch nur durch hintereinander geschaltete Inverter erfolgen. Damit ist das Flip-Flop nur empfindlich gegenüber zu langsamen Anstiegs- und Abfallzeiten. Hierbei kann es vorkommen, dass

6 Schaltnetze und Schaltwerke

die p- und n-Kanal Transistoren gleichzeitig leiten, wodurch der Eingang mit dem Ausgang kurzzeitig verbunden ist.

6.5.3 Ein-Takt-Register

Im Vorhergehenden wurden Register mit zwei Takten bzw. einem Takt und dem invertierten Takt betrieben. In diesem Abschnitt werden Techniken vorgestellt, die nur mit einem einzelnen Takt auskommen |YUAN|. Dazu wird das Flip-Flop von Bild 6.51b durch die zwei folgenden Ausführungen abgeändert. Diese werden anschließend zu einem Master-Slave Flip-Flop zusammengefügt.

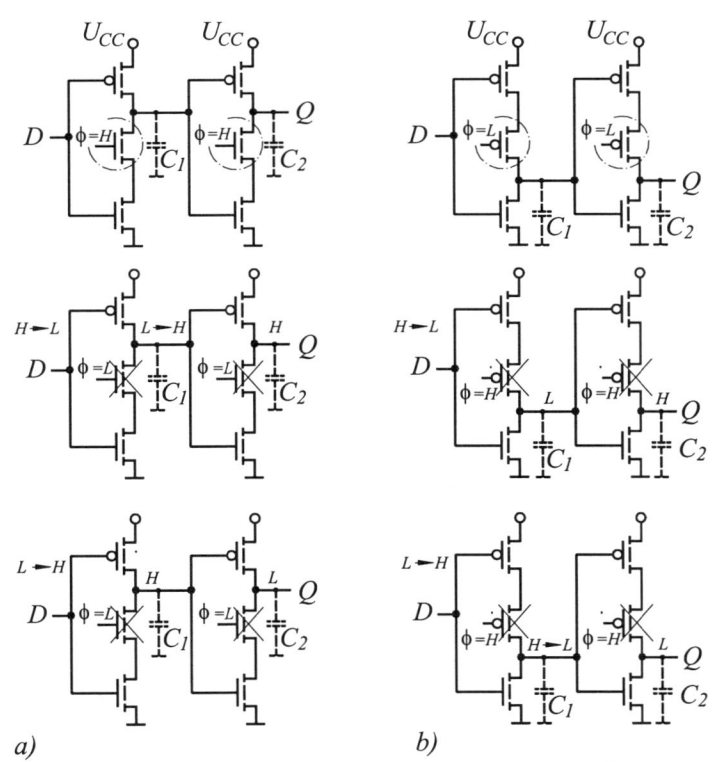

Bild 6.60:   a) Doppeltes n-C^2MOS Flip-Flop; b) Doppeltes p-C^2MOS Flip-Flop

Auf den Takt $\overline{\phi}$ kann verzichtet werden. Ist $\phi = H$ (Bild 6.60a) entspricht die Anordnung zweier hintereinander geschalteter Inverter. Ist $\phi = L$ werden die Daten dynamisch gespeichert. Kein Zustand am Eingang D kann die Ladung an C_2 ändern. Um dies zu überprüfen, wird folgende Betrachtung angestellt.

1. Bevor $\phi = L$ ist hatte der Eingang D einen H-Pegel, wodurch C_1 auf einen L- und C_2 auf einen H-Pegel aufgeladen wurde. Ändert sich jetzt bei $\phi = L$ am Eingang D das Signal von H nach L, dann wird C_1 auf einen H-Pegel aufgeladen, die Ladung an C_2 bleibt erhalten, da durch die Signaländerung lediglich der p-Transistor ausgeschaltet wird.

2. Bevor $\phi = L$ ist, hatte der Eingang D einen L-Pegel, wodurch C_1 auf einen H- und C_2 auf einen L-Pegel aufgeladen wurde. Ändert sich jetzt bei $\phi = L$ am Eingang D das Signal von L nach H, dann kann weder C_1 noch C_2 umgeladen werden.

Ausgang Q und Eingang D sind somit bei $\phi = L$ immer getrennt. Dies ist auch der Fall für die Schaltung nach Bild 6.60b mit dem Unterschied, dass Ausgang und Eingang getrennt sind wenn $\phi = H$ ist. Die Hintereinanderschaltung beider Schaltungen ergibt dann z.B. die erste Stufe eines Ein-Takt Master-Slave Registers (Bild 6.61).

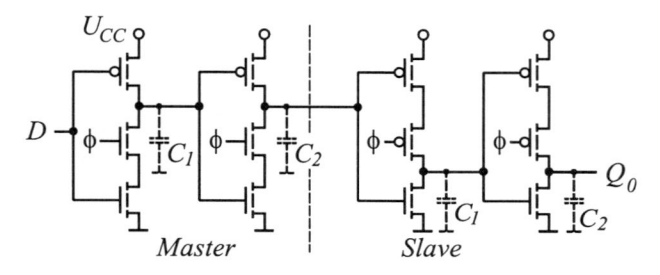

Bild 6.61: *Erste Stufe eines Ein-Takt Schieberegisters in doppelter n- und p- C^2MOS Technik mit negativer Flankensteuerung*

Die doppelte n- bzw. p-C^2MOS-Technik kann noch weiter vereinfacht werden, wenn nur der erste Inverter getaktet wird. Damit ergeben sich die in Bild 6.62 gezeigten Strukturen mit einem sog. "split" Ausgang. Ist $\phi = H$ entspricht dies in Bild 6.62a der Hintereinanderschaltung von zwei Invertern. Ist $\phi = L$ werden bei dieser Version die Daten am Ausgang Q dynamisch gespeichert. Ein Ändern der Daten am Eingang D hat – wie aus Bild 6.62a hervorgeht – keinen Einfluss auf die als unterschiedliche Ladung gespeicherten Daten an C_L.

In Bild 6.62b ist dies genauso, jedoch wird der Ausgang vom Eingang getrennt, wenn $\phi = H$ ist. Der große Vorteil dieser Schaltungen im Vergleich zu denjenigen nach Bild 6.60 ist, dass die Belastung der Taktleitung halbiert werden kann. Als Nachteil ist zu sehen, dass im Fall von Bild 6.62a die Kapazität C_1 nur auf einen reduzierten H-Pegel von $U_{CC} - U_{Tn}$ aufgeladen werden kann, während im Fall nach Bild 6.62b die Kapazität C_2 nur auf einen reduzierten L-Pegel von $|U_{Tp}|$ entladen wird. Eine leichte

6 Schaltnetze und Schaltwerke 371

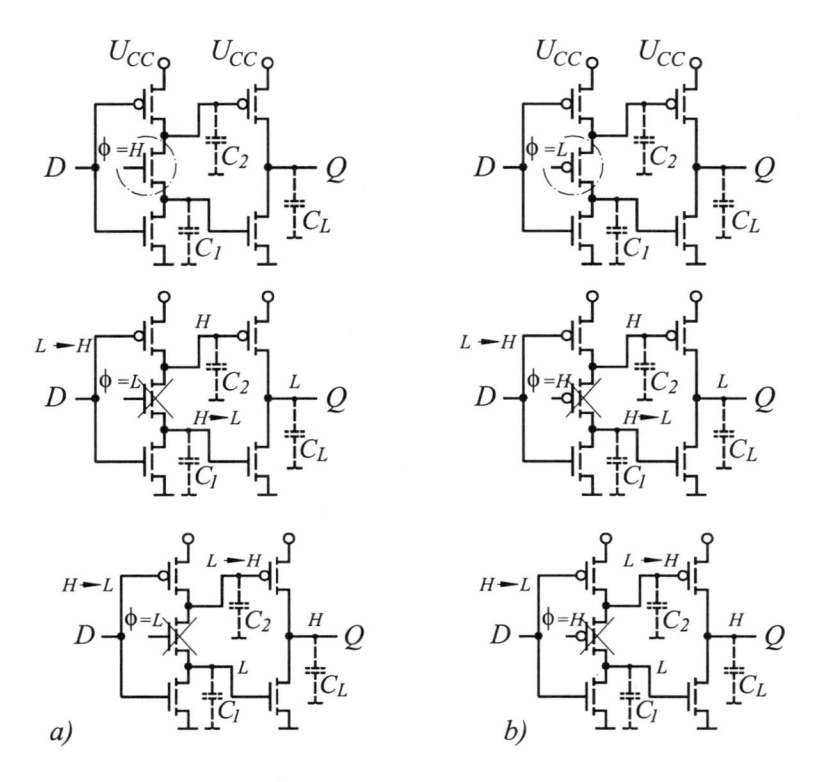

Bild 6.62: a) Doppeltes n-C^2MOS Flip-Flop mit "split" Ausgang;
b) Doppeltes p-C^2MOS Flip-Flop mit "split" Ausgang

Reduzierung der Schaltgeschwindigkeit ist die Folge. Dies ist jedoch von untergeordneter Bedeutung, wenn große Register realisiert werden sollen und die Belastung der Taktleitung stark zunimmt. Das entsprechende Master-Slave Flip-Flop ist in Bild 6.63 dargestellt.

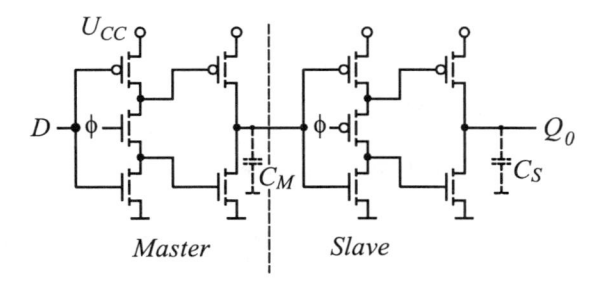

Bild 6.63: Erste Stufe eines Ein-Takt-Schieberegisters mit reduzierter Taktbelastung

Die Ein-Takt-Technik eignet sich nicht nur hervorragend für Register sondern auch für "Pipeline" Strukturen (Bild 6.64) die bei Speicher- oder Mikroprozessoren verwendet werden.

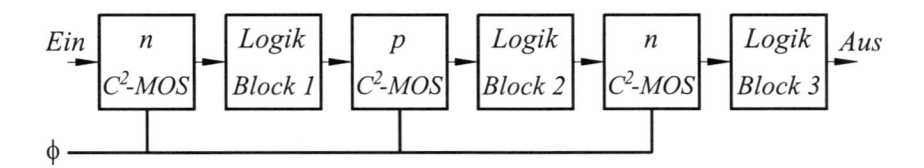

Taktperiode	Logik Block 1	Logik Block 2	Logik Block 3
1	Block 1		
2		Block 2	
3	Block 1		Block 3
4		Block 2	
5	Block 1		Block 3

Bild 6.64:   Prinzipdarstellung einer Ein-Takt Pipeline-Struktur

Wie am Fließband werden die Aufgaben der einzelnen Logikblöcke abgearbeitet.

6.5.4 Takterzeugung

Aus dem vorhergehenden Kapitel ist ersichtlich, dass zur Garantie der vollen Funktion von sequenziellen Schaltungen eine Taktversorgung gehört, die auch bei großen Prozessstreuungen bzw. Parameterstreuungen voll funktionsfähig ist. Dies geschieht durch ein entsprechendes Taktnetz, bei dem es nicht so sehr darauf ankommt wie groß die absoluten Laufzeiten der Takte auf dem Chip sind, sondern wie groß diese zwischen kommunizierenden Schaltungsblöcken sind. Parameter die den Entwurf des Taktnetzes stark beeinflussen sind das Leiterbahnmaterial, die Takttreiber, die Taktart, die Belastung der Leitungen sowie die geforderten Anstiegs- und Abfallzeiten des Taktes bzw. der Takte. Sind diese Zeiten im Bereich der RC-Zeitkonstanten der Leiterbahnen, so muss die Leiterbahn bei der Simulation als Übertragungsleitung simuliert werden. Ein Netzwerk, das die Verzögerung der Takte zwischen den einzelnen Funktionsblöcken minimiert, ist das in Bild 6.65a gezeigte H-Verteilungsnetz mit einem zentralen Taktgenerator G.

6 Schaltnetze und Schaltwerke 373

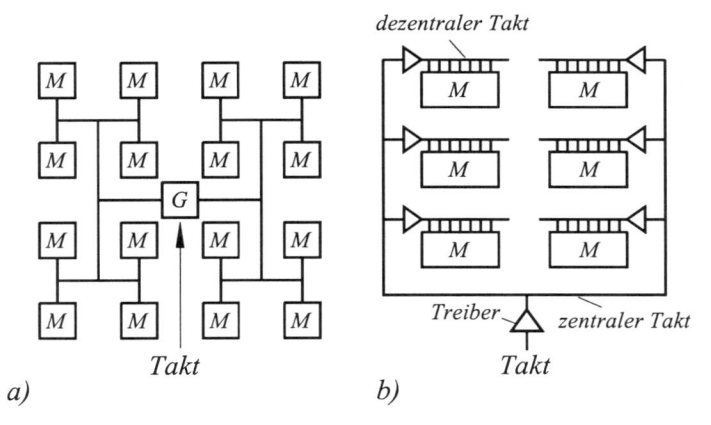

Bild 6.65: Mögliche Taktverteilungsnetze; a) H-Verteilungsnetz;
b) Netz mit zentralen und dezentralen Takten

Dies Netz ist ideal für regelmäßig angeordnete Blöcke, z.B. Signalverarbeitungsmodule, bei denen die gleiche Belastung vorliegt. Da die von dem zentralen Takt ausgehenden Leitungen zu allen Modulen M die gleiche Entfernung besitzen, haben die Takte somit die gleiche Verzögerungszeit. Von mehr praktischer Bedeutung ist jedoch das Taktnetz von Bild 6.65b. Ein zentraler Takt wird verteilt und dezentral für die einzelnen Module aufbereitet. Zwar ist in diesem Beispiel die Laufzeit zu den einzelnen Modulen unterschiedlich, kann aber in gewissen Grenzen durch die dezentrale Taktaufbereitung ausgeglichen werden.

Der chip-interne zentrale Treiber, der z.B. einige 10 pf in sehr kurzer Zeit umladen soll, kann durch den in Kapitel 5.5.1 vorgestellten Super-Treiber realisiert werden. Wie der dezentrale Takt auszusehen hat hängt davon ab, welche Taktart die Module benötigen.

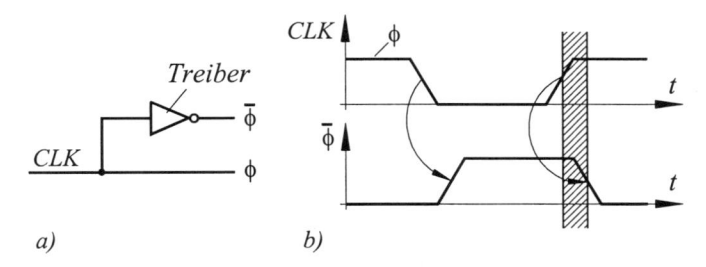

Bild 6.66: a) Erzeugung eines invertierten Taktes; b) Taktverlauf

Bei dem Ein-Takt-System ist die Situation einfach. Ein dezentraler Treiber wird nur benötigt. Ist jedoch zusätzlich ein invertierter Takt vorgesehen, ist mehr Aufwand erforderlich (Bild 6.66). Wie aus der Darstellung hervorgeht, kommt es durch die interne Verzögerung des Treibers zu einer nicht akzeptablen überlappenden Taktfolge bei dem H-Pegel (schraffiert in Bild 6.66b). Diese kann durch die Schaltung nach Bild 6.67 vermieden werden.

Damit die Takte nicht überlappen, ist ein Transfer-Element TE zur Kompensation der Verzögerungszeit von Inverter I vorgesehen. Hierbei sollten die Geometrien des Transfer-Elements in etwa denen des Inverters I entsprechen.

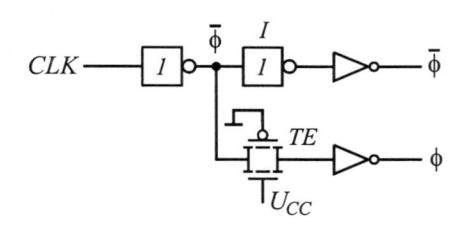

Bild 6.67:   *Anordnung zur Erzeugung nicht überlappender Takte $\overline{\phi}, \phi$;*

Im Kapitel 6.5.2 wurden Zwei-Takt-Register vorgestellt. Hierbei war gefordert, dass keine überlappende H-Zustände auftreten. Eine so gewünschte Takterzeugung kann durch die in Bild 6.68 gezeigte Anordnung realisiert werden.

Hierbei wird die Zeit, in der die beiden Takte gleichzeitig einen L-Pegel annehmen durch die Verzögerungszeit eines NAND-Gatters und der folgenden beiden Inverter bestimmt. CLK befindet sich im H-Zustand, wodurch der Ausgang des NAND-Gatters (G1) sich im H-Zustand befindet. Als Folge davon ist $\phi_1 = L$ und $\phi_2 = H$. Ändert sich jetzt CLK von H nach L, dann geht über das NAND-Gatter (G2) und die beiden Inverter ϕ_2 von H nach L.

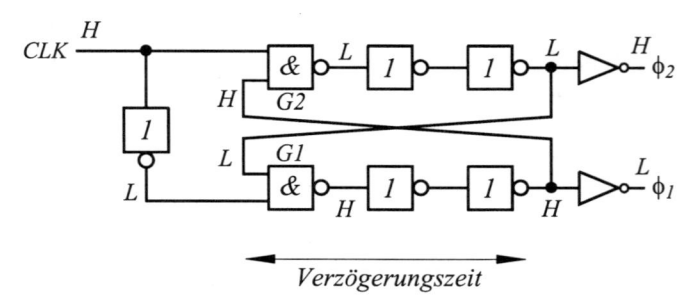

Bild 6.68:   *Anordnung zur Erzeugung nicht überlappender Takte ϕ_1, ϕ_2*

Da der Ausgang des zweiten Inverters mit dem Eingang des NAND-Gatters (G1) verbunden ist, ändert sich ϕ_1 verzögert von L nach H erst dann, wenn das Signal das Gatter (G1) die beiden Inverter und den Buffer durchlaufen hat. Reicht die Verzögerungszeit nicht aus, so kann eine Verlängerung durch Zuführung weiterer Inverterpaare erreicht werden.

6 Schaltnetze und Schaltwerke

Zusammenfassung der wichtigsten Ergebnisse des Kapitels

Statische und getaktete CMOS-Schaltungstechniken wurden betrachtet. Die statischen komplementären Gatterschaltungen stellten sich dabei als die robustesten in Bezug auf Störeinflüsse heraus. Das Layout kann dabei mit Hilfe der Graphentheorie so optimiert werden (Eulerpfad), dass zusammenhängende n- und p-Bereiche entstehen. Die getakteten C^2MOS-Techniken sind dagegen zu bevorzugen, wenn hohe Taktraten und geringer Leistungs- und Chipflächenverbrauch im Vordergrund stehen.

Gatter können im GHz-Bereich betrieben werden. Um dies zu erreichen, wurde die MCML-Technik angewendet. Hiermit ist es möglich, die Signalhübe auf Werte zwischen 0,2 V und 0,4 V zu begrenzen um so höhere Taktraten zu erreichen.

Ab einer bestimmten Zahl von Gattern ist es vorteilhaft logische Felder zu verwenden. Das Grundelement dieser Felder bildet der Dekoder. Komplementäre NAND- oder NOR-Dekoder haben wegen $P = CU_{CC}^2 f$ einen geringen Leistungsverbrauch. Infolge der Serienschaltung von p- oder n-Kanal Transistoren werden diese Dekoder ab ca. fünffacher Organisation langsam. Abhilfe bieten getaktete Anordnungen. Diese haben einen noch geringeren Leistungsverbrauch da weniger Transistorkapazitäten umgeladen werden müssen.

Getaktete statische und dynamische D-Flip-Flops wurden dazu verwendet um mit Hilfe des Master-Slave-Konzepts Register zu realisieren. Hierbei stellte sich heraus, dass dynamische Ein-Takt-Register wegen der einfachen Taktansteuerung bei großintegrierten Systemen zu bevorzugen sind.

Übungen

Aufgabe 6.1

Realisieren Sie die logische Funktion $Q = \overline{I_1 \cdot I_2 + (I_3 + I_4) \cdot (I_5 + I_6)}$ in einer statischen Komplementärschaltung und erstellen Sie dazu das Layout. Verwenden Sie dabei den in Abschnitt 6.1.2 beschriebenen Layoutstil und bestimmen Sie nach Möglichkeit einen gemeinsamen Eulerpfad.

Aufgabe 6.2

Welche logischen Funktionen können mit der gezeigten Transfer-Gatterschaltung realisiert werden, wenn die Eingangsvariablen, wie gezeigt, verändert werden?

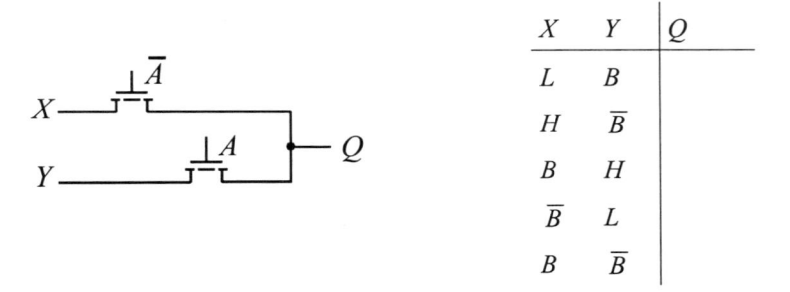

X	Y	Q
L	B	
H	$\overline{B}$	
B	H	
$\overline{B}$	L	
B	$\overline{B}$	

Bild A: 6.2

Aufgabe 6.3

Bei der in Bild 6.39 gezeigten Kaskadierung von Dekodern entsteht an den Z-Ausgängen ein verschlechterter Logikpegel. a) Tritt dieser beim L- oder H-Zustand auf? b) Welchen Wert hat dieser Pegel, wenn $U_{Top} = -0{,}45$ V; ; $\gamma = 0{,}3\sqrt{V}$ und $U_{CC} = 3$ V betragen? c) Wie kann Abhilfe geschaffen werden?

6 Schaltnetze und Schaltwerke 377

Aufgabe 6.4

Zeichnen Sie die Schaltung einer programmierbaren Logikanordnung (PLA), die die folgende Wahrheitstabelle realisiert. Welche Funktion wird durch die angegebene Wahrheitstabelle beschrieben?

A	B	C	Q_1	Q_2
L	L	L	L	L
H	L	L	H	L
L	H	L	H	L
H	H	L	L	H
L	L	H	H	L
H	L	H	L	H
L	H	H	L	H
H	H	H	H	H

Aufgabe 6.5

In Bild A: 6.5 ist ein dynamisches Master-Slave Flip-Flop dargestellt.

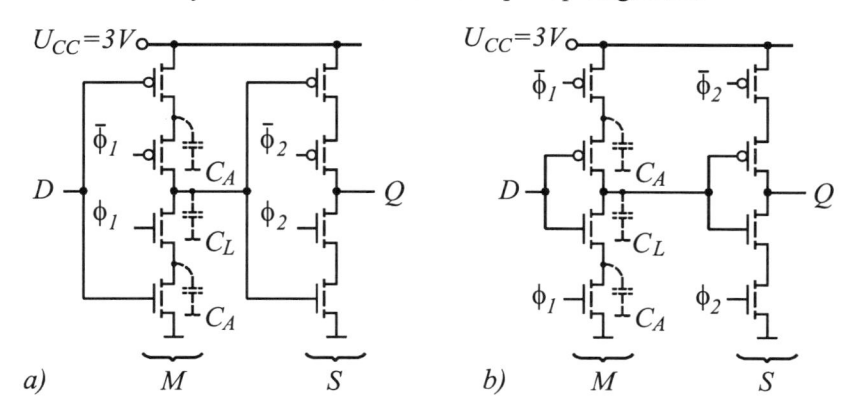

Bild A: 6.5

Welche der im Bild gezeigten Realisierungen ist zu bevorzugen? Welche H- und L-Spannungen können sich im schlechtesten Fall bei der nicht zu empfehlenden Anordnung an C_L einstellen, wenn $C_L = 2C_A$ ist?

Aufgabe 6.6

Bei dem in Bild A: 6.6 gezeigten Stromschalter liegt an den Eingängen eine Spannung von $U_1 = 1{,}3$ V und $U_{\overline{1}} = 0{,}9$ V an. Wie groß sind in etwa die Ströme I_1 und I_2 ?

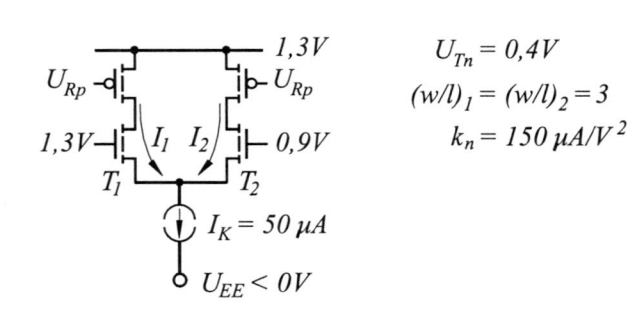

$U_{Tn} = 0{,}4V$

$(w/l)_1 = (w/l)_2 = 3$

$k_n = 150 \, \mu A/V^2$

$I_K = 50 \, \mu A$

$U_{EE} < 0V$

Bild A: 6.6

Literatur

|CHU| K.M. Chu et al: "A Comparison of CMOS Circuits Techniques: Differential Cascade Voltage Switch Logic Versus Conventional Logic"; IEEE Journal of Solid-State Circuits, Vol.SC-22, No.4, August 1987, pp.528-532

|CHU| K.M. Chu et al: "Design Procedure for Differential Cascade Voltage Switch Circuits"; IEEE Journal of Solid-State Circuits; Vol.SC-21; No.6; Dec. 1986; pp.1082-1087

|GONC| N.F. Goncalves et al: "NORA: A Racefree Dynamic CMOS Technique for Pipelined Logic Structures"; IEEE Journal of Solid-State Circuits; Vol.SC-18; No.3; June 1983; pp.261-266

|HACH| G.D. Hachtel et al: "An Algorithm for Optimal PLA Folding"; IEEE Trans. Computer-Aided Design CAD-1, 1982, pp.63-77

|KRAM| M.H. Krambeck et al: "High Speed Compact Circuits with CMOS"; IEEE Journal of Solid-State Circuits, Vol.DC-17, No.3; June 1982; pp.614-619

|MIZU| M. Mizuno et al: "A GHz MOS Adaptive Pipeline Technique Using MOS Current-Mode Logic"; IEEE Journal of Solid-State Circuits; Vol.31; No.6; Juni 1996; pp.784-791

|PING| Pius Ng et al: "Performance of CMOS Differential Circuits"; IEEE Journal of Solid-State Circuits; Vol.31; No.6; June 1996; pp.841-846

|RADH| D. Radhakrishan et al: "Formal Design Procedure for Pass Transistor Switching Circuits"; IEEE Journal of Solid-State Circuits; Vol.SC-20, No.2., April 1985, pp. 531-536

|SHOJ| M. Shoji: "FET Scaling in Domino CMOS Gates"; IEEE Journal of Solid-State Circuits, Vol.SC-20, No.5, Oct. 1985

|SMIT| K.F. Smith: "Design of Regular Arrays Using CMOS in PPL"; Proceedings IEEE Int. Conference on Computer Design ICCD; Nov.1983; pp.158-161

|SUZU| Y.Suzuki et al: "Clocked CMOS calculator circuitry"; IEEE Journal of Solid-State Circuits; Vol.SC-8; Dec.73; pp.462-469

|TANA| A. Tanabe et al: "0.18µm CMOS 10-Gb/s Multiplexer/Demultiplexer ICs Using Current Mode Logic with Tolerance to Threshold Voltage Fluctuation"; IEEE Journal of Solid-State Circuits; Vol.36; No.6; June 2001; pp.988-996

|UEHA| T. Uehara et al: "Optimal Layout of CMOS Functional Arrays"; IEEE Transaction on Computers, Vol. C-30, No. 5, May 1981, pp. 305-312

|WHIT| S. Whitaker: "Pass. Transistor Networks Optimize n-MOS Logic"; Electronics, Sept. 22, 1983 pp. 144-148

|YAMA| M. Yamashina et al: "An MOS Current Mode Logic (MCML) Circuit for Low-Power Sub-GHz Proccessors": IEICE Trans. Electron.; Vol.E75C; No.10; Oct.1992; pp.1181-1187

|YUAN| J. Yuan and C. Svensson: "High-Speed CMOS Technique"; IEEE Journal of Solid-State Circuits, Vol.24; No.1; Feb.89; pp.62-70

7 MOS-Speicher

Ein Schaltwerk benötigt zur Speicherung der Information Datenspeicher. Von diesen wurden im vorhergehenden Kapitel statische und dynamische Flip-Flops vorgestellt und dazu verwendet, Register zu realisieren. Es gibt aber noch weitere Datenspeicher, die in einer Übersicht nach der Art der Informationsspeicherung in Bild 7.1 zusammengestellt sind.

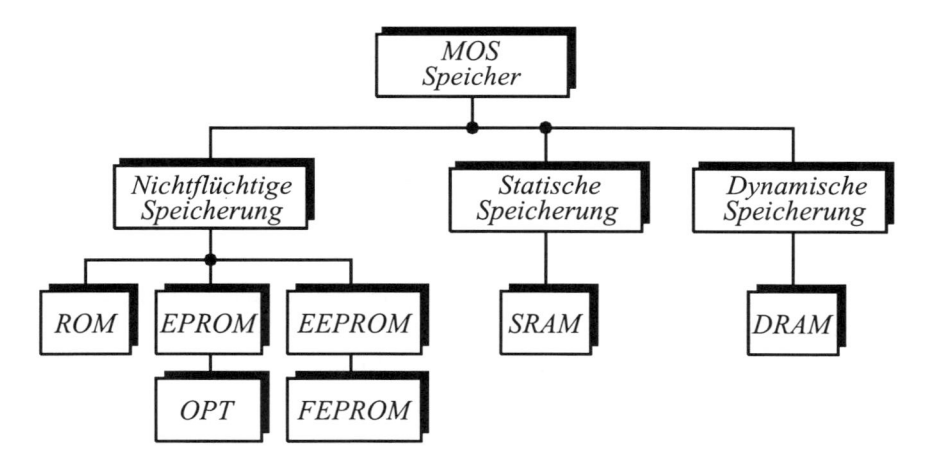

Bild 7.1: Einteilung der MOS-Speicher nach Art der Informationsspeicher

Bei der nichtflüchtigen Speicherung bleibt die gespeicherte Information erhalten, auch wenn die Versorgungsspannung abgeschaltet wird. Dies ist bei den beiden anderen Gruppen nicht der Fall. Man unterteilt diese nach der Taktfrequenz. Während die statischen Speicher keine untere Taktfrequenzgrenze besitzen, benötigen die dynamischen Speicher einen periodischen Takt, der zur Erneuerung der gespeicherten Information erforderlich ist.

Die in Bild 7.1 gezeigten Speichertypen werden als Untereinheit in integrierten digitalen Systemen (embedded memories) oder als Standardbausteine eingesetzt. Die Bedeutung der Speicherbezeichnungen ist aus Tabelle 7.1 zu entnehmen.

	Bezeichnung	Bemerkung
ROM	Read Only Memory	Nur-Lese-Speicher
EPROM	Electrically Programmable ROM	Elektrisch programmierbar, mit UV-Strahlung löschbar
OTP	One Time Programmable EPROM	Einmal elektrisch programmierbar (EPROM ohne transparenten Gehäusedeckel)
EEPROM	Electrically Eraseable Programmable ROM	Byteweise elektrisch programmierbar und byteweise elektrisch löschbar
FEPROM	Flash Eraseable PROM	Byteweise elektrisch programmierbar und global elektrisch löschbar
SRAM	Static Random Access Memory	Statischer Speicher mit wahlfreiem Zugriff
DRAM	Dynamic Random Access Memory	Dynamischer Speicher mit wahlfreiem Zugriff

Tabelle 7.1: Übersicht über die Bezeichnungen bei MOS-Speicher

Im Folgenden werden die wesentlichsten Speicherzellen und Schaltungen, die man zum besseren Verständnis der Funktionsweise der verschiedenen Speicher benötigt, vorgestellt. Dabei ist es nicht das Ziel, Spezifikationen von käuflichen Standardprodukten zu erläutern.

7.1 Nur-Lese-Speicher (ROM)

Die einfachste Art Daten nichtflüchtig zu speichern kann, wie in der beschriebenen programmierbaren Logikanordnung (Abschnitt 6.4.2) ausgeführt, durch das Vorhandensein oder Nichtvorhandensein von Transistoren erreicht werden. Sind alle möglichen programmierbaren Zustände berücksichtigt, spricht man nicht mehr von einem PLA sondern von einem ROM. In Bild 7.2 ist das Blockschaltbild eines derartigen Speichers dargestellt.

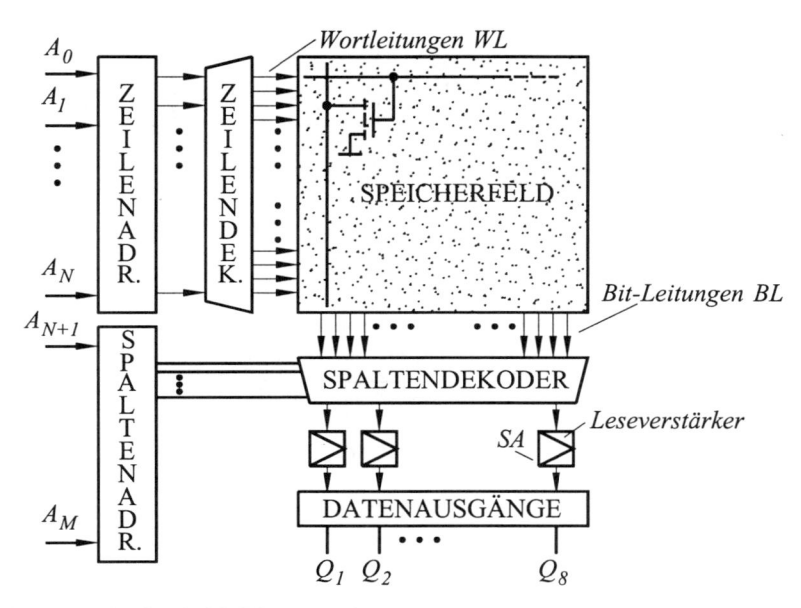

Bild 7.2:   Blockschaltbild eines ROM

In diesem Beispiel können die (N+M) Eingänge, auch Adresseingänge genannt, $2^{(N+M)}$ unterschiedliche Ausgangswörter (z.B. zu je 8 Bit) an den Datenausgängen erzeugen. Mit Hilfe des Zeilendekoders wird eine Wortleitung (Zeile, ROW) aus dem Speicherfeld ausgewählt. Der geometrische Aufbau des Speichers erfordert fast immer wesentlich mehr Bit-Leitungen (Spalten, Column) als Datenausgänge. Deshalb wird über einen Spaltendekoder die Selektion der entsprechenden Bit-Leitungen durchgeführt und über einen Leseverstärker SA zu den Datenausgängen durchgeschaltet.

Die gezeigte Speicherorganisation ist bis zu einer bestimmten Speichergröße realisierbar, da sonst die Laufzeiten innerhalb des Speicherfeldes zu groß werden. Aus diesem Grund wird bei höher integrierten Speichern eine hierarchische Architektur bestehend aus diversen Speicherfeldern (Bild 7.3) verwendet.

Diese individuellen Speicherfelder werden mit der Blockadresse ausgewählt und zu den Datenausgängen durchgeschaltet. Für den Anwender ist dabei nicht erkennbar wie die Aufteilung der Adressen auf Zeilen, Spalten und Blöcke im Speicherbaustein geschieht.

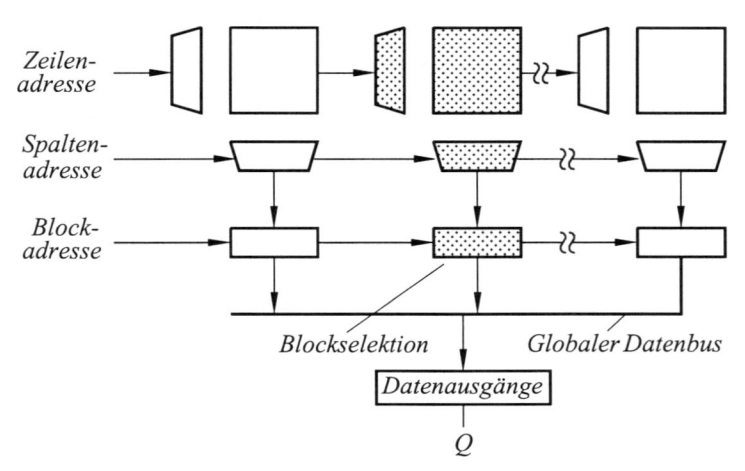

Bild 7.3:   *Hierarchische Speicherarchitektur*

Wie beim PLA so kann auch der Nur-Lese-Speicher vorgefertigt werden. Dies kann je nach Aufbau des Speicherfeldes bis einschließlich Zwischenoxid erfolgen. Die Programmierung kann dann durch Einsetzen von Kontaktzonen, wie es in Bild 6.42 dargestellt ist, durchgeführt werden.

Bei ROMs wird die Programmierung beim Hersteller durchgeführt. Will der Anwender mehr Flexibilität und die Programmierung selbst realisieren, kann er die im Folgenden aufgeführten Speicher verwenden.

7.2 Elektrisch programmierbare und optisch löschbare Speicher

Die ersten großintegrierten programmier- und löschbaren Speicher wurden von Frohman-Bentchkowsky |FROH| entwickelt und **F**loating-**G**ate-**A**valanche-**I**njection **MOS** (FAMOS) genannt. In modifizierter Form wird dieses Verfahren noch heute verwendet.

In diesem Abschnitt werden zuerst die diversen Speicherzellen betrachtet und anschließend die sich daraus ergebenden Speicherarchitekturen. Eine **E**lektrisch **P**rogrammierbare **ROM** Zelle (EPROM) ist in Bild 7.4 dargestellt. Diese Zelle, die auch SIMOS (**S**tacked Gate **I**njection **MOS**) genannt wird, besteht aus einem MOS-Transistor mit Steuer-Gate (SG) sowie einem zusätzlichen isolierten so genannten Floating-Gate (FG), das keine Verbindung nach außen besitzt.

7 MOS-Speicher 385

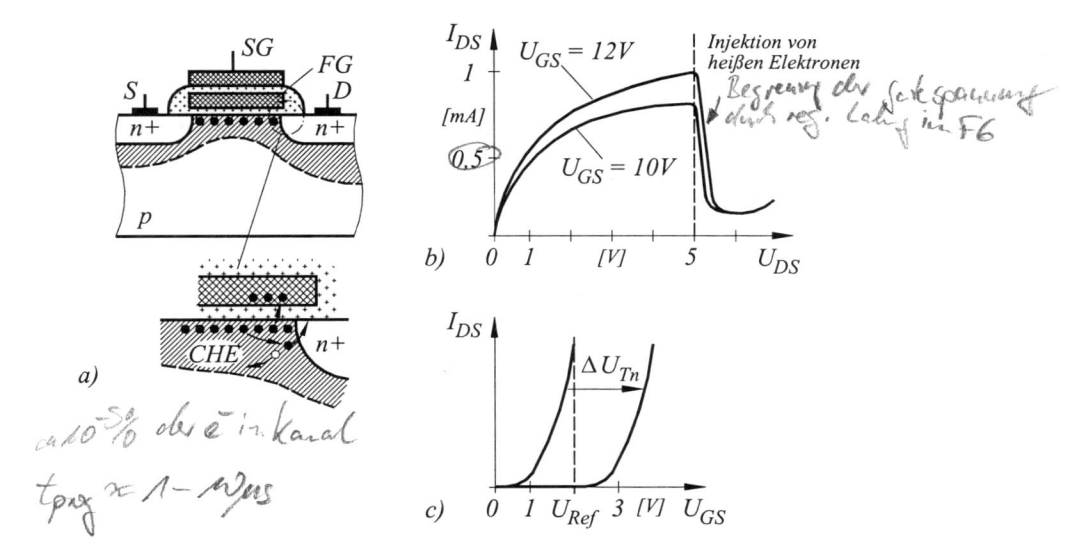

Bild 7.4: a) SIMOS-Zelle; b) I_{DS} (U_{DS}) bei verschiedenen Gatespannungen;
c) I_{DS} (U_{GS}) vor und nach dem Programmieren

Die nichtflüchtige Speicherung beruht darauf, dass Elektronen auf das isolierte Floating-Gate gebracht werden. Infolge der sehr guten Isolierung dieses Gates durch z.B. SiO_2 bleibt die Ladung dort für mehr als 10 Jahre erhalten.

In Bild 7.4b ist der I_{DS}-Strom einer Zelle als Funktion von der U_{DS}- Spannung bei zwei verschiedenen U_{GS}- Werten dargestellt. Die wirksame Gatespannung, d.h. die Spannung am Floating-Gate ergibt sich dabei aus der kapazitiven Spannungsteilung zwischen Steuer- und Floating-Gate einerseits sowie Floating-Gate und Inversionsschicht andererseits. Da ein Transistor mit kurzer Kanallänge verwendet wird, entsteht mit zunehmender Drainspannung drainseitig ein großes Feld. Dies hat zur Folge, dass die Elektronen am Kanalende bis zur Sättigungsgeschwindigkeit beschleunigt werden. Heiße Ladungsträger (**C**hannel **H**ot **E**lectrons CHE) entstehen (Kapitel 4.5.4). Diese sind so energetisch, dass sie drainseitig kovalente Bindungen aufbrechen, wodurch es zu einer Ladungsträgermultiplikation kommt. Hierbei wandern die Elektronen zur Drain und die Löcher zum Substrat. Eine weitere Folge der hoch energetischen Elektronen ist, dass ein Bruchteil von ihnen – etwa 10^{-5} % – genügend Energie besitzt, um die Barriere des Gateoxides zu überwinden und auf das Floating-Gate zu gelangen. Die Floating-Gate-spannung und der I_{DS}-Strom nehmen ab. Als Folge der negativen Ladung auf dem Floating-Gate verschiebt sich die Einsatzspannung Gl.(4.36) zu höheren Werten.

Die Zeit, die zum Programmieren benötigt wird, liegt bei einem Drainstrom von 500 µA im Bereich 1 bis 10 µs. Durch Abfragen der Zelle mit einer Referenzspannung von z.B. U_{Ref} = 2 V kann man anhand des fließenden Stromes feststellen (lesen), in welchem binären Zustand sich die EPROM-Zelle befindet.

Der Programmiervorgang ist im Bänderdiagramm (Bild 7.5a) dargestellt.

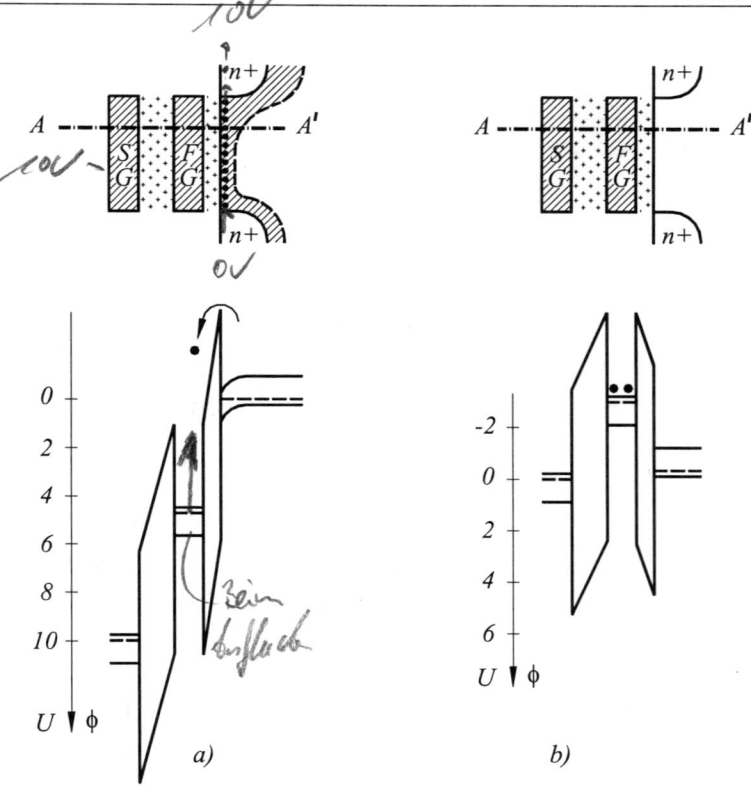

Bild 7.5: Querschnitte und Bänderdiagramme einer EPROM-Zelle a) während des Programmierens; b) nach dem Programmieren mit 0V am Steuergate

Nach dem Programmieren stellt sich dann am Floating-Gate eine negative Spannung (Bild 7.5b) ein. Dies bedeutet nichts anderes als dass die Einsatzspannung des Transistors zu höheren Werten hin verschoben ist.

Ein Löschen der Ladung auf dem Floating-Gate wird dadurch erreicht, dass man die EPROM-Bausteine einer intensiven UV-Strahlung für ca. 20 min aussetzt. Zu diesem Zweck besitzen diese Bausteine einen transparenten Gehäusedeckel. Durch die Bestrahlung erhalten die gespeicherten Elektronen genügend Energie, um über die SiO_2-Barrieren in den Halbleiter bzw. auf das Steuergate zu gelangen. Ein EPROM-Baustein kann einige Hundert mal gelöscht und programmiert werden.

Der transparente Gehäusedeckel verursacht relativ hohe Herstellkosten. Um diese zu senken, werden EPROMs in kostengünstigen Plastikgehäusen geliefert. Dadurch ist natürlich nur eine einmalige Programmierung möglich (**One Time Programmable**). Es entsteht ein OTP-EPROM.

7.2.1 EPROM Speicherarchitektur

Die Architektur des Speichers (Bild 7.6) ist ähnlich wie die des ROMs aufgebaut.

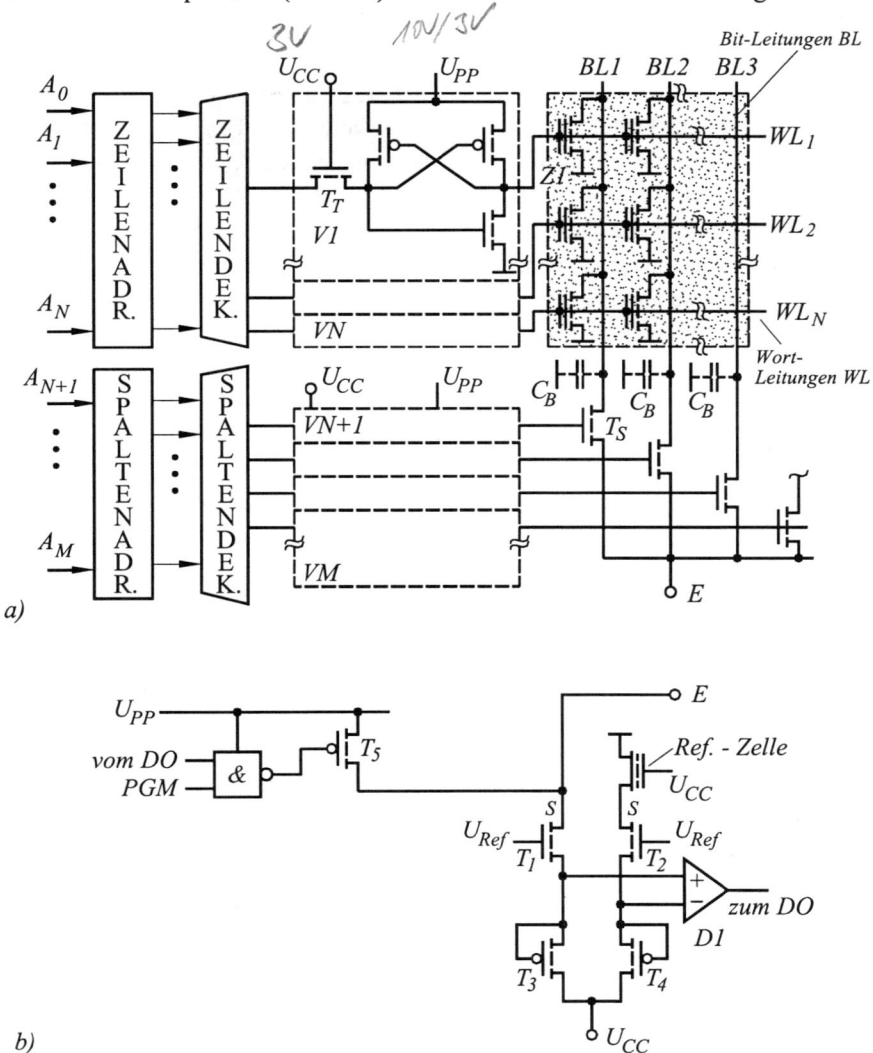

Bild 7.6: a) Ausschnitt aus einer EPROM-Speichermatrix mit Ansteuerung;
b) Lese- und Programmierschaltung

Lesevorgang ($U_{PP} = U_{CC}$)

Mit dem Zeilendekoder wird z.B. über die Treiberschaltung V1 die Wortleitung WL_1 mit einer Spannung von $U_{PP} = U_{CC}$ angesteuert, wodurch alle Zellen dieser Wortleitung aktiviert werden. Eine Nachselektion der Bit-Leitungen erfolgt mit einem Spaltendekoder. Dadurch gelangt z.B. die Information der Zelle Z1 an den Eingang E des Leseverstärkers mit den Transistoren T_1 bis T_4. Dieser vergleicht den Strom der Zelle mit dem einer Referenzzelle, indem die zwischen den Transistoren T_3 und T_4 entstehende Spannungsdifferenz einem Differenzverstärker D1 zugeführt wird. Der Differenzverstärker wird später im Zusammenhang mit SRAMs bzw. im Kapitel 8 näher betrachtet. Bei einer nicht programmierten Zelle (Bild 7.4c) beträgt der Zellstrom weniger als 100 µA. Um mit diesem Strom die Bit-Leitung, die eine relativ große parasitäre Kapazität C_B besitzt, schnell umladen zu können, sind in dem Leseverstärker zwei Transistoren T_1, T_2 vorgesehen. Da diese an einer im Speicher erzeugten Referenzspannung von ca. U_{Ref} = 2 V liegen, wird die Spannung an den Source-Gebieten (s) der Transistoren T_1 und T_2 auf $U_B = U_{Ref} - U_{Tn} - \Delta U_1$ bzw. $U_B = U_{Ref} - U_{Tn} - \Delta U_2$ begrenzt. Hierbei sind ΔU_1 bzw. ΔU_2 die zusätzliche Spannungsänderung an den Source-Gebieten, die durch die Ströme der Zelle bzw. Referenzzelle entstehen. Da die Spannungsänderungen im Bereich von 200 bis 300 mV liegen, wird die Bit-Leitung ($\Delta t = C_B \Delta U_1 / I$) schnell umgeladen. Ein weiterer Vorteil der reduzierten Spannung an der Bit-Leitung ist, dass ein unbeabsichtigtes Umprogrammieren der Zellen während des Lesens wesentlich unwahrscheinlicher ist. Verstärkt gelangt das zu lesende Signal über den Differenzverstärker D1 zum Datenausgang D0.

Programmiervorgang ($U_{PP} \gg U_{CC}$)

Die Programmierung der EPROMs geschieht dadurch, dass durch ein von außen angelegtes Signal PGM die Datenausgänge zu Dateneingängen umgeschaltet werden (nicht gezeigt) und eine Programmierspannung von z.B. U_{PP} = 12 V angelegt wird. Dadurch wird mit Hilfe der Treiberschaltung z.B. V1 die Wortleitung WL_1 auf eine Spannung von U_{PP} erhöht. Transistor T_T hat in dieser Schaltung die Aufgabe die hohe Programmierspannung vom Zeilendekoder zu entkoppeln, so dass nur die Treiberschaltung für die hohe Spannung ausgelegt zu werden braucht. Die Gates der ausgewählten Zeile erhalten die zum Programmieren benötigte hohe Spannung. Gleichzeitig gelangt über ein NAND-Gatter und einen Transistor T_5 die ebenfalls mit U_{PP} betrieben werden die zu speichernde Information an die Bit-Leitung.

In Bild 7.6 wurde ein einfacher differenzieller Leseverstärker vorgestellt. Diesen kann man mit erhöhtem Aufwand wesentlich verbessern wie im nächsten Abschnitt gezeigt wird.

7 MOS-Speicher

7.2.2 Stromspannungswandler

Die Verbesserung besteht darin, dass die Spannungsänderung ΔU an der Bit-Leitung verkleinert wird, wodurch sich entsprechend die Umladezeit für die Bit-Leitung verringert. Zur Erklärung der Schaltung wird zuerst noch einmal die bereits kurz beschriebene Leseschaltung betrachtet (Bild 7.7a), wobei zur Vereinfachung Transistor T_3 (Bild 7.6) durch einen Widerstand ersetzt wurde und der Transistor T_S als vernachlässigbarer Serienwiderstand betrachtet wird.

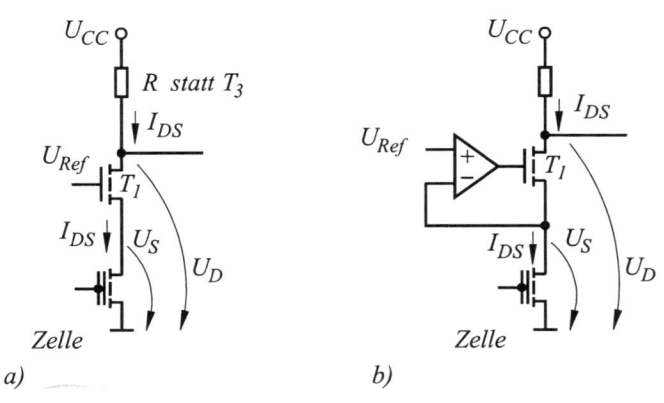

Bild 7.7: Stromspannungswandler; a) mit Source-Folger; b) mit Verstärker

Je nach Zellzustand fließt dabei ein Strom von

$$I_{DS,0} = \frac{\beta_n}{2}(U_{Ref} - U_{S,0} - U_{Tn})^2 \text{ bzw.}$$
$$I_{DS,1} = \frac{\beta_n}{2}(U_{Ref} - U_{S,1} - U_{Tn})^2 \quad (7.1)$$

Die Stromänderung der Zelle führt zu einer Spannungsänderung an der Source

$$\Delta U_S = U_{S,0} - U_{S,1} = \sqrt{\frac{2}{\beta_n}}\left(\sqrt{I_{DS,1}} - \sqrt{I_{DS,0}}\right) \quad (7.2)$$

und an der Drain

$$\Delta U_{DS} = (I_{DS,0} - I_{DS,1}) \cdot R = \Delta I_{DS} \cdot R \quad (7.3)$$

von Transistor T_1, wobei $\Delta U_{DS} \gg \Delta U_S$ ist wie folgendes Beispiel demonstriert.

Beispiel:

Die Zelle liefert je nach Zustand den Strom $I_{DS,1} = 50$ µA bzw. $I_{DS,0} = 2$ µA. Wie groß ist die Spannungsänderung an Source und Drain von T_1, wenn $\beta_n = 1000$ µA/V² und $R = 50$ kΩ betragen?

Aus Gl.(7.2) ergibt sich eine Spannungsänderung an der Source von

$$\Delta U_S = 0{,}25V \text{ und}$$

eine entsprechende Spannungsänderung an der Drain Gl.(7.3) von

$$\Delta U_{DS} = 2{,}4V.$$

D.h. die Stromänderung der Zelle von 2 µA auf 58 µA führt zu einer kleinen Spannungsänderung an der Source und einer großen Änderung an der Drain.

Die große Bit-Leitungskapazität C_B (Bild 7.6) muss somit nur um $\Delta U_S = 0{,}25$ V durch den Zellstrom umgeladen werden. Diese Umladung kann noch schneller erfolgen, wenn ΔU_S weiter reduziert wird (Bild 7.7b) |SEEV|. Hat der Verstärker eine sehr große Verstärkung, dann stellt sich eine Spannung an der Source von T_1 von $U_S = U_{Ref}$ ein. Diese bleibt auch dann konstant, wenn sich der Strom der Zelle um ΔI_{DS} ändert. An der Drain entsteht dabei ein Spannungsabfall von $\Delta U_{DS} = \Delta I_{DS} \cdot R$. Dieser Spannungsabfall ist mit dem der vorhergehenden Schaltung Gl.(7.3) identisch ohne dass sich jedoch U_S merklich ändert.

Die Leseschaltung kann im Differenzverfahren verwendet werden, indem sie den Zellstrom mit einem Referenzstrom vergleicht (Bild 7.8).

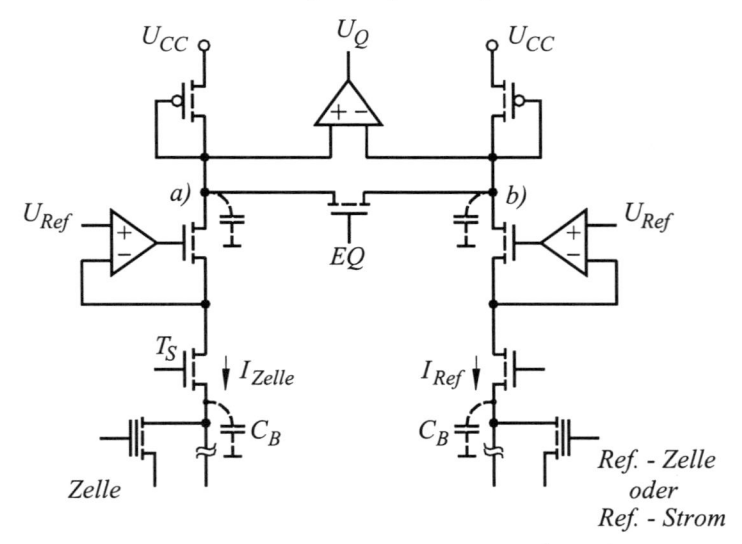

Bild 7.8:   Differenzielle Stromspannungswandlung /MILL/

Um eventuelle Spannungsunsymmetrien in der Schaltung auszugleichen, wird vor jedem Lesevorgang ein sog. Equalize-Signal EQ angelegt, so dass die beiden Knotenpunkte a) und b) vor dem eigentlichen Lesevorgang dieselbe Spannung besitzen. Anschließend wird dann ausgewertet ob der Zellstrom größer oder kleiner als der Referenzstrom ist und ein Ausgangssignal U_Q generiert. Auf die Realisierung der Differenzverstärker wird in Kapitel 8 näher eingegangen.

7.3 Elektrisch umprogrammierbare Speicher

Das Programmieren und Löschen der im Vorhergehenden beschriebenen EPROM-Bausteine geschieht in speziell dafür entwickelten Geräten. Die Bausteine müssen dazu der Schaltungsplatine entnommen werden. Um dieses umständliche Verfahren zu umgehen und um außerdem mehr Systemflexibilität zu erhalten, wurden elektrisch löschbare und programmierbare Bausteine (**E**lectrically **E**raseable and **P**rogrammable **ROM**s, EE-PROMs) in unterschiedlichen Techniken entwickelt, von denen die Wichtigsten in den folgenden Abschnitten vorgestellt werden.

7.3.1 Elektrisch umprogrammierbare Speicherzellen

Bild 7.9 soll einen Überblick über Ein-Transistor-Speicherzellen schaffen |TEMP|. Entsprechend der allgemeinen Definition bedeutet Programmieren (Program) die Injektion von Ladungsträgern auf das Floating-Gate und Löschen (Erase) die Extraktion von Ladungsträgern von dem Floating-Gate. In manchen Veröffentlichungen werden hin und wieder jedoch gegenteilige Bezeichnungen verwendet.

ETOX-Zelle

Bei der ETOX (**E**PROM-**T**unnel-**Ox**ide)-Zelle gelangen beim Programmieren – wie bei der EPROM-Zelle beschrieben – heiße Ladungsträger CHE auf das Floating-Gate. Im Bereich eines dafür vorgesehenen Dünnoxid-Fensters überlappen die Gates den Sourcebereich der Zelle. Durch das dünne Oxid von ca. 5 nm zwischen Floating-Gate und Source können beim Löschen Ladungsträger vom Floating-Gate zur Source hin tunneln, wobei das Steuergate an 0 V liegt und das Sourcegebiet z.B. an 10 V. Dieser Vorgang wird **F**owler-**N**ordheim (FN) Tunnelmechanismus genannt und ist in Bild 7.10 dargestellt.

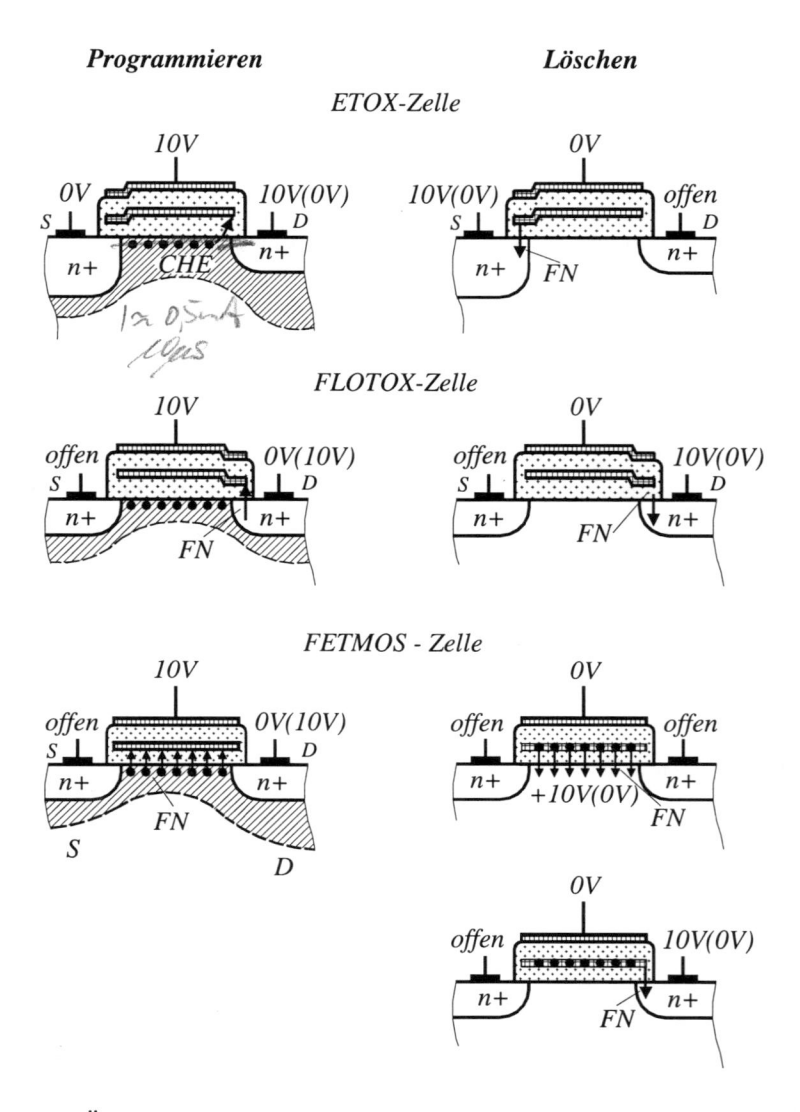

Bild 7.9: *Übersicht über elektrisch umprogrammierbare Ein-Transistor-Zellen mit typischen Spannungswerten.* **In Klammern gezeichnet inhibit Funktion** *(wenn nicht anders angegeben liegt das Substrat an 0V)*

Der dabei fließende Strom beträgt ca. 10^{-11} A und wird durch den Zusammenhang |LENZ|

$$I = AE_{ox}^2 e^{-B/E_{ox}}, \tag{7.4}$$

beschrieben, wobei A und B Konstante sind und E_{ox} das elektrische Feld zwischen Floating-Gate und Sourcegebiet ist.

Das Sourcegebiet ist durch eine zusätzliche Phosphorimplantation mit kontinuierlichem Profil tiefer implantiert (graded junction), um die Durchbruchfestigkeit zu erhöhen. Nicht ganz vermieden werden kann jedoch der so genannte GIDL-Effekt, der in Kapitel 4.5.5 beschrieben ist. Dieser führt zu einem zusätzlichen Leckstrom von dem Sourcegebiet zum Substrat.

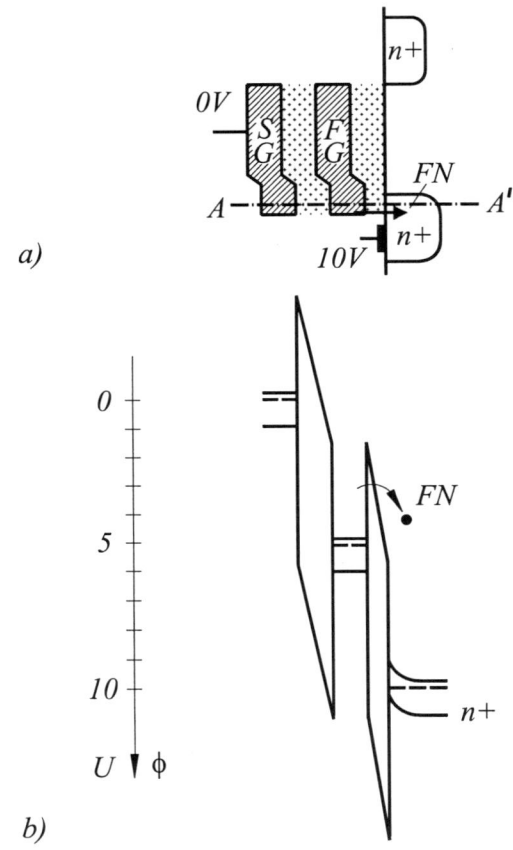

Bild 7.10: a) ETOX-Zelle im Löschzustand; b) zugehöriges Bänderdiagramm (Schnitt $A - A'$)

FLOTOX-Zelle

Bei der FLOTOX (**FLO**ating gate **T**hin **OX**ide)-Zelle überlappen die Gates den Drainbereich. Zwischen dem Floating-Gate und diesem Bereich ist ein Dünnoxid-Fenster vorgesehen, so dass mit dem FN-Mechanismus gelöscht und durch Umpolung der Spannung zwischen Steuergate und Drain programmiert werden kann. Der Vorteil dabei ist, dass die fließenden Ströme im Bereich 10^{-11}A und damit wesentlich kleiner sind als die im Fall der CHE-Programmierung (ca. 0,5 mA). Von Nachteil ist jedoch eine größere Umprogrammierzeit im Bereich von 1 ms.

FETMOS-Zelle

Die FETMOS (**F**loating gate **E**lectron **T**unneling **MOS**)-Zelle hat im gesamten Gatebereich ein dünnes Gateoxid. Deswegen geschieht die Programmierung mit dem FN-Mechanismus über den gesamten Gatebereich. Gelöscht werden kann ebenfalls über den gesamten Gatebereich, wozu die Spannungen umgepolt werden. Will man Spannungsänderungen am Substrat vermeiden, kann das Löschen auch über das Draingebiet erfolgen. Der Vorteil der Umprogrammierung über den gesamten Gatebereich ist, dass Degradationsmechanismen – auf die im Folgenden eingegangen wird – sich nicht so stark auswirken als wenn die Umprogrammierung nur in einem kleinen Fensterbereich stattfindet. Ein Nachteil dieser Zelle ist die relativ große Gatekapazität infolge des dünnen Gateoxids. Diese erfordert nämlich ebenfalls eine große Koppelkapazität C_K zwischen Steuergate und Floating-Gate um eine möglichst große Spannung U_{FG} zwischen Floating-Gate und Bulk zu erzeugen.

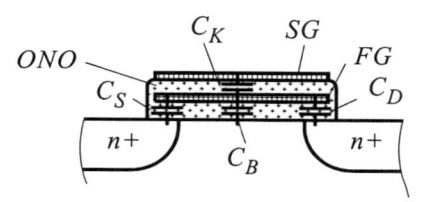

Bild 7.11:   *Kapazitives Ersatzschaltbild der FETMOS-Zelle*

Im Fall der Programmierung beträgt diese

$$U_{FG} = U_{GB} \frac{C_K}{C_K + C_G}, \quad (7.5)$$

wobei die Gatekapazität C_G sich aus der Summe der einzelnen Beiträge C_S, C_B und C_D ergibt. Um eine möglichst hohe U_{FG} - Spannung zu erreichen, wird zur Vergrößerung der Kapazität C_K häufig ein ONO (**O**xide-**N**itrid-**O**xid) Dielektrikum mit großer Dielektrizitätskonstanten zwischen Floating- und Steuer-Gate verwendet.

Zusammenfassend soll noch einmal erwähnt werden, dass die Programmierung durch heiße Elektronen (CHE) mit ca. 10µs pro Zelle relativ schnell ist, während bei dem Tunnelmechanismus (FN) zum Programmieren oder Löschen ca. 1ms benötigt wird.

Degradationsmechanismen

Bei der Zuverlässigkeit der beschriebenen Speicherzellen gibt es zwei besondere Aspekte die zu beachten sind. Jeder Programmier- und Löschvorgang führt zu einer permanenten Schädigung, wodurch die Zahl der Umprogrammierungen begrenzt ist. Dies ist in Bild 7.12 für eine FLOTOX-Zelle dargestellt. Hierbei wird die Verschiebung der Einsatzspannungen als Funktion der Zahl der Umprogrammierungen (endurance) betrachtet.

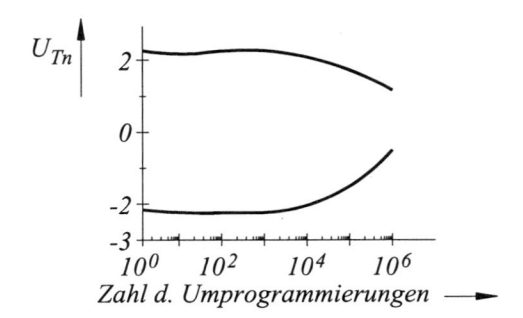

Bild 7.12: Typische Verschiebung der Einsatzspannungen in Abhängigkeit von der Zahl der Umprogrammierungen

Die Veränderung der Einsatzspannung ist dabei auf das Einfangen von Elektronen in Störstellen (traps) im Tunneloxid zurückzuführen |MIEL|. Nach ca. $10^5 - 10^6$ Umprogrammierungen schließt sich das Einsatzspannungsfenster der Zelle. In Abhängigkeit von der Empfindlichkeit der Leseschaltung wird der Speicher dann unbrauchbar.

Ein anderer Fehlermechanismus ist eine verkürzte Zeit für die Datenhaltung (retention failure). Die Hersteller garantieren allgemein zehn Jahre Datenhaltung ohne Spannungsversorgung oder unter normalen Betriebsbedingungen, wobei die Zahl der Zugriffe (Lesen der Zellen) unbegrenzt ist. Es kann jedoch vorkommen, dass einzelne Zellen im Speicher nach einer gewissen Zahl von Umprogrammierungen die Zehnjahresgrenze nicht mehr erfüllen. Dies kann u.a. durch Oxiddefekte verursacht sein. Ebenfalls wurde beobachtet, dass vereinzelte Zellen die Information verlieren und anschließend wieder brauchbar sind |TEMP|. Eine Möglichkeit die beschriebenen Probleme zu minimieren, besteht darin, ein Fehlererkennung und –korrektur Algorithmus on-chip zu verwenden.

Allgemeine Problematik

Verknüpft man die Zellen zu einer NOR-Matrix zusammen, ergeben sich unerwünschte Entladungen der Floating-Gates.

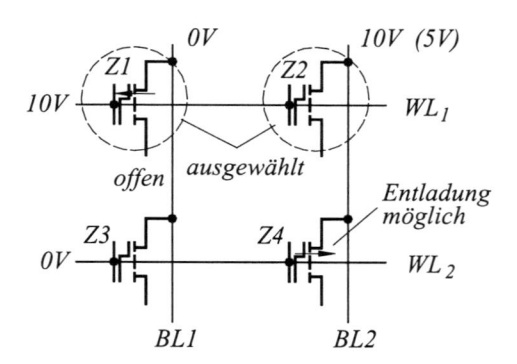

Bild 7.13: *NOR-Matrix mit FLOTOX-Zellen während des Programmierens*

Dies ist als Beispiel für FLOTOX-Zellen während des Programmierens in Bild 7.13 dargestellt. Die Zellen an der Wortleitung WL_1 mit 10 V sind ausgewählt. Mit 0 V an BL1 und z.B. 10 V an BL2 werden nur Elektronen auf das Floating-Gate von Z1 injiziert während die Ladung bei Z2 unverändert bleibt. Wortleitung WL_2 ist mit 0 V nicht ausgewählt. Da 10 V an BL2 anliegen, kann jedoch ungewollt Ladung vom Floating-Gate zum Draingebiet bei Zelle Z4 tunneln. Unterdrückt aber nicht beseitigt werden kann diese Entladung, wenn an diese Bit-Leitung statt 10 V z.B. nur 5 V angelegt wird. Eine weitere Erniedrigung der Spannung ist nicht möglich, da dies wiederum eine unbeabsichtigte Injektion bei Z2 hervorrufen würde.

Beim Programmieren werden Elektronen auf das Floating-Gate injiziert und beim Löschen extrahiert. Werden mehr Elektronen extrahiert als injiziert, wird das Floating-Gate positiv aufgeladen, wodurch die Zellen nicht mehr abgeschaltet werden können. Es kommt zum sog. "over erase".

Die genannten Probleme können durch die in Bild 7.14 gezeigten Möglichkeiten umgangen werden.

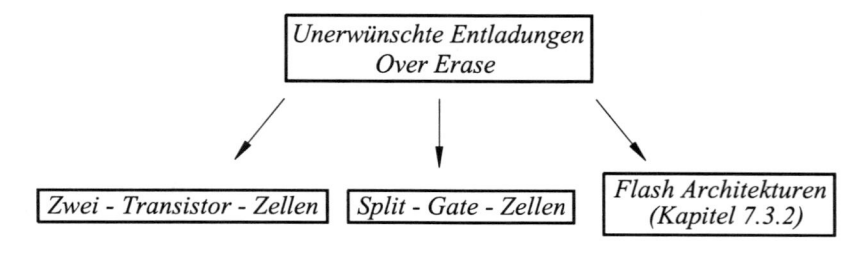

Bild 7.14: *Allgemeine Lösungsansätze*

Zwei-Transistor-Zellen

Diese besteht aus der eigentlichen Speicherzelle und einem Auswahltransistor (Bild 7.15). Nur dort, wo an der Selektionsleitung SL z.B. 10 V anliegen, können die Zellen programmiert oder gelöscht werden. Da die Transistoren T_S ausgeschaltet sind, fließt bei keinem Transistor ein Drain-Sourcestrom. Unerwünschte Entladungen werden sehr stark reduziert, da nur die selektierten Zellen mit den Bit-Leitungen verbunden sind. Ein „over erase" spielt keine Rolle, da mit Hilfe der Auswahltransistoren an den SL-Leitungen die Zellen immer sicher ausgeschaltet werden können. Gelesen wird, indem der T_S-Transistor einer Zeile eingeschaltet wird, so dass dann bei dieser ausgewählten Zeile I_{DS}-Ströme fließen können. Dazu werden die zugehörigen WL- und SL-Leitungen mit z.B. 3 V beaufschlagt. Die Größe des Stroms an der jeweiligen Bit-Leitung – ähnlich wie in Bild 7.8 vorgestellt wurde – bestimmt den Binärzustand der Zelle.

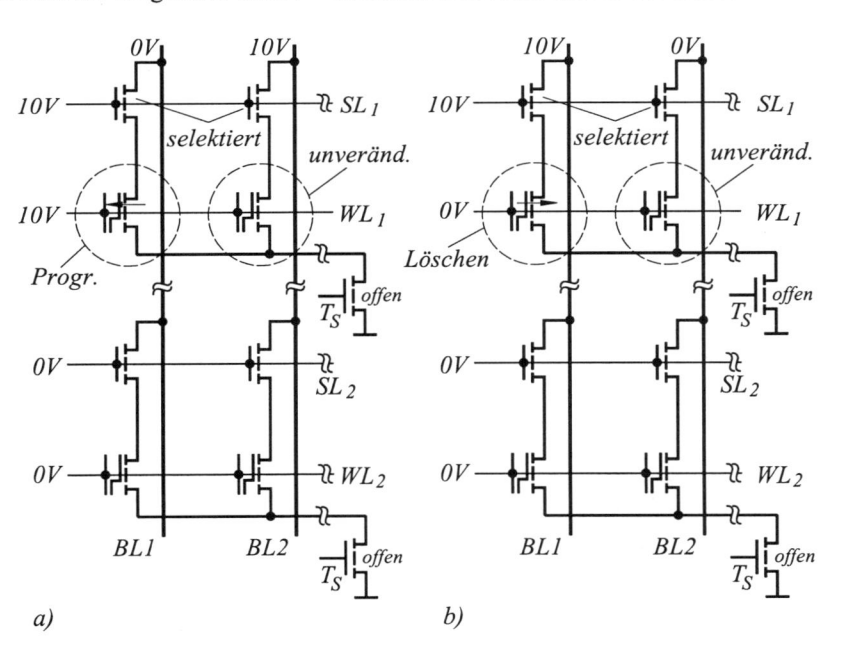

Bild 7.15: a) Selektiertes Programmieren und b) Löschen von Zwei-Transistor-FLOTOX-Zellen

Split-Gate-Zellen

Von Nachteil bei der Zwei-Transistor-Zelle ist der erhöhte Chip-Flächenbedarf, so dass diese Anordnung nur für kleine Speicherfelder Anwendung findet. Als Kompromiss werden sog. Split-Gate Zellen verwendet. Ein typisches Beispiel ist in Bild 7.16 dargestellt.

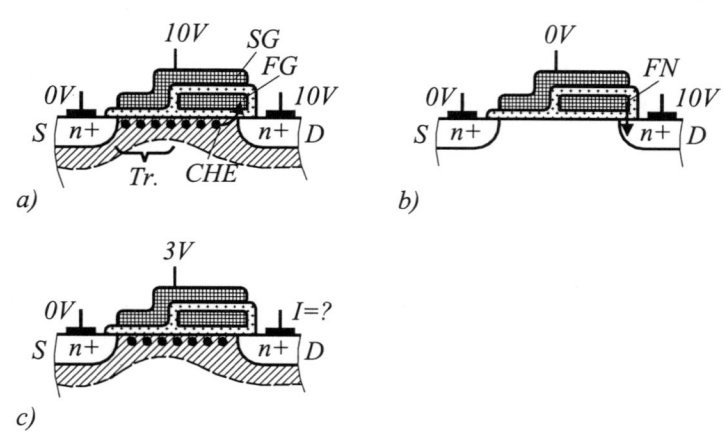

Bild 7.16: Split-Gate-Zelle; a) Programmieren CHE von der Drain-Seite; b) Löschen FN zwischen FG und Drain; c) Lesen

Hierbei wird das Steuergate gleichzeitig für die kapazitive Kopplung zum Floating-Gate und in einem weiteren Bereich als Auswahl-Transistor verwendet. Dieser Bereich (*Tr*) unterliegt nämlich nur der Spannung, die am Steuergate herrscht. Programmiert wird in dem Beispiel mit heißen Elektronen (CHE) an der Drain (**D**rain **S**ide **I**njection DSI) und gelöscht wird mit dem FN-Mechanismus. Die Programmierung durch heiße Ladungsträger hat zur Folge, wie bereits mehrfach erwähnt, dass diese relativ schnell in ca.10 µs erfolgt, während das Löschen durch den FN-Mechanismus im Bereich von einigen ms liegt.

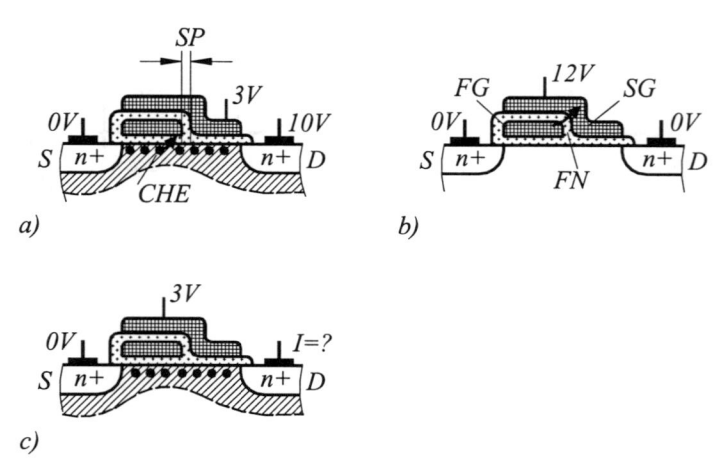

Bild 7.17: Split-Gate-Zelle; a) Programmieren CHE von der Source-Seite; b) Löschen FN zwischen SG und FG; c) Lesen

Von Nachteil ist, dass der erforderliche Strom während des Programmierens ungefähr 0,5 mA beträgt. Dieser kann reduziert werden, wenn eine Split-Zelle, wie sie in Bild 7.17 dargestellt ist, verwendet wird |HUAN|.

Der wesentliche Unterschied zur vorher beschriebenen Zelle ist ein relativ großer Oxidspalt (SP) von ca. 40 nm |SSTI| zwischen dem Floating- und Steuergate. Dadurch entsteht im Silizium an der Halbleiteroberfläche eine kleine Barriere. Elektronen mit genügend Energie können die Barriere überwinden und zur Drain gelangen. Ein Bruchteil von diesen energetischen Elektronen wiederum kann die Barriere zum Floating-Gate überwinden und dieses aufladen. Der Drain-Sourcestrom der bei dieser sog. Source-Side-Injection (SSI) fließt ist infolge der Barriere mit ca. 1 µA |SSTI| sehr gering. Das Löschen der Zelle geschieht durch den FN-Mechanismus zwischen dem Floating- und dem Steuergate.

7.3.2 Flash-Speicher Architekturen

Soll ein elektrisch umprogrammierbarer Speicher (EEPROM) Bit-Weise umprogrammierbar sein, wird – wie im Vorhergehenden beschrieben wurde – eine Zwei-Transistor-Zelle bestehend aus Auswahltransistor und Speicherzelle oder eine Split-Gate-Zelle benötigt. Dies bedeutet einen relativ großen Chip-Flächenbedarf, wodurch sich diese Art der Architektur nicht besonders gut für großintegrierte Speicher eignet, wie sie z.B. bei der Musik oder Bildspeicherung benötigt werden. Eine Lösung dies trotzdem zu erreichen besteht darin Ein-Transistor-Zellen (Bild 7.9) in Flash-Architekturen zu verwenden. Flash bedeutet dabei nichts anderes als dass ein ganzer Speicherblock oder ein kompletter Speicher gleichzeitig gelöscht werden kann. Wesentliche Chip-Flächenersparnisse sind die Folge.

Grundsätzlich kann man die Flash-Speicher Architekturen in NOR- und NAND-Anordnungen aufteilen.

NOR-Architektur

Eine NOR-Architektur mit ETOX-Zellen (Bild 7.9) ist in Bild 7.18 dargestellt. Alle Zellen werden gleichzeitig mit dem FN-Mechanismus gelöscht. Hierzu werden alle Sourceleitungen SL mit z.B. 10 V und alle Wortleitungen mit 0 V versehen. Die Programmierung einer selektierten Zelle geschieht dadurch, dass alle Sourceleitungen SL an 0 V und an der ausgewählten Wortleitung z.B. 10 V anliegen. Abhängig von den Daten an den Bit-Leitungen (10 V bzw. 0 V) können heiße Ladungsträger (CHE) zum Floating-Gate gelangen.

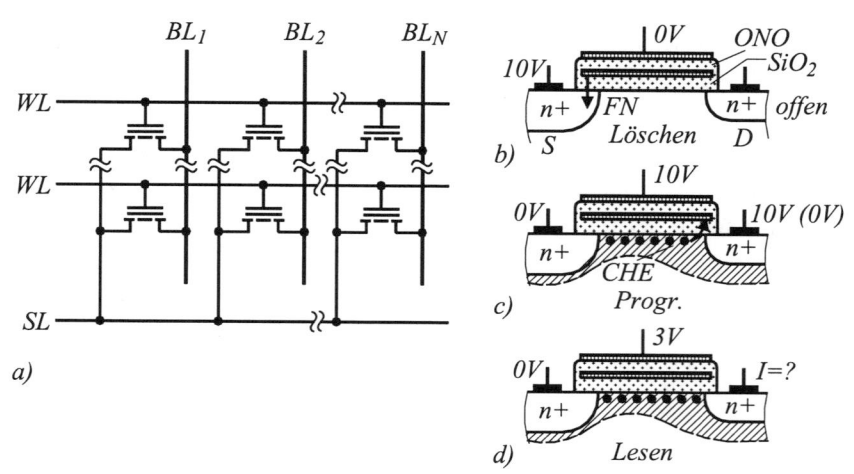

Bild 7.18: a) NOR-Architektur mit ETOX-Zellen; b) Löschen; c) Programmieren; d) Lesen (in Klammern gezeichnet inhibit Funktion)

Der Löschvorgang kann dabei wie bereits erwähnt zu einem sog. "over erase" führen, wodurch Zellen nicht mehr ausgeschaltet werden können. Diese kann durch eine intelligente Lösch- und Modifiziermethode vermieden werden |INTE| |TANA|.

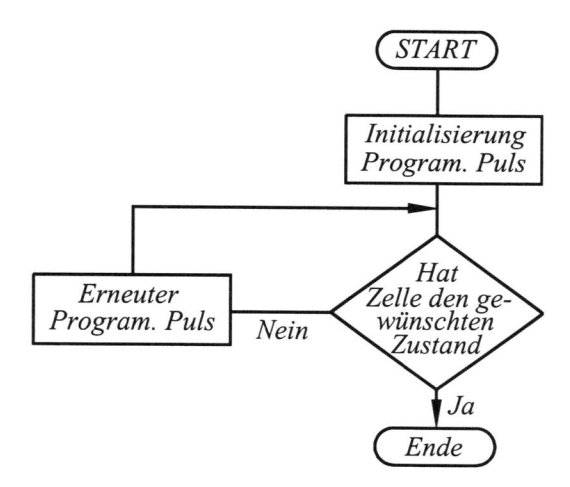

Bild 7.19: Programmierschema für ETOX-Zellen

Zum Löschen werden alle Zellen eines Blocks zuerst so programmiert, dass sie einen gemeinsamen Ausgangszustand einnehmen. Nach dieser Initialisierung wird an die gemeinsame Sourceleitung SL (Bild 7.18a) ein Puls von z.B. 10 V angelegt (alle Wortleitungen an 0 V). Danach wird der Zustand der Zellen gemessen und wenn nötig ein weiterer Puls angelegt. Dies wird so lange wiederholt bis der gewünschte gelöschte Zellzustand erreicht ist.

Die Programmierung kann nach einem ähnlichen Schema ablaufen. Bild 7.20a zeigt die dadurch erreichbare Verteilung der Einsatzspannungen.

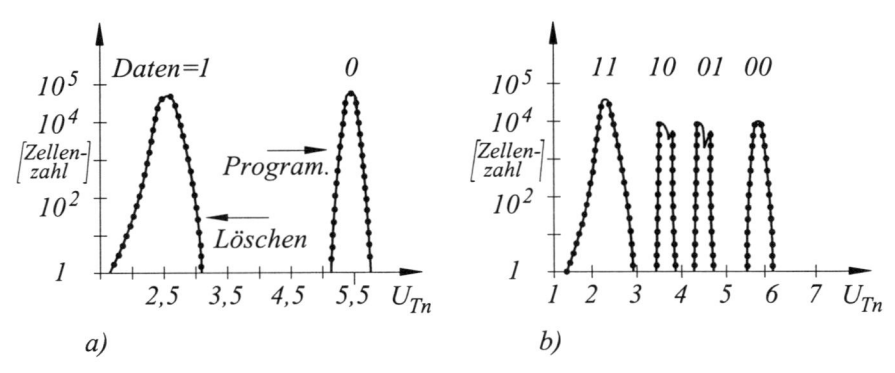

Bild 7.20: Verteilung der Einsatzspannungen; a) ein Bit pro Zelle; b) zwei Bits pro Zelle /ATWO/

Diese Lösch- und Modifizier-Methode ist so wirksam, dass mehrere Bits pro Zelle – wie z.B. in Bild 7.20b gezeigt – möglich sind. Der Leseverstärker ist ähnlich wie in Bild 7.8 dargestellt aufgebaut, jedoch werden entsprechend der Zahl der zu programmierenden Ströme bzw. Einsatzspannung verschiedene Referenzströme verwendet |BAUE|.

Im vorhergehenden Beispiel – mit ETOX-Zellen – wird mit heißen Ladungsträgern programmiert und durch FN-Mechanismus gelöscht. Als nächstes Beispiel wird eine Architektur betrachtet, die zum Programmieren und Löschen den FN-Mechanismus verwendet |NOZO|.

Die FETMOS-Zellen sind parallel zwischen Sourceleitungen S und Bit-Leitungen BL angeordnet (Bild 7.21). Werden für diese Leitungen Diffusionsbahnen verwendet, können die Zellen ohne Kontaktzonen platzsparend angeordnet werden. Mit den Transistoren T_B ist es möglich, die Zellen eines Blocks mit den globalen Bit-Leitungen BLg zu verbinden (Ansteuerung nicht dargestellt). Transistor T_S ermöglicht die Verbindung der Sourcegebiete S mit 0V.

Die Programmierung und Löschung geschieht sektorweise, wodurch eine hohe Systemflexibilität erreicht wird. Liegen die Leitungen S und BL an 0 V, dann erfolgt die Programmierung eines Sektors wenn an dessen Wortleitung z.B. 12 V anliegen. Die Löschung geschieht dagegen mit –9 V an der Wortleitung und den Daten von 3 V bzw. 0 V an der Bit-Leitung |KUME|. Bei 3 V geschieht dann die Programmierung mit Hilfe des FN-Mechanismus, während bei 0 V dieser Mechanismus unterdrückt wird. Die geringe Feldreduzierung reicht aus, da der Tunnelstrom Gl.(7.4) exponentiell vom Feld abhängig ist.

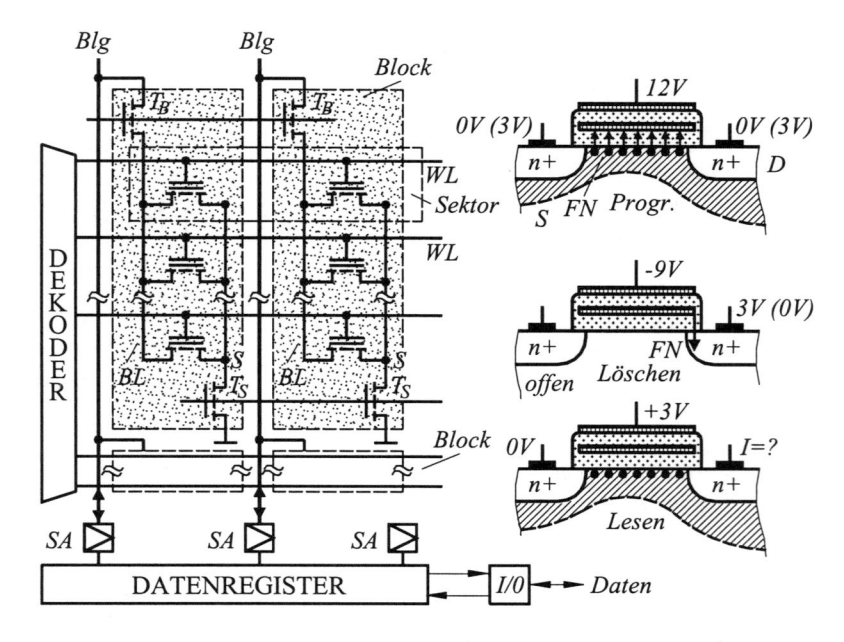

Bild 7.21: *Architektur mit FETMOS-Zellen und Ansteuerspannungen (in Klammern gezeichnet inhibit Funktion)*

In der gezeigten Speicherarchitektur gelangen die Daten über ein Register in den Speicher oder über Leseverstärker SA in das Register, wodurch sog. File-Anwendungen möglich sind. Zur Kontrolle der Einsatzspannungsverteilung wird ebenfalls eine Lösch- und Modifiziermethode verwendet.

NAND-Architektur

In den bisher beschriebenen Architekturen wurden NOR-Zellen-Anordnungen betrachtet. Die Zellen können noch platzsparender und ebenfalls ohne Kontaktzonen aufgebaut werden, wenn eine NAND-Architektur |KIRI| verwendet wird (Bild 7.22). Als Speicherzellen werden wiederum FETMOS-Zellen (Bild 7.9), die durch FN-Mechanismus gelöscht und programmiert werden können verwendet. Zum Löschen werden alle Selektionstransistoren T_N und T_M ausgeschaltet und z.B. 20 V an die p-Wanne der Zellen und an das n-Substrat über die Peripherieschaltung (Bild 7.22c) gelegt.

7 MOS-Speicher 403

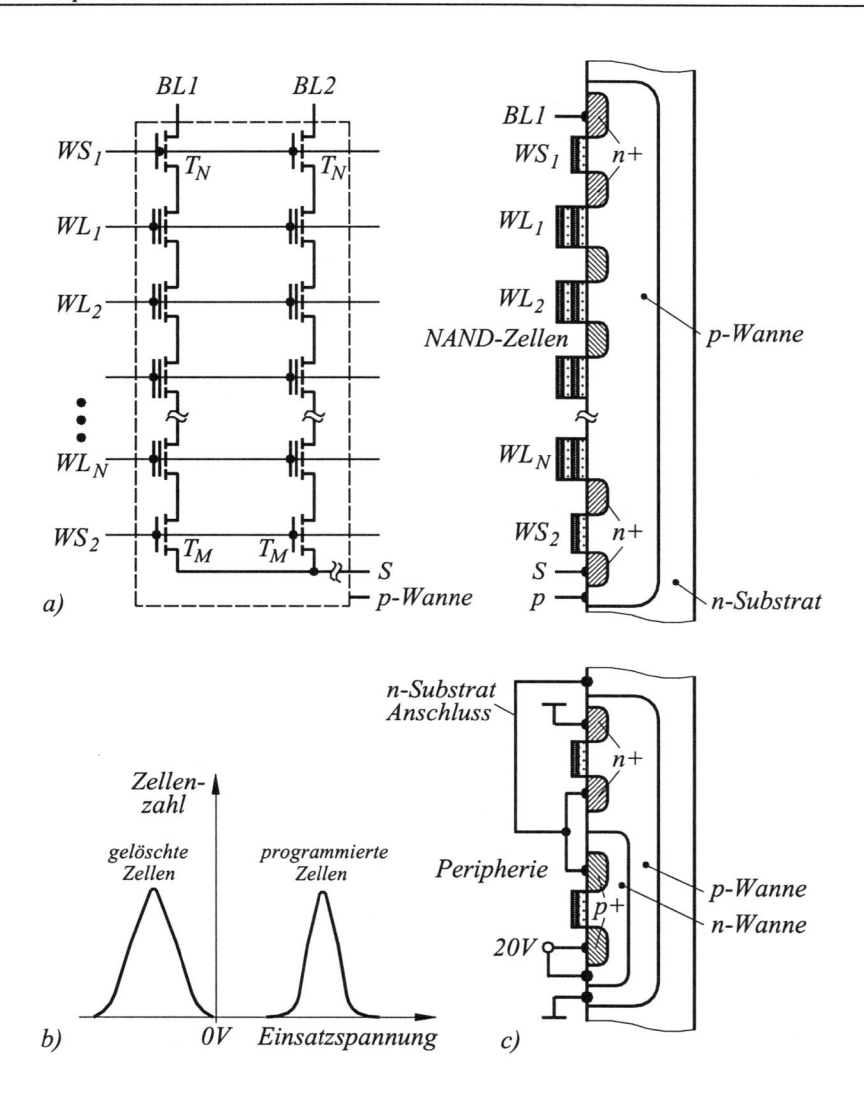

Bild 7.22: a) Ausschnitt aus einer NAND-Architektur; b) Verteilung der gelöschten und programmierten Zellen; c) Querschnitt NAND-Technologieaufbau

Alle Wortleitungen WL werden mit 0 V beaufschlagt. Damit ergibt sich die in Bild 7.23 gezeigte Situation.

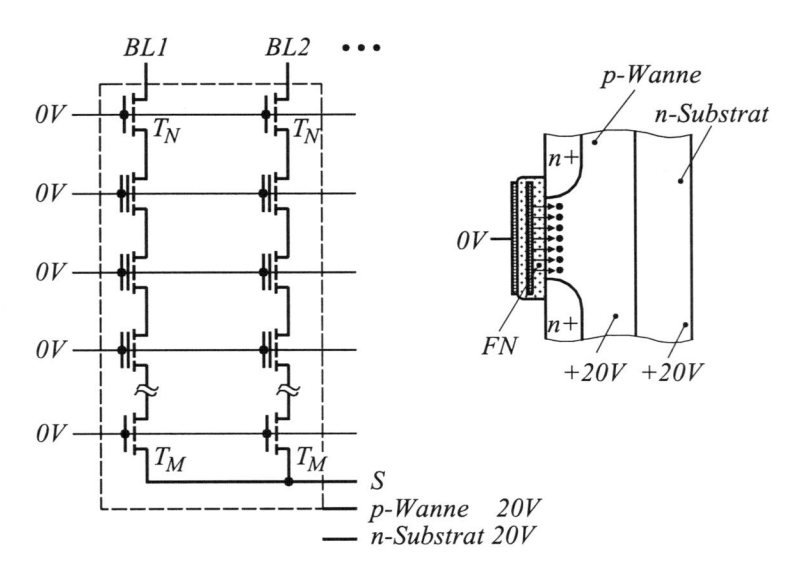

Bild 7.23:   Spannungskonstellation während des Löschens

Mit +20 V an p-Wanne und n-Substrat werden alle Zellen mit Hilfe des FN-Tunnelmechanismus in den gelöschten Zustand gebracht.

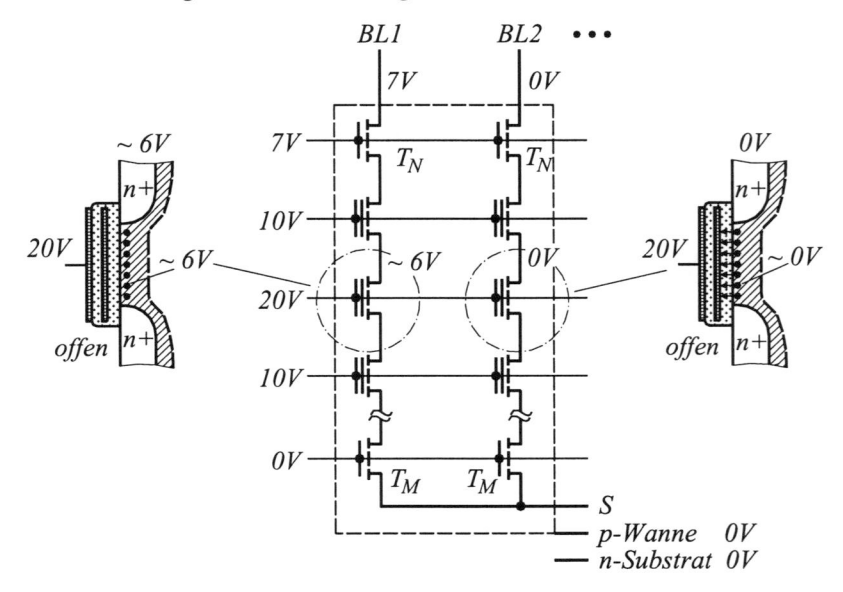

Bild 7.24:   Spannungskonstellation während des Programmierens

Hierbei wird so lange gelöscht, bis alle Zellen in den normally-on-Bereich (Verarmungstransistor) gelangen (Kapitel 5.3.1, Bild 5.11) und nicht mehr ausgeschaltet werden können (Bild 7.22b). Das Programmieren der Zellen geschieht ebenfalls über den

FN-Mechanismus (Bild 7.24). Dazu werden alle Selektionstransistoren T_N ein und alle T_M ausgeschaltet. Ladungsträger können auf dasjenige Floating-Gate tunneln, dessen Bit-Leitung (BL2) an 0 V und dessen Wortleitung (Steuergate) an z.B. 20 V liegt. Das Tunneln wird unterdrückt, wenn die Bit-Leitung (BL1) z.B. an 7 V liegt, wodurch sich an der Inversionsschicht der entsprechenden Zelle eine Spannung von ca. 6 V einstellt.

Gelesen werden die Zellen – wie bereits bei dem PLA mit Verarmungstransistoren beschrieben wurde (Kapitel 6.4.2) – dadurch, dass an die zu lesenden Zellen einer Wortleitungsspannung 0 V angelegt wird (Bild 7.25), und alle anderen Speicherzellen mit z.B. 5 V an der Wortleitung leitend geschaltet werden.

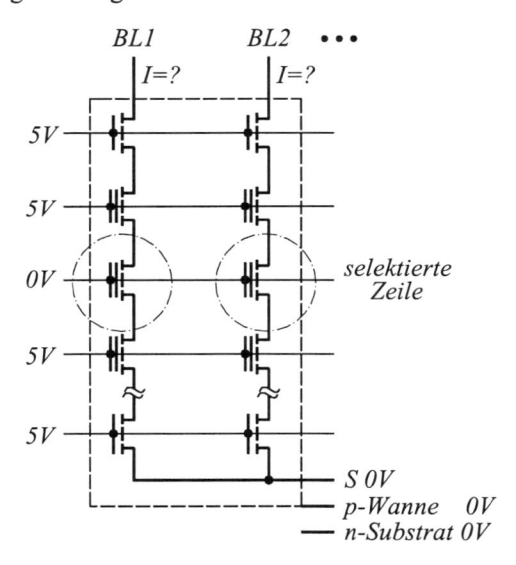

Bild 7.25:   Spannungskonstellation während des Lesens

Ist die Zelle gelöscht (normally-on) fließt ein Strom während im anderen Fall dieser vernachlässigbar ist.

Die Hintereinanderschaltung der Zelltransistoren hat zur Folge, dass der Lesevorgang relativ langsam abläuft. Deswegen werden meistens nicht mehr als 16 Zelltransistoren in einem Block hintereinander geschaltet |IMAM|. Zur Erhöhung der Bit-Dichte können, genau wie bei der NOR-Architektur beschrieben, mehrere Einsatzspannungen in die Zelle durch wiederholtes Programmieren und Verifizieren eingeschrieben werden |JUNG|. Hierdurch kommt man dem Ziel näher, einen nichtflüchtigen Massenspeicher mit z.B. serieller Datenschnittstelle (File-Application) zu realisieren.

Bei dem vorgestellten nichtflüchtigen Speicher werden relativ hohe positive wie negative Spannungen benötigt. Diese sollen – um den Speicher anwenderfreundlich zu gestalten – alle „on-chip" aus nur einer Versorgungsspannung von z.B. 3,3 V erzeugt werden. Dies geschieht über Ladungspumpen auf die im nächsten Abschnitt näher eingegangen wird. Da diese chip-internen Ladungspumpen nur für geringe Strombelastungen ausgelegt werden können, eignen sie sich nur für Speicher die zum Löschen und Programmieren den FN-Tunnelmechanismus – mit seinen sehr kleinen Strömen – verwenden.

7.3.3 Chip-interne Spannungserzeugung

Im Zusammenhang mit dem bootstrap Treiber (Kapitel 5.5.2) wurde eine chip-interne Spannungsvervielfachung bereits diskutiert. Ausgangspunkt dazu ist die in (Bild 7.26) noch einmal wiedergegebene Schaltung.

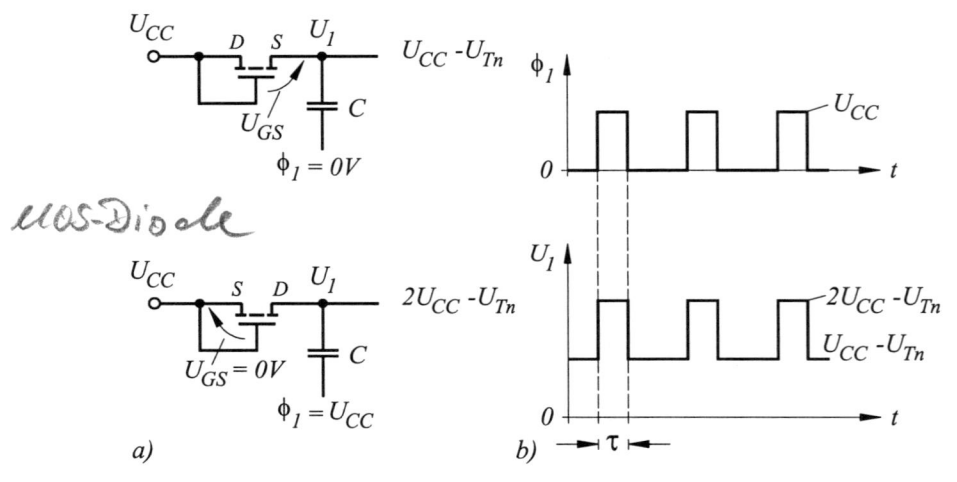

Bild 7.26: Bootstrap Prinzip: a) Schaltung mit $\phi_1 = 0V$ und $\phi_1 = U_{CC}$; b) Zeitverhalten

Beträgt die Taktspannung $\phi_1 = 0$ V, dann wird die Kapazität auf $U_1 = U_{CC} - U_{GS} = U_{CC} - U_{Tn}$ aufgeladen. Wird die Taktspannung anschließend auf $\phi_1 = U_{CC}$ erhöht, stellt sich eine Spannung von $U_1 = U_{CC} - U_{Tn} + \phi_1 = 2U_{CC} - U_{Tn}$ ein, wenn die parasitären Kapazitäten Gl.(5.65) als vernachlässigbar betrachtet werden. D.h. zu der Spannung der aufgeladenen Kapazität wird die Taktspannung addiert. Eine Spannungserhöhung resultiert. Da in diesem Zeitintervall τ die Spannung U_1 größer ist als U_{CC}, sind bei dem Transistor die Funktion von Source und Drain vertauscht. Mit $U_{GS} = 0$ sperrt der Transistor, wodurch die Ladung der Kapazität – wenn man von Restströmen absieht – erhalten bleibt. Da in dieser Konfiguration der Transistor wie eine Diode wirkt, bezeichnet man diesen häufig als MOS-Diode. Wird eine weitere Stufe angeschlossen (Bild 7.27), wobei die Kapazität C_2 mit dem Takt ϕ_2 verbunden ist, ergibt sich eine zusätzliche Spannungserhöhung auf insgesamt $U_2 = 3\,U_{CC} - 2U_{Tn}$. Hierbei wird zur Vereinfachung angenommen, dass die Substratsteuerung vernachlässigbar ist, wodurch die Einsatzspannungen der Transistoren gleich groß sind. Außerdem soll zur Vereinfachung in diesem

Beispiel $C_1 \gg C_2$ sein, so dass man keinen Ladungsausgleich zu berücksichtigen hat und die erhöhte Spannung sofort entsteht.

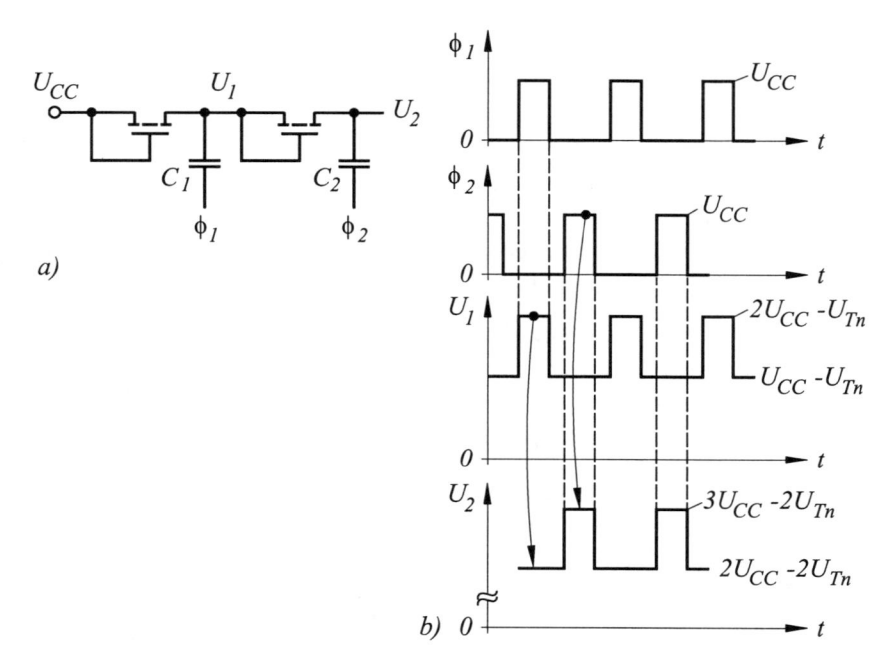

Bild 7.27: Prinzip der Spannungsvervielfachung mit zwei Stufen ($C_1 \gg C_2$); a) Schaltung; b) Zeitdiagramm

Mit zwei bootstrap Kondensatoren bzw. bootstrap Stufen ergibt sich damit eine maximale Spannung von

$$U = (n+1)U_{CC} - nU_{Tn}, \qquad (7.6)$$

wobei $n = 2$ ist.

Wird die Schaltung erweitert (Bild 7.28) resultiert

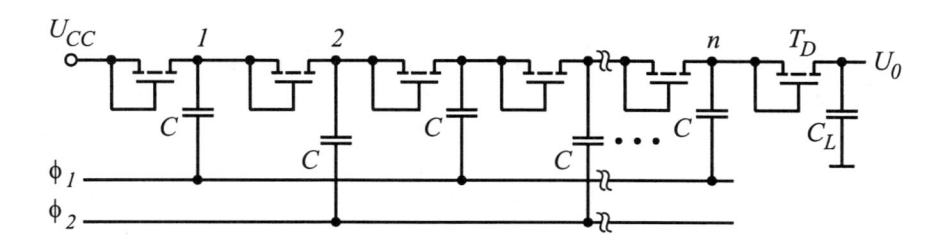

Bild 7.28: Vielstufige Spannungsmultiplikation

am Knoten n eine entsprechend Beziehung (7.6) beschriebene maximale Spannung. Um aus der sich an diesem Knoten ändernden Spannung eine Gleichspannung zu erzeugen ist ein zusätzlicher Transistor T_D nötig. Dieser wirkt wie eine Diode, über die die Kapazität C_L aufgeladen wird. Da über diesem Transistor ein Spannungsabfall von U_{Tn} auftritt, ergibt sich am Ausgang eine Spannung von

$$U_0 = (n+1)(U_{CC} - U_{Tn}) \,. \tag{7.7}$$

In realen Schaltungen werden gleich große Kondensatoren verwendet, wodurch es bei jeder Stufe zum Ladungsausgleich kommt. Dies bedeutet jedoch nicht, dass die maximale Ausgangsspannung sich nicht einstellt sondern nur, dass dazu mehrere Taktzyklen benötigt werden bis der Endzustand erreicht wird.

Die als Dickson Charge Pump bekannte Schaltung hat den Nachteil, dass die Ausgangsspannung um den Wert der Einsatzspannung verkleinert ist. Dies ist besonders störend, wenn die Versorgungsspannung klein ist. Durch die in Bild 7.29 dargestellte Spannungsvervielfachung |TSOR| kann dies zum Teil vermieden werden.

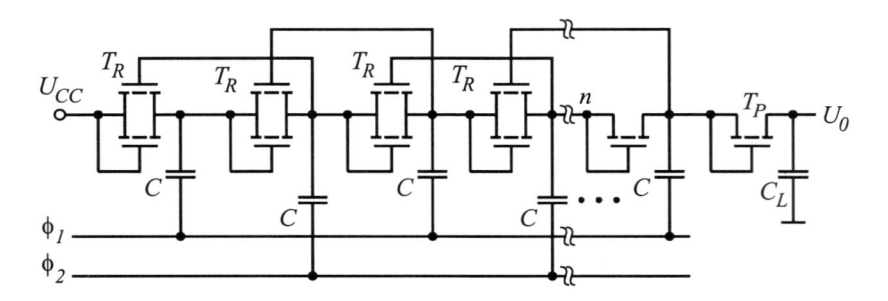

Bild 7.29: *Verbesserte Spannungsmultiplikation*

Überall dort wo ein Transistor T_R angeordnet ist macht sich der Einsatzspannungsabfall nicht bemerkbar, da die entsprechenden Transistoren jeweils von der folgenden Stufe mit ihrer überhöhten Spannung angesteuert werden. Damit ergibt sich am Knoten n eine Spannung von $n \cdot U_{CC}$ und entsprechend am Ausgang der Schaltung eine von

$$U_0 = n \cdot U_{CC} - 2U_{Tn} \,. \tag{7.8}$$

Bei manchen Speicherarchitekturen werden zum Programmieren oder Löschen negative Spannungen on-chip benötigt. Wie diese generiert werden wird im nächsten Abschnitt beschrieben. Ist $\phi_1 = U_{CC}$, dann wird der Kondensator am Sourceanschluss des p-Kanal Transistors (Bild 7.30) auf $U_1 = |U_{Tp}|$ aufgeladen. Erfolgt eine Taktänderung von U_{CC} auf 0V, dann wird die Spannung am Ausgang auf $U_1 = -U_{CC} + |U_{Tp}|$ erniedrigt, wenn man parasitäre Kapazitäten vernachlässigt. Alle pn-Übergänge bleiben gesperrt, da die n-Wanne des Transistors (Kapitel 5.3.3, Bild 5.14) mit U_{CC} verbunden ist.

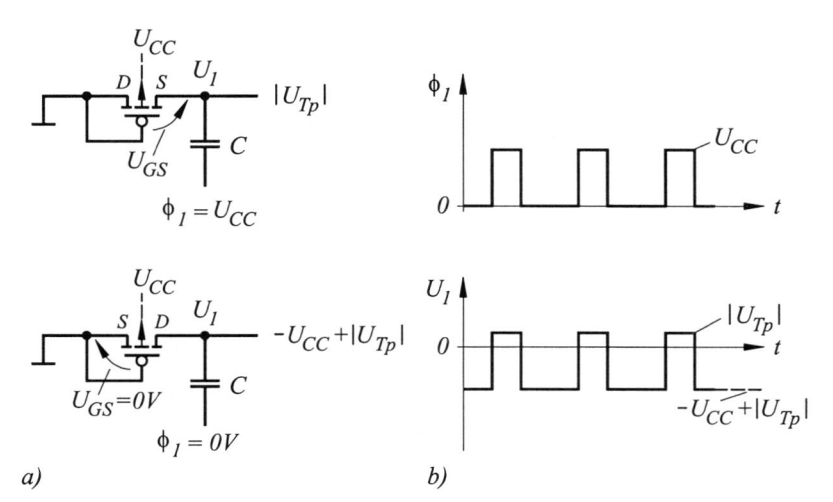

Bild 7.30: Bootstrap Prinzip für negative Spannungen: a) Schaltung mit $\phi_1 = U_{CC}$ bzw. $\phi_1 = 0V$; b) Zeitverhalten

Die Funktionen von Source und Drain sind vertauscht (beim p-Kanal Transistor ist die Source dort, wo die Spannung am positivsten ist), so dass der Transistor mit $U_{GS} = 0$ V sperrt. Bei zwei bootstrap Stufen (Bild 7.31)

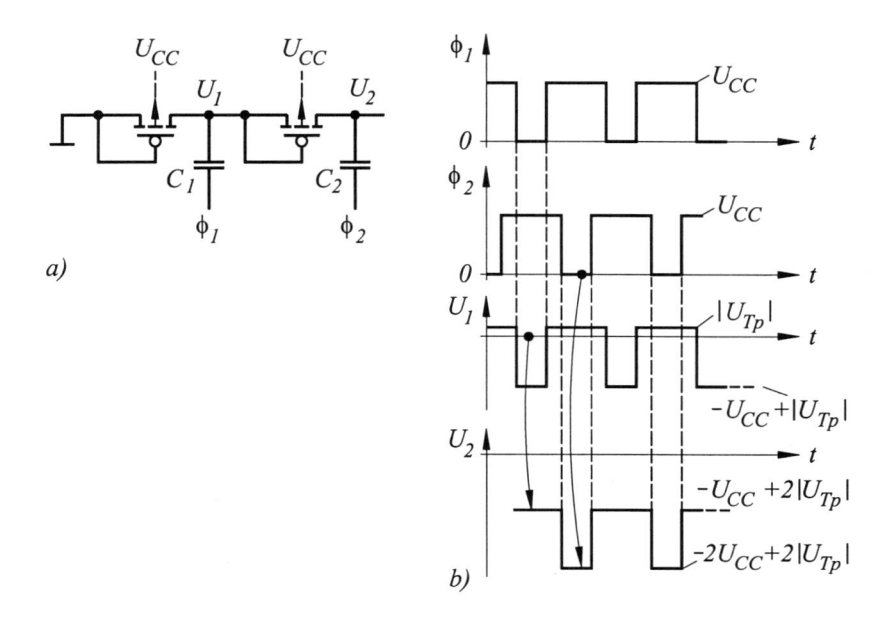

Bild 7.31: Prinzip der negativen Spannungserzeugung mit zwei Stufen ($C_1 \gg C_2$) a) Schaltung; b) Zeitdiagramm

beträgt die negativste Spannung

$$U = n(-U_{CC} + |U_{Tp}|), \qquad (7.9)$$

wobei n = 2 ist. Werden n bootstrap Stufen und ein Transistor T_D zur Gleichspannungserzeugung verwendet (Bild 7.32)

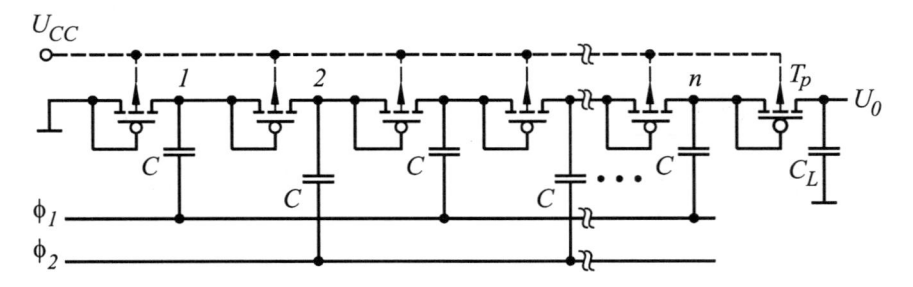

Bild 7.32: Vielstufige Spannungsmultiplikation zur Erzeugung einer negativen Spannung

ergibt sich nach mehreren Taktzyklen eine negative Spannung von

$$U_0 = n(-U_{CC} + |U_{Tp}|) + |U_{Tp}|. \qquad (7.10)$$

Obige Schaltung kann selbstverständlich, wie in Bild 7.29 gezeigt, abgeändert werden, so dass der Spannungsverlust durch die Einsatzspannung zum Teil aufgehoben werden kann.

7.4 Statische Speicher

Dies sind Speicher – Static Random Access Memories (SRAM) – mit wahlfreiem Zugriff. Im Folgenden werden zuerst die entsprechenden Speicherzellen und anschließend die Architektur eines asynchronen Speichers betrachtet.

7.4.1 Statische Speicherzellen

Als Speicherzelle wird ein statisches Flip-Flop (Kapitel 6.5.1) verwendet. Die Zelle, die in Bild 7.33a dargestellt ist, wird Sechs-Transistor-Zelle genannt.

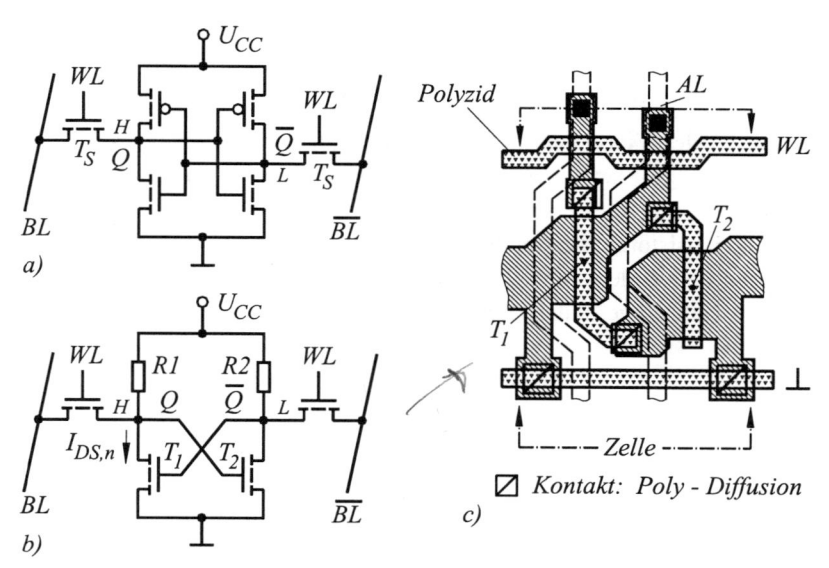

Bild 7.33: SRAM-Zelle; a) Sechs-Transistor-Zelle; b) Vier-Transistor-Zelle; c) Layout der Vier-Transistor-Zelle (Poly 2 nicht gezeigt)

Soll in die Zelle eine Information geschrieben werden und liegt dabei z.B. an der Bit-Leitung BL ein H und das Komplementäre dieses Signals an der Bit-Leitung $\overline{BL}$, so können die Knoten Q und $\overline{Q}$ des Flip-Flops bei durchgeschalteten Auswahltransistoren T_S in den beabsichtigten Zustand gebracht werden. Nach dem Abschalten der Auswahltransistoren ist die Information statisch gespeichert. Ausgelesen wird die Zelle, indem die Auswahltransistoren wiederum aktiviert und die Bit-Leitungen durch das Flip-Flop umgeladen und anschließend abgefragt werden.

Eine weitere statische Zelle ist in Bild 7.33b dargestellt. Hierbei handelt es sich um eine Vier-Transistor-Zelle, die als Last Widerstände verwendet. Beim Schreiben ist nach dem Abschalten der Auswahltransistoren die Information in der Zelle gespeichert. Hierbei ist jeweils nur ein Transistor leitend (z.B. T_2). Dies bedeutet, dass durch den entsprechenden Widerstand (R2) ein Strom fließt. Da in einem Halbleiterspeicher sehr viele Speicherzellen vorhanden sind, muss der Strom möglichst klein gehalten werden. Dies wird dadurch erreicht, dass undotierte Polysiliziumbahnen, die einen Widerstand im GΩ-Bereich haben, als Lastwiderstände verwendet werden. Der Einsatz derart hochohmiger Widerstände ist aus zwei Gründen möglich:

1. der Leckstrom $I_{DS,n}$ der fast ausschließlich aus dem Unterschwellstrom des abgeschalteten Transistors (T_1) besteht, ist so gering (Kapitel 4.4.3), dass selbst bei dem hochohmigen Lastwiderstand der störende Spannungsabfall, der den H-Pegel an R1 reduziert, vernachlässigt werden kann und

2. die Umladung der Bit-Leitungen während des Lesens nicht über die Widerstände, sondern ausschließlich über die Auswahl- und Flip-Flop-Transistoren T_1, T_2 erfolgt, wozu die Bit-Leitungen z.B. auf 3V vorgeladen werden müssen.

Der große Vorteil der Vier-Transistor- gegenüber der Sechs-Transistor-Zelle ist, dass sie nur ca. 2/3 der Chip-Fläche benötigt. Hierbei sind zwei Lagen von Polysilizium erforderlich. Die erste Lage bestehend aus Polyzid wird für die Realisierung der Wortleitung und Zell-Transistoren verwendet und die zweite, sehr hochohmige Lage zur Implementierung der Widerstände. Da die Polysiliziumlagen unabhängig voneinander sind, kann die zweite Lage platzsparend über der ersten angeordnet werden (nicht im Bild gezeigt).

TFT SRAM-Zelle

Vergleicht man den Stromverbrauch der beiden SRAM-Zellen ergibt sich ein Nachteil für die Vier-Transistor-Zelle. Dies wird deutlich, wenn man an groß integrierte Schaltungen mit Speicherfeldern z.B. 16 Mb oder größer denkt. Im Fall der Vier-Transistor-Zelle (Bild 7.34)

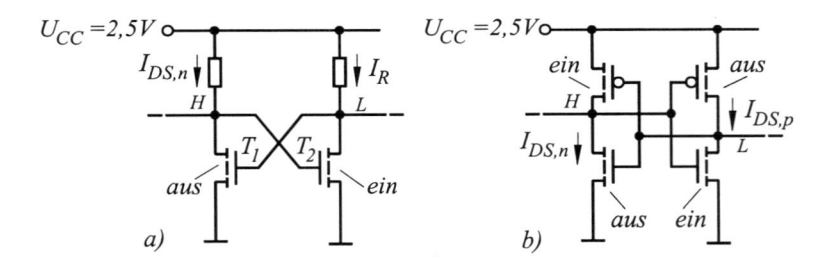

Bild 7.34: Ausschnitt aus SRAM-Zellen; a) Vier-Transistor-Zelle; b) Sechs-Transistor-Zelle

fließt ein Gleichstrom von

$$I = I_{DS,n} + U_{CC}/R, \qquad (7.11)$$

wobei angenommen wurde, dass die U_{DS}-Spannung von T_2 vernachlässigbar klein ist. Bei der Sechs-Transistor-Zelle hat der Strom einen Wert von

$$I = I_{DS,n} + I_{DS,p}. \qquad (7.12)$$

In beiden Fällen ist dieser Stromverbrauch (Kapitel 5.3.4, Bild 5.18) unabhängig vom binären Zustand der Zelle.

Der Unterschwellstrom $I_{DS,n}$ und $I_{DS,p}$ kann reduziert werden, indem man Transistoren mit großer Einsatzspannung verwendet. Dadurch ergibt sich ein verbessertes Abschaltverhalten (Bild 4.30). Die Widerstandswerte können aber nicht beliebig erhöht werden. Um welche Werte es sich hierbei handelt geht aus dem folgenden Beispiel hervor.

Beispiel:

Um einen Batteriebetrieb eines 16 Mb Speichers zu ermöglichen oder um den Speicher bei Stromausfall abzupuffern soll der sog. stand-by Strom maximal 1 µA betragen. Dies bedeutet, dass jede Zelle nur einen Stromverbrauch von 1 µA/16 Mb ≈ $6{,}3 \cdot 10^{-14}$ A – und zwar für den schlechtesten Fall bei erhöhter Temperatur – haben darf. Wird angenommen, dass bei der Vier-Transistor-Zelle $I_{DS,n} \sim I_R$ ist, wäre ein Widerstandswert von R = 2,5 V/$3{,}15 \cdot 10^{-14}$ A ≈ $80 \cdot 10^{12}$ Ω erforderlich.

Da die Sechs-Transistor-Zelle wegen des hohen Flächenbedarfs zur Anwendung in groß integrierten Speicherfeldern ausscheidet und die Vier-Transistor-Zelle Probleme beim stand-by Strom aufzeigt, werden als Lösung Dünnfilm-Transistoren verwendet.

Ein Transistor in einer rekristallisierten Polysiliziumschicht kann sowohl von der Unterseite als auch von der Oberseite von einem Gate gesteuert werden. Das Rekristallisieren des Polysiliziums kann dabei z.B. mit Hilfe eines gerasterten Laserstrahls erfolgen. Nimmt man ein schlechteres Sperrverhalten z.B. des p-Kanal Transistors in Kauf, kann auf das aufwändige Rekristallisieren des Polysiliziums verzichtet werden. In diesem Fall spricht man von einem Dünnfilm-Transistor (**Thin-Film-Transistor TFT**).

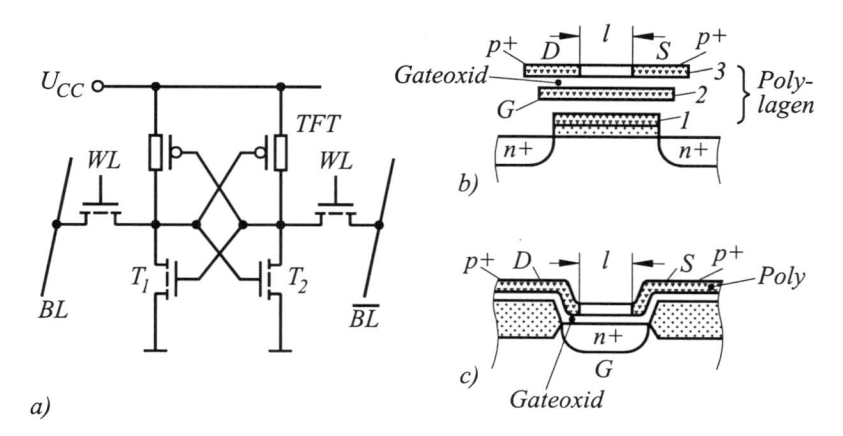

Bild 7.35: a) Vier-Transistor-Zelle mit TFT; b) PMOS-TFT Poly2/Poly3; c) PMOS-TFT Diffusion/Poly

Der Vorteil dieser Dünnfilm-Transistoren ist, dass sie sehr platzsparend in der Zelle angeordnet werden können. Im Fall b) wird der Transistor von der Unterseite aus angesteuert. Das Gate des PMOS-TFT besteht aus Polysilizium 2. Durch ein Gateoxid getrennt ist eine darüber liegende n-dotierte dritte Polysiliziumschicht angebracht, die durch Implantation Source- und Draingebiet enthält |UEMO|. Bei der Realisierung im Fall c) wird das Gate durch die n⁺-Diffusion gebildet |OOTA|.

Charakteristische Merkmale eines derartigen Transistors sind das Verhältnis von ein- zu ausgeschaltetem Strom sowie der Wert des verbleibenden Reststroms (Bild 7.36).

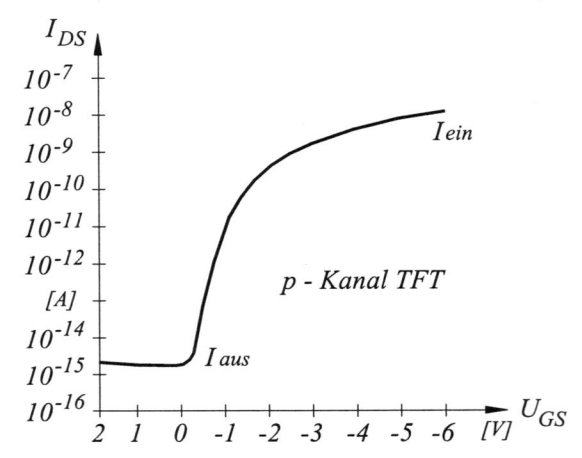

Bild 7.36:   *PMOS-TFT-Charakteristik; w/l = 0,4µm/0,8µm; U_{DS} = -3,3V*

Mit $I \sim 10^{-15}$ A |YAMA| erfüllt der TFT-Transistor die im vorhergehenden Beispiel diskutierte Anforderung.

7.4.2 SRAM Speicherarchitektur

Statische Speicher sind fast ausschließlich asynchrone Speicher. D.h. ein von außen angelegter Takt ist nicht vorhanden. Damit jedoch getaktete Schaltungen verwendet werden können, wird bei fast allen diesen Speichern ein interner Takt aus der Adressänderung erzeugt |SASA|. Der Vorteil dabei ist, dass eine wesentlich kürzere Zugriffszeit – das ist die Zeit, die von der Adressänderung bis zum gültigen Datenausgang vergeht – erreichbar ist.

Im Folgenden wird zuerst die generelle Funktion des Speichers und anschließend die Takterzeugung betrachtet. Einen Ausschnitt aus der Speichermatrix mit zugehörigen Schaltungsteilen ist in Bild 7.37 dargestellt, wobei Vier-Transistor-Zellen verwendet werden.

Während des Lesevorgangs, der jetzt näher betrachtet werden soll, liegen an W' 0V an, wodurch die Busleitungen BS und $\overline{BS}$ vom Dateneingang DI getrennt sind. Der Takt ϕ_P hat zunächst ebenfalls eine Spannung von 0 V, wodurch die sog. precharge Transistoren T_1 und T_2 leitend geschaltet sind. Der Zweck dieser Transistoren ist es, eventuelle Unterschiede bei den Einsatzspannungen der Transistoren T_3 bis T_6 auszugleichen. In dieser sog. Vorladephase werden die Bit-Leitungen BL, $\overline{BL}$ und die Busleitungen BS, $\overline{BS}$ durch die genannten Transistoren T_3 bis T_6 auf eine Spannung von $U_{CC} - U_{Tn} \approx 3 \text{ V} - 0{,}5 \text{ V} = 2{,}5 \text{ V}$ aufgeladen. Der Lesezyklus beginnt mit einer Adress- oder Chipselect-Änderung. Daraus wird der Takt ATD abgeleitet, der wiederum eine Änderung von $\phi_P = 0 \text{ V}$ auf U_{CC} verursacht. Die Spannungen an den Bit- und Busleitungen bleiben unverändert erhalten. Verzögert aktiviert der Takt ϕ_{sel} die Dekoder, was zur Folge hat, dass eine selektierte Wortleitung WL angesteuert wird.

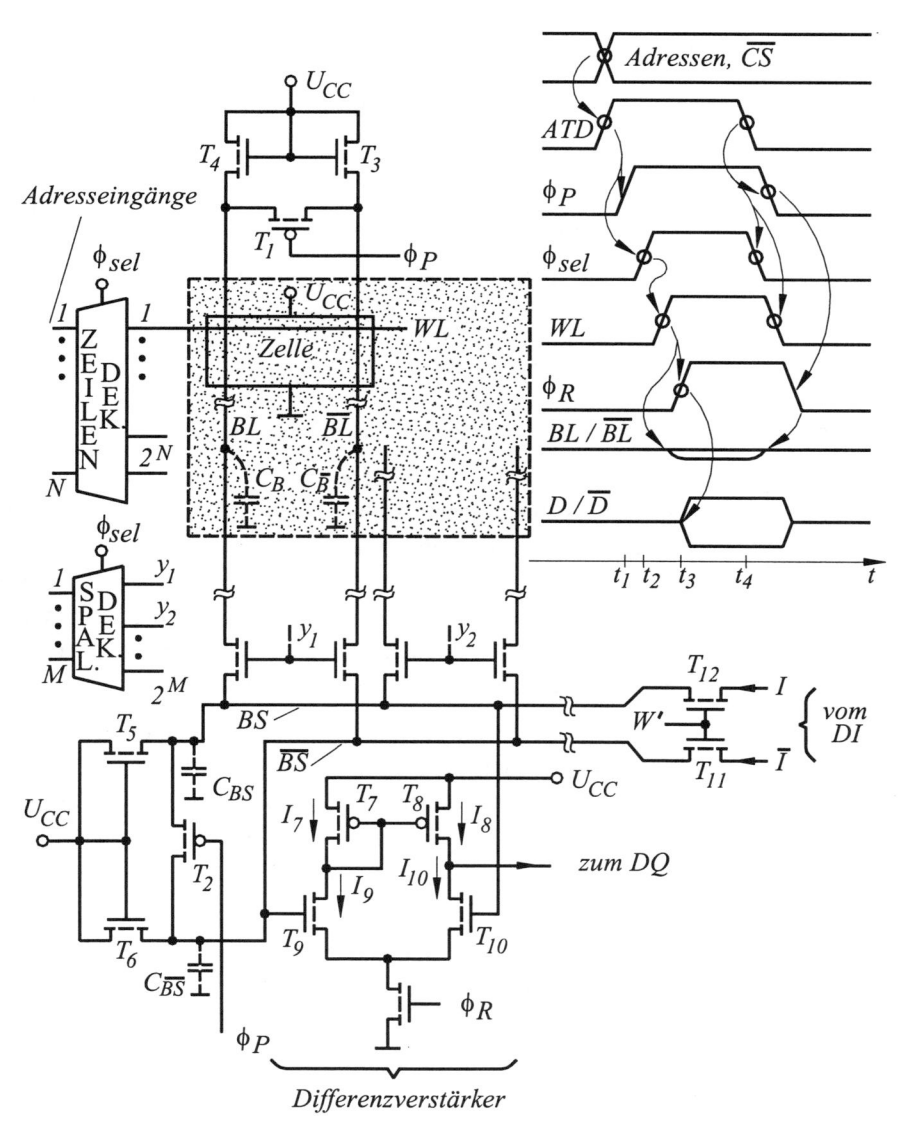

Bild 7.37: Ausschnitt aus der Speichermatrix eines SRAMs mit zugehörigen Schaltungsteilen und Zeitdiagramm beim Lesen

Die Auswahltransistoren der ausgewählten Zellen leiten, wodurch alle Bit-Leitungsspannungen dort leicht reduziert werden, wo die Zelle am Ausgang einen L-Zustand besitzt. Über die Spaltenauswahl gelangt die als Differenzspannung vorliegende Information einer Zelle an einen Differenzverstärker. Dieser wird verzögert durch den Takt ϕ_R aktiviert. Der Differenzverstärker ist wie ein Stromschalter aufgebaut. Die Lasttransistoren T_7, T_8 sind als sog. Stromspiegelschaltung (Kapitel 5.6.1 bzw. 8.1) ausgeführt. Der Strom, der durch den sich in Sättigung befindlichen Transistor T_7 fließt, beträgt

$$I_7 = -I_{DS,7} = \frac{\beta_{p,7}}{2}\left(U_{GS} - U_{Tp}\right)^2. \qquad (7.13)$$

Da die Gate-Sourcespannung dieses Transistor auch an Transistor T_8 anliegt, fließt durch diesen ein Strom von

$$I_8 = -I_{DS,8} = \frac{\beta_{p,8}}{2}\left(U_{GS} - U_{Tp}\right)^2, \qquad (7.14)$$

wodurch sich ein Stromverhältnis, auch Stromspiegelung genannt, von

$$\frac{I_7}{I_8} = \frac{\beta_{p,7}}{\beta_{p,8}} \qquad (7.15)$$

einstellt, wenn von gleichen Einsatzspannungen ausgegangen wird.

Liegt nun z.B. am Gate von Transistor T_9 eine größere Spannung als am Gate von T_{10} an, so ist $I_9 \gg I_{10}$. Wird $\beta_{p,7} = \beta_{p,8}$ gewählt, dann ist dadurch $I_8 = I_7 = I_9$ und $I_8 \gg I_{10}$. Es stellt sich am Ausgang DQ eine erhöhte Ausgangsspannung ein, wobei Transistor T_8 in den Widerstandsbereich belangt. Ist dagegen die Gatespannung an Transistor T_{10} größer als an T_9, so ergibt sich eine umgekehrte Situation, wobei Transistor T_{10} in den Widerstandsbereich übergeht. Eine erniedrigte Ausgangsspannung ist die Folge. Die Ausgangsspannung wird weiter verarbeitet und zum Datenausgang gebracht.

Die Transistoren T_3 bis T_6, die zum Vorladen der Bit- und Busleitungen dienen, sind so dimensioniert, dass die Spannungsänderung zwischen den Bus- und Bit-Leitungen während des Lesens nicht mehr als etwa 100 mV beträgt. Diese Begrenzung ist notwendig, um wie beim vorher beschriebenen EPROM die Bit- und Busleitungskapazitäten durch die Zellen schnell umladen zu können.

Während des Schreibvorgangs haben die Signale W' und ϕ_p eine Spannung von U_{CC}. Die precharge Transistoren T_1 und T_2 sind nichtleitend und die Transistoren T_{11} und T_{12} leitend. Dadurch können die Dateneingangssignale I, $\bar{I}$ eine selektierte Speicherzelle in den gewünschten Zustand kippen.

7.4.3 Address Transition Detection (ATD)

Der beschriebene Taktablauf muss von außen gesteuert werden. Da bei einem asynchronen SRAM, wie bereits erwähnt, kein Takt vorhanden ist, wird zur Initialisierung des internen Taktablaufs die Änderung der Chipselekt- und der Adresssignale herangezogen. Wie die Änderung einer Flanke entdeckt werden kann, wird an einem Beispiel betrachtet.

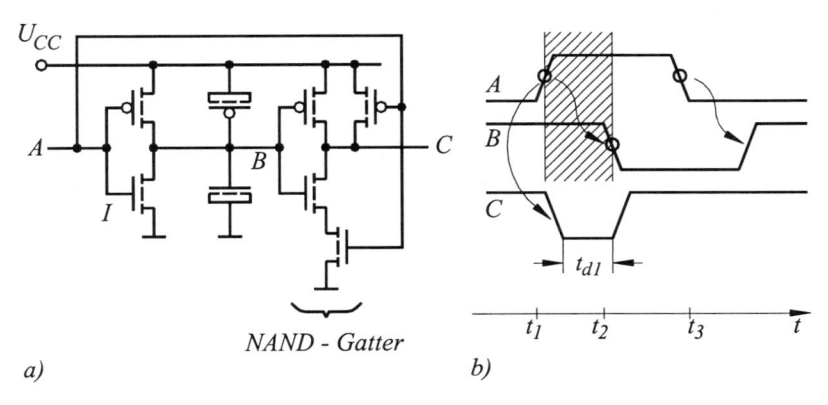

Bild 7.38:   *a) Lokale ATD-Schaltung; b) Zeitdiagramm*

Ändert sich zur Zeit t_1 das Signal am Eingang A (Bild 7.38) von L nach H ändert sich verzögert zur Zeit t_2 das Signal B von H nach L. An dem NAND-Gatter liegen infolge der Signalverzögerung durch den Inverter I kurzzeitig zwei H-Zustände (schraffiert dargestellt) an, bis der Ausgang B des Inverters seinen L-Zustand erreicht hat. Durch die zwei H-Zustände wird das NAND-Gatter aktiviert. Am Ausgang C entsteht kurzzeitig ein L-Signal. Die Signalverzögerung durch den Inverter (t_{d1}) wurde dabei durch zwei symmetrisch angebrachte MOS-Kapazitäten (siehe Bild 4.55) realisiert. Damit ist die so genannte lokale **A**ddress **T**ransition **D**etection (ATD) abgeschlossen, denn eine Adressänderung von $H \to L$ zur Zeit t_3 macht sich am Ausgang C nicht bemerkbar. Um diese Änderung zu entdecken, muss bei obiger Schaltung ein zusätzlicher Inverter am Eingang vorgesehen werden.

Alle auftretenden Flankenänderungen werden in einem NOR-Gatter zusammengefasst (Bild 7.39) und daraus ein zentraler ATD-Takt erzeugt. Dabei wird der Lasttransistor T_1 von der Adressänderung ausgehend so gesteuert, dass sehr kurze ansteigende und abfallende Flanken bei dem ATD-Takt entstehen. Durch einen positiven Impuls an einem Ausgang $\overline{C}$ wird das $\overline{ATD}$-Signal auf 0V gebracht (t_1). Transistor T_1 ist dabei anfänglich nichtleitend, da der Ausgang Q der Inverterkette sich im H-Zustand befindet. Eine kurze abfallende $\overline{ATD}$-Flanke ist die Folge. Der H-Zustand am Ausgang Q ändert sich nach einer Verzögerungszeit von t_{d2}, wodurch Transistor T_1 leitend wird (t_2). Dies geschieht bevor der Impuls $\overline{C}$ den L-Zustand (t_3) erreicht hat. Da Transistor T_1 leitend ist, resultiert eine kurze Anstiegszeit, wenn Impuls $\overline{C}$ in den L-Zustand geht. Das Ende des ATD-Taktes wird somit durch die Zustandsänderung bei $\overline{C}$ bestimmt. Dazu muss die Verzögerungszeit t_{d1} immer größer sein als t_{d2}, was durch entsprechende Dimensionierung der symmetrisch angeordneten MOS-Kapazitäten erreicht wird. Da die Weite des ATD-Taktes von der Verzögerungszeit t_{d1} abhängig ist, ist die Zeit nach der letzten Adressänderung (gestrichelt im Zeitdiagramm angedeutet) immer konstant, was zu einer Minimierung der Zugriffszeit beim Speicher führt. Der gestrichelt eingezeichnete Inverter ist sehr hochohmig dimensioniert. Er dient dem Zweck, den H-Pegel bei dem NOR-Gatter, wenn T_1 nichtleitend ist zu garantieren.

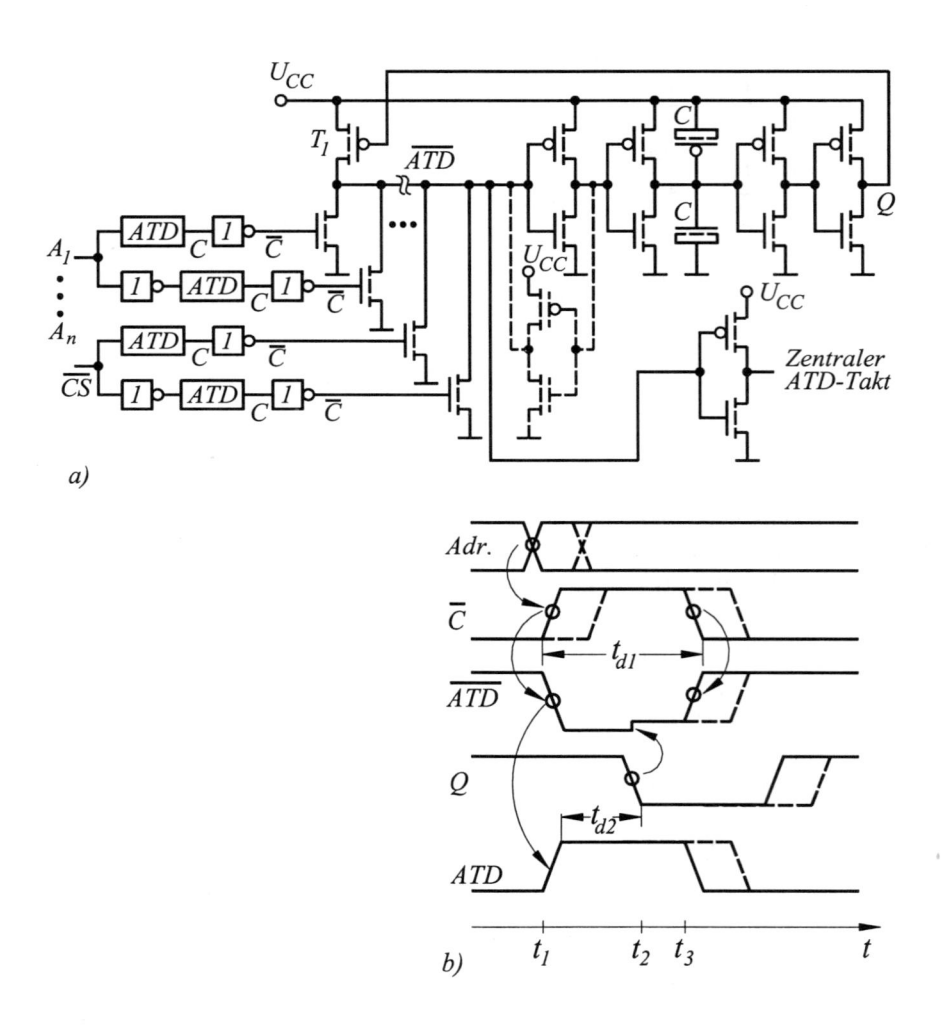

Bild 7.39: a) Schaltung zur Erzeugung eines zentralen ATD-Taktes;
b) Zeitdiagramm /KAYA /

7 MOS-Speicher

Wie bereits erwähnt, führt die ATD-Technik zu einer wesentlichen Verkürzung der Zugriffszeit. Infolge dieses Vorteils wird sie heute auch vermehrt bei nichtflüchtigen Speichern eingesetzt.

7.5 Dynamische Halbleiterspeicher

Hierbei handelt es sich um Speicher, bei denen die Information als unterschiedliche Ladungsmenge in einem Kondensator gespeichert wird. Da infolge von Restströmen die Ladung nur für eine bestimmte Zeit gespeichert werden kann, muss sie periodisch gelesen und aufbereitet wieder in die Zelle zurückgeschrieben werden. Diesen Vorgang nennt man "refresh" und die Art der Ladungsspeicherung dynamisch.

7.5.1 Ein-Transistor-Speicherzellen

Eine derartige Speicherzelle ist in Bild 7.40 dargestellt

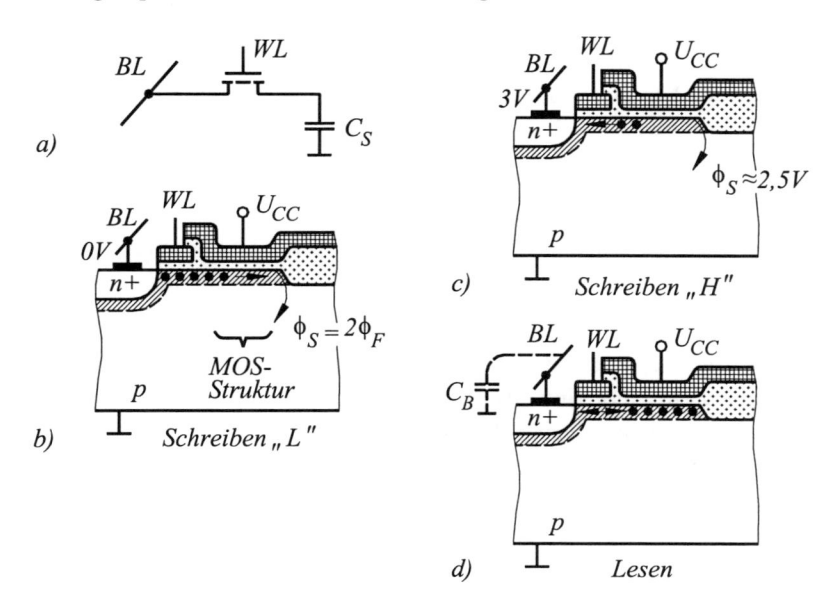

Bild 7.40: Ein-Transistor-Zelle: a) Schematische Darstellung; b) Schreiben L-Zustand; c) Schreiben H-Zustand; d) Lesen

Sie besteht im Prinzip aus einem Speicherkondensator C_S sowie einem sog. Auswahltransistor, mit dem eine Verbindung zwischen Speicherkondensator und Bit-Leitung hergestellt werden kann. Der Speicherkondensator wird durch eine MOS-Struktur (Kapitel 4.2) realisiert. Diese kann in Abhängigkeit von den Daten zwei Zustände annehmen. Liegen 0V an der Bit-Leitung an und wird die Wortleitung WL aktiviert, wandern Elektronen aus dem n^+-Gebiet des Auswahltransistors an die Halbleiteroberfläche der MOS-Struktur. Es stellt sich eine Oberflächenspannung von $\phi_S = 2\phi_F$ ein, was einem L-Zustand entspricht (Bild 7.40b). Soll dagegen ein H-Zustand gespeichert werden, wird an die Bit-Leitung eine Spannung von z.B. 3 V angelegt und die Wortleitung eingeschaltet. Sollte – aus der Vorgeschichte heraus – noch Ladung in der MOS-Struktur vorhanden sein, wandert diese zum n^+-Gebiet. Es stellt sich der Zustand tiefe Verarmung ein (siehe Bild 4.7) mit einer Oberflächenspannung von z.B. $\phi_S \approx 2{,}5$ V (Bild 7.40c). Nach Abschalten des Auswahltransistors ist somit ein L- bzw. H-Zustand gespeichert. Der H-Zustand ist jedoch nicht stabil. Infolge von Generation an der Halbleiteroberfläche werden Elektron-Lochpaare erzeugt, wodurch im Laufe der Zeit eine Inversionsschicht entsteht (Bild 4.8), d.h. aus dem H-Zustand wird ein L-Zustand. Dies bedeutet, dass der H-Zustand nur für eine bestimmte Zeit – nämlich die Refresh-Zeit – garantiert werden kann. Diese beträgt bei den meisten Produkten 64 ms für den gesamten zulässigen Temperaturbereich. Ist diese Zeit vergangen, muss die Zelle gelesen und die Information – wie bereits erwähnt – aufbereitet in die Zelle zurückgeschrieben werden. Da dieser Vorgang in einem Speicher gleichzeitig für viele Zellen geschieht, ist die Zeit, die der Speicher dem Anwender nicht zur Verfügung steht mit < 2 % gering.

Gelesen wird der Zelleninhalt dadurch, dass die Bit-Leitung nicht mit einer Spannungsquelle verbunden wird sondern die parasitäre Kapazität der Leitung C_B auf z.B. 1,5 V aufgeladen (precharge) wird.

Beim Aktivieren der Wortleitung können nun über den Auswahltransistor Elektronen an die Halbleiteroberfläche der MOS-Struktur gelangen oder von dieser zur Bit-Leitung. Die an der Bit-Leitung auftretende Ladungsänderung führt zu einer Spannungsänderung (Lesesignal) im Bereich von ±100 mV, die von einem Leseverstärker – auf den später eingegangen wird – verstärkt wird.

Soll eine große Bit-Dichte zur Realisierung von groß integrierten Speichern erreicht werden, muss die Zelle verkleinert werden. Der Wert der Speicherkapazität von ca. $C_S \approx 35$ fF und damit einhergehend die Speicherfläche lässt sich nicht ohne weiteres reduzieren, da das Lesesignal bereits sehr klein ist. Aus diesem Grund werden zwei Zellkonzepte, auf die im nächsten Abschnitt eingegangen wird, angewendet.

Trench-Zelle / Inverted Trench-Zelle

Durch eine anisotrope Ätzung wird ein Graben in das Silizium geätzt in dem die MOS-Struktur eingebracht wird (Bild 7.41).

7 MOS-Speicher

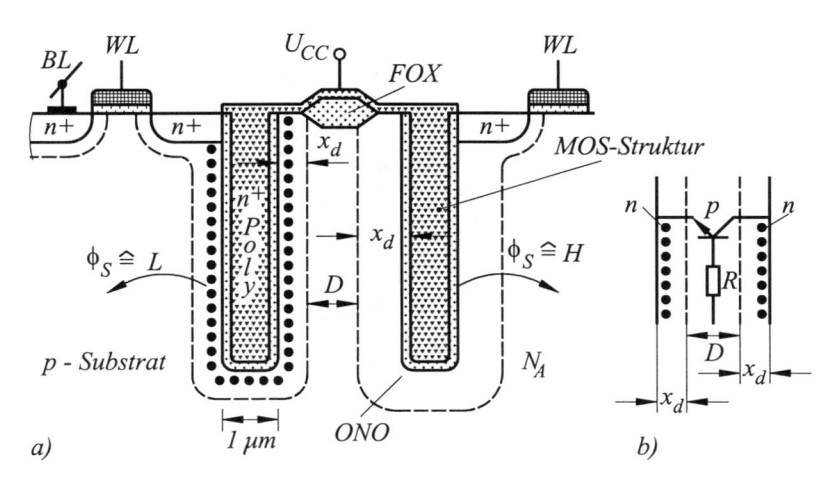

Bild 7.41: a) Trench-Zelle; b) Ausschnitt

In Abhängigkeit von der Tiefe der Grabenätzung kann somit die Speicherkapazität auf einer kleinen Fläche (Draufsicht) von 4,8 µm² bei 0,6 µm Entwurfsunterlagen realisiert werden. Typische Trench-Tiefen liegen im Bereich 4 µm |FUJI|.

Soll die Zelle flächenmäßig weiter verkleinert werden, stößt dies an eine Grenze, die durch die Weite der Raumladungszone Gl.(4.12)

$$x_d = \sqrt{\frac{2\varepsilon_o \varepsilon_{Si}}{qN_A} \phi_S} \qquad (7.16)$$

und deren Abstand D bestimmt wird. Dieser Abstand muss so gewählt werden, dass ein "Punch-through" (Kapitel 4.5.6) zwischen den Zellen vermieden wird.

Der Bereich zwischen den Zellen kann wie ein feldinduzierter bipolarer npn-Transistor betrachtet werden wenn benachbarte Zellen sich im Zustand der Inversion befinden. Wird der Transistor leitend durch Kopplungen im Substrat oder α-Strahlen – auf diese wird in Kapitel 7.5.4 eingegangen – kann Ladung einer Zelle abfließen und somit die gespeicherte Information zerstören.

Abhilfe bietet die "Inverted Trench-Zelle" bei der der n⁺-Anschluss des Transistors mit dem n⁺-Poly-Bereich (Gate) der Zelle verbunden ist (Bild 7.42). Um die Struktur zu verkleinern wird statt des dickeren Feld-Oxides (FOX) eine Grabenisolation (STI) – Kapitel 4.1 Bild 4.3 – verwendet. Im Prinzip entsteht ein Speicherkondensator zwischen n⁺-Poly und p-Substrat.

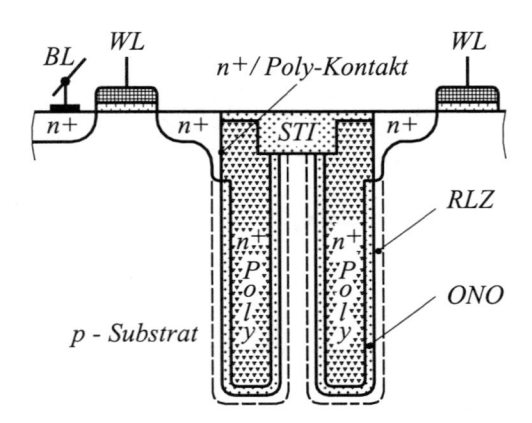

Bild 7.42:   Inverted Trench-Zelle

Wie gesagt nur im Prinzip, denn es ist wiederum eine Raumladungszone (RLZ) vorhanden, wenn das n^+-Poly z.B. auf 1,8 V aufgeladen wird. Dies bedeutet, dass die Speicherkapazität kleiner ist, da Ladung und Gegenladung weiter entfernt sind. Um die Speicherkapazität bestehend aus einer ONO-Schichtfolge voll zu nutzen, wird deshalb eine vergrabene n-Wanne (buried plate) angebracht (Bild 7.43).

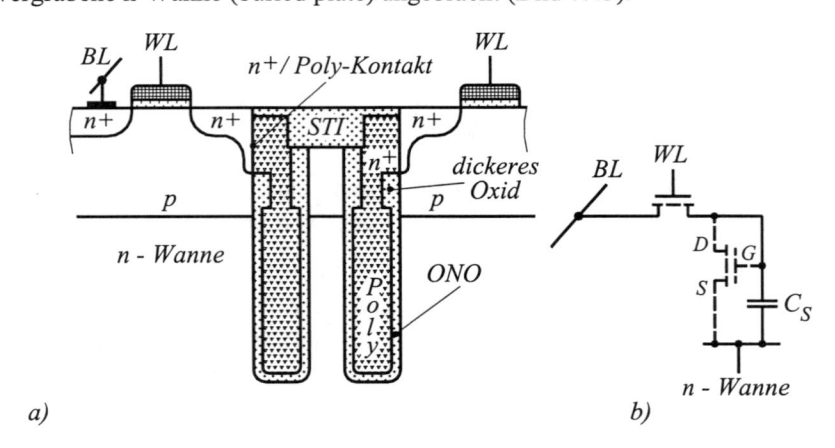

Bild 7.43:   a) Inverted Trench-Zelle mit n-Wanne; b) Schaltungsschema

Wird jetzt der Kondensator, d.h. die n^+-Poly-Seite auf z.B. 1,8 V aufgeladen, entsteht keine Raumladungszone sondern es kommt zur Akkumulation von Elektronen siliziumseitig in der n-Wanne um den Trench herum. Der n-Wannen-Anschluss wird dadurch leicht niederohmiger.

Durch die Verwendung der n-Wanne lässt sich nicht vermeiden, dass ein parasitärer n-Kanal Transistor im oberen Bereich um den Graben herum entsteht. Hierbei wirken das n^+-Gebiet des Auswahltransistors und die n-Wanne als Drain und Source. Gate und Substrat werden durch n^+-Poly und p-Schicht gebildet. Da das Draingebiet dieses Transistors mit dem Gate verbunden ist, fließt die Ladung durch diesen parasitären Transistor ab. Um dies zu vermeiden, wird ein dickeres Oxid (oxid-collar) im Gatebereich dieses Transistors eingesetzt, wodurch dessen Einsatzspannung zu so hohen Werten verschoben wird (Aufgabe 7.4), dass ein Abfließen der Ladung vermieden werden kann. Die mit dieser Technik erreichten Zellgrößen (Draufsicht) liegen unter 0,6 µm², bei 0,25 µm Entwurfsunterlagen |NESB| oder bei 0,109 µm², wenn 0,13 µm Entwurfsunterlagen verwendet werden |TAKA|.

Über dem Gateisolator ONO liegt entsprechend dem gespeicherten Binärzustand eine Spannung von z.B. 1,8 V bzw. 0 V an. D.h. die maximale Feldstärke über dem Isolator ergibt sich aus der 1,8 V-Spannung.

Um die ONO-Schichtdicke weiter zu reduzieren und dadurch die Speicherkapazität zu erhöhen, muss die Feldstärke reduziert werden. Zu diesem Zweck wird die n-Wanne mit einer Spannungsquelle von + 0,9 V verbunden. Eine Halbierung der Feldstärke entsprechend einer Spannung von ± 0,9 V über der ONO-Schicht ist die Folge.

Wie bereits in der Einleitung zu diesem Kapitel erwähnt wurde, kann die Ladung in der Zelle nur für eine bestimmte Zeit, nämlich die sog. Refresh-Zeit, garantiert werden. Diese liegt bei 64 ms, wobei der kritische Fall bei erhöhter Temperatur auftritt. Die Ströme, die für die Entladung verantwortlich sind (Bild 7.44)

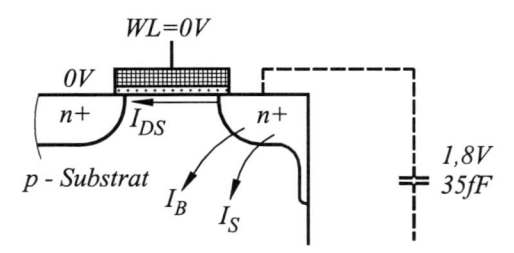

Bild 7.44: *Darstellung des Reststroms bei der Ein-Transistor-Zelle*

setzen sich aus dem Unterschwellstrom des Transistors Gl.(4.65)

$$I_{DS} = \beta_n (n-1)\phi_t^2 e^{(U_{GS} - U_{Tn})/\phi_t n} \left(1 - e^{-U_{DS}/\phi_t}\right) \quad (7.17)$$

dem gate-induzierten Drainleckstrom Gl.(4.93)

$$I_B = AE_S\, e^{-B/E_S} \text{ mit } E_S = \frac{U_{DG} - qWg}{3d_{ox}}, \quad (7.18)$$

sowie dem Reststrom des gesperrten np-Übergangs Gl.(2.29)

$$I_S = qA\left[\frac{D_p}{w'_n}\frac{1}{N_D} + \frac{D_n}{w'_p}\frac{1}{N_A}\right]n_i^2 \quad (7.19)$$

zusammen.

Beispiel:

Wie groß darf die Summe der Restströme sein – und zwar bei erhöhter Temperatur – wenn eine Spannungsreduzierung in der Speicherzelle von 0,2 V noch zuverlässig vom Leseverstärker gelesen werden kann? Mit $C_S = 35$ fF resultiert ein Strom von

$$I_{ges} \approx C_S \frac{\Delta U}{\Delta t} = 35 \cdot 10^{-15} \frac{As}{V} \frac{0,2V}{64 \cdot 10^{-3} s}$$

$$\approx 1,1 \cdot 10^{-13} A,$$

wobei eine Refresh-Zeit von 64 ms angenommen wurde.

Von den betrachteten Restströmen ist im Normalfall der Unterschwellstrom dominierend, wenn der Transistor mit 0 V an der Wortleitung abgeschaltet ist. Um diesen Strom möglichst gering zu halten, muss der Transistor eine große Einsatzspannung besitzen. In diesem Fall stehen nämlich mehr Dekaden (Kap. 4.4.3) zum Abschalten zur Verfügung. Erreicht werden kann dies u.a. indem z.B. – 1 V an das p-Substrat des Transistors gelegt wird. Infolge der Substratsteuerung Gl.(4.36) verschiebt sich dabei die Einsatzspannung zu dem gewünschten größeren Wert (Aufgabe 7.3).

Eine andere Möglichkeit besteht darin, die Spannung an der Wortleitung beim Abschalten nicht auf 0 V sondern auf einen negativen Wert z.B. – 0,5 V abzusenken, wodurch ebenfalls der Unterschwellstrom reduziert wird.

Stacked-Zelle

Eine andere Art von Ein-Transistor-Zelle ist die sog. Stacked-Zelle. Hierbei wird der Speicherkondensator nicht in einem Graben sondern oberhalb (stacked) des Auswahltransistors angeordnet (Bild 7.45).

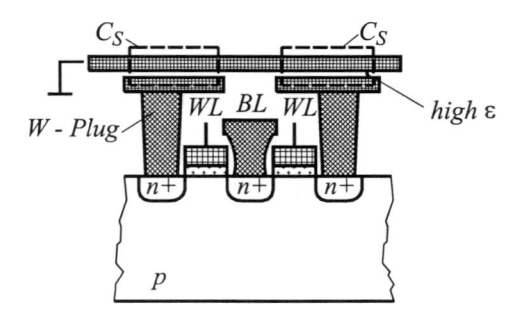

Bild 7.45:   Stacked Zelle

Je nach Ansteuerung wird entweder die linke oder rechte Speicherzelle mit der gemeinsamen Bit-Leitung verbunden. Um einen möglichst großen Speicherkondensator zu realisieren werden Isolationsmaterialien im Kondensatorbereich mit großer Dielektrizitätskonstante – wie z.B. (Ba, Sr) TiO$_3$ oder kurz BST genannt mit ε im Bereich > 50 gewählt |EIMO|.

7.5.2 DRAM-Speicher-Grundschaltungen

Einige der wesentlichen Grundschaltungen sind die Schreib-Leseverstärker, auch Bewerter genannt, sowie Wortleitungstreiber auf die in diesem Abschnitt näher eingegangen wird.

Schreib-Leseverstärker

Die grundsätzliche Funktion, die ein derartiger Verstärker erfüllen muss geht aus Bild 7.46 hervor.

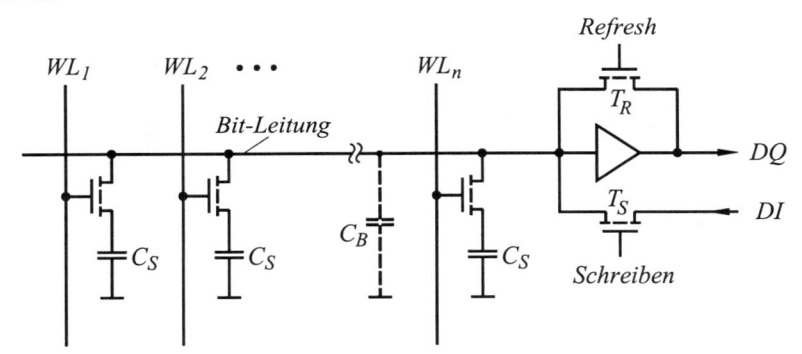

Bild 7.46: *Prinzipdarstellung eines Schreib-Leseverstärkers*

Wird eine Wortleitung aktiviert, kommt es zu einer Ladungsaufteilung zwischen dem Speicherkondensator C_S der ausgewählten Zelle sowie der parasitären Kapazität C_B der Bit-Leitung. Die sich ergebende Spannung an der Bit-Leitung hat dabei einen Wert von

$$U_L(BL) = \frac{Q_S + Q_B}{C_S + C_B} = \frac{C_S \cdot U_S + C_B U_B}{C_S + C_B}, \qquad (7.20)$$

wobei U_S die Spannung am Speicherkondensator und U_B diejenige an der Bit-Leitung ist, bevor die Wortleitung aktiviert wird. Da es das Ziel ist, viele Zellen – z.B. 512 – mit einer Bit-Leitung zu verbinden, um die schaltungstechnischen Aufwendungen (overhead) gering zu halten, ist C_B sehr groß und entsprechend der Unterschied zwischen einen H- und L-Signal sehr klein. Werte liegen im Bereich ± 100 mV. Dieses Signal wird mit Hilfe des Verstärkers auf den vollen Pegel gebracht und gelangt zum Datenausgang DQ. Es handelt sich hierbei um einen sog. "destructive read-out", denn das eigentliche Zellsignal ist nicht mehr in der Zelle vorhanden. Es wird deshalb mit Hilfe von Transistor T_R zurück in die Zelle geschrieben. Soll dagegen das Zellsignal verändert werden, gelangt die Information vom Dateneingang DI über den Transistor T_S in die Zelle.

Die Zellinformation muss wegen der Leckströme periodisch gelesen, verstärkt und in die Zelle zurückgeschrieben werden. Dieser sog. Refresh wird genau wie der beschriebene Lesevorgang durchgeführt, wobei die Zellen seriell von WL_1 bis WL_n angesprochen werden. Am Datenausgang erscheint die Information jedoch nicht.

Die beschriebene Schaltung kann in dieser Form **nicht realisiert** werden, da ein derartiger Verstärker nicht ausreichend genau den Absolutwert verstärken kann und zu viel Siliziumfläche benötigen würde. Aus diesem Grund werden differenzielle Verfahren verwendet. Wird als Beispiel die Wortleitung WL_2 aktiviert (Bild 7.47a), werden alle Zellen (Z) mit ihren Bit-Leitungen (BL) verbunden. Gleichzeitig werden nicht adressierte Bit-Leitungen als Referenz-Bit-Leitungen (BLR) verwendet.

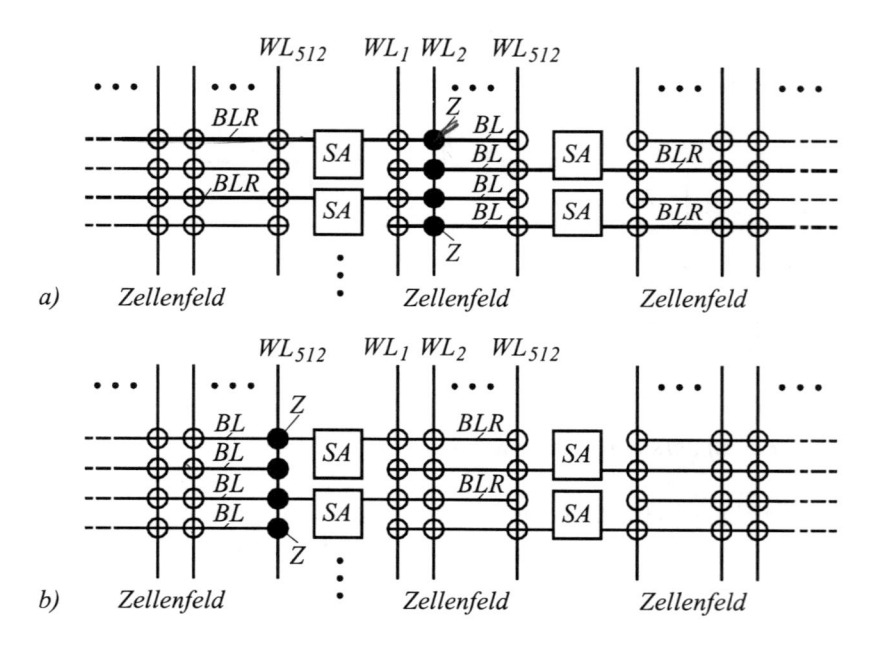

Bild 7.47: Open-bit-line Konzept; a) WL_2 aktiviert; b) WL_{512} aktiviert

Die Auswertung der Spannungsdifferenz zwischen (BL) und (BLR) kann dann mit einem symmetrischen Leseverstärker (SA) erfolgen. Wird dagegen z.B. die linke Wortleitung WL_{512} ausgewählt, ergibt sich eine spiegelbildliche Situation (Bild 7.47b). Somit ist immer gewährleistet, dass eine Spannungsdifferenz und kein Absolutwert – wie in Realisierung nach Bild 7.46 – zur Auswertung zur Verfügung steht.

Das zu verstärkende Lesesignal ΔU_L hat dabei einen Wert (7.20) von

7 MOS-Speicher

$$\Delta U_L = U_L(BL) - U_B(BLR)$$

$$\Delta U_L = \frac{C_S}{C_S + C_B}\left[U_S - U_B(BLR)\right]. \tag{7.21}$$

Die Leseverstärker sind geometrisch so verschachtelt, dass keine Leerräume entstehen und jeweils nur eine Zelle an einem Leseverstärker mit einer Wortleitung angesprochen werden kann. Die Verstärker werden realisiert durch kreuzgekoppelte Transistoren, die im Prinzip wie ein Flip-Flop arbeiten (Bild 7.48).

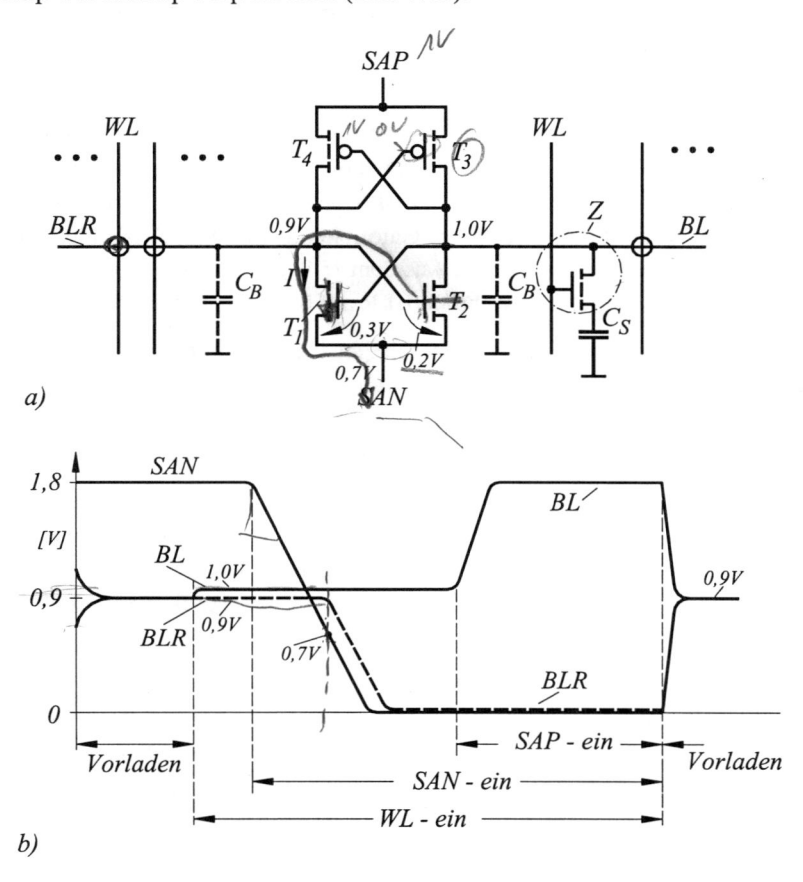

Bild 7.48: a) Leseverstärker SA; b) idealisiertes Zeitdiagramm

Zur Erklärung der Schaltungsanordnung soll Zelle Z ausgelesen werden. Dazu müssen beide Bit-Leitungen BL und BLR zuerst auf eine gemeinsame Spannung z.B. 0,9 V vorgeladen (precharge) sein. Wird nun die Wortleitung WL aktiviert, kommt es zur Ladungsaufteilung zwischen C_S und C_B. Ist z.B. ein *H*-Pegel von 1,8 V in der Zelle gespeichert ändert sich die Spannung an BL von 0,9 V auf 1,0 V, während diejenige bei BLR unverändert bei 0,9 V bleibt. Das Lesesignal beträgt somit $\Delta U_L = 0,1$ V. Die n-

Kanal Transistoren des Leseverstärkers werden aktiviert, indem sich SAN von z.B.1,8 V nach 0 V ändert. Während dieser Änderung nimmt SAN auch den Wert von 0,7 V ein. Wird angenommen, dass die Transistoren T_1, T_2 eine Einsatzspannung von 0,3 V besitzen, dann beginnt zu diesem Zeitpunkt T_1 zu leiten, während T_2 ausgeschaltet bleibt. Durch den beginnenden Stromfluss I bei T_1 wird die Ladung an C_B und damit die Spannung an BLR reduziert. Durch die Kreuzkopplung der Transistoren reduziert sich die U_{GS}-Spannung von 0,2 V bei T_2 ebenfalls, wodurch T_2 noch hochohmiger geschaltet wird. Fällt die SAN-Spannung weiter ab, wird auch die Spannung bei BLR weiter reduziert während diejenige bei BL nahezu unverändert bleibt. Erreicht SAN 0 V liegen an BLR 0 V und an BL in etwa 1 V an. Die Spannung ΔU_L wurde somit von 0,1 V auf 1 V verstärkt.

Da in der Zelle ein H-Pegel von 1,8V gespeichert war, muss dieser auch wieder zurückgeschrieben werden. Dazu werden die kreuzgekoppelten p-Kanal Transistoren T_3, T_4 mit SAP aktiviert. An BL liegt 1 V und an BLR 0 V. Ändert sich SAP von 0,9 V auf 1,8V (nicht gezeigt), wird T_3 mit 0 V am Gate leitend während T_4 nichtleitend bleibt. Erreicht SAP seinen Endwert mit 1,8 V, was dem H-Pegel der Zelle entspricht, dann ist BL ebenfalls auf 1,8 V aufgeladen während BLR auf 0 V aufgeladen bleibt.

Da die Wortleitung WL noch immer eingeschaltet ist, überträgt sich die Spannung der Bit-Leitung BL von 1,8V auf den Speicherkondensator C_S. D.h. beim Bewerten der Zellinformation wird diese gleichzeitig verstärkt und in die Zelle zurückgeschrieben. Mit dem Abschalten der Wortleitung ist der Lese- auch Bewertungsvorgang genannt abgeschlossen.

Ist in der Zelle Z ein L- statt ein H-Pegel gespeichert, dann bedeutet dies nichts anderes als dass die Spannung an BLR größer ist als die an BL. Der gleiche Vorgang wie beschrieben läuft ab nur mit dem Unterschied, dass am Ende der Bewertung BL auf 0 V und BLR auf 1,8 V aufgeladen ist.

Wie gezeigt wurde wird immer eine Bit-Leitung auf 0 V und die andere auf den H-Pegel – in diesem Beispiel auf 1,8 V – aufgeladen. Werden nun beide Bit-Leitungen mit einem Transistor in der Vorladezeit kurzgeschlossen, stellt sich infolge des Ladungsausgleichs zwischen den Bit-Leitungen eine gemeinsame Spannung von 0,9 V ein. Ein neuer Lesevorgang kann eingeleitet werden.

In Bild 7.47 bzw. Bild 7.48 sind die Bit-Leitungen geometrisch rechts und links vom Leseverstärker angeordnet. Diese als open-bit-line Konzept bekannte Anordnung hat den Nachteil, dass Kopplungen im Zellenfeld sich nur einseitig auf den Leseverstärker auswirken und damit nicht unterdrückt werden. Aus diesem Grund wird häufig das so genannte folded-bit-line Konzept |TAKA| (Bild 7.49) verwendet.

7 MOS-Speicher 429

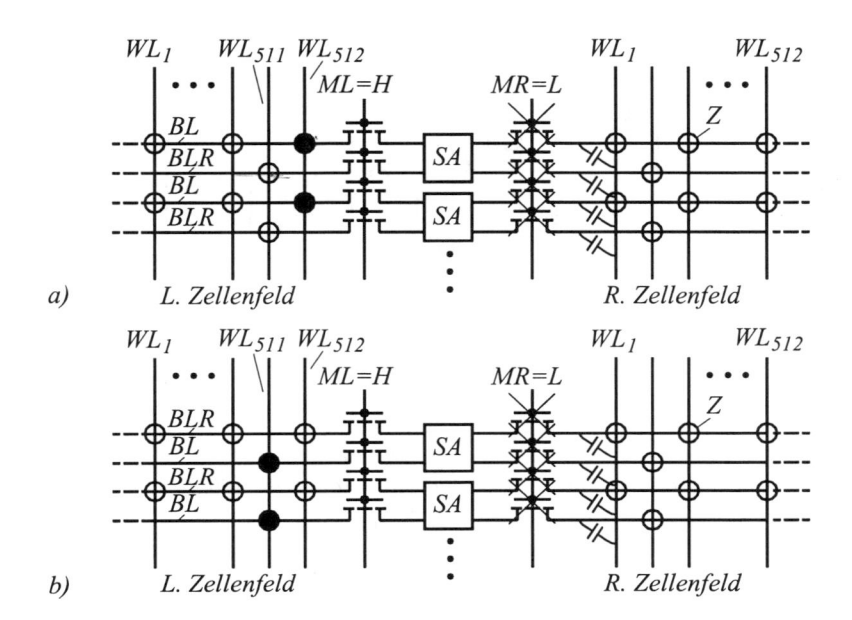

Bild 7.49: Folded-bit-line Konzept mit $ML=H$; a) WL_{512} aktiviert; b) WL_{511} aktiviert

Die Bit-Leitungen die adressiert werden und diejenige die als Referenz-Leitungen verwendet werden sind jeweils geometrisch übereinander angeordnet, d.h. im Vergleich zur vorhergehenden Anordnung gefaltet. Um Siliziumfläche zu sparen werden die Leseverstärker entweder mit dem rechten oder linken Zellenfeld – mit Hilfe der Signale ML bzw. MR – verbunden. Die Speicherzellen sind dabei so angeordnet, dass bei Aktivieren einer Wortleitung die Leseverstärker nur mit jeweils einer Zelle verbunden sind.

Kapazitive Kopplungen wie z.B. bei WL_1 im rechten Zellenfeld gezeigt, wirken sich symmetrisch auf beide Eingänge des Verstärkers aus, wodurch diese unterdrückt werden (siehe common mode rejection, Kapitel 8.3.2). Im Detail ist der Schreib-Leseverstärker in Bild 7.50 dargestellt.

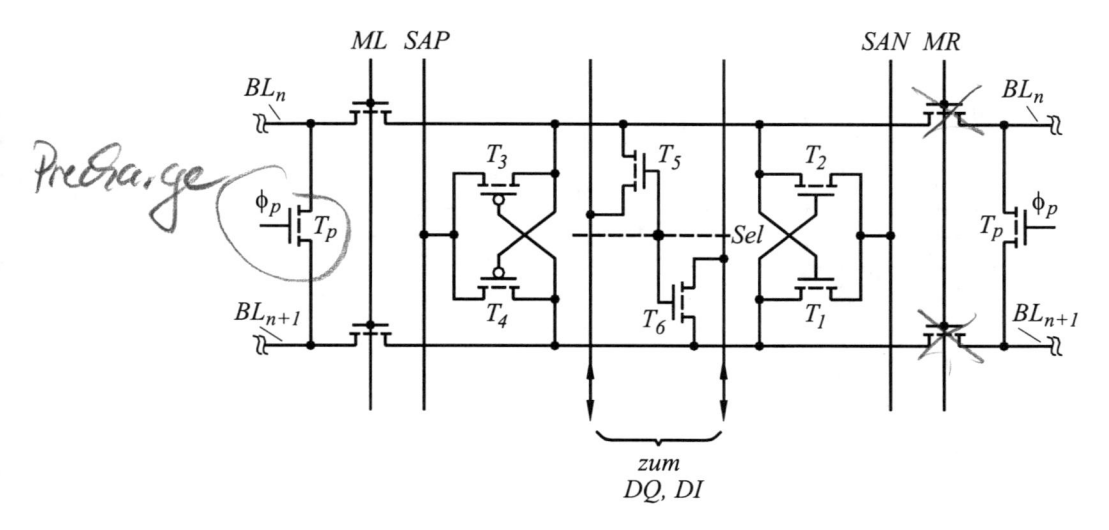

Bild 7.50:   Schreib-Leseverstärker-Anordnung im folded-bit-line Konzept

Mit den Transistoren T_p wird das Vorladen der Bit-Leitungen (precharge) durchgeführt. Transistoren T_5 und T_6 werden von einem Bit-Leitungsdekoder (Sel) angesteuert, wodurch eine individuelle Verbindung zum Dateneingang DI bzw. Datenausgang DQ hergestellt werden kann.

Wortleitungstreiber

Die Wortleitungen sollen möglichst viele Zellen ansteuern um Siliziumfläche zu sparen. Bei einigen Speichern sind dies bis zu 2048 Zellen, wodurch die Summe der umzuladenden Kapazitäten aller Auswahltransistoren relativ groß wird. Außerdem muss an die Wortleitung eine überhöhte Spannung angelegt werden (Bild 7.51).

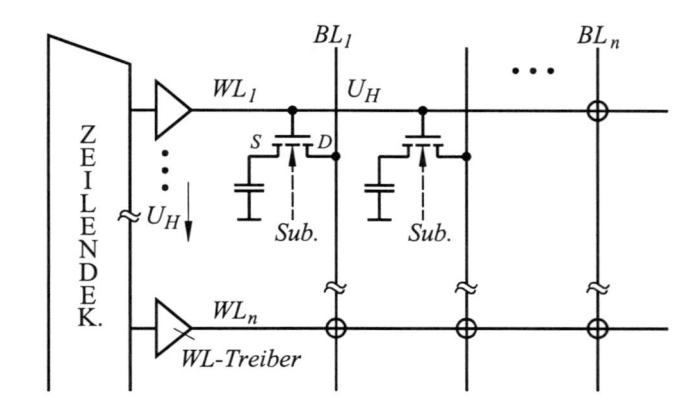

Bild 7.51:   Ausschnitt aus einem Zellenfeld

7 MOS-Speicher

Soll z.B. ein *H*-Pegel in eine Zelle geschrieben werden, dann muss die Wortleitung eine Spannung Gl.(4.36) von

$$U_{WL} = U_H + U_{Ton} + \gamma\left(\sqrt{2\phi_F + U_{SB}} - \sqrt{2\phi_F}\right) \quad (7.22)$$

haben. Diese ist um die Einsatzspannung – bei Berücksichtigung des Substratsteuerfaktors γ – größer als die Zellspannung U_H des *H*-Pegels. In der Regel ist diese sogar größer als die Versorgungsspannung der Schaltung, so dass eine on-chip Spannungsüberhöhung (Kapitel 7.3.3) erforderlich ist.

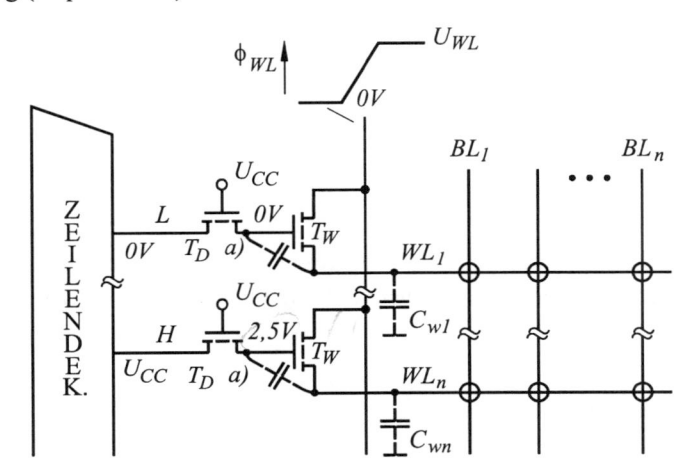

Bild 7.52:   *Wortleitungstreiber*

Die Spannung ϕ_{WL} (Bild 7.52) soll 0V betragen. Aus dem Zeilendekoder wurde ein *H*-Pegel (U_{CC}) aus lauter *L*-Pegel (0 V) ausgewählt.

Am Knoten a) der ausgewählten Zeile stellt sich damit eine Spannung $U_{CC} - U_{Tn}$ von z.B. 2,5 V ein, während alle anderen a) Knoten 0 V besitzen. Ändert sich ϕ_{WL} von 0 V nach U_{WL}, dann wird nur die Wortleitung WL$_n$, d.h. die Wortleitungskapazität C_{wn} aufgeladen. Der Anstieg dieser Spannung wiederum hat zur Folge, dass am Knoten a) sich die Spannung wegen des bootstrap Effekts (Kapitel 5.5.2) erhöht. Letztlich stellt sich an der Wortleitung WL$_n$ eine Spannung von U_{WL} und am Knoten a) – vorausgesetzt alle parasitären Kapazitäten sind vernachlässigbar – eine von U_{WL} + 2,5 V ein. Bei allen nicht ausgewählten Wortleitungen dagegen beträgt die Spannung 0 V. Der Vorteil der Schaltung ist, dass die Wortleitungsansteuerung mit dem Takt ϕ_{WL} nur durch den ausgewählten Wortleitungstreiber und der zugehörigen Wortleitungskapazität C_{wn} kapazitiv belastet wird. Bei allen anderen – mit 0 V am Gate – wirkt nur die Überlappkapazität zwischen Drain und Gate.

Ein Nachteil der Schaltung ist, dass durch Kopplungen im Zellenfeld nicht selektierte Wortleitungen u.U. leicht positiv aufgeladen werden können, wodurch die Auswahltransistoren der Zellen nicht mehr sicher sperren.

Dies wird vermieden, indem die Treiberschaltung (Bild 7.53) erweitert wird.

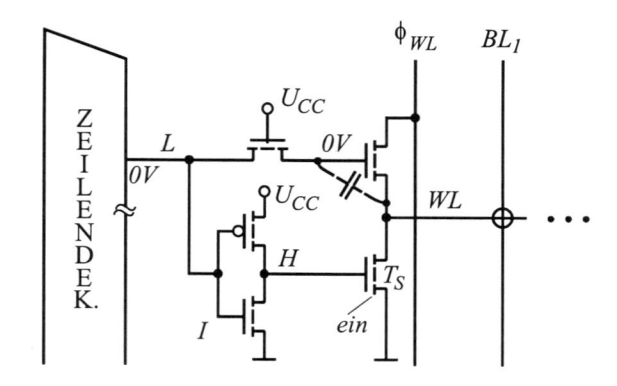

Bild 7.53:   *Erweiterter Wortleitungstreiber*

Ist die Wortleitung nicht selektiert, liegt am Ausgang des Inverters I ein *H*-Signal, so dass Transistor T_S die Wortleitung WL niederohmig mit Masse (0 V) verbindet.

7.5.3 DRAM Speicherarchitektur

Bei den dynamischen Speichern stand in der Vergangenheit überwiegend die Größe der Speicherkapazität im Vordergrund (Bild 7.54).

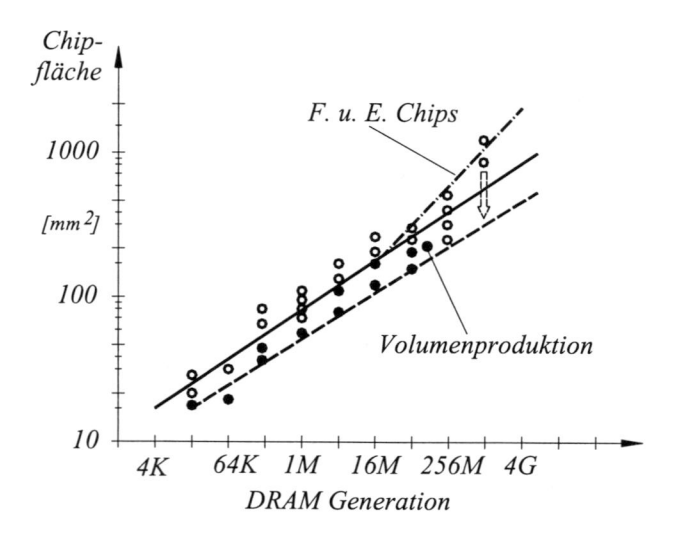

Bild 7.54:   *Entwicklung der Speicherkapazität und Chip-Fläche* /SHIN/

Diese Betrachtung wird heute ergänzt durch Anforderungen an hohe Datenraten z.B. für Multimedia Anwendungen sowie hohe Geschwindigkeiten bei Einsatz im Mikroprozessorbereich. Um diese Anforderungen zu bewerkstelligen nimmt heute die Architektur des **Synchronen DRAM**s – auch SDRAM genannt – eine dominierende Rolle ein.

Um den Aufbau dieses Speichers besser zu beschreiben wird zuerst auf eine herkömmliche Architektur eingegangen (Bild 7.55) und anschließend das SDRAM näher betrachtet.

Um die Zahl der Adresseingänge zu reduzieren wird bei den Adresseingängen eine Datenweiche verwendet. Mit dem Signal $\overline{RAS}$ (**R**ow **A**ddress **S**elect) gelangt zuerst die Zeilenadresse A_0–A_N über den Adresspuffer zum Zeilendekoder, wodurch eine Wortleitung ausgewählt wird. Alle durch diese Wortleitung aktivierten Zellen liefern ihre Information an die Leseverstärker (SA).

Mit dem Signal $\overline{CAS}$ (**C**olumn **A**ddress **S**elect) werden in einem zweiten Schritt über die Datenweiche die Adressen A_{N+1}–A_M zum Spaltendekoder geführt. Ein oder mehrere Bits werden selektiert und gelangen zum Datenausgang DQ. Mit dem Signal $\overline{WE}$ wird dem Speicher mitgeteilt, ob es sich um einen Lese- oder Schreibvorgang handelt. Im Refresh-Modus reicht es aus, wenn alle Zeilenadressen sequenziell durchgetaktet werden, da mit diesem Vorgang automatisch ein Lesen und Rückschreiben in die Zelle verbunden ist. Soll dies automatisch erfolgen, ist ein Refresh-Zähler on-chip vorgesehen (gestrichelt dargestellt).

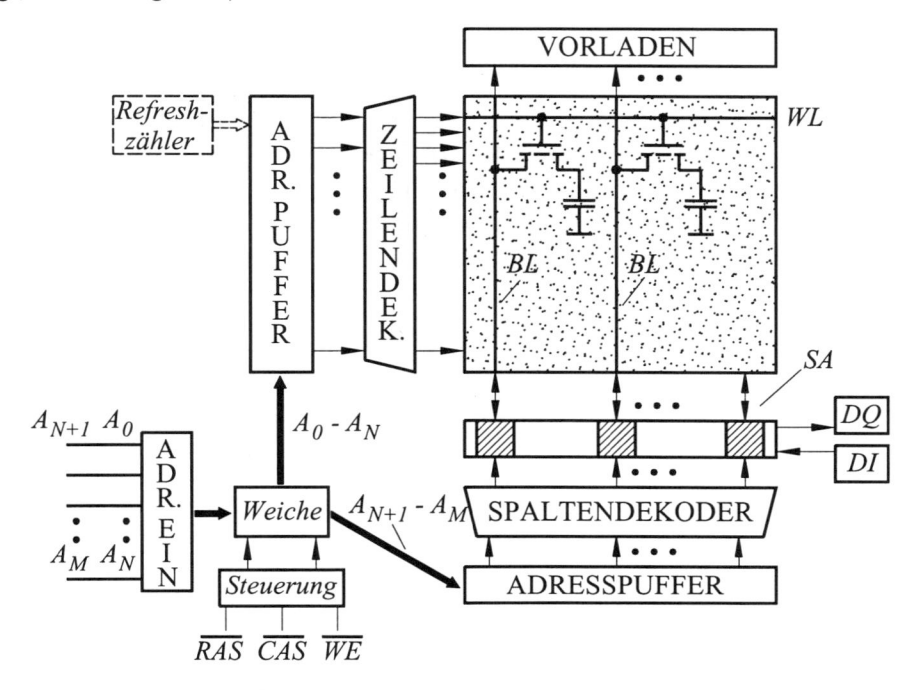

Bild 7.55:   Prinzipieller DRAM-Aufbau

Wird eine Wortleitung ausgewählt besitzen die Leseverstärker (SA) die Informationen aller Speicherzellen der selektierten Wortleitung. Dadurch ist es möglich, durch alternatives Anlegen von $\overline{\text{CAS}}$ und Spaltenadressen y (column-addresses) hintereinander z.B. 4-Bit (Bild 7.56) auszulesen, oder eine ganze Zeile (page).

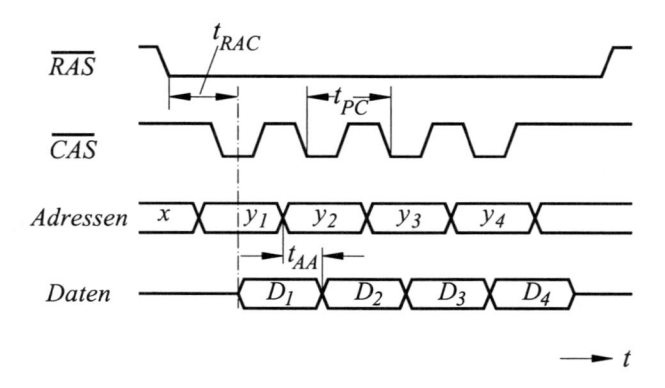

Bild 7.56:   *Zeitdiagramm eines DRAMS im Seitenmodus (mit **E**xtended **D**ata **O**ut, EDO)*

Diese Betriebsart wird Seitenmodus (burst mode) genannt. Typische Daten sind: Zugriffszeit von $\overline{\text{RAS}}$ t_{RAC} = 50 ns; Zugriffszeit von y-Adresse t_{AA} = 25 ns und minimale Zykluszeit im burst mode t_{PC} = 20 ns . Dies entspricht einer Frequenz von 50 MHz. Bei einem 16fach organisierten Baustein führt dies zu einer Datenrate von 100 MB/s.

Um noch höhere Datenraten zu erreichen werden clock-synchrone Architekturen gewählt. Dies sind die sog. Synchronen **DRAM**s (SDRAM), bei denen alle Kommandos und Daten mit der jeweiligen steigenden Clock-Flanke synchronisiert werden |YTAK|. Damit entfällt die z.T sehr komplizierte zeitliche Befehlssteuerung durch $\overline{\text{RAS}}$ und $\overline{\text{CAS}}$. Als Beispiel ist in Bild 7.57 ein 256 Mb SDRAM dargestellt.

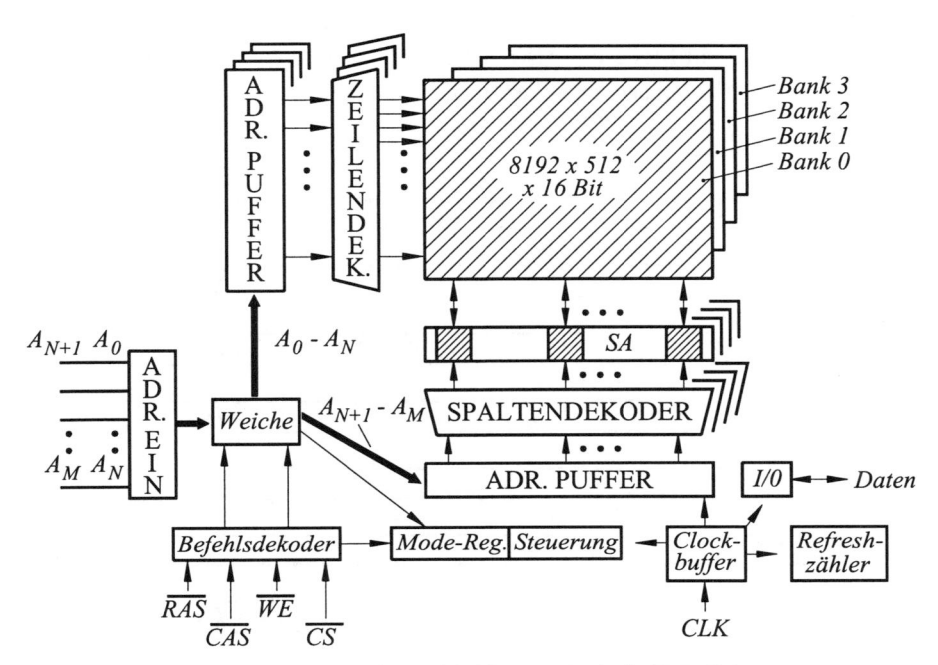

Bild 7.57: *Vereinfachtes Blockschaltbild eines 256Mb SDRAMs*

Lese- und Schreiboperationen werden mit den Steuersignalen $\overline{RAS}$, $\overline{CAS}$ und $\overline{WE}$ ausgeführt. Wie bei konventionellen DRAMs erfolgt über eine Datenweiche die Selektion der Zeilen- und Spaltenadressen. Der Speicher ist in vier voneinander unabhängige Speicherbänke von je 64 Mb aufgeteilt. Welche Operation von dem SDRAM ausgeführt wird hängt von den Eingangssignalen des Befehlsdekoders und vom Inhalt des Mode-Registers ab. Dieses muss mindestens einmal nach dem Einschalten des SDRAMs programmiert werden. Einige der wichtigsten Parameter die hier eingestellt werden sind u.a.

- die Burst-Länge, das ist die Zahl der Daten, die mit einem Lese- bzw. Schreibbefehl gelesen oder geschrieben werden;

- der Burst-Typ mit dem die Reihenfolge der Daten festgelegt wird. Diese kann sequenziell erfolgen oder z.B. verschachtelt (interleaved) zwischen verschiedenen Speicherbänken, was von dem zu treibenden Mikroprozessor abhängt;

- die $\overline{CAS}$-Latenz (CL), d.h. die Zahl der Clock-Zyklen, die nach Anlegen der $\overline{CAS}$-Adresse gewartet werden muss, bis das entsprechende Datum am Ausgang erscheint. Die $\overline{CAS}$-Latenz ist nicht frei wählbar sondern abhängig von der Taktfrequenz. Dies hängt damit zusammen, dass der Speicher eine Pipeline-Struktur (Kapitel 6.5.3) besitzt und die meist dreiteilige Blockaufteilung an die Taktfrequenz angepasst werden muss.

Um die Funktion der Befehle zu verdeutlichen wird als Beispiel das Zeitdiagramm eines SDRAMs im Burst-Read-Mode mit $\overline{\text{CAS}}$-Latenz CL = 3 näher betrachtet. Die Burst-Länge wurde mit BL = 4 bei sequenzieller Bit-Ordnung gewählt.

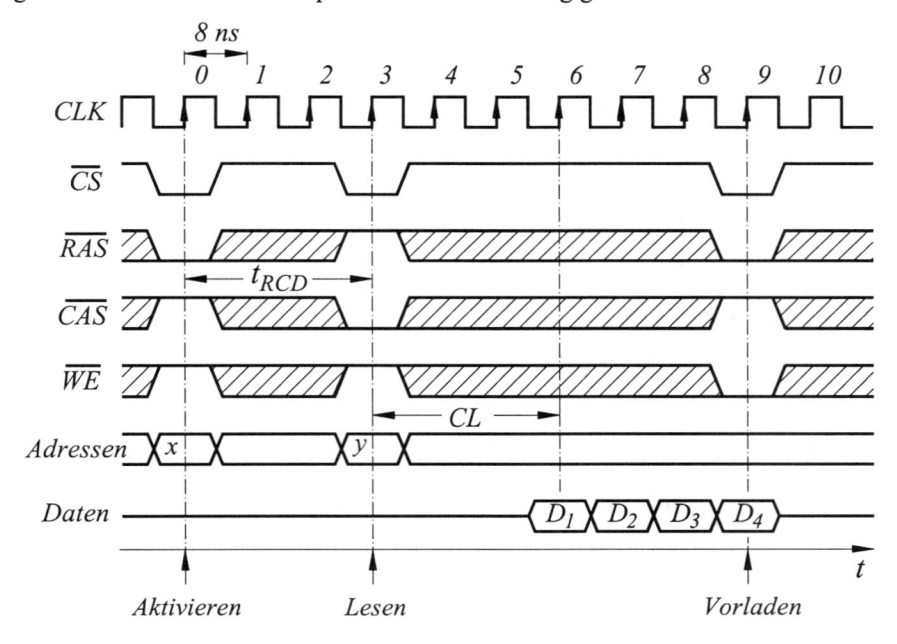

Bild 7.58: Vereinfachtes Zeitdiagramm eines SDRAM mit CL = 3; BL = 4

Der Zugriff beginnt indem zuerst eine Zeile des Speichers mit einem Aktivier-Befehl und der x-Adresse ausgewählt wird. Zwischen diesem Befehl und einem darauf folgenden Lese- oder Schreibbefehl muss eine Mindestzeit t_{RCD} von z.B. 3 Clock-Zyklen eingehalten werden. Nach dem Anlegen des Lesebefehls und einer y-Adresse werden automatisch z.B. 4 Daten ausgegeben. Das erste Datum steht nach dem Verstreichen des $\overline{\text{CAS}}$-Latenz von CL = 3 am Ausgang zur Verfügung. Die folgenden Daten erscheinen anschließend nach jedem Clock-Zyklus, was zu einer sehr hohen Datenrate führt.

Zum Abschluss dieses Kapitels wird auf einen Fehlermechanismus eingegangen, der besonders bei Halbleiterspeichern auftritt.

7.5.4 Alpha-Strahlempfindlichkeit

Sporadisch nicht reproduzierbare Änderungen des logischen Zustands einzelner Bits sind in Computersystemen ein bekanntes Problem. Für diese Ausfälle gibt es eine Reihe von Ursachen. Eine entsteht durch die Wechselwirkung energetischer Partikel mit elektronischen Bauelementen. Quellen dieser Partikel sind alle bei der Herstellung des

Halbleiter-Chips verwendete Materialien sowie Gehäusematerialien der Bauelemente. Keramik, Plastik, Gläser, Metalle usw. enthalten spurenweise α-Teilchen emittierende Atome hoher Ordnungszahlen. Vor allem Uran und Thorium senden in ihren Zerfallzeiten α-Teilchen aus. Das α-Teilchen besteht aus zwei Protonen und Neutronen und ist daher identisch mit dem Atomkern eines Heliumatoms. Es dringt auf einer geradlinigen Spur in den Halbleiter-Chip ein. Durch Wechselwirkung im Siliziumkristall entstehen nahe der Spur Elektron-Lochpaare. Die Spurlänge hängt dabei von der Eintrittsenergie des α-Teilchens ab. So erzeugt ein α-Teilchen mit einer Eintrittsenergie z.B. von 5 MeV etwa $1{,}4 \cdot 10^6$ Elektron-Lochpaare |YANE| auf einer 23 µm langen Spur. Dieser Vorgang dauert einige Picosekunden. Die Lebensdauer der generierten Ladungsträger beträgt dagegen Millisekunden bei Raumtemperatur.

Entstehen die Ladungsträger nahe oder in einem elektrischen Feld, so driften sie entsprechend ihrer Ladung auseinander (Bild 7.59), wobei die Elektronen zum n^+-Gebiet und die Löcher in das Substrat wandern.

Hierbei stellt sich ein Effekt ein, der vergleichbar ist mit dem in Kapitel 3.3.1 beschriebenen Kirk-Effekt. Da das Integral über dem elektrischen Feld der anliegenden Spannung entspricht, und diese sich nicht verändert, muss sich das Feld zum niedrig dotierten Substrat hin ausdehnen. Mit dem Eindringen des Feldes in das Substrat fließen auch dort Ladungsträger auseinander und unterstützen die Wirkung des α-Teilchens. Dieser Vorgang wird Funneling genannt |HSIE| und ist nach etwa 1 ns abgeklungen. Die verbleibenden Ladungsträger im Substrat diffundieren in etwa in 100 ns auseinander.

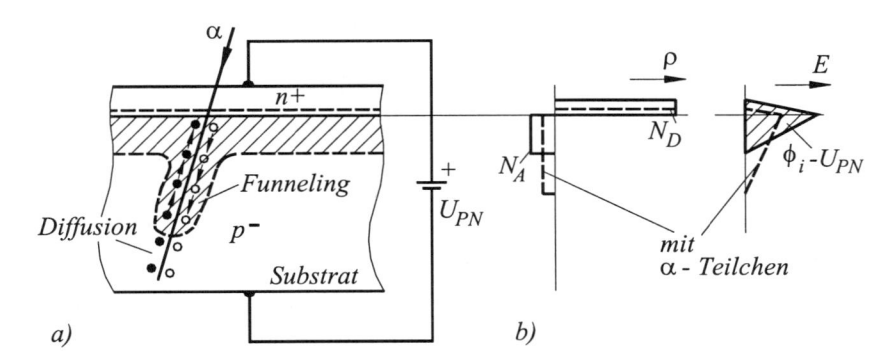

Bild 7.59: a) Funneling-Effekt an einem n^+p-Übergang; b) Skizze von Ladungsträger und Feldverteilung

Dringt ein α-Teilchen in einen Halbleiter-Chip ein, so können kurzzeitig Fehler entstehen. Dies trifft für alle Technologien zu ob Bipolar oder MOS. Die Fehler treten dabei besonders bei Schaltungsteilen auf, die sehr hochohmig, wie z.B. die Vier-Transistor-Zelle (Bild 7.33b), verknüpft sind oder an vorgeladenen Knoten. Dies sind bei einem DRAM alle Speicherzellen und während eines Lesevorgangs auch die Bit-Leitungen. Da dabei die Speicher funktionsfähig bleiben, sind dies einmalig auftretende Fehler (soft errors). Die Anzahl dieser Fehler pro Bauelementstunde (**S**oft **E**rror **R**ate SER) wird in FIT (Failures In Time) angegeben. Ein FIT entspricht hierbei einem Fe hler bzw. Ausfall in 10^9 Bauelementestunden. Die Ausfallraten von Speichern wird von den Halbleiterherstellern als Bestandteil des Qualifikationsprozesses ermittelt und sollte 500 FIT nicht übersteigen.

Diese Rate sagt jedoch nichts über den Einfluss der Radioaktivität von Erdreich, Gebäuden und kosmischen Strahlungen auf das Bauelement aus. Bei dieser Strahlung zerfallen die Siliziumatome und geben ein α-Teilchen ab |ZIEG|, wenn sie von Neutronen oder Protonen getroffen werden. Diese strahlungsinduzierten weichen Fehler lassen sich auf keine Weise ganz vermeiden. Selbst bei der SER-Angabe der Hersteller kann man nicht sicher sein, inwieweit kosmische Strahlung die Messergebnisse beeinflussen |SCHL|.

Zusammenfassung der wichtigsten Ergebnisse des Kapitels

Nichtflüchtige Speicher

Mit einer kurzen Einführung in die Architektur eines Speichers wurde begonnen und anhand eines ROMs die Begriffe wie Zeilen-, Spalten- und Blockadressen sowie Bit- und Wortleitungen erläutert.

Bei den elektrisch umprogrammierbaren Zellen erfolgt die Programmierung entweder mit heißen Elektronen oder durch Tunneln von Elektronen auf das Floating-Gate. Beim Löschen wird dagegen nur der Tunneleffekt verwendet. Nachteilig bei der Programmierung mit heißen Elektronen ist, dass dabei ein relativ großer Strom im mA-Bereich fließt, dafür aber die Programmierzeit mit ca. 10 µs relativ kurz ist. Im Gegensatz dazu beträgt der Strom bei Verwendung des Tunneleffekts weniger als 10^{-11}A, jedoch steigt die Programmier- bzw. Löschzeit auf ca. 1 ms an. Allen Zellen gemeinsam ist, dass wegen Degradationsmechanismen die Zahl der Umprogrammierungen mit ca. 10^6 begrenzt ist. Die Zahl der Lesezyklen ist davon nicht betroffen.

Verknüpft man die Zellen in einer Matrix, kommt es zu ungewollten Entladungen und zum sog. over-erase. Abhilfe bieten Zwei-Transistor- oder Split-Gate-Zellen sowie Flash-Architekturen. Bei diesen wird Byteweise programmiert und global gelöscht um Chip-Fläche einzusparen.

Statische Speicher

Die Sechs-Transistor-Zelle besteht aus zwei rückgekoppelten Komplementärinvertern und zwei Auswahltransistoren. Die Zelle kann in jedem beliebigen CMOS-Herstellverfahren realisiert werden. Nachteilig ist jedoch der relativ hohe Chip-Flächenbedarf. Dieser ist mit der Vier-Transistor-Zelle reduzierbar, indem man sehr hochohmige Widerstände als Lastelemente verwendet und diese geometrisch über der eigentlichen Zelle platziert. Zusätzliche Herstellschritte sind erforderlich. Bei Batteriebetrieb kann es erforderlich sein, dass der sog. stand-by Stromverbrauch der Zelle weiter abgesenkt werden muss. Dies ist durch Erweiterung des Herstellverfahrens zur Implementierung von Dünnschicht-Transistoren (TFT) möglich. Stand-by Ströme $< 10^{-14}$A pro Zelle sind realisierbar.

Dynamische Speicher

Bei diesen wird die Information in Ein-Transistor-Zellen als unterschiedliche Ladungsmenge in Kondensatoren gespeichert. Da infolge von Restströmen die Ladung nur für eine bestimmte Zeit z.B. 64 ms gespeichert werden kann, muss sie periodisch gelesen und aufbereitet wieder in die Zelle zurückgeschrieben werden. Diesen Vorgang nennt man Refresh. Um Siliziumfläche zu sparen verwendet man heute meist Trench- oder Stacked-Zellen. Als Folge erzielt man mit diesen Speichern die höchsten Bitdichten (siehe Vorwort Bild). Hierzu beigetragen haben auch die trickreichen Ausleseverfahren und Bit-Line Konzepte.

Um hohe Datenraten bei diesen Speichern zu erreichen, werden clock-synchrone Architekturen verwendet. Dies sind die sog. Synchrone DRAMs bei denen alle Kommandos und Daten mit der jeweiligen steigenden Clock-Flanke synchronisiert werden.

Übungen

Aufgabe 7.1

Die gezeigte ETOX-Zelle soll zur Speicherung von 2 Bits verwendet werden. Die Einsatzspannungsänderung ΔU_{Tn} pro Zustand soll dabei 0,8 V betragen. Wie viele Elektronen werden pro Zustand benötigt?

Daten: l = 0,6 µm; w = 1,0 µm; ε(ONO) = 5,5

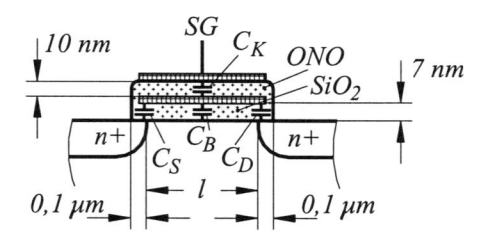

Bild A: 7.1

Aufgabe 7.2

Für die gezeigte statische Speicherzelle sollen die maximal zulässigen Widerstandswerte bestimmt werden. Der Spannungsabfall an R darf im gesamten Temperaturbereich (0°C bis 90°C) auf keinen Fall 1V überschreiten. Dominierender Leckstrom bei den Transistoren ist der Unterschwellstrom.

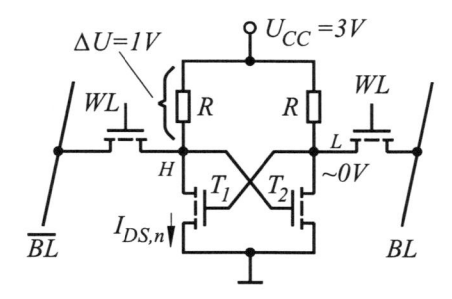

Daten der Transistoren: $U_{Ton}(0°C) = 0,6$ V; $U_{Ton}(90°C) = 0,51$ V; $\beta_n(0°C) = 150$ µ/AV^2; $\beta_n(90°C) = 110$ µ/AV^2; n = 2

Bild A: 7.2

Aufgabe 7.3

Die Ein-Transistor-Zelle eines 64 Mbit DRAMs kann durch folgendes vereinfachtes Ersatzschaltbild dargestellt werden:

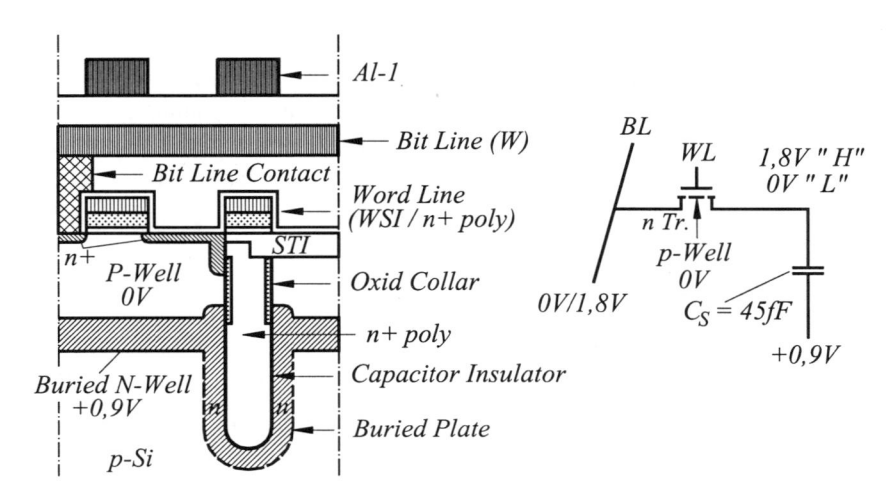

Bild A: 7.3

a) Bestimmen Sie den Unterschwellstrom des abgeschalteten n-Transistors unter "worst case" Bedingungen. b) Verwenden Sie den "worst case" Fall, um die Refreshzeit zu bestimmen. Hierbei ist davon auszugehen, dass ein reduzierter H-Pegel von 1,5 V und ein erhöhter L-Pegel von 0,3 V noch akzeptabel ist. c) Wie verbessern sich die Werte, wenn eine Source-Bulkspannung, d.h. zusätzlich eine Spannung an "p-Well" von -1 V verwendet wird?

Daten des n-Transistors

	27°C	90° C
I_{DS} (gemessen bei U_{GS} = 0,6 V)	250 pA	4,8 nA
U_{Ton} (p-Well an 0 V)	1,0 V	0,87 V
γ	$0,3\sqrt{V}$	$0,3\sqrt{V}$
S	120 mV/Dek	145 mV/Dek
$2\phi_F$	0,82 V	0,76 V
$n = 1 + \dfrac{C'_j}{C'_{ox}}$	2	2

Aufgabe 7.4

Dargestellt ist eine 64 Mbit DRAM Zelle. Die n^+-Polyseite der Kapazität kann auf 1,8 V bzw. 0 V aufgeladen werden. Dadurch ist es möglich, dass ein unerlaubt großer Leckstrom durch den gezeigten parasitären n-Kanal Transistor fließt.

Bestimmen Sie:

a) die "worst case" Spannungskonstellation , b) die Einsatzspannung des parasitären Transistors bei d_{ox} = 7 nm (oxid collar) sowie wenn c) d_{ox} auf 30 nm vergrößert wird und d) eine Spannung von −1 V an die p-Wanne (p-Well) gelegt wird.

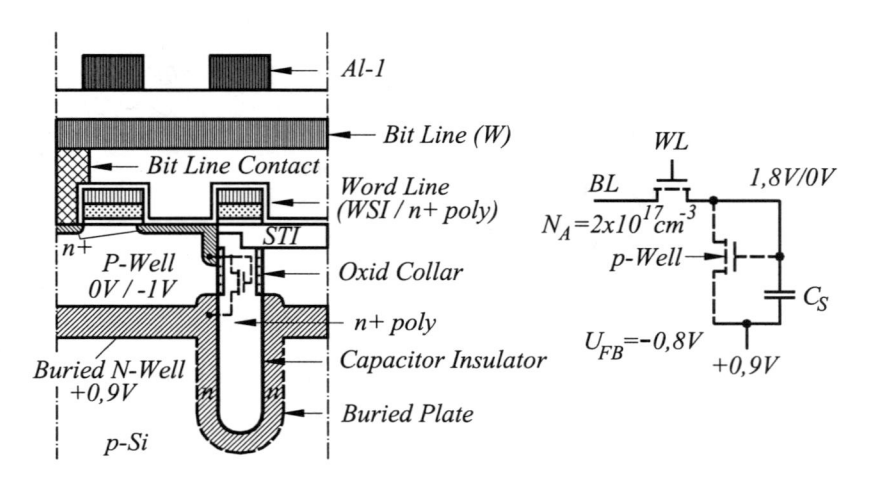

Bild A: 7.4

Aufgabe 7.5

Bestimmen Sie die Lesesignale ΔU_L in dem dargestellten Open-Bit-Line Konzept, wenn in der Zelle Z

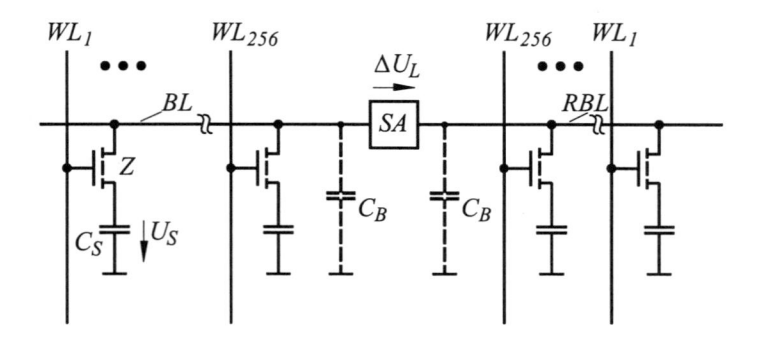

Bild A: 7.5

ein *H*-Pegel von 1,8 V bzw. ein *L*-Pegel von 0 V gespeichert ist.

Daten: $C_S = 35$ fF; $C_B = 200$ fF; Vorladen der Bit-Leitungen auf 1,8 V/2 = 0,9 V.

Aufgabe 7.6

Gezeigt ist von einem DRAM der Ausschnitt aus dem Zellenfeld.

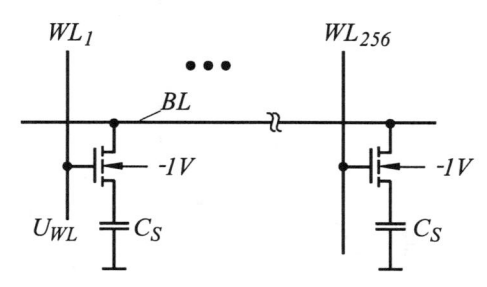

Bild A: 7.6

Wie groß muss die Wortleitungsspannung U_{WL} mindestens sein, damit in die Speicherzelle ein *H*-Pegel von 1,8 V gelangen kann.

Transistordaten: $U_{Ton} = 1,1$ V; $\gamma = 0,8\sqrt{V}$; $2\phi_F = 0,93 V$

Aufgabe 7.7

Dargestellt sind typische Wortleitungstreiber eines DRAMs.

Wie groß sind die Spannungen an den Gates von Tr0 und Tr1 sowie an den Wortleitungen WL$_0$ und WL$_1$ vor und nach der Änderung von ϕ_{WL} von 0 V auf 3,8 V?

Werte: $C_P = 9$ fF; $C_{GS} = C_{GD} = 26$ fF; $U_{Tn} = 0,6$ V Substratsteuerfaktor vernachlässigbar.

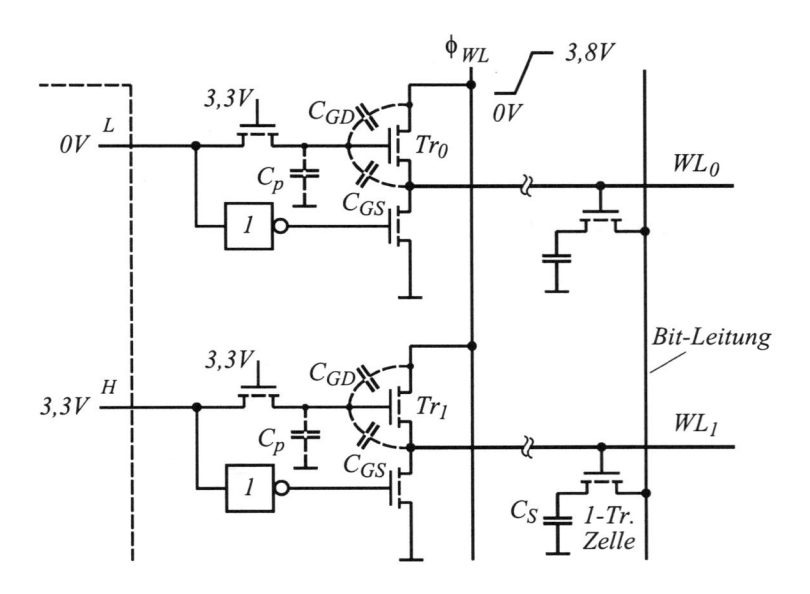

Bild A: 7.7

Literatur

| ATWO | Greg. Atwood et al: "Intel Strata Flash Memory Technology Overview"; Intel Technology Journal April 1997 |

| BAUE | M. Bauer et al: "A Multilevel-Cell 32Mb Flash Memory"; Solid State Circuits Conference; Digest of Technical Papers 1995; pp.132-133 |

| EIMO | T. Eimori et al: "A Newly Designed Planar stacked Capacitor Cell with High dielectric constant Film for 256 Mbit DRAM;" Digest of Technical papers IEDM 93; pp.631-632 |

| FROH | D. Frohman-Bentchkowsky: " A fully decoded 2048-bit electrically programmable FAMOS read-only-memory"; IEEE J.Solid-State Circuits, Vol.SC-6 Oct.1971; pp.301-306 |

| FUJI | S. Fujii et al: "A 45ns 16-Mbit DRAM with Triple-Well Structure"; IEEE Journal of Solid-State Circuits; Vol. 24; No.5; Oct.1989; pp.1170-1175 |

| HSIE | C. Hsieh: "Collection of Charge from Alpha-Particle Tracks in Silicon Devices; IEEE Transactions on Electron ED-30 No.6; June 1983; pp.689-693 |

| HUAN | Kuo-Ching Huang et al: "The Impacts of Control Gate Voltage on the Cycling Endurance of Split Gate Flash Memory"; IEEE Electron Device Letters; Vol.21, No.7; July 2000; pp.359-361 |

| IMAM | K. Imamiya et al: "A 35ns-Cycle-Time 3.3V-Only 32Mb NAND Flash EEPROM"; Solid-State Circuits Conference; Digest of Technical Papers 1995; pp.120-131 |

| INTE | Intel: "Intel Strata Flash Memory Technology"; Application note AP-677; Dec.1998 |

| JUNG | Tae-Sung Jung et al: "A 3.3V 128Mb Multi-Level NAND Flash Memory for Mass Storage Applications"; Solid State Circuits Conference; Digest of Technical Papers 1996; pp.32-33 |

| KAYA | S. Kayano et al: „25n 256Kx1/64Kx1 CMOS SRAM's"; IEEE Journal of Solid-State-Circuits, Vol. SC-21, No.5, Oct. 86 |

| KIRI | R. Kirisawa et al: "A NAND structured cell with a new programming technology for highly reliable 5V-only Flash EEPROM"; Symp. VLSI Techn.1990; pp.129-130 |

| KUME | H. Kume et al: "A 1.28µm^2 contactless memory cell technology for a 3V only 64Mb EEPROM"; IEEE IEDM Techn.Dig.1992; pp.991-992 |

|LENZ| M. Lenzlinger et al: "Fowler-Nordheim tunneling in thermally grown SiO_2"; JAP; Vol. 40, 1969; pp.278

|MIEL| N. Miel et al: "Reliability comparison of FLOTOX and textured polysilicon EEPROM`s"; Proc.Int.Rel.Phys.Symp. (IRPS) 1987; pp.85-86

|MILL| D. Mills et al: "A 3.3V 50MHz Synchronous 16Mb Flash Memory"; Solid State Circuits Conference; Digest of Technical Papers 1995; pp.120-121

|NESB| L. Nesbit et al: "A 0,6µm^2 256 Mb Trench Cell with self aligned buried strap (BEST) "; Digest of Technical papers IEDM 93; pp.627-629

|NOZO| A. Nozoe et al: "A 3.3V High-Density AND Flash Memory with 1ms/512B Erase and Program Time"; Digest of Technical Papers, International Solid-State Circuits Conference, 1995; pp.124-125

|OOTA| R.OOTANI et al: "A 4-Mb CMOS SRAM with a PMOS Thin-Film-Transitor Load Cell"; IEEE Journal of Solid-State Circuits, Vol.25, No.5, Oct. 1990, pp.1082-1091

|SASA| K. Sasaki et al: "A 15ns 1Mb CMOS SRAM"; ISSCC Digest of Technical Papers, Vol.XXXI, Feb.1988; pp.174-175

|SCHL| H. Schleifer: "Analyse der strahlungsbedingten Ausfallrate von DRAM`s; Promotion an der Universität der Bundeswehr München; Nov.97

|SEEV| E. Seevinck et al: "Current-Mode Techniques for High-Speed VLSI Circuits with Application to Current Sense Amplifier for CMOS SRAM`s"; IEEE Journal of Solid-State Circuits, Vol.26, No.4; April 1991; pp.525-535

|SHIN| S. Shinozaki: "DRAM`s in the 21st Century"; IEDM 1996; DRAM Short Course

|SSTI| Silicon Storage Technology Inc.: "Technical Comparison of Floating Gate Reprogrammable Nonvolatile Memories"; 2000

|TAKA| D. Takashima, et al: "Open/Folded Bit-Line Arrangement for Ultra-High-Density DRAM`s"; IEEE Journal of Solid-State Circuits; Vol.29, No.4, April 1994; pp.539-542

|TAKA| T. Takahashi et al: "A Multigigabit DRAM Technology With 6F^2 Open-Bitline Cell, Distributed Overdriven Sensing and Stacked-Flash Fuse"; IEEE Journal of Solid-State Circuits; Vol.36, No.11, Nov. 2001, pp. 1721-1727

|TANA| T. Tanaka et al: "High-Speed Programming and Program-Verity Methods Suitable for Low-Voltage Flash Memories"; IEEE Symposium on VLSI Circuits Digest of Technical Papers; May 1994; pp.61-62

| TEMP | G. Tempel: Reprogramable Silicon-based Non Volatile Memories; SQT-Seminar 2001

| TSOR | Tieh-Tsorng Wu et al: "1,2V CMOS Switched-Capacitor Circuits"; Solid-State Circuits Conference; Digest of Technical Papers 1996; pp.388-389

| UEMO | Y. Uemoto et al: „A Stacked-CMOS Cell Technology for High-Density SRAM's;" IEEE Transactions on Electron Devices, Vol. 39, No.10, Oct. 1992, pp. 2359-2363

| YAMA | T. Yamanaka: "Advanced TFT SRAM Cell Technology Using a Phase-Shift Lithography"; IEEE Transactions on Electron Devices; Vol.42, No.7, July 1995, pp.1305-1313

| YANE | D.S. Yaney et al: "Alpha-Particle Tracks in Silicon and their Effect on Dynamic MOS RAM Reliability"; IEEE Transactions on Electron Devices; ED.26 No.1; January 1979; pp.10-16

| YTAK | Y. Takai, et al: "250 Mbytes synchronous DRAM using 3-stage-pipelined architecture"; IEEE Journal of Solid-State Circuits; Vol.29, No.4; April 1994; pp.426-431

| ZIEG | J.F. Ziegler et al: "The effect of sea level cosmic rays on electronic devices; J.Appl.Phys.; June 1981; pp.4305-4312

8 Grundlagen analoger CMOS-Schaltungen

Bisher wurden nur digitale Schaltungen behandelt. Im Folgenden werden analoge Grundschaltungen in CMOS-Technik vorgestellt. Darunter fallen Stromquellen und -senken sowie elementare Verstärkerstufen. Diese benötigt man um Verstärker, wie sie in Kapitel 9 vorgestellt werden, aufzubauen.

Bei den folgenden Betrachtungen wird davon ausgegangen, dass das Verhalten von Übertragungsfunktionen im Laplace-Bereich sowie im komplexen Frequenzbereich bekannt ist. Dies ist von äußerster Wichtigkeit, wenn es darum geht z.B. bei einem Verstärker eine Pol-Nullstellenkompensation durchzuführen oder mit Hilfe des Bode-Diagramms die Stabilität eines Verstärkers zu bestimmen. Der Wichtigkeit wegen ist deshalb am Ende dieses Kapitels als Anhang B eine Zusammenfassung über das Lösen von Übertragungsfunktionen am Beispiel eines zweistufigen Verstärkers enthalten.

Bevor auf die einzelnen Schaltungen näher eingegangen wird, ist es zweckmäßig, das Kleinsignal-Ersatzschaltbild des MOS-Transistors (Kapitel 4.6.3) noch einmal zu betrachten (Bild 8.1). Hierbei wurden statt Strom- bzw. Spannungsänderungen **zeitvariante Änderungen** vorausgesetzt und diese durch **kleine Buchstaben** gekennzeichnet. Außerdem werden in den Kleinsignal-Ersatzschaltbildern **kleine Buchstaben** für die Schaltelemente verwendet um anzudeuten, dass es sich um konstante **Kleinsignalkomponenten** handelt.

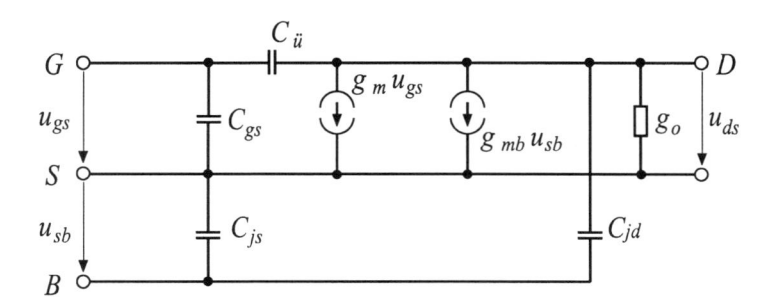

Bild 8.1:   *Kleinsignal-Ersatzschaltbild des n- und p-Kanal MOS-Transistors mit den wichtigsten Elementen*

In Tabelle 8.1 sind die Kleinsignalparameter für n- und p-Kanal Transistoren bei Stromsättigung gegenübergestellt.

Entsprechend den festgelegten Strom- und Spannungsrichtungen bei den Transistoren haben demnach beim p-Kanal Transistor U_{GS}, U_{DS}, U_{SB} negative Werte während diejenigen beim n-Kanal Transistor positiv sind. Außerdem ist $U_{SB} = -U_{BS}$ und $U_{DB} = -U_{BD}$.

n - Kanal Tr. p - Kanal Tr.

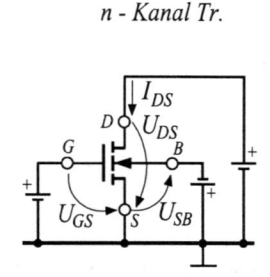

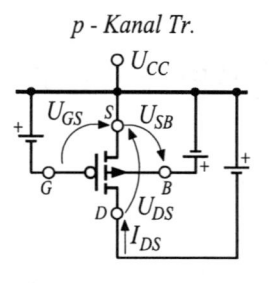

Übertragungsleitwert (Gate)

$$g_m = \sqrt{2I_{DS,n}\beta_n(1+\lambda_n U_{DS})} \qquad g_m = \sqrt{-2I_{DS,p}\beta_p(1-\lambda_p U_{DS})}$$

Übertragungsleitwert (Substrat)

$$g_{mb} = \frac{-g_m \gamma}{2\sqrt{2\phi_F + U_{SB}}} \qquad g_{mb} = \frac{-g_m \gamma}{2\sqrt{-2\phi_F - U_{SB}}}$$

Ausgangsleitwert

$$g_o = \frac{I_{DS}\lambda_n}{1+\lambda_n U_{DS}} \approx I_{DS}\lambda_n \qquad g_o = \frac{-I_{DS}\lambda_p}{1-\lambda_p U_{DS}} \approx -I_{DS}\lambda_p$$

Kleinsignalkapazitäten

$$C_{gs} = \tfrac{2}{3} C_{ox}$$

$$C_{js} = C_{jos}\left(1 - \frac{U_{BS}}{\phi_i}\right)^{-M} \qquad C_{js} = C_{jos}\left(1 - \frac{U_{SB}}{\phi_i}\right)^{-M}$$

$$C_{jd} = C_{jod}\left(1 - \frac{U_{BD}}{\phi_i}\right)^{-M} \qquad C_{jd} = C_{jod}\left(1 - \frac{U_{DB}}{\phi_i}\right)^{-M}$$

Tabelle 8.1: Gegenüberstellung der Kleinsignalparameter von n- und p-Kanal Transistor bei Sättigungsbedingung

Wie in Kapitel 4.6.3 beschrieben, wirkt eine Spannungsänderung ΔU_{SB} über den Übertragungsleitwert des Substrats auf den Ausgangsstrom. Um in diesem Kapitel die Herleitungen und Diskussionen einfach und damit übersichtlich zu gestalten, wird im Folgenden der Einfluss des Substratsteuereffekts weitestgehend vernachlässigt.

In diesem Zusammenhang sei noch einmal darauf hingewiesen, dass alle Gleichungen nur für überschlägige Berechnungen – die dem besseren Verständnis dienen – verwendet werden können. Genauere Analysen können nur mit Rechnerunterstützung (CAD) durchgeführt werden.

8.1 Stromspiegelschaltungen

Verstärkerschaltungen benötigen die verschiedensten Stromquellen und -senken. Damit diese immer in einem festen Bezug zueinander stehen werden Stromspiegelschaltungen verwendet. Diese übersetzen – bzw. spiegeln – einen vorgegebenen Strom I_B, wie in Bild 8.2 gezeigt, auf die verschiedensten Stromquellen und -senken einer analogen Schaltung.

Der Strom I_B kann im einfachsten Fall durch einen genauen externen oder internen Widerstand, der mit U_{CC} verbunden ist, erzeugt werden. Durch den Transistor T_B, der sich in Sättigung befindet, fließt ein Strom von

$$I_B = \frac{\beta_{n,B}}{2}\left(U_{GS,B} - U_{Tn,B}\right)^2 \left(1 + \lambda_B U_{DS,B}\right) \tag{8.1}$$

und durch die Stromsenken mit den Transistoren T_1 bis T_M ein entsprechender Strom von

$$I_N = \frac{\beta_{n,N}}{2}\left(U_{GS,N} - U_{Tn,N}\right)^2 \left(1 + \lambda_N U_{DS,N}\right). \tag{8.2}$$

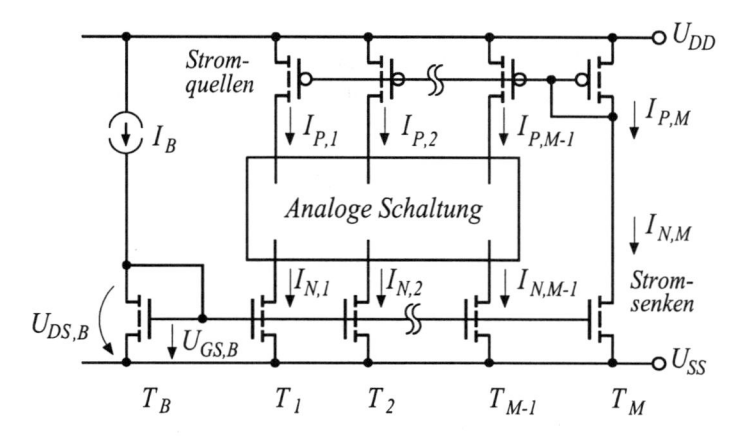

Bild 8.2: Stromspiegelschaltungen zur Realisierung von Stromquellen und –senken in einer analogen Schaltung

Da die Drainspannung $U_{DS,B}$ gleichzeitig auch die gemeinsame Gatespannung $U_{GS,B}$ von allen Transistoren ist, ergibt sich ein Stromverhältnis oder besser gesagt eine Stromspiegelung von

$$\frac{I_N}{I_B} = \frac{\beta_{n,N}(U_{GS,N} - U_{Tn,N})^2 (1 + \lambda_N U_{DS,N})}{\beta_{n,B}(U_{GS,B} - U_{Tn,B})^2 (1 + \lambda_B U_{DS,B})} \ . \tag{8.3}$$

Wird angenommen, dass die Einsatzspannungen und die Verstärkungsfaktoren k_n der Transistoren gleich sind und außerdem die Kanallängenmodulation vernachlässigt werden kann, dann resultiert eine Stromspiegelung, deren Größe nur von den Transistorgeometrien der einzelnen Stromsenken abhängig ist

$$\boxed{\frac{I_N}{I_B} = \frac{(w/l)_N}{(w/l)_B}} \ . \tag{8.4}$$

Wird z.B. angenommen, dass die Transistoren T_B und T_M das gleiche Geometrieverhältnis $(w/l)_B = (w/l)_M$ haben, dann sind I_B und $I_{N,M}$ gleich groß, wodurch I_B auf die p-Kanal Transistoren (Stromquellen) gespiegelt wird, da $I_{N,M} = I_{P,M}$ ist. Damit stehen alle Ströme der Stromsenken bzw. -quellen in einem definierten Bezug zu I_B wodurch meist große U_{CC}- Spannungsschwankungen in einer Schaltung ausgeglichen werden können.

Wird das Layout einer einfachen Stromsenke erstellt, dann könnte man dies wie in Bild 8.3a gezeigt gestalten. Betrachtet man die Geometrieeinflüsse genauer, dann ergibt sich folgende Situation: Die gezeichnete Weite W und die gezeichnete Länge L des Transistors werden durch diverse Prozessschritte insgesamt um ΔW bzw. ΔL verringert (Bild 5.3). Man kann auch sagen, dass das Zeichenmaß einen entsprechenden Vorhalt gegenüber der physikalischen Weite und Länge hat.

Damit ergibt sich eine Stromspiegelung bezogen auf die gezeichneten Geometrien von

$$\frac{I_N}{I_B} = \frac{(W_N - \Delta W)/(L_N - \Delta L)}{(W_B - \Delta W)/(L_B - \Delta L)} = \frac{(W_N - \Delta W)}{(W_B - \Delta W)} \ , \tag{8.5}$$

wobei angenommen wurde, dass die wirksamen Längen der beiden Transistoren gleich sind. Wie ersichtlich wirkt sich jedoch der Vorhalt ΔW unterschiedlich auf die jeweilige Weite der Transistoren und damit auf das Stromverhältnis aus. Will man diesen Einfluss mit seiner prozessabhängigen Streuung vermeiden, empfiehlt sich ein Layout nach Bild 8.3b. Hierbei wird der Transistor T_B n-fach verwendet, um das gewünschte Stromverhältnis zu erzeugen.

8 Grundlagen analoger CMOS-Schaltungen   453

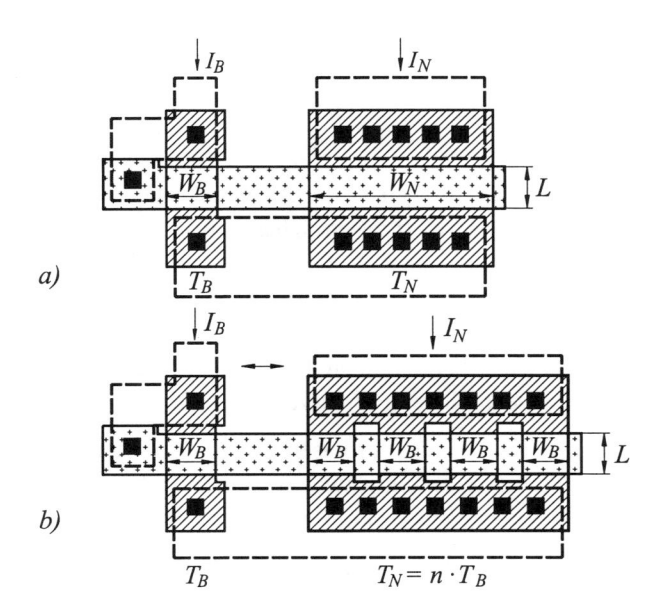

Bild 8.3:   Layout von Stromspiegel: a) mit und b) ohne Einfluss des Weitenvorhalts

Im vorhergehenden Abschnitt wurde beschrieben wie durch Stromspiegelung Stromquellen und -senken realisiert werden können. Die Realisierung z.B. der Senken erfolgte durch n-Kanal Transistoren, denn diese haben für Spannungen $U_{DS} \geq U_{DSsat} = U_{GS,B} - U_{Tn}$ einen nahezu konstanten Strom (Bild 8.4). Abweichungen dI_{DS} von dem idealen Verhalten sind auf die Kanallängenmodulation zurückzuführen.

Ein Maß für die Änderung des Stroms mit der Spannung dU_{DS} ist der Ausgangsleitwert g_o (Tabelle 8.1, Gl.(4.123) bzw. der Ausgangswiderstand des Transistors. Dieser hat bei $I_{DS} = 100$ µA und $\lambda_n = 0{,}03$ V^{-1} einen Wert von ca. 330 kΩ.

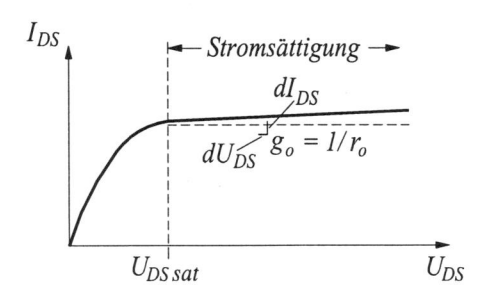

Bild 8.4:   Transistor als Stromsenke

8.1.1 Verbesserte Stromsenken

Aus dem Vorhergehenden geht hervor, dass der Ausgangswiderstand bei einigen hundert kΩ liegt. Um einen größeren Wert zu erreichen – was für Verstärkerschaltungen außerordentlich wichtig ist – kann man die Gatelänge vergrößern wodurch der Längenmodulationsfaktor λ kleiner wird. Grenzen ergeben sich hierbei jedoch durch die zunehmenden parasitären Kapazitäten beim Transistor. Durch die in Bild 8.5 dargestellten Schaltungsanordnungen |LAKE| kann der Ausgangswiderstand mit schaltungstechnischen Maßnahmen wesentlich vergrößert werden.

Der höhere Ausgangswiderstand bei den Stromsenken Bild 8.5b und c ist auf Transistor T_2 zurückzuführen. Die Funktion der Schaltung ist am einfachsten zu erklären, wenn man annimmt, dass T_2 als Widerstand wirkt. Steigt der Strom I_1 an (Bild 8.5b), nimmt $U_{DS,2}$ zu wodurch die Spannung $U_{GS,1}$ abnimmt und der Stromzunahme entgegenwirkt.

Zur Bestimmung des Ausgangswiderstandes der Stromsenke wird eine Wechselspannungs-Testquelle mit einer Spannung u_t bei niedriger Frequenz angelegt. Durch Berechnung des Stroms mit Hilfe des Kleinsignal-Ersatzschaltbildes kann dann der Ausgangswiderstand festgestellt werden.

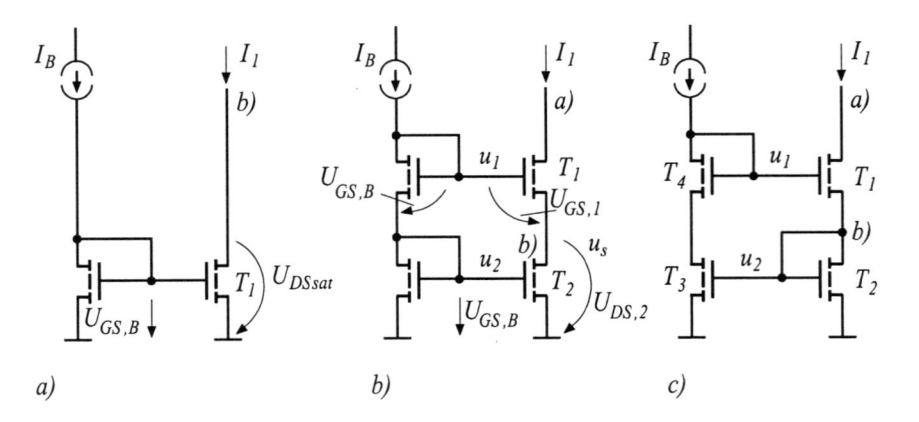

Bild 8.5:   Stromsenken: a) einfach; b) verbessert; c) Variante zu b)

Von Interesse sind in dem Ersatzschaltbild (Bild 8.6) nur die beiden Transistoren T_1, T_2, da bei den verbleibenden keine Spannungsänderungen durch u_t auftreten. Eine Spannungsänderung tritt nur bei der Source (Knoten b) von T_1 auf. Mit $u_2 = 0$ und $u_1 = 0$ gilt:

am Knoten a)

$$i_t = g_{m,1}(-u_s) + g_{o,1}(u_t - u_s) \tag{8.6}$$

8 Grundlagen analoger CMOS-Schaltungen

am Knoten b)

$$i_t = u_s g_{o,2} \tag{8.7}$$

Aus diesen beiden Beziehungen kann ein Ausgangswiderstand von

$$r_{aus} \approx r_{o,1} \, g_{m,1} \, r_{o,2} \tag{8.8}$$

hergeleitet werden. Hierbei wurde angenommen, dass $g_{o,1}$ und $g_{o,2} \ll g_{m,1}$ sind. Vergleicht man diese Beziehung mit der der einfachen Stromsenke (Bild 8.5a), bei der $r_{aus} = r_{o,1}$ ist, dann tritt eine Erhöhung des Ausgangswiderstandes von $g_{m,1} r_{o,2}$ auf. Wird z.B. angenommen, dass $I_1 = 100\ \mu A$ sowie $\lambda_1 = \lambda_2 = 0{,}03\ V^{-1}$ und $\beta_{n,1} = 100\ \mu A/V^2$ betragen, dann ergibt sich ein Ausgangswiderstand von $r_{aus} = 15{,}3\ M\Omega$. Dieser ist damit ca. 46,5 mal größer als derjenige der einfachen Stromsenke.

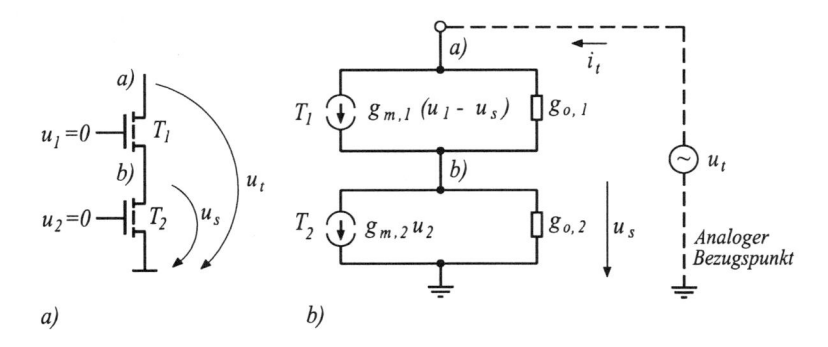

Bild 8.6:   *a) Ausschnitt aus Stromsenke nach Bild 8.5b; b) Kleinsignal-Ersatzschaltbild zur Bestimmung des Ausgangswiderstandes*

Anstelle der Stromsenke nach Bild 8.5b findet man auch häufig die in Bild 8.5c gezeigte Variante. Der Ausgangswiderstand hat in diesem Fall einen Wert von

$$r_{aus} \approx r_{o,1} g_{m,1} r_{o,2}, \tag{8.9}$$

und ist damit vergleichbar mit demjenigen der Stromsenke von Bild 8.6b. Hierbei wurde angenommen, dass die Transistoren T_3 und T_2 identisch sind.

Im Vergleich zur einfachen Stromsenke ist jedoch bei den verbesserten Stromsenken die Ausgangsspannung, bei der Transistor T_1 vom Sättigungs- in den Widerstandsbereich geht – und damit nicht mehr als Stromsenke zu verwenden ist – höher. Um dies zu analysieren sind die Stromsenken noch einmal in Bild 8.7 dargestellt.

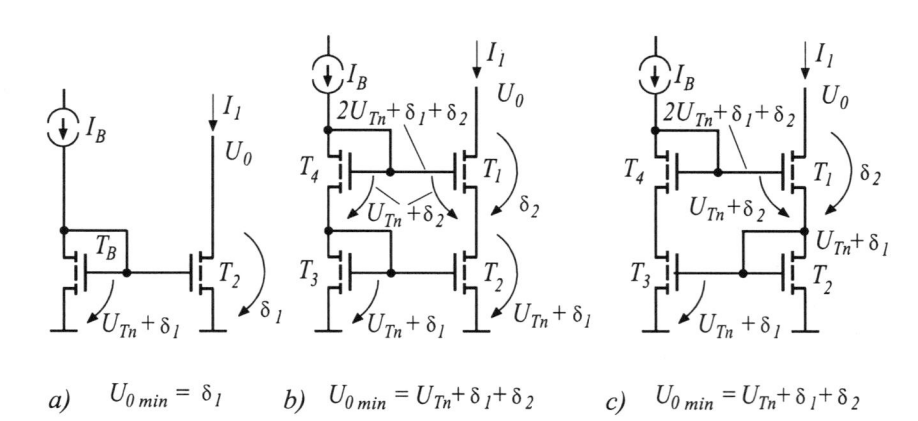

a) $U_{0\,min} = \delta_1$ b) $U_{0\,min} = U_{Tn} + \delta_1 + \delta_2$ c) $U_{0\,min} = U_{Tn} + \delta_1 + \delta_2$

Bild 8.7:   Stromsenken nach Bild 8.5 mit Angabe der niedrigsten Ausgangsspannung U_{0min} ($\delta_2 > \delta_1$)

Ein Transistor ist in Sättigung solange $U_{DS} \geq U_{GS} - U_{Tn}$ ist. Werden Gatespannungen von $U_{GS} = U_{Tn} + \delta$ gewählt dann ist der entsprechende Transistor in Sättigung solange seine Drainspannung $U_{DS} \geq \delta$ ist. Die sich jeweils ergebende minimale Ausgangsspannung $U_{0\,min}$ ist in Bild 8.7 angegeben.

Im Trend hin zu kleineren Versorgungsspannungen ist die minimale Ausgangsspannung der Versionen b) und c) jedoch zu groß. Eine kleinere Ausgangsspannung ist mit der Variante, die in Bild 8.8 gezeigt ist, möglich.

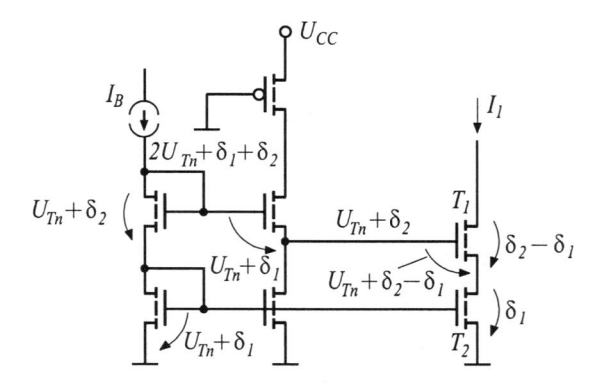

Bild 8.8:   Stromsenke für kleine Versorgungsspannungen ($\delta_2 > \delta_1$)

Diese Stromsenke stellt eine Abwandlung von derjenigen nach Bild 8.7b dar. Die minimale Ausgangsspannung beträgt

$$U_{0\,min} = \delta_1 + \delta_2 - \delta_1 = \delta_2 \qquad (8.10)$$

wobei $\delta_2 > \delta_1$ ist. Die minimale Ausgangsspannung ist damit wesentlich geringer während der Ausgangswiderstand einen unverändert großen Wert besitzt.

8.2 Source-Folger

Source-Folger (Bild 8.9) werden als Ausgangstreiber oder Pegelwandler verwendet. Während T_1 der eigentliche Source-Folger ist, wird mit T_2 eine Stromsenke durch Stromspiegelung realisiert. Die durch T_1 reduzierte oder gewandelte Gleichspannung hat dabei einen Wert von

$$U_o = U_B - U_{GS,1}$$
$$= U_B - \left(U_{Tn} + \sqrt{\frac{2I_{DS}}{\beta_{n,1}}}\right). \qquad (8.11)$$

Wie bereits im Kapitel 5 bzw. 8 erwähnt, wird zur Vereinfachung davon ausgegangen, dass bei den Transistoren Source- und Bulkanschlüsse verbunden sind, wodurch der Substratsteuereffekt vernachlässigt werden kann.

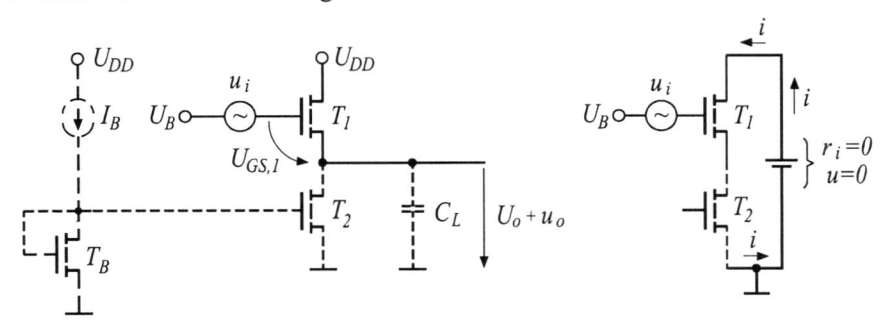

Bild 8.9: a) Source-Folger; b) Auswirkung der Versorgungsspannung bei zeitvarianten Änderungen

Zur Analyse des Source-Folgers ist das Kleinsignal-Ersatzschaltbild der Schaltung mit den wichtigsten Elementen in Bild 8.10a dargestellt.

Da die Eingangswechselspannung von T_2 $u_{gs} = 0$ ist, wirkt sich von diesem Transistor nur der Ausgangsleitwert $g_{o,2}$ und die Überlappkapazität $C_{ü,2}$ in der Schaltung aus (vergl. Bild 8.1). Transistor T_1 wird durch eine Wechselstromquelle mit dem Übertragungsleitwert $g_{m,1}$, die von der Wechselspannung $u_{gs} = u_i - u_o$ gesteuert wird erfasst. Der Ausgangsleitwert des Transistors beträgt $g_{o,1}$.

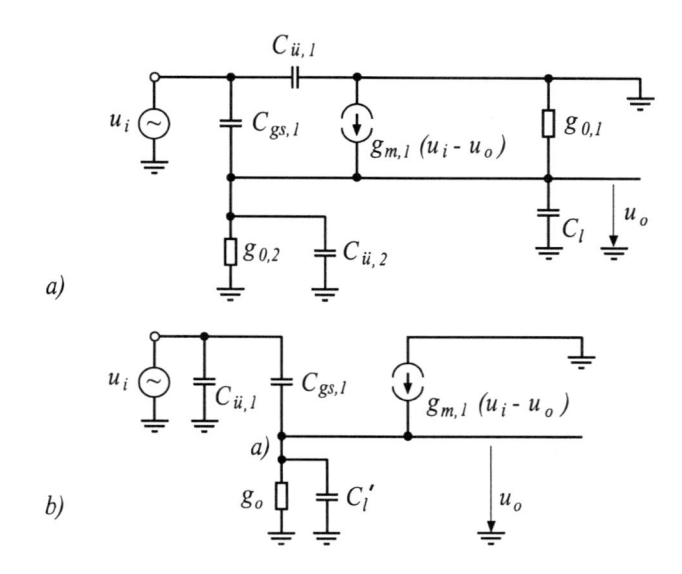

Bild 8.10: Source-Folger: a) Kleinsignal-Ersatzschaltbild; b) vereinfachtes Kleinsignal-Ersatzschaltbild

Bemerkung: In dem Bild 8.9a wird mit einem horizontalen Strich die Verbindung mit dem 0V-Anschluss an die Versorgungsspannung gekennzeichnet. Im Gegensatz dazu wird bei den Kleinsignal-Ersatzschaltbildern (Bild 8.6b und Bild 8.10) ein Kennzeichen verwendet, das mit „Analog-Masse" beschrieben werden kann. Das heißt, mit diesem Symbol sind Knoten dargestellt oder zusammengefasst, bei denen sich die Spannung nicht ändert, somit alle U_{DD}- und 0V-Anschlüsse (Bild 8.9b).

Eine Vereinfachung des Kleinsignal-Ersatzschaltbildes (Bild 8.10b) wurde dadurch erreicht, dass die Ausgangsleitwerte zusammengefasst $g_o = g_{o,1} + g_{o,2}$, sowie die parasitären Kapazitäten bei der Lastkapazität C'_l mit berücksichtigt wurden.

Da die Spannungsquelle u_i als sehr niederohmig angenommen wird, kann die Kapazität $C_{ü,1}$ vernachlässigt werden. Durch Lösen der Stromgleichungen am Knoten a) erhält man die Übertragungsfunktion in der Fourier-Darstellung

$$a(j\omega) = \frac{u_o(j\omega)}{u_i(j\omega)} = a_o \frac{1 + j\dfrac{\omega}{\omega_z}}{1 + j\dfrac{\omega}{\omega_p}} \quad (8.12)$$

wobei die Verstärkung bei niedrigen Frequenzen

$$\boxed{a_o = \frac{g_{m,1}}{g_{m,1} + g_o}} \quad (8.13)$$

beträgt und die Null- und Polstellenfrequenz durch die Zusammenhänge

8 Grundlagen analoger CMOS-Schaltungen

$$\omega_z = \frac{g_{m,1}}{C_{gs,1}} \quad \text{und} \quad \omega_p = \frac{g_{m,1} + g_o}{C_{gs,1} + C'_l} \tag{8.14}$$

beschrieben werden. Da $g_{m,1} \gg g_o$ ist, ist die Spannungsverstärkung der Stufe $a_o \sim 1$.

Im Text werden zur Vereinfachung häufig die Begriffe Null- bzw. Polstellenfrequenzen verwendet, obwohl es sich um Kreisfrequenzen handelt.

Die Nullstellenfrequenz hat ihre Ursache in der kapazitiven Mitkopplung über $C_{gs,1}$ und die Polstellenfrequenz wird im Wesentlichen durch die Lastkapazitäten C'_l hervorgerufen.

Den Source-Folger kann man nahezu frequenzunabhängig gestalten, wenn man eine Pol-Nullstellenkompensation – wie im Anhang B beschrieben – vorsieht. Wird $\omega_z = \omega_p$ gewählt, dann ist

$$\frac{g_o}{g_{m,1}} = \frac{C'_l}{C_{gs,1}} \tag{8.15}$$

und die Verstärkung Gl.(8.12) bis zu sehr hohen Frequenzen, wo Effekte zweiter Ordnung berücksichtigt werden müssen, konstant. Um in einer praktischen Anordnung diese Kompensation zu erreichen, kann es nötig sein, die Kapazität $C_{gs,1}$ durch eine zusätzliche Kapazität zwischen Aus- und Eingang zu vergrößern.

Der Ausgangswiderstand der Schaltung kann ähnlich, wie in Bild 8.6 bereits vorgestellt, durch eine Testspannungsquelle bestimmt werden (Bild 8.11). Der Eingang der Schaltung wird dazu wechselspannungsmäßig mit 0 V beaufschlagt, d.h. $u_i = 0$ V.

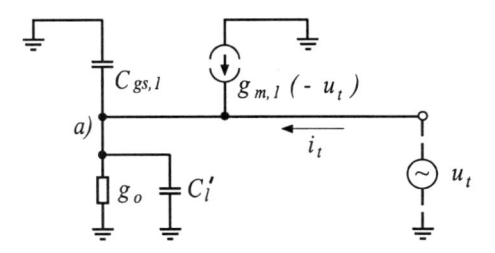

Bild 8.11:   *Kleinsignal-Ersatzschaltbild des Source-Folgers zur Bestimmung des Ausgangswiderstandes.*

Nach Lösen der Stromgleichungen am Knoten a) ergibt sich ein Teststrom von

$$i_t = \frac{u_t}{r_{aus}} = u_t \left[g_o + g_{m,1} + j\omega (C'_l + C_{gs,1}) \right]. \tag{8.16}$$

Da $g_{m,1} \gg g_o$ und außerdem selbst bei sehr hohen Frequenzen $g_{m,1} \gg \omega (C'_l + C_{gs,1})$ ist, resultiert ein Ausgangswiderstand von

$$\boxed{r_{aus} \approx \frac{1}{g_{m,1}}} \quad , \tag{8.17}$$

der in Abhängigkeit von der Transistorgeometrie *w/l* nur einige Ω bis kΩ beträgt.

8.3 Einfache Verstärkerstufen

In diesem Abschnitt werden einfache Verstärkerstufen betrachtet um davon Erkenntnisse herzuleiten, die für die Analyse von Verstärkern benötigt werden. U.a. sollen folgende Fragen geklärt werden:

- wovon hängt die Verstärkung, Eckfrequenz und Transitfrequenz ab,
- wie macht sich der Miller-Effekt bemerkbar und wie kann er reduziert werden?

Zur Beantwortung dieser Fragen ist in (Bild 8.12) eine einfache Verstärkerstufe dargestellt.

Diese besteht aus einem Verstärkertransistor T_N und einer Stromquelle (Transistor T_P), die durch Stromspiegelung des Stroms I_B realisiert ist. Bei der Spannungsquelle u_i wird angenommen, dass ihr Innenwiderstand 0 Ω beträgt. C_L ist die Lastkapazität, die von der Stufe getrieben wird.

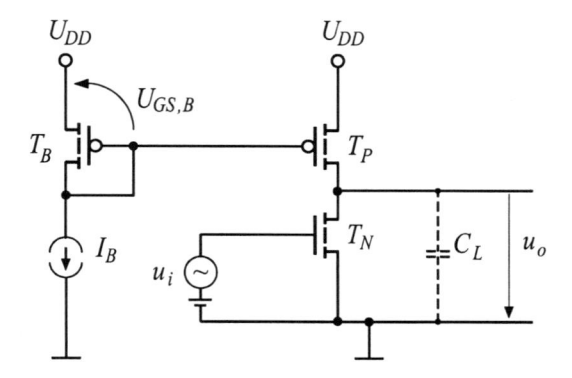

Bild 8.12:   Einfache MOS-Verstärkerstufe

Das Kleinsignal-Ersatzschaltbild der Schaltung, mit dessen Hilfe die Verstärkung ermittelt werden kann, ist in (Bild 8.13) dargestellt.

8 Grundlagen analoger CMOS-Schaltungen

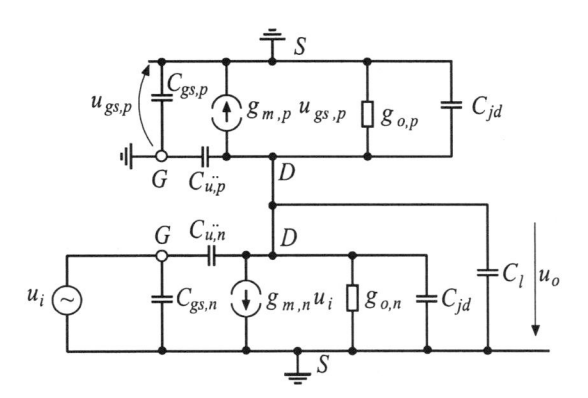

Bild 8.13: Kleinsignal-Ersatzschaltbild der einfachen Verstärkerstufe von Bild 8.12

Hierbei wurden entsprechend Bild 8.1 die wesentlichen Kleinsignalelemente der Transistoren übernommen. Das Ersatzschaltbild lässt sich vereinfachen (Bild 8.14), wenn alle auf Analog-Masse bezogenen Kapazitäten in einer wirksamen Lastkapazität C'_l zusammengefasst werden. Da außerdem $u_{gs,p} = 0$ ist, ist der Übertragungsleitwert $g_{m,p}$ des p-Kanal Transistors nicht wirksam. $g_{o,p}$ liegt parallel zu $g_{o,n}$, so dass ein Leitwert von $g_o = g_{o,p} + g_{o,n}$ resultiert. Die Gate-Sourcekapazitäten C_{gs} müssen nicht berücksichtigt werden, da beim p-Kanal Transistor $u_{gs,p} = 0$ ist und der n-Kanal Transistor von einer Spannungsquelle mit 0 Ω Innenwiderstand getrieben wird.

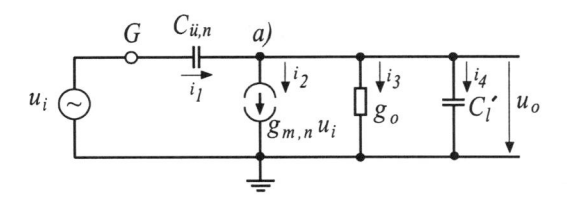

Bild 8.14: Vereinfachtes Kleinsignal-Ersatzschaltbild von Bild 8.13

Die Verstärkung der Schaltung kann in der Frequenzdarstellung mit Hilfe der Stromgleichungen am Knoten a) bestimmt werden.

$$i_1 - i_2 - i_3 - i_4 = 0$$

$$j\omega C_{ü,n}(u_i - u_o) - g_{m,n}u_i - g_o u_o - j\omega C'_l u_o = 0. \qquad (8.18)$$

Hieraus resultiert eine Übertragungsfunktion von

$$a(j\omega) = \frac{u_o(j\omega)}{u_i(j\omega)} = a_o \frac{1 - j\dfrac{\omega}{\omega_z}}{1 + j\dfrac{\omega}{\omega_\beta}} \qquad (8.19)$$

wobei

$$a_o = -\frac{g_{m,n}}{g_o} = -g_{m,n} r_{aus} \qquad (8.20)$$

die Verstärkung bei $\omega \to 0$ ist und der Ausgangswiderstand der Schaltung einen Wert von $r_{aus} = 1/g_o$ hat. Das Minuszeichen bedeutet, dass Ein- und Ausgangsspannung um 180° phasenverschoben sind. Die Eckkreisfrequenz – auch 3 dB-Kreisfrequenz genannt – wird durch

$$\omega_\beta = \frac{g_o}{C_l'} \qquad (8.21)$$

beschrieben (Anhang B, Gl.(B.11)).

Die Nullstellenfrequenz hat einen Wert von

$$\omega_z = \frac{g_m}{C_ü} \; . \qquad (8.22)$$

Mit der Annahme, dass $\omega_z \gg \omega_\beta$ ist, resultiert eine Übertragungsfunktion von

$$\boxed{a(j\omega) = \frac{a_o}{1 + j\dfrac{\omega}{\omega_\beta}}} \; . \qquad (8.23)$$

Eine weitere wichtige Größe ist die Transitkreisfrequenz ω_T. Das ist die Kreisfrequenz bzw. Frequenz, bei der die Übertragungsfunktion den Wert 1 bzw. 0 dB annimmt. Mit $\omega/\omega_\beta \gg 1$ ergibt sich aus (8.23)

$$[20\lg|a(j\omega_T)|]dB = \left(20\lg a_o - 20\lg\frac{\omega_T}{\omega_\beta}\right)dB = 0\,dB$$

eine Transitkreisfrequenz von

$$\boxed{\omega_T = |a_o|\omega_\beta} \; . \qquad (8.24)$$

Vergleicht man die Kenngrößen und substituiert den Übertragungsleitwert und die Ausgangsleitwerte durch die entsprechenden Strombeziehungen (Tabelle 8.1), so ergeben sich die folgenden grundlegenden Zusammenhänge Gl.(8.25) bis Gl.(8.27), die in Bild 8.15 skizziert sind.

8 Grundlagen analoger CMOS-Schaltungen

$$a_o = -\frac{g_{m,n}}{g_o} \approx -\frac{\sqrt{2I_{DS}\beta_n(1+\lambda_n U_{DS})}}{I_{DS}(\lambda_n+\lambda_p)} \sim (I_{DS})^{-1/2} \quad (8.25)$$

$$\omega_\beta = \frac{g_o}{C'_l} = \frac{I_{DS}(\lambda_n+\lambda_p)}{C'_l} \sim (I_{DS}) \quad (8.26)$$

$$\omega_T = |a_o|\omega_\beta \approx \frac{\sqrt{2I_{DS}\beta_n(1+\lambda_n U_{DS})}}{C'_l} \sim (I_{DS})^{1/2} \quad (8.27)$$

Die Verstärkung a_o ergibt sich bei fast nahezu allen Analogschaltungen irgendwie immer aus dem Verhältnis von Übertragungsleitwert zu Ausgangsleitwert.

Die Verstärkung ist um so größer, je kleiner der Strom ist (Bild 8.15). Der Grund für dieses Verhalten ist, dass der Ausgangsleitwert viel stärker vom Strom infolge der Kanallängenmodulation abhängt als der Übertragungsleitwert wie dies in Bild 8.16 dargestellt ist.

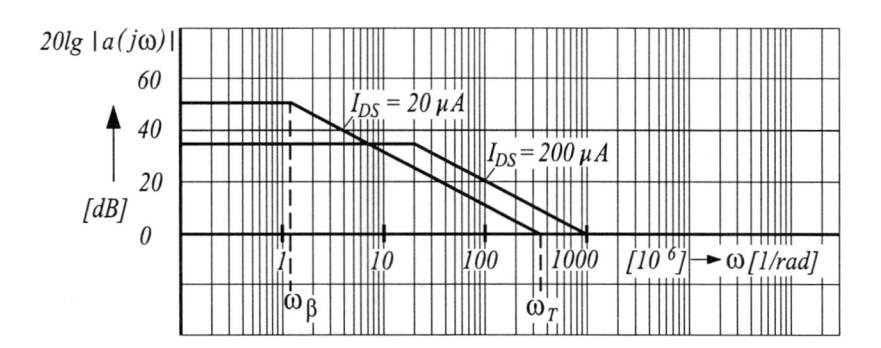

Bild 8.15: Amplitudengang einer einfachen MOS-Verstärkerstufe
($C_L = 1$ pF; $\beta_n = 2000$ μA/V^2; $\lambda_n = \lambda_p = 0{,}03$ 1/V; $U_{DD} = 5$ V)

Die Forderung, einen kleinen Drainstrom zu verwenden um eine möglichst große Verstärkung zu erreichen, steht im Gegensatz zu den möglichen Forderungen nach hoher Eck- und Transitfrequenz, die einen großen Drainstrom benötigen. Fazit dieser Betrachtung ist, dass ein Kompromiss zwischen den möglichen gegensätzlichen Anforderungen geschlossen werden muss.

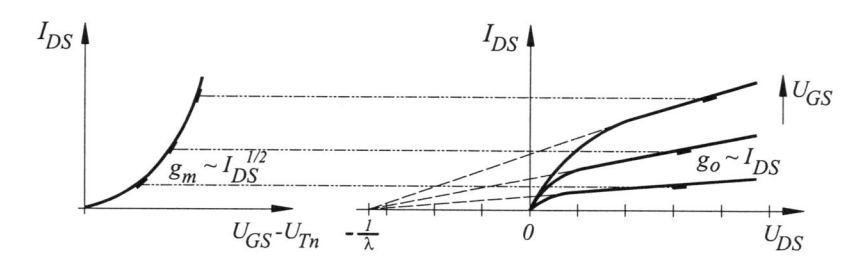

Bild 8.16: Vergleich der Gradienten g_m und g_o (Kanallängenmodulation stark übertrieben dargestellt)

8.3.1 Miller-Effekt

Bei der Herleitung der im Vorhergehenden aufgeführten Übertragungsfunktion (8.19) wurde davon ausgegangen, dass der Innenwiderstand der Spannungsquelle 0 Ω hat. Dadurch spielen die Verschiebeströme durch die Eingangskapazitäten am Eingang keine Rolle. Dies ist jedoch anders wenn die Spannungsquelle einen endlichen Widerstand von R_S besitzt (Bild 8.17).

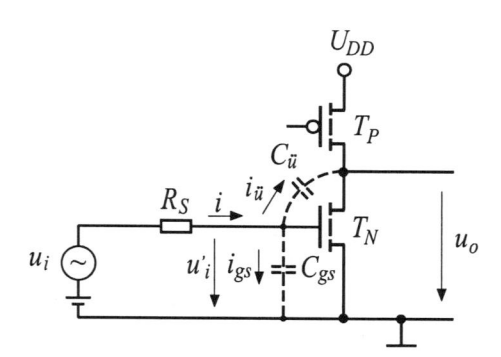

Bild 8.17: Ausschnitt aus einfacher MOS-Verstärkerstufe (Bild 8.12)

In diesem Fall entsteht ein merklicher Spannungsabfall an dem Widerstand wodurch die eigentliche Ansteuerspannung am Gate des Transistors auf u_i' reduziert wird.

Betrachtet man die Verschiebeströme am Eingang, so ergeben sich diese zu:

$$i = i_{gs} + i_{\ddot{u}}$$
$$i = j\omega C_{gs} u_i' + j\omega C_{\ddot{u}}(u_i' - u_o) \qquad (8.28)$$

mit $\quad a = u_o / u_i' \quad$ resultiert

$$i = j\omega C_{gs} u'_i + j\omega C_{\ddot{u}} u'_i (1+|a|) \ . \tag{8.29}$$

Vernachlässigt man die unterschiedlichen Kapazitätsgrößen, so ist der Strom $i_{\ddot{u}}$ im Vergleich zu i_{gs} um den Verstärkungsfaktor a größer. Man kann deshalb sagen: die Kapazität wirkt auf den Eingang so als hätte sie einen Wert von $C_{\ddot{u}}(1+|a|)$. Dieser unerwünschte Effekt wird Miller-Effekt genannt. Entsprechend kann das Kleinsignal-Ersatzschaltbild von Bild 8.14 in dasjenige von Bild 8.18 abgeändert werden, wobei die Eingangskapazität einen Wert von

$$C_{in} = C_{gs} + C_{\ddot{u}}(1+|a|) \tag{8.30}$$

hat.

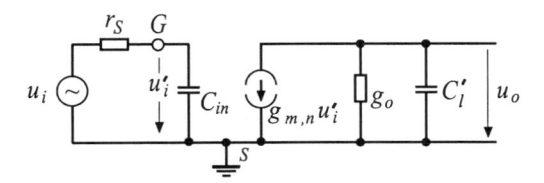

Bild 8.18: *Vereinfachtes Kleinsignal-Ersatzschaltbild zur Demonstration des Miller-Effekts*

Kaskode-Verstärkerstufe

Den Miller-Effekt kann man durch die Kaskadierung von zwei Transistoren – T_1 und T_2 wie in Bild 8.19 gezeigt – nahezu eliminieren.

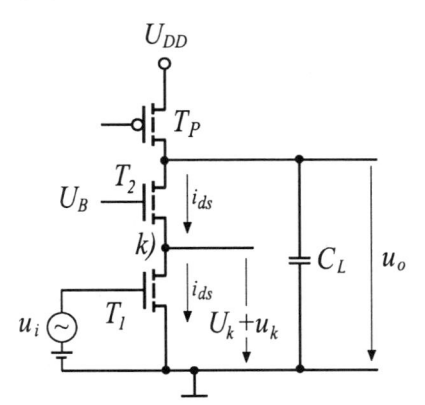

Bild 8.19: *Kaskode-Verstärkerstufe*

Die Idee hierbei ist, durch Transistor T_2 die Spannung am Knoten k) konstant zu halten, wodurch $u_k \to 0$ geht und kein Miller-Effekt auftritt. Wie dies funktioniert geht aus der

Betrachtung des Source-Folgers (Bild 8.9) hervor. Am Knoten k ergibt sich eine Gleichspannung von Gl.(8.11)

$$U_K = U_B - \left(U_{Tn} + \sqrt{\frac{2I_{DS}}{\beta_{n,2}}}\right).$$

Wird angenommen, dass $\beta_{n,2}$ unendlich groß ist, dann stellt sich eine Spannung von $U_K = U_B - U_{Tn}$ ein. Diese Spannung ändert sich auch dann nicht, wenn sich der Strom i_{ds} durch den Transistor ändert, wodurch $u_k = 0$ ist. Es ist somit möglich, durch die Kaskadierung von zwei Transistoren den Miller-Effekt nahezu zu eliminieren. Um die Kaskode-Verstärkerstufe näher zu analysieren, wird von dem in Bild 8.20a gezeigten Ersatzschaltbild ausgegangen.

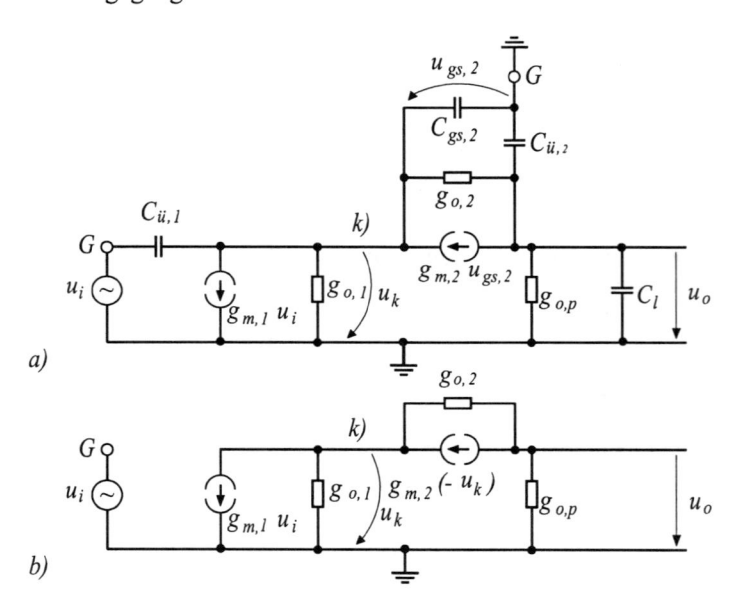

Bild 8.20: a) Kleinsignal-Ersatzschaltbild der Kaskode-Verstärkerstufe; b) bei niedrigen Frequenzen

Bei niedrigen Frequenzen vereinfacht sich diese Version entsprechend Bild 8.20b. Nimmt man zur weiteren Vereinfachung an, dass die Ausgangswiderstände $r_{o,1} = 1/g_{o,1}$ und $r_{o,2} = 1/g_{o,2}$ so groß sind, dass der Strom durch sie vernachlässigt werden kann und berücksichtigt, dass $u_k = -u_{gs,2}$ ist, resultiert.

$$g_{m,1} u_i = -g_{m,2} u_k = -g_{o,p} u_o. \tag{8.31}$$

Dies bedeutet, dass an der Drain von T_1 (Knoten k) eine Verstärkung von

$$a_k(\omega \to 0) = \frac{u_k}{u_i} = -g_{m,1}/g_{m,2} \tag{8.32}$$

8 Grundlagen analoger CMOS-Schaltungen

vorliegt. Wird $g_{m,1} = g_{m,2}$ gewählt, dann wirkt die Überlappkapazität $C_{ü,1}$ auf den Eingang so als hätte sie einen Wert von $C_{ü,1}(1+|a_k|) = 2C_{ü,1}$, der im Vergleich mit der einfachen Verstärkerstufe stark reduziert ist. Wird der theoretische Fall mit $\beta_{n,2}$ von nahezu unendlich groß noch einmal betrachtet, dann bedeutet dies, dass auch $g_{m,2}$ gegen unendlich und damit a_k und u_k gegen Null geht.

Dagegen hat die Verstärkung der gesamten Stufe bei niedrigen Frequenzen einen Wert Gl.(8.31) von

$$a_o = \frac{u_o}{u_i} = -g_{m,1}/g_{o,p} \tag{8.33}$$

der mit dem der einfachen Verstärkerstufe Gl.(8.20) vergleichbar ist. Da C'_l parallel zu $g_{o,p}$ angeordnet ist, ist die 3dB-Kreisfrequenz ebenfalls vergleichbar mit derjenigen von Gl.(8.21).

8.3.2 Differenzielle Eingangsstufe mit symmetrischem Ausgang

Nahezu alle Verstärker haben einen differenziellen Eingang mit symmetrischem oder unsymmetrischem Ausgang. Im folgenden Abschnitt werden diese Stufen im Hinblick auf ihre Verstärkung, 3dB-Frequenz und Gleichtaktunterdrückung analysiert.

In der im Bild 8.21 gezeigten differenziellen Eingangsstufe mit symmetrischem Ausgang wirkt Transistor T_S als Stromsenke und die Transistoren T_P als Stromquellen. Die Größe der Ströme wird u.a. durch die Spiegelung von I_B bestimmt (vergleiche mit Bild 8.2). Sind die Wechselspannungen $u_{i,1} = u_{i,2} = u_i = 0$, dann ist $I_{N,1} = I_{N,2}$. Ist dagegen $u_{i,1}$ positiv und $u_{i,2}$ negativ, dann nimmt $I_{N,1}$ zu und entsprechend $I_{N,2}$ ab. Ist $u_{i,1}$ negativ und $u_{i,2}$ positiv, stellt sich eine entgegengesetzte Situation ein. Es kommt zu Spannungsänderungen u_o am Ausgang. In allen Fällen ist $I_S = I_{N,1} + I_{N,2}$ konstant.

$u_{i,1}$ und $u_{i,2}$ haben einen Bezug zur Wechselspannung u_i zwischen den Eingangsklemmen von $\boldsymbol{u_{i,1} = u_i/2}$ und $\boldsymbol{u_{i,2} = -u_i/2}$, so dass entsprechend der Zählrichtung Z $u_i + u_{i,2} - u_{i,1} = 0$ ist. Die Aufteilung der Wechselspannung in zwei entgegengesetzte Spannungshälften in Bezug zur "Analog-Masse" hat den Vorteil, dass Knotengleichungen in den Ersatzschaltbildern leichter lösbar sind wie das nächste Beispiel zeigen wird.

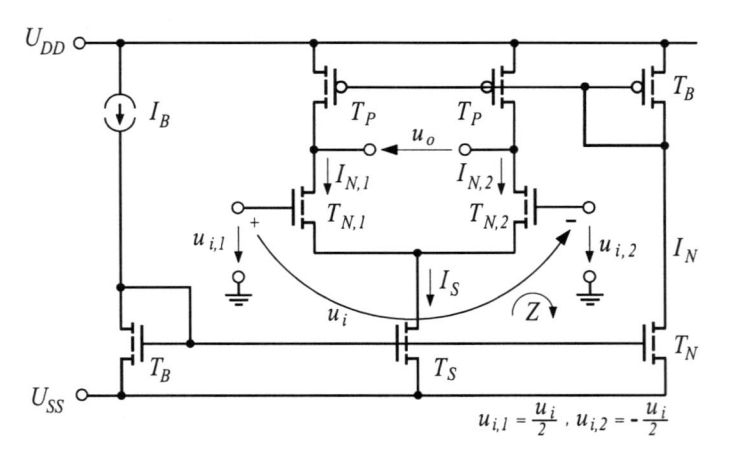

Bild 8.21: Differenzielle Eingangsstufe mit symmetrischem Ausgang

Die Transistoren $T_{N,1}$ und $T_{N,2}$ sollten geometrisch so gestaltet sein, dass sie gleiche elektrische Werte besitzen auch wenn Technologieschwankungen oder Maskendejustierungen vorliegen. Dadurch soll zwischen den Transistoren eine möglichst kleine Offset-Spannung erreicht werden, die u.a. durch unterschiedliche Einsatzspannungen entsteht. Zu diesem Zweck wird jeder der Eingangstransistoren aus zwei Teiltransistoren zusammengesetzt und so geometrisch angeordnet, dass sich mögliche Toleranzen kompensieren. Bild 8.22 zeigt zwei mögliche Layouts.

8 Grundlagen analoger CMOS-Schaltungen

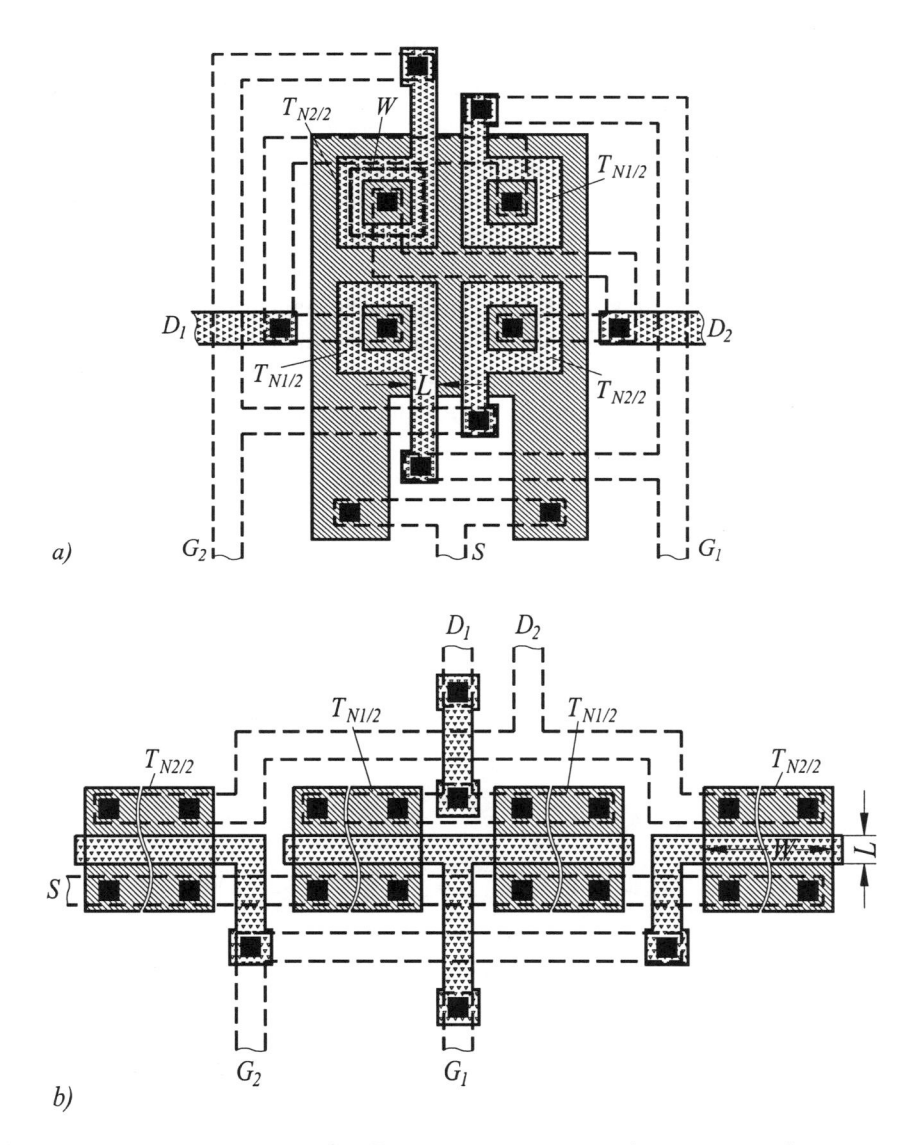

Bild 8.22: Layout symmetrischer Eingangstransistoren; a) mit Ringstruktur;
b) vereinfachte Anordnung

Zu bevorzugen ist das Layout mit Ringstruktur, da die Transistoren im Vergleich zu dem anderen Layout symmetrisch zueinander angeordnet werden können |VITT|.

Um die Schaltung zu analysieren ist es zweckmäßig, wiederum das Kleinsignal-Ersatzschaltbild näher zu betrachten. Hierbei wird davon ausgegangen, dass die beiden Transistoren des Differenzeingangs T_N sowie die als Stromgeneratoren wirkenden Transistoren T_P jeweils identisch sind.

Differenzielle Verstärkung (differential mode gain)

Das in Bild 8.23a gezeigte Ersatzschaltbild kann vereinfacht dargestellt werden wenn ein Differenzsignal vorliegt.

Nimmt z.B. $u_{i,1}$ zu und $u_{i,2}$ ab, so ist dies gleichbedeutend mit einer Zunahme von $u_{gs,1}$ und einer Abnahme von $u_{gs,2}$. Dies bedeutet, dass der Strom $g_{m,n} u_{gs,1}$ zunimmt und der Strom $g_{m,n} u_{gs,2}$ um den gleichen Wert abnimmt. Nimmt dagegen die Spannung $u_{i,1}$ ab und $u_{i,2}$ zu, tritt die umgekehrte Situation auf. Diese gegenseitige Kompensation der Ströme hat zur Folge, dass am Knoten a) keine Spannungsänderung auftritt. Dieser Knoten kann somit als "analoge Masse" betrachtet werden. Damit ist der Leitwert $g_{o,s}$ der Stromsenke nicht wirksam und es resultiert das vereinfachte Ersatzschaltbild (Bild 8.23b) für den Differenzbetrieb mit $u_{gs,1} = u_{i,1}$ und $u_{gs,2} = u_{i,2}$.

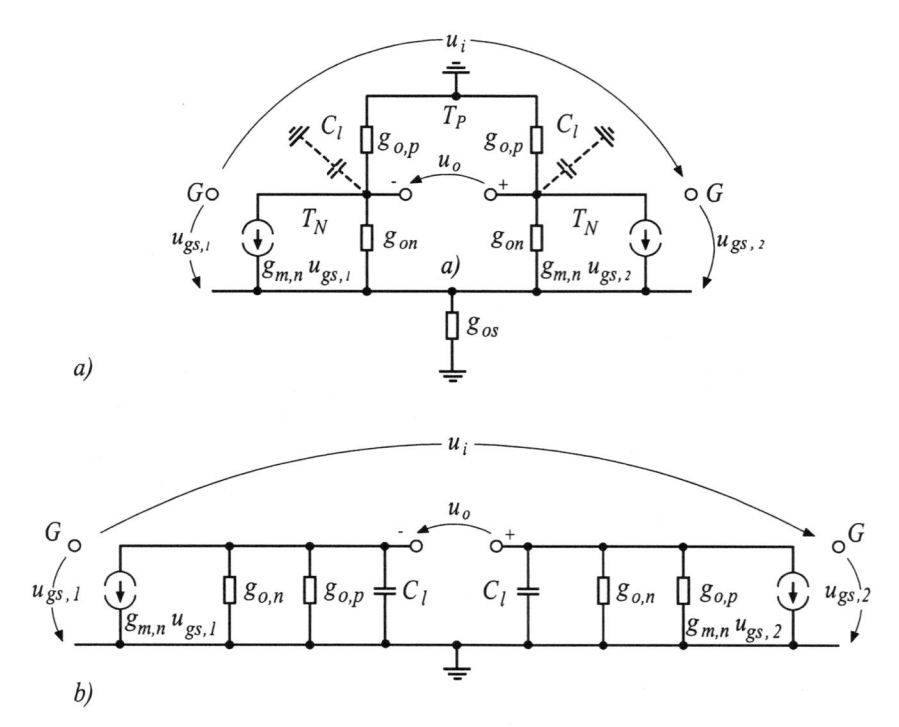

Bild 8.23: Kleinsignal-Ersatzschaltbild; a) nach Schaltung von Bild 8.21 bei differenziellem Betrieb; b) mit wirksamen Komponenten

Für niedrige Frequenzen ergibt sich nach Lösung der Stromspannungsgleichungen eine differenzielle Verstärkung bei niedrigen Frequenzen von

$$a_{dm}(0) = \frac{u_o}{u_i} = \frac{g_{m,n}}{g_{o,n} + g_{o,p}} = g_{m,n} r_{aus} \qquad (8.34)$$

d.h. die Verstärkung ist – wie bei der einfachen Verstärkerstufe – um so größer je größer der Übertragungsleitwert der Eingangstransistoren und der Ausgangswiderstand sind.

Die 3 dB-Frequenz der Stufe lässt sich direkt aus vorhergehender Beziehung ermitteln, da die Lastkapazitäten C_l jeweils parallel zu den Leitwerten angeordnet sind. Es resultiert eine differenzielle Verstärkung von

$$a_{dm}(j\omega) = \frac{g_{m,n}}{g_{o,n} + g_{o,p} + j\omega C_l} = a_{dm}(0)\frac{1}{1 + j\dfrac{\omega}{\omega_\beta}}, \quad (8.35)$$

wobei

$$\omega_\beta = \frac{g_{o,n} + g_{o,p}}{C_l} \quad (8.36)$$

die 3dB-Kreisfrequenz beschreibt.

Gleichtaktverstärkung (common-mode gain)

Viele unerwünschte Einkopplungen von Signalen geschehen gleichzeitig auf beide Eingänge des Verstärkers. Um diese Einflüsse möglichst gering zu halten wird eine niedrige Gleichtaktverstärkung angestrebt.

Die Gleichtaktverstärkung kann ebenfalls durch Vereinfachung des Kleinsignal-Ersatzschaltbildes ermittelt werden.

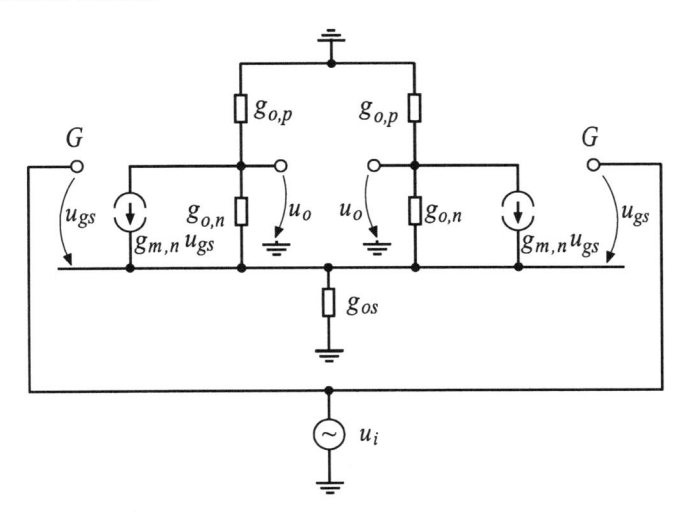

Bild 8.24: Kleinsignal-Ersatzschaltbild von Bild 8.21 bei Gleichtaktverstärkung

In diesem Fall ist die linke und rechte Seite der Eingangsstufe identisch für das Eingangssignal u_i. Dadurch ist es auch erlaubt, den Ausgangsleitwert der Stromsenke $g_{o,s}$ anteilmäßig als $g_{o,s}/2$ jeder Seite zuzuordnen. Die dadurch vereinfachte Lösung der Stromspannungsgleichungen liefert eine Gleichtaktverstärkung bei niedrigen Frequenzen von

$$a_{cm}(0) = \frac{u_o}{u_i} \approx -\frac{g_{o,s}}{2g_{o,p}} \ . \tag{8.37}$$

Hierbei wurde die Näherung $g_m \gg g_{o,s}\ g_{o,p}\ g_{o,n}$ verwendet. D.h. die Gleichtaktverstärkung, die ja möglichst klein sein soll, ist um so geringer je kleiner der Ausgangsleitwert $g_{o,s}$ der Stromsenke ist. Durch Verwendung verbesserter Stromsenken z.B. nach Bild 8.5 kann dieser Wert noch weiter verbessert werden.

Damit ergibt sich eine Gleichtaktunterdrückung bei niedrigen Frequenzen von

$$CMRR(0) = \left|\frac{a_{dm}}{a_{cm}}\right| = 2\frac{g_{m,n}\,g_{o,p}}{g_{o,s}(g_{o,n}+g_{o,p})} \ . \tag{8.38}$$

Aufschluss über die Optimierung der Differenzstufe liefert ein Vergleich der hergeleiteten Gleichungen, wenn man diese in Beziehung zum Drainstrom I_{DS} (Tabelle 8.1) setzt. Demnach ergibt sich:

$$\boxed{\begin{aligned}
a_{dm}(0) &= \frac{g_{m,n}}{g_{o,n}+g_{o,p}} & &\sim (I_{DS})^{-1/2} \\
a_{cm}(0) &\approx -\frac{g_{o,s}}{2g_{o,p}} & &\neq I_{DS} \\
CMRR(0) &= \frac{2g_{m,n}\,g_{o,p}}{g_{o,s}(g_{o,n}+g_{o,p})} & &\sim (I_{DS})^{-1/2} \\
\omega_\beta &= \frac{g_{o,n}+g_{o,p}}{C_l} & &\sim I_{DS}
\end{aligned}}$$

Während a_{cm} unabhängig vom Strom ist, verbessern kleine Drainströme a_{dm} und $CMRR$. Jedoch ist in diesem Fall die 3 dB-Kreisfrequenz niedrig. Damit ergibt sich eine Abhängigkeit von I_{DS}, die vergleichbar ist mit derjenigen der einfachen Verstärkerstufe.

8.3.3 Differenzielle Eingangsstufe mit unsymmetrischem Ausgang

Viele Anwendungen benötigen eine Differenzstufe mit unsymmetrischem Ausgang. Dies kann bei dem vorherigen Differenzverstärker dadurch erreicht werden, dass statt

8 Grundlagen analoger CMOS-Schaltungen

der beiden Stromquellen T_P (Bild 8.21) eine interne Stromspiegelschaltung (Bild 8.25) verwendet wird.

Durch diese Anordnung wird Strom $I_{N,1} = I_{P,1}$ nach Transistor $T_{P,2}$ gespiegelt. Ist $u_{i,1} > u_{i,2}$, dann ist $I_{N,1} > I_{N,2}$ und gleichzeitig, da $I_{N,1} = I_{P,1} = I_{P,2}$ sind, stellt sich $I_{P,2} \gg I_{N,2}$ ein. Die Ausgangsspannung steigt an. Im Fall, dass $u_{i,1} < u_{i,2}$ ist, stellt sich eine entgegengesetzte Situation ein.

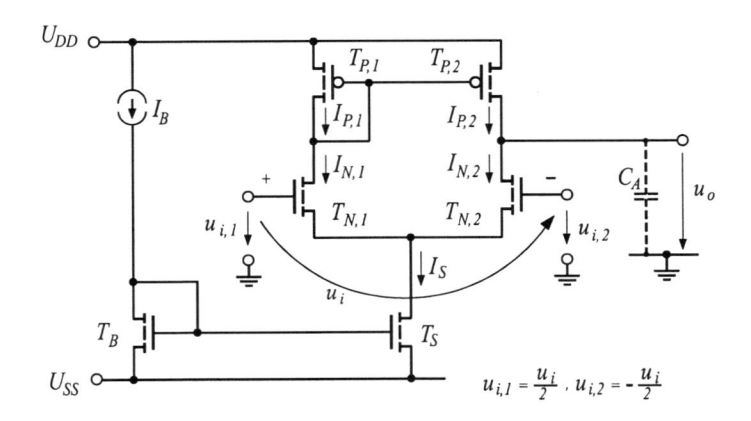

Bild 8.25: Differenzielle Eingangsstufe mit unsymmetrischem Ausgang

MOS-Diode

Transistor $T_{P,1}$ ist als sog. MOS-Diode verknüpft. Diese kann, wie die folgende Überlegung zeigt, im Kleinsignal-Ersatzschaltbild vereinfacht durch den Übergangsleitwert dargestellt werden.

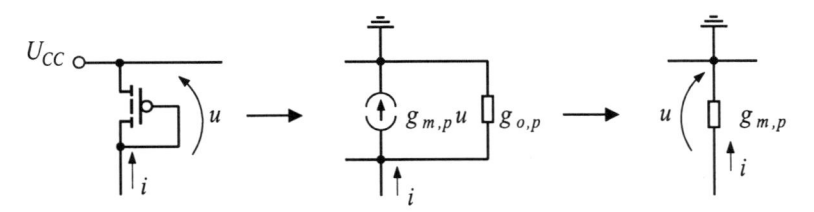

Bild 8.26: Kleinsignaldarstellung einer sog. MOS-Diode

Der Leitwert der MOS-Diode

$$g = \frac{i}{u} = \frac{g_{m,p}u + g_{o,p}u}{u}$$

$$\boxed{g \approx g_{m,p}} \tag{8.39}$$

entspricht dem Übergangsleitwert des Transistors da im Allgemeinen $g_{m,p} \gg g_{o,p}$ ist. Damit ergibt sich das in Bild 8.27 dargestellte Kleinsignal-Ersatzschaltbild der Eingangsstufe bei niedrigen Frequenzen, wobei die Transistoren $T_{N,1} = T_{N,2} = T_N$ und $T_{P,1} = T_{P,2} = T_P$ jeweils zueinander symmetrisch sind. Nach Lösung der Strom-Spannungsgleichungen ergeben sich die folgenden Zusammenhänge:

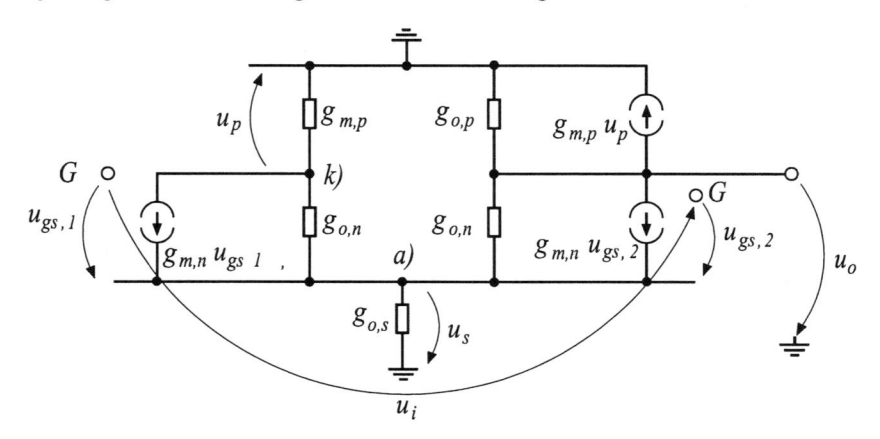

Bild 8.27:   Kleinsignal-Ersatzschaltbild von Schaltung nach Bild 8.25

$$a_{dm}(0) \approx \frac{g_{m,n}}{g_{o,n} + g_{o,p}} \qquad \sim (I_{DS})^{-1/2} \qquad (8.40)$$
$$\approx g_{m,n} r_{aus}$$

$$a_{cm}(0) \approx -\frac{g_{o,n} g_{o,s}}{2 g_{m,p}(g_{o,p} + g_{o,n})} \qquad \sim (I_{DS})^{1/2} \qquad (8.41)$$

$$CMRR(0) \approx 2 \frac{g_{m,n} g_{m,p}}{g_{o,s} g_{o,n}} \qquad \sim (I_{DS})^{-1} \qquad (8.42)$$

Hierbei wurde vorausgesetzt, dass $g_{m,n}, g_{m,p} \gg g_{o,n}, g_{o,p}$ und $g_{o,s}$ sind. Wenn man die obigen Beziehungen mit denjenigen der Eingangsstufe mit differenziellem Ausgang vergleicht, so ergibt sich Folgendes: Die Verstärkung ist in beiden Fällen gleich groß. Dies ist nicht überraschend, denn beim symmetrischen Ausgang wirken die Stromquellen $g_{m,n} u_{gs,1}$ und $g_{m,n} u_{gs,2}$ direkt auf den Ausgang und im Fall des unsymmetrischen Ausgangs wirkt $g_{m,n} u_{gs,2}$ direkt und $g_{m,n} u_{gs,1}$ gespiegelt auf den Ausgang. Dagegen ist die Gleichtaktunterdrückung *CMRR* verbessert. Diese Verbesserung kommt durch die reduzierte Verstärkung von $a_{cm}(0)$ zustande, was eine Folge der sog. MOS-Diode mit dem Übertragungsleitwert $g_{m,p}$ ist.

Frequenzverhalten der differenziellen Eingangsstufe

Ausgangspunkt zur Bestimmung des Frequenzverhaltens ist das vorhergehende Kleinsignal-Ersatzschaltbild. Hierbei wird vorausgesetzt, dass der Ausgang der Stufe eine Kapazität C_A treibt, die viel größer ist als alle internen Kapazitäten der Schaltung (Bild 8.25).

Infolge des Stromspiegels lässt sich das Kleinsignal-Ersatzschaltbild nicht wie dasjenige mit symmetrischem Ausgang (Bild 8.23b) vereinfachen. Dadurch wird die Knotenanalyse im Frequenzbereich sehr aufwändig. Um diese zu umgehen wird die folgende vereinfachte Vorgehensweise gewählt. Die Kleinsignalkapazität C_a wird über den Ausgangswiderstand r_{aus} der Verstärkerstufe umgeladen. Die sich dabei ergebende Polstellenfrequenz bestimmt das Frequenzverhalten der Schaltung. Aus diesem Ansatz heraus ergibt sich das in Bild 8.28a dargestellte vereinfachte Ersatzschaltbild.

Dieses besteht aus einer von u_i gesteuerten Spannungsquelle mit dem Ausgangswiderstand r_{aus} Gl.(8.40). Hieraus resultiert eine von der Kreisfrequenz abhängige Verstärkung von

$$a_{dm}(j\omega) = a_{dm}(0)\frac{1}{1+j\dfrac{\omega}{\omega_\beta}} \tag{8.43}$$

wobei

$$\omega_\beta = \frac{g_{o,n} + g_{o,p}}{C_a} \tag{8.44}$$

ist und $a_{dm}(0)$ durch Gleichung (8.40) beschrieben wird. Das heißt: die 3 dB-Kreisfrequenz ist genau so groß wie diejenige bei der Differenzstufe mit symmetrischem Ausgang Gl.(8.36).

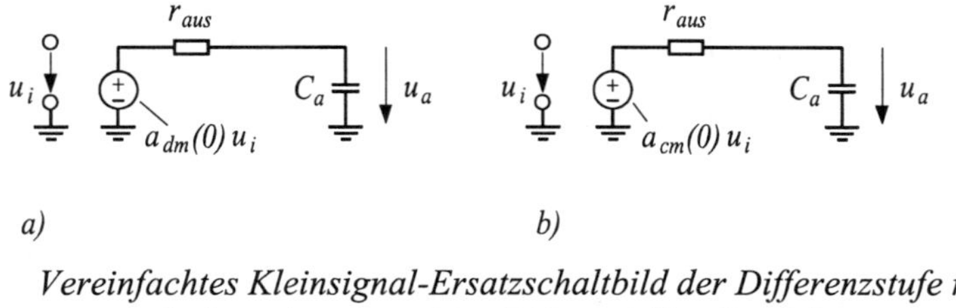

Bild 8.28: *Vereinfachtes Kleinsignal-Ersatzschaltbild der Differenzstufe mit unsymmetrischem Ausgang a) im differenziellen Betrieb; b) im Gleichtaktbetrieb*

Die frequenzabhängige Gleichtaktverstärkung kann in Analogie zum Vorhergehenden aus dem Ersatzschaltbild (Bild 8.28b) ermittelt werden. Es resultiert

$$a_{cm}(j\omega) = a_{cm}(0) \frac{1}{1+j\dfrac{\omega}{\omega_\beta}}.\qquad(8.45)$$

wobei $a_{cm}(0)$ durch Beziehung (8.41) beschrieben wird.

Vertiefende Betrachtung

Bei der Herleitung der vorhergehenden Beziehungen wurde stillschweigend davon ausgegangen, dass alle internen Kapazitäten der Stufe gegenüber derjenigen am Ausgang C_A vernachlässigbar klein sind. Dies muss nicht unbedingt so sein und wird im Folgenden näher betrachtet. Diese Kapazitäten können nämlich zu einer unerwünschten Verschlechterung der Gleichtaktunterdrückung bzw. Erhöhung der Gleichtaktverstärkung führen. Außerdem kann ein sog. **pole-zero doublet** entstehen.

Zur Vermeidung, dass der Substratsteuereffekt einen Einfluss auf die beiden Eingangstransistoren T_N hat, sind deren Sourceanschlüsse bei z.B. einem p-Wannen-Prozess mit der p-Wanne verknüpft. Als Folge ist eine Sperrschichtkapazität C_S am Knoten a) wirksam. Diese hat auf die differenzielle Verstärkung keinen Einfluss, da am Knoten a) in diesem Betriebsmodus keine Wechselspannungsänderung auftritt. Dies ist jedoch ganz und gar anders, wenn man die Gleichtaktverstärkung betrachtet. Wird vorausgesetzt, dass die Kapazitäten C_S und C_A viel größer als C_K sind – wobei Letztere die Knotenkapazität der Stromspiegelschaltung erfasst – ergibt sich die folgende vereinfachte Vorgehensweise bei der Analyse.

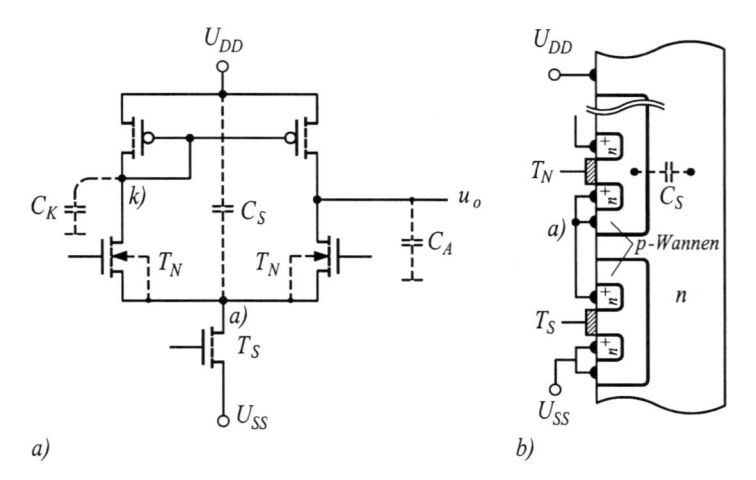

Bild 8.29: a) Differenzielle Eingangsstufe mit den wesentlichen Kapazitäten; b) Skizze des Technologieaufbaues für T_S und T_N bei einem p-Wannen-Herstellverfahren

8 Grundlagen analoger CMOS-Schaltungen

Die Gleichtaktverstärkung ergibt sich aus den Beziehungen (8.45), (8.41) und (8.44) zu

$$a_{cm}(j\omega) = a_{cm}(0)\frac{1}{1+j\frac{\omega}{\omega_\beta}} = -\frac{g_{o,n}\,g_{o,s}}{2g_{m,p}}\frac{1}{g_{o,p}+g_{o,n}+j\omega C_a}. \qquad (8.46)$$

Wechselspannungsmäßig liegt die Kapazität C_S parallel zur Stromsenke mit dem Ausgangsleitwert $g_{o,s}$. Wird dies berücksichtigt, resultiert eine Gleichtaktverstärkung von

$$\begin{aligned}a_{cm}(j\omega) &= -\frac{g_{o,n}}{2g_{m,p}}\frac{g_{o,s}+j\omega C_s}{g_{o,p}+g_{o,n}+j\omega C_a}\\ &= a_{cm}(0)\frac{1+j\omega/\omega_z}{1+j\omega/\omega_\beta},\end{aligned} \qquad (8.47)$$

wobei die Nullstellenfrequenz ω_z durch den Zusammenhang

$$\omega_z \frac{g_{o,s}}{C_s} \qquad (8.48)$$

beschrieben ist. Diese Nullstelle hat den unerwünschten Effekt, dass bei hohen Frequenzen die Gleichtaktverstärkung mit 20 dB/Dek zunimmt und dadurch die Gleichtaktunterdrückung entsprechend verschlechtert wird. Dieser Effekt ist natürlich auch bei der differenziellen Eingangsstufe mit symmetrischem Ausgang vorhanden.

Um diesen Effekt zu reduzieren könnte man auf den Gedanken kommen, die Rückseitenanschlüsse der Transistoren T_N – wie in Bild 8.30 gezeigt – mit U_{SS} zu verbinden.

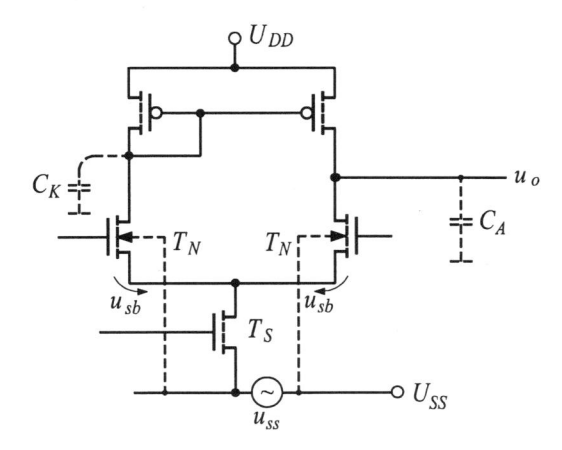

Bild 8.30: Differenzielle Eingangsstufe mit Störspannung u_{ss}

Diese Vorgehensweise würde aber der Forderung nach einer möglichst guten Betriebsspannungsunterdrückung (**P**ower **S**upply **R**ejection **R**atio PSRR) entgegenstehen. Bei Verstärkern können sich unerwünschte Störsignale z.B. u_{ss} bei der Ver-sorgungsspannung auswirken. Diese sollten von dem Verstärker möglichst gut unterdrückt werden. Im vorliegenden Fall überträgt sich jedoch die Störung über den Substratsteuereffekt auf die Eingangstransistoren.

Eine weitere interessante Beobachtung kann bei der Differenzstufe im Differenzbetrieb gemacht werden. Es entsteht ein sog. **pole-zero doublet** wie im Folgenden gezeigt wird.

In der Schaltung nach Bild 8.29 soll diesmal $C_K \gg C_A$ sein. Aus dem Ersatzschaltbild (Bild 8.27) ergibt sich mit der Kapazität C_K am Knoten k) – die Spannungsänderung ist im Differenzbetrieb am Knoten a) Null – die Kleinsignaldarstellung in Bild 8.31, wobei die analogen Bezugspunkte zusammengefasst wurden.

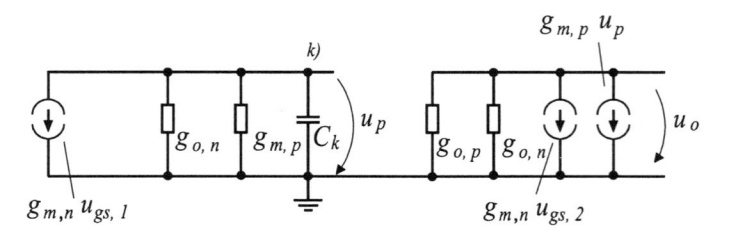

Bild 8.31:   *Kleinsignal-Ersatzschaltbild von Bild 8.27 im Differenzbetrieb*

Nach Lösung der Knotengleichungen oder Verwendung von |ISSA| resultiert:

$$a_{dm}(j\omega) \approx a_{dm}(0) \frac{1+j\omega/\omega_z}{1+j\omega/\omega_\beta} \quad (8.49)$$

wobei

$$\omega_\beta \approx \frac{g_{m,p}}{C_k} \quad (8.50)$$

und

$$\omega_z \approx \frac{2 g_{m,p}}{C_k} \quad (8.51)$$

die Pol- und Nullstellenfrequenz beschreiben. Es ist ersichtlich, dass eine Nullstellenfrequenz ω_z entstanden ist und dass diese den doppelten Wert der Polstellenfrequenz (3dB-Frequenz) ω_β besitzt.

Der Grund für dieses sog. "**pole-zero doublet**" ist, dass beide Eingangssignale $u_{gs,1}$ und $u_{gs,2}$ verantwortlich sind für die Ausgangsspannung u_o, jedoch die Kapazität C_k nur ein Eingangssignal, nämlich $u_{gs,1}$ beeinflusst. Dieses Verhalten zeigen allgemein alle Schaltungen, bei denen eine Kapazität nur die Hälfte des Signalpfades beeinflusst.

8 Grundlagen analoger CMOS-Schaltungen

Zusammenfassung der wichtigsten Ergebnisse des Kapitels

Mit Hilfe von Stromspiegelschaltungen stehen alle Ströme von Stromsenken und -quellen in einem definierten Bezug zu einem Referenzstrom. Dadurch können große Spannungs- und Parameterschwankungen ausgeglichen werden. Verbesserte Ausführungsformen erlauben es, den Ausgangswiderstand von Stromsenken und -quellen bis weit in den MΩ-Bereich zu erhöhen.

Source-Folger mit einer Spannungsverstärkung von ca. 1 machen es möglich den Ausgangswiderstand einer Schaltung auf einen Wert von $1/g_m$ zu erniedrigen.

Als wichtigstes Resultat von einer einfachen Verstärkerstufe kann der unerwünschte Zusammenhang zwischen Verstärkung, 3 dB-Frequenz und Transitfrequenz betrachtet werden. Da $g_m \sim I_{DS}^{1/2}$ und $g_o \sim I_{DS}$ sind, nimmt mit zunehmendem Strom die Spannungsverstärkung g_m / g_o ab, wogegen die 3 dB-Frequenz und die Transitfrequenz ansteigen. Dieser Zusammenhang ändert sich auch nicht bei den betrachteten differenziellen Eingangsstufen.

Der Miller-Effekt wird durch die kapazitive Kopplung des Ausgangs auf den Eingang einer Verstärkerstufe verursacht. Dadurch wirkt die kapazitive Belastung am Eingang so als wäre sie um den Verstärkungsfaktor der Stufe vergrößert. Reduziert werden kann der Effekt durch die Serienschaltung eines weiteren Transistors, wodurch eine sog. Kaskode-Stufe entsteht.

Übungen

Aufgabe 8.1

Gegeben ist der gezeigte einfache Verstärker mit folgenden Daten:

$I_{DS} = 100\ \mu A$; $\qquad \beta_n = 1000\ \mu A/V^2$; $\qquad \lambda_n = 0{,}1\ V^{-1}$;

$R_L = 100\ k\Omega$; $\qquad u_i = 50\ \mu V$; (Transistor in Sättigung)

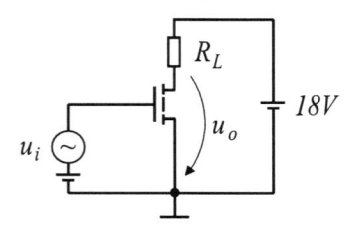

Bild A: 8.1

Wie groß ist bei niedrigen Frequenzen die Ausgangswechselspannung und Verstärkung in dB?

Aufgabe 8.2

Bei welchem Strom I geht bei Raumtemperatur die Stromspiegelschaltung von Sättigung in den Unterschwellstrombereich?

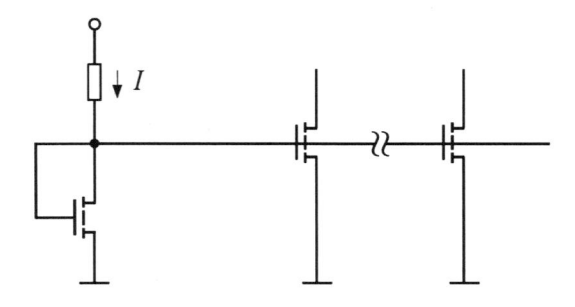

Bild A: 8.2

Daten der Transistoren bei R.T.: $k_n = 120\ \mu A/V^2$; $w/l = 10$; $n = 2$; $U_{DS} > 1\ V$

Aufgabe 8.3

Gegeben ist der dargestellte CMOS-Verstärker. Der Arbeitspunkt U_A wird durch eine Referenzstufe eingestellt, so dass sich Herstellungstoleranzen kompensieren.

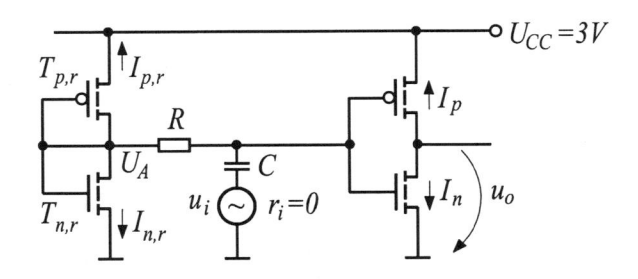

Bild A: 8.3

Die Daten der symmetrisch gestalteten Transistoren sind:

N-Kanal: $\beta_n = 1000\ \mu A/V^2$; $U_{Tn} = 0{,}5$ V; $\lambda_n = 0{,}05\ V^{-1}$;

P-Kanal: $\beta_p = 1000\ \mu A/V^2$; $U_{Tp} = -0{,}5$ V: $\lambda_p = 0{,}05\ V^{-1}$;

Gesucht: Die Verstärkung der Stufe bei niedrigen Frequenzen. Die Einflüsse von C und R sind vernachlässigbar.

Aufgabe 8.4

Bestimmen Sie die Weite des gezeigten Source-Folger-Transistors, wenn $r_{aus} = 50\ \Omega$ betragen soll. Um die Kanallängenmodulation zu reduzieren wird eine relativ große Gatelänge von 1,5 µm verwendet. Es kann dadurch angenommen werden, dass $\lambda_n U_{DS} \ll 1$ ist.

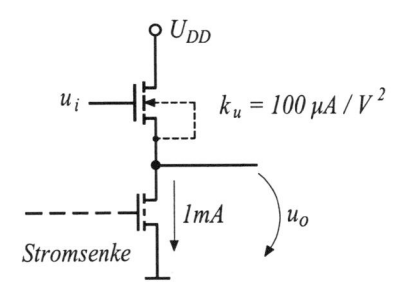

Bild A: 8.4

Anhang B

Übertragungsfunktion

Der Begriff Übertragungsfunktion wird im Allgemeinen bei linearen, zeitinvarianten Systemen angewendet. Diese kann man durch lineare Differenzialgleichungen

$$a_n \frac{d^n g(t)}{dt^n} + \ldots + a_1 \frac{dg(t)}{dt} + a_0 \, g(t) = b_m \frac{d^m f(t)}{dt^m} + \ldots + b_1 \frac{df(t)}{dt} + b_0 \, f(t) \tag{B.1}$$

mit konstanten Koeffizienten - durch kleine Buchstaben verdeutlicht - beschreiben.

Ein typisches Beispiel dazu liefert die in Bild B.1 gezeigte Schaltung,

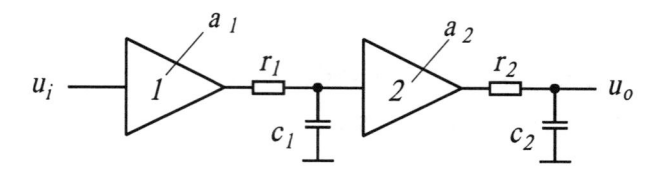

Bild B.1:   *Verstärker-Tiefpasskette 2. Ordnung*

die in erster Näherung einen integrierten zweistufigen Verstärker wiedergibt. a_1 und a_2 sind dabei frequenzunabhängige Verstärkungsfaktoren der verschiedenen Stufen. r_1 und r_2 beschreiben den Ausgangswiderstand des Verstärkers und die Kapazitäten die jeweilige Belastung. Den Zusammenhang zwischen Ausgangs- und Eingangsspannung kann man, nach Anwendung der Kirchhoffschen Gleichungen auf die obige Anordnung und mit $i = c \, du/dt$ durch die lineare Differenzialgleichung

$$a_1 a_2 u_i(t) = c_1 r_1 c_2 r_2 \frac{d^2 u_o(t)}{dt^2} + (c_1 r_1 + c_2 r_2) \frac{du_o(t)}{dt} + u_o(t) \tag{B.2}$$

beschreiben.

Um hieraus eine Übertragungsfunktion $u_o(t) / u_i(t)$ zu erhalten, muss die Differenzialgleichung gelöst werden. Eine Möglichkeit, dies zu erreichen, bietet die Laplace-Transformation und deren Rücktransformation.

Die Laplace-Transformation der Funktion $f(t)$ ist durch die Beziehung

$$F(s) = \int_0^\infty f(t) \, e^{-st} \, dt \tag{B.3}$$

8 Grundlagen analoger CMOS-Schaltungen

definiert, wobei

$$s = \sigma + j\omega$$

eine komplexe Variable ist. Bei der Transformation ist angenommen, dass zur Zeit $t < 0$, $f(t) = 0$ ist.

Wendet man die Laplace-Transformation auf die Differenzialgleichung (B.2) an, so ergibt sich die folgende lineare Gleichung

$$a_1 a_2 u_i(s) = c_1 r_1 c_2 r_2 s^2 u_o(s) + (c_1 r_1 + c_2 r_2) s\, u_o(s) + u_o(s) \tag{B.4}$$

und daraus die Übertragungsfunktion

$$a(s) = \frac{u_o(s)}{u_i(s)} = \frac{a_o}{\left(1 + \dfrac{s}{p_1}\right)\left(1 + \dfrac{s}{p_2}\right)}, \tag{B.5}$$

wobei $a_o = a_1 a_2$, $p_1 = 1/c_1 r_1$ und $p_2 = 1/c_2 r_2$ ist. Mit p werden Polstellen bezeichnet. Diese Polstellen sind ein charakteristisches Merkmal jeder Übertragungsfunktion. Sie geben in der s-Ebene (Bild B.2) den Zahlenwert für s wieder, bei dem der Nenner der Übertragungsfunktion $N(s) = 0$ und somit $u_o(s) / u_i(s) = \infty$ wird.

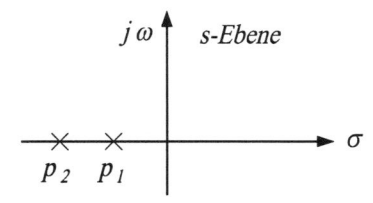

Bild B.2: Polstellendarstellung der Übertragungsfunktion (B.5)

In dem vorgestellten Beispiel handelt es sich um reelle Pole. Diese können auch komplexe Werte in allen Quadranten annehmen, wenn z.B. ein System rückgekoppelt wird. Die Lage der Polstellen in der s-Ebene ist von äußerster Wichtigkeit, denn sie gibt Aufschlüsse über das Zeitverhalten der Übertragungsfunktion, wenn eine Sprungfunktion an den Eingang gelegt wird. Dies ist für die verschiedensten Pollagen in Bild B.3 skizziert.

Die gezeigten Zusammenhänge erhält man durch Transformation der Sprungfunktion $K u_i(t)$ in den Laplace-Bereich → K/s. Hierbei ist K eine dimensionslose Konstante. Wird Gleichung (B.5) nach $u_o(s)$ aufgelöst und eine Rücktransformation – z.B. über Tabellen – in den Zeitbereich durchgeführt, resultieren entsprechend der Pollagen die gezeigten Sprungantworten $u_o(t)$.

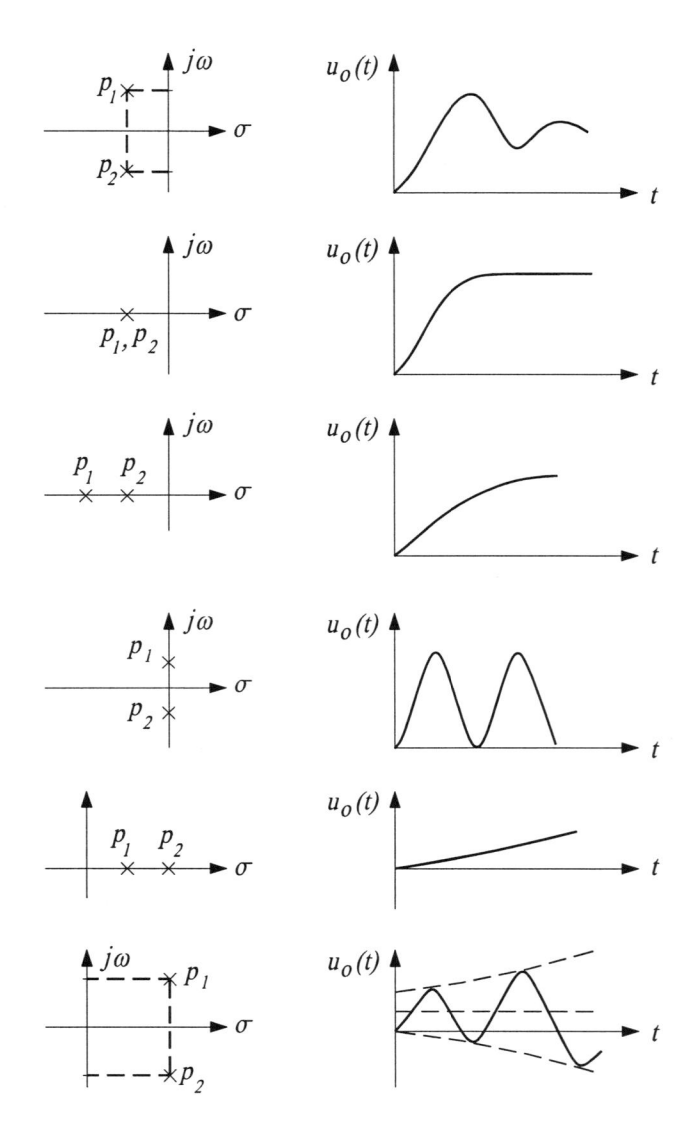

Bild B.3: *Darstellung der Pole in der s-Ebene sowie die zugehörige Sprungantwort für eine Übertragungsfunktion zweiter Ordnung.*

Aus dem Bild lässt sich schließen, dass ein stabiles System nur dann vorliegt, wenn das Zeitverhalten $u_o(t)$ nicht exponentiell mit der Zeit ansteigt. D.h. die Pole nur im 2. und 3. Quadranten in der s-Ebene anzutreffen sind.

Die Kenntnis über die Lage der Pole und deren Abhängigkeit von Stromänderungen sind somit ein wichtiges Hilfsmittel beim Entwurf eines analogen Systems. Aus diesem Grund besitzen die meisten "CAD-Tools" die Möglichkeit, die Pollagen zu berechnen.

8 Grundlagen analoger CMOS-Schaltungen

Im Vorhergehenden wurde zur Lösung der Differenzialgleichung die Laplace-Transformation verwendet. Die Fourier-Transformation, die als Untergruppe von der Laplace-Transformation betrachtet werden kann, ergibt sich mit $s = j\omega$ und $\sigma = 0$ zu

$$F(j\omega) = \int_{-\infty}^{\infty} f(t) e^{-j\omega t} dt, \quad (B.6)$$

wobei $f(t) \neq 0$ sein kann wenn $t \leq 0$ ist. Auf das besprochene Beispiel angewendet, ergibt sich damit eine Übertragungsfunktion im sog. komplexen Frequenzbereich durch Transformation und Umformung der Differenzialgleichung (B.2) oder direkt aus Gleichung (B.5) indem s durch $j\omega$ ersetzt wird zu

$$a(j\omega) = \frac{u_o(j\omega)}{u_i(j\omega)} = \frac{a_o}{\left(1 + \dfrac{j\omega}{\omega_{p,1}}\right)\left(1 + \dfrac{j\omega}{\omega_{p,2}}\right)}. \quad (B.7)$$

Hierbei wurde statt der Bezeichnung Pol der Begriff Polstellen-Kreisfrequenz bzw. Polstellenfrequenz eingeführt, um klarzustellen, dass es sich in diesem Fall um eine Fourier-Transformation handelt, obwohl $\omega_{p,1} = p_1$ und $\omega_{p,2} = p_2$ ist. Allgemein lassen sich somit Übertragungsfunktionen in der Laplace- und Fourier-Ebene darstellen.

Die Übertragungsfunktion $a(j\omega)$ kann man in der Polarform

$$a(j\omega) = \frac{a_o}{\left|a_{p,1}\right|e^{j\phi_{p,1}}\left|a_{p,2}\right|e^{j\phi_{p,2}}} \quad (B.8)$$

nach Betrag - auch Amplitudengang genannt - und Phase getrennt in logarithmischer Form darstellen.

$$[20 \lg |a(j\omega)|] dB =$$

$$\left[20 \lg a_o - 20 \lg \sqrt{1 + \left(\frac{\omega}{\omega_{p,1}}\right)^2} - 20 \lg \sqrt{1 + \left(\frac{\omega}{\omega_{p,2}}\right)^2}\right] dB \quad (B.9)$$

$$\phi = \phi_o - \phi_{p,1} - \phi_{p,2}. \quad (B.10)$$

Man erhält das sog. Bode-Diagramm. In dieser Darstellungsform sind $a_{p,1}$, $a_{p,2}$ und $\phi_{p,1}$, $\phi_{p,2}$ alle frequenzabhängig. a_o beschreibt dabei die Verstärkung bzw. Dämpfung, wenn $\omega \to 0$ geht und ϕ_o gibt den dazugehörigen Winkel (z.B. $0°$ oder $-180°$) an. Bei einer vorgegebenen Frequenz können somit Betrag und Phase durch einfache Addition bzw. durch Subtraktion der Terme - wie in diesem Beispiel - ermittelt werden.

Die Wurzelterme in Gl.(B.9) können bei der Konstruktion des Bode-Diagramms approximiert werden. Denn wenn $(\omega/\omega_{p,i})^2 > 1$ ist, kann der Realteil vernachlässigt werden. Als Resultat liefert damit jeder Wurzelterm eine Amplitudenänderung von $20 \lg [(10\omega/\omega_{p,i})/(\omega/\omega_{p,i})] = 20$ dB/Dekade.

In Bild B.4 ist das Amplitudenverhalten der Funktion (B.9) in approximierter Form dargestellt. Hierbei ist ersichtlich, wie der Amplitudengang durch Subtraktion der einzelnen Beiträge von $20 \lg a_o$ in approximierter Form entsteht.

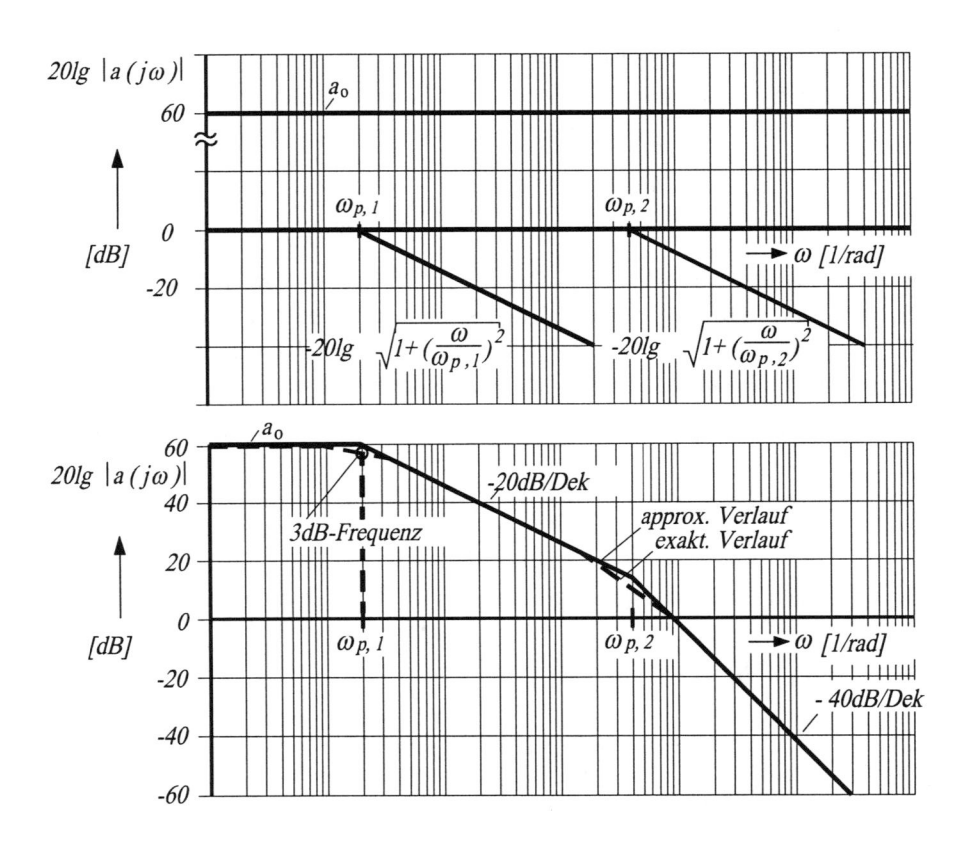

Bild B.4:   *Entstehung des Amplitudengangs der Übertragungsfunktion (B.9) aus Einzelbeiträgen mit $a_o = 60$ dB*

Ein charakteristisches Merkmal des Amplitudengangs ist die Eckfrequenz auch 3 dB-Frequenz (Kreisfrequenz) genannt.

Ist $\omega_{p,1} \ll \omega_{p,2}$, dann ergibt sich aus Gleichung (B.9) bei der Kreisfrequenz $\omega_{p,1}$ ein Betrag von

8 Grundlagen analoger CMOS-Schaltungen

$$[20 \lg | a(j\omega_{p,1}) |] dB \approx \left[20 \lg a_o - 20 \lg \sqrt{1 + \left(\frac{\omega_{p,1}}{\omega_{p,1}}\right)^2} \right] dB \quad \text{(B.11)}$$

$$\approx [20 \lg a_o] dB - 3 dB,$$

der gegenüber dem Wert bei $\omega \to 0$ um 3 dB reduziert ist (Bild B.4).

Der Phasengang Gl.(B.10) lässt sich auf eine ähnliche Weise ermitteln. Dabei ergibt sich der Phasenverlauf für jeden Produktterm der Übertragungsfunktion zu

$$\phi_{p,i} = \tan^{-1} \frac{\text{Imag. Teil}}{\text{Real Teil}} = \tan^{-1} \frac{\omega}{\omega_{p,i}} \quad i = 1, 2 \ldots \quad \text{(B.12)}$$

Dieser hat dabei die folgenden Werte:

$$\phi_{p,i}(\omega = 0{,}1\omega_{p,i}) = \tan^{-1}(0{,}1) \approx 0°$$
$$\phi_{p,i}(\omega = 10\omega_{p,i}) = \tan^{-1}(10) \approx 90° \quad \text{(B.13)}$$

Diese können als Stützstellen zur Konstruktion der jeweiligen approximierten Phasenverläufe verwendet werden. Wie zu erwarten, ist bei $\omega = \omega_{p,1}$

$$\phi_{p,i}(\omega = \omega_{p,i}) = \tan^{-1} \omega_{p,i} / \omega_{p,i} = 45°. \quad \text{(B.14)}$$

Der gesamte Phasenverlauf ergibt sich für das vorhergehende Beispiel aus der Subtraktion der individuellen Beiträge von $\phi_o = 0°$ (Bild B.5).

Allgemein gilt damit für eine i-fache Verstärker-Tiefpasskette, dass einem Amplitudenabfall von $i \cdot 20$ dB/Dekade eine Phasenrückdrehung von $i \cdot (-90°)$ zugeordnet ist.

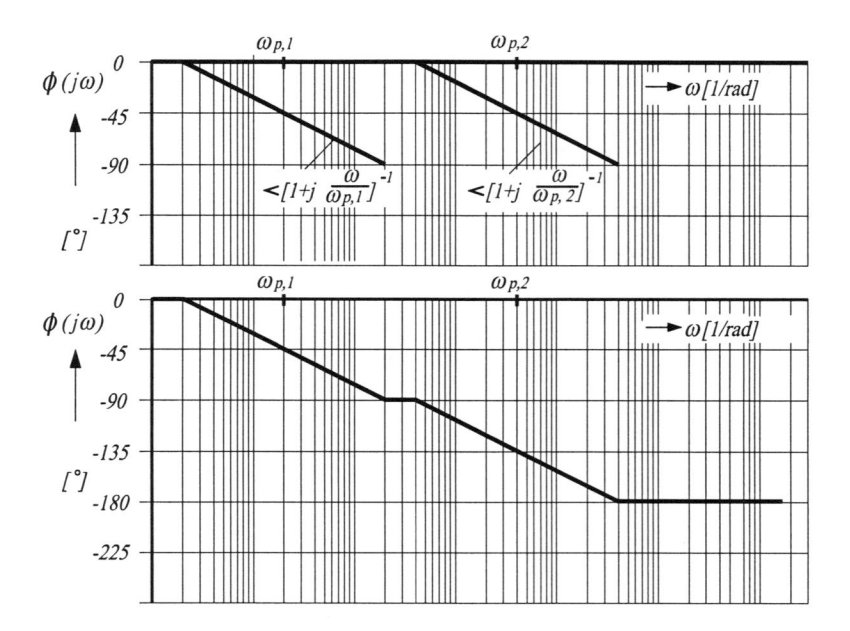

Bild B.5: Entstehung des Phasengangs der Übertragungsfunktion (B.7) aus Einzelbeiträgen

In einem zweiten Beispiel ist eine Übertragungsfunktion

$$a(j\omega) = a_o \frac{\left(1 + j\dfrac{\omega}{\omega_{z,1}}\right)}{\left(1 + j\dfrac{\omega}{\omega_{p,1}}\right)\left(1 + j\dfrac{\omega}{\omega_{p,2}}\right)} \quad (B.15)$$

gegeben.

Diese Funktion hat zusätzlich zu den beiden Frequenzkonstanten im Nenner eine weitere im Zähler. Dies entspricht in der linken Hälfte der (LHS) Laplace-Darstellung (Bild B.3) einer Nullstelle, denn sie gibt den s-Wert an, bei dem der Zähler Null wird. Amplituden- und Phasengang sind in den Bildern B.6 und B.7 dargestellt.

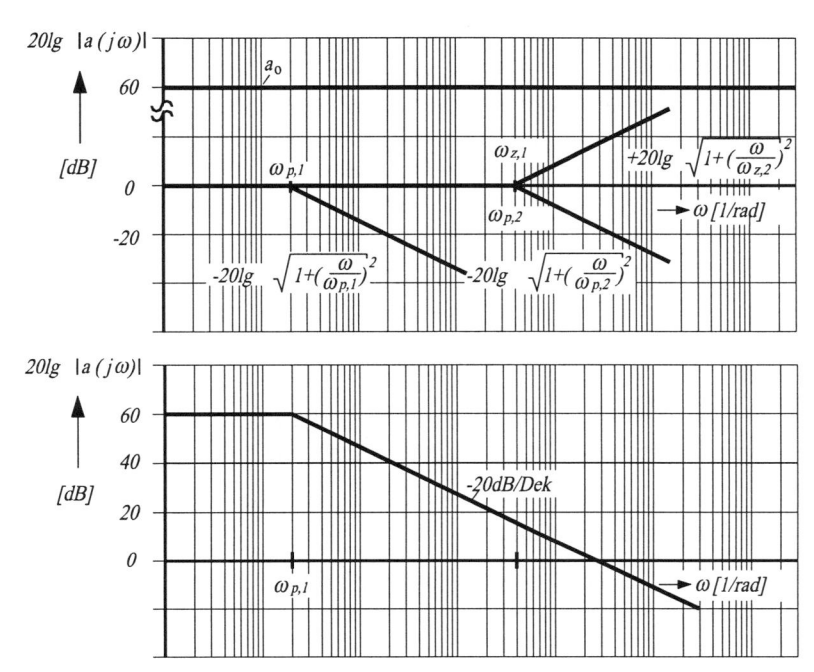

Bild B.6: Entstehung des Amplitudengangs der Übertragungsfunktion (B.15) aus Einzelbeiträgen mit $a_o = 60\ dB$

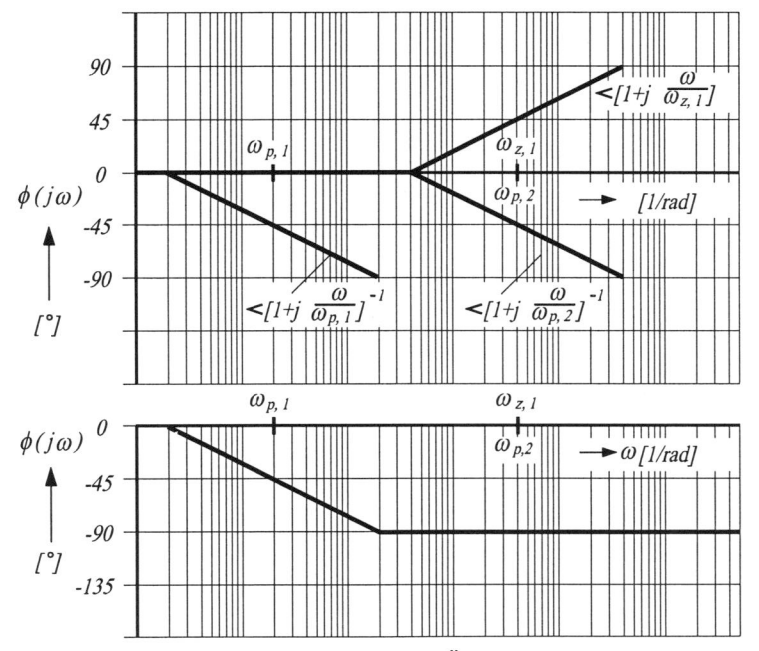

Bild B.7: Entstehung des Phasengangs der Übertragungsfunktion (B.18) aus Einzelbeiträgen mit $\phi_o = 0°$

Wie aus den Bildern ersichtlich, bewirkt die Frequenzkonstante $\omega_{z,1}$ im Zähler der Gleichung (B.15) eine Anhebung der Verstärkung um +20dB/Dekade sowie eine entsprechende Phasenvordrehung um bis zu 90°. Da die Frequenzkonstanten $\omega_{p,2}$ und $\omega_{z,1}$ gleich groß gewählt werden, tritt eine gegenseitige Kompensation – **Pol-Nullstellenkompensation** - auf.

Literatur

ISSA	G. Gielen and W. Sansen: "Symbolic Analysis for Automated Design of Analog Integrated Circuits"; Kluwer Academic Publishers
LAKE	K. Laker and W. Sansen: "Design of analog integrated circuits and systems"; McGraw-Hill Inc.; 1994
VITT	E. Vittoz: "Analog Layout Techniques"; Centre Suisse d´Electronique et de Microtechnique (CSEM)

9 CMOS-Verstärkerschaltungen

Ausgehend von den im vorhergehenden Kapitel behandelten analogen Grundschaltungen werden zwei typische Verstärkerschaltungen und zwar ein Miller-Verstärker und ein gefalteter Kaskode-Verstärker vorgestellt und analysiert. Hierbei zeigt sich wie man einen stabilen Betrieb durch Veränderung der Lage von Pol- und Nullstellen erreichen kann. Am Beispiel eines abgeänderten und gefalteten Kaskode-Verstärkers wird eine Ausgangsstufe mit verbesserten Treibereigenschaften bei reduziertem Leistungsverbrauch vorgestellt.

9.1 Miller-Verstärker

Die im vorhergehenden Kapitel (8.3.3) beschriebene differenzielle Eingangsstufe mit unsymmetrischem Ausgang liefert je nach Entwurf eine Verstärkung bei niedrigen Frequenzen $a_{dm}(0)$ Gl.(8.40) im Bereich von ca. 50 bis 200. Durch eine zweite Verstärkerstufe kann diese bis auf ca. 10000, d.h. 80 dB erhöht werden (Bild 9.1).

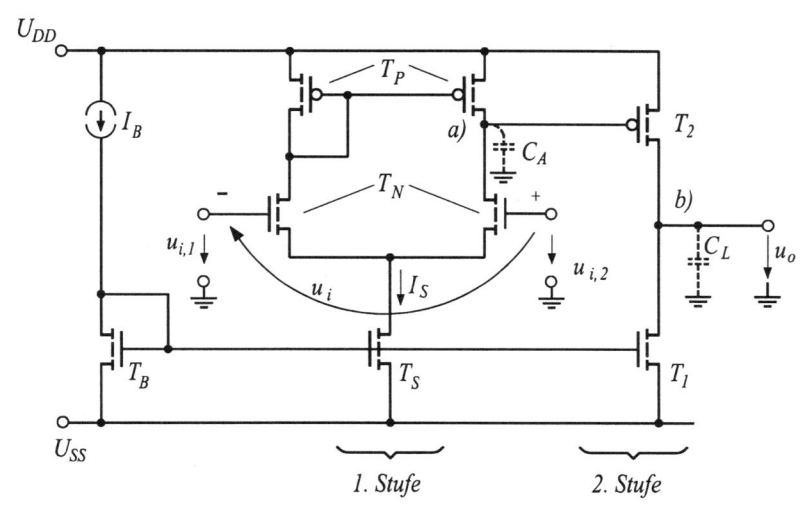

Bild 9.1:   Miller-Verstärker (+, – Nomenklatur auf den Ausgang bezogen)

Als zweite Verstärkerstufe wurde die in Bild 8.12 vorgestellte einfache MOS-Verstärkerstufe verwendet wobei im vorliegenden Fall jedoch T_1 als Stromsenke und T_2 als Verstärkerelement fungiert.

Die Verstärkung dieser Stufe hat in Analogie zur Beziehung (8.20) bei niedrigen Frequenzen einen Wert von

$$a_2(0) = -\frac{g_{m,2}}{g_{o,1} + g_{o,2}} = -g_{m,2}\, r_{aus,2}, \qquad (9.1)$$

während der der differenziellen Eingangsstufe durch Beziehung (8.40)

$$a_{dm,1}(0) \approx -\frac{g_{m,n}}{g_{o,n} + g_{o,p}} = -g_{m,n}\, r_{aus,1} \qquad (9.2)$$

beschrieben ist.

Damit beträgt die Gesamtverstärkung des Miller-Verstärkers bei niedrigen Frequenzen

$$a_{dm}(0) \approx a_{dm,1}(0) a_2(0) \approx +\frac{g_{m,n}}{g_{o,n} + g_{o,p}} \frac{g_{m,2}}{g_{o,1} + g_{o,2}}. \qquad (9.3)$$

Die Indizes beziehen sich – wie bisher – dabei jeweils auf die Bezeichnungen der Transistoren.

Wird der beschriebene Verstärker mit einer Rückkopplung versehen und treibt dazu eine kapazitive Last am Ausgang, dann wird der Verstärker instabil und es treten starke Überschwinger bzw. Oszillatoren auf. Der Grund dafür ist, dass der Verstärker jetzt einen 2. Pol am Ausgang besitzt.

Um diese Situation zu analysieren, ist im Bild 9.2 ein vereinfachtes Ersatzschaltbild des Differenzverstärkers wiedergegeben. Hierbei wird vorausgesetzt, dass nur die Kapazitäten C_A und C_L wirksam sind. (Vergleiche auch mit Tiefpasskette Anhang B Kapitel 8).

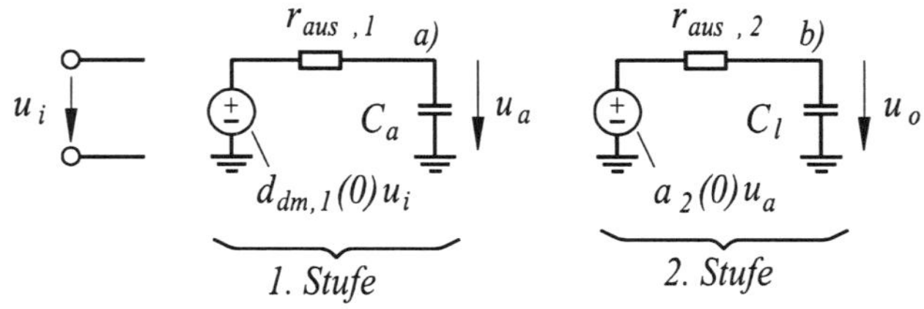

Bild 9.2: Vereinfachtes Kleinsignal-Ersatzschaltbild des Differenzverstärkers nach Bild 9.1

9 CMOS-Verstärkerschaltungen

Aus dem Ersatzschaltbild kann eine frequenzabhängige Gesamtverstärkung von

$$a_{dm}(j\omega) = a_{dm}(0) \frac{1}{\left(1 + j\frac{\omega}{\omega_{p,1}}\right)\left(1 + j\frac{\omega}{\omega_{p,2}}\right)} \qquad (9.4)$$

abgeleitet werden, wobei die Polstellenkreisfrequenzen der ersten und zweiten Verstärkerstufe durch die Beziehungen

$$\omega_{p,1} \approx \frac{g_{o,n} + g_{o,p}}{C_a} \quad \text{und} \quad \omega_{p,2} \approx \frac{g_{o,1} + g_{o,2}}{C_l} \qquad (9.5)$$

beschrieben sind und $a_{dm}(0)$ durch Gleichung (9.3).

Bei sehr hohen Frequenzen mit $\omega \gg \omega_{p,1}$ und $\omega_{p,2}$ ergibt sich aus Beziehung (9.4)

$$a_{dm}(j\omega) \approx -a_{dm}(0) \frac{\omega_{p,1} \omega_{p,2}}{\omega^2}. \qquad (9.6)$$

Hieraus ist ersichtlich, dass das Ausgangssignal um 180° dem Eingangssignal nacheilt. Dies bedeutet, wenn man einen rückgekoppelten Verstärker – nach Bild 9.3 – betrachtet insgesamt eine positive Rückkopplung, die Oszillationen oder Überschwinger hervorrufen kann. Um diese zu vermeiden, muss eine Frequenzgangkompensation durchgeführt werden.

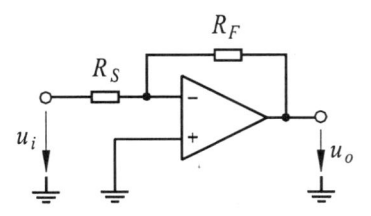

Bild 9.3:   *Rückgekoppelter Verstärker $u_o/u_i = -R_F/R_S$*

Frequenzgangkorrektur

In realen Verstärkern existieren mehrere Pole, wovon meistens zwei dominant sind. Die weiteren Pole liegen nämlich oft bei so hohen Frequenzen, so dass sie vernachlässigt werden können. Dadurch ist der Verstärker ein Zwei-Pol-Verstärker, wie bisher angenommen, bei dem die sog. Pol-Splitting-Kompensation zur Frequenzgangkorrektur eingesetzt werden kann. Hierbei wird eine Kapazität C_C zwischen den Knoten a) und b) des Verstärkers (Bild 9.1) angeordnet. Das Kleinsignal-Ersatzschaltbild – Erweiterung des Bild 9.2 – ist für den Fall in Bild 9.4 wiedergegeben.

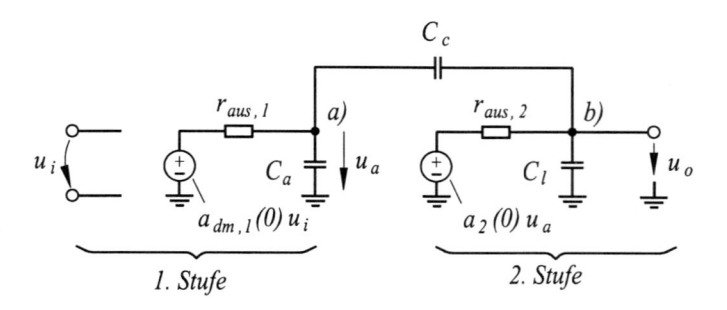

Bild 9.4: Kleinsignal-Ersatzschaltbild des Differenzverstärkers mit Frequenzgangkompensation

Die Übertragungsfunktion lautet in diesem Fall:

$$a_{dm}(j\omega) = a_{dm}(0) \frac{\left(1 - j\dfrac{\omega}{\omega_z}\right)}{\left(1 + j\dfrac{\omega}{\omega_{p,1}}\right)\left(1 + j\dfrac{\omega}{\omega_{p,2}}\right)} \quad (9.7)$$

mit den Null- und Polstellenfrequenzen

$$\omega_z = \frac{g_{m,2}}{C_c}, \quad (9.8)$$

$$\omega_{p,1} \approx \frac{g_{m,n}}{a_{dm}(0)C_c} \quad (9.9)$$

$$\omega_{p,2} \approx \frac{g_{m,2}}{C_a C_l} \cdot \frac{1}{1/C_c + 1/C_a + 1/C_l}, \quad (9.10)$$

wobei die Näherung $g_m \gg g_{o,p} + g_{o,n}$ und $g_{m,2} \gg g_{o,1} + g_{o,2}$ verwendet wurde und $a_{dm}(0)$ durch Beziehung (9.3) gegeben ist. Wesentlich hierbei ist, dass sich infolge der Vorwärtskopplung durch C_c eine Nullstellenfrequenz bzw. eine Nullstelle einstellt. Bei $\omega_{p,1}$ wirkt der sog. Miller-Effekt (Kapitel 8.3.1). D.h. der Kapazitätswert C_c wirkt so als wenn er um den Verstärkungsfaktor vergrößert würde, wodurch $\omega_{p,1}$ reduziert wird. Gleichzeitig bewirkt C_c, dass $\omega_{p,2}$ erhöht wird. D.h. bei Vergrößerung von C_c wandert $\omega_{p,1}$ zu niedrigen und $\omega_{p,2}$ zu höheren Frequenzen (Bild 9.5). Es resultiert eine verbesserte Phasenreserve ϕ_R, die bei der Verstärkung von 0dB angegeben wird.

9 CMOS-Verstärkerschaltungen   495

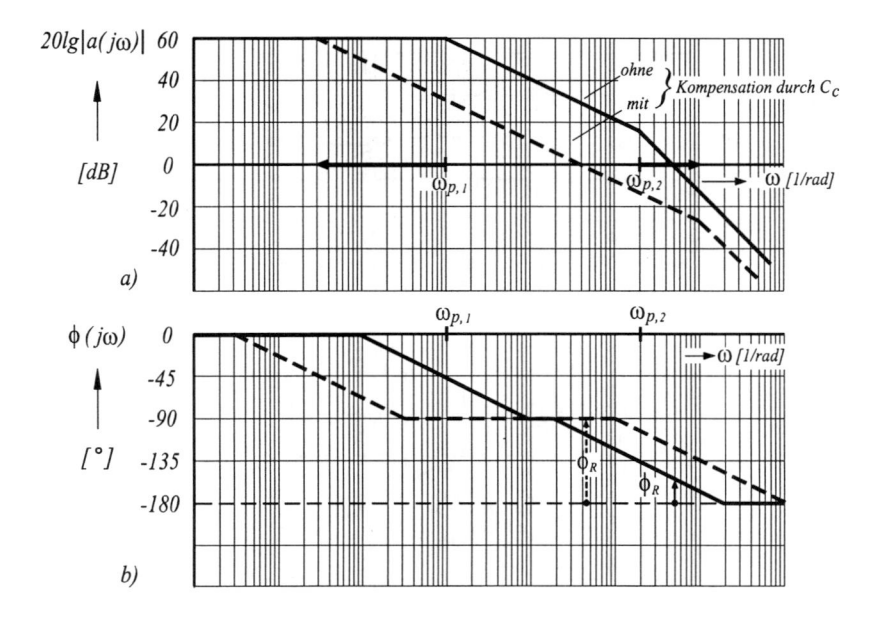

Bild 9.5:   *Einfluss der Kompensation auf a) Amplitudengang mit 20lg a_o = 60dB und b) Phasengang (ohne Berücksichtigung der Nullstellenfrequenz)*

Auf die s-Ebene übertragen (Bild 9.6) spricht man dann von einem sog. Pol-Splitting.

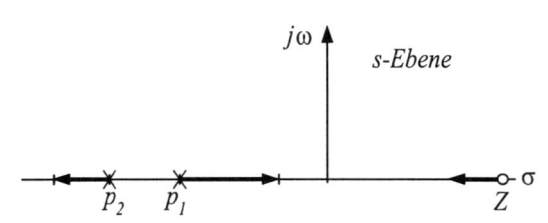

Bild 9.6:   *Pol-Splitting durch Kapazität C_C*

Nullstelle in der rechten Hälfte der s-Ebene

Wird, wie im Vorhergehenden beschrieben, eine Frequenzgangkompensation mit C_C durchgeführt, so treten dennoch Überschwinger oder Oszillationen auf. Der Grund hierfür ist, dass die vorher vernachlässigte Nullstellenfrequenz ω_z Gl.(9.7) bzw. Nullstelle Z in der rechten Hälfte der s-Ebene (Bild 9.6) auftritt. Diese Nullstelle wird durch die Vorwärtskopplung des Signals durch die Gate-Source Überlappkapazität $C_ü$ von T_2 auf den Ausgang hervorgerufen. Da C_C parallel zu $C_ü$ angeordnet ist und außerdem $C_C \gg C_ü$ ist, wandert diese vorher vernachlässigte Nullstellenfrequenz von hohen zu tieferen Frequenzen (Bild 9.7).

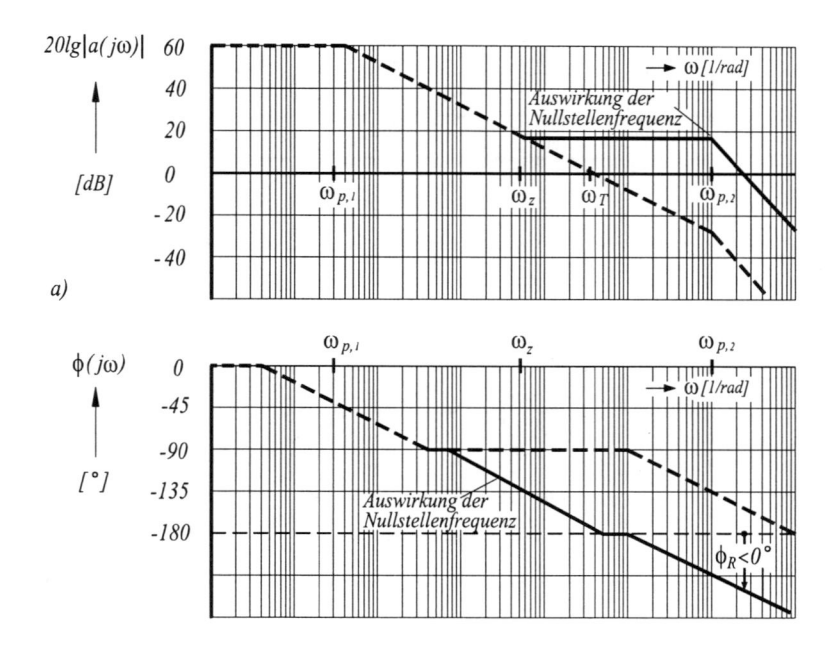

Bild 9.7: Auswirkung der Nullstellenfrequenz in der rechten Hälfte der s-Ebene auf den a) Amplituden- und b) Phasengang

Diese bewirkt, dass der Amplitudengang im Bereich $\omega > \omega_z$ nicht mit -20dB/Dek abnimmt sondern durch die Nullstelle um $20 \lg [1 + (\omega / \omega_z)^2]^{1/2} = +20$ dB/Dek kompensiert wird. Außerdem tritt ein Phasenrückdrehung (Nullstelle in der rechten Hälfte der s-Ebene (RHS)) von $\phi = -\tan \omega / \omega_z$ auf. Die Folge davon ist, dass keine Phasenreserve mehr vorhanden und $\phi_R < 0°$ ist.

Beseitigung des Nullstelleneinflusses

Die Ursache für die Nullstelle in der rechten Hälfte der s-Ebene ist, wie bereits erwähnt, die Vorwärtskopplung des Signals durch C_C auf den Ausgang. Eine Möglichkeit diese Vorwärtskopplung zu vermeiden besteht darin, einen Source-Folger (T_3, T_4) zu verwenden, wodurch die Vorwärtskopplung durch C_C auf den Ausgang Q vermieden wird. (Bild 9.8).

Der sog. Pol-Splitting-Effekt wird hierbei voll beibehalten, solange die Verstärkung des Source-Folgers nahe bei eins liegt (Kapitel 8.2). Ein Nachteil hierbei ist jedoch, dass ein zusätzlicher Strom durch T_3 und T_4 fließt wodurch die Leistungsaufnahme ansteigt.

9 CMOS-Verstärkerschaltungen   497

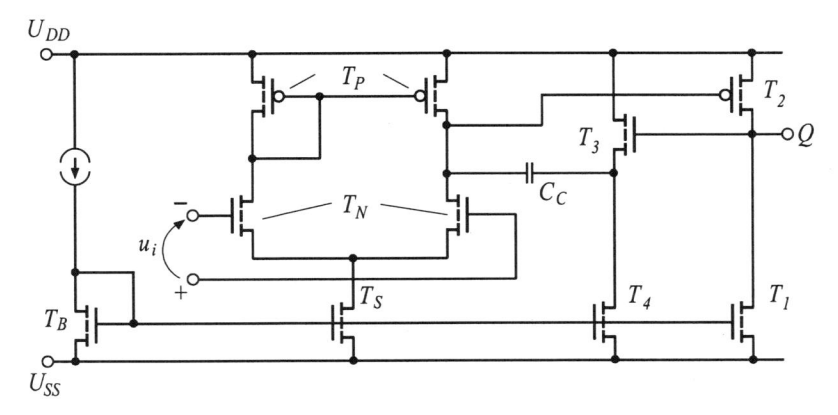

Bild 9.8:   Miller-Verstärker mit Source-Folger zur Frequenzgangkompensation

Verschiebung der Nullstelle nach unendlich

Der zusätzliche Leistungsverbrauch kann vermieden werden wenn statt eines Source-Folgers ein Serienwiderstand zu C_C vorgesehen wird (Bild 9.9). Aus dem Kleinsignal-Ersatzschaltbild (Bild 9.4) ergibt sich mit r in Serie zu C_C eine Übertragungsfunktion

$$a_{dm}(j\omega) = a_{dm}(0) \frac{\left(1 + j\frac{\omega}{\omega_z}\right)}{\left(1 + j\frac{\omega}{\omega_{p,1}}\right)\left(1 + j\frac{\omega}{\omega_{p,2}}\right)\left(1 + j\frac{\omega}{\omega_{p,3}}\right)} \quad (9.11)$$

mit einer veränderten Nullstellenfrequenz bzw. Nullstelle in der linken Seite der s-Ebene (mit r = 0 wandert die Nullstelle wieder auf die ursprüngliche rechte Seite der s-Ebene)

$$\omega_z = \frac{1}{C_c\left(r - \frac{1}{g_{m,2}}\right)} \quad (9.12)$$

den unveränderten Polstellenfrequenzen Gl.(9.9), (9.10)

$$\omega_{p,1} \approx \frac{g_{m,n}}{a_{dm}(0)C_c}$$

$$\omega_{p,2} \approx \frac{g_{m,2}}{C_a C_l} \cdot \frac{1}{1/C_c + 1/C_a + 1/C_l},$$

und einer zusätzlichen Polstellenfrequenz von

$$\omega_{p3} = \frac{1}{r}\left(\frac{1}{C_c} + \frac{1}{C_a} + \frac{1}{C_l}\right), \tag{9.13}$$

wobei $a_{dm}(0)$ durch die bekannte Beziehung (9.3) beschrieben wird.

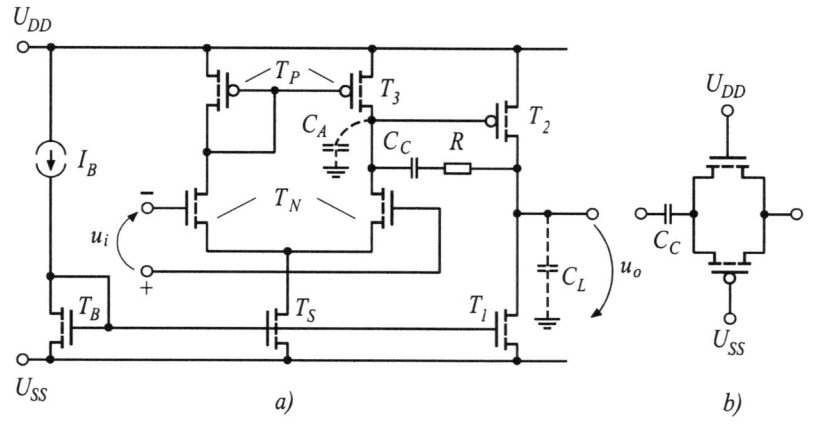

Bild 9.9:   a) Miller-Verstärker nach Bild 9.1 mit Nullstellenkompensation;
b) Realisierung des Kompensationsnetzwerks

Die Nullstellenfrequenz ω_z Gl.(9.12) kann nach unendlich geschoben und damit unwirksam gemacht werden, wenn

$$r = \frac{1}{g_{m,2}} \tag{9.14}$$

gewählt wird. Der Pol-Splitting-Effekt durch die Kapazität C_C bleibt voll erhalten.

Eine Realisierung des Widerstandes ist in Bild 9.9 dargestellt. Durch die Verwendung von jeweils einem parallel geschalteten n- und p-Kanal Transistor, die im Widerstandsbereich betrieben werden, erhält man einen annähernd symmetrischen Widerstand. Die Kapazität C_C wird in der Praxis meist so gewählt, dass sie in etwa dem Wert von C_L entspricht.

Kompensation der Nullstelle durch einen Pol

Eine weitere Möglichkeit die Nullstelle zu kompensieren besteht darin, eine Pol-Nullstellenkompensation durchzuführen (siehe hierzu Anhang B, Kapitel 8). Dazu wird $\omega_z = \omega_{p,2}$ gewählt. Aus den Gleichungen (9.10) und (9.12) ergibt sich damit ein Widerstandswert von

$$r \approx \frac{1}{g_{m,2} C_c}(C_l + C_c), \tag{9.15}$$

wobei angenommen wurde, dass C_l und C_c wesentlich größer als C_a sind. Diese Kompensation sollte nur dann verwendet werden, wenn die Lastkapazität konstant und damit spannungsunabhängig ist. Andernfalls resultiert eine unvollkommene Pol-Nullstellenkompensation, die die Amplituden bzw. Phasenreserve verschlechtert.

Nahezu alle Parameter des CMOS-Operationsverstärkers sind drainstromabhängig. Wird eine **Verschiebung der Nullstelle nach unendlich** vorausgesetzt, ergibt sich für die wichtigsten Parameter der Zusammenhang aus den Beziehungen (9.3), (9.9), (9.10) und (8.24) zu

$$a_{dm}(0) = \frac{g_{m,n}}{g_{o,n}+g_{o,p}} \frac{g_{m,2}}{g_{o,1}+g_{o,2}} \sim I_{DS}^{-1} \tag{9.16}$$

$$\omega_{p,1} \approx \frac{g_{m,n}}{a_{dm}(0)C_c} \sim I_{DS}^{3/2} \tag{9.17}$$

$$\omega_{p,2} \approx \frac{g_{m,2}}{C_l} \sim I_{DS}^{1/2} \tag{9.18}$$

$$\omega_T = a_{dm}(0)\omega_{p,1} \approx \frac{g_{m,n}}{C_c} \sim I_{DS}^{1/2} \tag{9.19}$$

Hierbei wurde angenommen, dass $C_l = C_c$ und C_k vernachlässigbar klein ist. Weiterhin wurde vorausgesetzt, dass die Polfrequenz $\omega_{p,3}$ bei sehr hohen Frequenzen liegt und dadurch vernachlässigbar ist. Somit handelt es sich hierbei um ein System mit nur zwei Polfrequenzen.

Mit der Festlegung, dass $C_l = C_c$ ist und die Phasenreserve $\phi_R > 60°$ sein soll – um ungewünschte Oszillationen zu vermeiden – ergibt sich in etwa, dass

$$\omega_{p,2} > 2\omega_T \tag{9.20}$$

sein soll. Um diese Bedingung zu erfüllen, muss damit

$$g_{m,2} > 2g_{m,n} \tag{9.21}$$

sein. In der Praxis wird $g_{m,2} \approx 3g_{m,n}$ gewählt.

Da das Verhältnis $\omega_{p,2}/\omega_T$ unabhängig vom Drainstrom ist, ergibt sich nur eine geringe Abhängigkeit der Stabilität des Verstärkers von Temperatur und Prozessstreuungen.

Slew rate des kompensierten Miller-Verstärkers

Wird an den Eingang des rückgekoppelten Verstärkers ein Spannungssprung angelegt, so ändert sich die Ausgangsspannung nur langsam. Der Grund dafür ist, dass der Strom, der die Kapazität C_C umlädt, durch den Strom I_S der Stromsenke der Differenzstufe bestimmt wird (Bild 9.10).

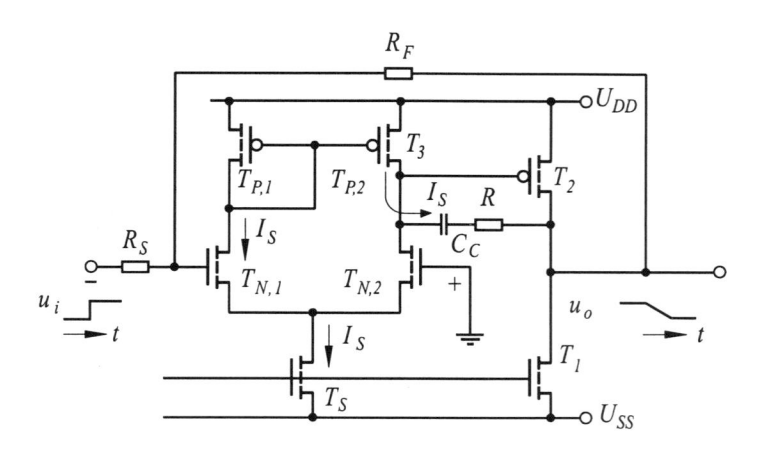

Bild 9.10: Teilschaltung eines rückgekoppelten Miller-Verstärkers

Vor dem Anlegen des Spannungssprungs teilt sich der Strom der Stromsenke I_S zu gleichen Teilen $I_S/2$ auf die Eingangstransistoren $T_{N,1}$ und $T_{N,2}$ auf. Nach dem Spannungssprung ist $T_{N,1}$ leitend und $T_{N,2}$ nichtleitend. Damit fließt durch den leitenden Transistor ein Strom von I_S. Da $T_{P,1}$ und $T_{P,2}$ eine Stromspiegelschaltung bilden, hat der Strom durch $T_{P,2}$ und damit der Strom, der die Kapazität C_C auflädt, einen Wert der dem von I_S entspricht. Ist die Situation umgekehrt und $T_{N,2}$ leitend und $T_{N,1}$ nichtleitend, dann wird die Kapazität mit einem Strom von I_S entladen. Wird angenommen, dass das Aufladen der Kapazität weder durch die Ausgangsstufe noch durch den Widerstand begrenzt wird, dann ergibt sich eine so genannte slew rate von

$$\boxed{SR = \frac{du_o}{dt} \approx \frac{I_S}{C_C}}. \qquad (9.22)$$

Entwurfskriterien für den Miller-Verstärker

Normalerweise bestimmen ein oder zwei wesentliche Anforderungen die Entwurfskriterien für einen Verstärker. Für den vorgestellten zweistufigen Verstärker (Bild 9.9) ergaben sich bereits aus der Anforderung an die Stabilität und die Phasenreserve die Festlegungen (9.19), (9.21) und (9.14)

$$g_{m,n} \approx C_c \omega_T$$
$$g_{m,2} \approx 3 g_{m,n}$$
$$r = 1/g_{m,2}$$

wobei $C_l = C_c$ vorausgesetzt wurde und die Nullstelle durch R nach Unendlich verschoben wurde. Durch die slew rate (9.22) war der Zusammenhang zwischen I_S und C_C gegeben. Weiterhin können aus der geforderten Verstärkung die Leitwerte (9.3)

9 CMOS-Verstärkerschaltungen

$$(g_{o,n} + g_{o,p})(g_{o,1} + g_{o,2}) = g_{m,n} g_{m,2} / a_{dm}(0) \qquad (9.23)$$

ermittelt werden. Hierdurch ergeben sich die Anforderungen an die Kanallängen der Transistoren. Weiterhin liefert die Gleichtaktunterdrückung Gl.(8.42) über den Leitwert

$$g_{o,s} \approx 2 \frac{g_{m,n} g_{m,p}}{g_{o,n} CMRR(0)} \qquad (9.24)$$

die Anforderung an die Kanallänge des Transistors T_S der Stromsenke.

Die wichtigsten typischen Daten, die mit dem in Bild 9.9 gezeigten Miller-Verstärker erreicht werden, sind in Tabelle 9.1 zusammengefasst.

Parameter/Zusammenhang	typische Werte
$a_{dm}(0) = \dfrac{g_{m,n}}{g_{o,n}+g_{o,p}} \dfrac{g_{m,2}}{g_{o,1}+g_{o,2}}$	75 dB
$f_T \approx g_{m,n} / 2\pi C_c$	3 MHz
$SR \approx I_S / C_c$	4 V/µs
$CMRR(0) = 2 g_{m,n} g_{m,p} / g_{o,s} g_{o,n}$	80 dB
ϕ_R	60^0
Last	10 pf

Tabelle 9.1: *Typische Daten eines Miller-Verstärkers nach Bild 9.9 mit $U_{DD,SS} = \pm 2,5\ V$*

9.2 Gefalteter Kaskode-Verstärker

Der im Vorhergehenden vorgestellte Miller-Verstärker ist für die meisten Anwendungen, wie z.B. SC-Filter ausreichend. Wird jedoch eine höhere Verstärkung und eine bessere Phasenreserve gefordert, so kann auf sog. "folded-cascode" Verstärker |KOCH|, |ROSS| zurückgegriffen werden.

Ausgangspunkt für die Verstärkertypen ist die in Kapitel 8, Bild 8.25, gezeigte differenzielle Eingangsstufe mit unsymmetrischem Ausgang.

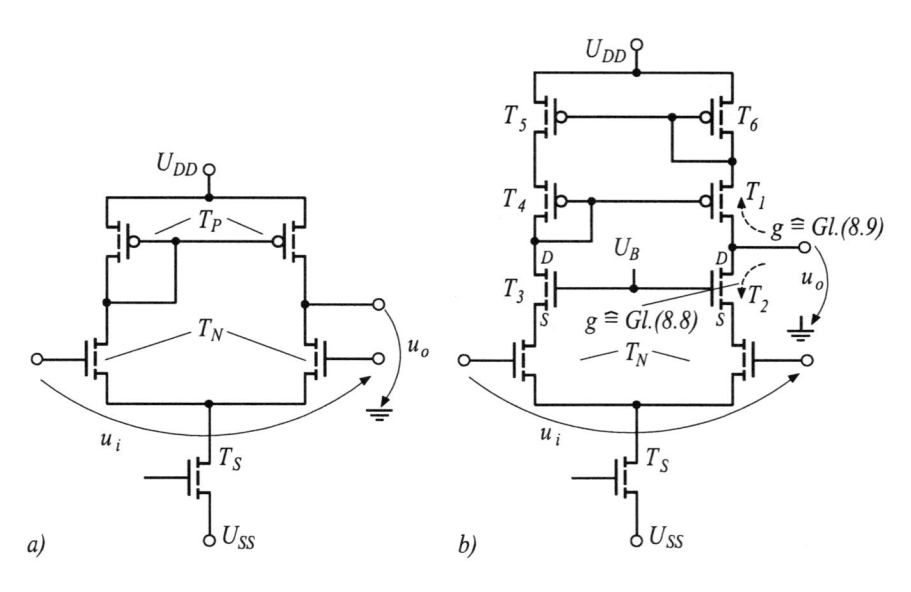

Bild 9.11: Vergleich zwischen a) herkömmlicher differenzieller Eingangsstufe (Bild 8.25) und b) verbesserter differenzieller Eingangsstufe

Die Verstärkung bei niedrigen Frequenzen beträgt dabei Gl.(8.40)

$$a_{dm}(0) \approx \frac{g_{m,n}}{g_{o,n} + g_{o,p}} = g_{m,n} r_{aus} \; .$$

Eine verbesserte Eingangsstufe ergibt sich daraus, indem

1. zur Reduzierung des Miller-Effekts (Kapitel 8.3.1) eine Kaskode-Schaltung mit den Transistoren T_2, T_3 vorgesehen wird und

2. die Stromspiegelschaltung mit den p-Kanal-Transistoren (Bild 9.11a) durch eine verbesserte Schaltung mit größerem Innenwiderstand – ähnlich der gezeigten verbesserten Stromsenke (Bild 8.7c) – ersetzt wird.

Dadurch vergrößert sich der Ausgangswiderstand zu

$$r_{aus} \approx \left(\frac{g_{o,6} g_{o,1}}{g_{m,1}} + \frac{g_{o,n} g_{o,2}}{g_{m,2}} \right)^{-1} . \qquad (9.25)$$

Dieser setzt sich aus dem Leitwert der Stromspiegelschaltung und dem des Verstärkerteils in Analogie zu Beziehung (8.9) und (8.8) zusammen.

Damit liefert diese Stufe eine wesentlich erhöhte Verstärkung – im Vergleich zu derjenigen des Miller-Verstärkers Gl.(9.16) – von

9 CMOS-Verstärkerschaltungen

$$a_{dm}(0) = g_{m,n} r_{aus}$$

$$a_{dm}(0) \approx g_{m,n} \left(\frac{g_{o,6} g_{o,1}}{g_{m,1}} + \frac{g_{o,n} g_{o,2}}{g_{m,2}} \right)^{-1}. \quad (9.26)$$

Problematisch ist jedoch, dass durch die Hintereinanderschaltung der vielen Transistoren die Versorgungsspannung relativ groß sein muss. Diese erhöhte Spannung kann durch eine Faltung der Schaltung vermieden werden (Bild 9.12).

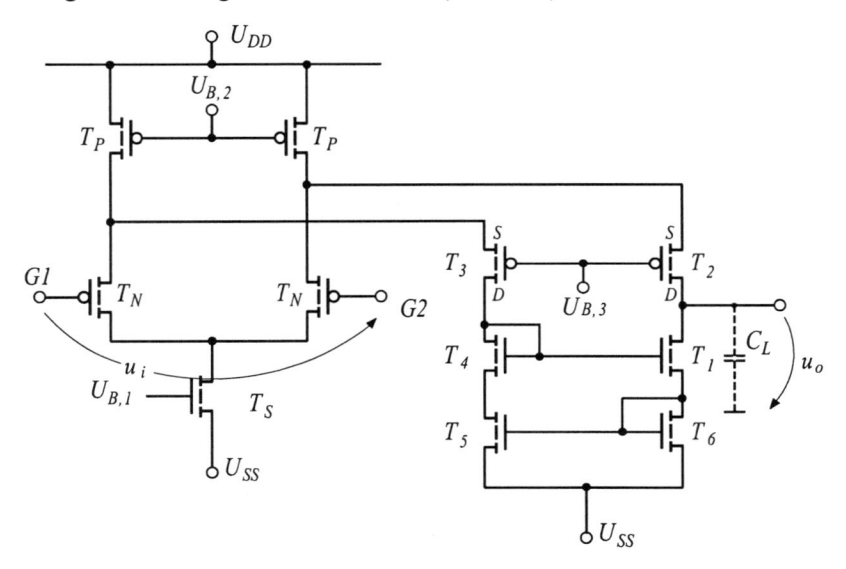

Bild 9.12:   Gefalteter Kaskode-Verstärker

Die Stromspiegelschaltung mit den Transistoren T_1, T_4, T_5 und T_6 wird mit der Spannung U_{SS} verbunden (nach U_{SS} gefaltet), wozu die p-Kanal in n-Kanal Transistoren verändert wurden. Die Transistoren T_3 und T_4 werden als p-Typen ausgeführt, und deren Source-Anschlüsse mit den Eingangstransistoren T_N verbunden. Die Zuführung des Stromes von U_{DD} erfolgt durch zwei zusätzliche Transistoren T_P, die als Stromquellen fungieren.

Der Verstärker besteht somit – wie bisher – aus einer sehr hochohmigen Stromspiegelschaltung sowie einer Kaskode-Stufe, wodurch der Miller-Effekt stark reduziert wird. Die Verstärkung ist damit identisch zu derjenigen von Beziehung (9.26), wenn man den Einfluss der zusätzlichen Stromquellen T_P vernachlässigt.

Der dominierende Pol der Schaltung wird durch die Lastkapazität – vorausgesetzt diese ist relativ groß – bestimmt. Da diese durch den Ausgangswiderstand der Schaltung umgeladen wird, ergibt ein Frequenzgang von

$$a(j\omega) = a_{dm}(0) \frac{1}{1 + j\frac{\omega}{\omega_p}}, \quad (9.27)$$

wobei die Polstellenfrequenz einen Wert von Gl.(9.26)

$$\omega_p = \frac{1}{C_l r_{aus}}$$

$$\omega_p = \frac{1}{C_l}\left(\frac{g_{o,6}g_{o,1}}{g_{m,1}} + \frac{g_{o,n}g_{o,2}}{g_{m,2}}\right) \tag{9.28}$$

besitzt. Da dieser Verstärker nur eine dominierende Polstelle hat, beträgt der Phasenrand $\phi_R(C_{L1}) = 90°$, wodurch der Verstärker sehr stabil (Bild 9.13) ist. Dies ist einer der wesentlichen Unterschiede im Vergleich zum Miller-Verstärker mit zwei Polstellen und entsprechend reduziertem Phasenrand.

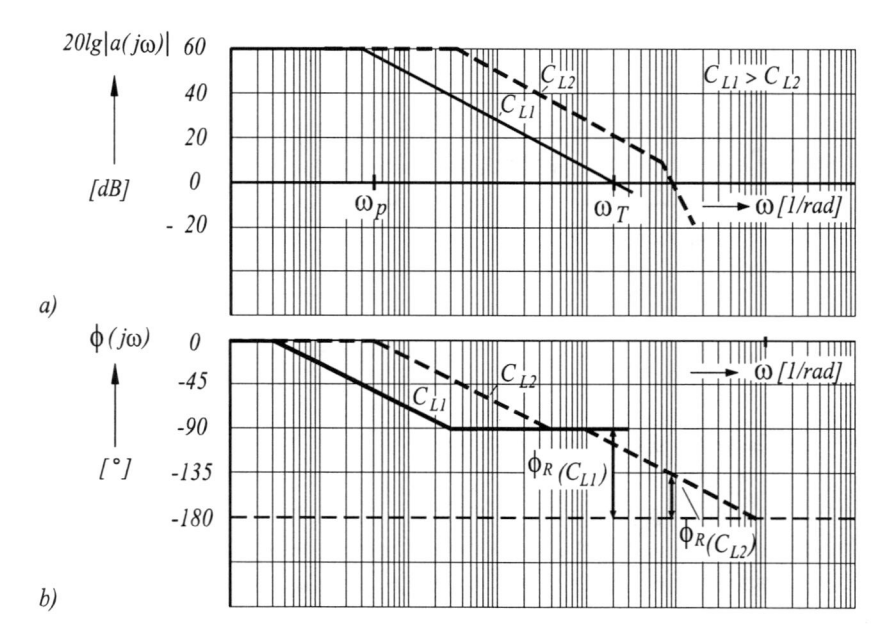

Bild 9.13: *a) Amplituden- und b) Phasengang des gefalteten Kaskode-Verstärkers bei unterschiedlicher Lastkapazität*

Lediglich wenn C_L zu klein wird (Bild 9.13) treten bisher vernachlässigte Polstellen in Erscheinung und reduzieren den Phasenrand auf $\phi_R(C_{L2})$.

Will man große kapazitive oder ohmsche Lasten mit den vorgestellten Verstärkern betreiben, müssen zwangsläufig die Ströme erhöht werden (A-Betrieb in Bild 9.15). Dies führt zu einem unerwünscht hohen Leistungsverbrauch. Dieser kann durch Verwendung spezieller Ausgangsstufen reduziert werden, worauf im nächsten Abschnitt eingegangen wird.

9.3 Gefalteter Kaskode-Verstärker mit AB-Ausgangsstufe

Eine Übersicht über den Verstärker gibt Bild 9.14.

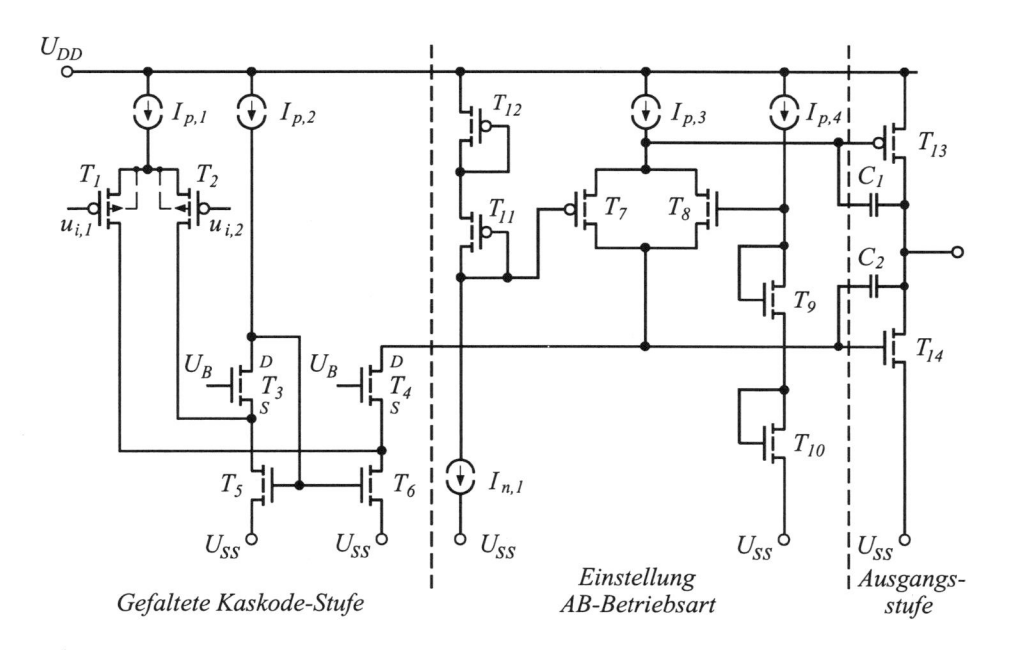

Bild 9.14: Gefalteter Kaskode-Verstärker

Der Eingang besteht aus einem gefalteten Kaskode-Verstärker der statt n-Kanal p-Kanal Transistoren T_1, T_2 im Eingang hat. Diese wurden verwendet, um den Verstärker in einem Herstellverfahren mit n-Wannen (Kapitel 5, Bild 5.14) zu realisieren. Denn nur so ist es möglich, die Source- und Bulkgebiete der Eingangstransistoren mit einander zu verbinden, um den Einfluss des Substratsteuerfaktors zu eliminieren. Als Stromquellen und –senken wurden zur Vereinfachung nur Symbole verwendet. Diese können, je nach Größe der Versorgungsspannungen aus den in Kapitel 8.1.1 vorgestellten Schaltungen realisiert werden. Die Ausgangsstufe wird in AB-Betriebsart betrieben um den Leistungsverbrauch gering zu halten. Die Kapazitäten C_1 und C_2 werden zur Frequenzgangkompensation verwendet. Eine Erklärung der verschiedenen Betriebsarten geht aus Bild 9.15 hervor.

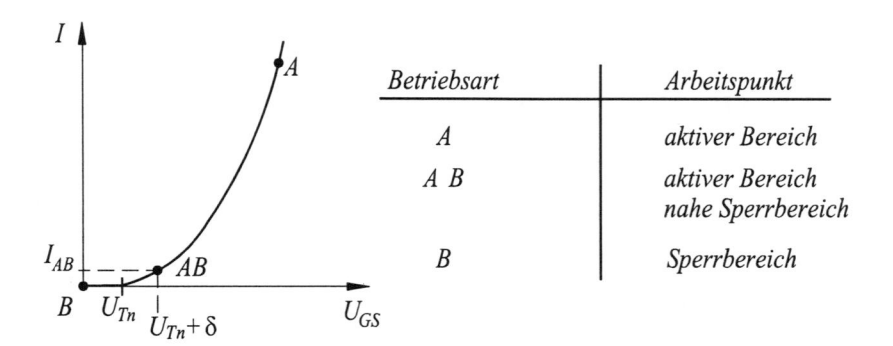

Betriebsart	Arbeitspunkt
A	aktiver Bereich
A B	aktiver Bereich nahe Sperrbereich
B	Sperrbereich

Bild 9.15: Definition von Betriebsarten (I Strom der Ausgangsstufe)

Die Einstellung des Arbeitspunktes für den AB-Betrieb erfolgt mit einem Netzwerk, das möglichst alle Parameter- und Versorgungsspannungsschwankungen ausgleicht. Im Folgenden wird im Detail auf die einzelnen Schaltungsteile eingegangen.

Gefaltete Kaskode-Stufe

Diese Schaltung (Bild 9.16) besteht aus dem symmetrischen Eingang T_1, T_2 und einem unsymmetrischen Ausgang mit der Spannung u_a, die durch Spiegelung der Ströme $I_{p,1}$ bis $I_{p,3}$ erzeugt wird. Die sog. wrap-around Schaltung hat den Vorteil, dass sie bei kleinen Versorgungsspannungen eingesetzt werden kann.

Die Spannungsquelle U_{AB} verwendet man zur Einstellung des Arbeitspunktes. Sie wird durch die Transistoren T_7 bis T_{12} realisiert worauf später noch eingegangen wird. Bei der folgenden Wechselspannungsanalyse ist die Spannungsquelle nicht von Bedeutung, da der Innenwiderstand r_i zu 0 Ω angenommen wird.

Die Funktion der wrap-around Schaltung T_3 bis T_6 kann am besten erklärt werden, wenn man Bild 9.16 betrachtet und annimmt, dass infolge der Eingangsspannungsänderung z.B. der Strom I_1 um einen sehr kleinen Wert ΔI abnimmt und entsprechend I_2 um $+\Delta I$ zunimmt. Die Zunahme von I_2 bedeutet, dass die $U_{GS,3}$-Spannung abnimmt, wodurch $U_{GS,5}$ zunimmt. Damit steigt die Stromergiebigkeit von T_6 an, wodurch die $U_{GS,4}$-Spannung ebenfalls zunimmt. Diese Zunahme wird noch verstärkt, da I_1 um ΔI abnimmt. Mit größer werdender $U_{GS,4}$-Spannung steigt somit die Stromergiebigkeit von T_4 an, wodurch sich die Ausgangsspannung verringert.

Um die Verstärkung der Stufe zu bestimmen, kann man das Kleinsignal-Ersatzschaltbild aufzeichnen, die Knotengleichungen lösen und die Verstärkung bestimmen. Da dies ab einer bestimmten Zahl von Transistoren – wie bereits erwähnt – sehr mühevoll wird, wurden zur Analyse der gefalteten Kaskode-Stufe die Programme |ISAA|, |GIEL| verwendet.

9 CMOS-Verstärkerschaltungen   507

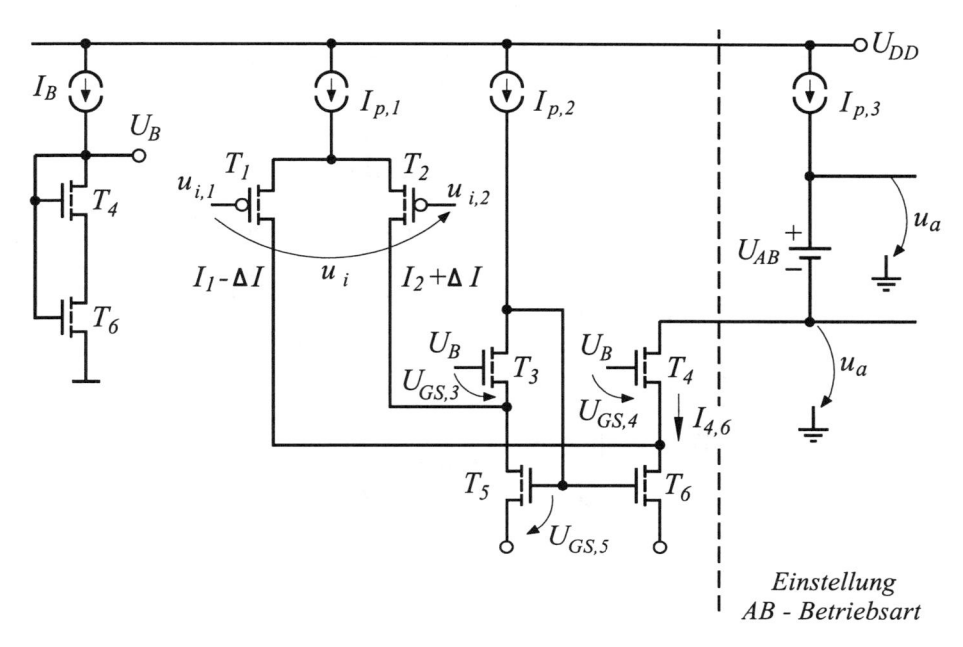

Bild 9.16:   Gefaltete Kaskode-Stufe

Unter den Voraussetzungen, dass die folgenden Transistorpaare gebildet werden, $T_1 = T_2$; $T_3 = T_4$; $T_5 = T_6$; und ferner die Stromquellen $I_{p,2} = I_{p,3}$ als ideal betrachtet werden können, ergibt sich eine Verstärkung der Eingangsstufe bei niedrigen Frequenzen von

$$a_{dm,1}(0) = u_a / u_i \approx - \frac{g_{m,1} g_{m,3}}{(g_{o,1} + g_{o,5}) g_{o,3}} \quad , \tag{9.29}$$

d.h. die Verstärkung ist, wie erwartet, um so größer je größer die Übertragungsleitwerte und je kleiner die Leitwerte sind.

AB-Ausgangsstufe

In Bild 9.16 ist im Ausgangszweig eine Spannungsquelle vorgesehen. Diese hat einen derartigen Spannungswert, dass die Transistoren T_{13} und T_{14} (Bild 9.17) sich im AB-Arbeitspunkt befinden. Diese Spannungsquelle ist sozusagen schwimmend angeordnet, da der Wert mit dem sich $U_{GS,14}$ bzw. $U_{GS,13}$ ändert von dem Strom bestimmt wird, der durch die Spannungsquelle fließt.

Mit Hilfe des vereinfachten Schaltbildes (Bild 9.17) soll das Prinzip der Ansteuerung |HOGE| der AB-Stufe detaillierter betrachtet werden.

Hierbei wird der Einfachheit halber angenommen, dass an allen zu betrachtenden Transistoren eine Spannung von $U_{GS} = U_{Tn(p)} + \delta$ auftritt. δ gibt hierbei die sog. Overdrive-Spannung wieder, die beim n-Transistor positiv und beim p-Transistor negativ ist.

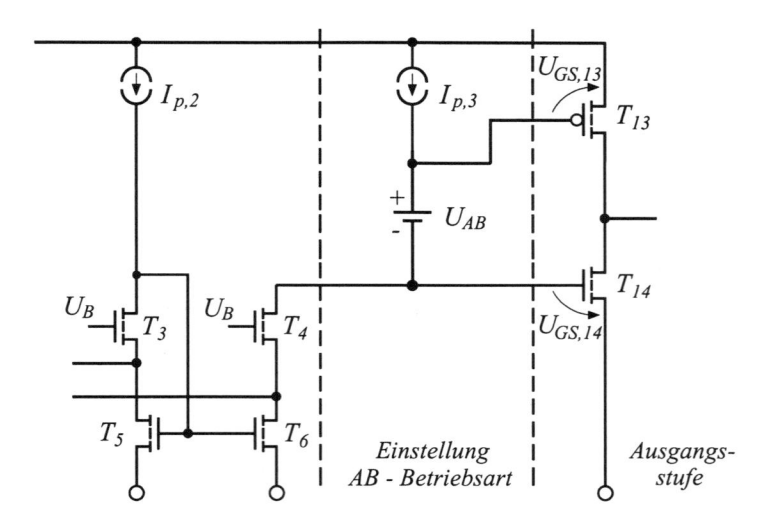

Bild 9.17: Prinzipschaltbild zur Erklärung der AB-Arbeitspunkteinstellung

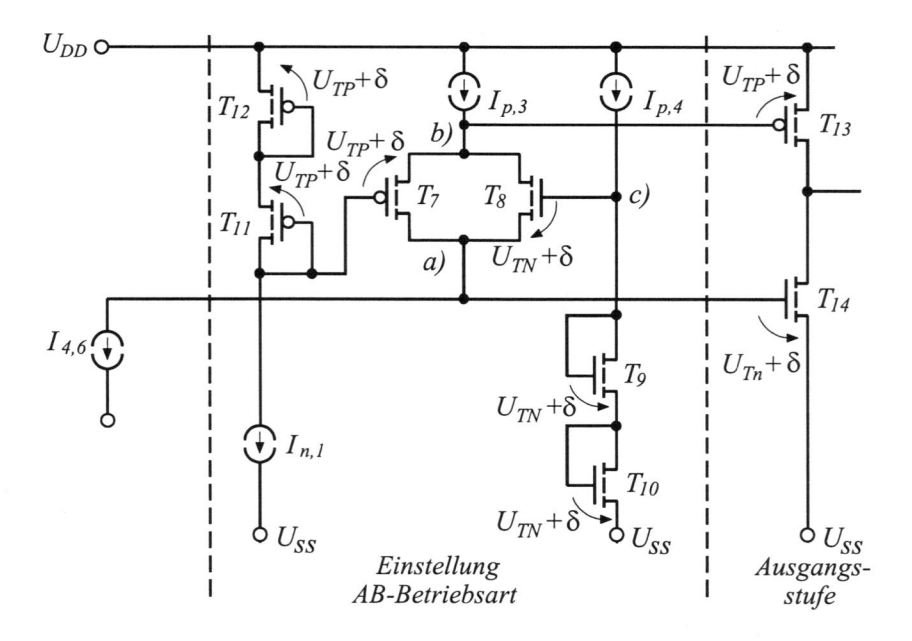

Bild 9.18: Prinzipschaltbild zur Ansteuerung der AB-Stufe

Mit dieser Annahme herrscht am Knoten c) (Bild 9.18) eine Spannung von $2(U_{Tn} + \delta)$ und am Knoten a) eine von $U_{Tn} + \delta$. Da letztere die U_{GS}-Spannung von T_{14} ist, hat dieser Transistor eine Overdrive-Spannung von δ. Spiegelbildlich dazu ist die Ansteuerung für den p-Kanal Transistor T_{13}. Auch hier stellt sich eine Overdrive-Spannung von δ ein. Mit der Größe von δ wird somit bestimmt, wie weit der aktive Bereich der Transistoren spannungsmäßig vom Sperrbereich entfernt ist (Bild 9.15).

Aus dem Vorhergehenden geht hervor, dass absolute Parameterschwankungen keinen Einfluss auf die Oberdrive-Spannung haben. Nur differenzielle Schwankungen machen sich bemerkbar.

Ob nun der Strom $I_{p,3}$ größer oder kleiner als der Strom $I_{4,6}$ durch die Transistoren T_4 und T_6, der sog. wrap-around Schaltung ist und welchen Wert dadurch die Ausgangsspannung des Verstärkers annimmt, bestimmen die Eingangsspannungen $u_{i,1}$ und $u_{i,2}$. Diese können den Verstärker durchsteuern, so dass die Ausgangsspannung einen Wert von U_{CC} bzw. 0V annehmen kann. Wie es zu diesem sog. "rail to rail" Betrieb kommt, wird im Folgenden betrachtet.

a) $u_{i,1} > u_{i,2}$

Dann ist $I_2 \gg I_1$ (T_1 und T_2 sind p-Kanal Transistoren) und damit $I_{4,6} \gg I_{p,3}$ (Bild 9.16) und Bild 9.18). Am Knoten a) stellt sich eine Spannung von $U_{GS,14} < U_{Tn}$ ein, wodurch T_{14} ausgeschaltet und gleichzeitig T_8 durchschaltet und T_{13} einschaltet. Damit liegt am Ausgang eine Spannung von U_{CC} an.

b) $u_{i,1} < u_{i,2}$

In diesem Fall ist $I_2 \ll I_1$ und damit $I_{4,6} \ll I_{p,3}$. Am Knoten b) (Bild 9.18) stellt sich eine Spannung ein, die größer ist als $U_{DD} - |U_{TP}|$. Damit wird T_{13} ausgeschaltet und gleichzeitig T_7 und T_{14} eingeschaltet. Am Ausgang stellt sich eine Spannung von 0V ein.

Die gesamte differenzielle Verstärkung des Operationsverstärkers ergibt sich aus dem Produkt der Verstärkung der gefalteten Kaskode-Stufe sowie der Ausgangsstufe. Diese hat eine Verstärkung von

$$a_2(0) = -\frac{g_{m,13} + g_{m,14}}{g_{0,13} + g_{0,14}}, \qquad (9.30)$$

die sich aus dem Verhältnis der Übertragungs- zu Ausgangsleitwerten ergibt.

Damit beträgt die gesamte Verstärkung bei niedrigen Frequenzen

$$a_{dm}(0) = a_{dm,1}(0) \cdot a_2(0), \qquad (9.31)$$

wobei $a_{dm,1}$ durch Beziehung (9.29) gegeben ist.

Bemerkung:

Beim Studium der Kapitel 8 und 9 wird deutlich, dass die Kenntnis der Übertragungsfunktion mit Lage und Abhängigkeiten der Pol- und Nullstellenfrequenzen von Strömen und Parametern äußerst wichtig für die richtige Dimensionierung eines Verstärkers ist. Führt man eine rechnergestützte AC-Analyse aus, so erhält man zwar Auskunft über Amplituden- und Phasengänge und die Lage von Pol- und Nullstellen, jedoch nicht unbedingt Angaben über die Parameter, die diese beeinflussen. Diese Kenntnis ist jedoch zur Optimierung eines Verstärkers zwingend nötig. Aus den Kleinsignal-Ersatzschaltbildern kann man zwar die Übertragungsfunktion herleiten, aber ab einer gewissen Zahl von Transistoren und damit Komplexität ist dies nicht mehr praktikabel. In diesem Fall wird auf die Rechenunterstützung durch |GIEL|, |ISAA| verwiesen, mit deren Hilfe die gewünschten Übertragungsfunktionen ermittelt werden können.

Zusammenfassung der wichtigsten Ergebnisse des Kapitels

Der vorgestellte Miller-Verstärker neigt bei hohen Frequenzen zur Instabilität. Um diese zu vermeiden ist eine Frequenzgangkorrektur nötig. Das geschieht durch gezielten Einbau einer Vorwärtskopplung mit Hilfe eines Kondensators und Widerstandes. Die Werte dieser Komponenten können so gewählt werden, dass entweder eine Pol-Nullstellenkompensation erreicht wird oder die Nullstelle nach unendlich verschoben wird. Typische Verstärkungswerte $a_{dm}(0)$ liegen bei 75 dB.

Eine höhere Verstärkung kann mit dem gefalteten Kaskode-Verstärker erreicht werden. Möglich ist dies durch die Verwendung verbesserter Stromsenken, die nach U_{SS} gefaltet sind, um die Versorgungsspannung klein zu halten.

Zum Treiben größerer kapazitiver oder ohmscher Lasten wurde eine Ausgangsstufe im AB-Betrieb vorgestellt. Diese wird von einem abgeänderten gefalteten Kaskode-Verstärker angesteuert, um mit einer niedrigen Versorgungsspannung auszukommen.

Übungen

Aufgabe 9.1

Berechnen Sie den Kleinsignal-Ausgangswiderstand der dargestellten verbesserten Stromsenke bei niedrigen Frequenzen, wenn T_3 und T_2 identisch aufgebaut sind.

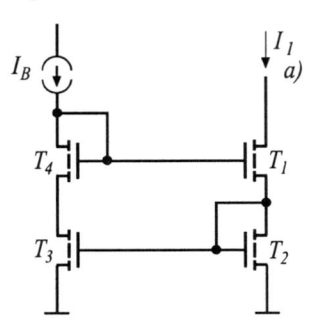

Bild A: 9.1

Aufgabe 9.2

Bestimmen Sie bei niedrigen Frequenzen die Verstärkung der dargestellten Verstärkerstufe (T_5 befindet sich in Stromsättigung). Daten der Transistoren:

$\beta_p (T_1 \text{ bis } T_4) = 800 \mu A / V^2$; $\lambda_p (T_1 \text{ bis } T_5) = 0{,}01 V^{-1}$; $\beta_5 = 5000 \mu A / V^2$

Es kann davon ausgegangen werden, dass $U_{DS} \lambda \ll 1$ ist.

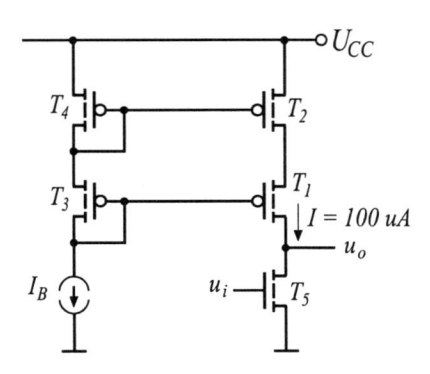

Bild A: 9.2

Aufgabe 9.3

In dem gefalteten Kaskode-Verstärker (Bild 9.14) wird eine sog. wrap-around Schaltung verwendet (Bild A 9.3).

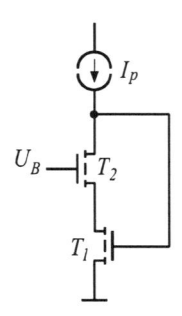

Bild A: 9.3

Bestimmen Sie den Spannungsbereich von U_B in dem sich beide Transistoren in Stromsättigung befinden.

Literatur

|GIEL|	G. Gielen and W. Sansen: "Symbolic Analysis for Automated Design of Analog Integrated Circuits" Kluwer Academic Publishers
|HOGE|	R. Hogervorst et al: "A Compact Power-Efficient 3V CMOS Rail-to-Rail Input/Output Operational Amplifier for VLSI Cell Libraries"; IEEE J. Solid-State Circuits; Vol.29; Dec.1994, pp.1505-1512
|ISAA|	G. Gielen et al: "A symbolic simulator for analog integrated circuits"; IEEE J.Solid-State Circuits; Vol.24; No.6; Dec.1989, pp.1587-1597
|KOCH|	R. Koch et al: "A 12-bit sigma - delta analog-to-digital converter with a 15 MHz clock rate"; IEEE J.Solid-state circuits; SC-21; 1986, pp.1003-1010
|ROSS|	B. Rössler et al: "CMOS analog front end of a transceiver with digital echo cancellation für ISDN"; IEEE J.Solid-State Circuits; SC-23; 1988, pp.311-317

10 BICMOS-Schaltungen

Zu Beginn der IC-Entwicklung wurden digitale und analoge Schaltungen ausschließlich in bipolarer Technik hergestellt. Während diese Entwicklung zu immer besseren charakteristischen Werten bei den Schaltungen führte, wurde gleichzeitig die NMOS- und dann anschließend die **CMOS**-Technik als dominierende Technologie für digitale und analoge Anwendungen in der Großintegration eingesetzt. Dies war überwiegend bedingt durch die hohe Packungsdichte bei geringem Leistungsverbrauch. Demgegenüber bietet die **BI**polartechnik höhere Taktfrequenzen sowie Vorteile bei analogen Schaltungen. Aus diesem Grund stellt die Kombination der beiden Techniken (**BICMOS**) in einem Herstellverfahren (Bild 10.1) einen sehr guten Kompromiss dar.

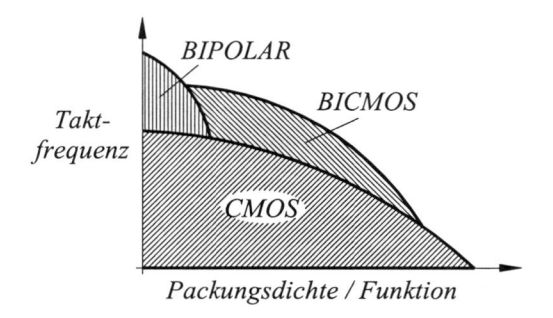

Bild 10.1:   Zusammenhang zwischen Taktfrequenz und Packungsdichte bei verschiedenen Herstellverfahren

Mit der BICMOS-Technik ist man in der Lage, die Vorteile der Bipolartechnik zusätzlich zu denen der CMOS-Technik zu nutzen, um bekannte und neuartige Lösungen im Digital- und Analogbereich zu implementieren. Dies wird erkauft mit höheren Herstellkosten, die durch das aufwändigere Herstellverfahren entstehen. Als Anwendung kommen in Frage: schnelle Speicher und Mikroprozessoren sowie Semi-Kundenschaltungen wie Gate-Arrays und Standard-Zellen und – von ganz besonderer Bedeutung – nachrichtentechnische Systeme.

Bevor auf Details der BICMOS-Schaltungstechnik eingegangen wird ist es zweckmäßig, das unterschiedliche Strom-Spannungsverhalten $I_C(U_{BE})$ und $I_{DS}(U_{GS})$ von bipolaren und MOS-Transistoren zu betrachten (Bild 10.2).

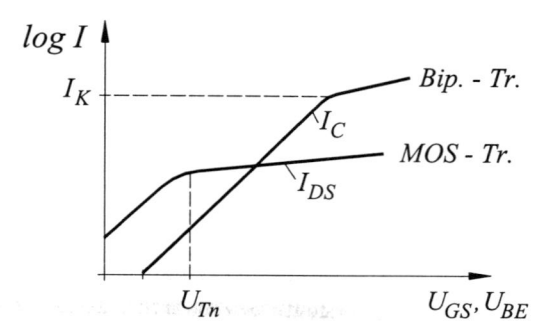

Bild 10.2: Skizze des $I_C\,(U_{BE})$- und $I_{DS}\,(U_{GS})$-Verhaltens von Bipolar- und MOS-Transistor

Der MOS-Transistor befindet sich mit $U_{GS} < U_{Tn}$ im sog. Unterschwellstrombereich und zeigt ein exponentielles Verhalten, das ab $U_{GS} \geq U_{Tn}$ in ein quadratisches Verhalten übergeht. Demgegenüber besitzt der bipolare Transistor im ganzen U_{BE}-Bereich ein exponentielles Verhalten bis er in den Bereich der starken Injektion bei I_K gelangt.

Wie sich dieses unterschiedliche Verhalten der Transistoren auf digitale und analoge Grundschaltungen auswirkt ist das Thema dieses Kapitels.

Zuerst werden die schnellsten digitalen Schaltungen in Silizium, die CML- bzw. ECL-Anordnungen mit bipolaren Transistoren analysiert. Typische Beispiele sind einfache Gatter, Multiplexer sowie D-Flip-Flops. Kombiniert man Bipolar- und MOS-Transistoren entstehen Schaltungen mit neuartigen Eigenschaften. Dies sind z.B. BICMOS-Treiber und Gatter.

Bandabstands-Spannungsquellen sind klassische Lösungen, um mit Bipolartransistoren sehr genaue und nahezu von der Temperatur unabhängige Referenzspannungsquellen auf einem IC zu realisieren. Diverse Schaltungen, einige davon die bei einer "Nur" CMOS-Lösung Anwendung finden können, werden vorgestellt.

Die Vor- und Nachteile von Bipolar- und MOS-Transistoren bei Anwendungen im Analogbereich werden im letzten Abschnitt des Kapitels betrachtet und dazu deren Übertragungsfunktionen verglichen.

10.1 Stromschaltungstechniken

In Kapitel 6.3 wurde bereits bei MOS-Schaltungen beschrieben, wie durch Reduzierung des Signalhubs die Schaltgeschwindigkeit erhöht werden kann. Dazu wurden Stromschaltungstechniken, auch **Current Mode Logic (CML)** genannt, eingesetzt. Wie sich

10 BICMOS-Schaltungen 515

diese Technik bei Verwendung von bipolaren Transistoren auswirkt, wird in diesem Abschnitt betrachtet.

10.1.1 CML-Schaltungen

Das Grundelement der CML-Schaltungen ist der Stromschalter (Bild 10.3). Die Verwendung von Widerstände anstatt p-Kanal Transistoren – wie bei MCML (Kapitel 6.3) – hat den Vorteil, dass parasitäre Kapazitäten reduziert werden, wodurch eine höhere Taktgeschwindigkeit erreicht werden kann.

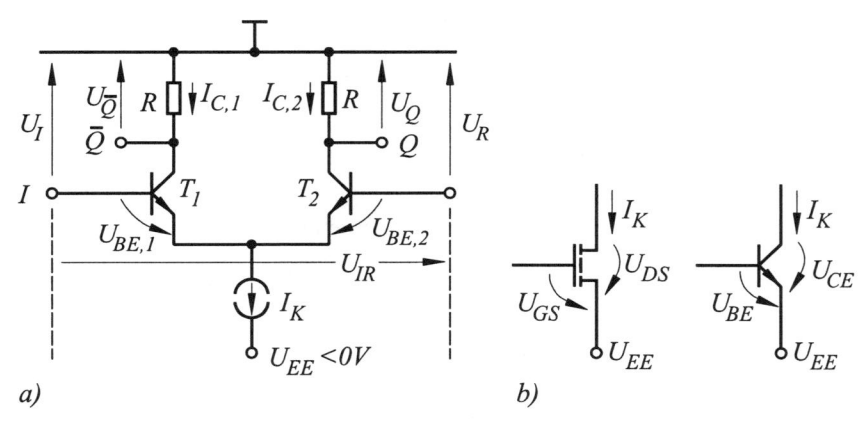

Bild 10.3: a) Stromschalter; b) Stromsenken

Hierbei kann, aber muss nicht, der positive Anschluss der Versorgungsspannung als Bezugspunkt, d.h. Masse gewählt werden. Dadurch haben die Eingangsspannungen U_{IH} und U_{IL}, die auf diesen Bezugspunkt bezogen sind, negative Werte. Diese Vorgehensweise hat den Vorteil, dass die U_I-Pegel nicht von der negativen Versorgungsspannung U_{EE} abhängig sind.

Die Stromsenke mit dem Strom I_K kann entweder durch die in Kapitel 8.1 gezeigten Anordnungen mit MOS-Transistoren oder in equivalenter Ausführung durch bipolare Transistoren realisiert werden. Damit die Transistoren als Stromsenke funktionieren, muss $U_{DS} \geq U_{GS} - U_{Tn}$ oder $U_{CE} \geq U_{BE}$ sein. Da die Dimensionierung so gestaltet werden kann, dass $U_{DS} < U_{BE}$ ist, ist die MOS-Lösung bei kleinen Versorgungsspannungen zu bevorzugen.

Liegt am Eingang eine Spannung $U_{IL} < U_R$ an, wobei U_R eine Referenzspannung ist, dann ergibt sich im Idealfall, dass Transistor T_1 nichtleitend ($I_{C,1} = 0$) und Transistor T_2 leitend, da $U_{BE,2} > U_{BE,1}$ ist. Durch Transistor T_2 fließt damit der gesamte Strom der Stromsenke, so dass $I_{C,2} = I_K$ ist, wenn der Basisstrom des Transistors vernachlässigt werden kann. Am Ausgang Q entsteht damit der maximale Spannungsabfall

$$U_Q = U_{QM} = -I_K R, \tag{10.1}$$

während derjenige am Ausgang $\overline{Q}$ 0V beträgt. Ist dagegen $U_{IH} > U_R$, ergibt sich eine entgegengesetzte Situation, wobei Transistor T_1 leitend und T_2 nichtleitend geschaltet sind. Beim Stromschalter wird somit in Abhängigkeit von der Eingangsspannung U_I der Strom der Stromsenke entweder durch Transistor T_1 oder T_2 geschaltet. Die Transistoren gelangen dabei nur in schwache Spannungssättigung. Schwache Spannungssättigung bedeutet dabei, dass die Injektion von Elektronen kollektorseitig vernachlässigbar klein gegenüber derjenigen vom Emitter ist (siehe Bild 3.15, Kapitel 3), so dass keine größeren Schaltverzögerungen hervorgerufen werden.

Damit eine symmetrische Übertragungskennlinie entsteht, wird die Referenzspannung am Transistor T_2 in die Mitte zwischen die Eingangspegel U_{IH} und U_{IL} gelegt, so dass

$$U_R = \frac{U_{IH} + U_{IL}}{2} \tag{10.2}$$

ist.

Die erwähnte Übertragungskennlinie, an der einige grundsätzliche Abhängigkeiten demonstriert werden können, wird im Folgenden hergeleitet.

An dem Stromschalter liegt eine Eingangsspannung in Bezug zur Referenzspannung von

$$\begin{aligned} U_{IR} &= U_{BE,1} - U_{BE,2} \\ &= \phi_t \left(\ln \frac{I_{C,1}}{I_{SS}} - \ln \frac{I_{C,2}}{I_{SS}} \right) \\ &= \phi_t \ln \frac{I_{C,1}}{I_{C,2}} \end{aligned} \tag{10.3}$$

an, wobei von gleichen Transistoren mit gleich großen Transportströmen ausgegangen wird. Die Ausgangsspannung beträgt

$$U_Q = -I_{C,2} R . \tag{10.4}$$

Da bei vernachlässigbar kleinen Basisströmen immer

$$I_{C,1} + I_{C,2} = I_K \tag{10.5}$$

ist, ergibt sich aus den letzten drei Beziehungen sowie Gl.(10.1) der Zusammenhang

$$\boxed{U_Q = U_{QM} \left(1 + e^{U_{IR} / \phi_t} \right)^{-1}}, \tag{10.6}$$

der die gewünschte Übertragungskennlinie beschreibt. Diese ist in Bild 10.4 in normierter Form für verschiedene U_{QM}-Spannungen aufgetragen.

10 BICMOS-Schaltungen   517

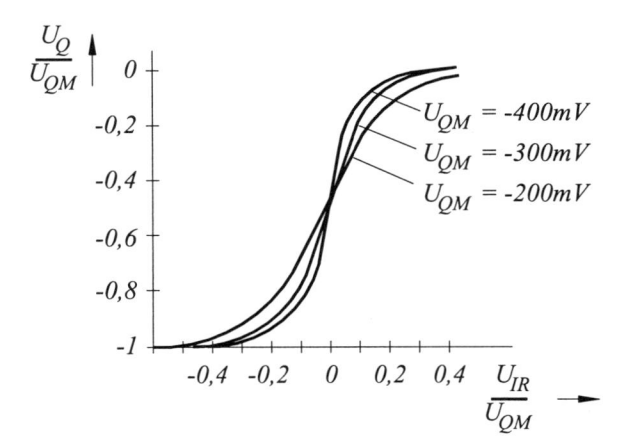

Bild 10.4: Normierte Übertragungskennlinie des Stromschalters mit U_{QM} als Parameter bei Raumtemperatur (300K)

Aus der Übertragungskennlinie ist ersichtlich, dass die Spannungsverstärkung

$$G = \frac{dU_Q}{dU_{IR}} = -U_{QM} \frac{e^{U_{IR}/\phi_t}}{\phi_t \left(1 + e^{U_{IR}/\phi_t}\right)^2} \qquad (10.7)$$

um so kleiner ist je kleiner die Spannung U_{QM} gewählt wird, da dann die Transistoren im flachen Bereich der $I_C(U_{BE})$-Kennlinie arbeiten. Damit muss, wie in |TREA| ausgeführt, in der Praxis die Differenz der Logikpegel mehr als $4\phi_t = 4kT/q$ betragen.

Die maximal zulässige Differenz der Logikpegel richtet sich nach der Art der Kaskadierung der Stromschalter (Bild 10.5).

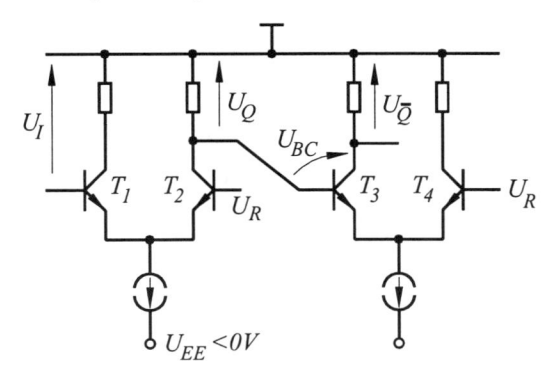

Bild 10.5: Kaskadierung von Stromschaltern

Hierbei ergibt sich eine Pegeldifferenz von

$$U_Q - U_{\overline{Q}} = U_{BC} . \qquad (10.8)$$

Diese ist in Abhängigkeit vom Logikzustand des Eingangssignals U_I positiv oder negativ. Der positive Wert muss dabei so begrenzt sein, dass Transistor T_3 nur in schwache Spannungssättigung gelangt. In diesem Fall ist die Injektion kollektorseitig vernachlässigbar gegenüber derjenigen vom Emitter. In der Praxis wird dabei eine Spannung von $U_Q - U_{\overline{Q}} = \pm 300mV$ zugelassen. Voraussetzung dazu ist jedoch, dass der innere Kollektorwiderstand des Transistors (Bild 3.36) ausreichend klein ist.

Aus dieser Anforderung ergibt sich

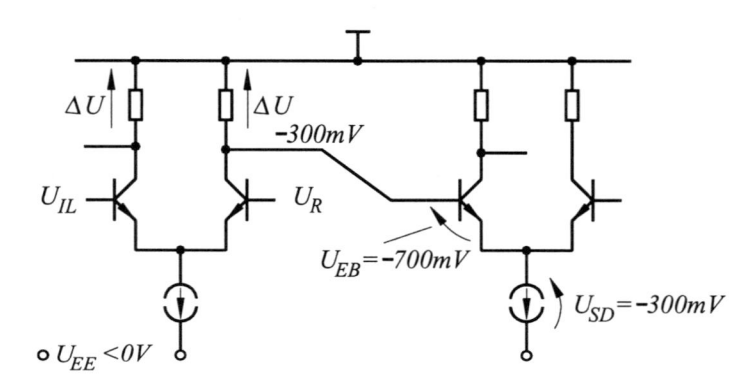

Bild 10.6:   Beispiel mit Spannungen bei kaskadierten Stromschaltern

eine Versorgungsspannung von

$$U_{EE} = U_{SD} + U_{EB} + \Delta U, \qquad (10.9)$$

wobei U_{SD} die Sättigungsspannung bei Verwendung eines MOS-Transistors als Stromsenke ist. Mit den Zahlenwerten von Bild 10.6 resultiert ein Wert von $U_{EE} = -1{,}3V$.

Im Vorhergehenden wurde die Übertragungskennlinie für den Ausgang U_Q betrachtet. Wegen der symmetrischen Anordnung des Stromschalters hat die Übertragungskennlinie für den invertierten Ausgang ein spiegelbildliches Verhalten.

Der beschriebene Stromschalter lässt sich in ein mehrfach OR/NOR-Gatter überführen, indem dem Eingangstransistor mehrere Transistoren parallel geschaltet werden (Bild 10.7).

10 BICMOS-Schaltungen 519

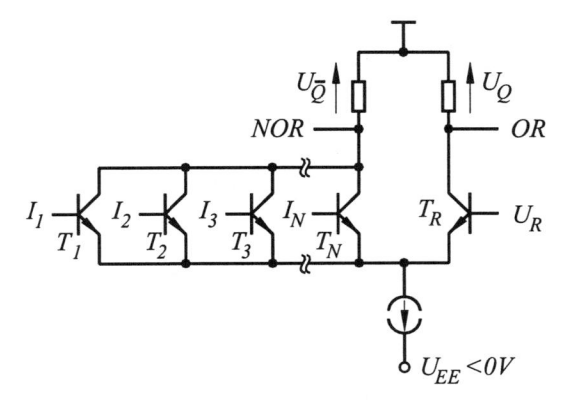

Bild 10.7: CML NOR/OR Gatter mit mehreren Eingängen

Haben die Eingänge I_1 bis I_N die Spannung U_{IL}, dann sind Transistoren T_1 bis T_N nichtleitend und T_R leitend. Damit entstehen an den Ausgängen die Spannungen $U_Q = U_{QL}$ und $U_{\overline{Q}} = U_{QH}$. Hat dagegen mindestens ein Eingang einen H-Zustand, dann sind die Ausgangszustände entgegengesetzt. Eine NOR- bzw. OR-Gatterfunktion resultiert.

Die parallel geschalteten Transistoren bewirken eine Verschiebung des Ausgangspegels gegenüber dem Eingangspegel, wodurch die zulässige Zahl der parallel geschalteten Transistoren begrenzt wird.

Sind alle Transistoren T_1 bis T_N leitend, wirken diese zusammen wie ein Transistor mit einem um den Faktor N vergrößerten Transportstrom. Da der Transportstrom von Transistor T_R davon unbeeinflusst bleibt, kommt es zu einer Asymmetrie in der Übertragungskennlinie Gl.(10.3) bis Gl.(10.6)

$$\boxed{U_Q = U_{QM}\left(1 + Ne^{U_{IR}/\phi_t}\right)^{-1}}. \tag{10.10}$$

Diese ist in Bild 10.8 für eine Spannung von $U_{QM} = -300$ mV und einer unterschiedlichen Zahl eingeschalteter Transistoren dargestellt.

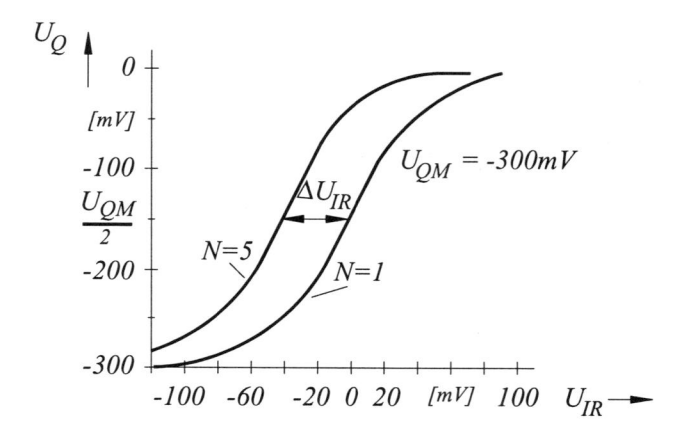

Bild 10.8: Übertragungskennlinie mit N = 1 und N = 5 bei Raumtemperatur (300K)

Die auftretende Unsymmetrie beträgt bei $U_Q = U_{QM} / 2$ (Gl.(10.10))

$$\Delta U_{IR} = \phi_t \ln \frac{1}{N}. \tag{10.11}$$

Diese hat bei N = 5 einen Wert von −41,8 mV. Dadurch wird der U_{QH}-Pegel entsprechend vergrößert, während der U_{QL}-Pegel verkleinert wird. Die Zahl der möglichen Eingangstransistoren hängt somit direkt von dem minimal zulässigen U_{QL}-Pegel ab.

Im Vorhergehenden wurde ein einfaches OR/NOR-Gatter betrachtet. Bei der Realisierung komplexer logischer Funktionen wird ein für die CML-Schaltungstechnik typisches Prinzip verwendet, bei dem Transistoren seriell verknüpft werden (series gating) (Kapitel 6.3). Am Beispiel eines Gatters ist dies in Bild 10.9 dargestellt,

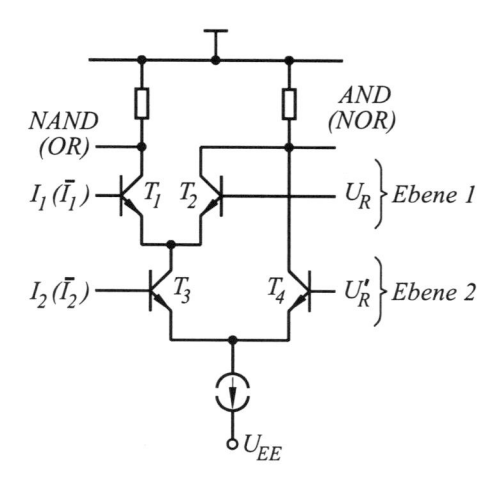

Bild 10.9: NAND(OR) / AND(NOR)-Gatter

10 BICMOS-Schaltungen

wobei die gezeigten logischen Funktionen realisiert werden können. Die Transistoren sind so verknüpft, dass der Strom der Stromsenke entweder auf den linken oder rechten Logikzweig aber nie gleichzeitig auf beide Zweige geschaltet werden kann.

Eine Folge der seriellen Transistorverknüpfung ist, dass jede Schaltungsebene angepasste Pegel haben muss. Die Pegel von Ebene 1 sind unverändert, während diejenigen von Ebene 2 um U_{EB} niedriger liegen. Dies hat eine negativere Versorgungsspannung von

$$U_{EE} = U_{SD} + EU_{EB} + \Delta U \qquad (10.12)$$

zur Folge, wobei E die Zahl der Ebenen angibt. Diese Pegelanpassungen sind ein deutlicher Nachteil im Vergleich zu MOS-Lösungen wie sie in Kapitel 6.3 vorgestellt wurden.

Die Pegelanpassung wird dadurch erreicht, dass z.B. zu dem zusätzlichen Eingangstransistor T_6 ein als Diode verschalteter Transistor T_5, mit einem Spannungsabfall von U_{BE}, in Reihe geschaltet wird (Bild 10.10).

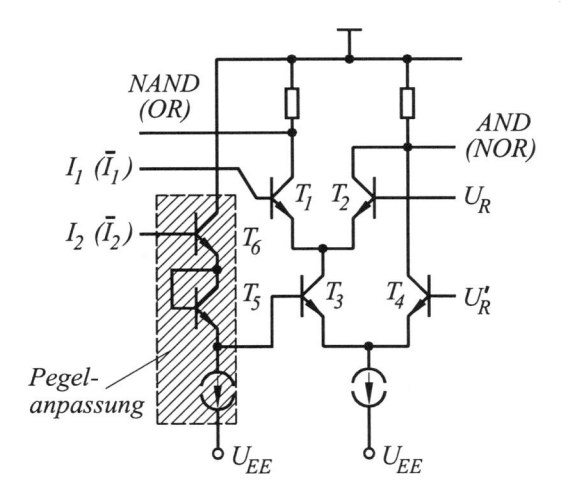

Bild 10.10: Logikimplementierung nach Bild 10.9 mit Pegelanpassung

Da durch die Transistoren T_6 und T_5 infolge der Stromsenke immer ein Strom fließt, werden die mit der Schaltung verbundenen parasitären Kapazitäten nur mit dem Wert des Eingangsspannungshubs ΔU_I umgeladen. Als Folge verursacht diese Pegelanpassung nur eine geringe Vergrößerung der gesamten Verzögerungszeit des Gatters. Um den schaltungstechnischen Aufwand in Grenzen zu halten, werden meistens nicht mehr als 3 Logikebenen verwendet.

Ein besonderes Merkmal der CML-Schaltungen sind die geringen Logikpegel. Werden größere Pegel zur Erhöhung der Störsicherheit benötigt, führt dies zu sog. **Emitter Couple Logic** (**ECL**), die im nächsten Abschnitt beschrieben wird.

10.1.2 ECL-Schaltungen

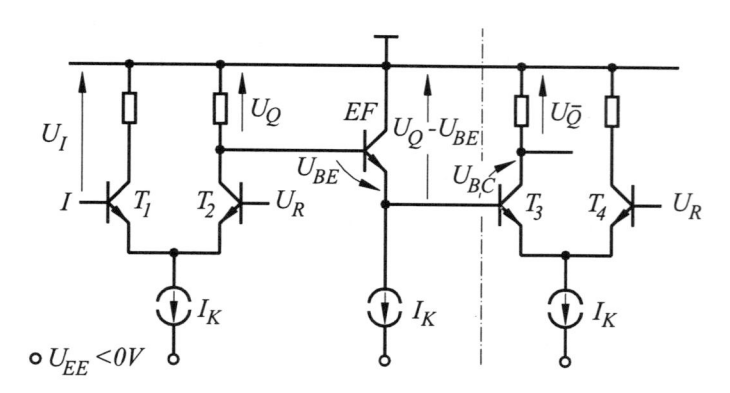

Bild 10.11: Pegelverschiebung bei kaskadierten Stromschaltern

Hierbei ist im Vergleich zu Bild 10.5 zwischen den beiden Stromschaltern ein sog. Emitter-Folger EF vorgesehen. Dieser erfüllt die Aufgabe einer Pegelverschiebung durch den Spannungsabfall U_{BE} an dem Basis-Emitterübergang. Dadurch ergibt sich gegenüber Beziehung (10.8) eine vergrößerte Pegeldifferenz von

$$U_Q - U_{\overline{Q}} = U_{BC} + U_{BE}. \qquad (10.13)$$

Diese ist in Abhängigkeit von den logischen Zuständen positiv oder negativ, jedoch kann der Wert der Pegelspannungen jetzt so gewählt werden, dass die Basis-Kollektordiode von Transistor T_3 nie in den Durchlassbereich gelangt, wodurch eine Injektion kollektorseitig ganz vermieden werden kann. In diesem Fall ist $U_{BC} = 0$ bzw. negativ. Dies ist in Bild 10.12 für die Fälle dargestellt, dass $U_{IH} = -U_{BE} \approx -0{,}7$ V und $U_{IL} = -2U_{BE} \approx -1{,}4$ V beträgt.

Die Referenzspannung die dazu benötigt wird hat einen Wert von

$$U_R = \frac{U_{IH} + U_{TL}}{2} = -1{,}5 U_{BE}. \qquad (10.14)$$

Der Emitter-Folger EF hat, wie gezeigt wurde, den Vorteil, dass er eine einfache Pegelverschiebung ermöglicht. Weiterhin bietet er jedoch noch den zusätzlichen Vorteil einer Impedanztransformation mit hoher Eingangs- und kleiner Ausgangsimpedanz (vergleichbar mit Source-Folger bei MOS Kapitel 8.2). Dadurch kann die Schaltung besser belastet werden.

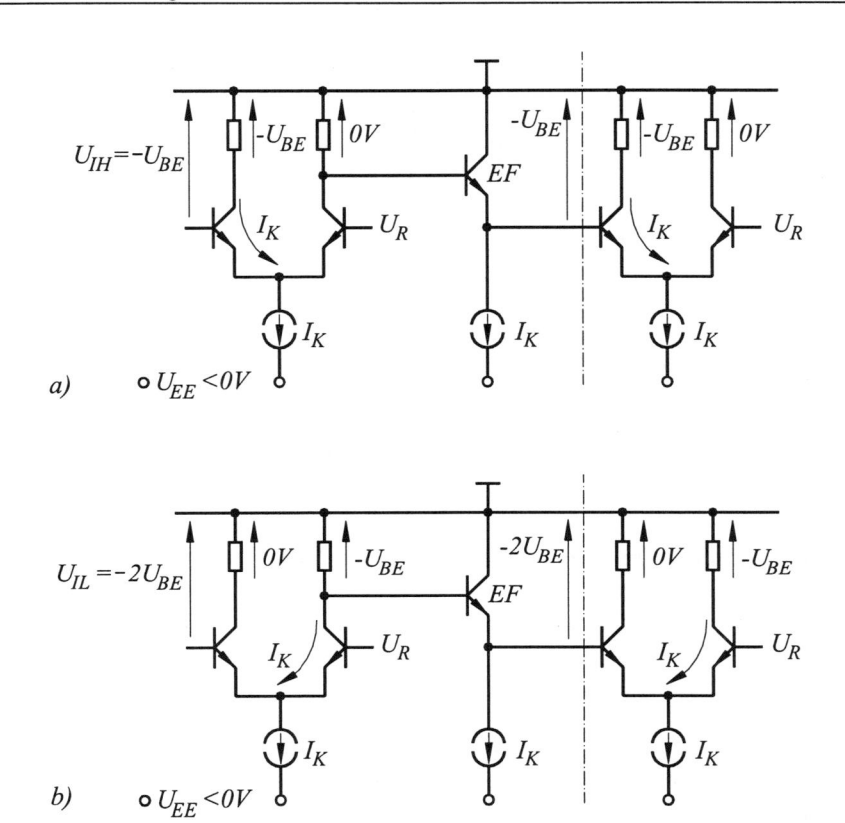

Bild 10.12: Pegel bei kaskadierten Stromschaltern; a) $U_{IH} = -U_{BE}$; b) $U_{IL} = -2U_{BE}$

Differenzielle ECL-Technik

Noch kürzere Schaltzeiten erreicht man mit einer differenziellen ECL-Technik, ähnlich wie sie für MOS-Transistoren in Kapitel 6.3 vorgestellt wurde. Ein Stromschalter hat demnach die in Bild 10.13 dargestellte Struktur, wobei die Emitterfolger gleichzeitig – wie in Bild 10.11 betrachtet – die Pegelanpassungen durchführen.

Ein großer Vorteil einer symmetrischen gegenüber einer unsymmetrischen Anordnung ist, dass bei gleichem Signalhub jeder Knoten der Schaltung nur mit dem halben Spannungswert umgeladen werden muss, wodurch sich noch kürzere Schaltzeiten als im unsymmetrischen Fall ergeben.

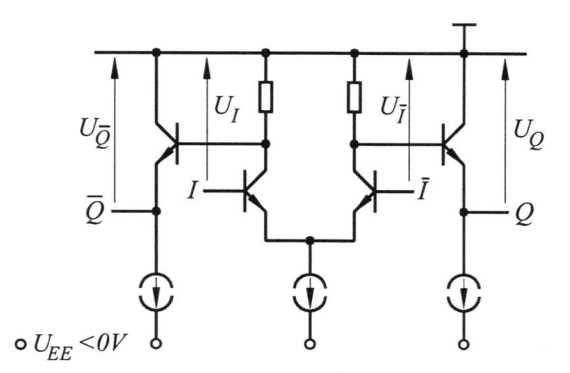

Bild 10.13: Differenzieller Stromschalter in ECL-Technik

Bild 10.14 zeigt eine differenzielle Gatterschaltung, die mit der Realisierung in MOS (Bild 6.30a) vergleichbar ist.

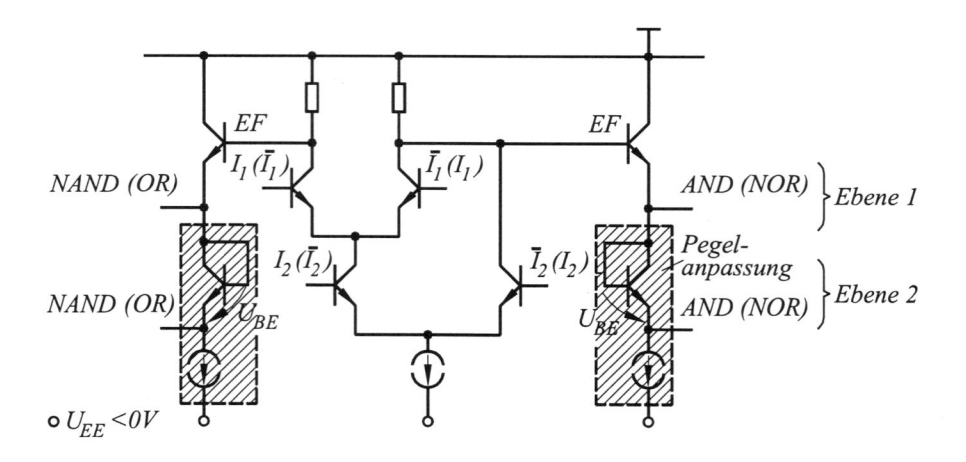

Bild 10.14: Differenzielles NAND(OR) / AND(NOR)-Gatter

Die benötigte Pegelanpassung wird infolge der Emitter-Folger EF mit relativ geringem zusätzlichen Aufwand bewerkstelligt. Ein weiteres Beispiel ist das in Bild 10.15 dargestellte D-Flip-Flop, das ebenfalls vergleichbar ist mit der in Bild 6.47 gezeigten Implementierung in MCML-Technik.

10 BICMOS-Schaltungen   525

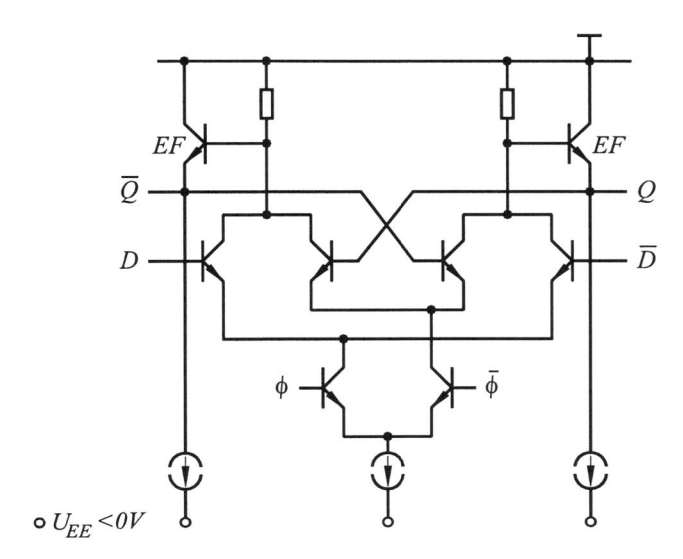

Bild 10.15:   Differenzielles D-Flip-Flop

Vergleicht man die MCML- mit der CML/ECL-Technik, können folgende Vor- und Nachteile aufgeführt werden. Die Bipolarlösungen arbeiten mit einem geringeren Signalhub, da sie wesentlich unempfindlicher auf Prozessstreuungen (Kapitel 10.4.1) reagieren. Dies hat eine deutliche Erhöhung der Taktrate zur Folge. Von Nachteil ist, dass CML/ECL-Lösungen wegen der U_{BE}-Spannungsabfälle eine etwas größere Versorgungsspannung benötigen, was zu einem erhöhten Leistungsverbrauch führt. Werden die Gatter belastet, so steigt die Verzögerungszeit an. Dies ist bei Bipolarlösungen |YAMA| wegen der exponentiellen I_C (U_{BE}) Abhängigkeit weit weniger stark ausgeprägt als bei MOS-Implementierungen.

Wie in Kapitel 3.3.2 beschrieben kann durch Zuführen eines Ge-Anteils während der Herstellung von bipolaren Transistoren die Verstärkung und die Early-Spannung stark erhöht werden. Würde eine derartige Technik zusätzlich bei einem BICMOS-Herstellverfahren angewendet, könnten Taktraten > 40Gb/s, wie sie bereits in |WURZ| für eine herkömmliche Bipolartechnologie mit 0,5 µm Strukturauflösung demonstriert wurde, realisiert werden.

Bisher wurden Schaltungslösungen z.T. nur mit bipolaren Transistoren betrachtet. Eine Kombination von bipolaren und MOS-Transistoren führt dagegen zu BICMOS-Schaltungen mit neuen Eigenschaften. Typische Beispiele dafür sind die folgenden BICMOS-Treiber und BICMOS-Gatter.

10.2 BICMOS-Treiber und -Gatter

Eine der wichtigsten BICMOS-Grundschaltungen ist der Treiber. Die bipolare Ausgangsstufe liefert im Vergleich zu einem reinen Komplementärinverter verstärkte Ausgangsströme, was zu verbesserten Treibereigenschaften und höheren Schaltgeschwindigkeiten führt.

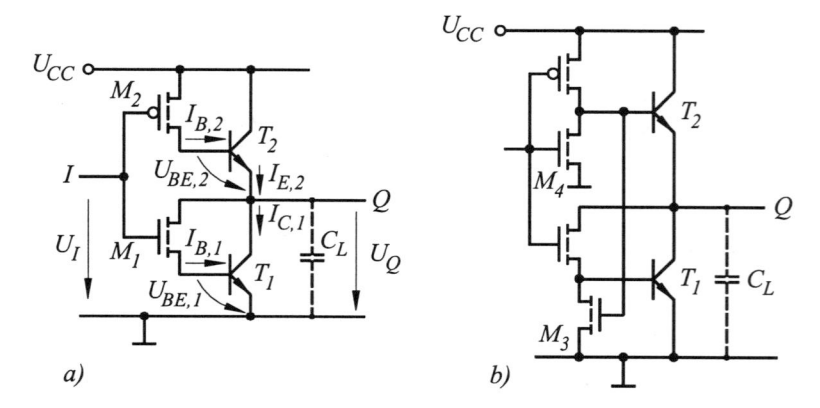

Bild 10.16:   *a) BICMOS-Treiber; b) BICMOS-Treiber mit verbesserten Schalteigenschaften*

Liegt am Eingang des Treibers (Bild 10.16a) ein L-Signal an, ist der p-Kanal Transistor M_2 leitend und der n-Kanal Transistor M_1 nichtleitend. Da Transistor M_2 leitet, fließt ein Basisstrom $I_{B,2}$ in den bipolaren Transistor T_2 hinein, wodurch ein verstärkter Strom nämlich ein Emitterstrom entsteht und die Kapazität C_L auf eine Spannung von $U_{QH} = U_{CC} - U_{BE,2}$ auflädt. Ändert sich am Eingang das Signal von L nach H, dann ist Transistor M_2 nichtleitend und M_1 leitend. In den bipolaren Transistor T_1 fließt ein Basisstrom $I_{B,1}$, der verstärkt als Kollektorstrom $I_{C,1}$ die Kapazität bis auf einen Wert von $U_{QL} = U_{BE,1}$ entlädt. Diese Art der Beschaltung ist beabsichtigt um zu vermeiden, dass der Kollektor-Basisübergang von T_1 in Durchlassrichtung, d.h. Spannungssättigung, gelangt. Da die Transistorpaare $T_1 M_1$ bzw. $T_2 M_2$ im Idealfall nie gleichzeitig leiten, entsteht bei dem Treiber nur ein dynamischer Leistungsverbrauch.

Aus dem Vorhergehenden könnte man ableiten, dass der BICMOS-Treiber einen um die Stromverstärkung B_N erhöhten Lade- bzw. Entladestrom liefert. Dies trifft jedoch leider nur in bestimmten Fällen zu. Wovon dies im Einzelnen abhängt wird im Folgenden näher untersucht.

Dazu wird zuerst der Entladevorgang von C_L (Bild 10.17) betrachtet.

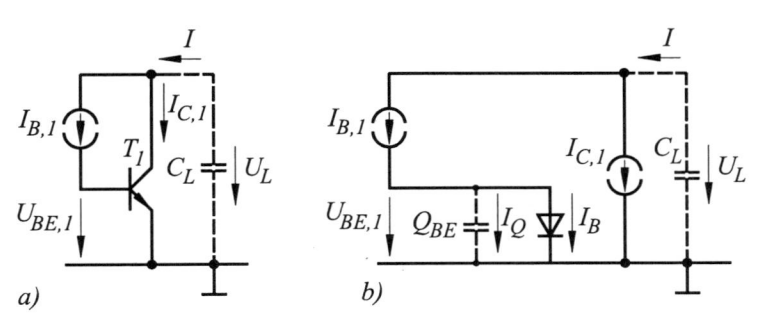

Bild 10.17: a) Wirksame Elemente des BICMOS-Treibers während des Entladevorgangs; b) Bipolarer Transistor ersetzt durch vereinfachtes Ersatzschaltbild

Der MOS-Transistor M_1 wurde durch einen Stromgenerator ersetzt. Das ist zwar nicht ganz korrekt, da der Transistor während des Entladens von C_L in den Widerstandsbereich übergeht. Diese Vereinfachung ist jedoch gegenüber dem ungünstigen Verhalten des bipolaren Transistors – wie gezeigt werden wird – vernachlässigbar. Ebenso werden zur Vereinfachung die parasitären Kapazitäten des MOS-Transistors vernachlässigt, da diese im Vergleich zu der Basis-Emitterkapazität des bipolaren Transistors wesentlich geringer sind. Außerdem wird davon ausgegangen, dass der bipolare Transistor nicht in den Bereich der starken Injektion gelangt. Aus dem Ersatzschaltbild kann, wie im Folgenden gezeigt wird, eine Differenzialgleichung erstellt werden die den Entladevorgang beschreibt.

Für den Basisstrom gilt:

$$I_{B,1} = I_Q + I_B$$
$$= \frac{dQ_{BE}}{dt} + \frac{I_{C,1}}{B_N}. \tag{10.15}$$

Da entsprechend Beziehung (3.91)

$$Q_{BE} = \tau_N I_{C,1}$$

ist, resultiert die Differenzialgleichung

$$\frac{dI_{C,1}}{dt} + \frac{I_{C,1}}{\tau_N B_N} = \frac{I_{B,1}}{\tau_N}, \tag{10.16}$$

wobei die Umladung der BE-Sperrschichtkapazität vernachlässigt wurde. Die Lösung dieser Gleichung liefert einen zeitabhängigen Kollektorstrom von

$$\boxed{I_{C,1}(t) = I_{B,1} B_N \left(1 - e^{-t/\tau_N B_N}\right)}. \tag{10.17}$$

Hierbei sind zwei Grenzfälle von besonderem Interesse,

a) wenn $t \gg \tau_N B_N$,

$$\boxed{I_{C,1} = I_{B,1} B_N} \qquad (10.18)$$

und

b) wenn $t \ll \tau_N B_N$ ist

$$\boxed{I_{C,1}(t) = I_{B,1} \frac{t}{\tau_N}}. \qquad (10.19)$$

Der Fall a) entspricht den allgemeinen Erwartungen eines zeitunabhängigen Kollektorstromes, während Fall b) einen linear mit der Zeit zunehmenden Strom beschreibt, der wesentlich kleiner ist als im Fall a). Dies bedeutet selbstverständlich auch, dass die Kapazität C_L langsamer entladen wird. Der Grund für das zeitabhängige Verhalten ist, dass der überwiegende Teil des Basisstromes zuerst dazu verwendet wird, die Basis-Emitterladung Q_{BE} aufzubauen. Damit ergeben sich im Fall b) kaum Vorteile beim Entladen im Vergleich zu einer Standardlösung in komplementärer CMOS-Technik.

Entlade- und Aufladezeiten

Aus dem Vorhergehenden ist zu ersehen, dass ein BICMOS-Treiber dann besonders vorteilhaft ist, wenn eine große kapazitive Beladung C_L vorliegt und $t \gg \tau_N B_N$ ist. In diesem Fall fließt nämlich ein Kollektorstrom Gl.(10.18) von

$$I_{C,1} = I_{B,1} B_N ,$$

wodurch eine Entladezeit von

$$\begin{aligned} t_f &= C_L \frac{\Delta U}{I_{B,1} + I_{C,1}} \\ t_f &= C_L \frac{\Delta U}{I_{B,1}(B_N + 1)} \end{aligned}, \qquad (10.20)$$

resultiert, wobei ΔU die Spannungsänderung am Ausgang $U_{QH} - U_{QL}$ beschreibt. Die Entladezeit ist damit – wie man es erwarten würde – um so kürzer, je größer die Stromverstärkung ist.

Bisher wurde nur die Entladezeit analysiert, die von $I_{B,1}$ und $I_{C,1}$ abhängt. Im Fall der Aufladezeit ist die Situation sehr ähnlich, da die Kapazität durch die Ströme $I_{B,2} + I_{C,2} = I_{E,2}$ aufgeladen wird. Setzt man voraus, dass $I_{B,2} = I_{B,1}$ und $I_{C,2} = I_{C,1}$ sind, ergeben sich Aufladezeiten, die mit der vorher abgeleiteten Beziehung identisch sind.

Damit bei dem BICMOS-Treiber kein unerwünschter Querstrom fließt, soll Transistor T_1 (Bild 10.16a) gesperrt sein wenn Transistor T_2 leitet bzw. umgekehrt. Um dies zu gewährleisten, muss die Ladung in dem entsprechenden Transistor sehr schnell abgebaut werden. Dies geschieht mit Hilfe der in Bild 10.16b gezeigten zusätzlichen Transistoren

10 BICMOS-Schaltungen

M_3 und M_4, durch die die in der jeweiligen Basis gespeicherte Ladung nach Masse abgeleitet wird.

Aus der Schaltung nach Bild 10.16b kann auch eine Anforderung an die BE-Durchbruchspannung hergeleitet werden. Die letzte Forderung resultiert aus der folgenden Betrachtung. Liegt am Eingang des Treibers ein L-Zustand an, dann ist die Lastkapazität C_L auf einen H-Zustand, der maximal den Wert von U_{CC} annehmen kann, aufgeladen. Ändert sich jetzt der Eingangszustand von L nach H, so wird Transistor M_4 leitend, wodurch an die Basis von Transistor T_2 0 V gelangen. Ist die Lastkapazität und damit die Entladezeit relativ groß, herrscht im Moment des Umschaltens zwischen Basis und Emitter von Transistor T_2 eine Spannung von $U_{BE} \approx -U_{CC}$. D.h. die BE-Durchbruchspannung des Transistors muss deutlich über diesem Wert liegen.

Die wichtigste Erkenntnis aus dem vorhergehenden Abschnitt ist, dass BICMOS-Treiber wegen $t \gg \tau_N B_N$ Gl.(10.18) ab einer bestimmten Größe von C_L deutlich Vorteile im Bezug auf Verzögerungszeit gegenüber einer reinen CMOS-Lösung mit Komplementärinvertern besitzen. Dieser Zusammenhang ist in Bild 10.18 skizziert, wobei der Schnittpunkt ungefähr bei $C_L \approx 1$ pf liegt.

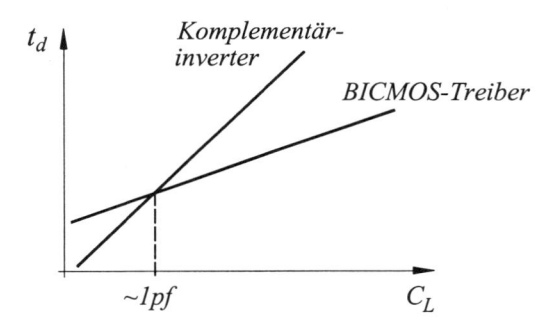

Bild 10.18: Vergleich der Verzögerungszeit t_d zwischen Komplementärinverter und BICMOS-Treiber

Ein gewisser Nachteil der BICMOS-Schaltungen besteht darin, dass die Versorgungsspannung wegen der U_{BE}-Spannungsabfälle nicht ohne weiteres unter ca. 3V reduziert werden kann.

Es ist möglich, den BICMOS-Treiber, wie in Bild 10.19 gezeigt ist, in ein NAND- bzw. NOR-Gatter mit verbesserten Treibereigenschaften zu verwandeln.

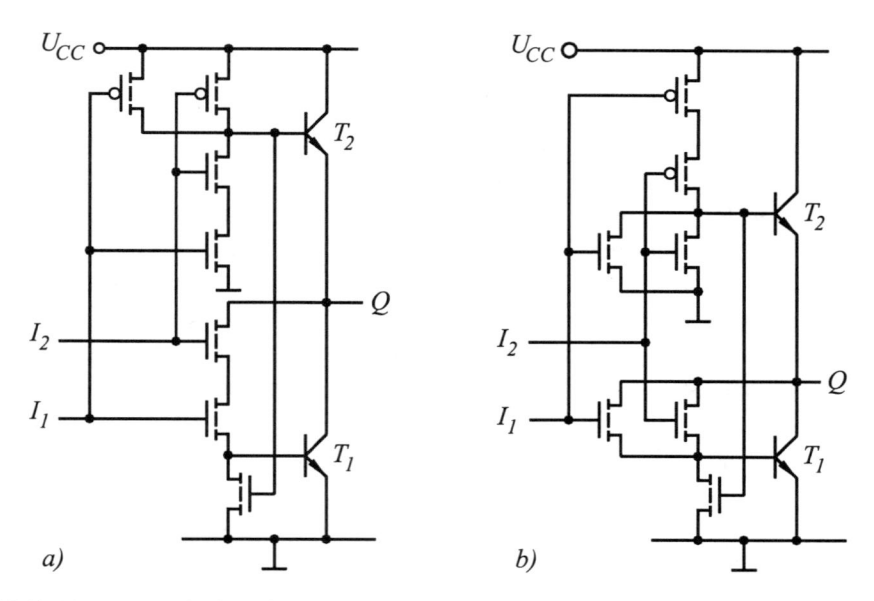

Bild 10.19: Zweifach BICMOS-Gatter; a) NAND-Gatter; b) NOR-Gatter

Dies wird bei mehr als zweifach Gatter durch einen relativ hohen zusätzlichen Schaltungsaufwand erkauft, denn die L-Pegel $\overline{Q}(I)$ müssen durch die NMOS-Transistoren und der H-Pegel $Q(I)$ durch die PMOS-Transistoren realisiert werden (Bild 10.20). Sie bilden die logische Funktion in komplementärer Form wieder, wie es in Kapitel 6.1.1 gezeigt wurde.

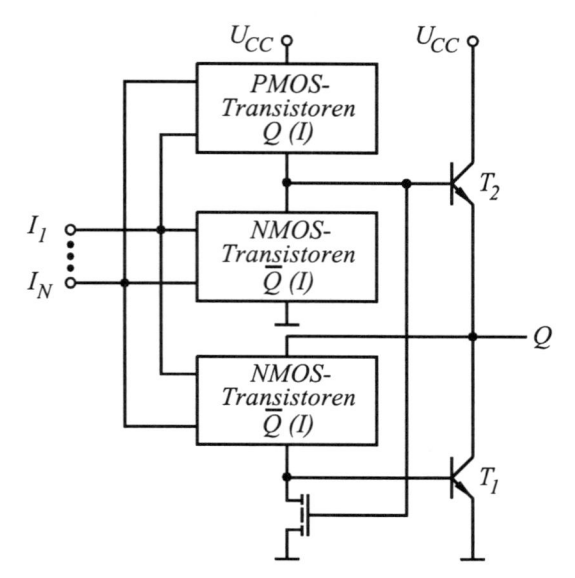

Bild 10.20: Allgemeine Realisierung eines BICMOS-Gatters

10 BICMOS-Schaltungen

Der schaltungstechnische Aufwand kann reduziert werden, wenn statt der n-Kanal Transistoren zwischen Kollektor und Basis von T_1 ein p-Kanal Transistor (Bild 10.21) verwendet wird.

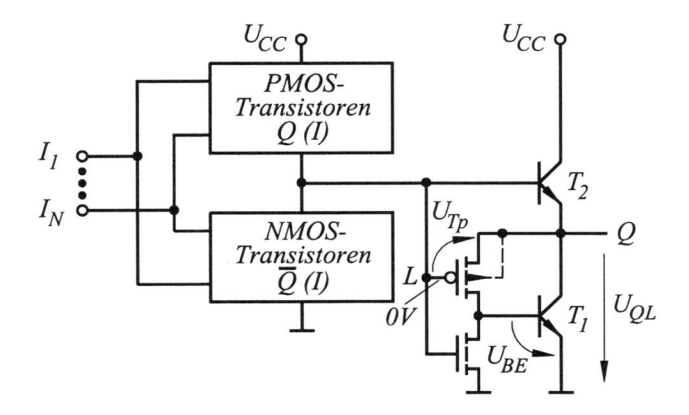

Bild 10.21: Vereinfachte BICMOS-Gatter-Realisierung

Abhängig von den Werten U_{Tp} und U_{BE} können sich unterschiedliche Spannungswerte für den *L*-Zustand einstellen. Ist $|U_{Tp}| > U_{BE}$, dann stellt sich eine Ausgangsspannung von $U_{QL} = |U_{Tp}|$ ein. Ist dagegen $U_{BE} > |U_{Tp}|$, so nimmt die Ausgangsspannung den Wert von $U_{QL} = U_{BE}$ an. Von Nachteil ist, dass durch den p-Kanal Transistor zwischen Kollektor und Basis der Entladevorgang langsamer geworden ist.

10.3 Bandabstand - Spannungsquellen

Diese Spannungsquelle, auch band gap reference voltage genannt |WIDL|, stellt eine klassische Lösung dar, um sehr genaue und nahezu von der Temperatur unabhängige Spannungsquellen auf einem IC zu realisieren. Ein wesentliches Anwendungsgebiet sind gemischte analoge- und digitale Schaltungen wie sie z.B. bei der Daten Akquisition vorkommen. Das Prinzip ist in Bild 10.22 dargestellt. Es beruht darauf, dass der negative Temperaturkoeffizient der U_{BE}- Spannung eines bipolaren Transistors durch einen positiven Koeffizient einer Spannungsquelle, die proportional zur absoluten Temperatur ist, kompensiert wird. Diese Spannungsquelle auch **PTAT** (**P**roportional **T**o **A**bsolute **T**emperature) genannt, wird durch die Differenzbildung zweier U_{BE}- Spannungen erzeugt.

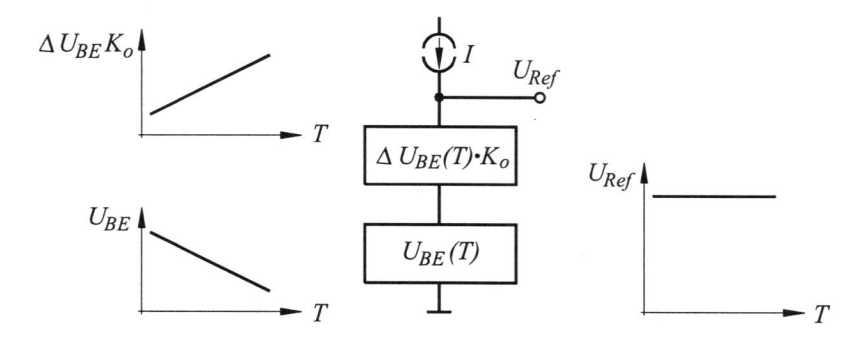

Bild 10.22: Prinzip der Bandabstands-Spannungsquelle

PTAT

Der Kollektorstrom des bipolaren Transistors ergibt sich nach Gleichung (3.7) mit $U_{BE} >$ 100 mV zu

$$I_C = I_{SS} e^{U_{BE}/\phi_t}. \qquad (10.21)$$

Hieraus resultiert eine Basis-Emitterspannung von

$$U_{BE} = \phi_t \ln \frac{I_C}{I_{SS}} = \frac{kT}{q} \ln \frac{I_C}{I_{SS}}. \qquad (10.22)$$

Man könnte man auf die Idee kommen, dass U_{BE} mit der Temperatur ansteigt. Das Gegenteil ist der Fall, da das Temperaturverhalten des Transportstroms I_{SS} dominiert. Um diesen Einfluss zu eliminieren bildet man die Differenz zwischen zwei U_{BE}-Spannungen (Bild 10.23).

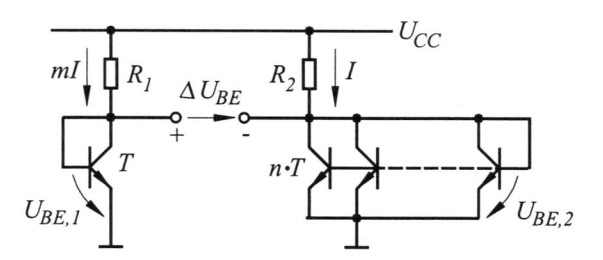

Bild 10.23: Erzeugung einer PTAT-Spannung

Die bipolaren Transistoren werden, wie in Kapitel 3.4 beschrieben, als pn-Diode betrieben. Damit $U_{BE,1} > U_{BE,2}$ ist, werden auf der rechten Seite der Schaltung n mal so viele Transistoren T parallel geschaltet. Dadurch ist gewährleistet, dass alle Transistoren gleiche charakteristische Daten besitzen. Außerdem ist der Strom durch R_1 m mal so groß wie durch R_2. Es ergibt sich eine PTAT-Spannung – bei Voraussetzung gleicher Parameter – von

$$\Delta U_{BE} = U_{BE,1} - U_{BE,2}$$

$$\Delta U_{BE} = \phi_t \ln \frac{mI}{I_{SS}(1+1/B_N)} - \phi_t \ln \frac{I}{n \cdot I_{SS}(1+1/B_N)}$$

$$\boxed{\Delta U_{BE} = \frac{kT}{q} \ln mn}. \tag{10.23}$$

Die PTAT-Spannung hat somit den gewünschten positiven Temperaturkoeffizient von

$$\frac{d\Delta U_{BE}}{dT} = \frac{k}{q} \ln mn. \tag{10.24}$$

Die in Bild 10.22 skizzierte Anordnung liefert demnach eine Ausgangsspannung von

$$U_{Ref} = U_{BE}(T) + K_o \Delta U_{BE}(T), \tag{10.25}$$

wobei K_o eine von der Temperatur unabhängige Konstante sein soll.

In erster Näherung kann das negative Temperaturverhalten der U_{BE}-Spannung durch

$$\boxed{U_{BE} = U_{go} - NT} \tag{10.26}$$

beschrieben werden, wobei U_{go} die Spannung ist, die dem extrapolierten Wert des Bandabstands W_{go}/q für $T \to 0$ entspricht, worauf noch näher eingegangen wird. N ist der Temperaturkoeffizient des pn-Übergangs, der einen typischen Wert von ca. 1,6 mV/K hat und in erster Näherung als konstant angenommen wird. Unter Berücksichtigung der vorhergehenden Beziehungen ergibt sich eine Ausgangsspannung von

$$U_{Ref} = U_{go} - NT + K_o \frac{kT}{q} \ln mn. \tag{10.27}$$

Wird nun

$$K_o \frac{k}{q} \ln mn = N \tag{10.28}$$

gewählt, resultiert eine Ausgangsspannung von $U_{Ref} = U_{go}$. Diese Spannung entspricht, wie bereits erwähnt, dem extrapolierten Wert des Bandabstands W_{go}/q für $T \to 0$ von 1,205 V und erklärt damit die Namensgebung für diese Schaltung.

Eine Schaltung mit der das Prinzip der Bandabstands-Spannungsquelle realisiert werden kann ist in Bild 10.24 dargestellt. Wird angenommen, dass durch irgendeinen Mechanismus die Spannung zwischen den Klemmen a und b in Bild 10.24a auf 0 V gehalten werden kann, dann fällt am Widerstand R_3 die PTAT-Spannung ab. Wird diese zur Spannung $U_{BE,2}$ addiert, liefert das Resultat eine von der Temperatur unabhängige Spannung.

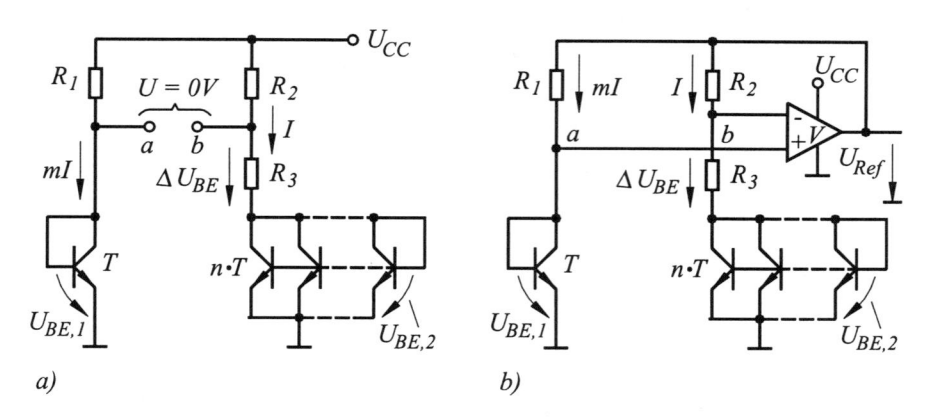

Bild 10.24: Bandabstands-Spannungsquelle; a) Prinzip; b) Realisierung

Um die Spannung zwischen den Klemmen a und b auf 0 V zu halten, ist in Bild 10.24b ein Verstärker V mit großer Verstärkung vorgesehen. Dieser Verstärker regelt die Ausgangsspannung so, dass zwischen den Eingängen sich eine Spannung von ~0 V einstellt. Ist z.B. die Spannung U_b am Knoten b kleiner als die Spannung U_a am Knoten a, steigt die Ausgangsspannung U_{Ref} solange an, bis die $U_a \approx U_b$ ist. Ist dagegen U_b größer als U_a, stellt sich eine umgekehrte Situation ein.

Damit ergibt sich aus Bild 10.24b eine Referenzspannung von

$$U_{Ref} = U_{BE,2} + I(R_2 + R_3).\qquad(10.29)$$

Da aber auch

$$I = \Delta U_{BE} / R_3$$

ist, resultiert bei Verwendung von Gl.(10.23) und (10.26)

$$\boxed{U_{Ref} = U_{go} - NT + \frac{kT}{q}(\ln mn)\left(1 + \frac{R_2}{R_3}\right)}.\qquad(10.30)$$

Um den Temperatureinfluss bei der Referenzspannung zu kompensieren muss somit

$$\frac{k}{q}(\ln mn)\left(1 + \frac{R_2}{R_3}\right) = N \qquad(10.31)$$

sein. Mit einem Temperaturkoeffizienten von $N = 1{,}6$ mV/K sowie m = 5 und n = 10 ergibt sich ein Widerstandsverhältnis von $R_1/R_2 = 3{,}7$.

Ein weiterer Vorteil der vorgestellten Realisierung ist, dass die Widerstände nicht durch ihren Absolutwert, sondern durch ihr Verhältnis die Referenzspannung bestimmen. Dadurch ist die Schaltung weitgehend unabhängig gegenüber Parameterschwankungen.

Auswirkung einer Offset-Spannung

Die Offset-Spannung ist die Spannung, die zwischen den Eingängen eines Verstärkers angelegt werden muss, um alle Asymmetrien die vom Eingang bis zum Ausgang eines Verstärkers entstehen auszugleichen. Hat z.B. der in Bild 10.24b gezeigte Verstärker eine Offset-Spannung von $\pm U_{off}$, dann stellt sich zwischen den Klemmen a und b nicht eine Spannung von ≈ 0 V sondern die Offset-Spannung ein.

Wird angenommen, dass die Spannung am Knoten a $U_{BE,1} \pm U_{off}$ beträgt, führt dies zu einem ΔU_{BE} von $U_{BE,1} \pm U_{off} - U_{BE,2}$ und zu einer Referenzspannung mit dem Wert

$$U_{Ref} = U_{go} - NT + \left[\frac{kT}{q}(\ln mn) \pm U_{off}\right]\left[1 + \frac{R_2}{R_3}\right]. \quad (10.32)$$

Die Offset-Spannung führt damit zu einem Fehler bei der Referenzspannung, der sich um den Faktor $(1 + R_2 / R_3)$ noch verstärkend auswirkt. Deshalb sollte der Verstärker in bipolarer Technik |LAKE| realisiert werden, da die Offset-Spannung am Eingang in etwa um den Faktor 10 geringer ist (siehe hierzu Kap.10.4.1) als diejenige bei einer MOS-Lösung.

Temperaturkoeffizient der U_{BE}- Spannung

Bei der vorhergehenden Betrachtung wurde die Temperaturabhängigkeit der U_{BE} - Spannung approximiert durch Gl.(10.26)

$$U_{BE}(T) = U_{go} - NT .$$

In Wirklichkeit ist der Temperaturkoeffizient N nicht konstant, sondern von der Temperatur leicht abhängig, worauf im Folgenden eingegangen wird.

Entsprechend Beziehung (3.40) hat der Kollektorstrom ein Temperaturverhalten von

$$I_C(T) = E\left(\frac{T}{300K}\right)^{(4-a_n)} e^{\frac{-W_g(T)}{kT}} \left(e^{\frac{q}{kT}U_{BE}} - 1\right), \quad (10.33)$$

woraus eine von der Temperatur abhängige Basis-Emitterspannung von

$$U_{BE}(T) = \frac{kT}{q}\left[\ln\frac{I_C(T)}{[A]} - \ln\frac{E}{[A]} - (4-a_n)\ln\frac{T}{[300K]} + \frac{W_g(T)}{kT}\right] \quad (10.34)$$

resultiert. Diese hat einen Wert für T $\to$ 0 K von

$$U_{BE}(T \to 0K) = \frac{W_g(T \to 0K)}{q} = U_{go}, \quad (10.35)$$

wobei, wie in Gl.(10.26) beschrieben, U_{go} die Spannung ist, die dem extrapolierten Wert des Bandabstandes W_{go}/q für T $\to$ 0 entspricht.

Die Änderung des Bandabstandes wird durch Gl.(3.41)

$$W_g(T)/q = U_g(T) = U_{go} + \varepsilon T \qquad (10.36)$$

erfasst, wobei ε einen Wert von $-2{,}8 \cdot 10^{-4}$ V/K hat. Die außerdem benötigte Abhängigkeit des Kollektorstroms von der Temperatur ergibt sich aus Bild 10.24b zu

$$I_C(T) = \Delta U_{BE} / R_3 = \frac{kT}{q}(\ln mn)/R_3 = FT \ . \qquad (10.37)$$

Damit liefert Beziehung (10.34) die Spannung

$$U_{BE}(T) = U_{go} - \left[\frac{k}{q}(4-a_n)\ln\frac{T}{[300K]} + \frac{k}{q}\ln\frac{E}{FT} - \varepsilon\right]T \ . \qquad (10.38)$$

Vergleicht man diese mit derjenigen, die bei dem vereinfachten Ansatz verwendet wurde Gl.(10.26), so ist ersichtlich, dass der Temperaturkoeffizient N nicht konstant, sondern von der Temperatur abhängig ist.

Die Änderung des Temperaturkoeffizienten mit der Temperatur erhält man aus der Ableitung von Beziehung (10.38) zu

$$\frac{dU_{BE}}{dT} = -\frac{1}{T}\left[U_{go} + \frac{kT}{q}(3-a_n) - U_{BE}(T, I_C)\right]. \qquad (10.39)$$

Beispiel:

Es wird der Temperaturgradient von U_{BE} bei der Temperatur T = 300 K (27°C) gesucht, wobei $a_n = 1{,}5$ und $U_{go} = 1{,}205$ V betragen. Es soll ein Strom von $I_C = 10^{-5}$ A fließen. Der Transportstrom des Transistors beträgt 10^{-18} A.

Aus diesen Angaben ergibt sich eine U_{BE}-Spannung von

$$U_{BE}(27°C, 10\mu A) = 26 mV \ln \frac{10^{-5}}{10^{-18}} = 0{,}778 V$$

und ein entsprechender Temperaturgradient Gl.(10.39) von

$$\left.\frac{dU_{BE}}{dT}\right|_{\substack{T=27°C \\ I_C=10\mu A}} = 1{,}65 mV / K \ .$$

Will man die Änderung des Temperaturgradienten minimieren, kann die sog. curvature compansation |GUNA| angewendet werden.

----

10 BICMOS-Schaltungen

Eine weitere verbreitete Variante, um mit geringem schaltungstechnischen Aufwand |TRAN| eine Bandabstands-Spannungsquelle zu realisieren, ist in Bild 10.25 dargestellt.

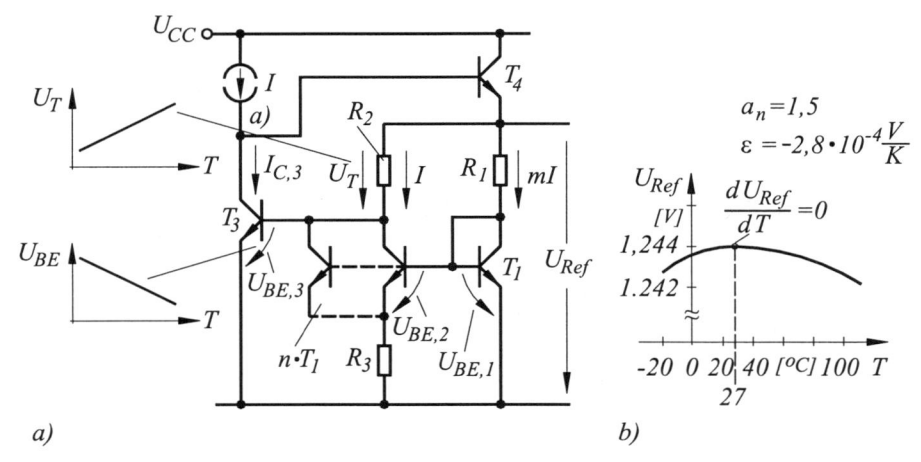

Bild 10.25: a) Bandabstands-Spannungsquelle; b) Referenzspannung als Funktion der Temperatur

Die Schaltung verwendet eine Rückkopplungsschleife bestehend aus dem Transistor T_4, um den Arbeitspunkt der Schaltung einzustellen. Sinkt z.B. die Spannung U_{Ref}, dann nimmt auch die $U_{BE,3}$ - Spannung am Transistor T_3 ab und somit der Kollektorstrom $I_{C,3}$. Dadurch steigt die Spannung am Knoten a) und entsprechend nimmt die Referenzspannung zu. Es stellt sich ein stabiler Arbeitspunkt ein, bei dem die Referenzspannung einen Wert von

$$U_{Ref} = U_{BE,3}(I,T) + U_T(T) \tag{10.40}$$

annimmt. Mit einer PTAT-Spannung Gl.(10.23) von

$$\begin{aligned} U_T &= R_2 I \\ &= R_2 \frac{U_{BE,1} - U_{BE,2}}{R_3} \\ &= \frac{R_2}{R_3} \frac{kT}{q} \ln nm, \end{aligned} \tag{10.41}$$

stellt sich eine Referenzspannung von

$$U_{Ref} = U_{BE,3}(I,T) + \frac{R_2}{R_3} \frac{kT}{q} \ln nm \tag{10.42}$$

ein.

Wie die Wahl der Werte der Komponenten im Detail zu erfolgen hat, wird im Folgenden näher analysiert. Dazu wird der Temperaturkoeffizient der Referenzspannung näher betrachtet. Aus den Beziehungen (10.42) und (10.39) ergibt sich dieser zu

$$\frac{dU_{Ref}}{dT} = -\frac{1}{T}\left[U_{go} + \frac{kT}{q}(3-a_n) - U_{BE,3}(I,T)\right]$$
$$+ \frac{R_2}{R_3}\frac{k}{q}\ln nm \qquad (10.43)$$

Hieraus kann die Dimensionierungsvorschrift abgeleitet werden. Sollen sich bei der Temperatur T_R z.B. Raumtemperatur die Temperaturkoeffizienten exakt aufheben, dann muss

$$\left.\frac{dU_{Ref}}{dT}\right|_{T_R} = 0 \qquad (10.44)$$

sein. Damit ergibt sich aus Beziehung (10.43) die Dimensionierungsvorschrift, nämlich dass

$$\frac{1}{T_R}\left[U_{go} + \frac{kT_R}{q}(3-a_n) - U_{BE,3}(I,T_R)\right] = \frac{R_2}{R_3}\frac{k}{q}\ln nm \qquad (10.45)$$

sein muss. Dies wiederum führt zu einer Referenzspannung bei der Temperatur T_R Gl.(10.42), die einen Wert von

$$U_{Ref}(T_R) = U_{go} + \frac{kT_R}{q}(3-a_n) \qquad (10.46)$$

besitzt.

Beispiel:

Die Dimensionierung der in Bild 10.25 gezeigten Schaltung erfolgt so, dass Bedingung Gl.(10.44) bei $T_R = 300$ K (27°C) eingehalten wird. Mit den Faktoren $a_n = 1{,}5$ und $U_{go} = 1{,}205$ V ergibt sich dann bei dieser Temperatur eine Referenzspannung von Gl.(10.46)

$$U_{Ref}(300K) = 1{,}244V \ .$$

Den Temperaturgang der Schaltung erhält man direkt aus Gleichung (10.42) unter Verwendung der Beziehungen (10.38), (10.45), (10.46) zu

$$U_{Ref}(T) = \frac{kT}{q}\left[(3-a_n)\ln\frac{T_R}{T} + \frac{1}{k}\left(\frac{W_g(T)}{T} - \frac{W_g(T_R)}{T_R}\right)\right] + \frac{T}{T_R}U_{Ref}(T_R) \ .$$

$$(10.47)$$

10 BICMOS-Schaltungen

Dieser ist in Bild 10.25b für den Fall gezeigt, dass $\varepsilon = -2{,}8 \cdot 10^{-4}$ V/K Gl.(10.36) beträgt. Wie daraus zu ersehen, ist der Temperaturgang < 2m V. In der Praxis |TRAN| werden Werte erreicht, die im Temperaturbereich von 30°C bis 150°C bei < 15 mV liegen.

Die schaltungstechnische Realisierung des Stromgenerators auf die bisher verzichtet wurde, wird im Folgenden näher betrachtet. Die wesentlichste Anforderung an den Stromgenerator ist dabei, dass er unabhängig von Versorgungsspannungsschwankungen ist. Denn nur so kann erreicht werden, dass auch die Referenzspannung unabhängig davon bleibt. Zu diesem Zweck wurde die in Bild 10.25 gezeigte Referenzschaltung durch eine sog. Stromspiegelschaltung mit den Transistoren T_P abgeändert. Die MOS-Transistoren bieten dabei den Vorteil, dass durch Vergrößerung der Kanallänge der Einfluss der Kanallängenmodulation (Kapitel 4.5.2) und damit die Abhängigkeit des Drainstroms von der Versorgungsspannung, reduziert werden kann.

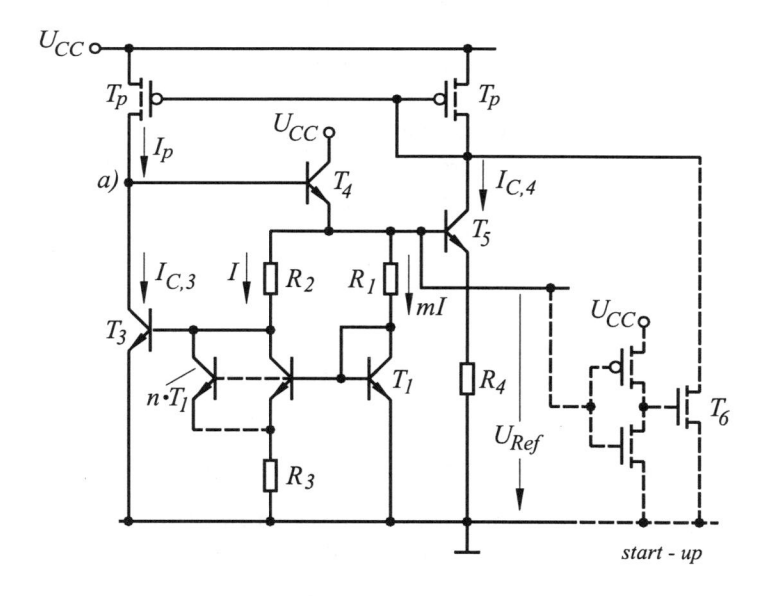

Bild 10.26:   *Bandabstands-Spannungsquelle mit realisierten Stromgeneratoren*

Durch den zusätzlichen Transistor T_5 fließt ein Kollektorstrom $I_{C,4}$, der unabhängig von U_{CC} ist aber von der Referenzspannung und dem Widerstand R_4 abhängt. Dieser Strom wird mit Hilfe der beiden p-Kanal Transistoren in einen Strom I_P gespiegelt (Kap.8.1), wodurch der Stromgenerator realisiert ist.

Bei den meisten Bandabstands-Spannungsquellen kann es vorkommen, dass bei Anlegen der U_{CC} - Spannung kein Strom fließt. Um dies zu vermeiden, benötigen derartige Schaltungen eine sog. start-up Anordnung. Diese ist in Bild 10.26 gestrichelt dargestellt. Ist $U_{Ref} = 0$ V, ist Transistor T_6 leitend, wodurch ein Strom durch die Stromspiegelschaltung fließt. Als Folge bildet sich die U_{Ref} - Spannung aus und T_6 wird nichtleitend.

Ist eine Referenzspannung erwünscht, die größer als die im vorhergehenden Beispiel berechnete sein soll, kann ein Spannungsumformer (Bild 10.27) verwendet werden.

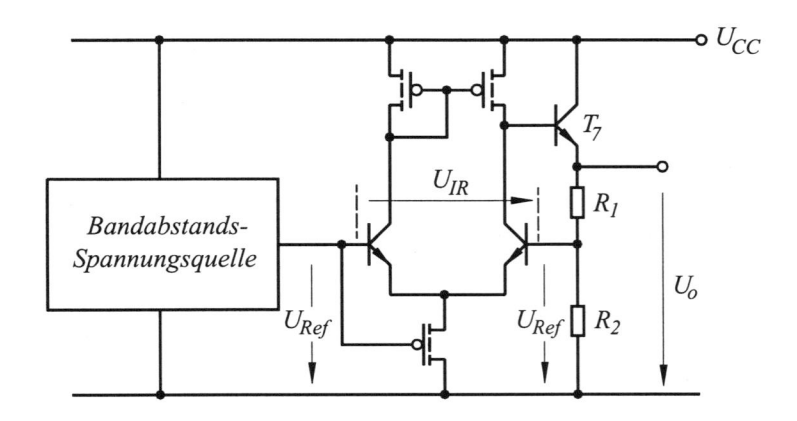

Bild 10.27:   Spannungsumformer mit Bandabstands-Spannungsquelle

Dieser besteht aus einem Differenzverstärker, bei dem im Gegensatz zu dem im Kapitel 8.3.3 beschriebenen, bipolare Transistoren verwendet wurden. Transistor T_7 bildet eine Rückkopplung zum Eingang des Verstärkers. Dadurch wird die Spannung U_R so nachgeregelt, bis die Differenzspannung $U_{IR} = 0$ V beträgt und $U_R = U_{Ref}$ ist. Somit stellt sich am Ausgang der Schaltung eine Spannung von

$$U_o = U_{Ref}\left(1 + R_1 / R_2\right) \tag{10.48}$$

ein, die entsprechend dem Widerstandsverhältnis eingestellt werden kann.

Bandabstands-Spannungsquelle im CMOS-Herstellverfahren

Um dies zu bewerkstelligen, muss man einen parasitären Bipolartransistor verwenden. Welche Möglichkeiten man dabei hat, wenn man das in Kapitel 4 vorgestellte CMOS-Herstellverfahren verwendet, ist in Bild 10.28 dargestellt.

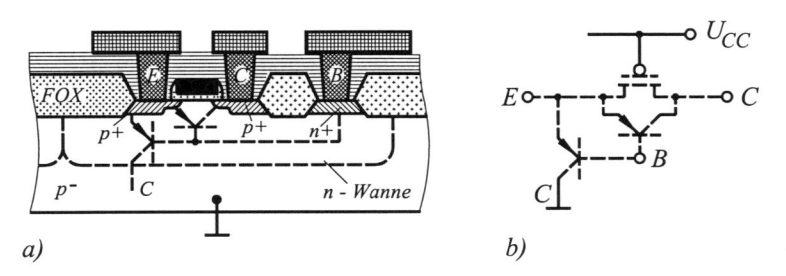

Bild 10.28:   a) Lateraler und vertikaler pnp-Transistor; b) Struktursymbole

10 BICMOS-Schaltungen

Ein vertikaler und ein lateraler pnp-Transistor stehen zur Verfügung mit Stromverstärkung im Bereich zwischen 2 und 10. Der p-Kanal Transistor ist unwirksam, da sein Gate mit U_{CC} verbunden ist. Zur Vermeidung parasitärer Ströme und zur Erhöhung der Stromverstärkung werden beide Transistoren in der Schaltung (Bild 10.29) parallel betrieben, indem der Kollektor des lateralen Transistors ebenfalls mit 0 V verbunden wird. Damit entstehen wiederum pn-Dioden (Kapitel 3.4), deren Basiswiderstand um den Faktor der Stromverstärkung verkleinert wird, so dass der Einfluss der Basiswiderstände verringert wird.

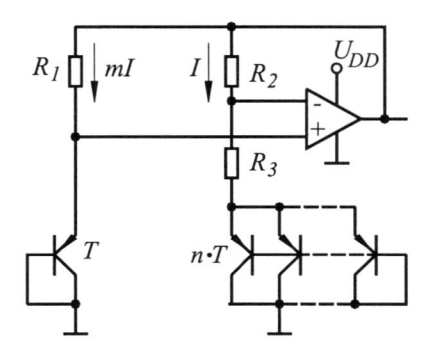

Bild 10.29:   *Bandabstands-Spannungsquelle mit pnp-Transistoren*

Die Realisierung des Verstärkers kann mit dem im Kapitel 9.1 vorgestellten Miller-Verstärker erfolgen.

Eine weitere Alternative zur Realisierung einer Bandabstands-Spannungsquelle |RAZA| ist in Bild 10.30 gezeigt. Diese eignet sich besonders gut, wenn der Leistungsverbrauch gering gehalten werden soll.

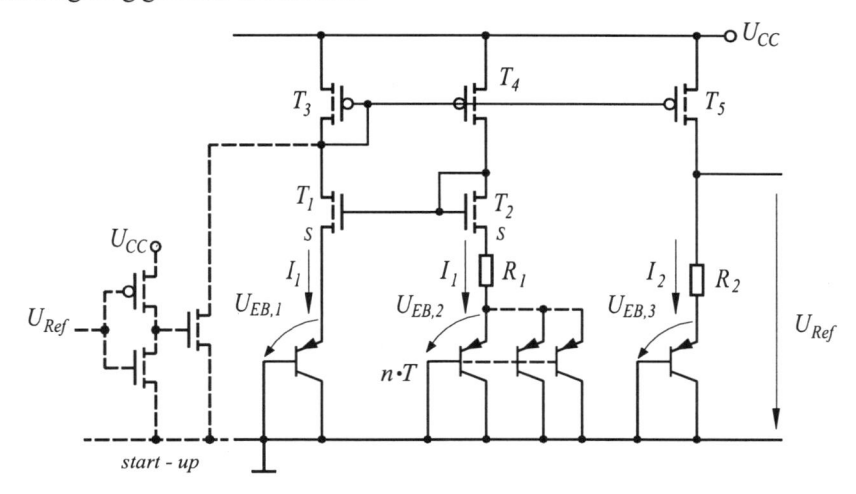

Bild 10.30:   *Bandabstands-Spannungsquelle mit geringem Leistungsverbrauch*

Die Funktion der Schaltung kann einfach erklärt werden, wenn man davon ausgeht, dass alle MOS-Transistoren das gleiche w/l-Verhältnis haben. Dann ergibt sich durch die gegenseitige Stromspiegelung, dass in jedem Zweig der Schaltung ein gleich großer Strom fließt. Damit haben die Sourcegebiete von T_1 und T_2 die gleiche Spannung und der Strom durch R_1 beträgt (Gl.(10.23) mit m = 1)

$$I_1 = \frac{1}{R_1}\left(U_{EB,1} - U_{EB,2}\right) = \frac{1}{R_1}\frac{kT}{q}\ln n \; , \qquad (10.49)$$

was dem Verhalten des "PTAT" entspricht. Da $I_1 = I_2$ ist, resultiert eine Referenzspannung von

$$U_{Ref} = U_{EB,3}(I,T) + \frac{R_2}{R_1}\frac{kT}{q}\ln n \; , \qquad (10.50)$$

die vergleichbar ist mit jener der vorhergehenden Schaltung (Gl.(10.42)) und entsprechend dimensioniert werden kann. Ein Vorteil der Schaltung ist, dass nur zwei Widerstände benötigt werden. Diese brauchen nämlich sehr viel Layout-Fläche, wenn sie sehr hochohmig gestaltet werden sollen, um den Leistungsverbrauch zu reduzieren.

Auch bei dieser Schaltung kann es – genau wie bei der vorhergehenden Anordnung – dazu kommen, dass beim Einschalten der Versorgungsspannung kein Strom fließt. Um dies zu vermeiden ist auch hier eine start-up Schaltung vorgesehen.

10.4 Analoge Anwendungen

Bisher wurden die Vorteile der BICMOS-Technik überwiegend bei digitalen Anwendungen betrachtet. Welche Möglichkeiten sich im Bezug auf analoge Anwendungen ergeben, soll durch einen Vergleich der Vor- und Nachteile von Bipolar- und MOS-Transistoren erreicht werden. Dazu werden deren Übertragungsfunktionen und Offset-Verhalten verglichen.

10.4.1 Offset-Verhalten von Bipolar- und MOS-Transistor

Ein wichtiger Parameter ist die Offset-Spannung von Differenzverstärkern. Diese Spannung hat einen Wert der die Asymmetrie infolge von Streuungen in der Prozesstechnik bei den Transistoren kompensiert. Um diese zu bestimmen wird von Bild 10.31 ausgegangen.

10 BICMOS-Schaltungen   543

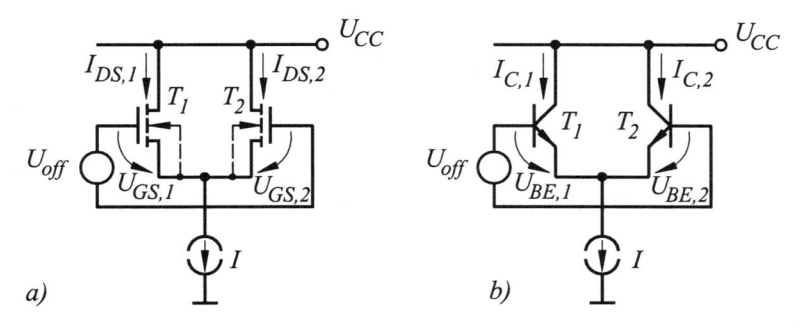

Bild 10.31:   *Differenzielle Eingangsstufe a) mit MOS-Transistoren; b) mit bipolaren Transistoren*

Auf Lastelemente zwischen den Drain- bzw. Kollektoranschlüssen und U_{CC} wurde verzichtet, um die Analyse nur auf die Eingangstransistoren zu beschränken. Die Offset-Spannung ergibt sich somit aus der Differenz der beiden Gatespannungen zu

$$U_{off} = U_{GS,2} - U_{GS,1}$$
$$U_{off} = U_{Tn,2} + \sqrt{\frac{2I_{DS,2}}{\beta_{n,2}}} - \left(U_{Tn,1} + \sqrt{\frac{2I_{DS,1}}{\beta_{n,1}}} \right). \quad (10.51)$$

Mit $I_{DS,1} = I_{DS,2} = I_{DS}$ resultiert hieraus

$$U_{off} = \Delta U_{Tn} + \sqrt{2I_{DS}} \left(\sqrt{\frac{1}{\beta_n - \frac{\Delta \beta}{2}}} - \sqrt{\frac{1}{\beta_n + \frac{\Delta \beta}{2}}} \right), \quad (10.52)$$

wobei ΔU_{Tn} die Differenz zwischen den Einsatzspannungen und $\Delta \beta$ die Änderung der Stromverstärkungen angibt. Diese Beziehung lässt sich zu

$$\boxed{U_{off} \approx \Delta U_{Tn} + \frac{U_{GS} - U_{Tn}}{2} \frac{\Delta \beta_n}{\beta_n}} \quad (10.53)$$

vereinfachen. In den meisten praktischen Fällen ist

$$\frac{\Delta \beta}{\beta_n} \approx \frac{\Delta(w/l)}{w/l}. \quad (10.54)$$

Beim bipolaren Transistor kann ähnlich vorgegangen werden. Mit $U_{BE} > 100$ mV resultiert eine Offset-Spannung von

$$U_{off} = U_{BE,1} - U_{BE,2}$$
$$= \phi_t \left(\ln \frac{I_{C,1}}{I_{SS,1}} - \ln \frac{I_{C,2}}{I_{SS,2}} \right). \quad (10.55)$$

Mit $I_{C,1} = I_{C,2} = I_C$ ergibt sich hieraus

$$U_{off} = \phi_t \ln \frac{I_{SS,2}}{I_{SS,1}} = \phi_t \ln \frac{I_{SS} + \frac{\Delta I_{SS}}{2}}{I_{SS} - \frac{\Delta I_{SS}}{2}}, \quad (10.56)$$

wobei ΔI_{SS} die Änderung des Transportstroms wiedergibt. Diese Beziehung lässt sich zu

$$\boxed{U_{off} \approx \phi_t \frac{\Delta I_{SS}}{I_{SS}}} \quad (10.57)$$

vereinfachen. Wobei in etwa

$$\frac{\Delta I_{SS}}{I_{SS}} \approx \frac{\Delta A_E}{A_E} \quad (10.58)$$

der örtlichen Änderung der Emitterflächen entspricht.

Vergleicht man nun die Offset-Spannungen der beiden Transistoren Gl.(10.53) / (10.57), so ist Folgendes zu erkennen:

Die geometrische Änderung beim MOS-Transistor wird durch den Faktor $(U_{GS} - U_{Tn})/2$, der in der Größenordnung von 250 mV liegt beeinflusst, während beim bipolaren Transistor dieser Faktor einen Wert bei Raumtemperatur von 26 mV hat. Damit hat der MOS Transistor in etwa eine Größenordnung höhere Offset-Spannung als der bipolare Transistor, wenn man von sonst vergleichbaren Prozessstreuungen ausgeht. Zusätzlich kommt noch die Differenz zwischen den Einsatzspannungen ΔU_{Tn} hinzu, welche bei dem bipolaren Transistor nicht vorhanden ist.

In der Praxis hat die Offset-Spannung bei bipolaren Transistorpaaren einen Wert von 1 bis 2 mV, während diejenige von MOS-Transistorpaaren im Bereich von 5 bis 20 mV liegt.

10.4.2 Kleinsignalverhalten von Bipolar- und MOS-Transistor

Der Vergleich wird wesentlich erleichtert, wenn man von einfachen Verstärkerstufen ausgeht. Hierbei ist zu unterscheiden, ob Kleinsignalspannungen oder -Ströme bei den Ein- und Ausgängen betrachtet werden. Man spricht dann von Spannungs- oder Stromverstärkungen. In der Terminologie der Vierpoltheorie handelt es sich hierbei um die h-Parameter h_{12} und h_{21}. Zur Vereinfachung werden parasitäre Widerstände vernachlässigt.

Spannungsverstärkung des MOS-Transistors

In Bild 10.32 ist eine einfache Verstärkerstufe in MOS-Technik dargestellt, die eine Lastkapazität C_L treibt. Als Stromzuführung wurde eine ideale Stromquelle mit $g_{ol} = 0$ angenommen. Damit beschreiben die folgenden Herleitungen das intrinsische Kleinsignalverhalten des Transistors.

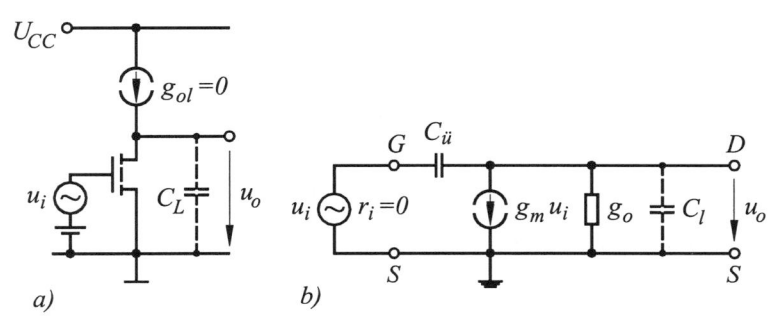

Bild 10.32: a) Einfache MOS-Spannungsverstärkerstufe; b) Kleinsignal-Ersatzschaltbild der Verstärkerstufe ohne parasitäre Widerstände

Die Analyse der Stufe wurde bereits in Kapitel 8.3 vorgestellt. Zur besseren Übersicht werden die Resultate noch einmal zusammengefasst.

Entsprechend Gl.(8.23) resultiert aus dem Ersatzschaltbild eine Übertragungsfunktion von

$$a(j\omega) = \frac{u_o}{u_i}(j\omega) = \frac{a_o}{1 + j\dfrac{\omega}{\omega_\beta}}, \qquad (10.59)$$

wobei die Kenngrößen Kleinsignalverstärkung a_o Gl.(8.25), 3dB-Kreisfrequenz ω_β Gl.(8.26) sowie Transitkreisfrequenz ω_T Gl.(8.27) den folgenden Zusammenhang zum Drainstrom I_{DS} besitzen. Das zugehörige Bode-Diagramm ist in Bild 10.33 dargestellt.

$$a_o = -\frac{g_{m,n}}{g_o} \approx -\frac{\sqrt{2 I_{DS} \beta_n (1 + \lambda_n U_{DS})}}{I_{DS} \lambda_n} \sim (I_{DS})^{-1/2} \qquad (10.60)$$

$$\omega_\beta = \frac{g_o}{C_l} = \frac{I_{DS} \lambda_n}{C_l} \sim I_{DS} \qquad (10.61)$$

$$\omega_T = |a_o| \omega_\beta \approx \frac{\sqrt{2 I_{DS} \beta_n (1 + \lambda_n U_{DS})}}{C_l} \sim (I_{DS})^{1/2} \qquad (10.62)$$

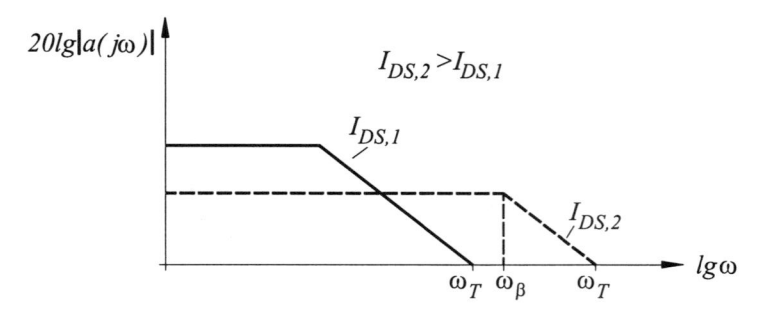

Bild 10.33: $20\lg |a(j\omega)|$ einer einfachen MOS-Verstärkerstufe als Funktion des Drainstroms

D.h. mit größer werdendem I_{DS}-Strom nimmt die Verstärkung ab, dafür aber die Kreisfrequenzen ω_β und ω_T zu. Der Grund für dieses ungünstige Verhalten liegt in dem quadratischen Strom-Spannungsverhalten des MOS-Transistors begründet. Mit zunehmendem Strom steigt der Ausgangsleitwert g_o stärker an als der Übertragungsleitwert g_m.

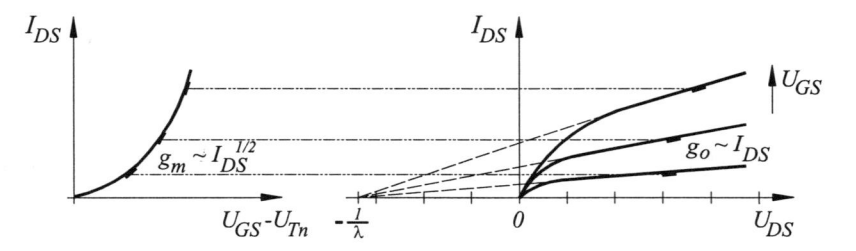

Bild 10.34: Vergleich der Gradienten g_m und g_o beim MOS-Transistor (Kanallängenmodulation stark übertrieben dargestellt)

Spannungsverstärkung des bipolaren Transistors

Wie sieht nun im Vergleich dazu die Situation bei einer bipolaren Verstärkerstufe (Bild 10.35) aus?

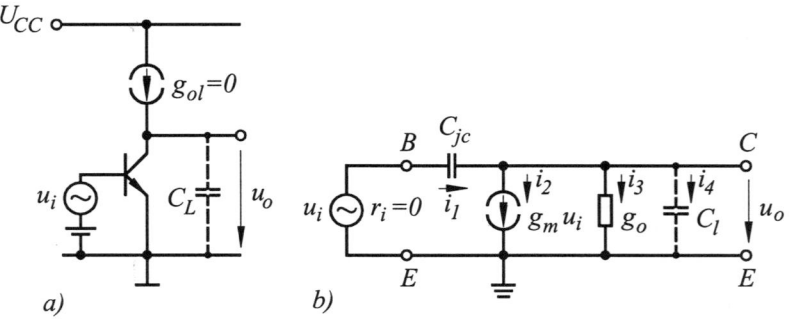

Bild 10.35: a) Einfache bipolare Spannungsverstärkerstufe; b) Kleinsignal-Ersatzschaltbild der Verstärkerstufe ohne parasitäre Widerstände

10 BICMOS-Schaltungen

Die Übertragungsfunktion lautet genau wie im vorhergehenden Fall

$$a(j\omega) = \frac{u_o}{u_i}(j\omega) = \frac{a_o}{1 + j\dfrac{\omega}{\omega_\beta}},$$

jedoch haben die Kenngrößen eine ganz und gar andere Abhängigkeit vom Kollektorstrom I_C (Aufgabe 10.5).

$$a_o = -\frac{g_m}{g_o} = -\frac{I_C/\phi_t}{I_C/U_{AN}} = -\frac{U_{AN}}{\phi_t} \neq I_C \quad (10.63)$$

$$\omega_\beta = \frac{g_o}{C_l} = \frac{I_C/U_{AN}}{C_l} \quad \sim I_C \quad (10.64)$$

$$\omega_T = |a_o|\omega_\beta = \frac{I_C/\phi_t}{C_l} \quad \sim I_C \quad (10.65)$$

Dieser Zusammenhang ist im Bode-Diagramm (Bild 10.36) dargestellt.

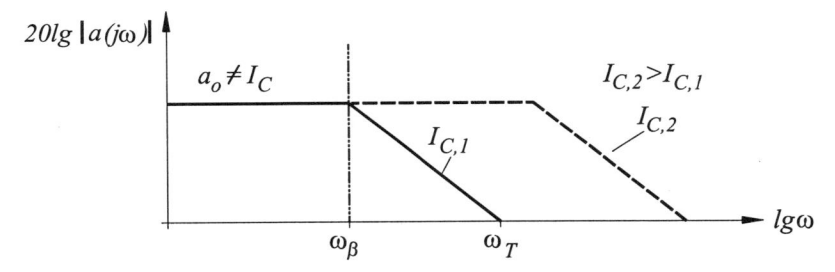

Bild 10.36: 20 lg $|a(j\omega)|$ *einer einfachen bipolaren Verstärkerstufe als Funktion des Kollektorstroms*

Die erste wichtige Erkenntnis daraus ist, dass die Verstärkung a_o unabhängig vom Kollektorstrom des Transistors ist. Dies kann man sich – ähnlich wie beim MOS-Transistor – am Kennlinienfeld (Bild 10.37) erklären.

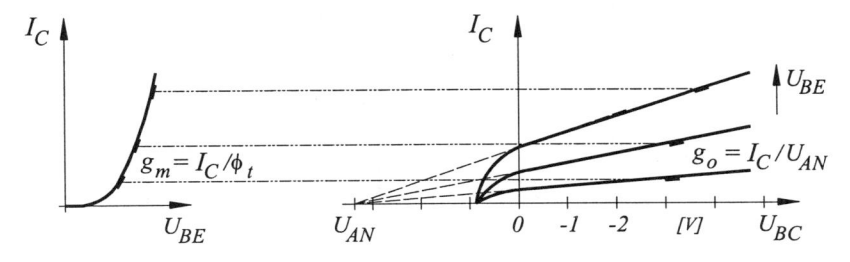

Bild 10.37: *Vergleich der Gradienten g_m und g_o beim bipolaren Transistor (Basisweitenmodulation stark übertrieben dargestellt)*

Durch das exponentielle Strom-Spannungsverhalten des Transistors steigt der Übertragungsleitwert g_m im gleichen Maße wie der Ausgangsleitwert g_o an, wodurch die Verstärkung a_o unabhängig vom I_C-Strom ist. Vergleicht man die Verstärkung a_o beider Transistoren, so ist diese beim bipolaren Transistor wesentlich größer als beim MOS-Transistor. Hat der bipolare Transistor z.B. eine Early-Spannung von 50 V dann ergibt sich bei Raumtemperatur bereits eine Verstärkung von ca. 2000. Vergleicht man die 3dB-Kreisfrequenzen, so haben diese bei gleichem Stromverbrauch und kapazitiver Last ähnliche Werte. Die Transitkreisfrequenz des bipolaren Transistors ist jedoch wegen der höheren Verstärkung a_o wesentlich größer als beim MOS-Transistor (Bild 10.38).

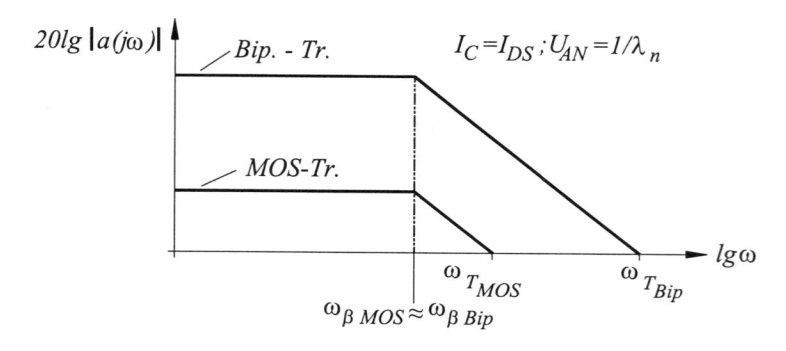

Bild 10.38:   *Vergleich zwischen bipolarer und MOS-Verstärkerstufe*

Stromverstärkung des MOS-Transistors

Bisher wurden die Ausgangsspannungen als Funktion der Eingangsspannungen betrachtet und ein Vergleich zwischen beiden Transistoren angestellt. Im Folgenden wird ein ähnlicher Vergleich jedoch für Ausgangsströme als Funktion der Eingangsströme durchgeführt. In Bild 10.33 ist der entsprechende MOS-Verstärker mit zugehörigem Kleinsignal-Ersatzschaltbild dargestellt.

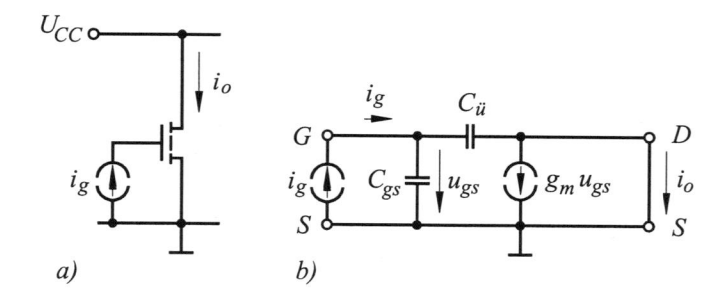

Bild 10.39:   *a) Einfache MOS-Stromverstärkungsstufe; b) Kleinsignal-Ersatzschaltbild der Stufe ohne parasitäre Widerstände*

10 BICMOS-Schaltungen

Ausgangskapazitäten spielen keine Rolle, da der Drain-Anschluss mit U_{CC} verbunden ist. Dagegen müssen die Eingangsimpedanzen berücksichtigt werden. Die Übertragungsfunktion $\beta(j\omega) = i_o / i_g$ und die Transitkreisfrequenz ω_T ($i_o = i_g$) als Funktion des Drainstromes (Aufgabe 10.4) lauten:

$$\beta(j\omega) = -\frac{\sqrt{2I_{DS}\beta_n(1+\lambda_n U_{DS})}}{j\omega(C_{gs}+C_{ü})} \sim I_{DS}^{1/2} \qquad (10.66)$$

$$\omega_T = \frac{\sqrt{2I_{DS}\beta_n(1+\lambda U_{DS})}}{C_{gs}+C_{ü}} \sim I_{DS}^{1/2} \qquad (10.67)$$

Dieser Zusammenhang ist in Bild 10.40 dargestellt.

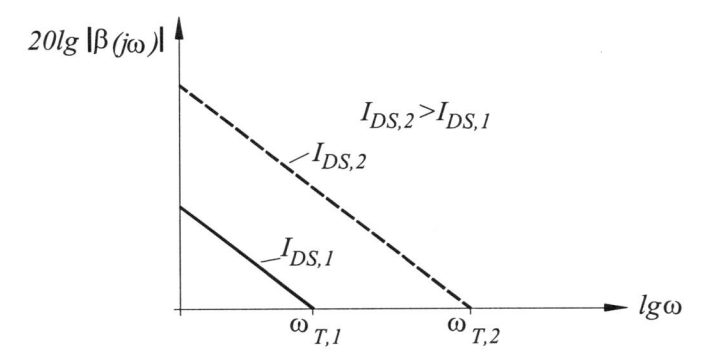

Bild 10.40: $20lg\,|\beta(j\omega)|$ einer einfachen MOS-Stromverstärkerstufe

Bei $\omega \to 0$ hat die Verstärkung einen Wert der gegen unendlich geht, da

$$i_g = j\omega(C_{gs}+C_{ü})u_{gs} \qquad (10.68)$$

gegen Null strebt. Steigt dagegen I_C an, so bedeutet dies, dass die Transitkreisfrequenz ebenfalls ansteigt. Dies ist der Fall bis Effekte 2. Ordnung wie z.B. Beweglichkeitsreduktion und innere Verzögerungszeiten des Transistors die Transitgrenzfrequenz beschränken. In diesem Zusammenhang stellt sich die Frage, welche MOS-Parameter diese Frequenz am deutlichsten beeinflussen. Zur Beantwortung dieser Frage wurde I_{DS} in Gl.(10.68) durch die Strombeziehung in Sättigung Gl.(4.82) ersetzt und C_{gs} durch 2/3 C_{ox} Gl.(4.115). Es resultiert eine Transitkreisfrequenz unter Vernachlässigung der Kanallängenmodulation und der Überlappkapazität $C_{ü}$ von

$$\omega_T \approx \frac{(w/l)\mu_n C'_{ox}(U_{GS}-U_{Tn})}{(2/3)wlC'_{ox}}$$

$$\boxed{\omega_T \approx \frac{3}{2}\frac{\mu_n(U_{GS}-U_{Tn})}{l^2}}. \qquad (10.69)$$

Die Weite hat demnach keinen Einfluss auf die Transitkreisfrequenz. Der Grund ist, dass mit zunehmender Weite der Strom ansteigt aber gleichzeitig auch die Kapazitätswerte zunehmen. D.h. die Verkürzung der Kanallänge hat den größten Einfluss auf die Transitkreisfrequenz. Werte im Bereich größer 70GHz werden mit Transistoren erreicht deren Gatelänge ca. $0{,}18\mu m$ beträgt |MAHN|, |KNOB|.

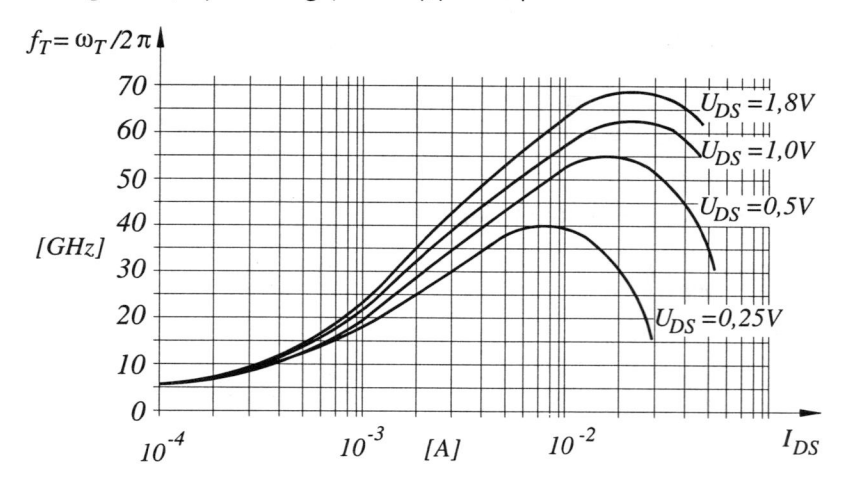

Bild 10.41: Transitfrequenz eines n-Kanal MOS-Transistors mit $w/l = 108\ \mu m/0{,}18\ \mu m$

Die Abnahme der Transitkreisfrequenz bei höheren Strömen ist auf die Geschwindigkeitssättigung zurückzuführen, während die Erhöhung der Transitfrequenz mit zunehmender U_{DS}-Spannung durch die Kanallängenmodulation verursacht wird.

Stromverstärkung des bipolaren Transistors

Als nächstes stellt sich die Frage, wie sieht hierzu das Verhalten des bipolaren Transistors aus. Dies wurde bereits in Kapitel 3.5.4 behandelt.

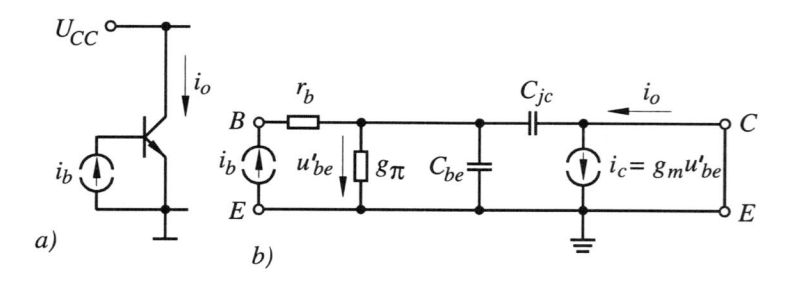

Bild 10.42: Einfache Stromverstärkerstufe; b) Kleinsignal Ersatzschaltbild der Stufe r_E und r_C vernachlässigt

10 BICMOS-Schaltungen

Zur Vereinfachung des Vergleichs mit dem MOS-Transistor werden die Resultate hier noch einmal aufgeführt.

Die Übertragungsfunktion Gl.(3.114) lautet

$$\beta(j\omega) = \frac{i_o}{i_b}(j\omega) = \beta_N \frac{1}{1 + j\frac{\omega}{\omega_\beta}} \quad . \tag{10.70}$$

Bezogen auf den Kollektorstrom haben die charakteristischen Größen die folgenden Abhängigkeiten Gl.(3.117) und (3.118) die in Bild 10.43 dargestellt sind.

$$\omega_\beta = \frac{1}{\beta_N [\tau_N + \frac{\phi_t}{I_C}(C_{je} + C_{jc})]} \quad \sim I_C \tag{10.71}$$

$$\omega_T = \frac{1}{\tau_N + \frac{\phi_t}{I_C}(C_{je} + C_{jc})} \quad \sim I_C \tag{10.72}$$

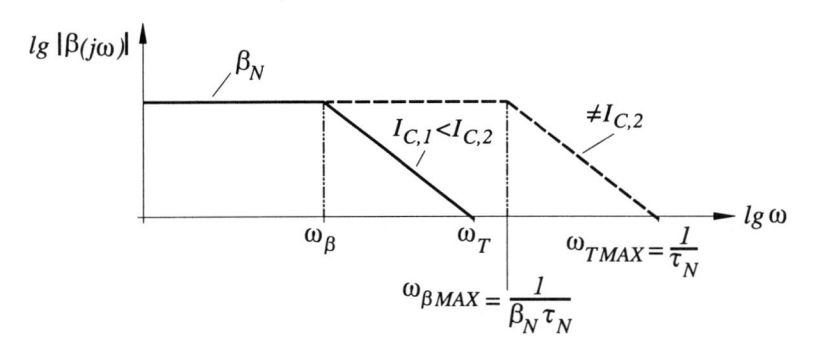

Bild 10.43: $20 \lg |\beta(j\omega)|$ einer einfachen bipolaren Stromverstärkerstufe

Die wesentliche Erkenntnis dabei ist, dass ab einer bestimmten Stromstärke die 3-dB-Kreisfrequenz, sowie die Transitkreisfrequenz – wegen $1/I_C$ – sich nicht mehr ändern, wenn man von Effekten 2. Ordnung absieht. Damit hat die maximale Transitfrequenz Gl.(3.120) bzw. (3.121) einen Wert von

$$\omega_{TMAX} = \frac{1}{\tau_N} = \frac{2D_{nB}}{x_B^2}, \tag{10.73}$$

der umgekehrt proportional dem Quadrat der Basisweite ist. Damit liegt bei heutigen modernen Prozessen mit sehr kurzen Basisabmessungen die Transitfrequenz weit im

GHz-Bereich. Als Beispiel ist in Bild 10.36 die Transitfrequenz als Funktion des Kollektorstromes für einen SiGe-Bipolar-Transistor |KLEI| gezeigt.

Das Absinken der Transitfrequenz bei großen Kollektorströmen wird durch eine Vergrößerung der Transitzeit τ_N bei starker Injektion verursacht. Die Erhöhung der Frequenz mit zunehmender U_{CE}-Spannung ist dagegen auf die Basisweitenmodulation zurückzuführen.

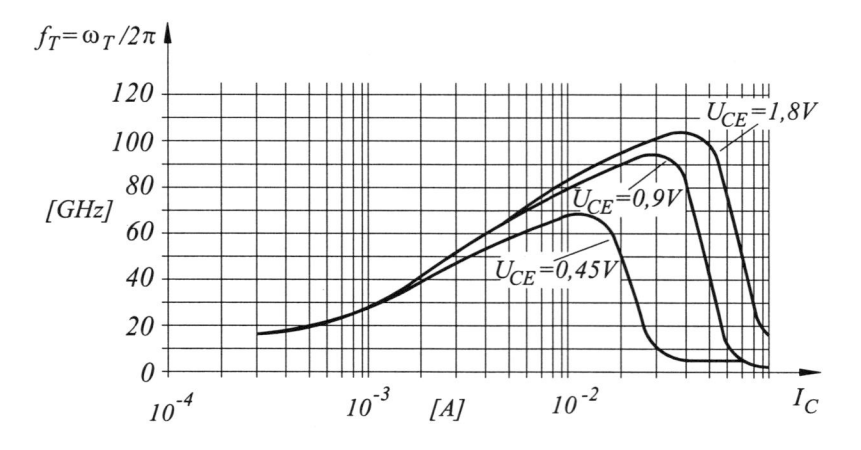

Bild 10.44: Transitfrequenz eines SiGe-npn-Transistors mit einer wirksamen Emitterfläche von $0,25 \cdot 5,75 \mu m^2$

Vergleicht man nun die beiden Transistoren, so stellt man fest, dass bei beiden Transistoren die Transitkreisfrequenz umgekehrt proportional zum Quadrat der Gatelänge bzw. der Basisweite ist. Die Transitfrequenzen liegen somit bei modernen Transistoren in der gleichen Größenordnung. Zur besseren Übersicht sind die Ergebnisse in Bild 10.45 zusammengefasst.

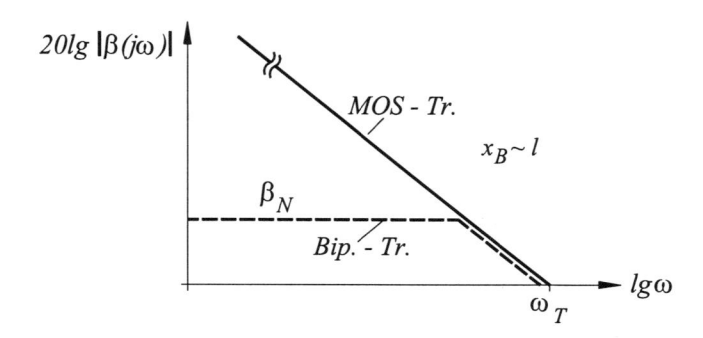

Bild 10.45: Vergleich der Übertragungsfunktion $\beta(j\omega) = i_o / i_b$ bzw i_o / i_g zwischen Bipolar- und MOS-Transistor

10 BICMOS-Schaltungen 553

Zusammenfassung der wichtigsten Ergebnisse des Kapitels

Mit der BICMOS-Technik ist man in der Lage, die Vorteile der Bipolartechnik zusätzlich zu denen der CMOS-Technik zu nutzen.

Die höchsten Schaltgeschwindigkeiten erreicht man durch Verwendung von Bipolartransistoren in CML- und ECL-Anordnungen. Diese arbeiten mit einem sehr geringen Signalhub, da sie unempfindlich auf Prozessstreuungen, z.B. Offset-Spannungen reagieren.

BICMOS-Treiber und -Gatter bieten neuartige Lösungen zum Treiben großer kapazitiver Lasten. Dieser Vorteil kommt aber nur zum Tragen, wenn die Schaltzeiten $t \gg \tau_N B_N$ sind, denn nur dann ergibt sich ein Ladestrom von $B_N I_B$.

Bandabstands-Spannungsquellen sind eine klassische Lösung, um sehr genaue und nahezu von der Temperatur unabhängige Spannungsquellen zu realisieren. Hierbei wird der negative Temperaturkoeffizient der U_{BE} - Spannung durch einen positiven Temperaturkoeffizienten einer Spannung (PTAT), die durch die Differenzbildung zwischen zwei U_{BE} - Spannungen entsteht, kompensiert.

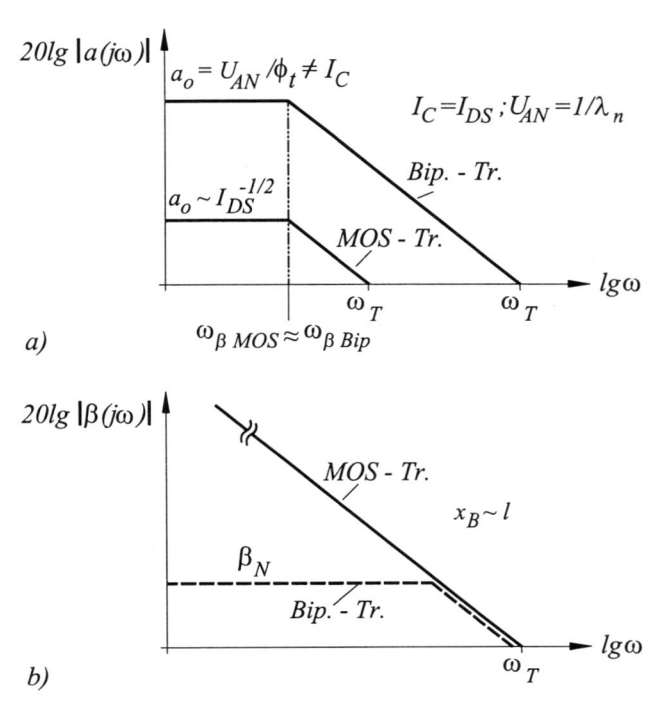

Bild 10.46: *Vergleich der Übertragungsfunktion zwischen Bipolar- und MOS-Transistor; a) $a(j\omega) = u_o / u_i$; b) $\beta(j\omega) = i_o / i_b$ bzw. i_o / i_g*

Beim Vergleich der Offset-Spannungen stellte sich heraus, dass diese beim MOS-Transistor wegen $\Delta U_{Tn} + (U_{GS} - U_T) \Delta\beta_n / 2\beta_n$ in etwa 10mal so groß ist, wie die des Bipolartransistors mit $\phi_t \Delta I_{SS} / I_{SS}$.

Welche Möglichkeiten sich in Bezug auf analoge Anwendungen ergeben, wurde durch einen Vergleich der Übertragungsfunktionen der beiden Transistoren aufgezeigt. Die Resultate sind in Bild 10.46 zusammengefasst.

Die wichtigsten Erkenntnisse hieraus sind:

Die Spannungsverstärkung $a_o = u_o / u_i$ von Bipolartransistoren ist – wegen U_{AN} / ϕ_t – unabhängig vom Kollektorstrom I_C. Da die Verstärkung außerdem wesentlich größer ist als die beim MOS-Transistor, resultiert eine größere Transit(kreis)frequenz ω_T. Damit sind im Allgemeinen Bipolartransistoren weit besser als MOS-Transistoren zum Entwurf von Verstärkern geeignet.

Bei der Stromverstärkung $\beta = i_o / i_b$ bzw. i_o / i_g haben moderne Bipolar- und MOS-Transistoren vergleichbare Transit(kreis)frequenzen. Damit dringen MOS-Transistoren in Anwendungsbereiche ein, die eine Domäne der Bipolartechnik waren. Gleichzeitig ist zu erwarten, dass in Zukunft durch geschickte Kombination der verschiedensten Transistoren neue innovative Systemlösungen besonders im Bereich der drahtlosen Kommunikation und der Übertragungstechnik über Glasfasern entstehen werden.

10 BICMOS-Schaltungen

Übungen

Aufgabe 10.1

Bestimmen Sie die minimale mögliche Versorgungsspannung U_{CC} der dargestellten BICMOS-Treiber

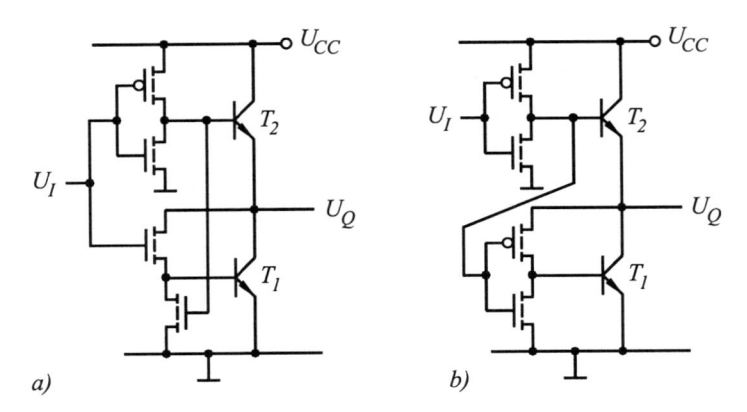

Bild A: 10.1

Aufgabe 10.2

Die im Bild dargestellte Stromquelle mit den Strömen I_{B1} und I_{B2} ist von der Versorgungsspannung U_{CC} unabhängig, wenn die Kanallängenmodulation vernachlässigt wird.

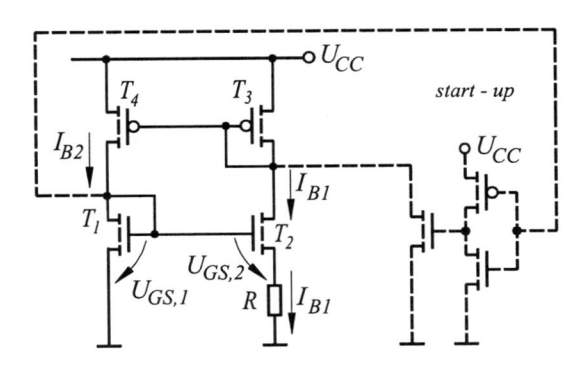

Bild A: 10.2

Leiten Sie die Beziehung für den Strom I_{B1} als Funktion der Transistorgeometrien her, wenn $(w/l)_3 = (w/l)_4$ und $(w/l)_2 > (w/l)_1$ ist.

Es ist davon auszugehen, dass alle Transistoren in Stromsättigung sind. In erster Näherung kann der Substratsteuereffekt vernachlässigt werden.

Aufgabe 10.3

Die dargestellte Schaltungsrealisierung stellt eine Variante der in Bild 10.24b vorgestellten Bandabstand-Spannungsquelle dar.

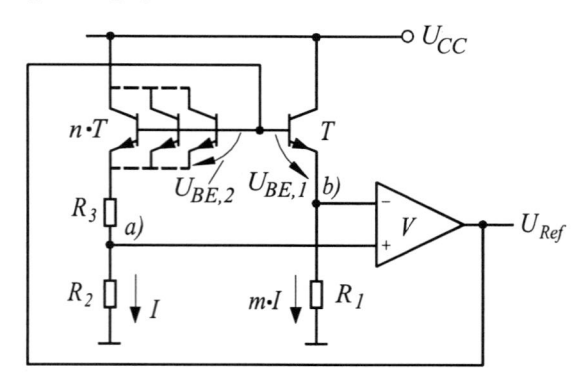

Bild A: 10.3

Bestimmen Sie die Spannung U_{Ref} unter der Voraussetzung eines idealen Verstärkers.

Aufgabe 10.4

In Bild 10.39 ist eine einfache MOS-Stromverstärkerstufe mit Kleinsignal-Ersatzschaltbild dargestellt. Leiten Sie die Übertragungsfunktion i_o/i_g her.

Aufgabe 10.5

In Bild 10.35 ist eine einfache bipolare Verstärkerstufe mit Kleinsignal-Ersatzschaltbild dargestellt. Leiten Sie die Übertragungsfunktion u_o/u_i her, wenn parasitäre Widerstände vernachlässigbar sind.

Aufgabe 10.6

Vergleichen Sie die Eingangskapazitäten von einem bipolaren und einem MOS-Transistor bei einem Strom von jeweils 1 mA.

Daten:

Bipolarer Transistor: $U_{BE} = 0{,}85$ V; $f_t = 30$ GHz entspricht $\tau_N = 5{,}3$ ps

MOS-Transistor: $U_{GS} - U_{Tn} = 1{,}0$ V; $C'_G = 4\,fF/\mu m^2$; $k_n = 120\,\mu A/V^2$; $l = 0{,}15\,\mu m$

Literatur

|GUNA| M. Gunawa et al: "A Curvature-Corrected Low-Voltage Bandgap Reference"; IEEE Journal of Solid-State Circuits, Vol 28, June 1993, pp. 667-670

|KLEI| W. Klein and B.U. Klepser: "75 GHz Bipolar-Production Technology for the 21st Century"; ESDERC 99

|KNOB| G. Knoblinger et al: "A new Model for Thermal Channel Noise of Deep Submicron MOSFET´s and its Application in RF-CMOS Design"; 2000 Symposium on VLSI Circuits, Digest of Technical Papers

|LAKE| Laker, Sanson: "Design of Analog Integrated Circuits and Systems"; Mc Graw Hill, Inc.; 1994

|MAHN| R. Mahnkopf et al: "System on a Chip Technology Platform for a 0.18µm Digital, Mixed Signal and eDRAM Application"; Proc. of the IEDM 2000; pp.849-852

|RAZA| B. Razavi: "CMOS Technology Characterization for Analog and RF Design", IEEE Journal of Solid-State Circuits, Vol.34, N3, pp.268-273, March 99

|TRAN| H.Van Tran et al: "BICMOS Current Source Reference Network for VLSI BICMOS with ECL Circuitry"; IEEE International Solid-State Circuits Conference 1989; pp. 120-121

|TREA| R.L. Treadway: "DC Analysis of Current Mode Logic"; IEEE Circuits and Devices, Vol. 5, No. 2, March 1989, pp. 21-35

|WIDL| R.J. Widlar: "New Developments in IC Voltage Regulators", IEEE Journal of Solid-State-Circuits, Vol 6, Feb.1971, pp. 2-7

|WURZ| M. Wurzer et al: "A 40-GB/s Integrated Clock and Data Recovery Circuit in a 50-GHz f_t Silicon Bipolar Technology"; IEEE Journal of Solid-State Circuits, Vol. 34, No. 9, Sept. 1999, pp. 1320 - 1324

|YAMA| M. Yamashina et al: "An MOS Current Mode Logic (MCML) Circuit for Low Power Sub-GHz Processors"; IEICE Trans. Electron. Vol. E 75-C, No. 10, Oct. 1992, pp. 1181 - 1187

Sachregister

AB-Arbeitspunkteinstellung, 508
AB-Ausgangsstufe, 507
AB-Betriebsart, 505
Abschnürpunkt, 192
Address Transition Detection, 417
Akkumulation, 164
Alpha-Strahlempfindlichkeit, 436
Alterung, 210
Analog-Masse, 458
Äquivalente Zustandsdichte, 12
Ausgangsleitwert, 140, 232
Austrittsarbeit, 171

Bahnwiderstand, 257, 258
Barriereschicht, 162
Basisweitenmodulation, 117
Basiswiderstand, 127, 137
Betriebsspannungsunterdrückung, 477
Beweglichkeitsdegradation, 201
BICMOS-Gatter, 530
BICMOS-Treiber, 526
Blockadresse, 383
Bode-Diagramm, 485
Boltzmann-Verteilungsfunktion, 9
Bootstrap-Treiber, 294
Bor Phosphorous Silicat Glass, 94, 162
Build-in voltage, 42

Buried collector, 87
Burst-Länge, 435
CAD-Werkzeuge, 260
CAS-Latenz, 435
Channel Stopper, 88
Charged Device Model, 309
Clocked CMOS, 331
Clock-Zyklen, 435
CML-Schaltung, 515
CMOS-Schaltungstechnik, 321
Column Address Select, 433
Common-mode gain, 471
Current Mode Logic, 341, 514

Deep depletion, 166
Degradationsmechanismen, 394
Dekoder mit virtueller Masse, 352
DeMorgans Theorem, 324
Design Rule Check, 262
Designmaß, 255
Destructive read-out, 425
D-Flip-Flop, 359, 360, 524, 525
Dichteprodukt, 48, 49
Dickson Charge Pump, 408
Differential mode gain, 470
Differenzielle ECL-Technik, 523
Differenzielle Eingangsstufe, 467, 472

Differenzielle Verstärkung, 470
Diffusionskapazität, 63
Diffusionslänge, 34
Diffusionsmechanismus, 188
Diffusionsspannung, 42, 45, 171
Diffusionssperre, 90
Diffusionsstrom, 23, 187
Diffusionswannen, 160
Diodenmodell, 73
Dominoschaltung, 334
Doppeltes n-C^2MOS Flip-Flop, 371
Drain Induced Barrier Lowering, 208
Driftgeschwindigkeit, 19
Driftmechanismus, 188
Driftstrom, 21, 187
Dünnfilm-Transistor, 413
Durchbruchspannung, 71
Dynamische D-Flip-Flops, 361
Dynamischer Dekoder, 353
Dynamischer Leistungsverbrauch, 276
Dynamisches Master-Slave-Register, 367

Early-Spannung, 119, 125
Ebers-Moll Modell, 105
ECL-Schaltung, 522
Eingangsleitwert, 140
Einsatzspannung, 180, 268
Einstein-Beziehung, 24
Ein-Takt-Register, 369
Ein-Transistor-Speicherzellen, 419
Electrical Parameter Check, 262
Electrical Rules Check, 262
Elektrische Entwurfsregeln, 256
Elektromigration, 259

Elektronenenergie, 4
Elektronenvolt, 2
Emissionskoeffizient, 54
Emitter Couple Logic, 341, 521
Emitterrandverdrängung, 125
Emitterwiderstand, 137
Entlade- und Aufladezeit, 528
Epitaxie, 87
ESD-Schutz, 308
ETOX-Zelle, 391
Eulerpfad, 327
Extended Date Out, 434
Extraktion, 28
Extrinsicdichte, 7

Failures In Time, 438
Feld Oxid, 163
Feldoxidtransistor, 184
Fermispannung, 18, 178
Fermi-Verteilungsfunktion, 9
FETMOS-Zelle, 394
Figure of merrit, 125
Flachbandspannung, 170
Floating-Gate-Avalanche-Injection, 384
Floorplan, 261
FLOTOX-Zelle, 393
Folded-bit-line Konzept, 428
Fourier-Transformation, 485
Frequenzgangkorrektur, 493
Funneling, 437

Gate Induced Drain Leakage, 213
Gateinduzierter Drainleckstrom, 213
Gaußsche Gesetz, 176

Sachregister

Gefaltete Kaskode-Stufe, 506
Gefalteter Kaskode-Verstärker, 501
Generation und Rekombination, 32
Geometrische Entwurfsunterlagen, 249
Getaktete Gatterschaltungen, 331
Gleichtaktunterdrückung, 472
Gleichtaktverstärkung, 471
Grading coefficient, 61
Grenzflächenzustände, 210
Grenzschichtladung, 173
Grenzstrom, 117
Gummel-Poon-Modell, 133
Gummelzahl, 101

Hardly-Doped Drain, 211
Heiße Ladungsträger, 210
Heterobipolartransistor, 123
Human body model, 308

Inhomogener Halbleiter, 41
Injektion, 28
Inneres Transistormodell, 220
Intermetall Dielektrikum, 162
Intrinsicdichte, 5, 14
Intrinsicniveau, 12
Inversion, 167
Inverterkette, 291
Ionisationsenergie, 7

Kanallängenmodulation, 203
Kanalspannung, 191
Kapazitive Belastung, 281
Kapazitätskoeffizient, 61
Kapazitätswerte, 260

Kaskadierung der Stromschalter, 517
Kaskode-Verstärkerstufe, 465
Kirk-Effekt, 115
Kleinsignalkapazität des pn-Übergangs, 66
Kleinsignalkomponenten, 449
Kleinsignalparameter, 450
Knickkennlinie, 77
Kollektorwiderstand, 136
Komplementärdekoder, 350
Komplementäres Netzwerk, 323
Kontaktspannung, 56, 171
Kontinuitätsgleichung, 26
Kurzkanaleffekte, 205

Ladung der Inversionsschicht, 177, 181, 242
Ladung in der Raumladungszone, 176
Ladungsausgleich, 333
Ladungsmodell, 223
Ladungsspeicherung, 142
Ladungsträgertransport, 18
Laplace-Transformation, 482
Latch-Up Effekt, 215
Lateraler pnp-Transistor, 129
Laufzeit, 65
Lawinendurchbruch, 70
Layout symmetrischer Transistoren, 469
Lebensdauer, 33, 259
Leistungsverbrauch, 273
Leitfähigkeitsmodulation, 138
Leitungsbandelektronen, 2
Leseverstärker, 427
Lesezyklus, 415

Lightly Doped Drain, 161, 211
Local Oxidation of Silicon, 156
Löcherenergie, 4
Löcherkonzept, 3
Lokale Oxidation, 88, 93, 160
Lösch- und Modifiziermethode, 400
Low Voltage CMOS Logic, 296
Low Voltage Transistor Transistor Logic, 296

Machine model, 308
Majoritätsträger, 15
Majoritätsträgerstrom, 32
Master-Slave-Prinzip, 364
MCML-Schaltung, 341
Mean Time Between Failures, 259
Metallkontakt, 29
Miller-Effekt, 464
Miller-Verstärker, 491
Minoritätsträger, 15
Minoritätsträgerstrom, 31
Modellparameter, 227
Modellrahmen, 136, 219, 229
Moll-Ross-Form, 100
MOS-Diode, 406, 473
MOS-Struktur, 164
Multiplexer, 327, 344

NAND(OR) / AND(NOR), 344, 520, 524
NAND-Architektur, 402
NAND-Dekoder, 351
NAND-Matrizen, 355
Nettogenerationsrate, 33
Nicht überlappender Takt, 374

NOR/OR Gatter, 519
NORA-Domino, 335
NOR-Architektur, 399
NOR-Dekoder, 350, 353, 354
Null- und Polstellenfrequenz, 494
Nullstelle, 488
Nullstellenfrequenz, 462

Oberflächenspannung, 176, 240
Offset-Spannung, 346, 347, 535
Open-bit-line Konzept, 426
Over erase, 396
Oxidstörstellen, 210

Pauli-Prinzip, 2
Pegelherstellung, 328
Phasenrand, 504
Pipeline-Struktur, 372
Planartechnik, 83
Plastikgehäuse, 307
Polarform, 485
Pole-zero doublet, 476, 478
Pol-Nullstellenkompensation, 490
Polstelle, 483
Polysilizium, 156
Power Supply Rejection Ration, 477
Programmable Logic Array, 355
PTAT-Spannung, 533
Punch-through, 214

Quasi-Ferminiveau, 48
Quasi-statisches Register, 366

Refresh-Zeit, 423

Reststrom, 52, 423
Row Address Select, 433
RS-Flip-Flop, 358
Salicide, 162
Sättigungsgeschwindigkeit, 20
Sättigungsspannung, 107, 190, 195
Schaltungsextraktion, 262
Schleusenspannung, 77, 139
Schmitt-Trigger, 298
Schnittstellenspezifikation, 296
Schreib-Leseverstärker, 425
Schwache Injektion, 49
Schwache Inversion, 195, 240
Selectively Implanted Collector, 94
Serienwiderstand der Diode, 131
Series gating, 345, 520
Shallow Trench Isolation, 163
Short Channel IGFET Model, 225
Silizidbildung, 162
Silizierung, 158
Simultaneous Switching Noise, 305
Slew rate, 499
Snap-Back-Effekt, 215
Soft Error Rate, 327
Source-Drainimplantation, 161
Source-Folger, 457
Spacer Technik, 90
Spacer, 161
Spaltendekoder, 383
Spannungsbezugspunkt, 56
Spannungsverstärkung, 545, 546
Spannungsvervielfachung, 406
Spannungszuordnungen, 17
Speicherbezeichnungen, 381

Speicherzeit, 69, 362
Sperrschichtkapazität, 57, 60
Sperrstrom, 52, 53
Split Ausgang, 370
Split-Gate-Zellen, 397
Stacked Gate Injection MOS, 384
Stacked-Zelle, 424
Starke Injektion am BC-Übergang, 115
Starke Injektion am BE-Übergang, 114
Starke Injektion, 49, 129
Starke Inversion, 179
Statische Speicherzellen, 410
Statisches Master-Slave-Register, 366
Störspannungen, 305
Stromquelle, 452
Stromsättigung, 191, 193
Stromschalter, 342, 343, 515
Stromsenke, 452, 454
Stromspannungswandler, 389
Stromspiegelschaltungen, 297, 416, 451, 453, 500
Stromverstärkung, 96, 548, 550
Substratssteuereffekt, 180, 182
Substratsteuerfaktor, 177, 268
Subthreshold swing, 196
Synchrone DRAMs, 433

Temperaturkoeffizient, 533, 534
Temperaturverhalten, 109, 110, 198
TFT SRAM-Zelle, 412
Thermodynamisches Gleichgewicht, 8, 43
Tiefe Verarmung, 166
Transfer-Gatternetzwerk, 329

Transienter Leistungsverbrauch, 274

Transistorparameter, 256

Transitfrequenz, 144, 146, 462, 550, 552

Transitzeit, 66, 143, 147

Transportmodell, 105, 133

Transportstrom, 100, 102, 120, 124

Trench-Isolation, 210

Trench-Zelle, 420

Tri-State, 301, 303

Tunneldurchbruch, 70

Überlappende Takte, 374

Überschuss-Basisstrom, 107

Überschussdichte, 29

Übertragungsfunktion, 482, 483, 510

Übertragungskennlinie, 517

Übertragungsleitwert, 140, 231

Unterschwellstrom Charakterisierung, 196

Unterschwellstromkompensation, 332

Valenzbandelektronen, 2

Verarmung, 165

Verarmungstransistor, 264

Verbindungsfunktion, 329

Verstärkungsverhältnis, 265

Verzögerungszeit, 285, 529

Vierschichtdiode, 216

Volladdierer, 336

Weite der Raumladungszone, 57

Widerstandsbereich, 186, 193

Widerstandswerte, 257

Wortleitung, 383,

Wortleitungstreiber, 430

Wrap-around Schaltung, 506

XOR/XNOR, 337, 344

Zeichenmaß, 255

Zeilendekoder, 383

Zustandsdichte, 10

Zwei-Takt-Register, 365